高等学校教材

有机合成
Organic Synthesis

黄培强　靳立人　陈安齐　编著

高等教育出版社·北京

内容简介

本书作者从事多年本科生和研究生有机合成化学和不对称合成等课程的教学,在此基础上编写了本教材。本书既强调基础有机反应、合成原理和方法,又注重反映有机合成化学的新进展和新成就。全书共分 14 章,第 1 章以逆合成分析和"合成子"介绍合成设计方法,第 2~12 章阐述有机合成的基本原理和反应,第 13 章介绍合成策略并以实例展示前述各章内容在天然产物全合成中的应用,第 14 章概述有机合成化学近年来的新进展和发展趋势。全书内容丰富,并引用大量实例、数据和文献阐述各章内容。各章附有习题、参考答案或解题参考文献。

本书主要供高等院校本科生作为有机合成课程教材用,也可供有机化学、药物化学研究生和从事有机合成化学、药物化学等相关领域的研究人员作参考书使用。

图书在版编目(CIP)数据

有机合成／黄培强,靳立人,陈安齐编著. —北京:
高等教育出版社,2004.6(2020.12重印)
ISBN 978-7-04-013836-8

Ⅰ.有… Ⅱ.①黄…②靳…③陈… Ⅲ.有机
合成-高等教育-教材 Ⅳ.O621.3

中国版本图书馆 CIP 数据核字(2004)第 004968 号

| 策划编辑 | 岳延陆 | 责任编辑 | 应丽贞 | 封面设计 | 李卫青 | 责任绘图 | 郝 林 |
| 版式设计 | 马敬茹 | 责任校对 | 殷 然 | 责任印制 | 存 怡 | | |

出版发行	高等教育出版社	咨询电话	400-810-0598
社　　址	北京市西城区德外大街 4 号	网　　址	http://www.hep.edu.cn
邮政编码	100120		http://www.hep.com.cn
印　　刷	唐山嘉德印刷有限公司	网上订购	http://www.landraco.com
			http://www.landraco.com.cn
开　　本	787×960　1/16		
印　　张	35.5	版　　次	2004 年 6 月第 1 版
字　　数	660 000	印　　次	2020 年 12 月第15次印刷
购书热线	010-58581118	定　　价	54.00 元

本书如有缺页、倒页、脱页等质量问题,请到所购图书销售部门联系调换。
版权所有 侵权必究
物 料 号 13836-00

序

有机合成化学是有机化学学科中极其重要的一个组成部分,是人们认识和改造物质世界的强有力工具。有机合成化学家们所构造和演绎出的丰富多彩的分子世界已为人类的进步做出了巨大的贡献。在有机合成化学发展的各个阶段,不断产生的新反应、新概念、新方法和新技术促进和参与其他学科的研究,推动了许多与有机合成化学相关联的交叉学科的产生和发展。有机合成化学作为一门综合性的分支学科,既为化学、生命等基础学科,也为材料、制药和精细化工等应用行业人才的培养起到了很重要的作用。

有机合成化学的发展离不开人才培养,而编写具有创新性教材是人才培养的基础。黄培强、靳立人、陈安齐三位年轻博士为此做出的努力是值得肯定和鼓励的。这本教材是他们在参考国内外有机合成教材和原始文献的基础上,融合了他们多年来从事有机合成的教学和科研心得编写而成的。其特点是重视有机合成原理的阐述,突出反映有机合成选择性和有效性这两个重要主题,注重对有机合成过程设计和策略性的分析,较好地反映了有机合成的若干发展趋势。这在提倡素质教育的今天,是难能可贵的。

相信这本教材对于传授有机合成的知识、培养学生的有机合成素质将发挥积极作用。因此,我乐意向大家推荐这本有新意的有机合成教科书。

周维善
2003 年 9 月

前　　言

化学是一门"中心的、有用的、创造性的科学",这是时任美国化学会会长、哥伦比亚大学教授R. Breslow在其科普著作《化学的今天与明天》上所加的副标题,这一描述对于有机合成化学这一分支学科更是恰如其分。得益于社会的需求、产业的推动和学科的交叉,有机合成化学在20世纪得到了全面发展。新概念、新反应、新方法、新试剂、新技术不断涌现,新需求、新目标、新挑战不断被提出,使得有机合成化学成为一门内涵丰富、地位突出的化学分支学科。

然而,国内有机合成方面的教材很少,远远满足不了人才培养的需要。因此,《有机合成》作为教育部"高等理科教育面向21世纪教学内容和课程体系改革"第一批立项编写教材的选题之一,被正式批准立项。

承担这样一项任务,作者既感到光荣又深感责任重大。因为有机合成的内容非常丰富,发展十分迅速,如何从中提炼出既能反映学科内涵,又易于被学生接受的内容无疑是一项艰巨的任务。

得益于原国家教委理科化学教学指导委员会有机和高分子教学指导组汪小兰教授、黄宪院士、刘中立教授等具有丰富经验的专家对本书编写提出的许多指导性意见和建议,使得编者得以形成本教材的编写思路。这就是,以逆合成分析法为主线,在考虑与有机化学教学内容衔接的同时,突出合成的有效性和选择性两大主题。注重原理,使得教材具有启发性,进而激发学生的创造性。在内容的选择及参考文献的引用上尽可能反映有机合成的新进展,并尽可能包含我国有机化学家的成功工作。

按照这一思路和由此形成的编写原则,同时考虑到作为教材的系统性和体系的完整性要求,本书除了绪论外,共分14章。第1章包括两方面的内容,一是逆合成分析法,二是以亲核-亲电化学反应性为中心,回顾、总结基础有机化学的基本反应;第2至第6章主要介绍碳骨架的构成;第7章介绍极性颠倒的方法;第8章介绍成环原理与方法;第9至第11章主要介绍官能团的导入和转变,包括氧化反应、还原反应和保护与去保护;第12章介绍不对称合成的原理与方法;第13章与第1章的逆合成分析法相呼应,介绍合成策略与天然产物合成;第14章介绍有机合成的若干趋势,包括高效合成方法、绿色合成的有关思路和组合化学引论等内容。各章后面附有习题,其参考答案或解题参考文献附于书后。

各章尽量按照：基本原理简述—问题的提出—解决问题的思路与方法这一次序叙述。为了便于读者理解有关有机反应，对于重要反应类型的机理也作了简要介绍。编者希望通过本教材的学习，读者可以在掌握丰富有机反应的基础上进行合成路线设计；也希望本教材能够激发学生的创造性，使学生了解到，不但合成路线可以设计，有机合成试剂和反应也同样可以依一定的原理进行设计。

需要说明的是，作者在教材编写中尝试采取与读者对话的行文方式，因而文字可能显得不够精炼。文中有些术语的使用、合成方法的归类可能与现有的术语、归类的方式有所差异，这些只是作者的一些探索与尝试，恳请同行专家不吝赐教。书中无论从教材内容的选取及编排、文字的提炼、图式的表达等诸多方面定然有许多不妥、错误之处，恳请读者与专家批评指正。

编者深感歉疚的是，在引用国内研究者工作方面，限于编者的学识、水平，以及教材的定位，国内许多有机合成的优秀成果未能得到反映与介绍，编者谨此向这些作者致以深深的歉意，敬祈原宥。

本书的绪论、第1章至第8章及第14章由黄培强撰写，第9章至第11章由靳立人撰写，第12、13章由陈安齐撰写。

中国科学院上海有机化学研究所周维善院士为本书作序；浙江大学黄宪院士在百忙之中审阅了全部书稿，并提出许多宝贵意见，编者谨此致以深深的谢意和崇高的敬意！

对于本书的编写，原国家教委理科化学教学指导委员会有机和高分子教学指导组汪小兰、黄宪、刘中立等诸位教授和高等教育出版社岳延陆老师等诸多专家给予了许多帮助，在此一并致以衷心的感谢！

厦门大学化学系研究生吴天俊、陈洁协助校对本书的部分内容，厦门大学李玲玲同志协助本书大部分内容的输入和图式的绘制，在此一并表示感谢。

本教材的编写通过教育部得到香港友人的资助，还得到厦门大学的资助，编者谨致谢意！

对于在本教材编写过程中曾给予支持和帮助的其他人士，编者谨此一并致以谢忱！

黄培强　靳立人　陈安齐
2003年8月

目 录

绪 论 ··· 1
   参考文献 ··· 11

第1章　逆合成分析法与有机反应概览 ·· 12
  1.1　切断与逆合成分析法 ··· 12
     1.1.1　逆合成分析法 ·· 14
     1.1.2　逆合成分析步骤及指南 ··· 23
  1.2　试剂的反应性与基础有机反应概览 ·· 31
     1.2.1　亲核反应通论 ·· 32
     1.2.2　亲核试剂 ·· 32
     1.2.3　亲电试剂 ·· 36
     1.2.4　双反应性试剂 ·· 45
  1.3　极性的颠倒 ·· 47
     1.3.1　键的极性及其传递 ·· 47
     1.3.2　极性颠倒 ·· 48
     1.3.3　极性颠倒的基本原理 ··· 50
  参考文献 ··· 54
  习题 ·· 55

第2章　基于非稳定碳负离子的碳-碳键形成方法 ·· 57
  2.1　原理 ··· 57
  2.2　有机镁和有机锂试剂的制备与反应性 ··· 58
     2.2.1　有机镁试剂（格氏试剂）的制备与反应性 ·· 58
     2.2.2　有机锂试剂的制备与反应性 ·· 60
  2.3　格氏试剂和有机锂试剂的反应与合成应用 ··· 64
     2.3.1　与烃基化试剂反应 ·· 64
     2.3.2　与醛、酮反应 ·· 65
     2.3.3　与羧酸衍生物反应 ·· 67
  2.4　Barbier反应及相关反应 ··· 75
  2.5　有机铈试剂 ·· 77
  2.6　有机锌试剂 ·· 78
     2.6.1　有机锌试剂的制备 ·· 78

2.6.2 有机锌试剂的合成应用 ································· 79
2.7 有机铜试剂的制备及合成应用 ································· 79
  2.7.1 二烷基铜锂 ································· 81
  2.7.2 高序铜 ································· 89
参考文献 ································· 91
习题 ································· 92

第3章 稳定化碳负离子的烃基化和酰基化 94

3.1 原理 ································· 94
  3.1.1 稳定化的碳负离子及其反应性 ································· 94
  3.1.2 稳定碳负离子的因素 ································· 96
  3.1.3 碳氢化合物酸性的描述 ································· 101
3.2 烯醇负离子的形成及其反应性 ································· 102
  3.2.1 羰基化合物的切断及其合成的选择性问题 ································· 102
  3.2.2 影响羰基烯醇负离子形成及反应性的因素 ································· 105
3.3 醛和非对称酮的烯醇化及其烷基化的选择性控制 ································· 112
  3.3.1 醛的烯醇化及其烷基化 ································· 112
  3.3.2 通过动力学或热力学控制形成特定烯醇盐 ································· 113
  3.3.3 烯醇硅醚作为特定烯醇盐的前体 ································· 116
  3.3.4 通过 α,β - 不饱和酮的共轭加成形成特定烯醇盐 ································· 119
  3.3.5 烯醇和烯醇负离子的氮类似物——烯胺和亚胺负离子 ································· 121
  3.3.6 活化基和保护基的使用 ································· 126
3.4 酯、酰胺、羧酸、砜与腈的 α - 烷基化 ································· 129
3.5 通过共轭加成进行碳亲核试剂的烃基化 ································· 130
  3.5.1 羰基化合物的 Michael 加成反应 ································· 130
  3.5.2 烯醇硅醚和烯胺的 Michael 加成反应 ································· 131
参考文献 ································· 133
习题 ································· 133

第4章 稳定化碳负离子的缩合反应 136

4.1 羟醛缩合反应 ································· 137
  4.1.1 羟醛加成反应的区域选择性与化学选择性 ································· 137
  4.1.2 羟醛加成的立体选择性 ································· 148
  4.1.3 烯醇负离子的其他缩合反应 ································· 152
4.2 不同类型羰基化合物间的缩合反应 ································· 156
  4.2.1 醛、酮与酯及羧酸衍生物的缩合反应 ································· 156
  4.2.2 羧酸衍生物与醛、酮的缩合反应 ································· 157
  4.2.3 酯 - 酯缩合反应 ································· 159
4.3 烯烃合成法：C=C 的形成 ································· 161

   4.3.1 Wittig 反应及相关反应 …………………………………… 161
   4.3.2 Julia 烯烃合成法 ……………………………………………… 170
   4.3.3 Peterson 反应 ………………………………………………… 171
   4.3.4 Tebbe 试剂 …………………………………………………… 172
   4.3.5 烯烃复分解反应 ……………………………………………… 173
  参考文献 ………………………………………………………………… 174
  习题 ……………………………………………………………………… 175

第5章 基于有机硼、硅、锡、钯试剂的碳-碳键形成方法 …………… 179
 5.1 有机硼试剂在碳-碳键形成中的应用 ………………………………… 179
   5.1.1 有机硼试剂的制备 …………………………………………… 179
   5.1.2 基于有机硼试剂的碳-碳键形成方法 ……………………… 180
 5.2 有机硅化合物在碳-碳键形成中的应用 ……………………………… 185
   5.2.1 硅元素及有机硅化合物的结构效应 ………………………… 185
   5.2.2 基于有机硅试剂的碳-碳键形成方法 ……………………… 185
 5.3 有机锡化合物在碳-碳键形成中的应用 ……………………………… 189
   5.3.1 间接用于碳-碳键形成的有机锡化合物 …………………… 189
   5.3.2 直接用于碳-碳键形成的有机锡化合物 …………………… 190
 5.4 钯催化的碳-碳键形成反应 …………………………………………… 192
   5.4.1 过渡金属配合物 ……………………………………………… 192
   5.4.2 有机钯化合物在碳-碳键形成中的应用 …………………… 195
  参考文献 ………………………………………………………………… 199
  习题 ……………………………………………………………………… 199

第6章 自由基反应 …………………………………………………………… 202
 6.1 自由基的产生 …………………………………………………………… 202
   6.1.1 通过 σ-键均裂产生自由基 ………………………………… 202
   6.1.2 通过光化学方法产生自由基 ………………………………… 203
   6.1.3 通过氧化还原产生自由基 …………………………………… 203
   6.1.4 双自由基的产生 ……………………………………………… 204
 6.2 自由基的结构与反应性 ………………………………………………… 205
   6.2.1 自由基的结构与特性 ………………………………………… 205
   6.2.2 自由基的反应类型 …………………………………………… 206
 6.3 自由基反应在有机合成中的应用 ……………………………………… 207
   6.3.1 偶联反应 ……………………………………………………… 207
   6.3.2 氧化脱羧 ……………………………………………………… 212
   6.3.3 自由基加成反应 ……………………………………………… 213
   6.3.4 自由基取代反应 ……………………………………………… 215
   6.3.5 自氧化反应 …………………………………………………… 215

参考文献 ·· 216
　　习题 ·· 217

第7章　极性颠倒 ·· 219
7.1　分子的极性与化学反应性 ·· 219
7.2　羰基化合物的极性颠倒 ·· 220
7.2.1　羰基的极性颠倒：酰基负离子（RCO⁻）反应性的实现 ········· 220
7.2.2　羰基α-位的极性颠倒：$RCOCH_2^+$ 反应性的实现 ·············· 230
7.2.3　羰基β-位的极性颠倒：高烯醇负离子（⁻C—C—COR）的实现 ·· 232
7.3　胺和醇的极性颠倒 ·· 235
7.3.1　氨基α-位的极性颠倒：胺α-碳负离子（⁻CR_2NH_2） ········· 235
7.3.2　羟基α-位的极性颠倒：醇的α-碳负离子合成子（⁻CR_2OH） ··· 237
7.3.3　氨基氮原子及其他杂原子的极性颠倒 ································· 238
7.4　芳烃和烯烃的极性颠倒 ·· 240
7.4.1　芳烃的极性颠倒 ·· 240
7.4.2　烯烃的极性颠倒 ·· 242
7.5　广义的"极性"颠倒概念及其应用 ·· 244
7.5.1　自由基加成反应的"极性"颠倒 ··· 244
7.5.2　其他类型的"极性"颠倒：反应选择性的颠倒 ······················· 245
　　参考文献 ·· 247
　　习题 ·· 248

第8章　成环反应 ·· 250
8.1　成环策略 ·· 250
8.2　非环前体的环化反应（单边环化） ·· 251
8.2.1　原理 ·· 251
8.2.2　阴离子环化与Baldwin环化规则 ··· 252
8.2.3　阳离子环化 ·· 260
8.2.4　自由基环化 ·· 264
8.2.5　有机金属化合物催化的环化反应 ··· 265
8.3　双边环化与环加成反应 ·· 270
8.3.1　六元环的形成 ·· 270
8.3.2　五元环的形成 ·· 278
8.3.3　四元环的形成：[2+2]环加成反应 ······································ 283
8.3.4　三元环的形成 ·· 284
　　参考文献 ·· 287
　　习题 ·· 288

第9章 氧化反应 ············ 292

9.1 醇的氧化 ············ 292
9.1.1 铬氧化剂 ············ 292
9.1.2 二氧化锰 ············ 296
9.1.3 二甲亚砜 ············ 296
9.1.4 高碘酸酯 ············ 298
9.1.5 Oppenauer 氧化 ············ 299
9.1.6 NMO 氧化剂 ············ 300
9.1.7 其他氧化剂 ············ 300

9.2 碳-碳双键氧化反应 ············ 302
9.2.1 碳-碳双键环氧化反应 ············ 302
9.2.2 碳-碳双键的双羟基化反应 ············ 308
9.2.3 碳-碳双键的臭氧化反应 ············ 310
9.2.4 碳-碳双键的光敏氧化反应 ············ 312

9.3 碳-碳键断裂氧化 ············ 315
9.3.1 高锰酸钾 ············ 315
9.3.2 钌氧化剂 ············ 316
9.3.3 四乙酸铅 ············ 317
9.3.4 高碘酸 ············ 318
9.3.5 Baeyer-Villiger 氧化反应 ············ 319

9.4 碳-氢键的氧化 ············ 322
9.4.1 二氧化硒 ············ 322
9.4.2 铬、锰化合物氧化剂 ············ 323
9.4.3 其他碳-氢键氧化剂 ············ 324

参考文献 ············ 327
习题 ············ 327

第10章 还原反应 ············ 330

10.1 负氢转移还原反应 ············ 330
10.1.1 氢化锂铝 ············ 331
10.1.2 烃氧基铝氢化物 ············ 336
10.1.3 双（甲氧乙氧基）铝氢化物 ············ 337
10.1.4 硼氢化物 ············ 340
10.1.5 酰氧基和烃基硼氢化物 ············ 344
10.1.6 硼烷、氢化铝及其衍生物 ············ 347

10.2 催化氢化反应 ············ 349
10.2.1 催化活性与反应性 ············ 350
10.2.2 催化氢化的立体化学 ············ 351

10.2.3　官能团的催化氢化还原 ……………………………… 352
　　10.2.4　催化氢解 …………………………………………… 356
　　10.2.5　均相催化氢化 ……………………………………… 356
10.3　可溶性金属还原反应 ………………………………………… 358
　　10.3.1　羰基化合物的还原 ………………………………… 358
　　10.3.2　还原裂解反应 ……………………………………… 360
　　10.3.3　炔烃还原 …………………………………………… 363
　　10.3.4　共轭体系的还原 …………………………………… 364
10.4　其他还原剂还原 ……………………………………………… 366
　　10.4.1　烷基硅烷还原法 …………………………………… 366
　　10.4.2　肼还原法 …………………………………………… 367
　　10.4.3　偶氮（HN=NH）还原法 …………………………… 368
参考文献 ………………………………………………………………… 369
习题 ……………………………………………………………………… 369

第11章　有机合成中的保护基 …………………………………… 372

11.1　羟基的保护 …………………………………………………… 372
　　11.1.1　醚类保护基 ………………………………………… 373
　　11.1.2　酯类保护基 ………………………………………… 379
　　11.1.3　1,2-和1,3-二醇的保护 …………………………… 380
11.2　醛、酮的保护 ………………………………………………… 381
　　11.2.1　缩醛、缩酮 ………………………………………… 381
　　11.2.2　二硫代缩醛、缩酮 ………………………………… 384
11.3　氨基的保护 …………………………………………………… 385
　　11.3.1　N-烃化和N-三烃基硅烷化保护 ………………… 386
　　11.3.2　N-酰化保护 ………………………………………… 386
　　11.3.3　氨基甲酸酯保护 …………………………………… 388
参考文献 ………………………………………………………………… 389
习题 ……………………………………………………………………… 389

第12章　不对称合成 ………………………………………………… 391

12.1　不对称合成的意义 …………………………………………… 391
12.2　不对称合成的基本概念 ……………………………………… 392
　　12.2.1　不对称合成的定义与立体选择性 ………………… 392
　　12.2.2　反应面的描述 ……………………………………… 394
　　12.2.3　不对称反应的过渡态与动力学 …………………… 395
12.3　实现不对称合成的原理与基本方法 ………………………… 396
　　12.3.1　手性底物控制的不对称反应 ……………………… 396
　　12.3.2　手性辅助基团控制的不对称反应 ………………… 398

	12.3.3	手性试剂控制的不对称反应	399
	12.3.4	手性催化剂控制的不对称反应	400
12.4	不对称碳-碳键形成反应		401
	12.4.1	羰基的不对称加成反应	401
	12.4.2	不对称醇醛反应	411
	12.4.3	不对称环加成反应	417
12.5	不对称氢化和不对称还原反应		423
	12.5.1	碳-碳双键的不对称氢化	423
	12.5.2	酮的不对称还原	427
12.6	不对称氧化反应		435
	12.6.1	烯丙醇的不对称环氧化	435
	12.6.2	非官能化烯烃的不对称环氧化	439
	12.6.3	烯烃的不对称邻二羟基化	441

参考文献 ... 444
习题 ... 445

第 13 章　合成策略与复杂目标分子的全合成 ... 448

13.1	有机合成的一般策略		448
13.2	合成设计的基本策略		449
	13.2.1	基于官能团的策略	450
	13.2.2	基于转换反应的策略	450
	13.2.3	基于结构特征的策略	452
	13.2.4	拓扑学策略	452
	13.2.5	立体化学策略	455
13.3	天然产物全合成例选		456
	13.3.1	舞毒蛾雌性信息素 disparlure	456
	13.3.2	稻瘟病自卫物质	458
	13.3.3	前列腺素	461
	13.3.4	青蒿素的全合成	465
	13.3.5	利血平的全合成	468
	13.3.6	番荔枝内酯（+）-parviflorin 的全合成	474
	13.3.7	马钱子碱的外消旋全合成	479

参考文献 ... 483
习题 ... 484

第 14 章　有机合成化学的近期趋势 ... 487

14.1	引言		487
14.2	高效合成方法学		489
	14.2.1	串联反应	489

14.2.2 多米诺反应与仿生合成 …………………………………………… 492
14.2.3 一瓶多组分反应 …………………………………………………… 501
14.2.4 多反应中心多点反应 ……………………………………………… 504
14.3 绿色合成的其他方法 …………………………………………………… 505
14.3.1 原子经济反应 ……………………………………………………… 505
14.3.2 有机电合成 ………………………………………………………… 511
14.3.3 溶剂 ………………………………………………………………… 512
14.3.4 原料 ………………………………………………………………… 518
14.3.5 安全的化学品 ……………………………………………………… 518
14.4 反应的选择性：定向合成 ……………………………………………… 520
14.5 合成子与合成砌块 ……………………………………………………… 520
14.6 组合化学：多样性导向的有机合成 …………………………………… 523
参考文献 ……………………………………………………………………… 526
习题 …………………………………………………………………………… 528
习题参考答案或提示 …………………………………………………………… 530
附录 …………………………………………………………………………… 546
附录1 有机合成中常用的缩写 ………………………………………… 546
附录2 有机合成一般参考书目 ………………………………………… 548
附录3 与有机合成有关的诺贝尔化学奖获奖名录 …………………… 549

绪 论

化学是一门中心科学[1]。化学的核心是合成化学[2]。在迄今已知的2200多万种物质中,绝大多数为有机合成产物。有机合成是以有机反应为工具,通过合理设计的合成路线,从一个(一般是比较简单的)分子建造另一个(一般是比较复杂的)分子的过程。

1. 有机合成化学的发展回顾

作为化学的萌芽,有机化学的历史可以追溯到古代的酿造、染色与制药。有机化学的学科概念是 J. Berzelius 于 1806 年提出的,其时欧洲盛行"生命力论",认为有机物属于"有生命之物",是在"生命力"的作用下产生的,因此,只能从有生命的动植物体中提取,可以从有机物制备有机物,而不可能从无机物合成有机物。

1828 年德国化学家 F. Wöhler 试图用氰酸(HOCN)作用于氨水以制取氰酸铵(NH_4NCO)却意外得到尿素,从而首次从无机物人工合成了有机化合物。此后,他又采用不同的无机物合成了尿素,并于 1828 年发表了《论尿素的人工合成》的论文,给"生命力论"以巨大的打击。但是,真正使得"生命力论"寿终正寝的是 H. Kolbe,他于 1845 年实现了从元素单质合成乙酸,并第一次用到"合成"这个词来描述从其他物质制取化合物的过程。

$$C \xrightarrow{FeS_2} CS_2 \xrightarrow{Cl_2} CCl_4 \xrightarrow{红热管} Cl_2C=CCl_2$$

$$CH_3CO_2H \xleftarrow{电解} CCl_3CO_2H \xleftarrow{日光,水}$$

尿素 $H_2N-\overset{O}{\underset{}{C}}-NH_2$

乙酸

有机合成的另一个里程碑是 1856 年 W. H. Perkin 的苯胺紫合成,这是第一个合成染料,被视为第一个工业精细有机合成,其中涉及有机合成中一段故事。当时,疟疾是主要的致命传染病之一,每年有成百万的人死于该恶性传染病。而且,随着欧洲各国大肆殖民扩张,疟疾成为海外新殖民地的严重问题。欧洲人从南美土著人学到用金鸡纳树的树皮治疗这种传染病。1820 年法国药物化学家 Pelletier 和 Caventou 从金鸡纳树树皮中提取到活性成分奎宁(又叫金鸡纳碱),确定了其熔点、旋光值和元素组成 $C_{20}H_{24}N_2O_2$。但是,其结构在 88 年后的 1908 年才被确定。在 19 世纪中叶,成年累月地、无情地剥取这种树皮的结果,使金鸡纳树濒临绝灭的境地。

1856 年,当时年仅 18 岁的英国青年化学家 W. H. Perkin 根据他的老师 A. W. Hofmann 的建议试图合成奎宁。他注意到煤焦油中有一种化合物烯丙基对甲苯胺的组成为 $C_{10}H_{13}N$,于是他仿照无机化学的氧化反应设计了如下合成奎宁的反应:

$$2C_{10}H_{13}N + 3\text{"O"} \xrightarrow{K_2Cr_2O_7} C_{20}H_{24}N_2O_2 + H_2O$$

在确定了奎宁的结构后,后人当然知道 Perkin 的这一设想是幼稚的、无法实现的。

事实上,奎宁全合成的梦想直到 88 年后的 1945 年才由 Woodward 实现。而奎宁的立体选择性全合成则在 2001 年由 Stork 小组完成[3]。但是,执著的 Perkin 从类似的苯胺(混有甲苯胺)氧化得到的黑色沉淀物中提取到一种红紫色染料,尽管产率仅 5%,Perkin 意识到这一偶然发现的潜在商业价值,成功地将这第一个合成染料商业化,取代了当时价格比黄金还昂贵的天然染料泰尔红紫(Tyrian purple)。开创了以煤焦油为原料的合成染料工业。在此之后,多种天然染料如茜素(alizarin,1869,Graebe 与 Liebermann)和靛蓝(indigo,1878,Bayer)等相继被合成,奠定了德国化学染料工业的基础。令人称奇的是,文献中有关苯胺紫(mauveine)的结构一直存在疑问,直到 138 年后的 1994 年,O. Meth-Cohn 重新分析,确定了 Perkin 的工厂当年所生产的苯胺紫实际上是两个酚嗪鎓染料的混合物[4]。在这一时期,以煤焦油为原料,先后合成了一系列人工和天然染料、药品、香料、糖精、炸药等有机化合物,使得有机合成工业得到迅速发展,展现了早期有机合成的辉煌。

在尿素合成之后,19 世纪最重要的全合成是 E. Fischer 完成的(+)-葡萄糖合成。这一全合成的重要性不仅在于目标分子中官能团的复杂性,而且在于合成中的立体化学控制。因此,就目标分子而言,这一带有五个手性中心的含氧环状化合物的合成代表着 19 世纪末有机合成的最高水平,E. Fischer 因此成为继 J. H. van't Hoff 后第二位获得诺贝尔化学奖(1902 年)的化学家。

得益于原子和分子结构理论、色谱分离技术和现代波谱分析技术的发展,有机合成在20世纪得到了全面的发展[5]。

在第二次世界大战前完成了许多复杂天然产物的合成。最具代表性的分子是α-萜品醇(Perkin,1904),樟脑(Komppa,1903;Perkin,1904),托品酮(Willstätter,1901;Robinson,1917),氯高铁血红素(H. Fischer,1929)和马萘雌甾酮(Bachmann,1939)等。其中Robinson在1917年通过仿生途径,从丁二醛、甲胺和丙酮二羧酸出发,仅用一步合成了托品酮,无疑是有机合成的又一个里程碑。H. Fischer血红素的合成是有机合成的另一跨越。R.Robinson和H.Fischer因此分别获得1947年和1930年诺贝尔化学奖。

(+)-葡萄糖　　α-萜品醇　　樟脑　　托品酮

氯高铁血红素　　马萘雌甾酮　　可的松

此后,有机合成进入R.B.Woodward时代。在这一阶段,有机合成蓬勃发展。Woodward小组巧妙地完成了许多复杂天然产物的首次全合成,首先是奎宁(1944年),随后依次是可的松(1951年),马钱子碱(1954年),利血平(1958年),叶绿素(1960年),四环素(1962年),头孢菌素C(1965年),前列腺素$F_{2\alpha}$(1973年),红霉素(1981年),1973年与Eschenmoser小组合作完成了维生素B_{12}的全合成。

在第二次世界大战期间,德国与盟军之间展开一场涉及有机合成的秘密竞争。在战争期间,为使大量伤员免于受感染,急需大量抗生素,当时有效的抗生素首推A.Fleming于1929年发现的青霉素。为此,英美在二战期间合作秘密开展了一项有39个科研院、所、企业和政府实验室参加的青霉素结构研究计划,希望能导向青霉素的人工合成。共有约800份秘密研究报告在近年被解密。但是青霉素的结构于1945年才被确定。由于β-内酰胺环的高度不稳定性,麻省理工学院J. C. Sheehan领导的小组在二战结束后的1957年才最终完成了青霉素V的全合成。1999年美国化学会和英国皇家化学会共同把"青霉素的发现和发展"确定为国际历史性化学里程碑。

青霉素V

在1953年,V. du Vignaud完成了多肽激素催产素(oxytocin)的合成,他于1955年获得诺贝尔化学奖。

由于发现许多甾体化合物有重要生理功能,特别是作为甾体激素,在生育控制和受体研究中具有重要意义,甾体化合物的合成成为50年代前后有机合成化学的热点之一。经历了漫长的积累后(1932—1951),S. R. Robinson成功装配了这些甾体多环分子。与此同时,Woodward建立了另一条甾体合成路线。这一工作表明他出色地掌握了官能团与骨架的协调装配,特别是掌握了相对立体化学的控制。对甾体化合物的研究不但促进了相邻学科的发展,奠定了甾体药物工业的基础,还极大地促进了有机分子构象的研究,产生了有机化学构象分析理论。D. H. R. Barton因此与O. Hassel分享1969年诺贝尔化学奖。1999年美国化学会和墨西哥化学会授予"Marker降解和创立墨西哥甾体激素工业"国际历史性化学里程碑,以表彰美国化学家R. E. Marker建立了孕激素孕甾酮的首次实用合成并使之商业化,从而创立了墨西哥甾体制药工业。值得一提的是,黄鸣龙对可的松的合成反应进行了创造性的改造,仅通过七步反应合成了可的松,成功地开发了甾族口服避孕药,并研制出创新药甲地孕酮,为我国计划生育工作做出了重大贡献。

2003年是发现DNA双螺旋结构50周年。50年前,当Watson和Crick发表这一历史性结果后,基因的合成立即成为人们的梦想。经过近20年的不懈努力,H. G. Khorana小组终于在1970年完成了酵母基因的合成。由此发展的聚核苷酸的合成方法极大地促进了现代分子生物学和生物技术的发展。

20世纪60年代末至70年代,有机合成的热点无疑是前列腺素,这是一类含20个碳的环戊烷类天然产物,是广泛存在于哺乳动物组织和体液的活性物质,但在体内含量极微(人体每天产生1 mg)。这类天然产物在20世纪50年代被分离出来，因具有极为重要的生理活性而备受重视。由于天然来源十分有限，为了满足深入研究其作用机制和医学应用的需要，全合成成为惟一的选择。

前列腺素 E_1 　　　　　赤霉酸

　　Woodward 和 Corey 两位有机合成大师在哈佛大学共事了 20 年。在 Woodward 时代之后，有机合成进入 Corey 时代。Corey 进行全合成有两个显著特点和杰出贡献，一是系统建立了逆合成分析方法，二是在全合成中设计、发展新的合成试剂与方法。Corey 于 1961 年在 Longifolene 合成中正式引入逆合成分析思想，并于 1967 年较系统地阐述了这一思想，最后于 1990 年总结了这一革命性的方法。他领导的小组共完成了一百多种复杂天然产物的全合成，包括植物生长激素赤霉酸、中草药银杏属白果苦内酯和前列腺素等。他获得 1990 年诺贝尔化学奖。

　　20 世纪 80 年代兴起选择性合成特别是不对称合成。此间的一个重要收获是 B. Merrifield 因发展多肽固相合成技术获得 1984 年诺贝尔化学奖。

　　1950—1990 年间是全合成迅速发展的时期，如果说 Woodward 和 Corey 两位合成大师处在时代的巅峰，那么还有许多对有机合成化学做出巨大贡献的伟大化学家，例如 G. Stork，A. Eschenmoser，Sir D. H. R. Barton，W. S. Johnson，S. Danishefsky，D. A. Evans，Y. Kishi 等。他们的贡献始于 Woodward 时代，延续达 50 年之久。哈佛大学 Kishi 教授于 1989 年完成了岩沙海葵毒素（Palytoxin）羧酸的全合成，于 1994 年最终完成岩沙海葵毒素本身的全合成。这是迄今通过全合成获得的具有最大相对分子质量、最多手性中心的次生代谢产物，堪称有机合成历史上最浩大的工程之一，是天然产物合成的一个里程碑。

　　20 世纪 90 年代的有机合成有三个显著特点：一是许多具有重要药用前景的新化合物相继被发现，如抗癌活性化合物紫杉醇（taxol）、卡里奇霉素（calicheamicin）和埃坡霉素（epothilone），并很快完成全合成；二是许多结构新颖、复杂的海洋天然产物被分离、鉴定，成为有机合成的新挑战，以 K. C. Nicolaou 为代表的新一代的合成化学家成为发展的主角；三是不对称合成成为合成研究的主流。2001 年，在诺贝尔奖百年庆典之际，有机合成再获殊荣——W. S. Knowles，R. Noyori 和 B. M. Sharpless 因在催化不对称合成方面的杰出成就而共享 2001 年诺贝尔化学奖。

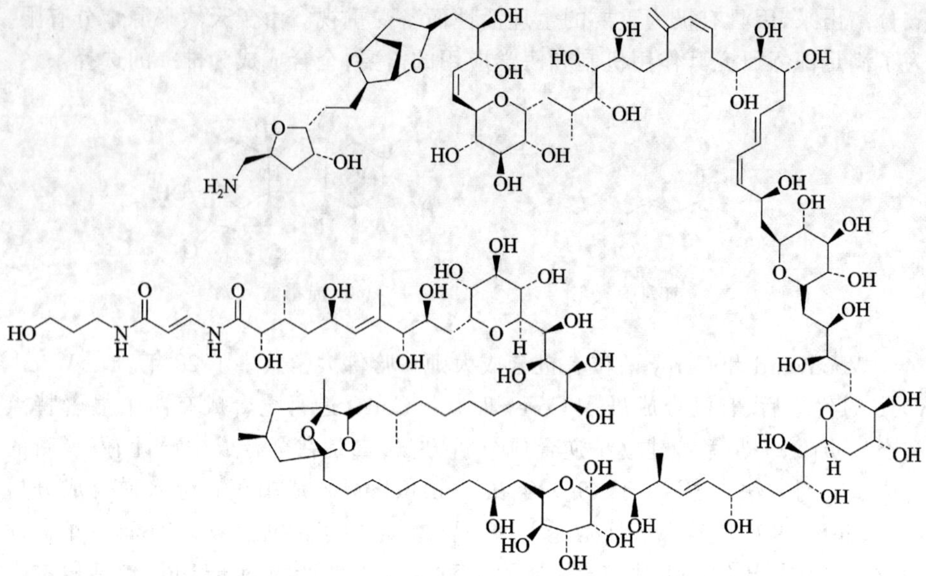

岩沙海葵毒素

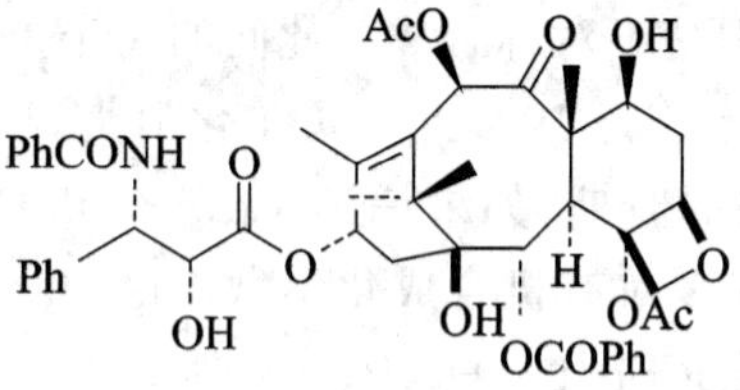

紫杉醇 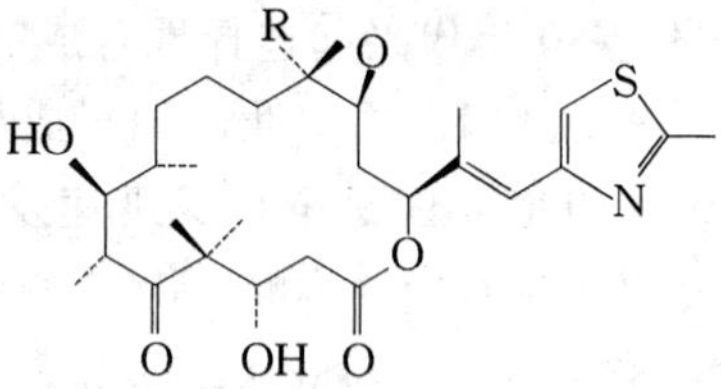　　　　　埃坡霉素

紫杉醇是从太平洋红豆杉分离出来的化合物,1971年报道了其结构,1992年被美国食品和药品管理局(FDA)批准为治疗乳腺癌和卵巢癌的药物。由于紫杉醇在红豆杉树皮中含量很低,又表现出独特的抗癌机制,因此,紫杉醇引起了生物、医学、制药、生态和有机合成等学科领域的极大重视,也引起了社会的关注,成为一个"明星"分子。据报道,美国每年死于乳腺癌和卵巢癌的人数达57 000人,而治疗一位患者需要牺牲五棵百年老杉以获得约30 kg树皮,从中仅能提取几克紫杉醇。仅美国施贵宝制药公司进行紫杉醇的临床研究需要25 kg紫杉醇,那就需要38 000棵红豆杉树。如果依靠从天然提取,势必引起红豆杉的生态灾难。由此可见,紫杉醇的全合成有着迫切的社会需求。而且,紫杉醇分子独特的结构和密集的官能团使之成为一个极富挑战性的课题。Nicolaou小组和Holton小组几乎同时于1994年率先报道了其全合成。随后,Danishefsky,Wender,Mukaiyama和Kuwajima小组分别完成了其全合成。P. Potier等人发

展了一个高活性的类似物 taxotère,并成功地付诸临床使用。

万古霉素是一个有代表性的糖肽类抗生素,被认为是人类对付细菌的最后武器。1999 年 Nicolaou 小组完成了其全合成。最近的研究显示,万古霉素的糖基修饰类似物对耐药性微生物具有高活性。

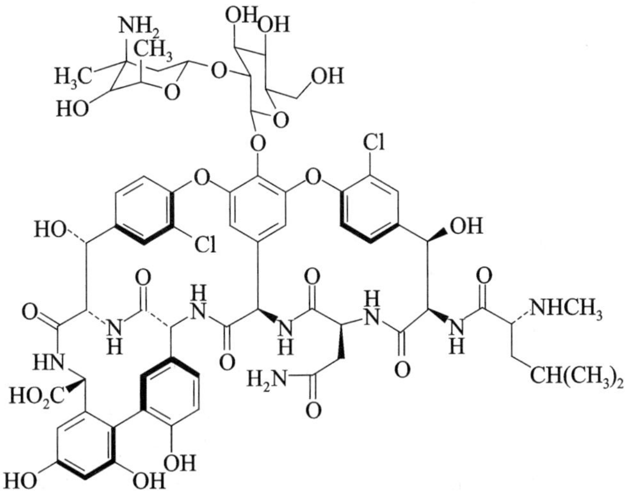

万古霉素

神经毒素双鞭甲藻毒素 B(Brevetoxin B)是赤潮产生的有毒海水的活性成分。双鞭甲藻毒素 B 由 11 个环、23 个手性中心构成,是一个结构规整、具有美感的分子。Nicolaou 小组经过 12 年的努力,终于于 1995 年完成了双鞭甲藻毒素 B 的全合成,伴随着这一工作建立了许多创新性的合成方法。

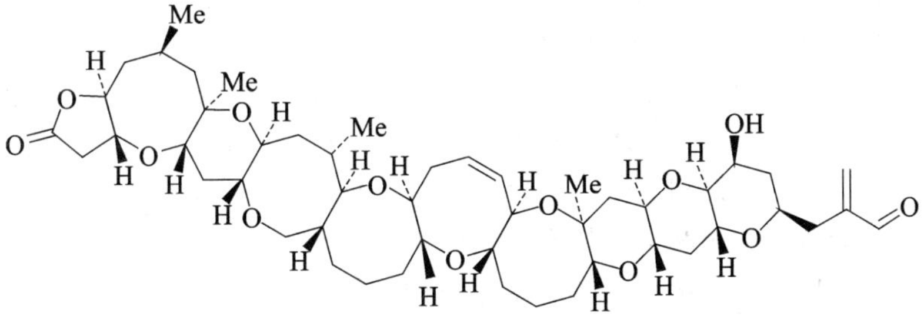

Brevetoxin B

有机合成的目标并不局限于天然产物,大量具有特殊功能的分子同样是有机合成的重要目标。例如,于 2000 年完成合成的八硝基立方烷是一种先进的高密度高能材料,其爆炸(分解)后体积膨胀 1150 倍,每摩尔释放能量 3.5×10^6 J (830 kCal)。

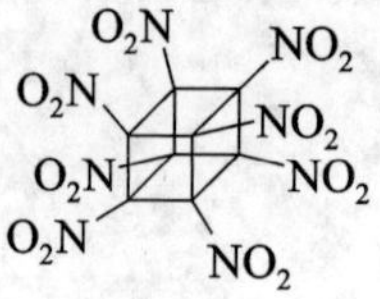

$$C_8(NO_2)_8 \longrightarrow 8CO_2 + 4N_2$$

八硝基立方烷

2. 有机合成的作用

通过回顾有机合成发展进程中那些激动人心的时刻,可以看出,人类社会从生存繁衍到发展进步,在衣、食、住、行以及国防等方面不断增长的需求成为有机合成学科发展的源动力。

毫无疑问,有机合成的科学研究又具有非物质性的一面,即具有纯科学的特性,因而成为新概念、新理论、新方法、新技术发现和发明的源泉。有机构象分析理论、Woodward-Hoffman 规则、超分子与分子识别概念、逆合成分析和合成子概念、固相合成概念等是其中的例子,它们对整个化学学科乃至生命科学、材料科学等学科的影响是巨大的。

结构与理论有机化学等学科的发展,不断地提出了新奇分子的合成问题。例如,早期在研究共振稳定现象时,分子轨道计算结果表明,具有 $4\pi + 2\pi$ 电子的单环分子表现出特殊的稳定性(Hückel 理论),例如苯分子。问题是这样的表述是局限于苯分子还是概括了一种普遍现象呢? 进一步的数学计算表明,Hückel 理论同样适应于像下列图中 A,B,C 这样的分子,也就是说,这些分子应该具有与苯类似的稳定性。对 Hückel 理论的直接证明是合成这些化合物,后来人们合成了这些化合物,证明了它们的稳定性,这就从一个方面证明了 Hückel 理论。还需要实验证明的是 Hückel 理论所预示的,不具有 $4\pi + 2\pi$ 电子的分子的不稳定性,如下列图中 D,E。这两个分子的合成无疑是一个难题。如果不能合成这些化合物,而又要以此证明 Hückel 理论,就必须能将它归咎于分子本身的不稳定性而绝对排除合成程序和实验条件的影响,当然要作这样的证明是同样困难的,最后还是通过合成取得正面证据:合成化学家合成了化合物 F,G,它们同样具有类苯稳定性。因此,可以认为,有机合成为 Hückel 理论提供了直接的证明。

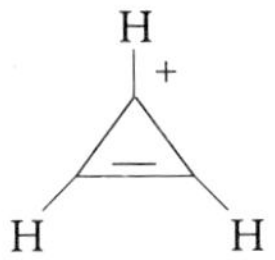

A 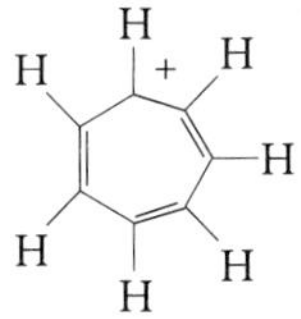   B 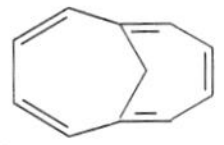   C

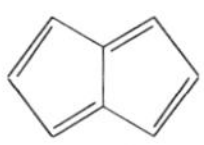

D   E 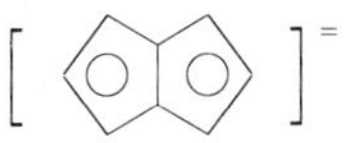   F 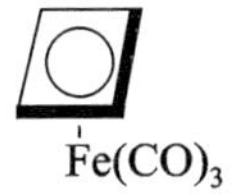   G

药理、生化的研究需要大量活性化合物来研究受体与底物作用,从而揭示受体的结构与功能,揭示结构 – 药效关系等。

有机合成曾经是确定天然产物结构的一种手段。早期天然产物结构测定最终是通过有机合成确证的。即使在物化分析手段十分发达的 20 世纪 90 年代,仍不乏通过全合成确定或纠正天然产物结构的事例。例如,periplanone A 是第二个美国蟑螂信息素,对其结构的争议长达 11 年之久,最后通过全合成确定了如下所示的结构。

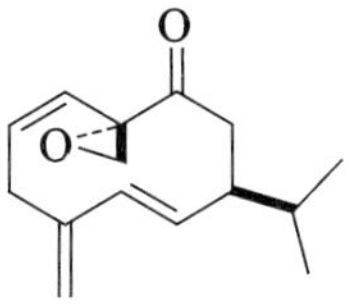

periplanone A

3. 有机合成面临的挑战

现在,有机合成已达到这样的境界,不但大量来自自然界、具有复杂而多样结构的次生代谢产物可被合成,基因和蛋白质等生物大分子也可从简单原料出发被合理合成,而且大量人工设计的含不同杂原子的碳氢化合物也可被设计合成,并被用于从生命到材料的各种用途。

尽管如此,有机合成在许多方面还远远满足不了科学发展和社会的需求。举一个简单的例子,$α$ – 海人草酸是研究神经化学必不可少的工具,美国 Chem & Eng News 杂志在 2000 年第 1 期报道称 $α$ – 海人草酸的来源告罄,该刊同年第 3 期又报道,$α$ – 海人草酸又恢复供应,来源乃来自天然提取物。而有关 $α$ – 海人草酸全合成已报道了二十几条合成路线。说明即使是这样一个不太复杂的小分子,仍缺乏实用的合成路线。可见许多有机合成路线缺乏实用性。有机合成化学仍需要有大的发展与突破,才能更好地满足科学发展和社会进步的要求。

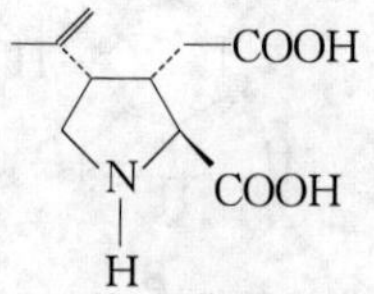

海人草酸

随着 21 世纪海洋这个天然产物宝库的打开,将会有更多结构新奇复杂、活性独特的天然产物被发现。Maitotoxin 是其中的一个例子。Maitotoxin 于 1989 年被分离出来,1996 年最终确定了其立体结构。该分子含有 142 个碳原子,32 个醚环,28 个羟基和 2 个硫酸酯,相对分子质量 3422,是迄今已知的毒性最大、相对分子质量最大的次生代谢产物。这些新型分子的发现,对天然产物全合成提出了新的挑战。

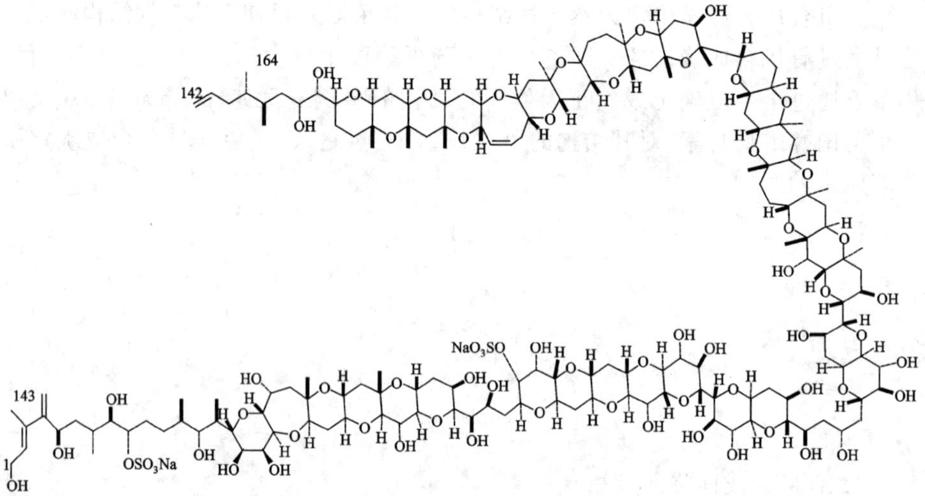

maitotoxin

随着 21 世纪生命科学与材料科学的发展,特别是进入后基因组时代后,需要有机合成快速提供各种具有特定生理或材料功能的有机分子,而新结构类型分子的获取往往取决于新的合成方法,后者往往又取决于新的理论和概念。这同样对有机合成提出了新的挑战。

随着人类社会进入 21 世纪,社会的可持续发展的问题日益成为人们关注的焦点,就化学而言,绿色化学已成为有机合成新的目标、方向和挑战。因此,对于有机合成,重要的不但在于合成具有什么功能的分子而且在于怎么合成。合成的有效性、经济性、实用性和环境影响显得日益重要。

总之,以1828年F. Wöhler从氰酸铵合成尿素为标志,有机合成学科历经了一百多年的发展。有机合成化学一方面在与化学学科内外的其他学科的相互交叉、相互促进、互为因果的互动过程中得到不断发展;另一方面,人类社会永无止境的物质需求使得有机合成学科的发展永无止境。现在,有机合成离理想的合成[理想的合成(最终是实用的)指的是用简单的、安全的、环境友好的、资源有效的操作,快速、定量地把价廉、易得的起始原料转化为天然或设计的目标分子]还有巨大的差距,还需要一代一代有才华的有机化学家的不懈努力与创新。正是:路漫漫其修远兮,吾将上下而求索!

参 考 文 献

1 [美] Pimentel G C, Coonrod J A. 化学中的机会——今天和明天. 华彤文等译. 北京:北京大学出版社,1990
2 徐光宪. 化学通报. 2003,66:1
3 Stork G, Niu D, Fujimoto A, Koft E R, Balkovec J M, Tata J R, Dake G R. J Am Chem Soc, 2001,123:3239
4 Meth‐Cohn O, Smith M. J Chem Soc Perk Trans 1,1994,5
5 Nicolaou K C, Vourloumis D, Winssinger N, Baran P S. Angew Chem Int Ed Engl,2000,39:44

第1章 逆合成分析法与有机反应概览

1.1 切断与逆合成分析法

有机合成是以有机反应为工具,从简单分子合成复杂分子的全过程。在大多数情况下,需要进行多步反应才能完成目标分子(所要合成的分子)的构筑。完美的合成应是:用简单的、安全的、环境友好的、资源有效的步骤,快速、定量地把价廉、易得的起始原料转化为目标分子。

完美的合成是合成化学家的一种理想和追求,在实际工作中并非都能达到,但以最小的代价、最短的时间实现目标分子的合成应是进行有机合成应有的理念。因此,如何根据目标分子的结构特点,选用适当的原料、适当的反应及其组合,即进行合成路线的设计,无疑是决定一个有机合成成败的关键。

过去进行合成路线设计,由于缺乏基本思路,只能大体上依据目标分子的特征,找出相应的反应尝试式地设计合成路线。这种缺乏明确思路,凭经验和想象的方式对于简单的分子是可行的,但是,当我们面临比较复杂的分子,比如大多数天然产物,将如何进行合成设计呢?为了从思路上解决复杂分子的合成路线设计问题,E.J.Corey 对解决合成问题的思维过程进行研究,建立了分析目标分子的逻辑和步骤,以及由此推导出合成路线的直观方法,这就是逆合成分析法。Corey 的逆合成分析法其实很简单,其基本思路是把一个复杂的合成问题通过逆推法,由繁到简地逐级剖析、分解成若干简单的合成问题,而后形成由简到繁的复杂分子合成路线。

如果把一个复杂分子想象成一个复杂物体如飞机(或建筑物),那么,很显然仿造飞机的捷径是:第一步,观察其总体形状、结构及其特征;第二步,逐步逐级把它拆开成许多部件,这就是分解(剖析)的过程;第三步,仿制出可通过一定方式相互连接的各部件;第四步,依原样由简到繁地组装(合成)成整体。当然,无论是飞机或建筑物,其建造总是遵循概念规划——图纸设计——实物模型——实际建造的次序。

同样,在有机合成的路线设计中,对目标分子的逆合成分析只是图纸分析。由于目标物是有机分子,分子中各原子或基团间是通过化学键联结的,因此,逐级剖析目标分子前必须首先分析其特点,找出目标分子的某一部分可以通过适当的反应来形成其中某一个或几个化学键,然后把分子中的相关化学键进行"切断",产生较为简单的分子片断,这个片断既是目标分子的前体,也是下一步分析的亚目标分子。再用同样的方法分析(切断)这个前体的结构,又得到它的前体,依此类推,直至推导出简单的分子。这些简单分子是这一合成路线的起始原料。这样可以把一个复杂分子的合成问题归结为简单分子片断的合成及其装配。图 1.1 展示的是抗癌抗生素 FR901464($\mathbf{1}$)的一种逆合成分析[1]。把 a,b 两个键切断后形成 $\mathbf{A}$,$\mathbf{B}$,$\mathbf{C}$ 三个片断,进一步分析、切断产生 $\mathbf{A}_1$,$\mathbf{B}_{21}$,$\mathbf{B}_{22}$ 和 $\mathbf{C}_{21}$,$\mathbf{C}_{22}$ 五个简单的片断。这样,通过逆合成分析,可以把一个复杂分子的合成归结为几个简单分子片断的合成及其组装。现在,逆合成分析的概念与方法已经成为复杂分子

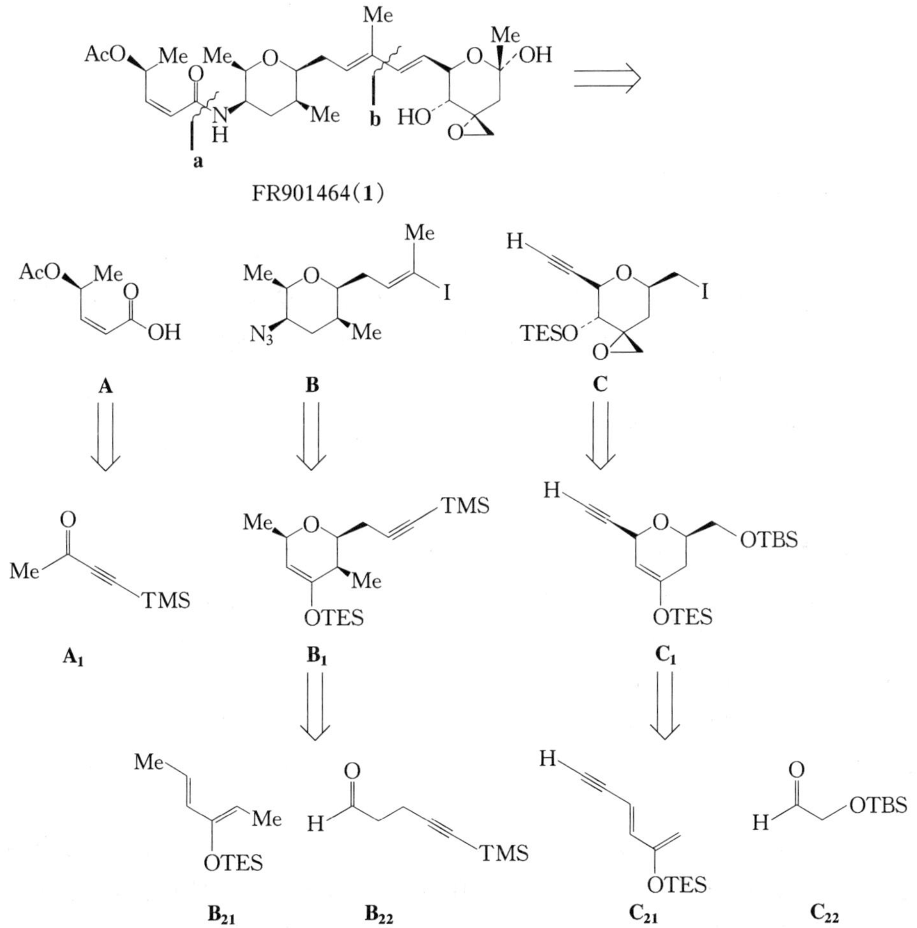

图 1.1 抗癌抗生素 FR901464($\mathbf{1}$)的一种逆合成分析

合成路线设计不可或缺的工具。

由于每个有机分子,特别是复杂分子包含许多化学键,在不同的位置、采用不同的方式、以不同的顺序切断这些化学键,并经逐级推导,将产生许多不同的前体和起始原料,这便构成了所谓的合成树(图1.2)。通过为此设计的计算机程序及建立的有机反应数据库,可以进行计算机辅助有机合成设计[2]。

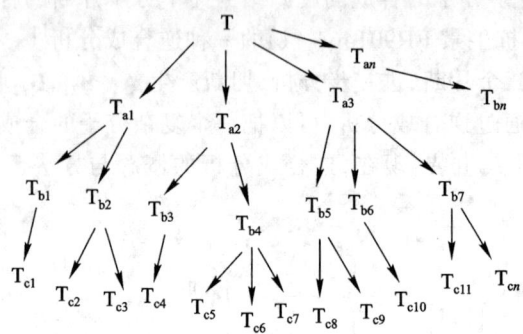

图 1.2 逆合成分析中的合成树

1.1.1 逆合成分析法

如上所述,逆合成分析(retrosynthetic analysis)是一种逆推法,是通过切断(剖析)等操作,从比较复杂的目标分子推导出简单易得起始原料的过程。它不仅提供了分析问题的基本思路,而且规范了表达和记录各种思路的方法,使得这种逆推法可以经历多步仍可有条不紊地进行。逆合成分析通常包含(键的)切断、官能团转变、官能团添加和(键的)重接四种基本操作。

1.1.1.1 切断与合成子

切断是成键的逆过程。一个碳-碳单键可视为在两个碳原子之间共享一对电子。从表1.1可以看出碳-碳键的形成可以有两种方式五种可能:

其一,由一个碳原子提供两个电子作为共享电子,也就是说通过一个碳亲核体和一个碳亲电体的离子型(极性)结合以形成 C—C 键。如果两个片段不同,就存在两种可能的极性结合方式。表1.1表示的只是极端的情况,更常遇到的是带并非完整的正离子或负离子,而只是被极化带部分正电荷或部分负电荷的亲核体或亲电体。

其二,每个碳原子贡献一个电子以形成共享的电子对,也就是说通过两个自由基的结合同样可以形成一个碳-碳键。但是在有机合成实践中,通过自由基形成碳-碳键的反应不但可由两个自由基结合而成(表示为 ·/·),而且可以由一方提供自由基与另一自由基接受体结合而成,因此,提出了类似于极性反应

(＋/－)的符号(·/。)来表示这一过程。在这一过程中,只要两个片断是不同的,同样存在两种可能的成键方式(表1.1)。

表 1.1 碳－碳单键的形成及切断

从合成的角度:成键	从逆合成分析的角度:切断
$-\overset{\scriptscriptstyle-}{C}_1\!:\ +\ \overset{\scriptscriptstyle+}{C}_2- \longrightarrow -C_1-C_2-$	$-C_1-C_2- \Longrightarrow -\overset{\scriptscriptstyle-}{C}_1\!:\ +\ \overset{\scriptscriptstyle+}{C}_2-$
$-\overset{\scriptscriptstyle+}{C}_1\ +\ :\!\overset{\scriptscriptstyle-}{C}_2- \longrightarrow -C_1-C_2-$	$-C_1-C_2- \Longrightarrow -\overset{\scriptscriptstyle+}{C}_1\ +\ :\!\overset{\scriptscriptstyle-}{C}_2-$
$-C_1\cdot\ +\ \cdot C_2- \longrightarrow -C_1-C_2-$	$-C_1-C_2- \Longrightarrow -C_1\cdot\ +\ \cdot C_2-$
$-C_1\cdot\ +\ \circ C_2- \longrightarrow -C_1-C_2-$	$-C_1-C_2- \Longrightarrow -C_1\cdot\ +\ \circ C_2-$
$-C_1\circ\ +\ \cdot C_2- \longrightarrow -C_1-C_2-$	$-C_1-C_2- \Longrightarrow -C_1\circ\ +\ \cdot C_2-$

表1.1中单箭号"→"表示合成反应:即从反应物到产物。在逆合成分析中,把分子中的有关化学键切断(disconnection)可用波纹线垂直标在该键上,化学键切断后用箭号"⇒"表示"逆推得到"分子碎片,即目标分子可从分子碎片合成,这些带电荷的分子碎片称作合成子(synthon)。由于一个C—C键至少有两种切断方式,对于一个分子的剖析,我们不但要选择切断哪个键,而且要选择按何种极性方式切断这个键。

按照原始定义,合成子是分子内在的、与合成操作有关的结构单元。通俗地讲,合成子是目标分子化学键切断后产生的假想的分子碎片,可以是正离子、负离子或自由基,也可以是相应的反应中的一个中间体,也可能只是表示一种潜在的反应性,但这些都有助于确定合成路线该用的试剂。

由于合成子是一些想象中的分子碎片,＋/－ 所表示的只是其反应性,因此,在书写合成路线时,须以能起相应作用(反应性)的试剂代之。如果试剂要经过若干步转化才能得到合成子所示的反应性,则称之为合成等效体(synthetic equivalent)。

在有机化学中,我们通过弯箭号来描述反应机理中涉及的成键和断键(弯箭号表示带来或带走一对电子;弯鱼钩号表示带来或带走一个电子)。在逆合成分析中,通过弯箭号表示断键和成键同样是有帮助的。须知合成子虽然只是一些想象中的分子碎片,其所表现的反应性却是实际存在的,即合成子与活性中间体密切相关。因此,切断若能导向电荷被稳定化的合成子,则这种切断更为有利,因为它对应于较稳定的试剂。通过以下几类有代表性分子的切断,可以看出键切断的含义。

α-氰醇的切断:

$$\underset{H_3C}{\overset{n\text{-Pr}}{\vphantom{|}}}\!\!\underset{}{\overset{\ddot{O}H}{C}}\!\!\underset{CN}{} \Longrightarrow \underset{H_3C}{\overset{n\text{-Pr}}{C}}{=}\overset{+}{O}H + CN^- \quad 合成子$$

$$\underset{H_3C}{\overset{n\text{-Pr}}{C}}{=}O \qquad NaCN \quad 试剂$$

羧酸的切断:

$$\underset{O}{\overset{R}{C}}\!\!-OH \Longrightarrow R^- + CO_2 + H^+$$

$$\qquad\qquad RMgX \qquad H_2O 或 H_3O^+$$

醇的切断:

$$\underset{R^2}{\overset{R^1}{C}}\!\!-OH \Longrightarrow R^{1-} + \underset{R^2}{\overset{O}{C}} + H^+$$

$$\qquad\qquad R^1MgX$$

或

$$\underset{}{\overset{R}{C}}\!\!-O-H \Longrightarrow R^- + \overset{O}{\triangle}$$

$$\qquad\qquad RMgX$$

酮的切断(酰基切断和 β-切断):

$$\underset{O}{\overset{R^1\ R^2}{C}} \Longrightarrow R^{1-} + \underset{O}{\overset{R^2}{C^+}} \qquad \underset{O}{\overset{R}{\curvearrowleft}} \Longrightarrow R^- + \underset{O}{\overset{+}{}}$$

$$\qquad R^1MgX/CuI \quad \underset{O}{\overset{Cl\ R^2}{C}} \qquad\qquad RMgX/CuI \qquad \underset{O}{\overset{}{}}$$

β-羟基酮的切断:

$$H\!-\!O\underset{O}{\overset{}{\frown}}\!\! \Longrightarrow H^+ + \underset{}{\overset{O}{}} + \underset{O^-}{\overset{}{}} \equiv \underset{O}{\overset{}{}}$$

表 1.2 列出一些常见合成子及相应的试剂或合成等效体。大家在今后的学习中将见到更多的合成子及某种合成子更多的合成等效体或试剂。

表 1.2　若干常见合成子及其试剂或等效体

合 成 子	试剂或等效体
R^-	RM（$M=Li, MgBr, Cu$ 等）
$^-C_6H_5$	C_6H_6；C_6H_5MgBr
$^-CH_2COX$	CH_3COX（$X=R', OR', NR'_2$）
$^-CH_2COCH_3$	CH_3COCH_2COOEt（"三乙"合成法）
$^-CH_2COOH$	$CH_2(COOEt)_2$（丙二酸酯合成法）
$PhC(O)^-$	$PhCHO/NaCN$（安息香缩合）
R^+	RX（$X=Br, OTs$ 等离去基）
$R\overset{+}{C}=O$	$RCOX$
$R\overset{+}{C}HOH$	$RCHO$
$H_2\overset{+}{C}OH$	$H_2C=O$
^+COOH	CO_2
$^+CH_2CH_2OH$	$\underset{O}{\triangle}$
$\overset{+}{C}H_2CHCOR$	$CH_2=CHCOR$
$R\overset{++}{C}OH$	$RCOOEt$

1.1.1.2　官能团转变

官能团转变（FGI, functional group interchange）指在逆合成分析中，通过取代、加成、消去、氧化、还原等反应，把一个官能团转变成另一官能团的操作。从下面 2,3,4 和 5 的逆合成分析可以看出，对它们的分析都是从官能团转变入手。这样就使得随后的切断可确切地对应于某个有机反应。因而，官能团转变是为切断进行必要准备。

[方案图：化合物 4、5、6、7 的逆合成分析]

4: 苯基环己烯 ⇒ (FGI) 1-苯基环己醇 ⇒ 环己酮 + PhMgBr

5,6: $R^1CH_2CH_2R^2$ ⇒ (FGI) $R^1CH=CHR^2$ ⇒ $R^1CH\text{-}PPh_3^+$ + R^2CHO

7: $R^1CH_2CH(OH)R^2$ ⇒ R^1CH_2MgBr + R^2CHO

表 1.3 列出有机化学常见官能团，表格中各栏目从上到下氧化度增加，同一栏中各类化合物的氧化度相同。因此，同一栏中各化合物间的相互转化不涉及氧化、还原反应，而同一列中不同栏中化合物之间的转化均为氧化或还原反应。例如，图 1.3 列举了通过官能团转变合成醛、酮的多种逆合成分析，从中可以看出，所有转化均涉及氧化度变化，因而，所用的反应均为氧化或还原反应。了解氧化度概念[3]有助于识别目标分子的结构特征，从而指导逆合成分析。

表 1.3　根据氧化度划分的官能团

$RCH_2\text{—}CH_2R'$	RH			
$RCH=CHR'$	ROH	RCl	RNH_2*	RSH*
	ROR'	RBr	R_2NH	RSR'
	$ROOH$	RI	R_3N	
	$ROCOR'$	RF	$RNHCOR'$	
	$ROSO_2R'$		RN_3	
$RC\equiv CR'$	$RCHO$		RNO*	$RSSR$*
$RHC(OH)\text{—}CHR'(OH)$	$RCOR'$		RNO_2	$RSOR'$
				RSO_2R'
	$RHC=NR'$, $RCH=NR_2'^+$			
	$RHC=NOH$			
	$RHC=NNHTs$, $RCH=CH(OR')$			
	$RCH(OR')_2$			
	$RCHXY$			
	($X, Y = NR_2'$, SR', CN)			
$RC(O)\text{—}C(O)R'$	RCO_2H			
	$RCONR_2'$			

氧化度增加 →

RCO₂R′
RCOCl
RCON₃
RC(OR′)₃
RCOOCOR′
Cl—COMe (O)
Cl—C—Cl (O)
MeOCOMe

* 为杂原子的氧化度

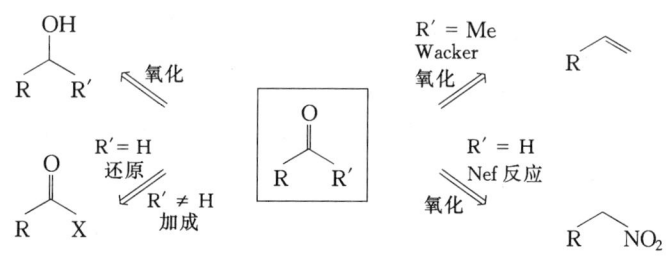

图 1.3 通过官能团转变合成醛、酮的逆合成分析

1.1.1.3 官能团添加

在逆合成分析中,官能团添加(FGA,functional group addition,引入外加基团)也是一种重要的操作。有两种情况需要添加官能团,一是当分子或分子中特定的位置不含官能团时;二是当反应需要进行选择性控制时。前一种情况对应于合成中的官能团转化,后一种情况对应于在合成时引入活化基或保护基。

9-甲基-八氢化萘 **8** 不含任何官能团,直接合成将十分困难,但是,根据骨架的特征,在适当的位置引入官能团后分子就"活了"。例如,**8** 通过官能团添加分别得到二个化合物 **9** 和 **10**,它们可分别通过 Diels-Alder 反应和 Robinson 环合反应得到。可见,官能团添加犹如画龙点睛,在不同的位置引入不同的官能团可导向不同的切断。

对带有侧链的芳环化合物的逆合成分析，添加(羰基)官能团是必要的，因为芳环化合物的 Friedel-Crafts 酰化反应是一个容易进行的反应，而在实际合成中羰基可通过 Clemmensen 还原等反应除去。5-甲氧基-四氢化萘-1-酮 **11** 是合成四环素的一个中间体，首先进行逆 F-C 反应切断得 **12**，后者在添加羰基官能团后，可经历第二次逆 F-C 反应切断，这样可推得两个易得的原料苯甲醚和丁二酸酐。

进行酮的切断往往需要预先添加官能团烷氧羰基(—COOR)，这一操作对应于合成 β-酮酯的 Claisen 缩合、Dieckmann 缩合和乙酰乙酸乙酯合成法等。五元和六元环酮的合成常用此法，例如，4-哌啶酮 **13** 逆合成分析的第一步是添加官能团(COOEt)，这样就可接着进行逆 Dieckmann 切断和双重逆 Michael 加成切断。

1.1.1.4 重接

重接(reconnection)指在逆合成分析中，为了达到成键、选择性控制等目的而在分子内进行键的连接(而非切断)的操作。重接法对应于合成路线中的开环反应和碎裂化反应。

对于 **14** 的逆合成分析,可首先进行 Ph—CO 键的切断,产生的合成子 **15** 经重接得到的戊二酸酐即为其合成等效体。对于 **14** 的逆合成分析,除了直接进行切断外,也可首先采用重接的方法,得到环状分子**16**,随后经官能团转变和切断即可得到简单易得的试剂。

景天定(sedridine)**17** 是一种哌啶生物碱,其逆合成分析可采用重接法推导。重接得到的 **18** 可由硝酮 **19** 经立体选择性和区域选择性[2+3]环加成得到[4]。

在下例中,重接法的运用对应于合成路线中的碎裂化反应。

重接法也是进行立体化学控制与化学选择性控制的一种手段。立体化学控制是有机合成的重要问题,通过环状化合物特别是[2+2],[2+3]或[2+4]环加成(Diels-Alder 反应)往往可有效地成键并进行区域和立体化学控制,因此,对链状化合物的逆合成分析经常采用重接策略形成特征环状化合物(如四、五、六元环),以达到成键和立体化学控制的目的。

化合物**20**是一个天然产物,两个环以顺式并合。以下的逆合成分析两次用到重接策略,其中第一次重接是为了获得易得的六元环前体**21**,第二次对应于逆 Baeyer-Villiger 重排的重接是为了形成四元环,后者不但可方便地通过光照[2+2]环加成得到,还可控制顺式立体化学。

Faranal **22** 是一种蚁王标迹素,经官能团转变和逆 Wittig 切断可得 δ-羟基醛 **24**,重接后得环状半缩醛 **25**,在经过二次官能团转变(氧化和 Bayer-Villiger 氧化)和添加官能团后又经过一次重接可得顺式 4,5-二甲基环己烯 **30**,后者可通过 Diels-Alder 反应得到。这一逆合成分析的基本思路是通过 Diels-Alder 环加成反应控制二个甲基的立体化学。

1.1.2 逆合成分析步骤及指南

1.1.2.1 逆合成分析步骤

有机合成的逆合成分析包括以下三个基本步骤：
(1) 根据分子的结构特点对某一化学键进行切断产生合成子；
(2) 找出对应于合成子的试剂或合成等效体；
(3) 按照逆合成分析写出合成路线及各步的反应条件。

以下以 1-苯基丁醇的逆合成分析为例说明逆合成分析法的三部曲。

(1) 1-苯基丁醇的逆合成分析之一，Ph—C 键的切断：

我们按图 1.4a 中所示的切断可推出格氏加成反应，在两种可能的极性方式切断中，只有 1a 是合理的，因为它给出亲核性的芳环和亲电试剂，这是格氏加成反应所要求的。在分析完成后，必须找出合适的实际所用试剂(或合成等效剂)以便在合成中代替合成子。

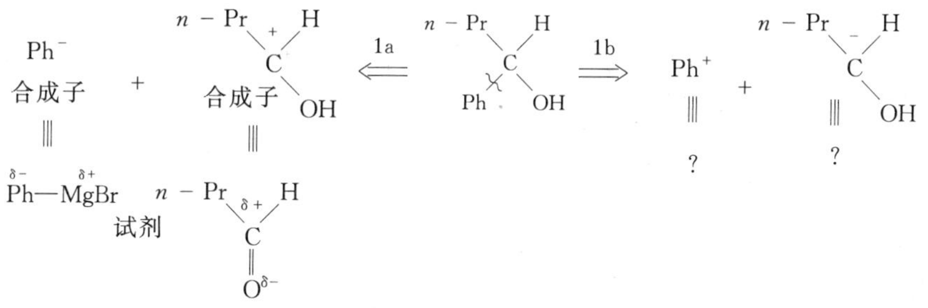

图 1.4a　1-苯基丁醇的逆合成分析及合成方法之一

根据切断 1a 的合成步骤：

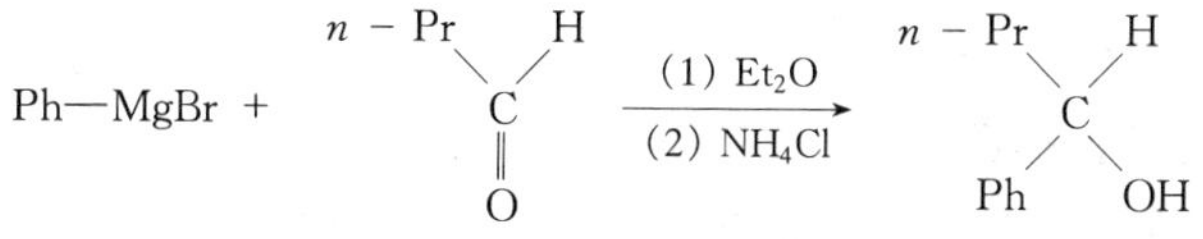

(2) 1-苯基丁醇的逆合成分析之二，C—H 键的切断：

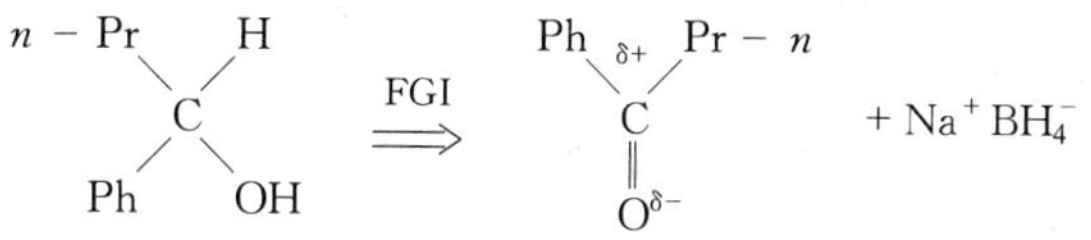

苯丁酮不是一个直接可得的原料，需作进一步的逆合成分析。我们选取下面的切断 a，因为这一切断对应于芳香化合物的 F-C 酰化反应。

$$\begin{array}{c}\text{Ph}\\\text{Pr}-n\\\text{C}\\\text{O}\end{array} \xrightarrow{a \text{ 或 } b} \begin{array}{c}n-\text{Pr}-\overset{+}{\text{C}}=\text{O}\\\text{合成子}\end{array} + \begin{array}{c}\text{Ph}^{-}\\\text{合成子}\end{array} \text{ 或 } \begin{array}{c}n-\text{Pr}-\overset{-}{\text{C}}=\text{O}\\\text{合成子}\end{array} + \begin{array}{c}\text{Ph}^{+}\\\text{合成子}\end{array}$$

$\Downarrow a'\text{ 或 }b'$

$n-\text{Pr}\overset{\delta+}{-}\overset{\delta+}{\text{C}}=\text{O}$ （苯环） ？ PhBr
$\delta-\text{Cl}$
试剂/合成等效体

$\begin{array}{c}\text{Ph}-\overset{+}{\text{C}}=\text{O}\\\text{合成子}\end{array} + \begin{array}{c}n-\text{Pr}^{-}\\\text{合成子}\end{array}$
或
$\begin{array}{c}\text{Ph}-\overset{-}{\text{C}}=\text{O}\\\text{合成子}\end{array} + \begin{array}{c}n-\text{Pr}^{+}\\\text{合成子}\end{array}$

按照上述逆合成分析的合成路线为（图1.4b）

$$n-\text{PrCO}_2\text{H} \xrightarrow{\text{SOCl}_2} n-\text{PrCOCl} \xrightarrow[\text{AlCl}_3]{\text{PhH}} \begin{array}{c}\text{Ph}\quad\text{Pr}-n\\\text{C}\\\text{O}\end{array} \xrightarrow[\text{NaBH}_4]{\text{MeOH}} \begin{array}{c}n-\text{Pr}\quad\text{H}\\\text{C}\\\text{Ph}\quad\text{OH}\end{array}$$

图1.4b 1-苯基丁醇的逆合成分析及合成方法之二

可见切断法是把分析问题的思维、分析过程形象地记录下来，通过合成子指出所需试剂的反应性类型（亲电或亲核）。

1.1.2.2 指导切断的指南

如果记住运用逆合成分析法的初衷是化繁为简，目的在于设计高效、可行的合成路线，那么合理的切断应能：

（1）导向最大程度的简化；

（2）导向具有合理（常规）反应性的合成子，以便找到相应的试剂或合成等效体；

（3）对应于已知的合成反应；

（4）充分利用官能团的特征，以利用特殊的反应；

（5）导向更简单、更易得的前体；

（6）合理利用分子的内在对称性或潜在对称性；

（7）合理利用碳-杂原子键（C—X）易于形成的特点，对其进行切断；

（8）通过共用原子法及在支链处切断，指导多环分子的切断。

指南（1）~（3）已经体现在上文的切断分析中。以下将通过一些例子对于其他指南加以说明。

下一个目标分子是一个环状化合物，对于这个化合物，我们同样可以采用一个键一个键切断的方法来进行逆合成分析。不过考察了这个分子含有环己烯骨架这一结构特点后,显然可以用逆 Diels – Alder 反应方式切断,即同时切断两个键。之所以要这样做是因为以这种方式切断马上可得到 1,3 – 丁二烯和丙烯酸甲酯两个简单的商品化原料,这是其他切断方式所达不到的。这一例子说明:官能团的特征往往对应于特定的反应,从而可以指导切断(指南(4))。表 1.4 列出若干有机反应的官能团特征。

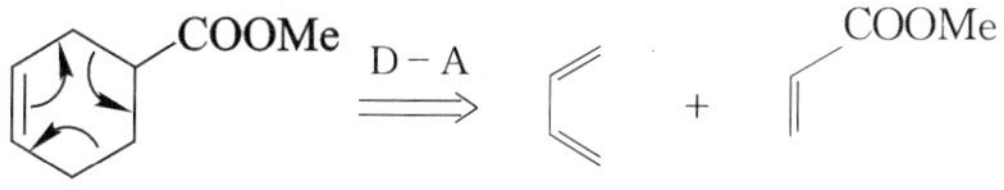

按照上述逆合成分析的合成路线为

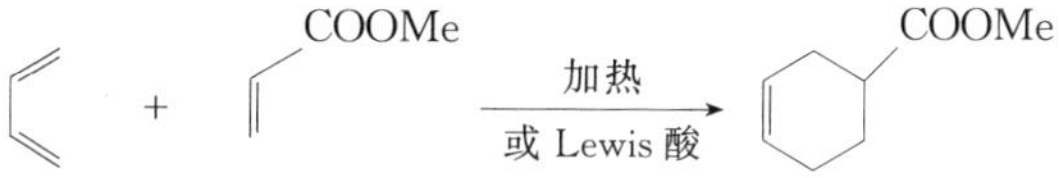

表 1.4 若干特征官能团及其制备

特征官能团	合成子	对应的反应	原料/试剂
β – 氨基酮 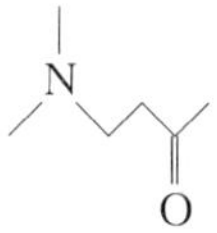	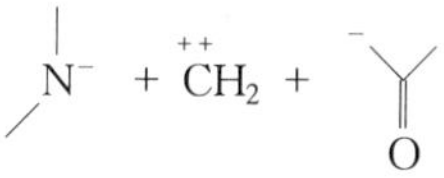 N⁻ + ⁺⁺CH₂ + (C=O)	(1) Mannich 反应	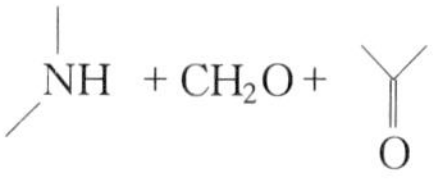 NH + CH₂O + (C=O)
	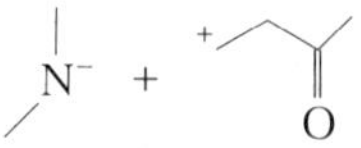 N⁻ + ⁺CH₂C(=O)	(2) Michael 加成	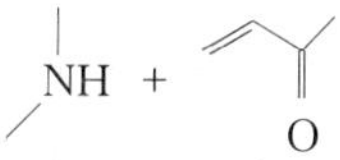 NH + CH₂=CHCOR
碳碳双键 C=C	RHC(⁻) + R'HC(⁺)	Wittig 反应	Ph₃P=CHR, R'CHO
环己烯及衍生物 		Diels – Alder 反应	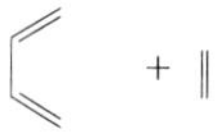 丁二烯 + 烯
芳香化合物 Ar—X; Ar—COR	Ar⁻ + X⁺ Ar⁻ + RCO⁺	芳香亲电反应 Friedel – Crafts 酰化反应	Ar—H + X₂ Ar—H + RCOCl
β – 羟基醛、酮、酯 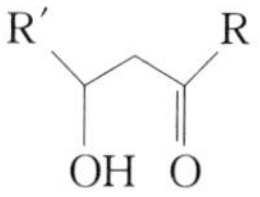 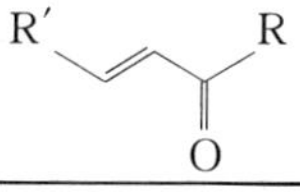	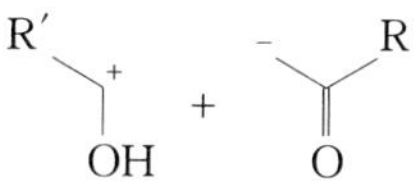 R'CH(OH)⁺ + ⁻C(=O)R	羟醛加成 羟醛缩合	R'CHO + CH₃COR

导向更简单、易得的前体是指导切断的又一原则(指南(5))。以下通过1-溴-3-甲基-2-丁烯 32 的逆合成分析说明这一原则。由于五碳单元广泛存在于自然界,烯丙型溴代物是合成萜烯类化合物(包括许多食用香精和香料)的重要合成中间体。在以下的第一种逆合成分析中,合成1-溴-3-甲基-2-丁烯 32 需要五步反应,而且涉及一些污染性试剂,因而不是一条好的合成路线。

1-溴-3-甲基-2-丁烯的逆合成分析 1:繁琐的切断

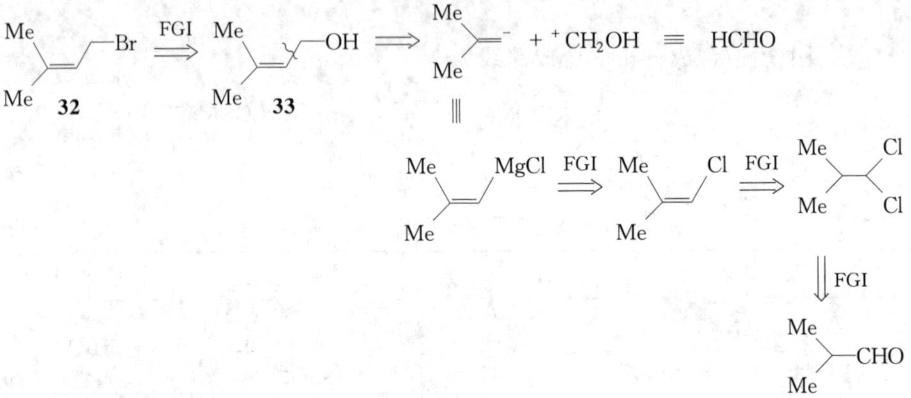

[结构式图]

如果考虑到3-甲基-2-丁烯-1-醇 33 与 HBr 作用会产生烯丙型正离子中间体,这种烯丙型正离子有两种共振极限式 35a,35b,Br^- 将优先在取代较少的碳正离子 35a 上作用,生成双键上取代较多的产物 32,因而 34 与 HBr 作用将得到同样的混合物。也就是说,对于 32 的合成,33 和 34 是等效的。显然,由于 34 远比 33 容易合成,这样,对 32 的合成可按逆合成分析2指出的途径进行。

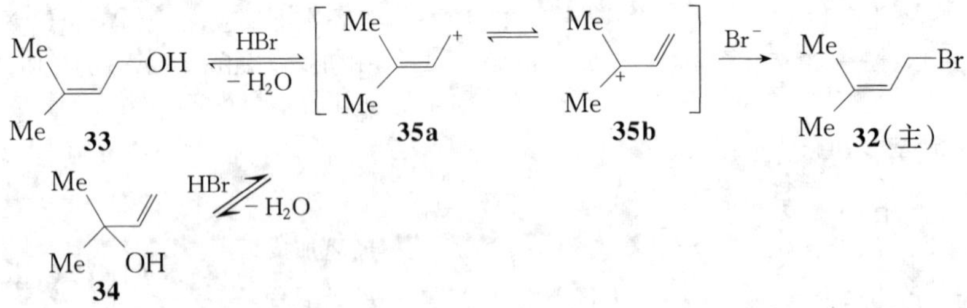

[结构式图]

逆合成分析 2:

[结构式图]

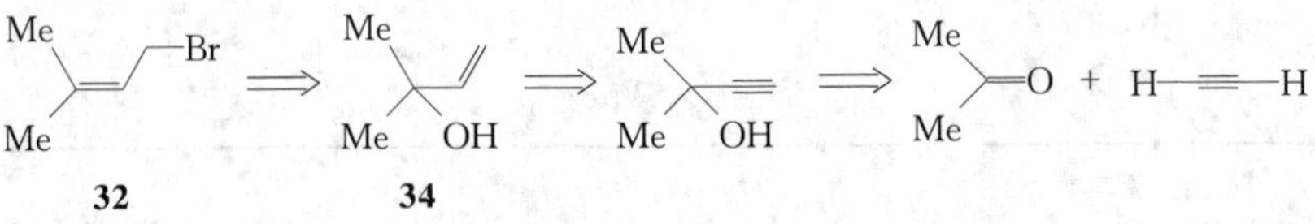

按照逆合成分析 2 的合成路线：

$$\text{Me}_2\text{C=O} + \text{H−C≡C−H} \xrightarrow{\text{Na, NH}_3(l)} \text{Me}_2\text{C(OH)−C≡CH} \xrightarrow{\text{H}_2, \text{Pd−C}}{\text{BaSO}_4} \text{Me}_2\text{C(OH)−CH=CH}_2 \quad \mathbf{34}$$

$$\xrightarrow{\text{HBr}} \text{Me}_2\text{C=CH−CH}_2\text{Br} \quad \mathbf{32}$$

合理利用分子的内在对称性或潜在对称性可导向有效的切断（**指南（6）**）。除了逆环加成切断外，对于具有对称性的分子同样可以进行 2 个键或 2 个以上键的同时切断，这是简化合成步骤的一种方法，对托品酮，**37** 和 **13** 的逆合成分析展示了这样一种多键切断。

托品酮含有两个对称的 β-氨基酮，因而可以在羰基的两侧进行同时切断（逆 Mannich 反应切断），对应于该切断的合成等效体是丙酮、丁二醛和甲胺。同理，对 **37** 可在羰基的两侧进行同时逆 Mannich 反应切断，对应于该切断的合成等效体是酮 **13**，甲醛和伯胺。4-哌啶酮 **13** 同样是一个对称的酮（β-氨基酮），可以在羰基两侧同时进行逆共轭加成切断或逆 Mannich 反应的切断，前者形成 1, 4-戊二烯-3-酮和胺，后者形成丙酮、二分子甲醛和胺。

托品酮 $\Rightarrow$ 切断 $\Rightarrow$ OHC−CH$_2$−CH$_2$−CHO + H$_2$NMe + H$_3$C−CO−CH$_3$

36 $\xrightarrow{\text{FGA}}$ **37** $\Rightarrow$ CH$_2$O + H$_2$NR + O=(哌啶酮 N−R) **13** + CH$_2$O + H$_2$NR $\Rightarrow$ O=CH−CH=CH$_2$ + H$_2$N−R

或 O=(N−R) **13** $\Rightarrow$ O=CMe$_2$ + CH$_2$O + H$_2$NR

有的分子具有潜在对称性，把它们识别出来并恰当地加以利用也可以简化合成问题。例如，化合物 **38** 不含对称性因素，但是，进行逆羟醛缩合和逆 Diels-Alder 切断后即得到一个具有对称性的分子 **41**，由于该分子具有对称性，因此，与 **40** 的环加成反应将只产生一种区域异构体；羟醛缩合将只导向环己酮一种产物。

化合物 **38** 的逆合成分析：

[逆合成分析图：38 →(FGA) 带OH中间体 ⇒ 39 ⇒ 40 + 41]

根据以上逆合成分析的简洁合成路线：

41 + 40 → 39 →(MeONa/MeOH) 38

下例所涉及的"对称性"其实是广义的，指切断得到两种相同的原料。**42** 是一个非对称分子，但是通过逆合成分析可知，它可通过环己酮的羟醛缩合得到。

[逆合成分析图：42 →(FGA) ⇒ ⇒ 2 环己酮]

轻度镇静剂 oxanamide **43** 同样不具对称性，通过两次官能团变换可推得 α,β-不饱和酸 **44**。此时直接进行切断可得到丁醛和丁酸；而如果首先进行官能团转变得到 α,β-不饱和醛 **45**，而后进行切断，则逆合成分析可得到两个相同的丁醛。相应于第一种切断的合成是难以实现的，因为丁醛将优先发生自缩合反应。较好的办法是通过二分子丁醛的羟醛缩合，随后进行氧化，即逆合成分析 b。

[逆合成分析图：43 →(FGI) 44 →(a) 两个COOH片段；43 →(b, FGI) 45 ⇒ 两个CHO片段]

根据以上逆合成分析的简洁合成路线：

$$\text{CH}_3\text{CH}_2\text{CH}_2\text{CHO} \xrightarrow{\text{碱}} \underset{\mathbf{45}}{\text{(CHO)}} \xrightarrow{\text{Ag}_2\text{O}} \underset{\mathbf{44}}{\text{(COOH)}} \xrightarrow[\text{(2) NH}_3]{\text{(1) SOCl}_2} \underset{\mathbf{43}}{\text{(环氧-CONH}_2\text{)}}$$

相对于碳-碳键，C—X 键比较容易形成，因而，**对碳-杂原子键（C—X）进行切断是指导切断的一个有用的提示（指南(7)）**。当然，C—X 键是先切断或后切断要根据目标分子的具体情况和拟采取的策略而定。但是，由于 C—X 键（例如内酯的 C—O 键，β-丙酰胺的 C—N 键，环氧的 C—O 键等）相对较弱，因此，在许多情况下优先切断 C—X 键是较稳妥的选择。图 1.5 列出了常见的含 C—X 键的官能团。

$$\text{HC—X} \quad \overset{X}{\underset{X}{>\!\!<}} \quad \overset{O}{\underset{X}{\text{—C—}}} \quad \text{C}=\text{X}$$

（X = OR, NHR, SR 等）

图 1.5 常见的含 C—X 键的官能团

内酯 **46** 具有桃香味，是香水的一种成分，其逆合成分析可从内酯 C—O 键的切断入手。

$$\underset{\mathbf{46}}{\text{(内酯)}} \Longrightarrow \text{HO}\!\!-\!\!\text{CH}_2\text{CHR}\!\!-\!\!\text{CO}_2\text{H} \Longrightarrow \triangle\!\text{O} + {}^-\!\text{CHR}\!\!-\!\!\text{CO}_2\text{H}$$

按照上述逆合成分析的合成路线为

$$\text{CH}_2(\text{CO}_2\text{Et})_2 \xrightarrow[\text{(2) }n\text{-C}_7\text{H}_{15}\text{Br}]{\text{(1) EtO}^-} (\text{EtO}_2\text{C})_2\text{CHC}_7\text{H}_{15}\text{-}n \xrightarrow[\text{(2) }\triangle\!\text{O}]{\text{(1) EtO}^-}$$

$$\underset{}{\text{EtO}_2\text{C-内酯}} \xrightarrow[\text{(2) H}^+\text{,加热}]{\text{(1) HO}^-\text{, H}_2\text{O}} \underset{\mathbf{46}}{\text{内酯}}$$

Brevicomin **47** 和 Chalcogran **48** 分别是两个昆虫信息素，分子中都含有缩酮官能团。对于 brevicomin，这里采用同时切断两个 C—O 键得酮和二醇的方式逆分析；对 chalcogran 则只切断其中一个 C—O 键得内酯。而对含胍基的生物碱

49 可同时切断四个 C—N 键得二烯酮和胍。

对于多环分子,通过共用原子法在支链处切断是指导切断的另一有效方法(**指南(8)**)。多环化合物看起来比较复杂,其切断的要领是首先标出连接两个环的共用原子,然后根据官能团特征在连接处切断,这样通常可以快速简化问题。例如,对双环酮 **50** 在支链处羰基 C_α—C_β 切断 a 或 b 都可得到较简单的单环分子。

三环酮 **53** 是合成前列腺素的重要合成中间体,有四个共用原子,选择连接共用原子,同时处在羰基 α, β 位的键切断 a 或 b 即可得比较简单的双环化合物 **54** 或 **55**。就像环己烯可通过 Diels - Alder 合成一样,四元环可通过 [2 + 2] 环加成得到,因此,选择 5/4 并环结构 **55** 作进一步逆合成分析。在进一步的逆合成分析中,用到添加官能团(两个氯)的策略,这是为了活化烯酮,保证 [2 + 2] 环加成的进行顺利。

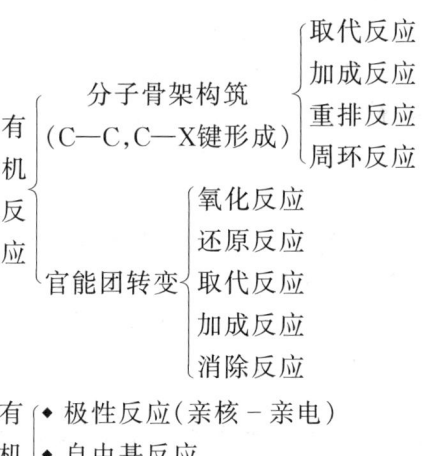

1.2 试剂的反应性与基础有机反应概览

由于切断和逆合成分析都是建立在已知反应基础上的,因此,必须掌握足够数量的反应才能进行合理而有效的逆合成分析(切断)。

由于有机分子是由碳骨架构成的,因此,有机反应可简单地分为两类,构成碳骨架的反应(特别是碳－碳键形成反应)和官能团转变的反应(包括官能团的导入、修饰/互换和除去)。对于构成碳骨架的反应,按照成键的方式和反应本质,可进一步划分为极性反应(亲核－亲电)、自由基反应、周环反应和金属有机试剂参与的反应。

$$
\text{有机反应}\begin{cases} \text{分子骨架构筑} \\ \text{(C—C,C—X键形成)} \begin{cases} \text{取代反应} \\ \text{加成反应} \\ \text{重排反应} \\ \text{周环反应} \end{cases} \\ \text{官能团转变} \begin{cases} \text{氧化反应} \\ \text{还原反应} \\ \text{取代反应} \\ \text{加成反应} \\ \text{消除反应} \end{cases} \end{cases}
$$

有机反应
- 极性反应(亲核－亲电)
- 自由基反应
- 周环反应
- 金属有机试剂参与的反应

尽管在现代有机合成中非极性的自由基反应、卡宾插入反应和周环反应有着重要地位,但是,极性反应在有机合成,尤其是在碳骨架构成的反应中仍具有主导地位。因此,极性的亲核体与亲电体的亲核反应是最典型的、具有根本重要性的一类反应,本节将从试剂的角度加以归纳,希望能起到温故知新的作用。

1.2.1 亲核反应通论

如果把逆合成分析的观点用于亲核反应,则这一大类最具普遍性反应的逆合成分析可表为,Nu$\dashv$El $\Longrightarrow$ Nu:$^-$ + El$^+$,相应的反应是饱和碳上的亲核取代反应和不饱和碳上的亲核加成反应。由于有机合成所关注的是碳化合物的合成,因此,最常见的亲核反应必然涉及碳中心。在亲核取代反应中,进攻试剂(亲核试剂)带一对孤对电子(是 Lewis 碱),用这对电子形成新键,而离去基带一对电子离去,反应的一般形式如下,该式实际代表了方框下的四类电荷形式,

$$\boxed{R-LG + Nu:^- \longrightarrow R-Nu + LG^-}$$

$$R-I + :OH^- \longrightarrow R-OH + I:^-$$

$$R-I + :NMe_3 \longrightarrow R-\overset{+}{N}Me_3 + I:^-$$

$$R_3\overset{+}{N}Me + PhS:^- \longrightarrow R_3N: + PhSMe$$

$$Me_3\overset{+}{N}Me + H_2S:\longrightarrow Me-\overset{+}{S}H_2 + :NMe_3$$

带负离子的亲核试剂一般是通过用碱去质子化产生的:

$$Nu-H + B^- \Longrightarrow Nu:^- + B-H$$

因此,亲核反应涉及的四大要素是亲电体(El$^+$),亲核体(Nu:$^-$),离去基(LG)和碱(B:$^-$)。把这四种反应要素进行梳理、分类、归纳,就可把握这类反应。由于碱将在随后两章中述及,以下将简要归纳亲核体、亲电体和离去基。

1.2.2 亲核试剂

亲核试剂可以是富电子的中性分子或带负电荷的离子。亲核试剂可根据电子对的存在形式分为带孤对电子对的亲核试剂(如 RÖH, RÖ$^-$),σ-键亲核试剂(如[H$_3$B-H]$^-$)和 π-键亲核试剂(C=C,C=C-OR),又可根据在反应中是否与碳亲电试剂形成碳-碳键,亲核试剂分为以下三类。

1.2.2.1 具有杂原子亲核中心,可形成碳-杂原子键(C-X)的亲核试剂

杂原子亲核体主要包括氧亲核体、硫亲核体、氮亲核体、磷亲核体和卤离子亲核体。常见的杂原子亲核试剂列举如下:

氧亲核体:$H_2\mathbf{O}\colon$,$H\mathbf{O}\colon^-$,$R\mathbf{O}H$,$R\mathbf{O}\colon^-$,$Ar\mathbf{O}\colon^-$,$RC(=O)\mathbf{O}\colon^-$,$RC(=O)\mathbf{O}\mathbf{O}H$,
H$\mathbf{O}\mathbf{O}\colon^-$,$CH_2\overset{+}{S}CH_3$(DMSO的α-碳负离子形式,含$O^-$)

硫亲核体:$H\mathbf{S}\colon^-$,$R\mathbf{S}\colon^-$,$Ph-\mathbf{S}(=O)-OH$,$HO-\mathbf{S}(=O)-O^-Na^+$(NaHSO$_3$)

氮亲核体:$R_3\mathbf{N}\colon$,$R_2\mathbf{N}H$,$R\mathbf{N}H_2$,$\mathbf{N}H_3$,$\mathbf{N}_3^-$($\overset{-}{N}=\overset{+}{N}=\overset{-}{N}$),$\mathbf{N}H_2OH$,
$H_2\mathbf{N}NH_2$,$RC\equiv \mathbf{N}\colon$

膦亲核体:$Ph_3\mathbf{P}\colon$,$(EtO)_3\mathbf{P}\colon$

卤离子与拟卤离子亲核体:$\mathbf{X}\colon^-$

带负电荷的亲核试剂的亲核性总是比其共轭酸强($OH^- > H_2O$,$NH_2^- > NH_3$)。亲核性是由亲核试剂与 CH_3Br 在水中 25℃下的反应性确定。尽管碱性是热力学控制,亲核性是动力学控制,亲核性的增强一般与亲核试剂的碱性(对 H^+)增强的趋势一致,但是,在以下几种情况下亲核性的增加与碱性增强趋势不一致:

(a) 周期表的元素从上到下亲核性增强,碱性减弱,故 Et_2S 是一个好的亲核试剂,而 Et_2O 的亲核性非常差,同样膦和胺的亲核性为 P>N。I^- 是一优良的亲核试剂,而 Cl^- 的亲核性一般,I^- 优良的亲核性在有机合成中有许多应用,包括在非水解条件下使 β-酮酯脱烷氧羰基[5]。

(b) 亲核试剂的亲核性随位阻增大而显著地减弱,而碱性却稍有增强,因此,EtO^- 既是一个较强的碱($pK_b \approx 17$),又是一个好的亲核试剂,而 $t-BuO^-$ 是一个更强的碱($pK_b \approx 19$),但亲核性很弱。

(c) 在非质子性极性溶剂中,亲核试剂亲核性的增加比碱性增加显著。

(d) 电荷的离域使亲核试剂碱性减弱的趋势大于亲核性减弱,因此,丙二酸酯碳负离子 $(EtO_2C)_2CH^-$ 的碱性和亲核性均较 $EtO_2CC(H)(R)^-$ 小,但亲核性与碱性的比值前者较后者大。

如果亲核试剂中进攻原子与另一含有孤对电子的原子相连(如 HO_2^-,

NH_2NH_2),其亲核性得到加强,此即 α-效应。HOO^- 是比 HO^- 优良的亲核试剂,因此,用于催化酯水解 HOO^- 比 HO^- 更有效。

过氧化物亲核试剂(ROOH)常用于氧化反应。例如,HOO^- 用于硼烷的氧化。过氧酸的亲核性主要表现在 Baeyer-Villiger 反应的第一步。

$$R_3B \xrightarrow{HOO^-} R-\underset{R}{\overset{R}{B}}-O-OH \xrightarrow{-OH^-} R-\underset{R}{B}-O-R \longrightarrow (RO)_3B \longrightarrow ROH$$

二甲亚砜(DMSO)是一系列(醇、卤代烃和磺酸酯)氧化反应(如 Swern 氧化)[6]的基础,在这些反应中,第一步都是由 DMSO 中亲核性的氧与亲电试剂的反应开始的,有关这一类反应将在第9章述及。

三苯基膦不但与卤代烃反应用于合成 Wittig 试剂,与 α,β-不饱和化合物反应用于 Baylis-Hillman 反应[7],也可与卤素组合用于合成卤代烃、酯[8];与偶氮二碳酸二乙酯(DEAD)组合用于 Mistunobu 反应[9]。

叔胺不是好的亲核试剂,其对 α,β-不饱和化合物的共轭加成是可逆的,这一特点被巧妙地用于 Baylis-Hillman 反应[7],是 C—C 键形成的一种重要方法。常用的叔胺是 DABCO 和 DBU。四氯化钛也可通过氯离子催化此反应。

$$R_3N = \underset{DABCO}{\underset{}{\boxed{N}}} \quad \underset{DBU}{\underset{}{\boxed{N}}}$$

X = H, R, NR_2, COOR

在一定条件下,氰基的氮原子也可以是亲核体。Ritter 反应[10]就是以氰基的氮原子为亲核体进行反应的。这一反应被用于重要合成中间体 5,6-二氢-1,3-噁嗪的制备。

Ritter 反应

综合各种因素后，Edwars 和 Pearson 得出的亲核性次序是 $RS^- > I^- > CN^- > OH^- > N_3^- > Br^- > ArO^- > Cl^- >$ 吡啶 $> AcO^- > H_2O$。

1.2.2.2 具有碳亲核中心，可形成碳－碳键（C—C 键）的亲核试剂

以下是一些具有碳亲核中心的亲核体，可用于形成碳－碳键，由于它们在有机合成中十分重要，因此，有关这些碳亲核体的产生、反应性及合成应用将在下章专门讨论。

1.2.2.3 氢亲核体与电子

许多复合金属氢化物（$LiAlX_nH_{4-n}$, MBX_nH_{4-n}）是氢负离子的来源。这是一类十分重要的还原剂，有关这些复合金属氢化物的合成应用将在第 10 章专门讨论。

电子（e^-）可看成最小的亲核体，它可以由溶解金属中产生。溶解金属的还原反应是最早用于有机物还原的方法之一，其原理涉及一个电子从金属转移到待还原的有机分子上，常用的金属－溶剂体系及其引发的反应列于表 1.5。

表 1.5　单电子还原体系及其应用

金属－溶剂体系	反　应　类　型
K,Na,Li 或 Ca/液氨或低相对分子质量脂肪胺	Birch 还原
	α,β－不饱和酮的还原
	醛、酮、酯的还原
	磷酸烯酯的还原
Mg/苯	酮的还原偶联
Zn,Sn,Fe/醇，水或酸 Zn－Hg	α－取代（X,OH,OAc）酮的还原脱卤（氧）
萘/锂（LN）[11]；4,4′－二叔丁基联苯/锂（LiDBB）[12]；N,N'－二甲氨基萘/锂（LDMAN）	O,S－和 N,S－缩醛的还原锂化；O－去苄基
SmI_2[13]	α－取代（X,OH,OAc）酮的还原脱卤（氧）；
	α,β－不饱和酮的还原

在现代有机合成中,金属锂－液氨(Li－NH_3(l),蓝色)和萘－锂(LN)是应用广泛的体系。锂与萘反应(提供一个电子给萘)产生自由基负离子,后者提供一个电子给底物(还原),产生底物的自由基负离子,提供第二个电子(还原)给底物则产生一个负离子,后者是活泼反应中间体,可与亲电试剂反应,也可被质子化,最终得还原产物。除了用于还原反应外,Li/NH_3(l)和萘/锂(LN)体系已成为对C—X键进行还原金属化生成碳负离子(C—M)进而用于C—C键形成的重要方法。有时使用LDMAN和LiDBB代替萘/锂(LN)体系以减少副反应。

$$M \xrightarrow{NH_3(l)} M^+ + e^-(NH_3)_n$$
$$(M = Li, Na, K, Ca)$$

$$DBB \xrightarrow[0.2h, 20℃]{Li, THF\ 或)))} LiDBB\ Li^+$$

$$RX + 2LiDBB \xrightarrow{THF} RLi + 2DBB + LiX$$
$$(X = Cl, Br, SR, OR, SeR)$$

$$R-SPh \xrightleftharpoons{e^-} [R-SPh]^{-\cdot} \xrightarrow{-\bar{S}Ph} R\cdot \xrightarrow{e^-} R^-Li^+$$

$TiCl_3$ 和 SmI_2 是单电子还原剂。20世纪90年代以来,SmI_2 作为优良的单电子转移试剂被广泛用于有机合成。

$$SmI_2 \xrightarrow[25℃]{THF} SmI_3 + e^-$$

1.2.3 亲电试剂

亲电试剂可以是贫电子的中性分子或带正电荷的离子,依成键的特点,可划分为Lewis酸型亲电试剂(如BF_3,Me_3C^+),σ-键型亲电试剂($R^{δ+}-LG^{δ-}$)和π-键型亲电试剂(C=O,C=N,C≡N,C=S^+—)。在上一节,我们谈到C≡C和C=C是富电子的亲核试剂,严格地讲,C≡C和C=C的电子性质取决于与其相连的基团,如果C≡C和C=C与亲电性基团相连(—R_2C^+,—COR,—CO_2R,—C=NR,—NO_2 或—CH_2X,环氧),则它们是亲电的,否则是亲核的,简单的烯烃、炔烃也是亲核的。其他π-亲电试剂包括 O_2,CO,CO_2,SO_3,RN=O 等。

有些正离子亲电试剂可归为Lewis酸型或π-键型,取决于哪种共振形式贡献更大。

$$R_2\overset{+}{C}=OH \longleftrightarrow R_2C-\overset{+}{O}H \quad R_2\overset{+}{C}=N \longleftrightarrow R_2C-\overset{+}{N}$$

$$R\overset{+}{C}=O \longleftrightarrow RC\equiv\overset{+}{O} \quad O=\overset{+}{N}=O \quad N\equiv\overset{+}{O}$$

σ-键亲电试剂可进一步分为碳亲电试剂($R^{\delta+} \rightarrow LG^{\delta-}$,R 为烷基)和杂原子亲电试剂。$X_2$,$RCO_3H$ 中 O—O 键中间的氧(第二步反应),$RS^{\delta+}X$,$RSe^{\delta+}X$ (X=Br,Cl)中 δ^+ 所示的杂原子均为亲电性的;CCl_4,CBr_4,Cl_3CCCl_3 中的卤原子(而非碳)也表现为亲电性。

1.2.3.1 σ-键型碳亲电试剂:烃基化试剂中的离去基团

饱和碳上的亲核反应主要是亲核取代反应。由于亲核取代反应最终导致亲核体的烃基化,这一过程也称作烃基化反应,烃基化反应的亲电体也叫烃基化试剂。

$$Nu: + \overset{\delta+}{C}-\overset{\delta-}{LG} \longrightarrow Nu-C- + LG:^-$$

烃基化试剂(R—LG)是一类 σ-键碳亲电试剂($R^{\delta+} \rightarrow LG^{\delta-}$,R 为烷基)。在亲核反应中,离去基带一对电子离去,因此,同进攻试剂一样,离去基也是 Lewis 碱。离去基团的离去能力与该基团的碱性(pK_b)密切相关,离去基的碱性愈弱(pK_b 越小),其离去能力愈强。最佳的离去基团是强酸的共轭碱。一般而言,只有表 1.6 中所列优良的离去基才能以适当的速率进行 S_N2 反应。

常用的烃基化试剂是 RX,相应的离去基是溴和碘。同亲核试剂一样,离去基团中成键原子的可极化度对取代反应极为重要,这便是卤化物的 S_N2 反应具有以下次序的主要原因。

$$R—I > R—Br > R—Cl > R—F$$

高度可极化性使 I^- 既是一个优良的亲核体,又是一个优良的离去基团。而碱是离去能力差的离去基,而且其碱性愈强愈不容易被置换。但是,从表 1.6 可以看出,卤代烃(R—X)不是惟一有效的烃基化试剂。

表 1.6 若干离去基的 pK_b

优良的离去基	pK_b	一般和差的离去基	pK_b
N_2	<-10	F^-	$+3$
$CF_3SO_3(TfO^-)$	<-10	RCO_2^-	$+5$
I^-	-10	$N\equiv C^-$	$+9$
Br^-	-9	NR_3	$+10$
TsO^-	-7	RS^-	$+11$
Cl^-	-7	稳定化的烯醇负离子	$+9 \sim +14$
RCO_2H	-6	HO^-	$+15$
EtOH	-2.5	EtO^-	$+17$
H_2O	-1.5	简单的烯醇负离子	$+20 \sim 25$
		R_2N^-	$+35$

由于 ^-OH，^-OR，^-SH 和 ^-SR 都是差的离去基，通常醇中的羟基、醚和环醚中的烷氧基不能离去，但是有三种办法和两种特殊情况，可以把它们转变成好的离去基。

第一种办法是质子化，使 ROH 或 ROR 变成 ROH_2^+，或 $RORH^+$，这样离去基将变成中性的 H_2O 或 ROH。这种亲电体常见诸酸性条件下的亲核取代反应（S_N1）和反应机理中（如缩醛的形成和水解），在特殊条件下可观察到，但一般无法分离出来。例如，通常醇中的羟基 HO^- 不能被 Br^- 置换，但经质子化后就容易被置换：

$$Br^- + R\text{—}OH \xrightarrow{\times} Br\text{—}R + HO^-$$
$$Br^- + R\text{—}\overset{+}{O}H_2 \longrightarrow Br\text{—}R + H_2O$$

第二种办法是使醚变成锌盐（ROR_2^+），此时离去基变成中性的醚（OR_2）。三烃基锌盐如四氟硼酸三乙基锌盐（$Et_3O^+BF_4^-$）是高活性的乙基化试剂，寿命有限。这类强烷基化试剂在合成上主要用于弱亲核试剂如酰胺的 O-烷基化和腈的 N-烷基化。类似的三烃基硫盐化合物 S-腺苷基蛋氨酸 **56** 是生物体中的甲基化试剂。

$$R'\underset{\underset{O}{\parallel}}{C}NHR'' + R_3\overset{+}{O}BF_4^- \longrightarrow R'\text{—}\overset{+}{\underset{\underset{OR}{|}}{C}}\text{—}NHR''\quad BF_4^-$$

$$RCN + R_3O^+BF_4^- \longrightarrow R'\text{—}\overset{+}{C}=NR''\quad BF_4^- \xrightarrow[(2)\ B:]{(1)\ ROH} R'\text{—}\underset{\underset{OR}{|}}{C}=NR''$$

56

手性醇与二氯亚砜在亲核性溶剂 1,4-二噁烷中的氯代反应得到构型保持产物是由于两次构型转变的结果，其中的关键是首先形成锌盐中间体构型（构型第一次转变）。

$$ROH + SOCl_2 \xrightarrow{\overset{O\ \ O}{\bigcirc}} ROSCl + HCl$$

$$\text{四氢吡喃-O:} + R\text{—O—SO}_2\text{—Cl} \longrightarrow \text{四氢吡喃-O}^+\text{—R} + SO_2 + HCl \longrightarrow R\text{—Cl} + \text{四氢吡喃-O:}$$

在没有溶剂参与的条件下反应,则得到构型转变产物。

$$ROH + SOCl_2 \longrightarrow Cl^- \cdots R\text{—O—SO—Cl} \longrightarrow R\text{—Cl} + SO_2 + Cl^-$$

第三种办法是把羟基活化变成磺酸酯(表 1.7),这样,离去基变成强酸的共轭碱,具有很好的离去能力。因而,硫酸烃基酯是另一类简单易得的烃基化试剂,其中在有机合成中最常用的有对甲苯磺酸酯(R—OTs)、甲磺酸酯(R—OMs)和三氟甲磺酸酯(R—OTf)。硫酸二甲酯(Me_2SO_4)和氟磺酸甲酯($MeOSO_2F$)是最有效的甲基化试剂,后者由于其高毒性(导致 DNA 中碱基的 N-甲基化),一般只用于机理研究。硫酸烃基酯的离去能力次序如下:

$$C_4F_9SO_3^- > CF_3SO_3^- > FSO_3^- > O_2N\text{—}C_6H_4\text{—}SO_3^- > Br\text{—}C_6H_4\text{—}SO_3^- >$$
$$PhSO_3^- > TolSO_3^- > MeSO_3^-$$

$$ROH + ArSO_2Cl \longrightarrow ROSO_2Ar \xrightarrow{Nu^-} Nu\text{—}R + ArSO_3^-$$

表 1.7 用于烷基化的磺酸酯

烃基化试剂	结 构 式	制 备 方 法
对甲苯磺酸酯(tosylate)	$R\text{—}OSO_2C_6H_4Me\text{-}p$	$ROH, TsCl, Py. CH_2Cl_2, 0℃\text{-}r.t.$
对溴苯磺酸酯(brosylate)	$R\text{—}OSO_2C_6H_4Br\text{-}p$	$ROH, BsCl, Py. CH_2Cl_2, 0℃\text{-}r.t.$
对硝基苯磺酸酯(nosylate)	$R\text{—}OSO_2C_6H_4NO_2\text{-}p$	$ROH, NsCl, Py. CH_2Cl_2, 0℃\text{-}r.t.$
甲磺酸酯(mesylate)	$R\text{—}OSO_2CH_3$	$ROH, MsCl, NEt_3, CH_2Cl_2, 0℃\text{-}r.t.$
三氟甲磺酸酯(triflate)	$R\text{-}OSO_2CF_3$	$ROH, Tf_2O, Py. CH_2Cl_2, 0℃\text{-}r.t.$
硫酸二甲酯(dimethyl sulfate)	$CH_3\text{—}OSO_2OCH_3$	Me_2SO_4
氟磺酸甲酯(methyl fluorosulfonate)	$CH_3\text{—}OSO_2F$	

Ritter 反应是在强酸性条件下腈(RCN:)作为亲核试剂与由叔醇形成的碳正离子反应生成酰胺的反应。Ritter 反应的一个新发展是把醇转化为强离去基三氟磺酸酯(OTf),然后与 2 摩尔倍数的腈反应,酰胺的收率在 50%～98%[14]。这一变化的优点是,不但叔醇可以发生这一反应,伯、仲醇也可以进行这一反应。

$$ROH \longrightarrow \left[ROTf \xrightarrow{R'CN} R\overset{+}{N}\equiv CR'OTf^- \right] \xrightarrow[50\%\sim98\%]{NaHCO_3} RNHCOR'$$

类似地,在酰基碳上的亲核取代反应是亲核试剂的酰化反应,如果 Nu: 是溶剂,则称反应为溶剂解。

酰氯与醇或胺的反应常用到 4-N,N-二甲氨基吡啶(DMAP)作亲核催化剂[15],其催化作用是由于 DMAP 既是一个好的亲核试剂,反应后形成吡啶鎓中间体又是一个比酰氯更活泼的中间体,活泼性是由鎓盐中"叔胺"的离去倾向加上吡啶的强吸电子性共同引起的。

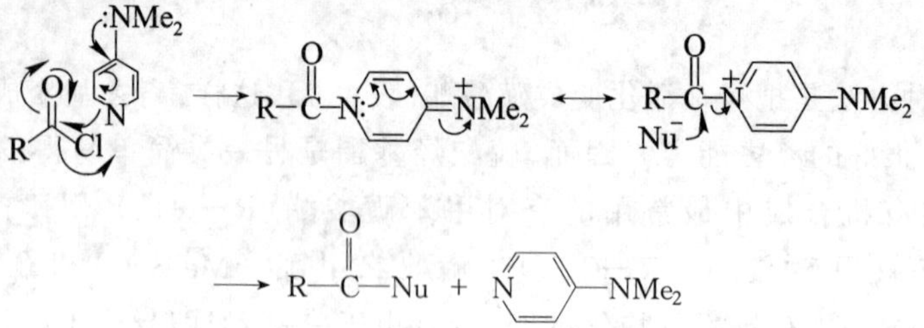

$$\text{RCOCl} + \text{DMAP} \longrightarrow R-CO-N^+ =\!\!\!<\!\!NMe_2 \longleftrightarrow R-CO-N^+\!\!-\!\!NMe_2 \longrightarrow R-CO-Nu + \text{DMAP}$$

咪唑活化的酰化反应也需通过铵盐中间体,即第二步反应需在酸性条件或用 MeOTf 进行 N-甲基化活化。2-吡啶鎓和 3-氯噁唑鎓是常用的活化剂。

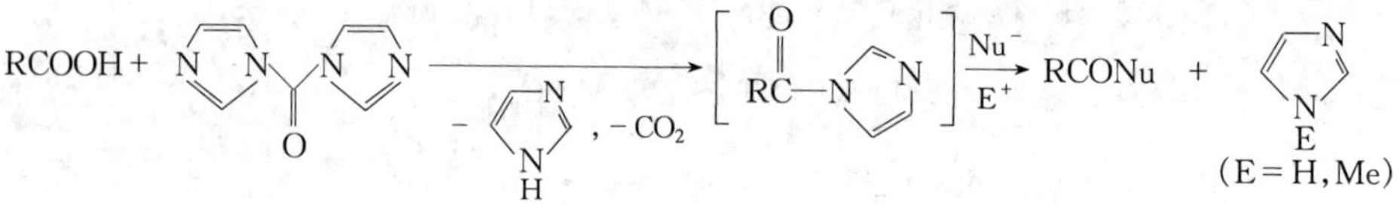

$$\text{RCOOH} + \text{Im}_2\text{C=O} \xrightarrow[-\text{ImH},-CO_2]{} [RC(O)-\text{Im}] \xrightarrow[E^+]{Nu^-} \text{RCONu} + \text{ImE} \quad (E=H, Me)$$

$$\text{RCOOH} + \text{Nu} \xrightarrow{\text{剧烈条件}} \text{RCONu} + OH^-$$

由于羟基(—OH)不是一个好的离去基,即使有第一步亲核加成形成的电子对的参与,这一反应仍需在剧烈条件下进行,欲使反应在温和条件下进行可进行 OH 的现场活化,一些试剂体系和活化中间体形式列于表 1.8:

表 1.8 用于活化羧酸的试剂(体系)

原料	试剂	活化形式	产物
RCOOH	PPh$_3$ + Br$_2$[7]		
RCOOH	PPh$_3$ + CCl$_4$[7]	R-C(=O)-O-P$^+$Ph$_3$	RCONu + O=PPh$_3$
RCOOH	PPh$_3$ + EtO$_2$CN=NCO$_2$Et [7,8]	R'-O-PPh$_3$	RCO$_2$R' + O=PPh$_3$
RCOOH	R'N=C=NR' (DCC) (R' = c-hex)	R-C(=O)-O-C(NR')=NHR'	RCONu + DCU R'HN-C(=O)-NHR'

续表

原料	试剂	活化形式	产物
RCOOH	![imidazole carbonyl], E^+	$RC(=O)$-咪唑-E^+	RCONu + 咪唑-E (E = H, Me)

烷氧基变成可离去基团的两种特殊情况是：

(1) 差的离去基可以在邻位负电荷的参与下被除去，例如在羧酸衍生物羰基上的加成-消除反应。此外，α-碳负离子-β-烷氧基极易发生 β-消除生成 α,β-不饱和化合物。这种情形也见诸羟醛缩合和 Claisen 缩合反应。

(2) 环氧化合物由于环张力的存在可提高离去基 RO^- 的离去能力，因此容易在各种亲核试剂进攻下开环（内部离去基），解除张力。其含氮和含硫类似物也同样是好的亲电试剂，容易发生亲核开环。

β-内酯由于存在小环张力，亲核试剂可进攻 β-碳（而非羰碳），^-OCOR 离去解除张力，这一反应类似于中性条件下 β-内酯的水解。

$^-NH_2$，^-NHR 和 $^-NR_2$ 均为差的离去基，但是，$^-NH_2$ 的离去能力可通过形成磺酰胺（$RNH_2 \rightarrow RNTs_2$）而大大提高。$—NTf_2$ 已成功地被许多亲核试剂所取代。把 $^-NH_2$ 转变为好的离去基的另一方法是转变为吡啶鎓盐。

$$H_2O: + PhN_2^+ \longrightarrow Ph-OH + N_2 + H^+$$

$$Br^- + Me-\overset{+}{N}Me_3 \longrightarrow Br-Me + Me_3N:$$

$$PhCH_2NTf_2 \xrightarrow[60\%\sim70\%]{Me_2CuLi} PhCH_2Me$$

$$R-NH_2 + \underset{Ph\ \underset{R}{\overset{+}{O}}\ Ph}{\overset{Ph}{\bigcirc}} \longrightarrow \underset{Ph\ \underset{\underset{Y^-}{R}}{\overset{+}{N}}\ Ph}{\overset{Ph}{\bigcirc}} \xrightarrow{加热} R-Y + \underset{Ph\ \underset{}{N}\ Ph}{\overset{Ph}{\bigcirc}}$$

1.2.3.2　π-键型碳亲电试剂:不饱和碳上的亲核反应

不饱和碳上的亲核反应主要是亲核加成反应及其引起的反应,包括净结果为取代的亲核加成-消除反应。常见的亲电性的不饱和化合物包括羰基化合物、亚胺类化合物和带有吸电子基团(EWG)的 α、β-不饱和化合物。

$$Nu:^- + \underset{R}{\overset{X}{\diagdown}C\mathord{=}} \longrightarrow \underset{R}{\overset{X^-}{\underset{Nu}{\mid}}}C$$

$$X = O,\ \underset{X}{\overset{O}{\|}},\ \overset{H}{\overset{+}{N}R},\ \overset{+}{N}R_2,\ \overset{+}{S}R,\ \overset{|}{C}-EWG$$

1.2.3.2.1　羰基化合物的加成反应

羰基碳原子的亲电性主要是由于不饱和氧原子接受电子的共振效应(—M)所形成的稳定负电荷的能力引起的。当然,亲电性也与所相连的其他原子或基团(X)的供或吸电子能力有关。羰基化合物的反应活性次序如下:

$$\underset{R\ \ \overset{+}{N}R_3'}{\overset{O\ \ X^-}{\|}} > \underset{R\ \ Cl}{\overset{O}{\|}} > \underset{}{\overset{O}{\|}}_{C} > \underset{R\ \ OCOR'}{\overset{O}{\|}} > \underset{R\ \ H}{\overset{O}{\|}} > \underset{R\ \ R'}{\overset{O}{\|}} >$$

$$\underset{R\ \ Ar}{\overset{O}{\|}} > \underset{R\ \ OR'}{\overset{O}{\|}} > O=C=O > \underset{R\ \ NR_2'}{\overset{O}{\|}} > \underset{R\ \ O^-}{\overset{O}{\|}} >\ :C=O$$

亲核试剂对羰基化合物的亲核加成反应,根据所用的起始羰基化合物的类型,亲核试剂对羰碳亲核加成生成的氧负离子可按图1.6所示的四种方式之一进一步发生反应：

(a) 如果 X 是一个氢(醛)或烃基(酮)而不是一个离去基,则负离子可能从反应介质(或者在后处理过程中)中得到一个质子,净结果是对羰基的加成,得到醇。

(b) 如果 X 是一个离去基(可形成一个稳定的负离子),则它可以以 X⁻ 的形式消去。净结果是一个亲核取代反应,亲核试剂变成与酰基相连,这类反应称酰基化反应。

(c) 如果 X 不是一个离去基,加成物在羟基的邻位还含有一个酸性氢,则在亲核加成后可消去水,这一加成 - 消去过程称为缩合。

(d) 在酸性条件下,第二分子的亲核试剂可进一步反应,产生缩醛(酮)类化合物。

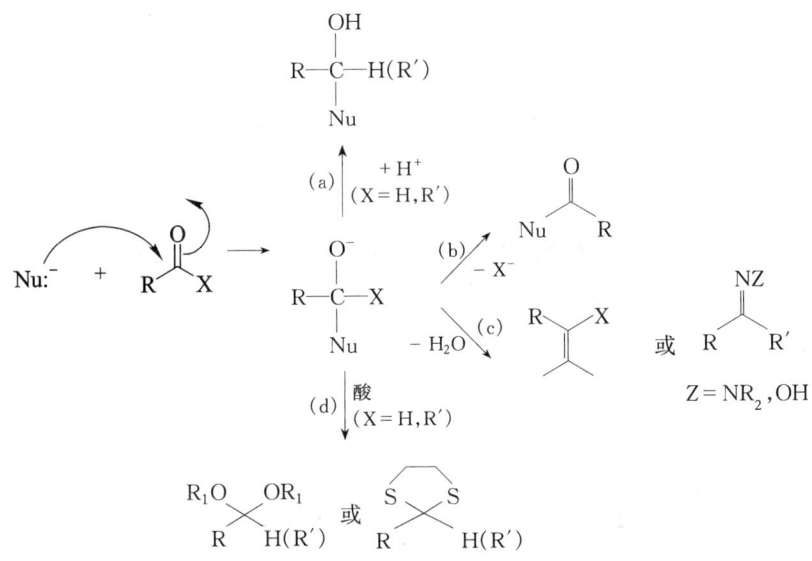

图 1.6　亲核试剂与羰基化合物的反应

1.2.3.2.2　对含 C═N 双键的亚胺类化合物的加成：碳氮亲电体

对于亲核加成反应,由于亚胺化合物的亲电性较低,明显不如羰基化合物活泼,但是,如果亚胺氮原子上带有吸电子基团,特别是当氮原子带正电荷形成鎓盐(亚胺鎓或酰亚胺鎓),亚胺鎓上碳原子则变得高度亲电,以至于中性的碳亲核体如烯烃和芳环都可以作为有效的亲核试剂与之反应。值得注意的是,虽然在这些鎓盐中正电荷是在氮原子上,亲核试剂的加成却发生在亲电性的(酰)亚胺鎓碳上而不是氮上。碳亲核试剂对含 C═N 双键的亚胺类化合物的加成被广泛用于含氮化合物特别是生物碱的合成。

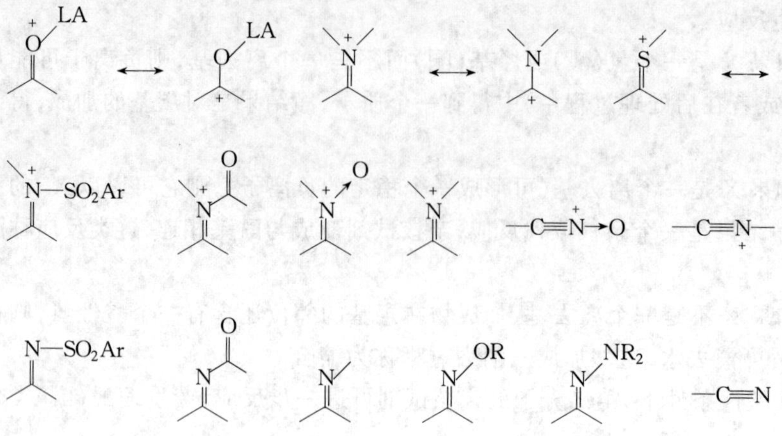

对亚胺鎓的亲核加成是 Mannich 反应、Vilsmeier – Haach – Arnold 反应的关键：

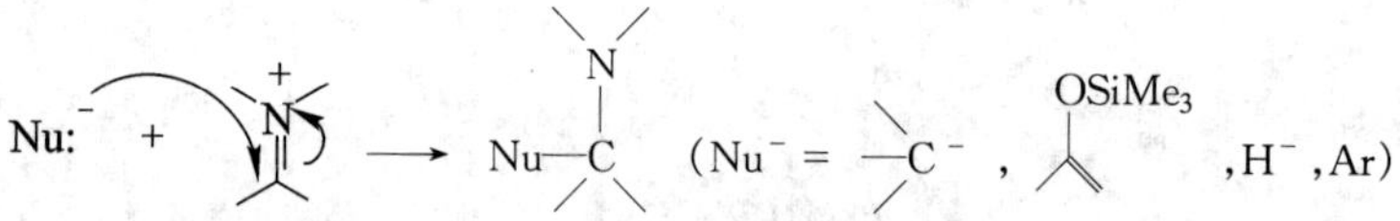

对于强亲核试剂，腈类化合物也可表现为亲电性，对这种化合物的亲核加成产生亚胺负离子。质子化后生成的亚胺本身不稳定，发生水解而最终得到羰基化合物。

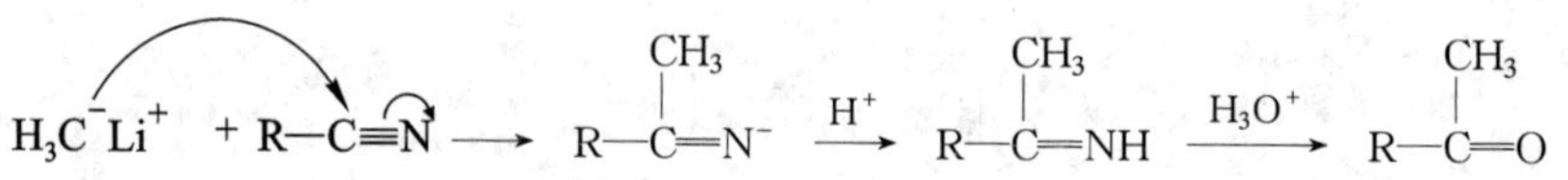

1.2.3.2.3 亲电的烯烃

一般来说，富电子的烯烃具有亲核性，但在两种情况下它表现出亲电性：

(a) 当双键的烯丙位有一离去基(烯丙位上的碳是亲电的)时，亲核进攻不仅可在亲电碳(α - 位)上发生，也可在双键的"远端"发生(γ - 位)。

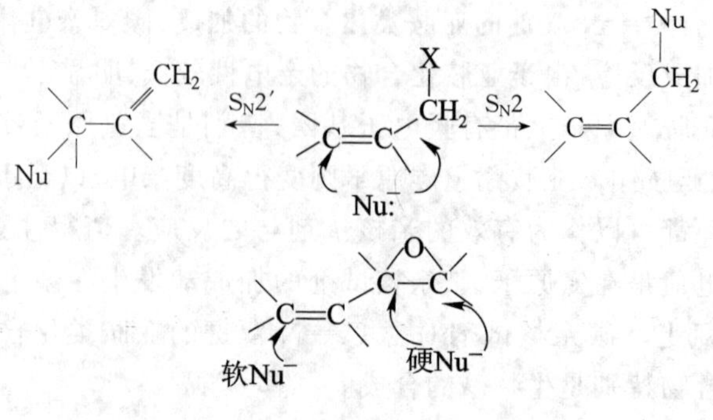

在这里除一般离去基外,X 还可是 OAc。上述反应通式代表了 S_N2' 反应,钯催化下的亲核取代反应以及 Birch 还原条件[Li/NH$_3$(l)]下的反应:X = OAc →H。

$$PhS^- + H_2C=C(CH_2Br)-H \longrightarrow H_2C(PhS)-C(CH_2)=H$$

$$Nu:^- + C=C(OAc) \xrightarrow{Pd(OAc)_2} Nu-C-C=C$$

(b) α、β - 不饱和羰基化合物(共轭加成)。

当烯烃与羰基、硝基、砜基等吸电子基团连接时,烯烃的 β - 碳变成亲电中心,多种亲核试剂可以发生共轭加成。

$$Nu:\ +\ C=C-C=O\ \longrightarrow\ Nu-C-C=C-O^-\ \xrightarrow{H^+}\ Nu-C-CH-C=O$$

1.2.4 双反应性试剂

双反应性试剂是指在同一碳原子上兼具亲核和亲电两种反应性的试剂,这种试剂往往可用于环的合成。

卡宾(碳烯,:CXY)是通过两共价键与两个基团相连的二价碳物种,带两个非键电子,六个价电子。可视为 R$_2$C:或 R$_2$C±,即兼具亲核和亲电性的中性物种,以亲电反应性为主。

卡宾的两个非键电子可以是自旋反平行处在一个轨道中(单线态)或自旋平行分处两个不同的轨道中(三线态)。大多数卡宾形成的初始态是单线态,卡宾可以单线态反应,也可能在反应前单线态已转化成三线态而以三线态反应。单线态卡宾是缺电子物种,类似于碳正离子,与吸电子基团相连的卡宾是亲电性的,与提供电子基团相连的卡宾是亲核性的。三线态卡宾可视为特别的双自由基。

卡宾:CCl$_2$ 可由 CHCl$_3$ 与强碱作用产生,用于与烯烃反应合成二氯环丙烷类化合物。一氧化碳(:Ö=C: $\longleftrightarrow$:Ö$^+$≡C:$^-$)和异氰(R—N=C: $\longleftrightarrow$

R—N⁺≡C:⁻)可视为特殊的稳定化的卡宾。

卡宾可通过 α-消除形成,从卡宾的形成机制也可以看出其双重反应性。由于卡宾是缺电子体,因而是高活性亲电试剂,可与烯烃、富电子芳香分子反应。卡宾可发生四类反应,应用最广泛的是对 C—H 键的插入反应和对烯烃 π-键的加成,即环丙烷化反应。

$$\text{环戊烯} \xrightarrow[t-\text{BuOK}]{\text{CHBr}_3} \text{二溴双环产物}$$

$$\text{Br}_3\text{CH} \xrightarrow{^-\text{O}-t-\text{Bu}} \text{Br}_2\text{C:} \longrightarrow \text{Br}_2\text{C}^+ / \text{C}^- \longrightarrow \text{产物}$$

卡宾类化合物是可进行卡宾的反应,但非真正的二价碳的化合物的总称。Simmons-Smith 试剂(ICH_2ZnI)是一种应用广泛的卡宾类试剂,其制备涉及 Zn 插入 C—I 之间。

$$\text{CH}_2\text{I}_2 \xrightarrow{\text{Zn(Cu)}} \text{ICH}_2\text{ZnI} \equiv \text{I}^- \ ^+\text{ZnI} / \text{CH}_2^{\pm}$$

$$\text{CH}_3\text{CH}=\text{CH}_2 \xrightarrow[\text{Zn(Cu)}]{\text{CH}_2\text{I}_2} \text{环丙烷}$$

卡宾和卡宾类化合物也可从重氮化合物产生。

$$[\text{R}_2\text{C}=\text{N}_2 \leftrightarrow \text{R}_2\text{C}^-=\text{N}^+=\text{N}^- \leftrightarrow \text{R}_2\text{C}^-—\text{N}^+\equiv\text{N}] \xrightarrow[\text{或 CuCl}_2]{\text{Rh}_2(\text{OAc})_4} \text{[Rh]=CR}_2 \equiv \text{R}_2\text{C}^{\pm}$$

$$\text{PhCH}=\text{CH}_2 + \text{N}_2\text{CHCOOEt} \xrightarrow[93\%]{5\% \text{ Rh}_2(\text{OAc})_4} \text{Ph} \triangle \text{COOEt} + \text{Ph} \triangle \text{COOEt}$$

(反式:顺式=1.6:1)

除了卡宾和卡宾类化合物外,许多试剂具有亲核性,一旦体现这一反应性的反应发生后,同一原子就表现出另一种反应性,即亲电性。卤素、过氧化物和重氮化合物就表现出这一特点,因而可用于形成卤鎓(活性中间体)、环氧化物、环丙烷等环状化合物或中间体。

$$\text{H}\overset{..}{\text{O}}—\text{OCOR} \ , \ \text{H}_2\text{C}^-—\text{N}^+\equiv\text{N} \ , \ ^-\text{N}=\text{N}^+=\text{N}^- \ , \ \text{Cl}—\text{CH}_2\text{COOEt} \equiv \ ^{\pm}\text{CH}—\text{COOEt} \ ,$$
(Darzen反应)

$$\text{H}_2\text{C}^-—\overset{\overset{\text{O}}{\|}}{\underset{\text{Me}}{\text{S}^+}}—\text{Me} \quad \text{H}_2\text{C}^-—\overset{\text{Me}}{\underset{\text{Me}}{\text{S}^+}}—\text{Me}$$

过氧化物:Baeyer–Villiger 氧化

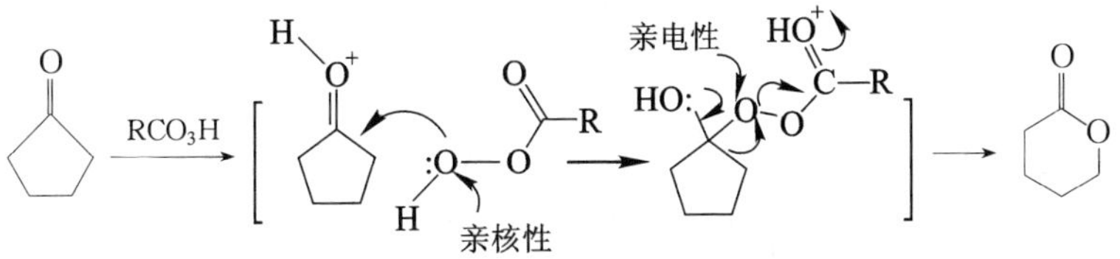

叠氮化物:Curtius 重排

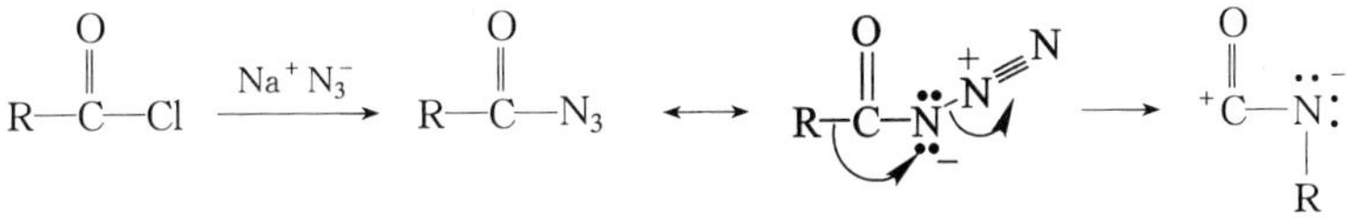

重氮甲烷与酮的反应:

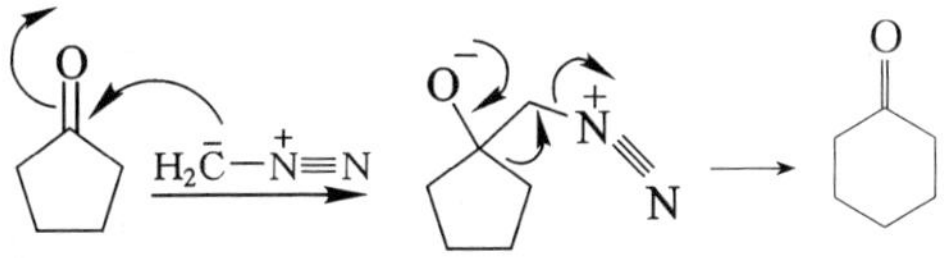

其他具有潜在双反应性的试剂将在环化反应一章(第 8 章)讨论。

1.3 极性的颠倒

1.3.1 键的极性及其传递

通俗而言,共价键的本质是两个原子共享一对电子。如果两原子均享这对电子,那么这样的键(如 C—C,C—H 键)就表现出低极性、低化学反应性。直链烷烃是低极性、低反应性化合物。但是,大多数有机物含有官能团,由于电负性和原子半径的差异,碳–杂原子键(C—X)通常是极化的。如果 X 是电负性比碳大的杂原子如 O,N,Br,Cl,I 等,那么 C—X 键极化的结果是碳原子上带部分正电荷(亲电性),X 带部分负电荷(亲核性)。而与碳相比,硅、锡和金属(如镁、锂)是电正性原子,此时,C—X 键极化的结果是碳原子上带部分负电荷。这种对 σ-键电子分布的影响叫诱导效应。

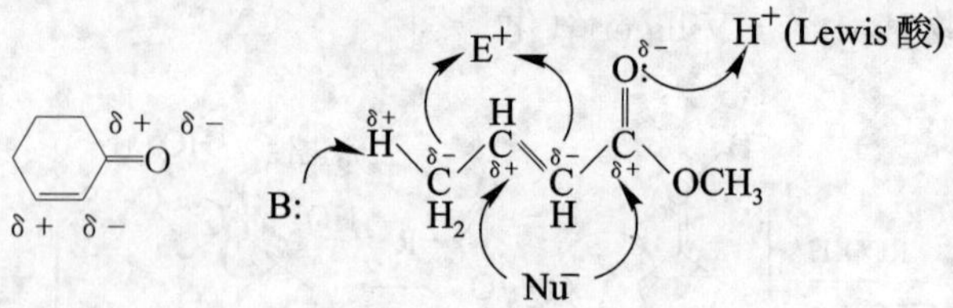

键的极化效应可以通过 π-共轭体系传递到共轭体系另一端,其结果是共轭分子表现出正负交替的极化态,这种正、负极性对应于亲电和亲核反应性。值得注意的是,在饱和的烷烃体系,官能团或杂原子对碳的电正化或电负化效应也可以影响邻位碳,从而在饱和碳链上传递并形成正负交替的极化态,这一非常简便的识别碳骨架各位置上表观电性和潜在反应性的方法早在 1898 年就被 Lapworth 所认识,符合这一电性规律(即在 0,2,4,6,… 位为负电性,在 1,3,5,7,… 位为正电性)的分子或分子碎片(合成子)被认为具有常规(正常)反应性,否则为具有非常规(非正常)反应性。负电性用(−)或 d(donor)表示;正电性(+)或 a(acceptor)表示。

57

这一简便的判据在逆合成分析中选定合成子对时十分有用。在上述的逆合成分析中,我们均选择具有常规反应性的合成子对,这样的选择比较稳妥,因为常规反应性经常意味着对应于已知的反应,由此设计出来的合成路线成功的机会大。这就是前面我们提到的切断法的一个原则,即合理的切断应能**导向具有合理(常规)反应性的合成子**;合理的切断对应于已知的合成反应。

1.3.2 极性颠倒

逆合成分析这一概念的作用不但在于可用于方便地设计基于常规反应性和已知反应的合成路线,其重要意义还在于可以激发无限的想像力和创造性。因为,按照这一方法,对任何键以任何极性配对方式的切断都是允许的。这就形成了超越在 1.1.2 节所述切断原则的**不设限原则**,即**创造性原则**。

在上文的所有逆合成分析之切断中,我们只考虑导向具有如 **57** 所示的常规极性(反应性)的合成子对(比如 A—B ⇒ A$^-$ + B$^+$),而导向与 **57** 所示的潜在极性不符的"不合理"(极性)合成子对(比如 A—B ⇒ A$^+$ + B$^-$)均未予考虑。例如,大多数芳香化合物是富电子的,其特征反应是芳香亲电取代反应,因此,对取代的芳香化合物的切断一般导向具有常规反应性的一对合成子(例如图 1.4,切断 1a),导向"不合理"极性的切断 1b 一般不予考虑。然而,如果我们能够发

1.3 极性的颠倒

展具有"不合理"极性(或称特种反应性)合成子(A^+/B^-)的试剂与合成等效体,及相应的反应,有机合成的可能方式和途径无疑将成倍地增加。因此,导向"不合理"极性的合成子对的切断也应予以考虑。因而,逆合成分析之切断法可以启发我们去拓展固有知识的限制,进行知识创新。

此外,同样重要的是,在逆合成分析中,除了符合d/a交替反应性的分子外(这类分子可依常规,按a-d方式结合、合成),经常遇到违背这一极性配对规律的分子,即具有d-d或a-a反应性的分子,例如,化合物**58~60**。这类化合物的逆合成分析必将涉及"不合理"极性的合成子: X^-/Y^-或X^+/Y^+。

58　**59**　**60**

为此,提出了极性颠倒概念[16],极性颠倒(名词用 umpolung,动词用 umpole,创自德文)指的是任何改变亲核(d)/亲电(a)反应性的过程,包括通过直接或间接方法,潜在官能团或合成等效体的方法,表观实现所示的非常规极性和反应性。例如,把亲电的羰碳变成亲核的羰碳,把富电子的氮变成贫电子的氮原子。把氮或氧的α-位由亲电性变成亲核性,把羰基β-位由亲电中心变成亲核中心等。

极性颠倒的概念是在 1965 年提出的,但是,在此之前,有机化学中已有先例,以下所举的两例大家并不陌生。最简单的极性颠倒是从卤代烃制备格氏试剂,这一简单的反应把典型的亲电试剂(正电性的烃基)变成典型的亲核试剂(负电性的烃基)。

$$R \overset{\delta+}{-} X \overset{\delta-}{\xrightarrow[\text{Et}_2\text{O}]{\text{Mg}}} R^- MgX^+$$

最典型的极性颠倒反应是安息香缩合,净结果是亲核的苯甲酰基负离子对亲电的苯甲酰正离子的亲核加成,这是羰基两种极性的极妙展示。

$$\text{Ph-}\underset{}{\overset{\text{O}}{\text{C}}}\text{-H} + \text{CN}^- \rightleftharpoons \text{Ph-}\underset{\text{CN}}{\overset{\text{O}^-}{\text{C}}}\text{-H} \rightleftharpoons \text{Ph-}\underset{\text{CN}}{\overset{\text{OH}}{\text{C}}}\text{-H} \quad \overset{\delta-}{\text{C}}\text{-Ph}$$

$$\text{Ph-}\underset{\text{H}}{\overset{\text{O}}{\text{C}}}\text{-}\underset{}{\overset{\text{OH}}{\text{C}}}\text{-Ph} \xleftarrow{-\text{CN}^-} \text{Ph-}\underset{\text{CN}}{\overset{\text{O}^-}{\text{C}}}\text{-}\underset{\text{H}}{\overset{\text{OH}}{\text{C}}}\text{-Ph} \rightleftharpoons \text{Ph-}\underset{\text{CN}}{\overset{\text{OH}}{\text{C}}}\text{-}\underset{\text{H}}{\overset{\text{O}^-}{\text{C}}}\text{-Ph}$$

安息香,二苯乙醇酮

从上述两个经典实例所展示的对两种极性配对方式的互补运用可以看出,极性的颠倒可以突破常规的反应性限制,使原来不可能实现的反应、不可能完成的合成使命成为可能。

1.3.3 极性颠倒的基本原理

极性颠倒概念的提出是为了有意识地系统地建立极性转变的方法,从而解决合成的难题,拓展合成的手段。系统地进行极性颠倒需要进行合成方法学的研究。尽管实现极性颠倒有时需要多步骤反应,但是基本原理却十分简单,理解这些原理,大家都可以设计极性颠倒的方法。

如上所述,键极性的产生主要是由于两成键原子的电负性差异引起的,因此,极性颠倒的第一类方法是改变两相连原子(A—B)的相对电负性差异,例如进行 $R^{\delta+}$—$X^{\delta-}$ 卤代烃的极性颠倒,只需把卤代烃中电负性比 C 大的 X 转变成有机金属试剂 $R^{\delta-}$—$MgX^{\delta+}$,其中 C 的极性比正电性金属小。

极性颠倒的第二类方法:欲把亲核中心变成亲电中心,只需在原来的亲核中心原子上或其共轭位置上引入吸电子因素,即引入好的离去基团(LG)或使之变成不饱和体系:

$$-\overset{\delta-}{\text{Nu}}: \xrightarrow{\text{变成}} -\overset{\delta+}{\text{Nu}}-\overset{\delta-}{\text{LG}} \quad \text{或} \quad \text{Nu—Nu} \quad \text{或} \quad \text{Nu}=\text{Nu}$$

$$\underset{\text{H}}{\overset{\text{Me}_3\text{Si}}{\text{N}}}-\text{OSiMe}_3 \xrightarrow{R_2\text{Cu(CN)Li}_2} \underset{\text{H}}{\overset{\text{Me}_3\text{Si}}{\text{N}}}-\text{R}$$

$$t\text{-BuOOC}-N=N-\text{COOBu-}t \xrightarrow[\text{NaHCO}_3, \text{H}_2\text{O}]{\text{RZnX}} \begin{array}{c} \text{COOBu-}t \\ | \\ N \\ / \ \backslash \\ R \quad \text{NHCOOBu-}t \end{array}$$

[结构式: 含四唑的亚胺 $\xrightarrow{\text{RMgX}, 100\%}$ 相应的胺]

又如,叶立德 α-碳是亲核性的,黄宪建立了一种方法,即通过在 α-碳上引入高价碘,使之转变为亲电性,可经受亲核试剂进攻。

$$\text{Ph}_3\text{M}\!\!=\!\!\begin{array}{c}\text{H}\\ \text{Y}\end{array} \xrightarrow{\text{极性颠倒}} \text{Ph}_3\text{M}\!\!=\!\!\begin{array}{c}\text{I}^+\text{PhX}^-\\ \text{Y}\end{array}$$

$$\downarrow E^+ \qquad\qquad\qquad \downarrow Nu^-$$

$$\text{Ph}_3\text{M}\!\!=\!\!\begin{array}{c}E\\ Y\end{array} \quad (M=P, As) \qquad \text{Ph}_3\text{M}\!\!=\!\!\begin{array}{c}Nu\\ Y\end{array}$$

极性颠倒的第三类方法:欲把亲电中心变成亲核中心,需要在原来的亲电中心原子上引入吸电子基团(EWG),然后用碱去质子化形成负离子:

$$H-E \longrightarrow \begin{array}{c}H-E'\\ |\\ \text{EWG}\end{array} \xrightarrow{B:} \begin{array}{c}E':^-\\ |\\ \text{EWG}\end{array} \xrightarrow{^+E''} \begin{array}{c}E'-E''\\ |\\ \text{EWG}\end{array} \longrightarrow E-E''$$

极性颠倒的第四类方法是采取特罗依木马式策略,即通过引入隐蔽的、具有相反反应性基团实现的。例如,通过亲核反应引入烯基、炔基、芳基或氰基,然后通过氧化反应(RuO₄)或水解(仅氰基)把上述基团转化为羧基,从而实现形式上引入羧基碳负离子(⁻COOH)。表 1.9 所示的极性颠倒实例体现了以上极性颠倒原理。

例如,对 α-氨基酸在 α-碳和羧基间进行切断,得到一个不合理的羧基碳负离子合成子。解决这一问题的一个办法是在切断前首先进行官能团转变,把羧基转变为氰基,这样,切断后就得到一个合理的氰基负离子合成子。从合成角度而言,这一逆合成分析对应于 Strecker α-氨基酸合成法,羧基负离子是以氰基负离子(氰基作为潜在的羧基)的形式引入。

$$\underset{\underset{NH_2}{|}}{\overset{\overset{CO_2H}{|}}{R-\overset{a}{C}-H}} \xrightarrow{d} \underset{d}{HN}=\overset{R}{\underset{a}{C}}\overset{d}{H} + {}^-CO_2H$$

$$\xrightarrow{FGI} \underset{\underset{NH_2}{|}}{\overset{\overset{CN}{|}}{R-\overset{a}{C}-H}} \Longrightarrow \underset{d}{HN}=\overset{R}{\underset{a}{C}}\overset{d}{H} + {}^-CN \Longrightarrow RCHO + NH_3$$

$$RCHO + NH_3 \xrightarrow{NaCN} \underset{\underset{NH_2}{|}}{\overset{\overset{CN}{|}}{R-CH}} \xrightarrow{HCl} \underset{\underset{NH_2}{|}}{\overset{\overset{CO_2H}{|}}{R-CH}}$$

$$=^-,\equiv^-,\langle\!\!{}_O\!\!\rangle,\langle\!\bigcirc\!\rangle \equiv {}^-COOH \equiv {}^-CN$$
(RuO₄, HCl)

表 1.9　若干亲核试剂的极性颠倒实例

亲核性杂原子试剂/芳环	亲电性杂原子试剂/芳环
$X^-(Br^-, Cl^-, I^-)$	Cl_2, Br_2, I_2
$R\ddot{O}H$	$O_2, Me_3SiOOSiMe_3$
$R\ddot{N}H_2$	$TosN_3, NsONHCOOEt, RO_2CN=NCO_2R\ (R=Et, t-Bu),$
	$\underset{}{}C=NOR, \underset{}{}C=NOTs$
$R\ddot{S}H$	$RS-SR, t-BuSCl,$ PhS/ClH₂COCO 取代的醌
苯环	(η^6-芳基)钌络合物 $[MX_n = RuCp, {}^+PF_6]^-$ $MX_n = Pb(OR')_3; Cr(CO)_3$

至此，我们讨论的都是异裂反应，不过均裂切断同样可行，关键是要有适当的合成等效体和适当的合成方法。实际上，自由基反应在 20 世纪 90 年代已发展成为可在中性、温和条件下进行的高选择性合成方法。反应不但可以正常的极性方式进行，也可以极性颠倒的方式进行，不但可以分子间反应的方式，也可以分子内反应的方式进行。因此，均裂导向自由基已成为一种有价值的切断。以下是一个 1,4-二酮，其切断需要用到极性颠倒策略，因为自由基也有亲核-亲电之分。

有意思的还有,即便是周环反应(一般认为是非极性反应)也受极性控制。例如,反-1-甲氧基丁二烯与丙烯酸乙酯反应得邻位产物,是一个正常电子需求的 Diels–Alder 反应,从极性的观点看,这种区域选择性是由亲核的双烯的碳(C_4)与亲电性的亲双烯体 β-碳(C_2)结合的结果。同样,异戊二烯与丙烯醛环加成反应得"对位"产物,异戊二烯亲核性的 C_1 与亲双烯体亲电性 C_2 结合的结果。

而相反电子需求的 Diels–Alder 反应(IEDDAR)指的是带吸电子基团的双烯与带推电子基团的亲双烯体之间的 Diels–Alder 反应。具有相反电子需求的 Diels–Alder($IEDDAR$, $HOMO_{ene}$ – $LUMO_{diene}$)似乎也可视为正常电子需求的 Diels–Alder($HOMO_{diene}$ – $LUMO_{ene}$)的一种"极性"颠倒。这一点不但体现在双烯与亲双烯体的极性上,也反映在双烯与亲双烯体前线轨道相互作用的本质上。

而[1,3]偶极环加成的名称更是直截了当地道明了这类环加成反应的极性本质。

参 考 文 献

1. Thompson C F, Jamison T F, Jacobsen E N. J Am Chem Soc, 2000, 122:10482
2. Fuchs P L. Tetrahedron, 2001, 57:6855
3. March M. Advanced Organic Chemistry: Reactions, Mechanisms & Structures. 3rd edition. New York: John Wiley & Sons, 1985. 1048
4. Tufariello J J. Acc Chem Res, 1979, 12:396
5. Krapcho A P. Synthesis, 1982, 10:805
6. (a) Krapcho A P. Synthesis, 1982, 11:893
   (b) Mancuso A J, Swern D. Synthesis, 1981, 3:165
7. Castro B R. Replacement of Alcoholic Hydroxy Groups by Halogens and Other Nucleophiles via Oxyphosphonium Intermediates. In: Dauben W G, ed. -in- Chief Organic Reactions. New York: John Wiley & Sons, 1983, 29, chapter 1
8. (a) Mitsunobu O. Synthesis, 1981, 1:1
   (b) Hughes D L. Org Prep Proc Int, 1996, 28:127
   (c) Hughes D L. The Mitsunobu Reaction. In: Paquette L A, ed. -in- Chief. Organic Reactions. New York: John Wiley & Sons, 1992, 42, chapter 2
9. (a) Basavaiah D, Rao P D, Hyma R S. Tetrahedron, 1996, 52:8001
   (b) Ciganek E. The Catalyzed α-Hydroxyalkylation and α-Amidoalkylation of Activated Olefins (The Morita-Paylis-Hillman Reaction). In: Paquette L A, ed. -in- Chief Organic Reactions. New York: John Wiley & Sons, 1997, 51, chapter 2
10. Krimen L I, Cota D J. The γ-Alkylation and γ-Arylation of Dianions of β-Dicarbonyl Compounds. In: Dauben W G, ed. -in- Chief. Organic Reactions. New York: John Wiley & Sons, 1969, 17, chapter 3
11. [美] House H O. 现代合成反应. 花文廷等译. 北京: 北京大学出版社, 1985
12. Krief A, Anne-Marie L. Janssen Chim Acta, 1993, 28:26
13. (a) Molander G A. Chem Rev, 1992, 92:29
    (b) Molander G A. Reductions with Samarium(II) Iodide. In: Paquette L A, ed. -in- Chief

Organic Reactions, New York: John Wiley & Sons, 1994, 46, chapter 3

(c) Molander G A, Harris C R. Chem Rev, 1996, 96: 307

14 Martinez A G, Alvarez R M, Vilar E T, Fraile A G, Hanack M, Subramanian L R. Tetrahedron Lett, 1989, 30: 581

15 Berry D J, Digiovanna C V, Metrick S S. Arkivoc, 2001 (i): 201, at www.arkat-usa.org

16 (a) Seebach D. Angew Chem Int Ed Engl, 1979, 18: 239

(b) Ager D J. Introduction: Classical and Umpoled Synthons. In: Hase T A, ed. Umpoled Synthons: A Survey of Sources and Uses in Synthesis, New York: Wiley & Sons, 1987

习　　题

1. 试按亲电亲核性划分以下试剂，说明为什么，并尝试以反应说明有关反应性。

(1) I_2　　　　　(2) O_2　　　　　(3) CO　　　　　(4) SO_2

(5) HOOH　　　(6) NBS　　　　(7) SO_3　　　　(8) $Ph\,SO_2Cl$

(9) $Pb(OAc)_4$　(10) PhSCl　　(11) PhSe SePh　(12) Ph SeCl

(13) R_2NCH_2OR'　(14) $i\text{-}Bu_2Al\text{—}H$　(15) C_2Cl_6　(16) CrO_3

(17) SeO_2　　(18) CO_2　　(19) $RC\equiv N$　(20) $Et_3\overset{+}{N}\text{—}\overset{-}{O}$

(21) aziridine N　(22) $RC(O)OOH$　(23) triethyloxonium BF_4　(24) $S=O$ (sulfoxide)

(25) $\text{Cy}\text{—}N=C=N\text{—}\text{Cy}$ (DCC)　(26) anisole

2. 写出相应于以下合成子的合成等效体或试剂，并举一个反应加以说明。

(1) $\overset{+}{C}\text{—}N$　(2) $\overset{+}{C}\text{—}NH$　(3) $\text{—}\overset{+}{C}=N$　(4) $R\overset{+}{C}H_2$

(5) $\overset{+}{C}(=O)R$　(6) Ph^{-}　(7) $\text{—}\overset{+}{C}=NH$　(8) $\overset{H}{\underset{+}{C}}\text{—}\overset{H}{C}$

(9) $\text{CH}_3\text{CH}_2\overset{-}{C}(=O)\text{CH}_3$　(10) $RC\overset{+}{H}OH$　(11) $\overset{+}{C}H(OH)$　(12) ketone cation

3. 指出以下试剂中特定反应中心的极性（a/d），并依据极性颠倒的原理改变其反应性。

(1) $RH_2C\text{—}\overset{O}{\underset{\parallel}{C}}R'$　(2) $RH_2C\text{—}\overset{OH}{\underset{H}{C}}R'$　(3) $RH_2C\text{—}\overset{NR''}{\underset{\parallel}{C}}R'$　(4) allyl—OH

4. 在基础有机化学中至少讲到八种同一原子上双反应性合成子等效体或试剂，你能列出几种？邻位碳上双反应性合成子等效体或试剂，你能列出几种？

A_{+}^{-}：

$\overset{+}{C}—\overset{-}{C}$：

5. 试对以下各类化合物进行切断，写出合成子并尽可能写出相应的等效体。

(1) 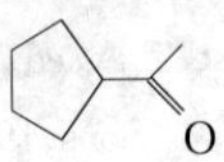

(2) 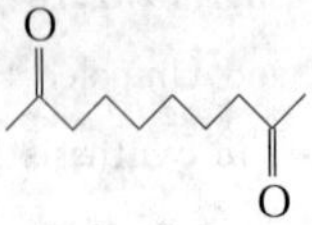

(3) 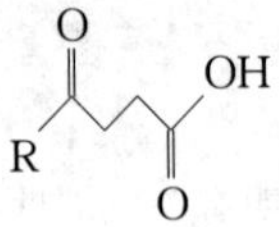

(4) 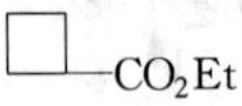

(5) $RCCCH_2CH_2OH$

(6) 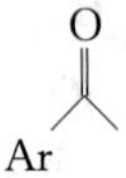

(7) 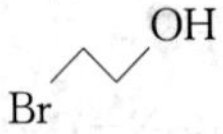

(8) 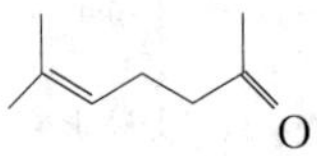

(9) 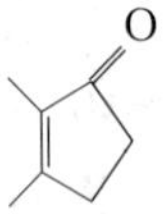

(10) 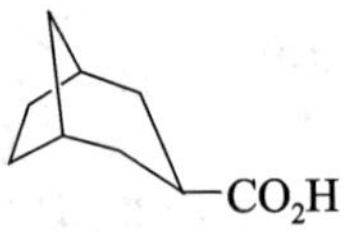

(11) R—X

(12) $C_{10}H_{21}CO_2H$

(13) 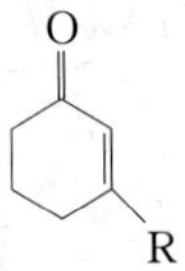

(14) 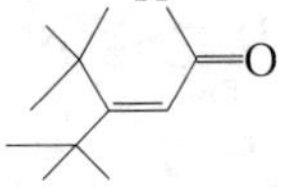

(15) 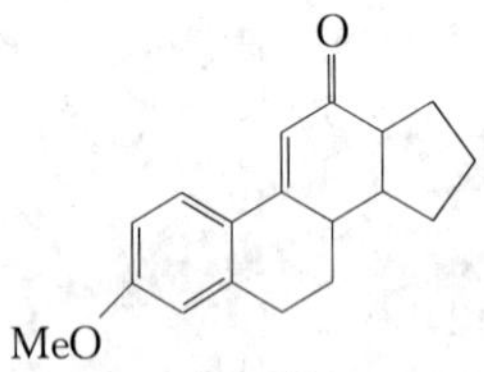

(16) 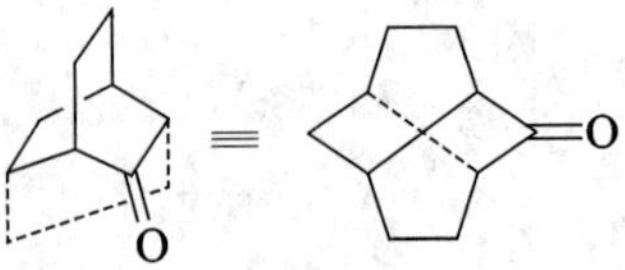

(17) 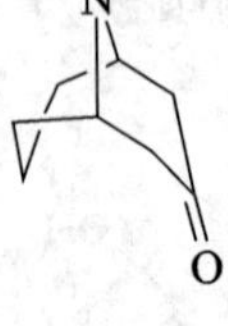

第 2 章 基于非稳定碳负离子的碳−碳键形成方法

2.1 原　　理

在碳杂原子键(C—X)中,与碳键合的非金属元素(X)的电负性通常比碳大,因而,碳原子是正极化的,如果所连的原子或基团有显著的接受电子能力,则该亲电性的碳原子可被亲核试剂进攻。相反,如果与碳键合的是一个电正性元素(M),例如一个金属,则该碳原子将是负极化的。由于金属原子可让出键合电子对形成一个碳负离子,因而,该亲核的碳可以进攻另一亲电性的碳试剂[式(2.1)和式(2.2)]。键的极化,无论是正极化或负极化效应都可沿着共轭体系传递到共轭体系的末端($C_1 \rightarrow C_3, C_5, \cdots$)。

$$M-CH_3 + H_3C-I \longrightarrow H_3C-CH_3 + M^+ + I^- \qquad (2.1)$$

$$M-CH_3 + C=O \longrightarrow H_3C-C-O^- + M^+ \qquad (2.2)$$

有机金属化合物(指含有碳−金属键的化合物)的反应性取决于所连接的金属,一般而言,所连的金属的正电性越大则该有机金属试剂越活泼。常见有机金属化合物的活性次序如下:

有机金属试剂的活性:	R—K	>	R—Na	>	R—Li	>	R—Mg	>	R—Al	>	R—Zn	>	R—Cu	>	R—Hg
相应金属的电负性:	0.82		0.93		0.98		1.31		1.61		1.65		1.90		2.00

有机金属钠和钾化合物的碳−金属键(C—M)属离子性,具有类似于盐的特性,不溶于非极性溶剂,电正性较小的镁、锌等的有机化合物的碳−金属键基本上是共价的,可溶于非极性溶剂如乙醚。但是,这两类有机金属化合物没有明显

的界线,可以把碳-金属键根据其离子特性的次序排列如下:

金属	K	Na	Li	Mg	Zn	Cd
离子性/%	51	47	43	35	18	15

有机金属化合物的反应性随其碳-金属键的离子特性的增大而提高,因此,有机锂化合物比有机镁化合物活泼,它们均比有机锌和有机镉化合物活泼。

2.2 有机镁和有机锂试剂的制备与反应性

2.2.1 有机镁试剂(格氏试剂)的制备与反应性

2.2.1.1 有机镁试剂(格氏试剂)的制备

有机金属试剂在有机合成中的应用始于 Grignard 的工作。1900 年,法国化学家 Grignard 发现金属镁与卤代烃(RX,ArX)在醚中反应得均相的有机镁试剂,是活泼的碳亲核试剂。Grignard 因发现这一反应而获得 1912 年诺贝尔化学奖,依此法制备的有机镁试剂因此称为格氏试剂。格氏试剂的制备涉及单电子转移机理。

$$R-X + Mg \xrightarrow{Et_2O \text{ 或 } THF} RMgX$$

$$RX + Mg \longrightarrow R-X^{\cdot -} + Mg(I)$$

$$R-X^{\cdot -} + Mg(I) \longrightarrow R^{-\ +}MgX$$

RMgX 中 R 可以是烷基、烯基或芳基,X 是卤素(I,Br,Cl)。它们可方便地由卤代烃与金属镁在干燥的乙醚或四氢呋喃中制备,并可在这两种溶剂中稳定存在。如果在氮气氛下密封保存,格氏试剂在室温下放置一年其活性无明显下降。制备、储存的方便加上用途广泛,使得格氏试剂成为碳-碳键形成反应中应用最广泛的有机金属试剂。虽然它们在溶剂中的准确结构及形成机理尚无定论,但是对合成而言,它们可看成具有 $R^{-\ +}MgX$ 的结构,表现为活泼的碳负离子,因此,可以恰当地用合成子 R^- 表示。

$$2\ RMgX \rightleftharpoons R_2Mg + MgX_2$$

二聚体

用于制备格氏试剂的卤代烃的反应性次序为

$$R{-}I > R{-}Br > R{-}Cl$$

四氢呋喃(THF)的碱性比乙醚大。在四氢呋喃中,可以从比较不活泼的烯基溴或官能化的卤代烃制备相应的格氏试剂:

碱性: 四氢呋喃 ≫ 乙醚

烯丙基MgBr, 缩醛基化合物MgBr

从低活性的卤代烃(例如仲、叔卤代烃和氯代烃)制备格氏试剂,需用活化的金属镁(Mg^*)。活化的金属镁可由无水卤化镁用金属钾或钠还原制得[1],也可在氩气氛中把金属镁屑搅拌过夜达到活化的目的。

$$MgX_2 + K \text{ 或 } Na \longrightarrow Mg^* + 2MX$$

$$Mg \xrightarrow[\text{搅拌过夜}]{Ar} Mg^*$$

降冰片基-Cl $\xrightarrow{(1) Mg^*,\ (2) CO_2,\ (3) H^+, H_2O}$ 降冰片基-COOH 60%~70%

格氏试剂的第二种合成方法是通过氢-镁交换进行,即通过对酸性较强的碳(基)酸(如炔氢、环戊二烯亚甲基)的去质子化实现质子-镁交换制备。

$$R{-}H + R'MgBr \rightleftharpoons RMgBr + R'H$$

$$HC{\equiv}CH + EtMgBr \longrightarrow HC{\equiv}CMgBr + C_2H_6$$

环戊二烯(H H) + EtMgBr ⟶ 环戊二烯基MgBr + C_2H_6

2.2.1.2 有机镁试剂(格氏试剂)的反应性

格氏试剂的反应性以亲核性为主,是一类优良的亲核试剂,可与醛、酮、羧酸酯等羧酸衍生物发生亲核加成反应。格氏试剂也有一定的碱性,例如,在上述格氏试剂的第二种制法中,就利用其碱性。

2.2.2 有机锂试剂的制备与反应性

2.2.2.1 有机锂试剂的制备

在发现格氏试剂之后不久又发现了有机锂试剂。有机锂试剂是一类应用广泛的基本有机金属试剂,因此发展了多种有用的制备方法。常用的有机锂试剂如正丁基锂、仲丁基锂、叔丁基锂和甲基锂均已实现工业化生产,成为商品化试剂。能够形成碳-锂键的方法很多,被用于有机锂试剂制备的主要有以下6种方法:

2.2.2.1.1 卤代烷与金属锂反应制备

简单有机锂试剂的工业制法是通过卤代烷与金属锂反应制备,使用含1%~2%金属钠的锂制备效果最好。由于有机锂的碱性强,因此,用乙醚作溶剂制备时,需在低于10℃以下进行。更好的方法是在己烷中制备,这样制得的烷基锂可在低温下较长时间存放而不降低活性。用溴代烷制备的有机锂试剂会含有部分 LiBr,而用 RCl 则可制不含 LiCl 的有机锂试剂。由于烯丙基氯和苄氯易发生 Wurtz 类偶联反应,不宜用此法制备相应的烯丙基锂和苄基锂。简单烷基锂在烃溶剂如正己烷中主要以六聚体存在,在 Lewis 碱存在下,可减少缔合程度,如果在乙醚中则以四聚体为主。

$$R-X + 2Li \longrightarrow RLi + LiX$$

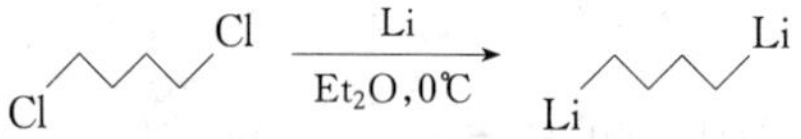

2.2.2.1.2 通过金属-氢交换(去质子化锂化)制备

同格氏试剂一样,烃的直接锂化主要取决于被交换氢的相对酸性,酸性比较强的烃($pK_a \leqslant 33$)如末端炔和三芳基甲烷可通过此酸碱反应制备。芳环上的配位性基团如烷氧基、酰胺基、胺基、砜基可与锂离子配位,有显著的导向作用,可决定去质子化的位置与速度。芳香杂环化合物锂化的位置一般在苯环上导向基的邻位或邻位甲基上[式(2.3)和式(2.4)],活化基(X)的活化能力次序为:—SO_2NR_2>—SO_2Ar>—$CONR_2$>噁唑基>—CONHR,—CSNHR,—CH_2NR_2>—OR>—NHAr>—SR>—NR_2。

芳基、烯基、苄基和烯丙位上的氢酸性弱得多,但当其带 α 或 β-杂原子取代基时,具有活化作用,可增加相应氢的动力学或/和热力学酸性,可用此法直接锂化[式(2.5)和式(2.6)]。

$$R-H + R'Li \longrightarrow RLi + R'H$$

$$RC\equiv CH \xrightarrow{R'Li} RC\equiv CLi + R'-H$$

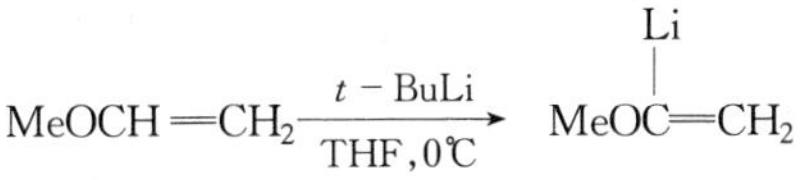

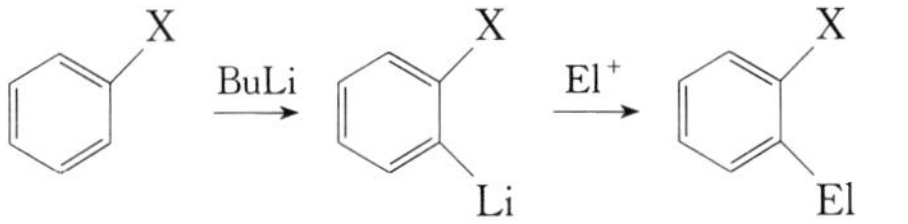

(2.3)

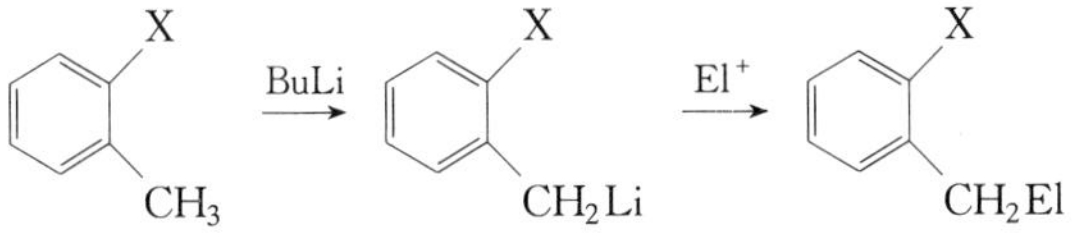

(2.4)

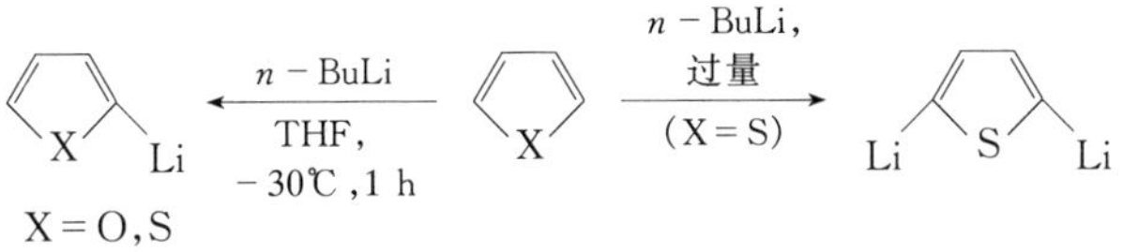

(2.5)

(2.6)

加入叔胺,特别是 N,N,N',N' - 四甲基乙二胺(TMEDA)可提高锂化速度,这是因为 TMEDA 是一种强的双齿金属配位剂,可促进丁基锂多聚体结构的分解,从而提高其反应活性[2]。

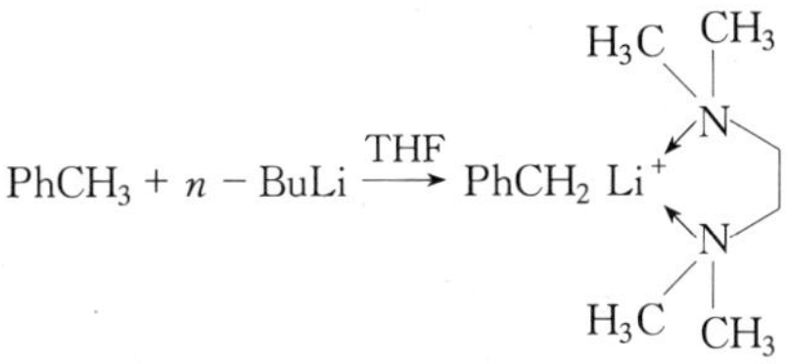

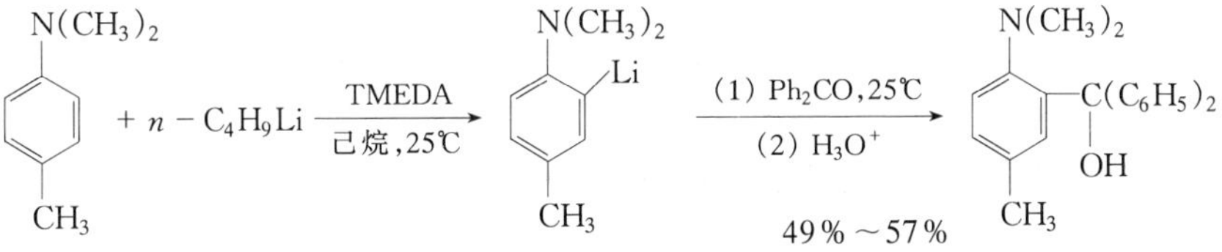

2.2.2.1.3 通过金属-卤素交换制备

$$\mathrm{RLi + R'X \rightleftharpoons R'Li + RX}$$

通过金属-卤素交换是制备有机锂试剂的另一重要方法。该法主要用于 1-烯基锂或芳基锂的制备,因为一般的卤代烷在交换时往往伴随着 Wurtz 偶联等副反应。当所用的有机锂试剂为叔丁基锂时,交换反应需要 2 摩尔倍数的叔丁基锂(为什么?)。此类反应进行的方向是朝着生成更稳定的有机锂化合物,即金属连接到电负性更大的碳上。例如,由于芳基和烯基碳(sp^2 杂化)的电负性大于脂肪碳(sp^3杂化),芳基和烯基-金属化合物可从脂肪-金属化合物制备。由于金属-卤素(Br,Cl)的交换速度快,且一般在$-60\sim -120$℃的低温下进行,因此,此法可用于制备含官能团的如氰基、硝基的芳基锂,后者是无法通过金属锂与卤代烃反应制备的。环丙基和烯基卤在卤-锂交换后构型保持,其中 RLi-R'X'交换比 RMgX-R'X交换构型保持更完全,更适于制备立体结构确定的有机锂试剂。

$$\text{(3-BrC}_6\text{H}_4\text{OMe)} + n\text{-BuLi} \xrightarrow[-78℃]{\text{THF}} \text{(3-LiC}_6\text{H}_4\text{OMe)}$$

$$\text{BrCH=CHOSiMe}_3 \xrightarrow[\text{Et}_2\text{O},-120℃]{t\text{-BuLi(2 eq.)}} \text{LiCH=CHOSiMe}_3 \quad >90\%$$

$$\text{(cyclopentenyl-Br)} \xrightarrow[-70℃]{n\text{-BuLi}/\text{THF}} \text{(cyclopentenyl-Li)}$$

2.2.2.1.4 通过金属-金属交换制备

$$\text{RLi} + \text{R'M} \rightleftharpoons \text{R'Li} + \text{RM}$$

通过金属-金属交换是制备有机锂试剂的另一有用方法。平衡有利于形成正电性更大的金属与更稳定的碳负离子结合的有机金属化合物。商品化的正丁基锂与有机锡试剂(通常是三正丁基锡化合物)的交换最具实用价值。用这一方法制备有机锂可避免 Wurtz 偶联反应,适合于制备活泼的烯丙基锂和苄基锂,后两者用金属卤素交换的方法制备效果不好。手性 α-烃氧基锡烷的交换反应构型保持。

$$(CH_2=CH)_4Sn + 4n\text{-BuLi} \xrightarrow{\text{Et}_2\text{O}} 4 CH_2=CHLi + n\text{-Bu}_4\text{Sn}$$

$$CH_2=CHCH_2Br \xrightarrow{\text{Ph}_3\text{SnH}} CH_2=CHCH_2SnPh_3 \xrightarrow[\text{Et}_2\text{O}]{\text{PhLi}} CH_2=CHCH_2Li + Ph_4Sn \quad 65\%\sim75\%$$

$$HC\equiv CCH_2OTHP \xrightarrow{\text{Bu}_3\text{SnH}} \underset{\text{Bu}_3\text{Sn}}{HC=CCH_2OTHP}\underset{H}{} \xrightarrow{n\text{-BuLi}} \underset{\text{Li}}{HC=CCH_2OTHP}\underset{H}{}$$

2.2.2.1.5 通过还原锂化制备

带有苯硫基、苯氧基、苯砜基、氯、氰基等基团的化合物或环氧化合物用萘-锂(LN)、二甲氨基萘锂(LDMAN)或 4,4'-二叔丁基联苯-锂(LiDBB,参见 1.2.2.3 节)还原锂化是制备有机锂的有用方法[3]。这一方法特别适合于制备 α-锂代醚和 α-锂代胺。反应的进行是因为萘锂(或萘钠)及类似的体系可产生自由基负离子,后者作为还原剂可通过转移两个电子给苯硫基等基团,使其离去,产生的碳负离子与锂离子结合即为有机锂化合物。

$$\text{(LN)} \quad \text{(LDMAN)} \quad \text{(LiDBB)}$$

$$\text{环氧化物} \xrightarrow{2\text{ LiDBB, THF, }-78℃} \text{Li} \underset{\text{OLi}}{\diagup} \xrightarrow[(2)\ H_2O, 0℃]{(1)\ i\text{-PrCHO, }-78℃} \text{产物} \quad 77\%\sim88\%$$

$$CH_2=CHCH_2OPh + 2Li \xrightarrow{Et_2O} CH_2=CHCH_2Li + LiOPh$$

$$\xrightarrow{\text{LiDBB}}_{\text{THF}} \quad 81\%$$

2.2.2.1.6 通过 Shapiro 反应制备

$$R_1\underset{R_2}{\overset{O}{\diagdown}} \xrightarrow{ArSO_2NHNH_2} R_1\underset{R_2}{\overset{NNHTs}{\diagdown}} \xrightarrow{2\ n\text{-BuLi}} R_1\underset{R_2}{\overset{Li}{\diagdown}}$$

Shapiro 反应是合成烯基锂的特殊方法[4],该法需首先把酮转化成对甲苯磺酰腙,然后加入 2 摩尔倍数的正丁基锂作用即可产生烯基锂。此法收率较高,是从酮合成烯基锂的一种方法,由此产生的烯基锂可与多种亲电试剂反应。

$$\text{樟脑} + NH_2NHSO_2Ar \xrightarrow[20℃]{CH_3CN/HCl} \text{腙}$$

$$\xrightarrow[(2)\ -55\sim0℃]{(1)\ 2.2\ s\text{-BuLi}} \xrightarrow[20℃]{C_4H_9Br} \quad 50\%\sim53\%$$

2.2.2.2 有机锂试剂的反应性

有机锂试剂具有强亲核性和强碱性两种反应性。因为是强亲核试剂,可与醛、酮、酯、羧酸盐、酰胺等羧酸衍生物发生亲核加成反应。它们同时也是很强的碱,例如,在上述有机锂试剂的第二种制备方法中,其作用是强碱。

2.3 格氏试剂和有机锂试剂的反应与合成应用

2.3.1 与烃基化试剂反应

格氏试剂和有机锂试剂与烃基化试剂的偶联反应(Wurtz反应)一般副反应多,产率较低,合成价值不大,只有与甲基、烯丙基或苄基卤等活泼卤代烃反应有一定的合成价值。但是,它们可与磺酸烷基酯进行偶联反应,收率尚好。

$$C_6H_5MgBr + \text{(2-氯苄氯)} \xrightarrow{88\%} C_6H_5CH_2\text{-}C_6H_4\text{-}Cl$$

$$C_6H_5CH_2MgCl + CH_3(CH_2)_3OTs \xrightarrow{61\%} C_6H_5(CH_2)_4CH_3$$

烯丙基锂和苄基锂可与仲卤代烃反应,与手性仲卤代烃反应观察到高度的构型翻转。更有合成价值的反应是烯基锂或芳基锂与碘代烷或溴丙烯类试剂的烷基化反应。

$$PhCH_2Li + \underset{H_3C\ H\ Br}{\overset{CH_2CH_3}{C}} \longrightarrow PhH_2C-\underset{H\ CH_3}{\overset{CH_2CH_3}{C}}$$

收率58%;100%构型翻转

$$\underset{Br}{\diagup\!\!\!\diagdown} \xrightarrow{(1)\ Li, Et_2O} \underset{Li}{\diagup\!\!\!\diagdown} \xrightarrow[THF, 0℃]{(2)\ n\text{-}C_8H_{17}I} \underset{C_8H_{17}\text{-}n}{\diagup\!\!\!\diagdown}$$

77% (94% Z-isomer)

3-溴噻吩 $\xrightarrow[\text{Et}_2\text{O}]{n\text{-BuLi}} \xrightarrow{-70℃}$ 3-锂噻吩 $\xrightarrow{\text{香叶基溴}}$ 3-香叶基噻吩

取代的芳基和烯基化合物可作如下切断:

$$Ar\text{—}CH_2R \Longrightarrow Ar\text{—}Li + RCH_2X$$

$$\text{CH}_2\text{=CH—CH}_2R \Longrightarrow \text{CH}_2\text{=CH—Li} + RCH_2X$$

烯丙型金属试剂有两个反应中心:α-位和γ-位,在两反应中心反应的比例取决于两碳原子的立体环境和亲电试剂的性质。在某些情况下与亲电试剂的反应几乎全发生在 γ - 位,例如巴豆基溴化镁与二氧化碳反应只得到 α - 己烯基丙酸。这个特点常用于吡咯和吲哚衍生物的合成。通过此法合成了植物发芽诱发剂吲哚乙酸。

$$t\text{-BuOCHCH}{=}\text{CH}_2\ (\text{Li}) + \text{CH}_3(\text{CH}_2)_3\text{I} \xrightarrow[83\%]{\text{BuLi}} t\text{-BuO}\underset{\text{H}}{\overset{\text{H}}{\diagup}}\!\!=\!\!\underset{(\text{CH}_2)_6\text{CH}_3}{\overset{\text{H}}{\diagup}}$$

2.3.2 与醛、酮反应

格氏试剂的最重要用途是与羰基化合物反应。与醛、酮反应可分别得到仲醇和叔醇。与二氧化碳反应则得到羧酸。

$$\text{RMgX} + \begin{cases} \text{CH}_2\text{O} & \longrightarrow \text{RCH}_2\text{OH} \\ \text{R}'\text{CHO} & \longrightarrow \text{RR}'\text{CHOH} \\ \text{R}'\text{R}''\text{CO} & \longrightarrow \text{RR}'\text{R}''\text{COH} \\ \text{CO}_2 & \longrightarrow \text{RCO}_2\text{H} \end{cases}$$

一般认为反应机理涉及一个三分子配合物:

这一过程可作如下切断:

局限性:格氏试剂与醛酮的反应通常得到良好收率的醇,是合成醇的最重要方法之一。但是这一方法有局限性,即当酮和格氏试剂的位阻大时,可能发生两个副反应:

(1) 如果在酮的两侧至少有一个 α-H 时,可能发生烯醇化,此时格氏试剂是作为碱夺取酮的 α-H 而非作为亲核试剂,这样首先产生烯醇负离子,水解后重新生成原料酮;

(2) 如果格氏试剂至少带有一个 β-H,则可能发生酮的还原反应,其机理是通过六元环过渡态转移出氢负离子,类似于 Meerwein-Ponndorf-Verley 还原。

当上述两种结构因素都存在时,两个副反应会相互竞争。

与格氏试剂类似,有机锂试剂可与醛酮发生加成反应,这是有机锂试剂的主要合成应用。与格氏试剂不同的是,有机锂试剂的亲核性更强,与位阻大的酮反应不发生还原副反应,因此,从位阻大的酮合成多取代的醇宜用有机锂试剂。

α-烯基醇可作如下切断:

$$\text{HO} \atop \text{H} \quad \xleftarrow{C_2H_5MgBr} \quad =O \quad \xrightarrow[97\%]{C_2H_5Li} \quad {HO \atop } \! C_2H_5$$

甲基锂对酮的加成反应曾被科瑞（Corey）用于天然产物（±）-Cedrol 的合成。

$$\xrightarrow[(2) H_3O^+]{(1)\ MeLi, Et_2O}\ (\pm)\text{-Cedrol}$$

2.3.3 与羧酸衍生物反应

2.3.3.1 与羧酸衍生物反应合成醇

一般而言，格氏试剂与羧酸酯、内酯或酰胺的反应难以停留在酮这一阶段，因为后者更活泼，进一步的加成反应速度更快，直接生成叔醇。因此，在一般情况下，不能通过格氏试剂与羧酸衍生物的加成合成酮，但可用于含两个相同烷基的叔醇的制备。此法曾被用于天然产物榄香醇（elemol）的合成。

$$\xrightarrow[(2) H_3O^+]{(1)\ MeMgBr, THF}\ (\pm)\text{-榄香醇}$$

含两个相同基团的叔醇一般可作如下切断：

$$R\!-\!\underset{R'}{\overset{OH}{\underset{|}{C}}}\!-\!R' \Longrightarrow \left\{ \begin{array}{l} R\!-\!\overset{+}{C}\!-\!R' \equiv \underset{MeO}{\overset{R}{\diagdown}}\!C\!=\!O \\ 2R' \equiv 2R'\!-\!MgX \Longrightarrow 2R'\!-\!X \end{array} \right.$$

2.3.3.2 与羧酸衍生物反应合成醛、酮

通过格氏试剂与酰氯加成合成酮不是一个具有实用性的方法，因为反应难以控制在酮的阶段。但是，也曾经报道一些成功的例子，一般需要使用过量的酰氯并在尽可能低的温度下进行反应。此法可能成功的原因是酰氯比酮更活泼。
更常用的策略是使格氏试剂与过量的酰氯在低温或/和金属盐催化剂存在

下反应,通常加入亚铜盐、铁盐或锰(Ⅱ)盐。在金属盐存在下,有机镁试剂被现场转化为一个活性较低的有机金属试剂,后者与酰氯反应可控制在生成酮的阶段。

$$n\text{-}C_6H_{13}COCl \xrightarrow[(2)\ H_3O^+]{(1)\ n\text{-}C_4H_9MgBr,\ cat.} n\text{-}C_6H_{13}COC_4H_9\text{-}n + n\text{-}C_6H_{13}C(OH)(n\text{-}Bu)_2 + n\text{-}C_6H_{13}COOH$$

无催化剂	−60℃	13%	4% / 60%
2% FeCl$_3$	−60℃	76%	3% / 15%

但是,格氏试剂可通过以下四种具有普遍意义的方法,使羧酸衍生物转变为酮。

2.3.3.2.1 与 Weinreb 酰胺反应制备醛、酮

格氏试剂和有机锂试剂与一般的酰胺反应往往难以控制,但是与 N-甲氧基-N-甲基酰胺(Weinreb 酰胺 **1**)[5] 加成可形成一个稳定的螯合中间体 **2**,后者在反应体系中比较稳定,不与格氏试剂或有机锂试剂进一步反应,水解后可得酮。二异丁基铝氢、氢化铝锂等还原剂(金属氢化物)与 **1** 反应可用于醛的制备(表 2.1)。因此,**通过有机金属试剂与 Weinreb 酰胺反应是合成醛、酮的可靠方法**。

$$RC(O)N(OMe)(Me)\ \xrightarrow[THF]{R'M}\ [\text{chelate intermediate 2}]\ \xrightarrow{H_3O^+}\ RC(O)R'$$

1 → **2**

表 2.1 格氏试剂等亲核试剂与 Weinreb 酰胺(**1**)反应制备醛、酮

R	R′M (eq.)	时间	温度/℃	产物	收率
Ph	MeMgBr (1.1)	1 h	0	PhCOCH$_3$	93%
Ph	MeMgBr (75)	1 h	0	PhCOCH$_3$	96%
Ph	n-BuLi (2)	1 h	0	PhCOBu-n	84%
n-C$_{17}$H$_{35}$	DIBAL-H(过量)	30 min	0	n-C$_{17}$H$_{35}$CHO	71%
n-C$_{17}$H$_{35}$	LiAlH$_4$(过量)	5 min	−78	n-C$_{17}$H$_{35}$CHO	醛 50% + 醇 25%
c-Hex	n-BuMgCl	1.5 h	25	c-HexCOBu-n	97%

2.3.3.2.2 通过格氏试剂与其他酰胺或酯反应制备酮

除了 Weinreb 酰胺外,也发展了其他酰胺或酯以用于酮的制备。例如,格氏试剂和有机锂试剂均可与咪唑酰胺 **3**,吗啉酰胺 **4** 或硫羟酸-2-吡啶酯 **5** 反应,水解后可得酮。这些羧酸衍生物是制备酮的重要合成中间体。之所以有这一用途,是因为格氏试剂或有机锂试剂加成后均能与酰胺或酯上的杂原子形成稳定的螯合中间体(具有醛、酮的氧化度),从而使反应停留在这一步。从有机锂试剂或格氏试剂出发制备增加一个碳的醛的简便方法是使之与 N,N-二甲基甲酰胺(DMF)或 N-甲酰基哌啶反应[6]。

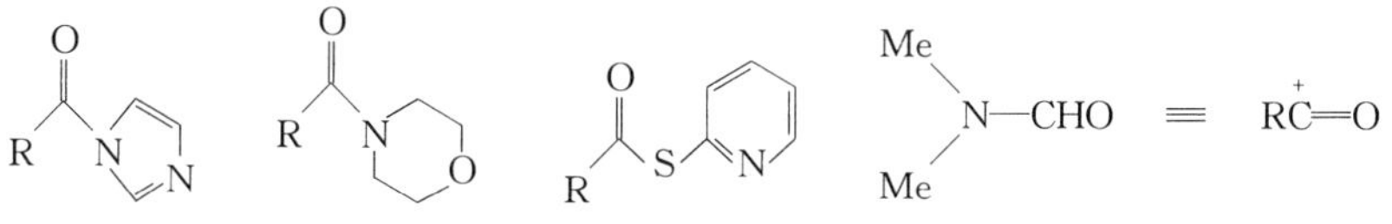

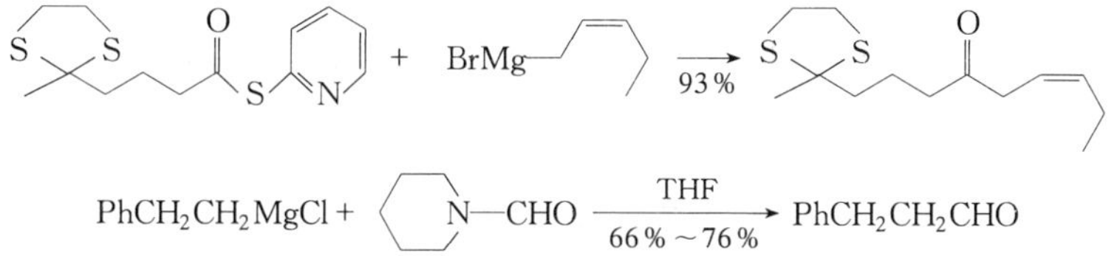

2.3.3.2.3 格氏试剂与腈加成可用于酮的制备

腈化物中氰基碳原子具有亲电性,有机镁试剂、有机锂试剂可与之加成,并产生较稳定的中间体,水解后得酮[7]。

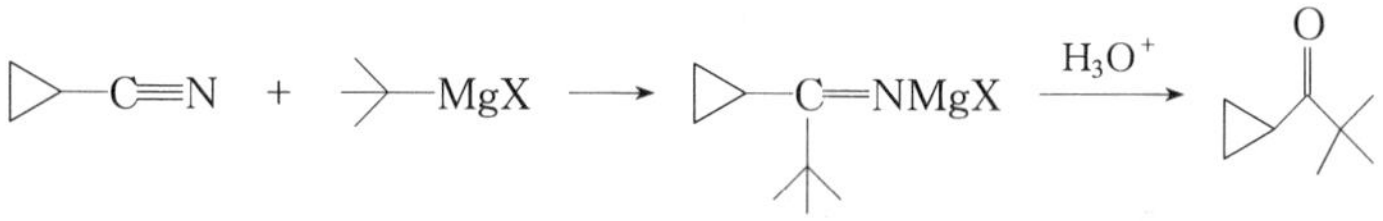

酮的另一种切断方法如下:

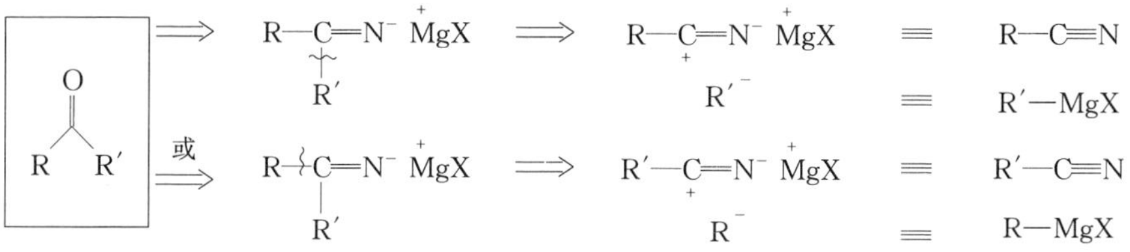

2.3.3.2.4 格氏试剂与原酸酯反应可用于醛的制备

格氏试剂与原酸酯反应可用于醛的制备。反应的第一步是镁离子作为 Lewis 酸与乙氧基配位,协助乙氧基离去;接着,进行格氏加成,生成缩醛。缩醛在反应条件下稳定,但可在酸性条件下水解得醛。

$$(EtO)_3CH \xrightarrow[-EtOMgR]{RMgX} [Et\overset{+}{O}=CH-OEt]\ X^- \xrightarrow{RMgX} EtO-\underset{H}{\overset{R}{\underset{|}{\overset{|}{C}}}}-OEt + MgX_2$$

因此,原甲酸三乙酯可作为甲醛基碳正离子的合成等效体。醛和缩醛可作如下切断:

$$R-CHO \Longrightarrow R^- + {}^+CHO \qquad R-CH(OR')_2 \Longrightarrow R^- + {}^+CH(OR')_2$$
$$\parallel \qquad \parallel \qquad\qquad\qquad \parallel \qquad \parallel$$
$$RMgX \quad (EtO)_3CH \qquad\qquad RMgX \quad (R'O)_3CH$$

2.3.3.2.5 有机锂与羧酸反应可用于酮的制备

有机锂与羧酸酯或腈的反应与格氏试剂类似,可分别用于叔醇或酮的制备。但是,由于有机锂试剂的亲核性比有机镁试剂强,在与活性较低的羧酸衍生物如羧酸、酰胺加成时,有机锂表现出优越性。例如,4 摩尔倍数的有机锂与羧酸反应是制备酮的有效方法。为避免过度反应,应保证在后处理前有机锂已完全被消耗殆尽。此外,后处理时加入三甲基氯硅烷也可避免醇的生成。

$$4RLi + R'-\underset{}{\overset{O}{\underset{\|}{C}}}-O^- \longrightarrow R'-\underset{R}{\overset{O^-Li^+}{\underset{|}{C}}}-O^-Li^+ \xrightarrow{H_3O^+} R'-\underset{R}{\overset{OH}{\underset{|}{C}}}-OH \longrightarrow R'-\overset{O}{\underset{\|}{C}}-R$$

环己基-COOH $\xrightarrow[(2)\ TMSCl]{(1)\ 4\ MeLi}$ 环己基-COCH_3
$\qquad\qquad\qquad (3)\ H_3O^+$

2.3.3.3 与二氧化碳反应合成羧酸

格氏试剂与二氧化碳反应可用于羧酸的制备。

$$\text{CH}_3\text{CH=CHCH}_2\text{Br} \xrightarrow[\substack{(2)\ CO_2 \\ (3)\ H_3O^+}]{(1)\ Mg} \text{CH}_2=CH-CH(CH_3)-COOH$$

吡咯 $\xrightarrow[-R-H]{RMgX}$ N-MgBr吡咯 + CO_2 → 2-酰基吡咯(OMgBr) $\xrightarrow[H_3O^+]{互变异构化}$ 吡咯-2-CO_2H

羧酸可作如下切断:

$$R\!\!-\!\!\!\!\!/\,COOH \implies RMgX + CO_2$$

2.3.3.4 与亚胺、亚胺鎓盐及相关化合物反应

亚胺中碳-氮双键的活性比羰基低,因此,当格氏试剂与亚胺加成时,若亚胺含有 α-氢时会发生竞争的去质子化反应。但是,格氏试剂可顺利与芳香醛的亚胺反应,氮上吸电子基的存在也有助于加成反应的进行。正电性更强的亚胺鎓盐是优良的亲电体,其与格氏试剂反应是合成含氮化合物的重要方法。以下列举格氏试剂分别与亚胺 **6**,4,5-二氢噁唑鎓 **7**,硝酮 **8**,N-甲基吡啶鎓 **9** 以及酰亚胺 **10** 的加成反应。

2.3.3.5 取代氧官能团的反应

简单的醚对有机镁试剂是稳定的,因而是最常用的有机镁试剂的溶剂。但是,在特定条件下,例如当存在环张力(如环氧丙烷、环氧丁烷)和在受进攻的碳

上电子云密度较低时(如缩醛、原酸酯、噁唑烷和带活化基的芳环)可发生净结果为烷氧基官团被取代的反应。

2.3.3.5.1 环氧开环

格氏试剂和有机锂均可与环氧化物反应，这是合成醇的一种方法。锂试剂与格氏试剂相比其优点是副反应少(用格氏试剂反应时，经常可观察到 MgX_2 催化的重排反应)。有机金属试剂一般进攻位阻较小的碳原子。

$$C_6H_5MgCl + \underset{O}{\triangle} \xrightarrow[88\%]{THF} C_6H_5\text{—}CH_2CH_2OH$$

$$Me_2N\text{—}CH_2\text{—}\underset{Ph}{\overset{O}{\underset{|}{C}}}\text{—}CH_3 \xrightarrow[(2) H_3O^+]{(1) PhLi, Et_2O, -45℃} Me_2N\text{—}CH_2\text{—}\underset{Ph}{\overset{HO}{\underset{|}{C}}}\text{—}CH\underset{}{\overset{Ph}{\underset{|}{}}}$$

取代的醇可作如下切断：

$$\underset{R^2}{\overset{R^1}{\underset{|}{C}}}\text{—}\underset{R'}{\overset{OH}{\underset{|}{C}}} \Longrightarrow R'\text{—}Li + \underset{R^2}{\overset{R^1}{\underset{|}{C}}}\underset{O}{\triangle} \Longrightarrow \underset{R^2}{\overset{R^1}{\underset{|}{C}}}\text{=}CH\underset{}{}$$

2.3.3.5.2 与缩醛的反应

在温和条件下，缩醛对格氏试剂是稳定的，因而是羰基化合物的保护形式。但是在激烈条件下，可发生烷氧基被取代的反应。格氏试剂与原甲酸三乙酯反应就属于这个类型。在这些反应中，镁离子作为 Lewis 酸与氧配位，同时，在另一个氧上孤对电子的协助下烷氧基离去，格氏试剂进攻得到醚。

$$R^1\text{—}CH\underset{OR^2}{\overset{OR^2}{\underset{|}{}}} + R^3MgX \longrightarrow R^1\text{—}CH\underset{OR^2}{\overset{R^3}{\underset{|}{}}} + R^2OMgX$$

$$\xrightarrow[\text{回流},15\text{ min}]{i\text{-}PrMgCl}$$

81%

相应于这一反应的切断是：

$$R^1\text{—}CH\underset{OR^2}{\overset{R^3}{\underset{|}{}}} \Longrightarrow \begin{cases} R^1\text{—}\overset{+}{C}HOR^2 \equiv R^1\text{—}CH\underset{OR^2}{\overset{OR^2}{\underset{|}{}}} \\ (R^3)^- \equiv R^3MgX \end{cases}$$

在有机镍化合物催化下,烯醇醚的烷氧基被取代的反应具有重要的合成价值,但是反应产生几何异构体混合物。

$$\text{烯醇醚} \xrightarrow[(Ph_3P)_2NiCl_2]{n-C_4H_9MgBr} \text{产物混合物}$$

2.3.3.5.3 与氮杂缩醛和噁唑烷的反应

格氏试剂与氮杂缩醛的反应是一个具有普遍性的反应。该反应常用于噁唑烷、四氢-1,5-噁嗪及相关化合物的开环烷基化。由于氮原子上可带手性辅助基,因而这一反应常用于不对称合成。格氏试剂与氮杂缩醛和噁唑烷的反应类似于与缩醛的反应,但是在这些情形下,提供电子对的是给电子能力更强的氮原子,因而产物是胺及醇盐而非醚,且反应更易进行。

$$R^1-\underset{NR^3R^4}{\overset{OR^2}{CH}} + R^5MgX \longrightarrow R^1-\underset{NR^3R^4}{\overset{R^5}{CH}} + R^2OMgX$$

(1) MeMgBr
(2) H_3O^+
81%

主要异构体　　次要异构体

相应于这一反应的切断是:

$$R^1-\underset{NR^3R^4}{\overset{R^5}{CH}} \Longrightarrow \begin{cases} R^1-\overset{+}{CH}NR^3R^4 \equiv R^1-\underset{NR^3R^4}{\overset{OR^2}{CH}} \\ (R^5)^- \equiv R^5MgX \end{cases}$$

2.3.3.6 与杂原子亲电中心反应

有机镁和锂试剂除了可与各种碳亲电试剂反应形成碳-碳键外,也可用于制备其他重要有机合成试剂。例如,作为强碱与二异丙胺反应用于制备位阻大、亲核性小的强碱二异丙基胺锂(LDA);与 CuI 形成有机铜锂试剂;与 $CeCl_3$ 生成有机铈试剂(参见下文)。这些试剂的使用可克服直接使用有机锂试剂的许多缺点。

此外,有机镁和锂试剂也可与亲电性的氧、硫[8]、氮、磷、硅、硼、卤素等杂原子亲电试剂反应,通过这些反应,可以在碳链上引入各种官能团(图 2.1)。正因为有机金属化合物可与水和氧反应,因而,有机金属试剂的反应需在无水、无氧条件下进行。

$$Nu-H + RMgX \longrightarrow Nu-MgX + RH$$
$$(Nu = HO, R'O, R''_2N, R'S \text{ 等})$$

$$Me_3C-MgX \xrightarrow{O_2} Me_3C-O-O-MgX \xrightarrow{H_3O^+} Me_3C-O-OH$$
过氧叔丁醇

$$R-O-O-MgX + R-MgX \longrightarrow 2R-O-MgX \xrightarrow{H_3O^+} 2ROH$$

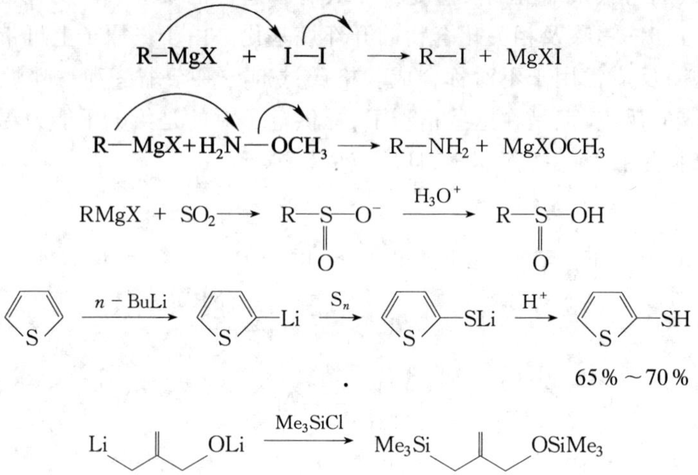

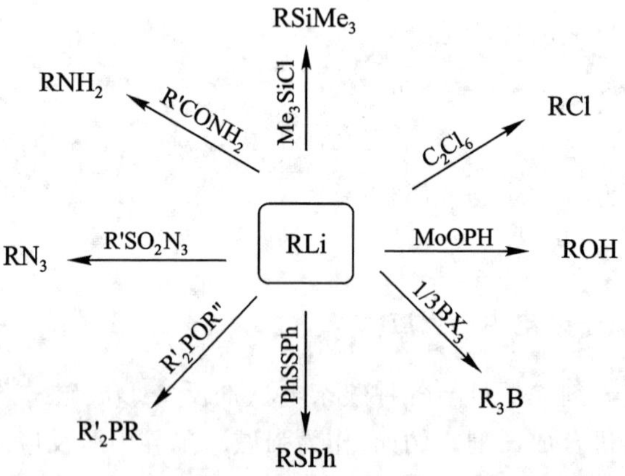

$$R-MgX + I-I \longrightarrow R-I + MgXI$$

$$R-MgX + H_2N-OCH_3 \longrightarrow R-NH_2 + MgXOCH_3$$

$$RMgX + SO_2 \longrightarrow R-\underset{O}{\overset{}{S}}-O^- \xrightarrow{H_3O^+} R-\underset{O}{\overset{}{S}}-OH$$

噻吩 $\xrightarrow{n\text{-}BuLi}$ 噻吩-Li $\xrightarrow{S_n}$ 噻吩-SLi $\xrightarrow{H^+}$ 噻吩-SH 65%～70%

Li⌒OLi $\xrightarrow{Me_3SiCl}$ Me_3Si⌒OSiMe_3

图 2.1　有机锂试剂与杂原子亲电试剂的反应

许多其他杂原子亲电试剂也能发生类似的反应,若干杂原子亲电试剂列举如下:R^2OOR^3,MCPBA,MoOPH,RSSR,RSCl,SCl_2,RSCN,SO_2Cl_2,SO_2,C_2Cl_6,

I_2,BX_3,PCl_3,Ph_2PCl,$POCl_3$,Me_3SiCl,$R'ONH_2$,$ArSO_2ONR_2$,$R'ONO_2$,$R'SO_2N_3$,$R'N_3$,SiX_4。

2.3.3.7 有机炔试剂的反应

炔负离子可通过氨基钠(Na + 液 NH_3 及催化量 $FeCl_3$)、丁基锂或格氏试剂去质子化形成,它们作为亲核试剂可与 $\alpha,\beta-$未取代的卤代烃(RCH_2CH_2X)偶联,也可与羰基化合物反应[8]。最近发现 $CsOH\cdot H_2O$ 可用于催化醛、酮的炔化。值得一提的是乙炔锂的反应需在低温(如 -78℃)下进行,因为乙炔单锂在 -25℃以上会发生歧化反应,生成乙炔二锂。

$$CH_3C\equiv CH \xrightarrow[\text{乙醚},-78℃]{n-BuLi} \xrightarrow[\text{乙醚},0℃]{ClCOOEt} CH_3C\equiv CCOOEt$$
$$95\%\sim 97\%$$

2.4 Barbier 反应及相关反应

由于许多格氏试剂和有机锂试剂容易制备,又具有一定的稳定性,且许多已成为商品化试剂,因而使用预制的格氏试剂和有机锂试剂成为其合成应用的主要方式。但是,把卤代烃和羰基化合物加入金属镁的四氢呋喃悬浮液,通过现场产生有机镁试剂,进而与羰基化合物发生加成反应的"一瓶反应"模式,即 Barbier 反应(1899 年)也是一个历史悠久的反应。这一反应虽经近百年的探索,但因收率较低,且卤代烃大多限于烯丙卤而未获得广泛应用。但是其"一瓶反应"的简便性一直吸引着人们的兴趣。除了 Mg 以外,Zn,Li,Cu,Sb,Bi 及其在超声波促进下的反应获得一定的成功。其中分子内反应成功的概率更大。这一方法被用于引入维生素 D_3 类似物 CD 环上的侧链(式 2.7)。

近年引人注目的发展是镧系金属(钐 Sm 或铟 In)及其化合物二碘化钐(SmI_2)促进的类 Barbier 反应。二碘化钐引发的类 Barbier 反应需要长时间在回流温度下反应[9]。加入三价铁盐可显著加速反应进程。加入共溶剂六甲基磷酰胺可极大地提高反应速率,使反应在室温下即完成。对共轭醛、酮的反应只得 1,2-加成产物。

$$n\text{-}C_4H_9Br + n\text{-}C_6H_{13}COCH_3 \xrightarrow[\substack{\text{THF,回流,1.5 天} \\ \text{THF-HMPA,室温,1 min}}]{SmI_2} n\text{-}C_6H_{13}C(OH)(n\text{-}C_4H_9)CH_3 \quad \substack{96\% \\ 92\%}$$

类 Barbier 反应的另一个重要进展是成功地使反应在水介质中进行,这是绿色化学发展的方向之一。用得较多的是金属锌、金属锡和金属铟[10]。超声波可以促进这一反应,使反应在非常温和的条件下进行,产率较高,且可用于复杂的底物。

$$RX + \underset{R'OH-H_2O}{\overset{Zn-Cu,))))}{\longrightarrow}} \begin{array}{c} \\ Y \end{array} \xrightarrow{} R\diagup\!\!\!\diagdown Y$$

X = Br, I;　　Y = CHO, COR, CO_2R, $CONR_2$, CN

$$PhCH=O + BrCH_2\underset{CH_2}{\overset{\|}{C}}CO_2CH_3 \xrightarrow[96\%]{In/H_2O} PhCH(OH)CH_2\underset{CH_2}{\overset{\|}{C}}CO_2CH_3$$

2.5　有机铈试剂

尽管有机锂试剂和有机镁试剂与醛、酮的加成是这两种试剂的主要用途之一,但是所涉及反应存在两个方面的缺点,一是当与容易发生烯醇化的醛、酮加成时会发生羰基 α-去质子化的副反应,后处理水解后得原料酮;二是当格氏试剂与位阻大的酮反应时会发生羰基还原的副反应。使用碱性较小的有机铈试剂[11]可有效避免这两个副反应,这是有机铈试剂的价值所在。有机铈试剂一般由无水三氯化铈与有机锂或有机镁交换制得,现场使用。其优点可以从以下两例[12]的对比中看出。

$$n\text{-}BuMgBr + CeCl_3 \longrightarrow n\text{-}BuCeCl_2 + MgBrCl$$
$$RLi + CeCl_3 \longrightarrow RCeCl_2 + LiCl$$

Me_3SiCH_2Li	产率：6%
$Me_3SiCH_2CeCl_2$	产率：83%

$n\text{-}BuMgBr$	产率：10%
$n\text{-}BuMgBr/CeCl_3$	产率：57%

此外,有机铈也是与腙加成的首选有机金属试剂。若使用光学活性手性腙作手性辅助剂,则可用于不对称合成。加成产物经 Raney 镍催化氢解可切断氮-氮键,得到光学活性手性胺。

$$RH_2CHC=N-N\diagdown \xrightarrow[ClCOOMe]{R'CeCl_2} RH_2\overset{*}{C}H-N(R')(COOMe)-N\diagdown \xrightarrow[Raney\ 镍]{H_2} RH_2\overset{*}{C}H(R')(COOMe)-NH$$

2.6 有机锌试剂

锌、镉和汞是同属第Ⅱ副族的元素,它们在+2价氧化态时都具有全充满的d^{10}电子构型,这使得这一价态相当稳定。因此,第Ⅱ副族有机金属化合物的反应性更接近于第Ⅰ、第Ⅱ主族的有机金属化合物,而不同于d轨道未充满的过渡金属有机化合物。所不同的是,第Ⅱ副族金属的正电性远较第Ⅰ、第Ⅱ主族金属小,所以其有机金属化合物的亲核性远比RLi或RMgX小。有机镉和有机汞试剂由于其毒性大,其使用价值越来越小,因此,本节将主要讨论有机锌试剂[13]。

2.6.1 有机锌试剂的制备

简单的烷基锌可通过卤代烷与锌-铜合金反应制备,把卤代烃、金属镁及无水氯化锌的混合物用超声波振荡,可一瓶制得锌试剂。大家熟悉的Reformatsky试剂就是依此法制备的。

$$BrCH_2COOEt \xrightarrow{Zn} BrZnCH_2COOEt \longleftrightarrow \underset{CH_2=COEt}{OZnBr}$$

与RLi,RMgX一样,RZnX可通过活化的Zn^*(Rieke锌)与卤代烃反应制备。这一制法的优点是可制得含羰基官能团的有机锌试剂。

$$Zn粉 \xrightarrow[\substack{乙醚或THF \\ 25℃,15min}]{\substack{Me_3SiCl \\ (7.5\%,摩尔分数)}} [Zn粉]^* \xleftarrow[\substack{25℃,15min}]{\substack{Me_3SiCl \\ (3\%,摩尔分数)}} \xleftarrow[\substack{THF,回流 \\ 2\sim3min}]{\substack{BrCH_2CH_2Br \\ (4\%,摩尔分数)}} Zn粉$$

$$FG-RI + [Zn粉]^* \xrightarrow[\substack{30\sim60℃ \\ 4\sim12h}]{THF} FG-R-ZnX \quad (85\%\sim90\%)$$

有机锌试剂的第二种制法是通过有机锂或有机镁试剂与无水卤化锌交换制备。

$$RLi + ZnX_2 \longrightarrow RZnX + LiX$$
$$RMgX + ZnX_2 \longrightarrow RZnX + MgX_2$$

简单的二烷基锌可由烷基碘化锌加热制得,有机二烷基锌试剂是可蒸馏的液体。官能化的二烃基锌一般通过交换制备。

$$2RZnI \xrightarrow{加热} R_2Zn + ZnI_2 \ (R=Me, Et)$$

$$R_3B \text{ 或 } R-I \xrightarrow{Et_2Zn} R_2Zn$$

2.6.2 有机锌试剂的合成应用

有机锌化合物的合成价值表现在以下两个方面:(1) 由于其亲核性低,可以制备含多种官能团的有机锌化合物而无需对官能团进行保护;(2) 二烃基锌可用于进行对醛的催化不对称加成。此外,有机锌试剂也可用于 α,β-不饱和化合物的共轭加成。有机锌试剂在一价铜盐存在下可生成锌铜试剂,后者可用于共轭加成等多种反应(图 2.2)。在适当的手性配体存在下,二乙基锌和二苯基锌与醛的加成可达到很高的对映选择性。

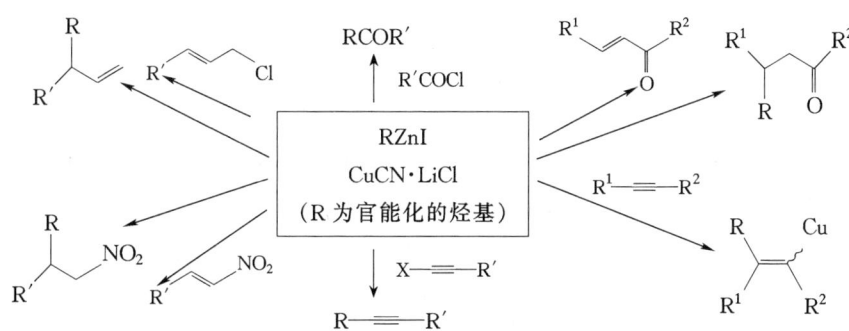

图 2.2 有机锌试剂与碳亲电试剂的反应

2.7 有机铜试剂的制备及合成应用

格氏试剂可与 α,β-不饱和酮发生 1,2- 和 1,4- 加成反应,有机锂试剂则主要发生 1,2- 加成反应。自从 1941 年 Kharasch 和 Tawndy 发现在一价铜盐存在下,格氏试剂可与 α,β-不饱和酮发生 1,4-加成以后,确立了有机铜试剂在有机合成中的独特地位。图 2.3 归纳了有机铜试剂的亲核反应及其主要用途[14]。

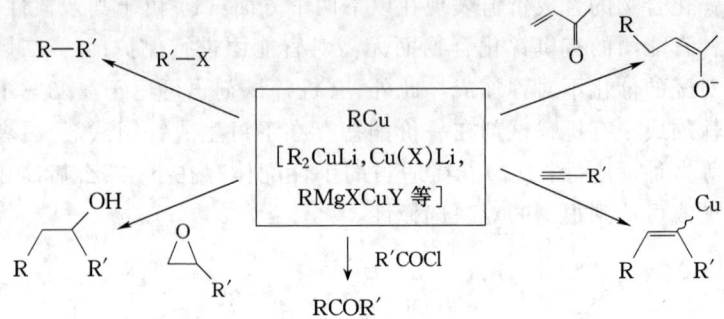

图 2.3 有机铜试剂与碳亲电试剂的反应

有机铜试剂或亚铜盐催化的有机镁、有机锂试剂与碳亲电试剂的反应已成为有机合成的重要工具。与其他有机金属化合物不同的是,有机铜试剂(organocopper reagent)有多种形式,其制备方法与用途不尽相同。以下三个反应是其中比较简单的三种有机铜试剂的制备方法,更多的有机铜试剂及其制备方法示于表 2.2。下文将主要讨论应用广泛的二烷基铜锂(organocuprate, Gilman 试剂)和混合高序铜试剂(higher-order cuprates)的合成应用。

$$RLi + CuCl \longrightarrow RCu + LiCl$$
有机铜试剂

$$2RLi + CuCl \longrightarrow R_2CuLi + LiCl$$
二烷基铜锂

$$2RMgX + CuY \longrightarrow R_2CuMgY \cdot MgX_2$$

表 2.2 有机铜试剂的类型

有机铜试剂的类型	制 备 方 法
亚铜盐催化现场产生有机铜试剂	RMgX(或 RLi) + CuX(cat.)
	RLi + Cu(I) ⟶ RCu + Li$^+$
	RCu·MX
	RCu·L
	RCu·BF$_3$
	RX + [Cu(I) + Li-萘] ⟶ RCuX
	优点:可带官能团如 CN, NO$_2$

续表

有机铜试剂的类型	制 备 方 法
二烷基铜锂(Gilman 试剂),同有机铜锂	$2RLi + Cu(I) \longrightarrow [R_2CuLi] + Li^+$
混合有机铜锂	$\begin{matrix}R^1\\ \diagdown\\ CuM\\ \diagup\\ R^2\end{matrix}$ （例：$n\text{-}C_3H_7\!\!\equiv\!\!\underset{Li}{\overset{R}{Cu}}$）
杂有机铜锂	$\begin{matrix}R\\ \diagdown\\ CuM\\ \diagup\\ Z\end{matrix}$ （例：$Z=CN,SPh,M=Li$）
高序铜试剂 $R_{m+n}Cu_mLi_n(m+n>2)$	$3RLi + Cu(I) \longrightarrow [R_3CuLi_2] + Li^+$
混合高序铜试剂	$2RLi + CuCN \longrightarrow R_2Cu(CN)Li_2$ $[RC\equiv C-Cu-R]Li$ $[ArS-Cu-R]Li$ $[Ph_2P-Cu-R]Li$

注：(a) 通常加入 $Me_2S, n\text{-}Bu_3P, (MeO)_3P, (Me_2N)_3P$ 等助溶、稳定剂；

(b) $M=Li, MgX; X=$ 卤素；Z 和 R^2 通常是非迁移性基团，例如，$R_2 = C\equiv C-C_3H_7\text{-}n, Z= CN, SPh, OBu\text{-}t; L=$ 配体。

2.7.1 二烷基铜锂

有机锂可与等摩尔的亚铜盐(CuCl,CuBr,CuI)反应形成有机铜化合物(RCu),这一金属-金属交换反应的驱动力是更正电性的金属锂倾向于以离子化合物(LiCl)形式存在。由于烷基铜试剂(RCu)是 Lewis 酸,可再与等摩尔的有机锂试剂中的"烷基负离子"反应形成二烷基铜锂(R_2CuLi, Gilman 试剂)。尽管铜带形式上的负电荷,对碳而言它是电正性的。因而在概念上,该试剂可视为烷基负离子配位到铜上($R-Cu^-:RLi^+$)。二烷基铜锂试剂具有与格氏试剂和锂试剂类似的反应性,但是,由于"烷基负离子"是配位到比锂较低电正性的元素铜上,因而较不活泼。

$$Li^+\ ^-R + Cu-R \longrightarrow R-\overset{-}{Cu}-R\ Li^+ \text{（即 } R_2CuLi\text{）}$$

二烷基铜锂的稳定性在很大程度上取决于其结构。二甲基铜锂的乙醚溶液可在 0℃ 和氮气氛下稳定数小时。仲、叔烷基铜锂的乙醚溶液在高于 -20℃ 即迅速分解。歧化反应是分解的主要原因。卤离子对于稳定性也有影响,碘化亚铜优于溴化亚铜,但二甲硫醚合溴化亚铜也起到提高二烷基铜锂稳定性和增加溶解性的作用。

二烷基铜锂作为碳亲核试剂的主要用途有二:一是与烷基化试剂的偶联反应(这一反应使用有机锂和有机镁试剂均不理想);二是与 α,β-不饱和化合物的共轭加成。共轭加成用乙醚为溶剂较好,取代反应用四氢呋喃或乙醚/六甲基磷酰胺为溶剂比较有利。反应可能涉及单电子转移并经历 Cu(Ⅲ)中间体/过渡态。

二烷基铜锂与亲电试剂反应的反应性次序如下(R 可以是伯、仲、叔烷基、芳基或杂芳基,也可带有远端官能团如醚、缩醛、硫醚、酮等):

$$\text{RCOCl} > \text{R—CHO} > \text{ROTs} > \text{R}\overset{\text{O}}{\triangle} > \text{R—I} > \text{R—Br} > \text{R—Cl} > \text{RCOR}'$$

2.7.1.1 偶联反应

在前文已讲到,除非加上过渡金属催化剂,否则格氏试剂和有机锂试剂与卤代烃偶联反应的产率往往较低。二烷基铜锂试剂与烷基(伯、仲)、烯基和芳基溴(或碘)发生取代卤原子的偶联反应,收率良好,是有机金属试剂与烃基化试剂偶联的首选方法。这一反应被成功地用于昆虫聚集性信息素家蝇性诱剂(muscalure) **11** 合成,制备规模达到每釜 150 kg。

$$n\text{-}C_5H_{11}I + n\text{-}(C_4H_9)_2\text{CuLi} \xrightarrow[-20℃,1h]{\text{THF}} n\text{-}C_5H_{11}\text{—}C_4H_9\text{-}n$$
$$98\%$$

1-油基溴(1-溴代-十八碳-9-烯) 与 $C_5H_{11}\text{MgBr}$,CuCN/LiCl(cat.),THF,0~5℃ 反应生成 99%,家蝇性诱剂 **11**

$$\text{Ph—CH=CH—Br} \xrightarrow[81\%]{\text{Me}_2\text{CuLi}} \text{Ph—CH=CH—Me}$$

除了上述有机铜试剂外,无机铜试剂 Li_2CuCl_4 也可催化格氏试剂与伯卤代烃或伯醇磺酸酯的偶联反应。

$$CH_2=CH(CH_2)_9MgCl + Br(CH_2)_{11}CO_2MgBr \xrightarrow[(2)\ H^+]{(1)\ Li_2CuCl_4} CH_2=CH(CH_2)_{20}COOH$$

伯醇的对甲苯磺酸酯也可进行偶联反应,反应经历 S_N2 机理。但仲醇的对甲苯磺酸酯的偶联反应副反应多(例如发生消除反应),产率低。对于非环仲醇的对甲苯磺酸酯,如果碳链上含有杂原子,杂原子可协助其与二烷基铜锂的反应。

2.7 有机铜试剂的制备及合成应用

$$\text{（环氧-OTs）} \xrightarrow{(n-C_{10}H_{21})_2CuLi} \text{（环氧-}C_{10}H_{21}-n\text{）}$$

$$n-C_5H_{11}-\overset{OTs}{\underset{}{CH}}-R \xrightarrow{Me_2CuLi} n-C_5H_{11}-\overset{Me}{\underset{}{CH}}-R$$

R = C_4H_9-n 40%
R = $CH_2SPh, OCH_2SPh, OCH_2OMe$ 65%～98%

从以下两例[15]可以看出,有机铜试剂的偶联反应表现出很高的化学选择性,未保护的羰基不受影响。

$$(\text{乙烯基})_2CuLi + Br-\text{环己酮} \xrightarrow[0℃,5h]{THF} \text{乙烯基-环己酮} \quad 65\%$$

$$\text{（二溴樟脑酮）} + [\text{（2,6-二甲氧基苯基）}]_2CuLi \xrightarrow[0℃\sim r.t.,18h]{THF/DMSO(1:1)} \text{产物} \quad 79\%$$

通过上述反应可以看出,有机铜锂试剂对碳亲电试剂表现出极好的亲核性。铜锂试剂对仲醇的对甲苯磺酸酯反应伴随着构型转变,类似于经典的 S_N2 取代反应,但是其反应机理并不相同。反应可能经历两步,首先在金属上发生氧化加成,生成的中间体中铜具有+3价的表观氧化态;随后一个 R' 基从铜上迁移,与烃化试剂偶联,形成碳-碳键。在过渡金属化学中,卤代烃和对甲苯磺酸酯加成到低氧化态的过渡金属物种上是一个常见的反应。

$$R-X + R'_2Cu \longrightarrow R-\underset{R'}{\overset{R'}{Cu}}-X \longrightarrow R-R' + R'CuX$$

烯丙型卤代烃的反应可得到 S_N2 或 S_N2' 产物(有报道 $RCu-BF_3$ 主要得到 S_N2' 产物);烯丙型醇的乙酸酯 **12** 的取代反应一般伴随着双键迁移(S_N2')机理。烯丙基取代可能首先涉及与双键的配位。在环状体系中主产物为反式产物,其原因据认为是铜的 d-轨道与烯丙基体系的 π^*,σ^* 反键轨道同时交盖,这样 R 基从与 OAc 相反一侧的铜上转移到烯丙基碳上。

$$R_2Cu^I + \text{（烯丙基-X）} \longrightarrow \text{（}R_2Cu^I\text{配合物）} \longrightarrow R_2Cu^{III}-\text{烯丙基} \longrightarrow R-\text{烯丙基} + RCu^I$$

[化学反应式:12号化合物 (含OCOMe和CH₃的环己烯) + Me₂CuLi → 产率90%~95%,生成甲基取代的环己烯;右侧为Cu与X的轨道示意图]

2.7.1.2 与环氧化物反应

饱和环氧化物用二烷基铜锂开环收率良好,反应发生在位阻较小的碳上,发生类似于 S_N2 过程的构型翻转;α,β-不饱和环氧与二烷基铜锂的反应发生在双键碳上,并伴随着双键的迁移和环氧开环[16]。

[反应式:环己烯氧化物 (1) R₂CuLi (2) H₃⁺O → 2-取代环己醇 OH R]

[反应式:丙基环氧乙烷 + Me₂CuLi → 88% 生成仲醇]

[反应式:Me₂CuLi + 异丙烯基环氧化物 → 烯丙醇 OH]

相应于上述反应的切断为

[逆合成分析:R-CH(OH)-CH(R') ⇒ 环氧化物 + R'₂CuLi]

2.7.1.3 与酰氯反应

二烷基铜锂可与醛和酰氯反应。在乙醚中与酰氯反应可得酮[17],产率较好,反应有很高的化学选择性,不影响酮、酯、卤代烃,显示了有机铜试剂的优越性。

$$C_6H_5SLi + CuI \xrightarrow[-LiI]{25℃ \atop THF} C_6H_5SCu \xrightarrow{t\text{-}BuLi \atop THF} C_6H_5S[(CH_3)_3C]CuLi \xrightarrow{C_6H_5COCl \atop THF} (CH_3)_3CCOC_6H_5$$
$$84\% \sim 87\%$$

$$Me_2CuLi + CH_3(CH_2)_4\overset{O}{C}(CH_2)_4CCl \xrightarrow[15\ min]{-78℃} CH_3(CH_2)_4\overset{O}{C}(CH_2)_4\overset{O}{C}CH_3$$
$$95\%$$

$$\text{Br}\text{-CH}_2\text{CH}_2\text{CH}_2\text{-COCl} \xrightarrow{\text{R}_2\text{CuLi, Et}_2\text{O, }-70^\circ\text{C}} \text{Br-CH}_2\text{CH}_2\text{CH}_2\text{-COR}$$

$$R = Et \quad 88\%$$
$$R = n\text{-}Pr \quad 90\%$$

2.7.1.4 与末端炔烃加成

有机铜试剂可与末端炔烃发生加成反应(碳铜化反应)。乙炔与有机铜化合物或有机铜锂反应可以几乎完全同侧(*syn*)的立体化学方式进行,生成铜试剂 **13**。

$$\text{H-C}\equiv\text{C-H} \xrightarrow{\text{R}_2\text{CuLi}} \underset{\mathbf{13}}{\text{(cis-RCH=CH)}_2\text{Cu}^-\text{Li}^+}$$

α-未取代的末端炔化合物($RCH_2C\equiv CH$)与有机铜试剂反应以区域选择(铜原子进攻末端炔碳)和同侧立体选择性加成的方式进行,形成烯基铜,后者可水解得烯烃,也可进一步与卤代烃偶联[18]。最近,碳铜化反应已从炔烃扩展到烯烃。

$$\text{EtMgBr} \xrightarrow[\text{Me}_2\text{S, Et}_2\text{O}]{\text{CuBr}\cdot\text{Me}_2\text{S}} \text{EtCu(Me}_2\text{S)MgBr}_2 \xrightarrow[-45^\circ\text{C}]{\text{C}_6\text{H}_{13}\text{C}\equiv\text{CH}}$$
$$-45^\circ\text{C}$$

$$\underset{\text{C}_6\text{H}_{13}}{\overset{\text{Et}}{\text{C=C}}}\text{Cu(Me}_2\text{S)MgBr}_2 \xrightarrow[(2) \text{NH}_4\text{Cl, H}_2\text{O}]{(1) \text{CH}_2=\text{CHCH}_2\text{Br, DMPU, }-30^\circ\text{C}} \underset{\text{C}_6\text{H}_{13}}{\overset{\text{Et}}{\text{C=CH-CH}_2\text{CH=CH}_2}}$$

71%

2.7.1.5 共轭加成

二烷基铜锂是烯酮共轭加成的首选试剂,可几乎唯一地产生共轭加成产物[19]。对 α-烷基-α,β-不饱和环烯酮(例如 **14**)的共轭加成主要产生反式异构体 **15**。加入 TMSCl 或三烃基膦有助于提高收率和选择性。二烷基铜锂对 α,β-不饱和羰基化合物加成与后者被还原的难易程度有对应关系。越易被还原的化合物对二烷基铜锂越活泼。象 α,β-不饱和腈这样的化合物,尽管它在经典的 Michael 反应中是好的碳负离子的接受体,但由于它比相应的烯酮不易被还原,因而也不容易与二烷基铜锂反应。α,β-不饱和酯对二烷基铜锂的反应性介于 α,β-烯酮和 α,β-不饱和腈之间。

$$\text{3-methylcyclohex-2-enone} \xrightarrow{\text{Me}_2\text{CuLi}} \text{3,3-dimethylcyclohexanone}$$
98%

共轭加成的可能机理是反应首先形成加合中间体,此时铜的表观氧化态是+3价,随后进行还原消除得烯醇盐。共轭加成的另一种可能机理类似于卤代烃上的取代反应,第一步可能首先进行单电子转移(SET)。

特别有意义的是,共轭加成反应生成烯醇负离子中间体,此时,如果加水淬灭,则发生质子化得酮,但如果用活泼的烃基化试剂(或其他亲电试剂)捕捉则可得到 α,β-双烃基化产物(或其他 β-烃基-α-取代酮)。对环状烯酮的共轭加成-α-烃基化以反式异构体为主。这一反应被巧妙地用于 β-取代 α-碘代环酮的合成。

$$\text{环己烯酮} \xrightarrow[\text{CuI}]{\text{RMgX}} \left[\text{烯醇-M 中间体} \right] \longrightarrow \text{2-碘-3-R-环己酮}$$

复杂的铜锂试剂也可用于 α,β-不饱和酮的共轭加成,该法曾被用于前列腺素的工业合成。以下是 Searles 公司合成前列腺素 misoprostot **17** 的步骤,制备规模达到 $2.1 \sim 2.3 \text{ kg}$。

$$\text{Bu}_3\text{Sn-CH=CH-C(TMSO)(CH}_3\text{)-C}_5\text{H}_{11} \xrightarrow[\text{(2) 0.5 CuI, 0} \sim -10℃, 1\text{h}]{\text{(1) } n\text{-BuLi, THF,} -50℃} \text{LiCu[TMSO-衍生物]}_2$$

16

$$\text{Et}_3\text{SiO-环戊烯酮-(CH}_2)_5\text{COOMe} \xrightarrow[\text{HCl, EtOAc}]{\underset{\text{THF,} -50℃}{\textbf{16}(3.4 \text{ eq.})}} \text{产物}$$

$$\begin{pmatrix} R = \text{Et}_3\text{Si}, R' = \text{Me}_3\text{Si} \\ \downarrow \\ R = R' = H \end{pmatrix}$$

misoprostot, $70\% \sim 75\%$

17

对烯酮的共轭加成,有机铜锂试剂比有机铜试剂反应更快,通常产率更高。然而,$R_2\text{CuLi}$ 分子中的两个 R 基只有一个可在随后的反应中使用,另一个 R 基不能转移到底物,而只能"残留"在铜上,后处理水解后成为废弃物 RH。如果 RLi 或其前体是不易制备的试剂时,这种浪费就不可容忍。为此,发展了混合有机铜锂试剂 RR′CuLi 如 **18**,其中 R′可用 1-戊炔基。这样,反应时混合铜锂试剂 **18** 中的 R 基可有效地用于共轭加成反应,炔基不从铜上转移到 α,β-不饱和化合物,而是成为副产物 1-戊炔,后者可用铜(Ⅰ)盐处理重新转移到铜衍生物上。

$$\text{戊炔-Cu} + \text{RLi} \longrightarrow \text{戊炔-Cu-RLi}^+$$

18

有机铜试剂可被许多添加剂活化。例如,Lewis 酸三氟化硼合乙醚($BF_3 \cdot OEt_2$)是一个有用的活化剂,在其存在下,有机铜试剂可表示为 $RCu \cdot BF_3$,$R_2CuLi \cdot BF_3$ 等。一些非活化的有机铜试剂无法进行的反应,用此配合物可顺利进行 1,4-加成反应。例如,共轭加成反应对位阻敏感,β-位上有取代基时会降低其的反应性,加入 BF_3 活化的有机铜试剂可加速对位阻较大的 α,β-不饱和酮、α,β-不饱和酯(如 β,β-二取代丙烯酸酯)以及 α,β-不饱和酸的加成反应。此外,$RCu-BF_3$ 体系对共轭酯、腈的反应性也较高。

三甲基氯硅烷(Me_3SiCl)是另一个促进有机铜锂试剂对烯酮共轭加成的标准试剂,在这种条件下,反应中间体是烯醇硅醚。反应中对烯酮与铜锂试剂可逆生成的配合物的硅化可能是提高反应速率的原因。$R_2CuLi-Me_3SiCl$ 还可提高 1,4-加成的选择性,可与 α,β-不饱和醛进行共轭加成反应。这一技术也可显著提高铜锂试剂对 α,β-不饱和酯和酰胺加成反应的产率。例如,肉桂醛与 Me_2CuLi 1,4-加成产率为 74%,而用 $Me_2CuLi/Me_3SiCl/HMPA$ 体系收率可高达 98%。

Posner 发展了手性亚砜诱导的不对称共轭加成反应,还原除去亚砜基后,R:S 对映体比例为 7:1。手性辅助剂接到底物上是对 α、β-不饱和酮不对称共轭加成的一种更具普遍性的方法,通过手性辅助基可对共轭加成进行不对称诱导,之后可通过水解除去手性辅助剂得到光学纯的化合物。以碳-杂原子键连接在羰基 β-位的手性辅助基可经历共轭加成-消除过程,手性辅助剂在消除步骤直接除去。使用光学活性手性配体可对非光学活性手性底物进行不对称共轭加成。有机铜试剂的催化不对称共轭加成反应无疑是有机铜化学的最新进展。

2.7.2 高序铜

Lipshutz发展了一类混合高序铜锂试剂,带有三个负离子基团的有机铜(Ⅰ)物种$[R_3Cu]^{2-}$叫高序铜[20],为了区别于常见的有机铜(Ⅰ)物种,$[R_2Cu]^-$可以称作低序铜。高序铜的制备方法如前所述。与Gilman试剂相比,这些混合高序铜锂与卤代烃的偶联反应速度更快。因此,对于偶联反应,特别是与仲卤代烃和高度官能化分子的偶联反应,混合高序铜锂优于Gilman试剂。例如,n-Bu_2CuLi与对甲苯磺酸酯 **19** 反应产生大量副产物,预期产物的产率很低,而用n-$Bu_2Cu(CN)Li_2$则可达到较好的产率。

与类似的 Gilman 试剂（R_2CuLi）相比，这类高序铜有以下两个显著特点。

高序氰基铜锂由有机锂和氰化亚铜按 2∶1 的比例制备（$2RLi \cdot CuCN$），但分子中的两个 R 基只有一个 R 基可在随后的反应中使用，为此，发展了一系列混合配体的高序氰基铜锂，用一个价廉的基团 R_r 作为固定残基，另一个是可被转移的 R_t 基。

$$R_tLi + R_rLi + CuCN \longrightarrow R_tR_rCu(CN)Li_2$$

常用的固定残基配体（R_r）有：

2-噻吩基 (Th)，吡咯基，咪唑基，$MeO-C\equiv C-$，$Me-S(O)-CH_2-$

与 Gilman 试剂相比，高序氰基铜的另一个优点是 $R_2Cu(CN)Li_2$ 分子中的 R 基除了从 RLi 制备外，也可通过与其他有机金属试剂交换制备，有效地扩大了有机铜试剂的使用范围。常用于交换的有机金属化合物包括：$CH_2=CHML_n$（$ML_n = SnBu_3, TeBu, AlR_2, ZrCp_2R$）；$CH\equiv CML_n$（$ML_n = SnBu_3, ZrCp_2R$）。通过这一方法，可以方便地在取代的环戊烯酮 **20** 上引入前列腺素的 β-侧链。

($M \neq Cu$)

参 考 文 献

1 Rieke R D, Bales S E, Hudnall P M, Burns T P, Poindexter G S. Org Synth, 1988, Coll Vol Ⅵ: 845
2 Hay J V, Harris T M. Org Synth, 1988, Coll Vol Ⅵ: 478
3 Mudryk B, Cohen T. Org Synth, 1995, 72: 173
4 Chamberlin A R, Liotta E L, Bond F T. Org Synth, 1990, Coll Vol Ⅶ, 77
5 Nahm S, Weinreb S M. Tetrahedron Lett, 1981, 22: 3815
6 Olah G A, Arvanaghi M. Org Synth, 1990, Coll Vol Ⅶ: 451
7 Jones E, Moodie I M. Org Synth, 1988, Coll Vol Ⅵ: 979
8 Taschner M J, Rosen T, Heathcock C H. Org Synth, 1990, Coll Vol Ⅶ: 26
9 Otsubo K, Kawamura K, Inanaga J, Yamaguchi M. T Chem Lett, 1987, 7: 1487
10 Li C J, Chan T H. Tetrahedron Lett, 1991, 32: 7017
11 Liu H J, Shia K S, Shang X, Zhu B Y. Tetrahedron, 1999, 55: 3803
12 Johnson C R, Tait B D. J Org Chem, 1987, 52: 281
13 Knochel P, Perea A J J, Jones P. Tetrahedron, 1998, 54: 8275
14 Nakamura E, Mori S. Angew Chem Int Ed, 2000, 39: 3751
15 Vaillancourt V, Albizati K F. J Org Chem, 1992, 57: 3627
16 Anderson R J, Herr R W, Wieland D M. J Am Chem Soc, 1970, 92: 4978
17 Posner G H, Whitten C E. Org Synth, 1988, Coll, Vol Ⅵ: 248
18 Iyer R S, Helquist P. Org Synth, 1990, Coll Vol Ⅶ: 236
19 Taylor R J K. Synthesis, 1985, 4: 364
20 Lipshutz B H. Synlett, 1990, 3: 119

习 题

1. 写出以下反应产物:

(1) 烯-CH₂CH₂-OTHP $\xrightarrow[(2)\ I_2,\ Et_2O]{(1)\ n\text{-}BuLi,\ Et_2O,\ -78℃}$ 92%

(2) [双环结构带 OH 和烯丙基] + ClMg-CH₂-C(CH₃)=CH₂ $\xrightarrow{THF}$ 99%

(3) MeO-C(Ph)=CH-I $\xrightarrow[THF,\ -70℃,\ 12\ h]{i\text{-}Pr_2Mg}$ $\xrightarrow[95\%]{PhCHO}$

(4) R-C(=O)-N(morpholine) $\xrightarrow[H_3O^+]{R'MgX}$

(5) [环氧丙烯基] $\xrightarrow[THF,\ HMPA,\ 25℃,\ 45h]{Li-\!\!\equiv\!\!-CO_2Li}$ 52%

(6) [呋喃-CH₂-O-CH(OEt)-] $\xrightarrow{(1)\ s\text{-}BuLi,\ THF}$ $\xrightarrow{(2)\ MeI}$

(7) [叔丁基环己基缩酮-SnBu₃] $\xrightarrow{(1)\ n\text{-}BuLi}$ $\xrightarrow{(2)\ n\text{-}BuI}$

(8) $RCO_2H + R'Cl \xrightarrow[C_{10}H_8(10\%)]{Li}$

(9) [蒎烷酮腙 NNHTs] $\xrightarrow{(1)\ n\text{-}BuLi}$ $\xrightarrow{(2)\ DMF}$ $\xrightarrow[60\%]{(3)\ H_2O}$

(10) [邻硝基肉桂醛] $\xrightarrow[THF/0℃]{HC\equiv CMgBr/CeCl_3}$

(11) I-CH₂CH₂-C(=O)-OEt $\xrightarrow{Zn/Cu}$ $\xrightarrow{RCHO}$

(12) 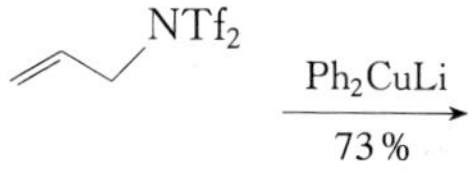

(13) 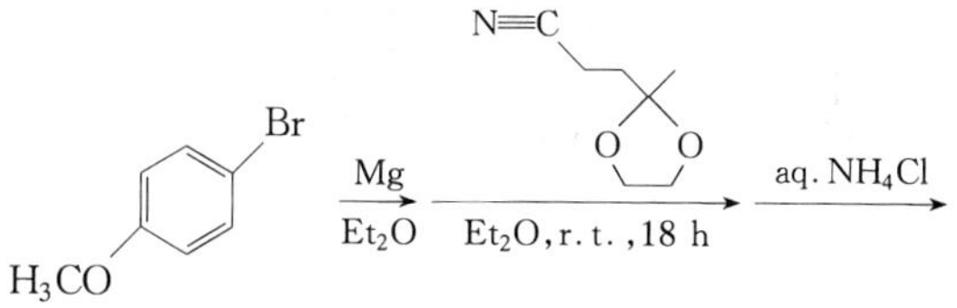

2. 逆分析并合成以下化合物：

(1) 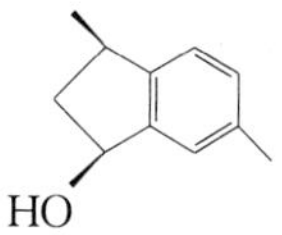 (2) 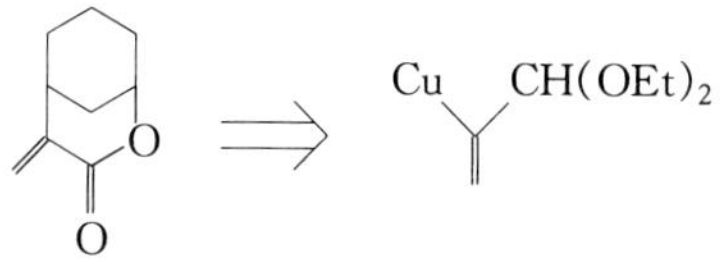

3. 根据本章介绍的反应和合成方法，列表总结合成子及相应的合成等效体或试剂。

第 3 章 稳定化碳负离子的烃基化和酰基化

上一章介绍了有机金属化合物(RM)及其合成应用,这些化合物,尤其是强正电性金属衍生的 RLi 和 RMgX 可以看成碳负离子(R^-M^+),它们是优良的碳亲核试剂,其亲核反应构成了有机合成中形成碳-碳键的重要基础。本章将介绍另一类重要的碳负离子,即稳定化的碳负离子及其碳-碳键形成反应。这类碳负离子是通过对烃类化合物进行活化进而用碱夺取酸性的 α-氢(去质子化)而产生的。

3.1 原　　理

3.1.1 稳定化的碳负离子及其反应性

碳负离子的形成是酸碱反应。酸碱平衡(式 3.1)是化学的基本现象之一。可是,在有机化学中,碳氢化合物很难建立类似于无机化学中的酸碱平衡,原因是在大多数情况下,与碳键合的氢很少是强酸性的,因而通过 C—H 键异裂的解离并不能自发地进行到可观察到的程度(式 3.2)。为了促进这种异裂的发生,需要引入活化基(A)以提高 C—H 氢的酸性。此外,需要使用较强的碱。因此,平衡(式 3.3)的建立取决于两个因素:(1) 碳氢化合物的酸性或其共轭碱的稳定性,任何能提高碳氢化合物酸性的因素都可使平衡向右,即朝着解离的方向移动;(2) 所用碱的碱性,提高所用碱(B^-)的碱性可使平衡向右移动,当然,通过进一步的反应使 C^-(式 3.2)或 A—C^-(式 3.3)消耗也能促使平衡向右移动。欲使碳-氢化合物的去质子化趋于完全,则 B^- 必须是比碳负离子 B_0^-(或 C^-,A—C^-)更强的碱。也就是说,碳-氢化合物的酸性越强,完全去质子化所需的碱就越弱。此外,为了完全去质子化需要使用等摩尔数的碱。

$$B_0\text{—H} + B^- \rightleftharpoons B_0^-: + B\text{—H} \tag{3.1}$$

$$\diagdown\text{C—H} + B^- \rightleftharpoons \diagdown\text{C}^- + B\text{—H} \tag{3.2}$$

3.1 原　　理

$$\begin{matrix}|\\-C-H\\|\\A\end{matrix} + B:^- \rightleftharpoons \begin{matrix}|\\-C:^-\\|\\A\end{matrix} + B-H \qquad (3.3)$$

稳定化的碳负离子仍然是活性中间体,作为亲核试剂,它们可以与正极化的碳中心反应。三类具有同等重要性的反应是碳负离子与卤代烃的亲核取代反应(式 3.4)以及碳负离子与不饱和亲电试剂的亲核加成反应(式 3.5,式 3.6)。其中第一个反应(式 3.4)是不可逆的,而后两个反应(式 3.5,式 3.6)是可逆的,反应可朝着相反的方向,即碳-碳键断裂的方向进行。

$$\begin{matrix}|\\C:^-\\|\\A\end{matrix} + H_3C-I \longrightarrow \begin{matrix}|\\-C-CH_3\\|\\A\end{matrix} + I^- \qquad (3.4)$$

$$\begin{matrix}|\\C:^-\\|\\A\end{matrix} + \begin{matrix}|\\C=O\\|\end{matrix} \rightleftharpoons \begin{matrix}|\ \ |\\-C-C-O^-\\|\ \ |\\A\end{matrix} \qquad (3.5)$$

$$\begin{matrix}|\\C:^-\\|\\A\end{matrix} + \diagup\!\!\!=\!\!\!\diagdown_{C=O} \rightleftharpoons \begin{matrix}|\ \ \ \ \ \ \ \ \ \ \ \ \ \ \ \\-C-C-C=C-O^-\\|\\A\end{matrix} + M^+ \qquad (3.6)$$

表 3.1 列举了本章将要研究的烯醇或烯醇负离子等碳亲核试剂和碳亲电试剂以及两个非碳亲电试剂。

表 3.1　本章将要研究的主要碳亲核试剂和碳亲电试剂

亲核试剂($Nu:^-$)	亲电试剂(El^+)及反应名称
$\overset{..}{O}H$　　　　O　　　　　　　O 　‖　　　　　　　　‖　　　　　　　‖ 　　　　　H$_2\bar{C}$—R　　　　H$_2\bar{C}$—X 烯醇　　　烯醇负离子　　　(X = OEt, NMe$_2$)	H^+ 质子化 $\overset{\delta+}{Me_3Si}$—Cl 三甲基硅化
|　　　　　O$^-$　　　　OTHP　　　NMe$_2$ 　　N:　　　　|　　　　　　|　　　　　| 　　‖　　　　　N　　　　　　N　　　　　N 　　　　　　　‖　　　　　　‖　　　　　‖ 　　　　　　　　R　　　　　　R　　　　　R 　烯胺	$\overset{\delta+}{R}$—X 取代反应,烷基化 $\overset{\delta+}{\diagdown}=\!\!\!\diagup$　　　$\overset{\delta+}{\diagdown}=\!\!\!\diagup$ 　　‖　　　　　　EWG 　　O
O　O　　O　O　　　O　　O 　　　　‖　‖　　‖　‖　　　‖　　‖ NC　R　　　　　　　　　　OR　RO　　　OR 	(EWG CO_2CH_3, NO_2, SO_2Ph, CN)加成反应, Michael 反应

3.1.2 稳定碳负离子的因素

3.1.2.1 共振稳定作用

当碳负离子的 α - 位有重键时,该碳负离子可因未共用电子对与重键的 π 电子体系的共轭而被稳定化,例如烯丙基碳负离子和芳甲基(苄基)碳负离子。

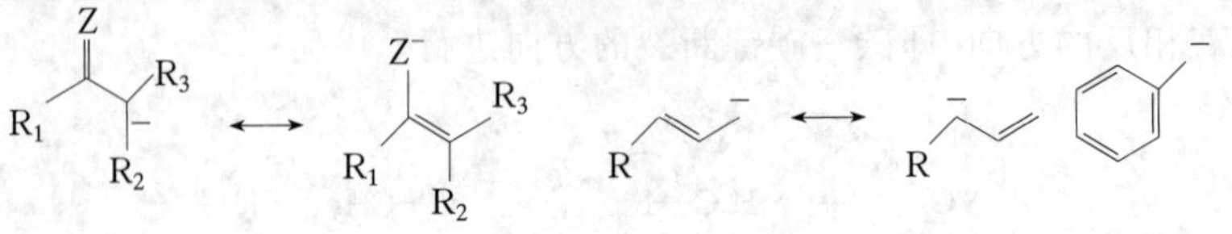

如果碳负离子的负电荷离域到电负性较大的原子,如氧或氮原子上,这种离域稳定化作用更显著,可大大提高 α - 氢的酸性。当负碳中心与吸电子基团如羰基、氰基、硝基、膦酰基或磺酰基连接时,碳负离子同样可从这些吸电子基团获得稳定化,稳定化作用来自取代基对负电荷的离域作用,它们是吸电子的诱导作用和共振稳定作用的综合结果。硝基、羰基、砜基、亚砜基、亚硝基和氰基都可使邻位碳上负电荷离域到电负性大的氧或氮原子上,因而都能有效地稳定碳负离子(图 3.1)。这些吸电子基团对碳负离子的稳定效应次序为:

$$CH_2 = N^+R_2 > -NO_2 > -CHO > -COR > -SO_2Ph > -COOR \approx$$
$$-CN > -CONR_2 > -SOR > Ph \approx SR$$

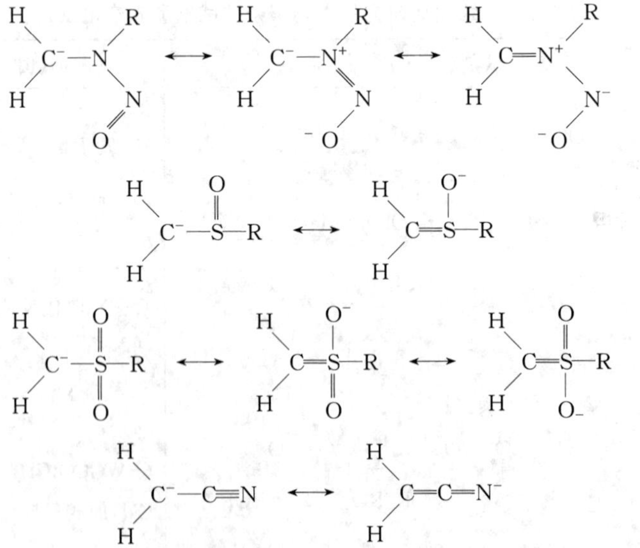

图 3.1 吸电子基团通过共振作用稳定 α - 碳负离子

3.1 原　　理

亚砜碳负离子表现出有趣的立体化学特点。由于邻位硫原子是手性的,亚砜邻位亚甲基两个非对映性的氢中,可与亚砜基处在对位交叉位置上的氢将被优先去质子化。这是因为由此生成的锥形碳负离子的电子对处在亚砜氧的 *anti* - 的有利位置。这种碳负离子的质子化具有高选择性且构型保持。

吡啶环具有很强的分散负电荷的能力,因此,吡啶环 2,4 位上的甲基具有显著的酸性。

值得注意的是,羰基化合物离域负电荷的作用是通过其烯醇负离子形式进行的,如果不能形成烯醇负离子,也就失去共振稳定作用。双环[2.2.2]辛二酮环体系 **1** 由于 Bredt 规则的限制,无法在两羰基间烯醇化,使得两羰基间 α - 氢的酸性远小于 1,3 - 环己二酮 α - 氢的酸性,而类似于一般的单酮(pK_a 19 ~ 20)。其优势的烯醇化位置是羰基另一侧的 α - 氢。

3.1.2.2 高共轭效应稳定化作用

当一个带有共轭基团的分子由于不含 α - 氢或由于结构上的限制无法通过轨道交盖稳定 α - 碳负离子,而非邻位如 β - 位碳负离子(图 3.2, $n=1$)在角度和空间位置上可与该共轭基团(如羰基)的 p 轨道相互作用时,共轭基团可以稳定该 β - 碳负离子,此即高共轭效应(homoconjugative effects)。双环[2·2·1]庚烷环系 β - 氢的酸性和相应的碳负离子的稳定性皆因高共轭效应而提高。

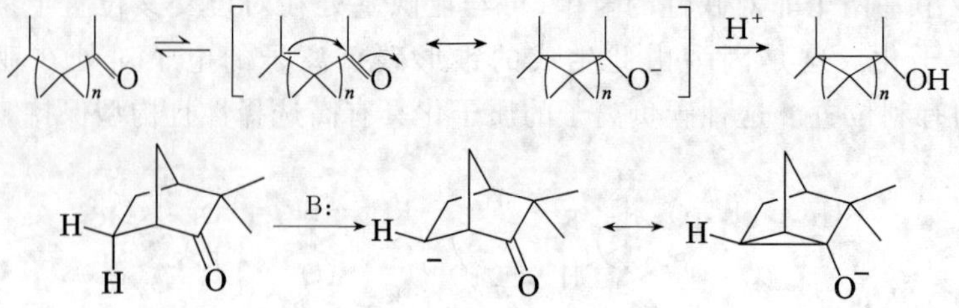

图 3.2 高共轭效应

3.1.2.3 吸电子的诱导稳定作用

诱导效应是通过碳链传递的。当负碳中心与一个具有吸电子诱导作用的基团（—I 基）连接时，也会导致碳负离子的稳定化，当然这类稳定化作用不如吸电子的共轭效应的作用有效。甲氧基乙酸（pK_a 3.57）的酸性大于乙酸（pK_a 4.75），这反映了诱导效应的贡献。当负碳中心与两个或更多的吸电子诱导基团连接时，碳负离子可获得累积稳定化作用。例如，$(CF_3)_3CH$ 的 pK_a 达到 11。几乎所有具有共振稳定作用的基团（—C 基）均具有显著的通过诱导效应产生稳定化的能力。季铵离子和氟离子是两个通过纯粹的诱导效应稳定 α-碳负离子的基团。

尽管氧是一个 π 电子给体，可以预期它对与其直接键合的原子上的负电荷具有去稳定化作用，但是，氧原子相当高的电负性使得氧取代基可通过诱导或 σ 效应对碳负离子产生稳定化作用。当然，醚氧的这种稳定化作用是比较弱的，故而，除非带有其他活化基团（如芳基、烯基或炔基），否则，醚或缩醛的 α-碳负离子一般无法在低温下通过去质子化产生。

3.1.2.4 邻位正电荷的稳定化作用

另一类重要的碳亲核试剂是磷、硫、砷、锑、铋、硒和氮的内锑盐，即叶立德（ylide），它们是一些相邻两原子带相反电荷，其中带负电荷的原子具有满电子隅（对碳而言为电子八隅体）结构的分子。三种最重要的叶立德是磷叶立德、硫叶立德和砷叶立德。结构研究显示在叶立德的两种共振结构中，偶极叶立德的贡献是主要的，非极性的叶林（ylene）共振结构也有贡献。后者的磷和硫原子外层均含有 10 个电子，意味着这些杂原子的 d 轨道参与成键。分子轨道计算验证了相对于第二周期元素氮和氧，第三周期磷和硫对叶立德具有稳定化效应。此外，这些带正电荷的基团对于邻位负碳中心也具有类似的吸电子的诱导稳定作用。

叶立德是通过相应的鳞盐去质子化得到的。如果碳上没有其他活化基，则需使用强碱(例如,苯基锂、氨基钠或甲基亚硫酰基甲基钠)去质子化。磷叶立德及其 Wittig 反应(G. Wittig,1979 年获得诺贝尔化学奖)是形成 C=C 双键的重要方法。

$$R_2C\overset{+}{-}PR'_3 \longleftrightarrow R_2C=PR'_3 \quad R_2\overset{-}{C}\overset{+}{-}SR'_2 \quad R_2\overset{-}{C}\overset{+}{-}\underset{\underset{O}{\parallel}}{S}R'_2 \quad R_2\overset{-}{C}\overset{+}{-}AsR'_3$$

　磷叶立德　　　　叶林　　　　硫叶立德　　　　　　　砷叶立德

3.1.2.5　d 轨道的稳定化作用

处在周期表中第三周期的元素,特别是硫、磷和硅,对 α-碳负离子有特殊的稳定化作用,当它们与碳负离子相连时,这些原子(硫或磷)尚未占有的 3d 轨道可与负碳中心的 sp 轨道或 C—S(C—P)的 σ* 反键轨道相互作用,从而对负电荷起稳定作用。诱导效应对稳定碳负离子也有贡献,但不是主要因素,因为相应的氧并无可比拟的稳定化效应(见下式)。

在烷烃链上引入苯硫基可提高至少 15 个 pK_a 单位,而对于被其他吸电子基团稳定的碳负离子,苯硫基的引入可提高 5~10 个 pK_a 单位。正是由于硫原子具有稳定 α-碳负离子的作用,1,3-二噻烷($pK_a = 31$,在环己胺中)可被正丁基锂去质子化,锂化的 1,3-二噻烷是优良的碳亲核试剂(羰基极性颠倒试剂),在有机合成中有重要价值。

3.1.2.6　杂化轨道效应的稳定化作用

由于 s 轨道的吸电子能力比 p 轨道强,负碳中心杂化轨道所含 s 轨道成分越高,越有利于稳定该碳负离子。因此,炔基、烯基和烷基负离子的稳定性次序为:$HC \equiv C^-(sp) > H_2C = C^-H(sp^2) > H_3CH_2C^-(sp^3)$。环丙烷中由于碳-碳键的键角远小于链状化合物,导致杂化轨道中 s 成分增加,有利于稳定碳负离子。例如,具有高度张力的烷烃三环-$[4.1.0.0^{2,7}]$-庚烷 **2** 表现出显著的动力学酸性,在 99.5 ℃下,可与叔丁醇钾在叔丁醇中进行快速氚交换。表 3.2 列举了碳的杂化形式对碳负离子稳定性的影响。

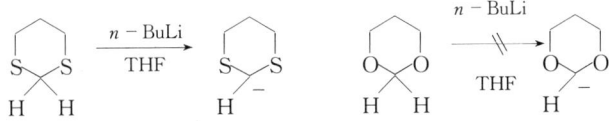

2

表 3.2　碳杂化轨道中 s 特性对碳负离子稳定性的影响

化 合 物	碳的杂化	s 特性/%	pK_a
HC≡CH	sp	50	25
$H_2C=CH_2$	sp^2	33	37
环丙烷	$sp^{2,3}$	30	39
乙烷	sp^3	25	42
2		40	

3.1.2.7　符合 Hückel 规则的芳香性稳定化作用

闭合环状不饱和化合物去质子化后若能产生符合 Hückel 规则的 $(4n+2)\pi$ 电子数,则去质子化容易进行,产生的碳负离子可获得芳香性的稳定化作用。反之,环状不饱和化合物去质子化后若产生反芳香性的 $(4n\pi)$ 电子体系,则去质子化难以进行,碳负离子难以形成。例如,环丙烯 **3a** 去质子化速度比相应的环丙烷 **3b** 慢 6000 倍。不难理解环戊二烯、茚和芴的 pK_a 分别达到 16,18 和 21,而环庚三烯去质子化后将具有反芳香性(8π 电子)的去稳定化作用,因此,其 pK_a 高达 36。

3.1.2.8　偶极稳定化作用

取代基的偶极作用也是稳定碳负离子的一种有效方式,常用的基团有酰胺基、氨基甲酸、脒和磷酰胺。以下展示的是这些偶极子的稳定化作用。

3.1.2.9 多取代基和多因素的稳定化作用

如果一个碳原子上连有两个或三个碳负离子稳定基团(—I,—C 基),CH_n 的酸性将进一步提高,其共轭碱,即碳负离子电荷的离域将更充分,因此增加了碳负离子的稳定性。例如,丙酮的 pK_a 为 20.5,而 2,4-戊二酮的 pK_a 仅为 9。多数 β-二酮 α-氢的酸性较强,用含羟基的溶剂如水、醇(pK_a 15~20)的共轭碱即可进行去质子化。

同时具有吡啶环共振稳定作用和邻位正电荷稳定化作用的 N-甲基吡啶盐 **4a** 和吡啶 N-氧化物 **4b** 可在弱碱作用下去质子化。

3.1.3 碳氢化合物酸性的描述

前文介绍了在吸电子基团(式 3.3,A 为稳定负电荷的因素)存在下,碳氢化合物的 C—H 氢具有一定的酸性,但由于不同的基团稳定电荷能力的差异,C—H 氢酸性有很大的差异。如果加入适当的碱,可以夺取酸性的氢,产生一个相对于有机锂和有机镁试剂(RM)稳定化的碳负离子,这个过程叫做去质子化。所生成的碳负离子是优良的碳亲核试剂,可与各种碳亲电体反应形成碳-碳键。羰基化合物去质子化后产生烯醇负离子,这是研究得最多、在有机合成中应用最广的碳亲核试剂,也是本章的主要研究对象。

以上述及的各种稳定碳负离子的因素只是定性讨论,碳氢化合物(C—H)酸性的定量描述可通过 pK_a 的对比进行。表 3.3 列举了一些有代表性有机化合物的 pK_a,了解化合物的 pK_a 对选择去质子化的碱和反应溶剂具有指导意义。

$$\underset{A}{-\overset{|}{C}-H} + B:^- \rightleftharpoons \underset{A}{-\overset{|}{C}:^-} + B-H \tag{3.3}$$

一般而言,提高碳氢化合物酸性的因素与增加其共轭碱稳定性的因素是一致的,酸性的强弱一般可定量地用 pK_a 衡量,而碳负离子的稳定性(或其共轭酸酸性强弱)则需要综合考察离域稳定负电荷的各种因素。

表 3.3 若干代表性化合物的 pK_a

化合物		pK_a
X—H 酸	C—H 酸	
ArSO$_2$H		−6.5
CF$_3$COOH		0.7
CH$_3$CO$_2$H		4.7
	CH$_2$(CN)CO$_2$C$_2$H$_5$	9
	CH$_2$(COCH$_3$)$_2$	9
	CH$_3$NO$_2$	10.3
	CH$_3$COCH$_2$CO$_2$C$_2$H$_5$	11
	CH$_2$(CO$_2$C$_2$H$_5$)$_2$	13
CH$_3$OH		15.1
H$_2$O		15.7
C$_2$H$_5$OH		15.9
(CH$_3$)$_3$COH		19.2
	C$_6$H$_5$COCH$_3$	19
	CH$_3$COCH$_3$	20
	CH$_3$SO$_2$CH$_3$	~23
	CH$_3$CO$_2$C$_2$H$_5$	~24
	H$_3$CC≡N	25
	HC≡CH	25
	(C$_6$H$_5$)$_3$CH	31.5
	CH$_3$S(O)CH$_3$	31.3
H$_2$		35
NH$_3$		36

3.2 烯醇负离子的形成及其反应性

3.2.1 羰基化合物的切断及其合成的选择性问题

3.2.1.1 羰基化合物的切断

羰基化合物除了可通过醇、羧酸衍生物、烯烃、脂肪硝基化合物等的官能团转变(请参见第 1 章,图 1.3)得到外,涉及碳-碳键形成的羰基化合物的合成基本上是通过烯醇负离子与碳亲电试剂反应实现的。烯醇负离子的亲核反应是羰基化合物最重要的反应之一,因此,导向烯醇负离子的切断(图3.3)是最重要的逆合成分析之一。

导向烯醇负离子的逆合成分析均可在羰基的 $C_\alpha - C_\beta$ 键进行切断。虽然这种切断是直观的,但是,从合成角度而言,每个通过烯醇负离子的反应,由于存在化学选择性、区域选择性和立体选择性等问题,往往并不简单,有时甚至十分复杂。以下将主要讨论烯醇负离子的选择性形成、烷基化及其加成和缩合反应。

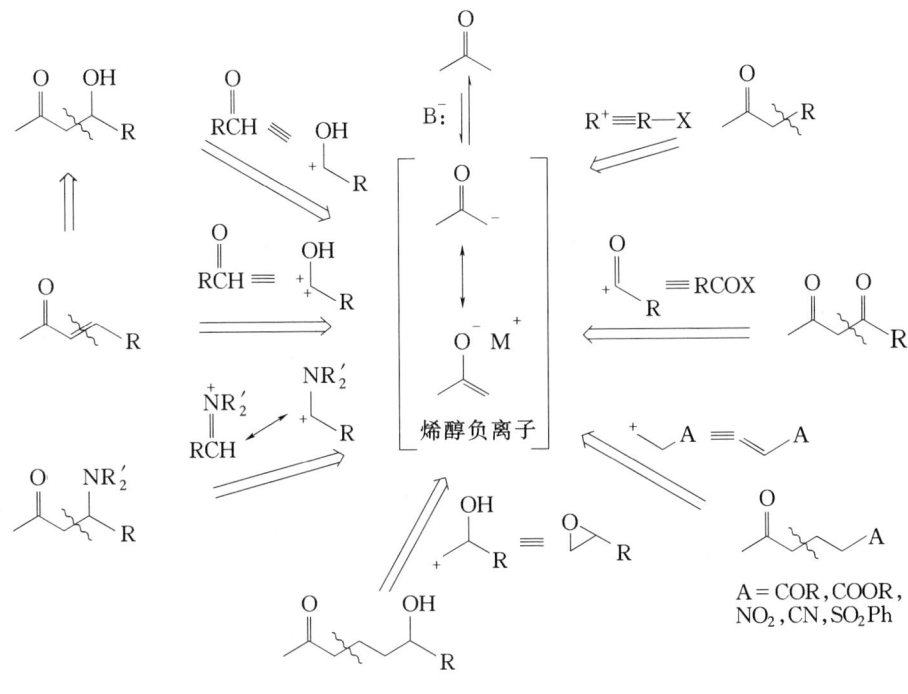

图 3.3 含羰基化合物的切断

3.2.1.2 烯醇负离子烷基化的选择性问题

羰基化合物的烃基化涉及两个步骤(式3.7):(1) 用一个适当的碱进行羰基化合物 **5** α-氢的去质子化产生烯醇负离子 **6**;(2) 烯醇负离子 **6** 作为碳亲核试剂与烃基化试剂(R—X)进行亲核取代(S_N2)反应形成烃基化产物 **7**。

$$\text{(3.7)}$$

我们首先要讨论的是酮的 α-烷基化。酮的烷基化与有机金属化合物 (RM)的烃基化有相似之处(S_N2),可是实际上我们遇到的是复杂得多的局面。例如,2-甲基环己酮的甲基化(式3.8)共产生五个烷基化产物(**8~12**),这还不包括 **8**,**9** 和 **11** 各自的另一对映体。由此可见,酮的烷基化所面临的问题(图3.4)包括:

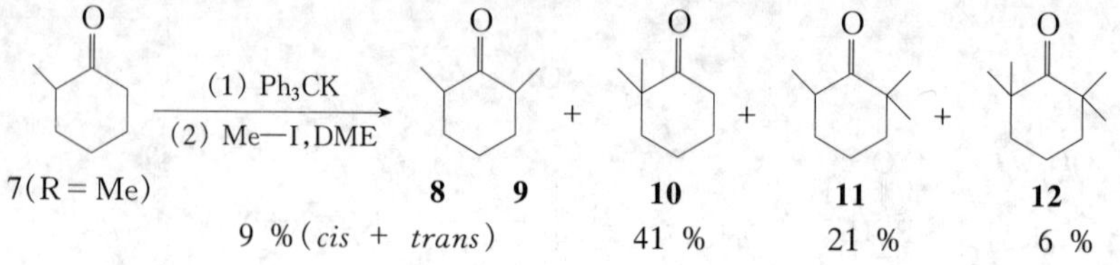

$$\text{7(R = Me)} \xrightarrow[\text{(2) Me—I, DME}]{\text{(1) Ph}_3\text{CK}} \mathbf{8} + \mathbf{9} + \mathbf{10} + \mathbf{11} + \mathbf{12} \quad (3.8)$$

$$9\%(cis + trans) \quad 41\% \quad 21\% \quad 6\%$$

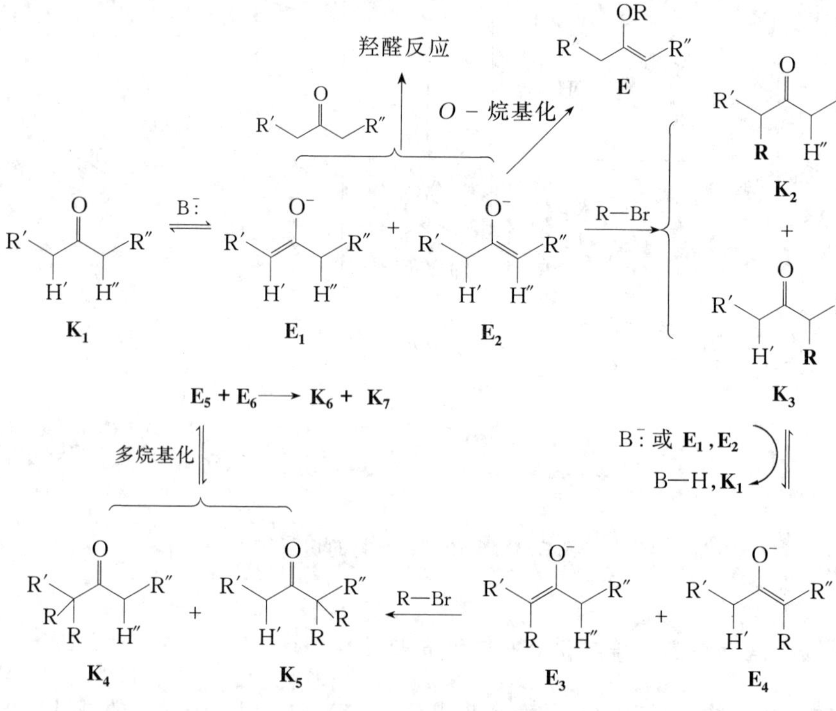

图 3.4 非对称酮烯醇负离子的形成及其反应的可能产物

(1) 区域选择性问题:如果起始原料是非对称的酮($\mathbf{K_1}$,$R' \neq R''$),那么烯醇负离子的形成就存在区域选择性问题,即羰基两侧不同的氢哪一个被去质子化,形成哪一个烯醇负离子($\mathbf{E_1/E_2}$)。

(2) 二烷基化和多烷基化问题:体系中的碱或烯醇负离子(它们既是碳亲核试剂、氧亲核试剂,也可作为碱)可以夺取新生成的烷基化产物 $\mathbf{K_2/K_3}$ 的 α-氢

(去质子化)，生成新的烯醇负离子 $E_3 \sim E_6$（只标出其中二个），后者被烷基化后将生成二烷基化副产物 $K_4 \sim K_7$。进一步的反应将导致生成多烷基化副产物。

(3) 自缩合问题：如果起始的酮不能被快速、完全地转变为烯醇负离子 E_1/E_2，就存在着后者与尚未转变的原料酮发生羟醛加成的反应的可能性。

(4) C-烷基化和 O-烷基化问题：烯醇负离子是具有碳和氧两个反应中心的两可亲核试剂，因此，存在着烷基化到底发生在碳上或氧上的化学选择性问题。

(5) 立体选择性问题：多取代酮的烷基化还可能产生不同的立体异构体，包括非对映异构体和对映异构体。

(6) 其他问题：烷基化试剂的稳定性问题；碱与酮发生亲核加成的可能性也是存在的。

以下我们将逐一探讨解决这些问题的一些办法。

3.2.2 影响羰基烯醇负离子形成及反应性的因素

尽管从上文的讨论我们得知，碳氢化合物的酸性是由其结构所决定的，但是，外界因素（碱和反应介质）对羰基烯醇负离子形成、反应性及反应的选择性也有重要的影响。

3.2.2.1 碱

如上所述，酮烷基化的副反应之一是羟醛加成反应，反应的成因是体系中同时存在着烯醇负离子和部分未反应的起始酮。此外，使碳负离子烷基化顺利进行的首要条件是溶液中有足够浓度的碳负离子，以使烷基化可以足够快的速度进行。因此，避免这一副反应的办法之一是使用适当的碱，快速、完全地把酮全部转化为烯醇负离子。

$$H_3C\text{COCH}_3 + HO^- \rightleftharpoons H_3CC(O^-)=CH_2 + H_2O \quad K = 10^{-4}$$
$$pK_a\ 20 \qquad\qquad\qquad pK_a\ 16$$

$$R\text{COCH}_3 + RCH_2O^- \rightleftharpoons RC(O^-)=CH_2 + RCH_2OH \quad K < 1$$

$$R\text{COCH}_3 + R_3CO^- \rightleftharpoons RC(O^-)=CH_2 + R_3COH \quad K \approx 1$$

从上述反应平衡式可以看出，对于只被一个吸电子基团（如—COR，

—CN，—COOR，$pK_a = 20 \sim 25$)稳定的碳负离子，为了满足完全去质子化的要求，必须使用比氢氧化钠($H_2O/NaOH$，$pK_a = 15.7$)和甲醇钠(MeOH/MeONa，$pK_a = 15.5$)或乙醇钠(EtOH/EtONa，$pK_a = 15.9$)更强的碱。曾经成功地使用过的较强的碱有叔醇的碱金属盐(第一代强碱)，如叔丁醇钾(t-BuOK/t-BuOH，$pK_a = 19.2$)，叔戊醇钠[Et(Me)$_2$CONa/Et(Me)$_2$COH，$pK_a = 19$]，并以相应的醇作溶剂或悬浮在乙醚、苯或二甲氧基乙烷(DME)中。叔丁醇钾是一个有用的试剂，因为它的亲核性小，而且在不同的溶剂中有显著不同的碱性强度，以在无水二甲亚砜(DMSO)溶液中碱性最强。这些碱-溶剂体系的缺点是它们缺乏足够的碱性以使酮完全转变成烯醇负离子，这就仍然存在着发生羟醛缩合副反应的问题。

解决这个问题的一个办法是使用更强的碱(第二代强碱)，以使原料酮完全转变为烯醇负离子。这类碱的典型例子有氨基钠($NaNH_2$/液 NH_3，$pK_a = 35$)，氨基钾(KNH_2/液 NH_3，$pK_a = 35$)，钠氢(氢化钠，NaH/THF)，钾氢(氢化钾，KH)，三苯基甲基钠/钾(Ph_3CM，$pK_a = 32$)和甲基亚硫酰基甲基钠($Me_2S(O)CH_2^-$，$pK_a = 23$)。所用的非质子性溶剂是乙醚、苯、二甲氧基乙烷、DMF(N,N-二甲基甲酰胺)或DMSO(二甲亚砜)。用氨基钠(钾)作碱时通常以液态氨为溶剂。

尽管第二代强碱从其碱性而言能几乎定量地把酮转变为烯醇负离子，但是，如果使用的碱是钠氢(NaH)或氨基钠($NaNH_2$)，在常用的烃类溶剂中反应，由于这些强碱的不溶性，反应在异相介质中进行，烯醇负离子的形成只是缓慢地进行，使得烯醇钠和酮同时存在，导致羟醛加成的副反应仍然存在。

总之，上面提到的传统的碱都存在着不同的缺点，为了克服这些缺点，发展了新一代的强碱，即大位阻的二级胺的碱金属盐(第三代强碱)。最常使用的这类强碱是二异丙基胺锂(LDA：lithium diisopropylamide)。其他较常使用的强碱是：六甲基二硅胺锂(LHMDS)，四甲基哌啶锂(LITMP)和异丙基环己基胺基锂(LICA)等。

$$(Me_3Si)_2N-H + n-BuLi \xrightarrow[-78℃]{THF} (Me_3Si)_2N-Li + n-BuH$$
$$\text{LHMDS}$$

这些强碱至少有三方面的优点：

(1) 碱性很强(其共轭酸的 $pK_a > 33$)。

(2) 能够溶解于非极性溶剂,甚至在烷烃中。因此,可实现对羰基化合物的完全去质子化。

(3) 位阻大,亲核性弱。因此,不会影响分子中的其他官能团,不进攻除醛以外的羰基。并且由于位阻大,能够进行动力学去质子化。

因此,上述强碱对酮、酯、酰胺、腈、砜 α-氢的去质子化可以快速、完全地进行。

基于这些原因,现代有机合成在产生烯醇负离子的反应中,第三代强碱已几乎取代了传统的试剂。以下的例子是在碱作用下酮的分子内烷基化反应,此时作为强碱夺取 α-氢,而不作为亲核试剂进攻羰基或溴 α-碳。

3.2.2.2 反应介质

图 3.5 中各种碳负离子的形成取决于羰基化合物(碳氢酸)、碱以及溶剂。为保证溶液中碳负离子有足够的浓度,所用碱的共轭酸的 pK_a 和溶剂的 pK_a 必须比碳氢酸的 pK_a 大。有机合成中常用的碱/溶剂组合是:氢氧根离子在水中($pK_a \approx 16$),烷氧负离子在相应的醇中($pK_a \approx 20$),氨基钠在液氨中($pK_a \approx 35$),甲基亚硫酰基甲基钠(sodium methylsulfinylmethylide)在 DMSO($pK_a \approx 35$)中,碱金属氢化物、胺锂或烷基锂在醚或烃溶剂中($pK_a > 40$),更多的碱/溶剂体系示于表 3.4。

如上所述,酮通过烯醇负离子烷基化时产生二烷基化或多烷基化反应的原因是体系中同时存在着烷基化产物(这种含 α-氢的酮也是一种酸)和碱。碱的来源有二,一是外加的碱;二是尚未烷基化的烯醇负离子(既是亲核试剂也是一种碱)。因此,可以从两个方面来解决酮的二或多烷基化问题,一是使用等摩尔数的第三代强碱,使体系中没有过量或未反应的碱;二是提高烃基化反应速度,以尽快把烯醇负离子烷基化。

图 3.5 若干 C—H 化合物的去质子化条件

表 3.4 常见碱-溶剂体系及共轭酸的 pK_a

碱	常用溶剂	pK_a
NaOH	H_2O, EtOH	~15.7
EtONa, MeONa	EtOH, MeOH	~15.5, 15.9
t-BuOK	t-BuOH, DMSO, Et_2O, THF	~20
$EtMe_2$CONa	Et_2O, 甲苯	~20
$NaNH_2$	液 NH_3, Et_2O, 甲苯	~35
MeS(O)CH_2Na	DMSO	35
Ph_3CM(M = Na, Li, K)	Et_2O, 1,2-DME, 液 NH_3	>36
NaH	Et_2O, 甲苯, DMF	
LiH	1,2-DME, Et_2O	
i-Pr_2NLi(LDA)	THF, Et_2O	>40
$(TMS)_2$NM(M = Na, Li, K)	THF, Et_2O, 甲苯	>40
n-BuLi	THF, Et_2O, DME	>40
s-BuLi	THF	>40
t-BuLi	Et_2O	>40

烯醇负离子烷基化的速度在很大的程度上取决于反应所用的溶剂。影响碳负离子亲核取代反应的溶剂性质主要包括:(1)溶剂的类型(质子性或非质子性

溶剂);(2) 溶剂的酸碱性;(3) 溶剂的极性(偶极矩,介电常数)。

首先,反应需在无水条件下进行,因为水($pK_a = 15.7$)是一个比羰基化合物强得多的酸,水的存在会使碳负离子质子化。其次,由于存在着烯醇负离子从溶剂获得一个质子形成竞争性平衡的可能性,因此,要求所用溶剂的酸性远弱于酮(酮也是一种酸),最好是使用非质子性溶剂。另一要点是溶剂的酸性不能比所用碱的共轭酸的酸性强太多,否则,以下平衡会向右移动,从而降低体系中碱的浓度。例如,液氨或苯可以用作强碱氨基钠的溶剂,而乙醇则不适用。

$$B^- + S-H \rightleftharpoons B-H + S^-$$

$$\underset{CH_2}{\overset{O}{\underset{\|}{C}}}\text{—} + S-H \rightleftharpoons \underset{CH_3}{\overset{O}{\underset{\|}{C}}} + S^-$$

影响亲核取代反应速度的溶剂另两种重要性质是溶剂的偶极矩和介电常数。溶剂的偶极矩影响溶剂与离子结合的能力,也影响溶质分子离子化的程度。介电常数表现溶剂在外电场作用下极化的难易,其趋势与偶极矩基本一致。表3.5列举了不同溶剂(介电常数)对丁基丙二酸二乙酯负离子烷基化的相对速度的影响。从表中可以看出,烯醇负离子的烷基化反应速度在二甲亚砜(DMSO)和二甲基甲酰胺(DMF)中最快。二甲亚砜和二甲基甲酰胺属于非质子性极性溶剂。顾名思义,这类溶剂有高的介电常数,但分子中不含羟基等酸性氢。六甲基磷酰胺(HMPA)和 N - 甲基 - 2 - 吡咯烷酮也是非质子性极性溶剂,它们的介电常数列于表3.6。

表3.5　丁基丙二酸二乙酯在各种溶剂中烷基化的相对速度

溶　　剂	介电常数/D(德拜)	相 对 速 率
苯	2.3	1
THF	7.3	14
1,2 - DME	6.8	80
DMF	37	970
DMSO	47	1420

表3.6　若干非质子性溶剂的介电常数

分子式或结构式	$H_3C-\overset{O^-}{\underset{+}{S}}-CH_3$	$H-\overset{O}{\underset{\|}{C}}-N\overset{CH_3}{\underset{CH_3}{}}$	$\underset{CH_3}{\overset{O}{N}}$ (环戊酮)	$[(Me)_2N]_3P=O$
名称缩写	DMSO	DMF	NMP	HMPA
介电常数 ε	47	37	32	30

碱金属烯醇盐的反应性与其缔合状态密切相关,而缔合状态又受反应介质影响。最理想的情况是具有"裸露的"不带碱金属离子和未溶剂化的烯醇负离子,这样将达到最高的反应性。虽然这在溶液中是无法实现的,但是,使金属离子高度溶剂化而烯醇负离子只有微弱溶剂化,以及削弱烯醇负离子与金属离子有效结合却是可能的。

$$\text{缔合的离子对} + S \longrightarrow \text{解离的负离子} + [M^+ \leftarrow (:S_n)]$$

缔合的离子对　　　　　解离的负离子
较不活泼　　　　　　　较活泼

上述非质子性极性溶剂的共同特点是带有负极化的氧,它们易于与金属离子配位从而减少烯醇负离子的溶剂化。因此,非质子性极性溶剂可提高烯醇负离子的反应性。但是,由于这些溶剂具有高沸点,有的具有高水溶性,常给分离、纯化和回收带来困难,因此,它们并非最常用的碳负离子烷基化的溶剂。四氢呋喃和乙二醇二甲醚因分子中含有带孤对电子的氧,具有一定的极性和与金属离子配位的能力,且有利于反应产物的分离、纯化,因而成为烯醇负离子烷基化反应最常用的溶剂。

为了提高烯醇负离子烷基化的反应活性,常加入具有金属离子配位能力的六甲基磷酰胺(HMPA),N,N,N',N'-四甲基乙二胺(TMEDA)或冠醚,其中HMPA因具有毒性正逐步被 TMEDA 或 DMPU 所取代。

烯醇负离子烷基化的"促进剂":

HMPA　　　　TMEDA　　　DMPU

18-冠-6(K^+,Na^+)　　12-冠-4(Li^+)

烯醇负离子的反应性也受金属抗衡离子的影响,常用的抗衡离子的反应性次序是:$Mg^{2+} < Li^+ < Na^+ < K^+$。$Mg^{2+}$ 和 Li^+ 与烯醇负离子的结合有一定的共价性,比较紧密,使得后者的反应性降低。

3.2.2.3 O-烷基化与 C-烷基化问题

烯醇负离子是具有两可亲核中心的活性中间体,其烷基化可发生在碳上或氧上。O-烷基化产生烯醇醚,只有 C-烷基化才能生成预期的 α-烷基化产物。

$$\underset{R-C=CH_2}{\overset{O-R}{|}} \longleftarrow \left[\underset{R-C=CH_2}{\overset{O^-}{|}} \longleftrightarrow \underset{R-C-\bar{C}H_2}{\overset{O}{\|}} \right] \xrightarrow{R'X} \underset{R-C-CH_2-R'}{\overset{O}{\|}}$$

尽管烯醇负离子的负电荷主要集中在氧上,所幸影响 C/O 烷基化比例的因素是多方面的,可以建立有利于 C-烷基化的条件。如果烷基化反应在四氢呋喃或乙二醇二甲醚等醚溶剂中进行,同时用烯醇锂盐(O—Li 键共价性较大)、用碘代烷或溴代烷作烷基化试剂,可以主要地生成 C-烷基化产物。

游离的烯醇负离子有利于 O-烷基化,这从乙酰乙酸乙酯烯醇钾的烷基化(式 3.9)可以看出:在极性非质子性溶剂 HMPA 中,O-烷基化产物占 83%。而在极性较小的四氢呋喃中,由于只存在烯醇负离子对,只发生碳单烷基化反应。用卤代烃作为烷基化试剂比用磺酸酯产生更高的 C/O 烷基化比,其中用碘代烷可得最高 C/O 烷基化比(表 3.7)。

$$\underset{H_3CC=CHCO_2C_2H_5}{\overset{O^- K^+}{|}} + C_2H_5X \longrightarrow \underset{H_3CC=CHCO_2C_2H_5}{\overset{OC_2H_5}{|}} + \underset{\underset{C_2H_5}{|}}{\overset{O}{\underset{\|}{CH_3CCHCO_2C_2H_5}}} \quad (3.9)$$

表 3.7 不同乙基化试剂对 C/O 乙基化比例的影响

	EtX	溶剂	O-乙基化产物比例	C-乙基化产物比例
(1)	$(EtO)_2SO_2$	HMPA	83%	15%(2%二烷基化)
	$(EtO)_2SO_2$	THF	0%	94%(6%)
(2)	EtOTs	HMPA	88%	11%(1%)
(3)	EtCl	HMPA	60%	32%(8%)
(4)	EtBr	HMPA	39%	38%(25%)
(5)	EtI	HMPA	13%	71%(16%)

影响 C-烷基化和 O-烷基化比例的离去基效应可以用软硬酸碱原理解释。在烯醇负离子的两个亲核中心中,氧是较碳硬的碱。在 S_N2 亲核取代反应中,如果亲核试剂和离去基团软硬度相似,有利于反应的进行。因此,碘乙烷的碘是很软的离去基,优先与(比氧)较软的 α-碳反应;相反,象磺酸酯和硫酸酯这样的较硬的含氧离去基,则优先发生 O—烷基化。

从热力学的角度考虑，C-烷基化产物比 O-烷基化产物更稳定，这不但可从常识得知，也可从键能的估算得出结论：$C=O$ + $C-C[(2×80+173)\text{kcal}\cdot\text{mol}^{-1}=333\text{ kcal}\cdot\text{mol}^{-1}=1.40×10^3\text{ kJ}\cdot\text{mol}^{-1}]$的键能大于 $C=C$ + $C-O[(2×79+158\text{ kcal}\cdot\text{mol}^{-1}=303\text{ kcal}\cdot\text{mol}^{-1}=1.33×10^3\text{ kJ}\cdot\text{mol}^{-1}]$的键能。

总之，对于烯醇负离子的烷基化，在非质子性极性溶剂中，使用磺酸酯或硫酸酯有利于 O-烷基化；而在合成上常用的极性较小的四氢呋喃或 1,2-二甲氧基乙烷中，使用溴代烷或碘代烷作为烷基化试剂有利于 C-烷基化的进行。

值得一提的是，尽管烯醇负离子的烷基化要避免发生在氧上(O-烷基化)，但它们与硅卤、酸酐及膦酰卤的反应却优先发生在氧上。这些化学选择性 O-官能化具有重要的合成价值。例如，烯醇硅醚是多用途的碳亲核试剂；三氟甲磺酸烯酯可用于 Heck 反应、Stille 反应和 Suzuki 反应等钯催化的偶联反应；而 O，O-二乙基-O-烯基磷酸酯可被还原成烯烃，成为从酮转变成烯烃的合成中间体。

3.3 醛和非对称酮的烯醇化及其烷基化的选择性控制

3.3.1 醛的烯醇化及其烷基化

在羰基化合物中，酮烯醇负离子的烷基化研究得最多，也最有合成价值。相比之下，醛烯醇负离子的烷基化比较少见，原因是醛的烯醇负离子极易与体系中尚未形成烯醇负离子的醛发生羟醛加成反应。因此，只有快速、完全地形成烯醇负离子，醛的烷基化才能得到好的收率。氨基钾在液氨中和氢化钾在四氢呋喃中这两个体系曾成功地用于醛的直接 α-碳烷基化。但是，更可靠的醛 α-烷基化方法是通过相应的烯醇硅醚或金属烯胺实现。

$$(CH_3)_2CHCHO \xrightarrow[\text{(2) } BrCH_2CH=C(CH_3)_2]{\text{(1) } KH, THF} (CH_3)_2\underset{\underset{CHO}{|}}{C}CH_2CH=(CH_3)_2$$

$$88\%$$

醛通过烯醇负离子直接进行的 α-烷基化往往伴随着羟醛缩合, Cannizzaro-Tishchenko 等副反应，但醛的烯醇钾盐可与活泼的烷基化试剂(BnBr, CH=CHCH$_2$Br, MeI)反应，收率可达到 75%~95%。然而，如果所用的碱是异丙氧化苄基三甲基铵[PhCH$_2$N$^+$(CH$_3$)$_3$ $^-$OPr-i, BTMA$^+$ $^-$OPr-i]，则可得到高产率的直接 C-烷基化产物，产物以 2,4-二硝基腙的形式分离[1]。

醛通过烯醇硅醚和合成等效体进行烷基化的方法将在 3.3.3 和 3.3.5 节介绍。

3.3.2 通过动力学或热力学控制形成特定烯醇盐

非对称酮的烷基化可生成烯醇负离子的两个区域异构体，其组成可以受动力学或热力学控制。当两竞争性的去质子化反应的相对速率控制产物的组成时，两种烯醇负离子的比例受动力学控制。

$$\frac{[A]}{[B]} = \frac{k_a}{k_b}$$

另一方面，如果烯醇负离子 A 和 B，可以迅速互相转化，将建立 A/B 间的平衡，此时，产物的组成将反映烯醇负离子的热力学相对稳定性，两种烯醇负离子的比例受热力学控制。

$$\frac{[A]}{[B]} = K$$

在动力学控制下生成的是取代较少的烯醇负离子。动力学控制的理想条件是：快速、完全、不可逆地去质子化。接近这一理想状态的实验条件包括：低温（干冰-丙酮浴或干冰-异丙醇浴，-78 ℃），使用位阻大的强碱如二异丙基胺锂或六甲基硅胺锂，在非质子性溶剂中，排除过量的酮，使用锂离子作为烯醇负离子的抗衡离子等。其中，低温和使用位阻大的强碱是为了进行动力学去质子化，即夺取取代较少（位阻较小）、酸性较大的 α-氢；而使用强碱是为了保证反应快速、完全地进行；避免较长时间的反应是为了避免未反应的酮作为质子源发生质子交换建立平衡；低温和使用非质子性溶剂和形成较稳定的烯醇负离子-锂离子对也是为了减少质子交换和避免建立平衡的可能性。烯醇盐中 M—O 键的共价性会影响动力学或热力学控制。如果 M—O 键的共价性较大（如 Li—O键），就比较稳定，与酸反应的倾向较小，有利于动力学控制。烯醇镁、锂、锌、铜或铝盐的反应基本上不可逆。如果 M—O 键离子性较大（M=Na,K），烯醇负离子就比较容易重新质子化，建立平衡。

在热力学控制的条件下，占主导的烯醇负离子是取代较多的烯醇负离子，这是因为在碳-碳双键上取代越多越稳定。热力学控制的条件正好与动力学控制的条件相反，尽量使烯醇负离子 A 和 B 迅速相互转化，建立平衡。使用相对较弱的碱，在质子性溶剂中，以 Na$^+$ 或 K$^+$ 为抗衡离子（例如使用 NaOEt/EtOH 或 t-BuOK/t-BuOH 体系），在较高温度下和较长的反应时间都有利于生成热力学控制的烯醇负离子。在这样的条件下产物的组成取决于烯醇负离子的相对热力学稳定性。

动力学控制(LDA/DME,0 ℃) 1 : 99
热力学控制(Et$_3$N/DMF) 78 : 22
热力学控制(NaH/Et$_2$O) 74 : 26

动力学控制(LTMP/THF) 13 : 87
热力学控制(过量酮,平衡) 84 : 16

3.3 醛和非对称酮的烯醇化及其烷基化的选择性控制

在动力学控制的条件下,α,β-不饱和酮(例如 **13** 和 **15**)的去质子化选择性地生成 α'-烯醇负离子,烷基化后得到 α'-烷基化产物 **14**(式 3.10)[2]。而在热力学控制的条件下,主要得到更稳定的在 γ-碳上去质子化所形成的烯醇负离子 **16**。此时,完整的共轭使得负电荷可离域到 γ-碳上,比交叉共轭烯醇负离子仅离域到氧和 α'-碳上的 **17** 更稳定。

类似地,在动力学控制的条件下,α,β-不饱和酯用 LDA 去质子化形成酯的烯醇负离子,然后与卤代烃发生去共轭-烷基化反应,生成相应的 β,γ-不饱和酯的 α-烷基化产物 **19**[3]。

酮的 α,α'-双碳负离子合成子 **20**[4] 也可通过对酮本身进行连续去质子化形成。双负离子 **20** 与等摩尔数亲电试剂反应生成单烷基化产物。而如果加入 2 摩尔倍数强烷基化试剂(如 ROTf),或第二次用 ROTf 烷基化,则可得到 α,α'-双烷基化产物。为了避免 ROTf 与醚反应,烷基化时溶剂需换成己烷。使用非亲核性的碱保证了第一次烯醇负离子的形成,一旦形成(亲核性的)烯醇负离子,原来羰基的亲电性不复存在,因而第二次去质子化可使用亲核性的碱正丁基锂。

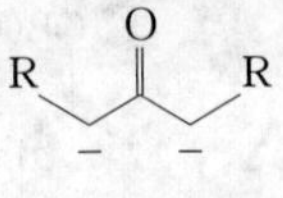

3.3.3 烯醇硅醚作为特定烯醇盐的前体

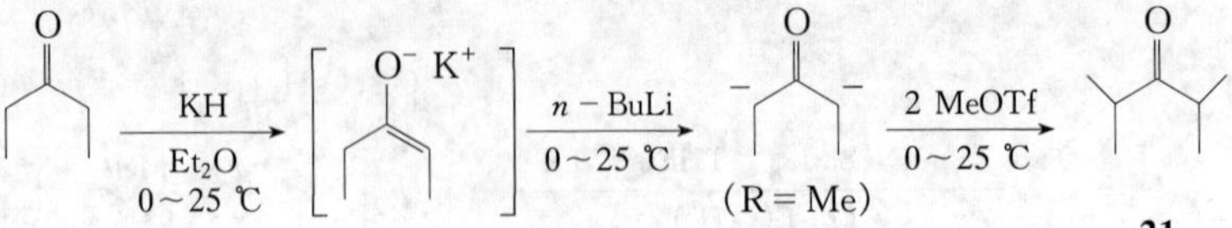

3.3.3.1 在碱性条件下烷基化

这一方法的要点是首先制备动力学或热力学控制的特定烯醇硅醚,然后用等摩尔数的甲基锂产生特定烯醇负离子。该法的结构基础是氧与硅可形成键能很强的 Si—O 键(Si—O 键的键能为 2.22×10^3 kJ·mol^{-1}(或 532 kcal·mol^{-1});Si—C 键的键能为 1.33×10^3 kJ·mol^{-1}(或 317 kcal·mol^{-1})),因此,三烷基硅卤(类似于卤代烃,但更活泼)与烯醇或烯醇负离子主要发生 O-硅烷基化(类似于 O-烷基化,但反应速度更快)。

非对称的酮(例如 7)如果在低温下用 LDA 去质子化,可形成取代较少的动力学控制烯醇负离子 **22a**(图 3.6),加入三甲基氯硅烷可迅速生成烯醇硅醚 **22**。**22** 用甲基锂处理重新释放出烯醇负离子 **22a**,后者与烷基化试剂苄溴反应可得预期的苄基化产物 **23** 及少量的区域异构体 **24**。

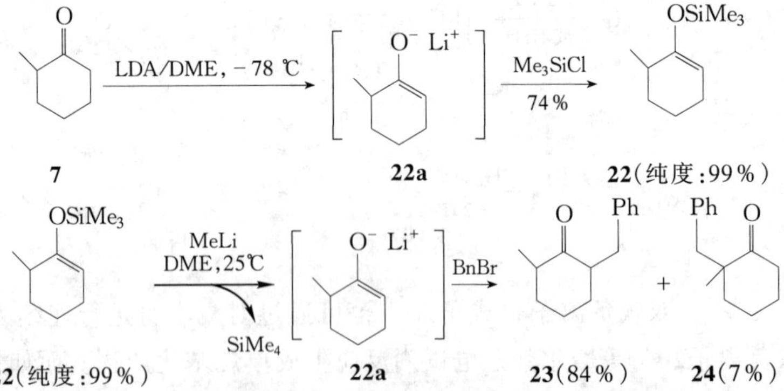

图 3.6 动力学控制烯醇硅醚的制备与反应

值得注意的是,即使从纯的烯醇负离子 **22a** 出发仍得到两种烷基化产物 **23,24**,说明完全选择性烷基化是不可能的。因为一旦有单烷基化的酮 **23,24** 生成,就可与原来的烯醇负离子 **22a** 发生酸碱(质子交换)反应。使用具有共价性的烯醇锂能减缓交换速度。由于烯醇锂盐具有较大的稳定性,且具有合理的烷基化速度,因而是最常用烯醇负离子的抗衡离子。

热力学控制烯醇硅醚 **25** 可由酮与三甲氯硅烷和三乙胺,在回流温度下直接制备(图 3.7)。所得烯醇硅醚以 **25** 为主,比例为 78∶22,它们可通过分馏分离。从 **25** 出发,用等摩尔数的胺基锂或甲基锂处理可再生热力学稳定的烯醇负离子,后者与碘代正丁烷反应得预期的烷基化产物 **26**。

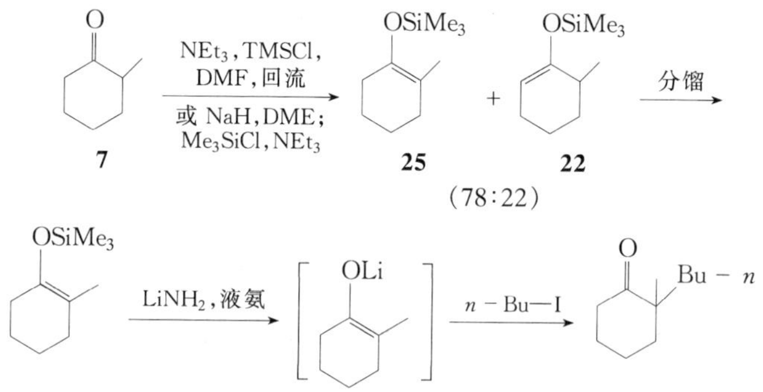

图 3.7 热力学控制烯醇硅醚的制备与反应

以烯醇硅醚作为特定烯醇负离子前体的优点是可分别制得热力学控制或动力学控制的烯醇负离子,且副产物是惰性的四甲基硅烷。该法的局限性在于:(1) 方法的可行性首先取决于动力学或热力学控制烯醇硅醚是否易得;(2) 当分子中存在敏感官能团时,再生烯醇负离子时就不能使用强亲核试剂甲基锂;(3) 由甲基锂与烯醇硅醚作用产生的烯醇负离子在烷基化时反应活性不高。

后来发现,用苄基三甲基氟化铵代替甲基锂可制得比烯醇锂盐更活泼的烯醇铵盐 **28**,即使相当不活泼的烷基化试剂如 n-Bu—I,也能够得到合理收率的特定烷基化产物 **29**。在该反应条件下,酯、环氧、酮等官能团不受影响。反应的驱动力是形成很强的 Si—F 键(键能 595 kJ·mol^{-1})。

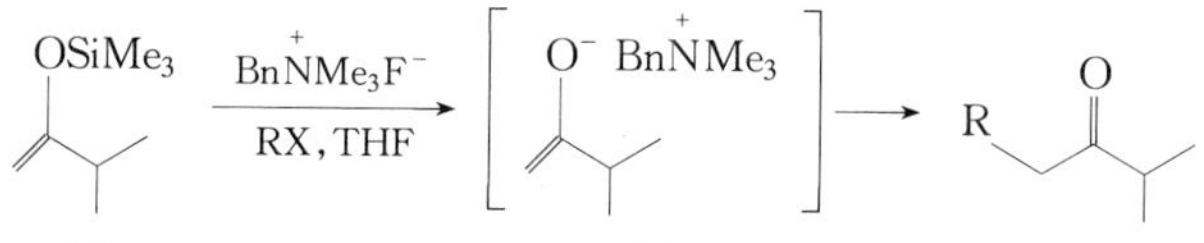

3.3.3.2 在 Lewis 酸催化下烷基化

通过烯醇硅醚进行烷基化的另一优点是,反应既可以在碱性条件下进行(参见上文),也可以在 Lewis 酸催化条件下直接烷基化[5,6]。可用的 Lewis 酸包括 $TiCl_4, SnCl_4, ZnX_2$ 等。在 $TiCl_4$ 存在下,烯醇硅醚 **22** 和 **25** 可与氯代叔丁烷反应,几乎专一性地分别得到叔丁基化产物 **30** 和 **31**。

在酸催化条件下,适用的烷基化试剂是叔卤代烷和仲卤代烷,这在碱性条件下难以实现。而在碱性条件下适用的烷基化试剂是伯卤代烃。因而,烯醇硅醚在酸性条件下反应与在碱性条件下反应两种途径具有互补性。

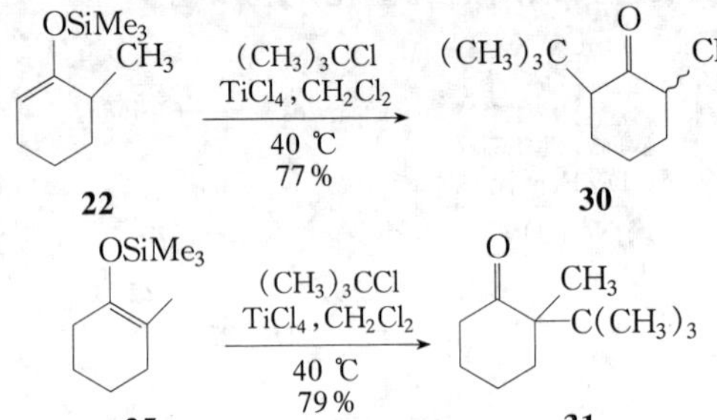

此外,醛的烯醇硅醚(例如 **32**)容易制备。因而,烯醇硅醚在酸性条件下烷基化是进行醛 α-烷基化的有用方法。

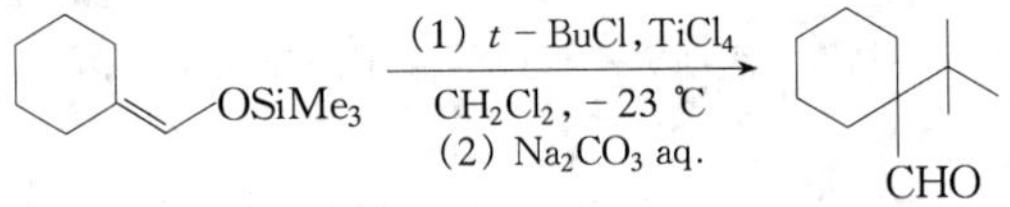

烯醇硅醚在 Lewis 酸 $TiCl_4$ 催化下烷基化的可能机理示于图 3.8。由于反应可能涉及碳正离子中间体,可以预计这一方法不适用于伯卤代烃。

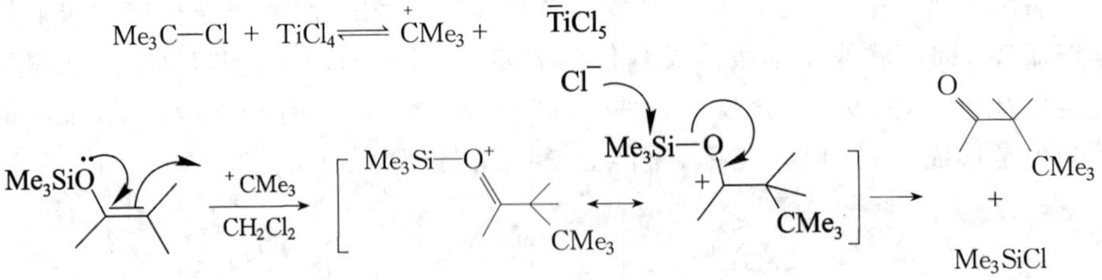

图 3.8 $TiCl_4$ 催化下烯醇硅醚与亲电试剂反应的机理

下式是该法在天然产物合成中应用的一个实例。异亚丙基丙酮在动力学控制条件下形成烯醇硅醚 **34**,后者在无水溴化锌催化下与氯代物 **35** 反应生成倍半萜(±)-ar-姜黄酮。

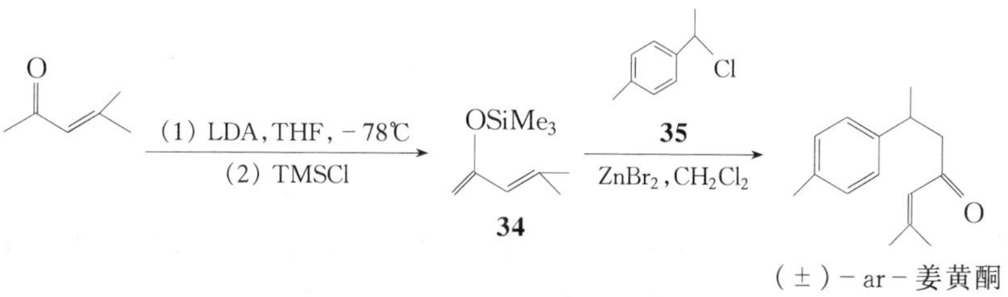
O
(1) LDA, THF, -78℃
(2) TMSCl
OSiMe3
34
Cl
35
ZnBr2, CH2Cl2
O
(±)-ar-姜黄酮

在 Lewis 酸催化下,烯醇硅醚还可与多种亲电试剂(及其合成等效体)反应。

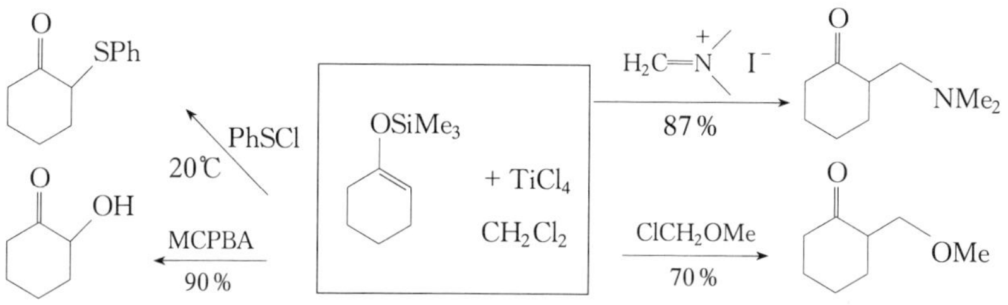
O
SPh
PhSCl
20℃
O
OH
MCPBA
90%
OSiMe3
+ TiCl4
CH2Cl2
H2C=N+ I−
87%
O
NMe2
ClCH2OMe
70%
O
OMe

3.3.4 通过 α,β-不饱和酮的共轭加成形成特定烯醇盐

α,β-不饱和酮是制备特定烯醇盐的重要底物,因为负离子对 α,β-不饱和体系的共轭加成可产生烯醇负离子中间体,由此形成的特定烯醇负离子可与各种亲电试剂反应(式 3.11)。此法包括以下三类反应。

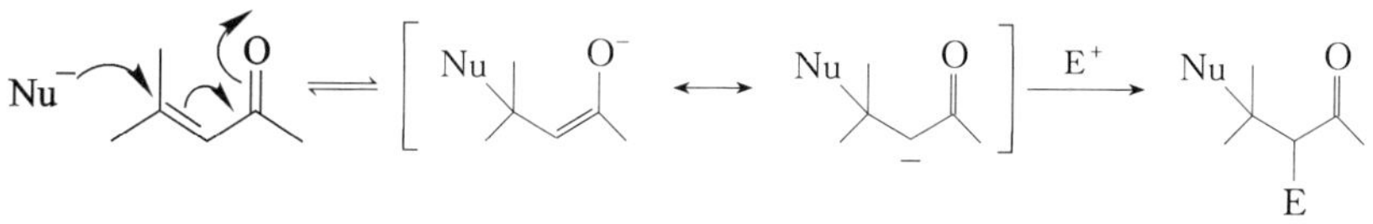
Nu−
O
Nu
O−
Nu
O
E+
Nu
O
E

(3.11)

3.3.4.1 通过金属-液氨还原形成特定烯醇负离子

把 α,β-烯酮用金属锂(或钠)-液氨体系还原可在 C=C 双键一侧生成特定烯醇负离子,后者可生成 α-烷基化产物[7]。本法的优点是不产生其他区域异构体。烷基化产物与直接从饱和酮出发经去质子化-烷基化的主产物可能是不同的区域异构体,因而两种方法具有互补性。

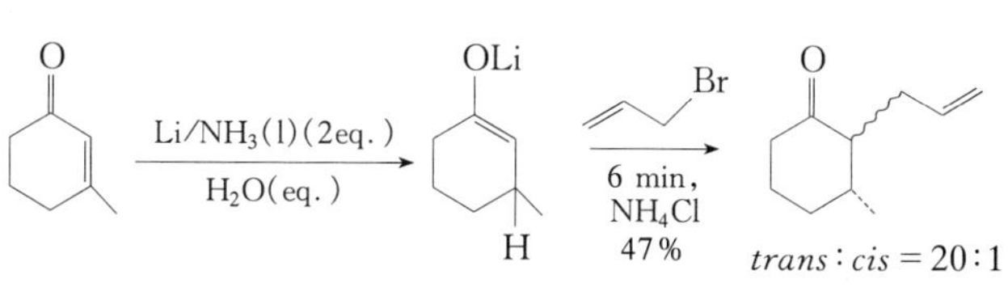
O
Li/NH3(l)(2eq.)
H2O(eq.)
OLi
H
Br
6 min,
NH4Cl
47%
O
trans : cis = 20 : 1

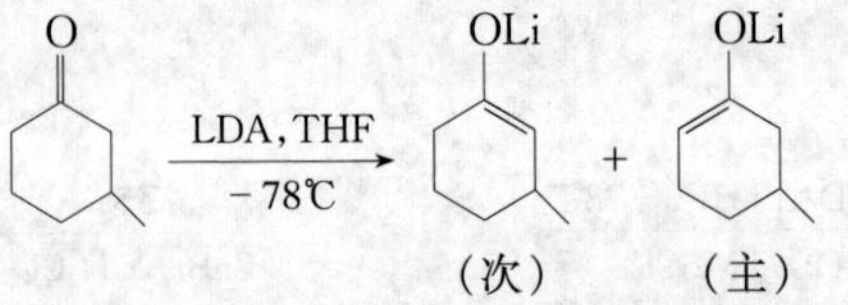

[反应式: 3-甲基环己酮 + LDA, THF, -78°C → 烯醇锂 (次) + 烯醇锂 (主)]

本法的不足之处是反应过程中生成等摩尔数的强碱。一种改进的办法是直接用氢负离子对烯酮进行共轭加成。为使中间体烯醇负离子能够被捕获,反应需在非质子性溶剂中进行。可在非质子性溶剂中提供 H^- 的试剂包括 Stryker 试剂($[Ph_3PCuH]_6$)[8],三乙基硅烷(Et_3SiH)[9]和 $n\text{-}Bu_2SnIH$。

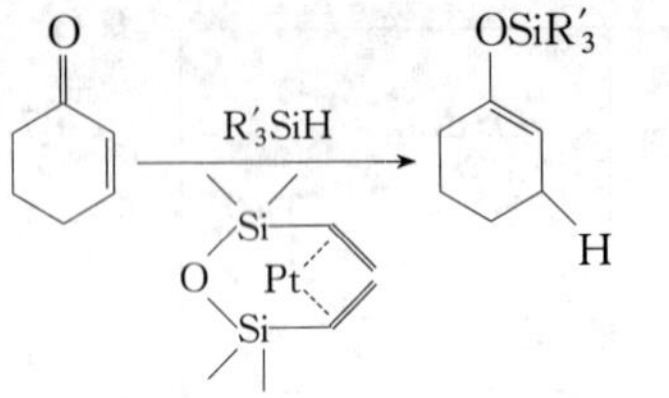

[反应式: 2-环己烯酮 + R'_3SiH (Pt催化剂) → 3-H-环己烯基-$OSiR'_3$]

对应于上述反应的切断是

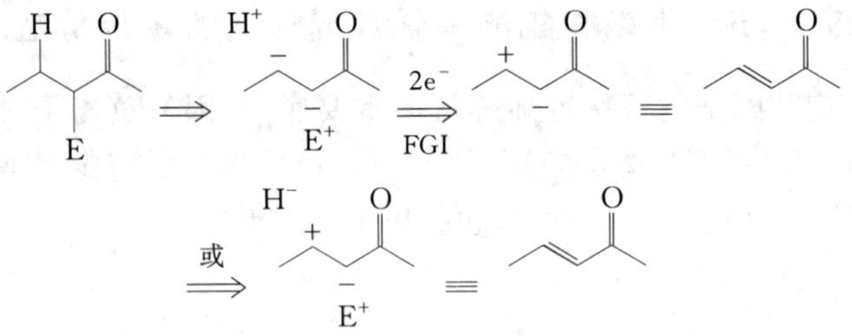

[切断分析图示]

3.3.4.2 通过共轭加成-捕获烯醇负离子

有机铜试剂与 α,β-烯酮的共轭加成是获得特定烯醇离子的另一有用方法。该法的真正价值在于进行共轭加成及捕获烯醇负离子的串联反应(如式 3.12)。这是合成反式-α,β-二取代环酮的重要方法,例如,前列腺素的三组分合成法(式 3.13)[10]。

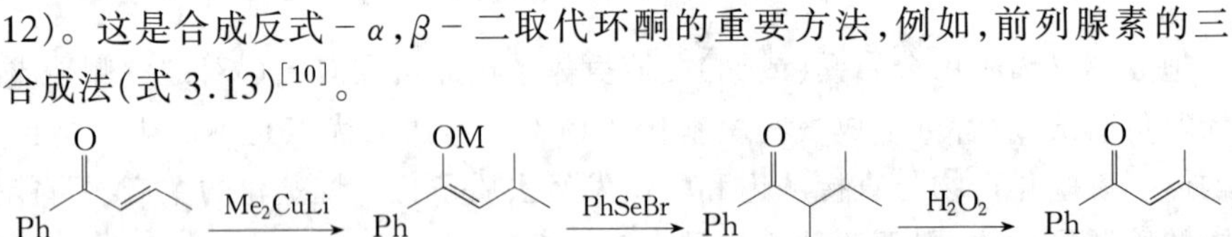

[反应式 3.12: PhCOCH=CH2 + Me_2CuLi → 烯醇中间体 + PhSeBr → α-SePh酮 + H_2O_2/CH_2Cl_2回流 → α,β-不饱和酮]

(3.12)

[反应式 3.13: 反式-α,β-二取代环酮的切断分析 + R_a-X + $(R_b)_2CuLi$]

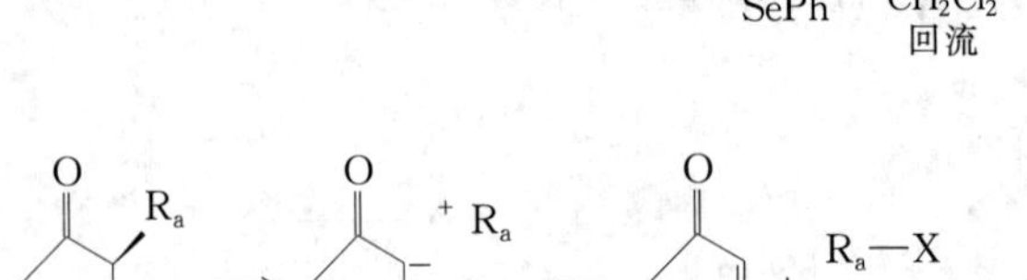

(3.13)

3.3.5 烯醇和烯醇负离子的氮类似物——烯胺和亚胺负离子

在前文我们已经看到,亚胺及其类似物肟和腙表现出类似于醛、酮(羰碳)的亲电反应性,可视为醛、酮的氮杂类似物,是合成含氮化合物的重要中间体。下面大家将看到,烯醇的氮杂类似物——烯胺(36);烯醇负离子的氮杂类似物——亚胺负离子(氮杂烯醇负离子 37)也具有类似于烯醇和烯醇负离子的亲核反应性(图 3.9),因而可作为烯醇及其负离子的等效体和互补形式,被用于羰基化合物的合成。

肟和腙可方便地从醛、酮制备,这两种官能团同样可以活化 α-氢,使之在碱的作用下产生 α-碳负离子 **38,39**,又具有不发生自缩合反应、可进行区域选择性和单烷基化控制的优点。这些化合物均可在反应之后重新转化为羰基化合物,因而是醛、酮有价值的合成等效体。在上述三类等效体中,以腙最好控制,因而其合成应用最为广泛。

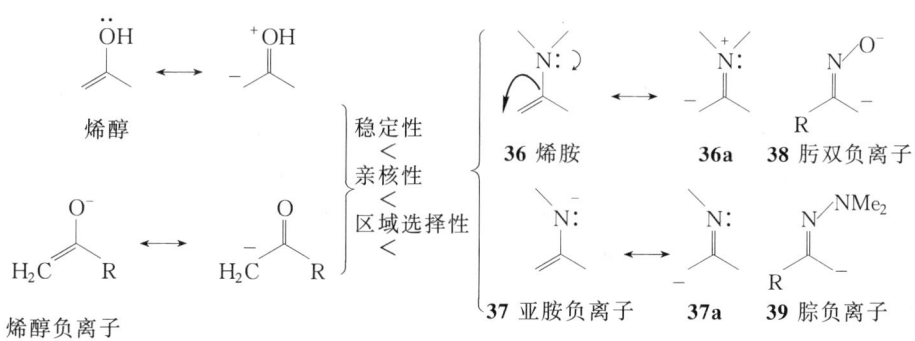

图 3.9 烯醇负离子及其等效体的特点比较

3.3.5.1 烯胺

亚胺可由伯胺与醛缩合得到(式 3.14)。烯胺一般是由仲胺与含 α-氢的醛、酮在酸催化下通过共沸除水而制备(式 3.15),除了传统的对甲苯磺酸外,四氯化钛也是制备烯胺的有效催化剂。此外,首先把仲胺 N-三甲基硅化,然后与醛、酮反应,利用硅对氧更高的亲合力,可使反应在温和条件下进行(式 3.16)[11]。

$$\underset{R}{\overset{O}{\underset{R}{\|}}} + R'NH_2 \rightleftharpoons \underset{R}{\overset{NR'}{\underset{R}{\|}}} + H_2O \qquad (3.14)$$

$$R-\underset{R'}{\underset{|}{CH}}-\overset{O}{\underset{}{C}}-R' + R''_2NH \underset{}{\overset{\text{加热},H^+}{\rightleftharpoons}} R-\underset{R'}{\underset{|}{C}}=\underset{}{\overset{NR''_2}{C}}-R' + H_2O \quad (3.15)$$

$$\text{(CH}_3)_2\text{CHCHO} + Me_3SiNMe_2 \xrightarrow{88\%} (CH_3)_2C=CHNMe_2 \quad (3.16)$$

各种由酮衍生的烯胺较醛烯胺稳定。而在酮烯胺中,由环状仲胺制备的烯胺又远比非环仲胺的烯胺稳定。因此,具有合成价值的烯胺是由吡咯烷、哌啶或吗啉制备的烯胺 **40**～**42**。

$$\text{环己酮} + HN\text{(吡咯烷)} \xrightarrow{p-TsOH} \text{环己烯基-N(吡咯烷) } \mathbf{40}$$

$$\text{环己酮} + HN\text{X} + Me_3SiN=CHOSiMe_3 \xrightarrow[\text{石油醚}]{MeI} \text{环己烯基-NX}$$

$$X=CH_2,\text{哌啶} \quad \text{BSA} \qquad \mathbf{41}\ X=CH_2, 80\%$$
$$X=O,\text{吗啉} \qquad \qquad \mathbf{42}\ X=O, 91\%$$

从共振极限式 **36/36a**(图 3.9)可以看出,烯胺具有两可亲核性,有氮原子和 β-碳(相当于烯醇负离子的 α-碳)两个亲核中心。由于烯胺是一类稳定的分子,其结构与反应性都更接近于烯醇负离子,而非烯醇(一般酮的烯醇式在溶液中含量很少)。因此,烯胺可视为一种氮杂烯醇负离子。同烯醇负离子类似,烯胺与碳亲电试剂的反应主要发生在烯胺 β-碳上(羰基的 α-碳)。烯胺与碘甲烷反应首先生成亚铵鎓盐中间体,水解后产生单甲基化的 2-环己酮,同时再生吡咯烷(式 3.17)。

$$\text{(烯胺)} \xrightarrow{Me-I} [\text{亚铵盐中间体}]I^- \xrightarrow{H_3O^+} \text{2-甲基环己酮} + \text{吡咯烷} \quad (3.17)$$

有意义的是,吡咯烷与 2-甲基环己酮的反应主要生成取代较少的动力学控制产物烯胺 **43**。这一区域选择性源于轨道和立体两种因素共同作用。烯胺的稳定性得益于 N-上孤对电子与双键 π 轨道的有效共轭,保证有效共轭的前提条件是,烯胺 **44** 结构中粗线键所连接的原子处在共平面。在 **43** 和 **44** 两种烯胺异构体中,双键上取代较多的异构体 **44** 受到较大的非键排斥($A^{1,3}$张力)的去稳定化作用,而取代较少的异构体 **43** 可避免这一非键排斥作用,且甲基处在假竖键位置,可避免与 N-上取代基的空间排斥作用。因此,动力学控制产物 **43**

是主要异构体。

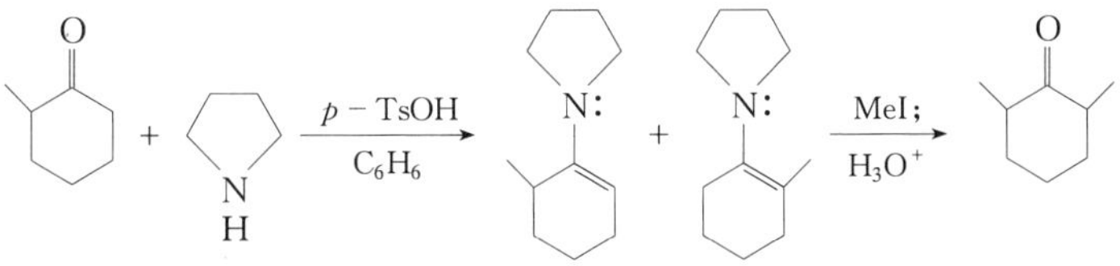
O
p－TsOH
C_6H_6
N
H
N:
N:
MeI;
H_3O^+
O

吡咯烷　　　**43**　85%　**44**　15%

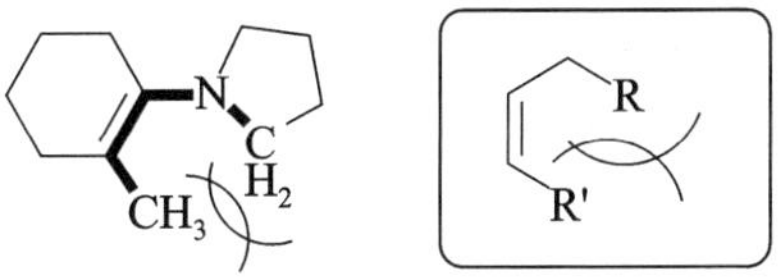
N
C
H_2
CH_3
R
R'

44　　　$A^{1,3}$ 张力

把醛、酮转变成烯胺，然后进行烷基化的方法，较之直接去质子化－烷基化的方法有如下优点：

(1) 反应中无需用碱或其他催化剂，可有效减少羰基化合物的自缩合，醛经此法烷基化也可得到良好的收率；

(2) 反应形成单烷基化产物；

(3) 非对称酮经烯胺的烷基化主要发生在取代较少的 α－碳上。

但是，该法也有较大的局限性，适用的烷基化试剂仅限于非常活泼的卤代烃，如碘甲烷、烯丙基卤、苄基卤、α－卤代醚、α－卤代酯和 α－卤代酮。

3.3.5.2 亚胺负离子

同羰基化合物一样，亚胺也通过强碱进行 α－去质子化产生烯醇负离子的氮类似物 **37**。用于去质子化的碱过去常用格氏试剂，现在多用 LDA。亚胺负离子也叫金属烯胺，是烯醇负离子和烯基负离子的等电体和结构类似物，所以也可以叫氮杂烯丙基负离子。如前文所述，烯胺的亲核性比烯醇强，亚胺负离子的亲核性也比烯醇负离子强，可有效地与卤代烃反应，亚胺负离子的合成价值之一是用于醛的 α－烷基化[12]。亚胺负离子化学的另一重要价值在于可用于不对称合成。

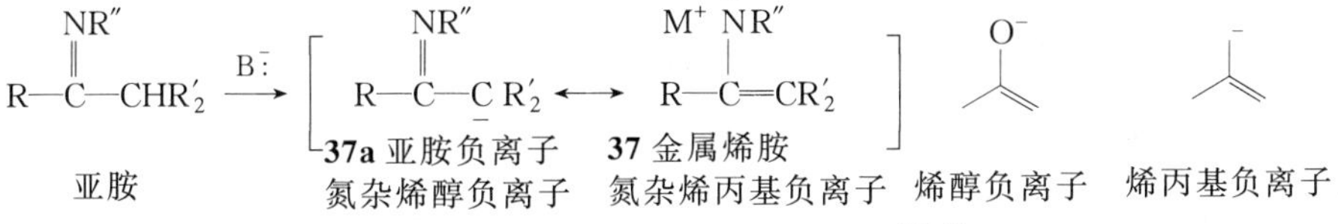
NR″
R—C—CHR′2
B:⁻
NR″
R—C—C̄R′2
M⁺ N̄R″
R—C═CR′2
O⁻
37a 亚胺负离子
37 金属烯胺
亚胺
氮杂烯醇负离子
氮杂烯丙基负离子
烯醇负离子
烯丙基负离子

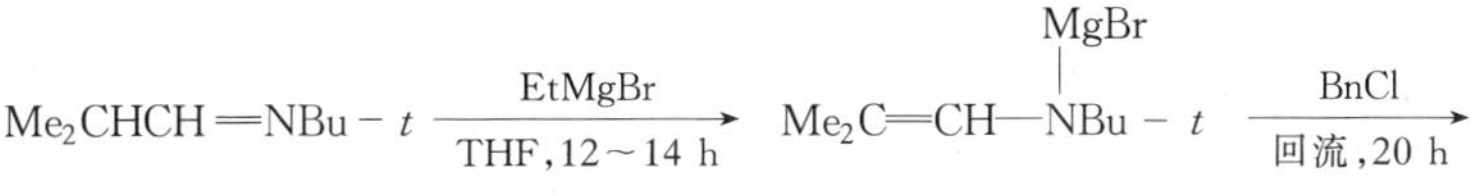
$Me_2CHCH═NBu-t$
EtMgBr
THF，12～14 h
MgBr
$Me_2C═CH—NBu-t$
BnCl
回流，20 h

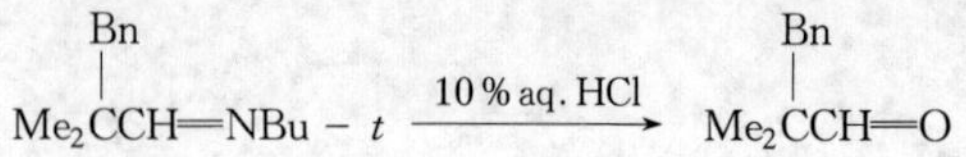

3.3.5.3　肟 α－碳负离子的烷基化

与亚胺负离子一样,羟基保护或未保护的肟 α－碳负离子 **38** 也可作为烯醇负离子等效体,用于羰基的 α－烷基化,其优点仍然是肟本身不发生缩合反应,且负离子亲核性高。从下图可看出,对称和非对称酮的肟都可进行区域选择性 α－烷基化,反应优先发生在取代较少的一侧[13]。因此,丙酮肟可作为丙酮 α′, α－双负离子非对称酮的合成子等效体。

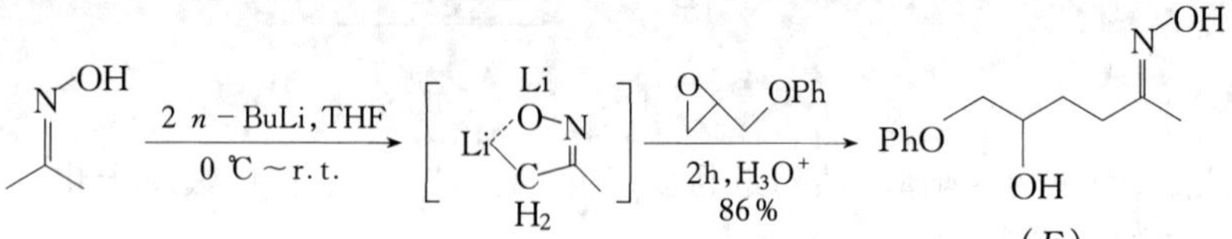

(E)

38

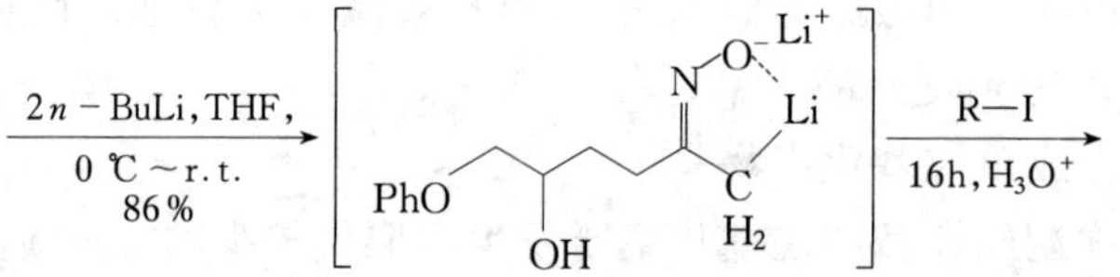

(E)

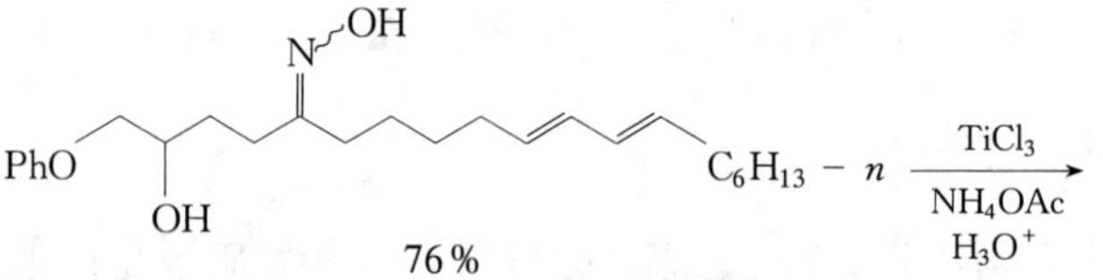

76%

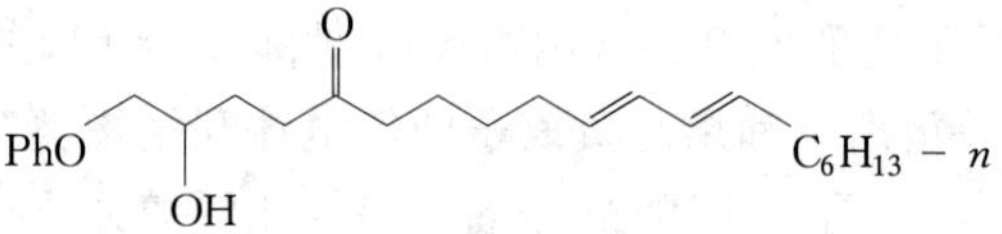

86%

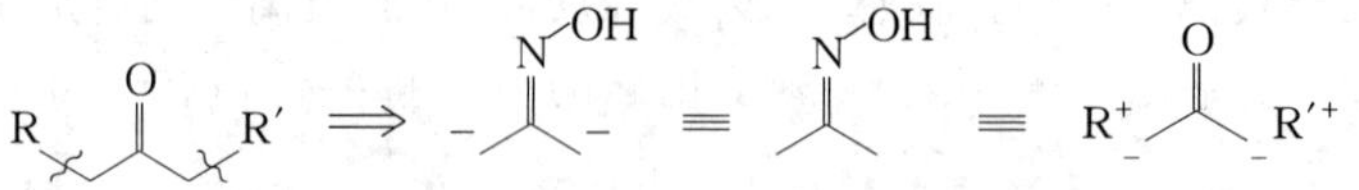

3.3.5.4　醛、酮的高立体选择性和区域选择性烷基化——*N*,*N*－二甲基腙法

利用腙进行非对称酮的高度区域选择性和立体选择性单烷基化是酮 α－烷基化的又一应用广泛的等效体方法。该法的要点是:首先把酮(醛)制成二甲基腙(例如 **45**)并使它们与 LDA 或 *n*－BuLi 反应,生成锂盐配合物(例如 **46**)[14],后者可与卤代烷、环氧化物进行烷基化反应或与羰基化合物反应,最后通过高碘

酸钠氧化或其他方法除去 N,N - 二甲肼而得到烷基化的酮(醛)。

这一方法的优点在于：(1) 反应在温和条件下进行；(2) 具有高度区域和立体选择性：(a) 烷基化一般发生在非对称酮中取代较少的一侧；(b) 对于环己酮衍生物，直立键方向的甲基化是非常有利的；(3) 高产率；(4) 中间体锂化二甲基腙(例如 **46**)容易转变为有机铜化物，而后者能参与许多碳-碳单键形成反应(比起金属化烯胺的优点)。

通过腙进行高区域和立体选择性合成的原理是与氮相连的二甲胺基总是倾向于远离大取代基的取向，从而把金属离子定位于靠近取代较少的碳原子。

$R = H$, $trans:cis = 90:10$
$R = Me$, $trans:cis = 97:3$,产率 95%

3.3.5.5 基于杂环等效体的方法

杂环化合物也可作为羰基化合物的合成等效体[15]，例如，2,4,4-三甲基-5,6-二氢-1,3-噁嗪(**47**)和 4,5-二氢-1,3-噁唑(**48**)被用于合成醛、酮、羧酸和酯。这两个体系可看成环状亚胺酸酯，具有羧酸(酯)的氧化度。因此，在进行去质子化和烷基化后需通过硼氢化钠($NaBH_4$)还原(合成醛)[16]或格氏试剂加成(合成酮)以降低到醛(酮)的氧化度，水解后即得醛或酮。否则，水解后将得到羧酸或酯，其实它们也是酯和羧酸的等效体。

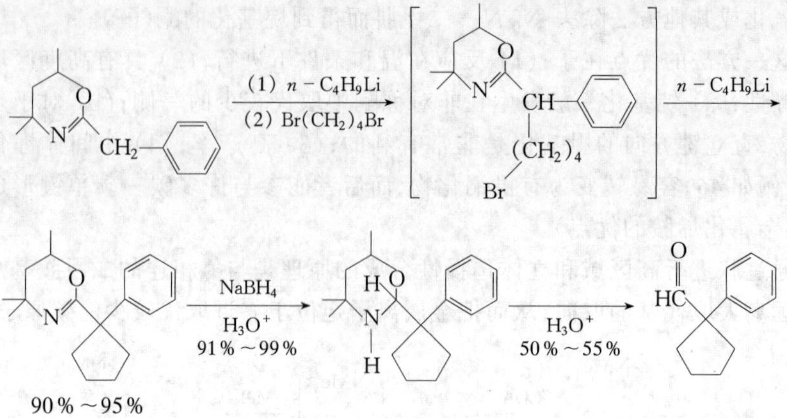

[反应式图示]

利用烯胺法及相关的各种改良法的合成价值不仅在于其能达到高度立体选择和区域选择性烷基化，而且可用于不对称烷基化，最终可得到高对映选择性手性酮。

3.3.6 活化基和保护基的使用

活化和保护是有机合成中常用的两种策略，也一度成为解决醛、酮的区域选择性单烷基化的主要手段。虽然保护的方法因步骤繁多效率低下已基本被淘汰，活化的方法仍有一定的使用价值。

3.3.6.1 活化方法

活化是将一个活化官能团(A)引入到羰基的 α-位上，从而稳定所需要的烯醇负离子。常用的活化基团是乙(甲)氧羰基(—COOR)、甲酰基(—CHO)和膦酰基[—P(O)(OEt)$_2$]，前两者可以用烯醇负离子的 α-酰化法引入。

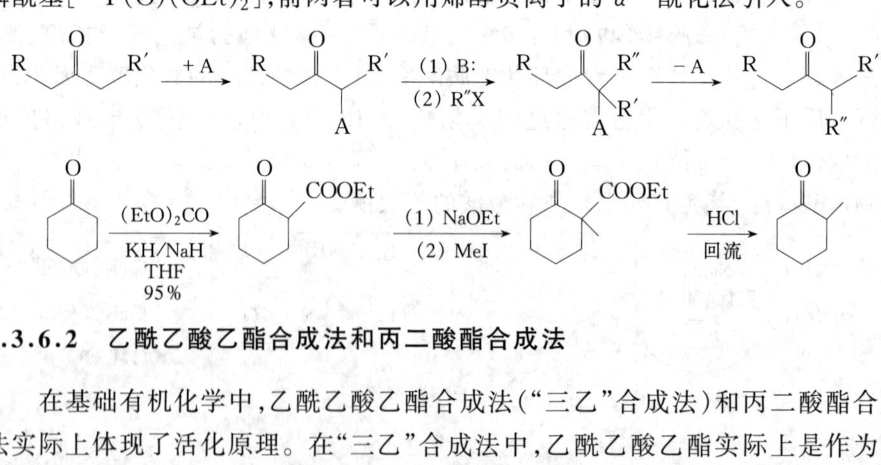

[反应式图示]

3.3.6.2 乙酰乙酸乙酯合成法和丙二酸酯合成法

在基础有机化学中，乙酰乙酸乙酯合成法（"三乙"合成法）和丙二酸酯合成法实际上体现了活化原理。在"三乙"合成法中，乙酰乙酸乙酯实际上是作为丙酮负离子的活化形式，保证了可控制的单烷基化反应；而丙二酸二乙酯则是乙酸烯醇负离子的活化形式。两种方法中的活化基均来自于原料本身。

乙酰乙酸乙酯和丙二酸酯属于 β-二酮，β-酮酯等带有两个强吸电子基团的化合物，由于这些化合物 α-氢酸性较强（pK_a 介于 $8\sim12$），被称为含活泼亚甲基化合物。它们的烷基化可以醇钠/钾为碱，在相应的醇中进行。反应也是首先进行去质子化，但是所形成的稳定化的烯醇负离子较不活泼，与烷基化试剂进行 S_N2 取代反应常需在较高温度下进行。常用的烷基化试剂是伯卤代烃或磺酸酯，仲卤代烃反应较慢，收率较低。

乙酰乙酸乙酯（"三乙"）合成法和丙二酸酯合成法的完整程序示于图 3.10，图 3.11。

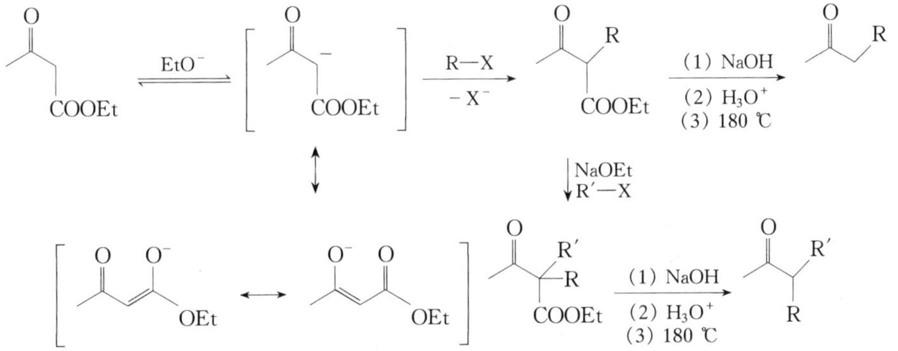

图 3.10 乙酰乙酸乙酯合成法

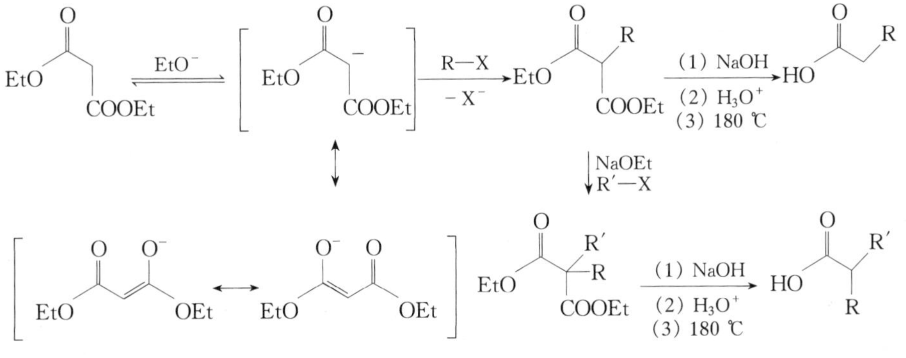

图 3.11 丙二酸酯合成法

对于丙二酸酯合成法，在烷基化反应之后，通过皂化—酸化—加热脱羧步骤脱去活化基。对这一经典方法的改进是把烷基化的酯衍生物与锂盐（LiX）混合物在二甲亚砜中加热，该反应可在几乎是中性的条件下直接脱去烷氧羰基（参见第 1 章）。

乙酰乙酸也可作为丙酮负离子的合成等效体,这一方法需用 2 摩尔倍数的碱去质子化,但减少了水解的步骤。

值得一提的是,由于"三乙"合成法和丙二酸二乙酯合成法可分别进行一次或二次去质子化,因而可作为丙酮或乙酸乙酯的 α-碳负离子或 α,α-二碳负离子合成子的等效体,因此,如果使用 α,ω-双卤代物,并选择适当的反应条件和步骤,就可用于合成链状二酮、二酯或 α-环酮,α-环酯。

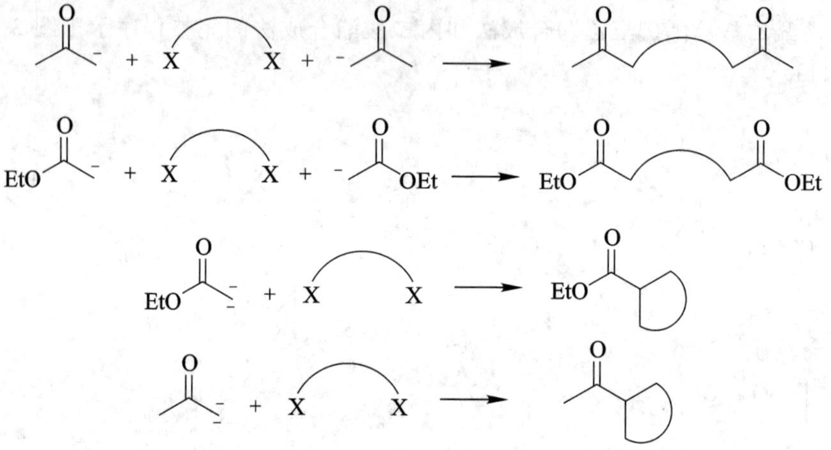

活化策略在逆合成分析中表现为添加官能团的操作。以"三乙"合成法和丙二酸酯合成法为基础的甲基酮和酯的逆合成分析如下:

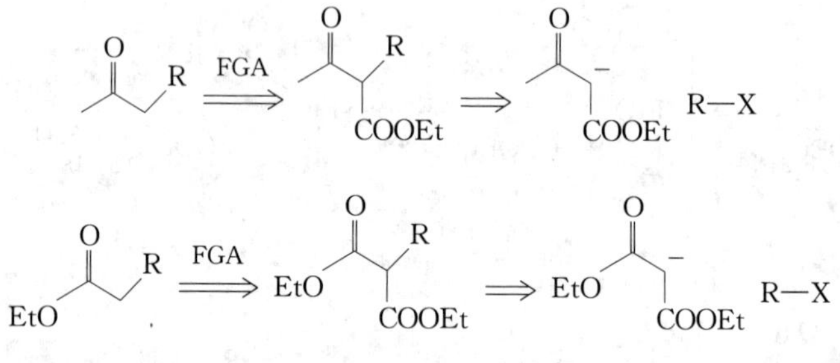

在熟知了这两种合成法的原理后,用合成等效体的概念可以更快捷地识别切断的方式及前体。

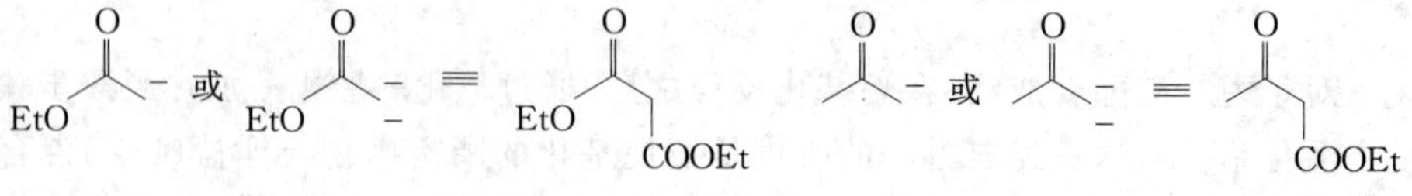

3.4 酯、酰胺、羧酸、砜与腈的 α-烷基化

对于只含一个活化基(酯基、酰基、氰基、砜基)的化合物,LDA 等第三代强碱已基本上成为 α-去质子化的标准方法。这些反应一般以无水四氢呋喃为溶剂,在 -78 ℃(干冰-丙酮或干冰-乙醇浴)下进行。为使烷基化反应趋于完全,负离子烷基化的温度有时需升至室温。酰胺 α-去质子化有时需用仲丁基锂或叔丁基锂。

酯基的 α-烷基化也可以通过硅基烯酮缩醛(酯的烯醇硅醚),在 Lewis 酸催化下进行。例如,内酯 **49** 经去质子化-硅醚化得到硅基烯酮缩醛 **50**,后者在无水溴化锌促进下与氯甲基苯硫醚反应生成硫醚 **51**,后经氧化、消除后得到 α,β-不饱和酯 **52**(式 3.18)。该法已成为合成 α-亚甲基取代内酯的一种好方法。α-亚甲基内酯是许多细胞毒倍半萜的常见结构单元。

羧酸烯醇负离子的形成需要用 2 摩尔倍数的强碱,其烷基化发生在 α-碳

上而非氧上,最终产物是羧酸的 α - 烷基化产物[17]。

$$(CH_3)_2CHCO_2Na + LiN[CH(CH_3)_2]_2 \longrightarrow [(CH_3)_2CCO_2]^{2-}Li^+Na^+$$

$$[(CH_3)_2CCO_2]^{2-}Li^+Na^+ + C_6H_5CH_2CH_2Br \xrightarrow{70\% \sim 76\%} C_6H_5CH_2CH_2C(CH_3)_2CO_2H$$

3.5 通过共轭加成进行碳亲核试剂的烃基化

在以上各节中,我们集中研究了烯醇负离子与卤代烃通过 S_N2 反应形成碳 - 碳键的方法,现在我们将研究另一类重要的碳 - 碳键形成方法,即碳亲核试剂对亲电性 α,β - 不饱和化合物的共轭加成反应。此类反应也叫 Michael 加成反应(Michael 加成原指乙酰乙酸乙酯和丙二酸酯等含活泼亚甲基化合物的烯醇负离子与 α,β - 不饱和化合物的共轭加成反应,现在赋予 Michael 反应更广的涵义)。

3.5.1 羰基化合物的 Michael 加成反应

与其他亲核试剂一样,烯醇负离子不能与简单的烯、炔烃加成,除非 C=C 键或 C≡C 键与一M 基团(羰基、酯基、硝基、砜基、磷酰基和氰基)共轭。原因是只有在后一种情况下加成反应形成离域稳定的负离子。Michael 反应是稳定化的碳负离子对活化烯烃的共轭加成。用于 Michael 加成的碳亲核试剂包括各种吸电子基团稳定的碳负离子及其等效体。

Michael 受体:

$\diagup$ A (A = CHO, COR, COOR, CONR$_2$, CN, NO$_2$, SO$_2$Ph, SOPh)

碳亲核试剂：

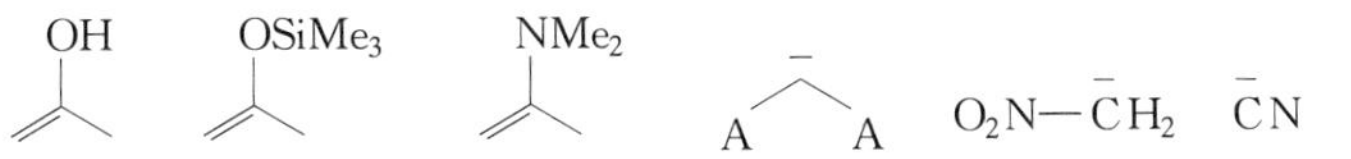

与烯醇负离子烷基化不同的是，由于初始加成产物是烯醇负离子(一种碱)，可用于原料的去质子化，因而反应只需催化量的碱。如果使用化学计量的碱，中间体烯醇负离子可被进一步烷基化。如果使用非对称酮，由于反应是可逆的，主要生成热力学控制的烯醇负离子，最终导向羰基 α-位取代多一侧的 Michael 加成产物。欲得到另一异构体，可从烯胺出发合成(见下文)。

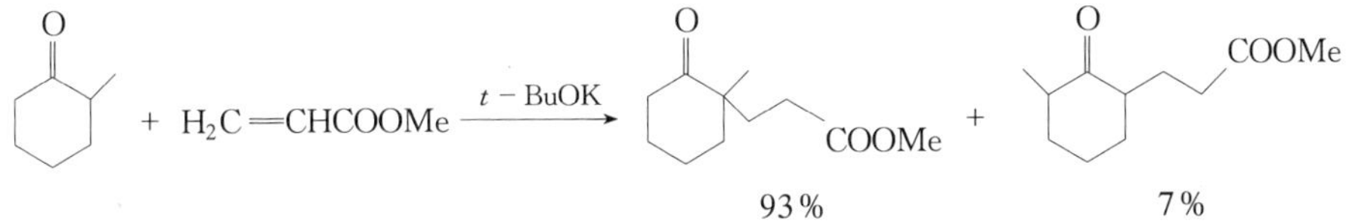

酮与 α,β-不饱和酮的 Michael 反应一般在碱性条件下进行，在这样的条件下往往发生起始原料的自缩合和所产生的 1,3-二羰基化合物的进一步转化等副反应。在某些情况下，后一(副)反应有合成价值。

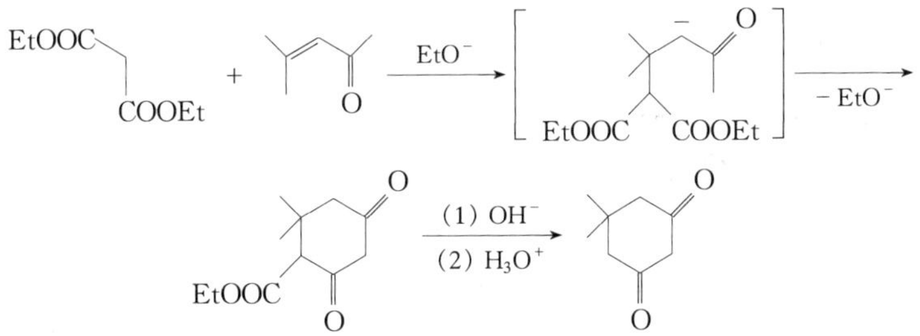

10%~20% 摩尔数的二乙胺或二乙胺三甲基硅烷作为温和的碱催化剂可有效地催化醛对 α,β-不饱和酮的 1,4-加成反应[18]。

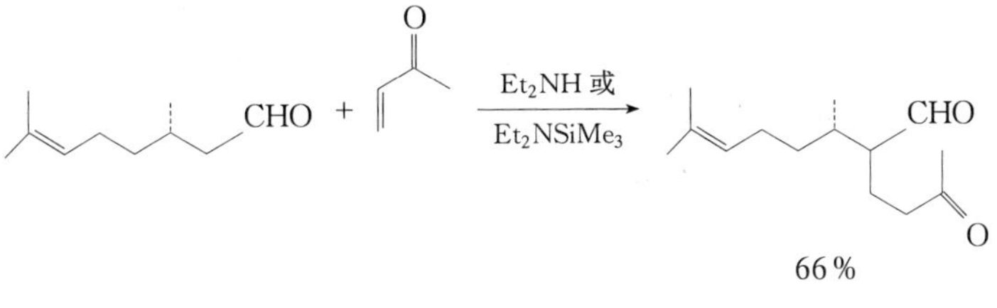

3.5.2 烯醇硅醚和烯胺的 Michael 加成反应

羰基化合物的 Michael 加成反应[19]除了直接通过现场生成的烯醇或烯醇负离子进行外，也可通过烯醇硅醚或烯胺进行。Lewis 酸(如 $TiCl_4$)促进的烯醇硅醚的 Michael 反应可在非常温和的条件下(-78 ℃)进行,副反应基本被抑制,反应收率良好。

$$\text{环己烯基OSiMe}_3 + \text{PhCH=CHCOPh} \xrightarrow[\text{(2) H}_2\text{O}]{\text{(1) TiCl}_4, \text{CH}_2\text{Cl}_2, -78℃} \text{产物} \quad 95\%$$

有的底物对 TiCl$_4$ 特别敏感,例如,异丙烯基三甲基硅醚,2-环己烯酮,异丙烯甲基酮,在这些情况下,需要使用更温和的 TiCl$_4$-Ti(OPr-i)$_4$ 催化体系。有意义的是,这一体系也可用于对 α,β-不饱和缩醛(酮)的"Michael 加成"。

$$\xrightarrow[\text{(2) H}_2\text{O}]{\text{(1) TiCl}_4, \text{Ti(OPr-}i\text{)}_4, \text{CH}_2\text{Cl}_2, -78℃} \quad 70\%$$

$$\xrightarrow[\text{(2) HSCH}_2\text{CH}_2\text{SH}]{\text{(1) TiCl}_4, \text{Ti(OPr-}i\text{)}_4, \text{CH}_2\text{Cl}_2, -78℃} \quad 90\%$$

52

硅基烯酮缩醛(例如 **53**)是酯的烯醇负离子等效体。在 Lewis 酸催化下,由酯经去质子化-硅醚化制得的硅基烯酮缩醛(例如 **53**)与 α,β-烯酮的共轭加成反应叫 Mukaiyama-Michael 反应,反应生成 α-烃基酯。

$$\xrightarrow[\text{(2) 5\% aq. K}_2\text{CO}_3]{\text{(1) TiCl}_4, \text{CH}_2\text{Cl}_2, -78℃} \quad 72\%$$

53

通过烯胺进行 Michael 反应是烯胺的重要用途之一。由于反应不涉及强酸强碱,可以避免 α,β-不饱和化合物的聚合反应。与经典 Michael 加成反应经由热力学稳定烯醇负离子不同,通过烯胺的 Michael 加成反应发生在取代少的一侧,因此两种方法具有互补性。

$$\xrightarrow[\text{回流 1 h}]{\text{C}_2\text{H}_5\text{OH}}$$

参 考 文 献

1. Valenta Z, MaGee D I, Setiadji S. J Org Chem, 1996, 61:9076
2. Kende A S, Fludzinski P. Org Synth, 1990, Coll Vol Ⅶ:208
3. Kende A S, Toder B H. J Org Chem, 1982, 47:137
4. Bates R B, Taylor S R. J Org Chem, 1994, 59:245
5. Mukaiyama T. Challenges in Synthetic Organic Chemistry. Translation editor: Baldwin J E. Oxford: Clarendon Press, 1990
6. Reeta M T, Chatzhosifidis I, Hubner F, Heimbach H. Org Synth, 1990, Coll Vol Ⅶ:424
7. Caine D, Chao S T, Smith H A. Org Synth, 1988, Coll Vol Ⅵ:51
8. Mahoney W S, Brestensky D M, Stryker J M. J Am Chem Soc, 1988, 110:291
9. Johnson C R, Raheja R K. J Org Chem, 1994, 59:2287
10. Noyori R. Angew Chem Int Ed Engl, 1984, 23:847
11. Yamamoto Y, Matui C. J Org Chem, 1998, 63:377
12. Stork G, Dowd S R. Org Synth, 1988, Coll Vol Ⅵ:526
13. Werner K M, de los Santos J M, Weinreb S M, Shang M. J Org Chem, 1999, 59:686
14. Corey E J, Enders D. Tetrahedron Lett, 1976, 17:11
15. [美] Meyers A I 著. 有机合成中的杂环化合物. 陈国才, 叶敬胜译. 北京:化学工业出版社, 1985
16. Politzer I R, Meyers A I. Org Synth, 1988, Coll Vol Ⅵ:905
17. Creger P L. Org Synth, 1988, Coll Vol Ⅵ:517
18. Hagiwara H, Okabe T, Hakoda K, Hoshi T, Ono H, Kamat V P, Suzuki T, Ando M. Tetrahedron Lett, 2001, 42:2705
19. Mukaiyama T. Angew Chem Int Ed Engl, 1977, 16:8171

习 题

1. 写出以下反应产物:

(2) 　　～～CO₂CH₃　$\xrightarrow[\text{Br}]{\text{LDA, THF} \atop -78\,℃}$　$\xrightarrow{\text{LDA, THF} \atop -78\,℃,\text{EtBr} \atop 90\%}$

(3) 　CH₃CH₂C(=O)N(CH₃)₂　$\xrightarrow{\text{LDA, THF} \atop n-\text{BuI}, -15\,℃}$

(4) （反式-3-戊烯-2-酮）　$\xrightarrow{\text{LDA, THF} \atop -78\,℃, \text{MeI}}$

(5) （4,4,6-三甲基-2-甲基-5,6-二氢-4H-1,3-噁嗪）　$\xrightarrow[n-\text{C}_4\text{H}_9\text{Br}]{n-\text{C}_4\text{H}_9\text{Li}}$　$\xrightarrow[\text{H}_3\text{O}^+ \atop 65\%]{\text{NaBH}_4}$

(6) H₃C−CH=N−N(CH₃)₂　$\xrightarrow[\text{CuI·S}(i-\text{Pr})_2]{n-\text{C}_4\text{H}_9\text{Li}}$　$\xrightarrow[\text{H}_3\text{O}^+]{2-\text{环己烯酮}}$

(7) （八氢萘-2(1H)-酮衍生物）　$\xrightarrow[n-\text{BuI}]{\text{Li, NH}_3(l)}$

(8) （1-三甲基硅氧基-5-甲基环戊烯）　$\xrightarrow{\text{TiCl}_4 \atop \text{CH}_2\text{Cl}_2, t-\text{BuCl}}$

(9) （4-甲基-2-环己烯酮） + （间甲氧基苄基溴化镁）　$\xrightarrow[\text{HMPA, }\text{CH}_2=\text{CHCH}_2\text{Br}]{\text{Et}_2\text{O−THF, CuCl}}$

(10) 　～～CO₂CH₃　$\xrightarrow[(\text{CH}_3)_3\text{SiCl}]{\text{LDA, THF, }-78\,℃}$ A $\xrightarrow[\text{CH}_2\text{Cl}_2, s-\text{BuCl}]{\text{TiCl}_4}$ B

(11) A $\xleftarrow[\text{MeI}]{\text{MeLi, DME,} \atop 25\,℃}$ （1-三甲基硅氧基-2-甲基环戊烯） $\xleftarrow{a}$ （2-甲基环戊酮） $\xrightarrow{b}$ （1-三甲基硅氧基-5-甲基环戊烯） $\xrightarrow[\text{BnBr}]{\text{R}_4\text{NF}}$ B

(12) CH₂=C(OSi(CH₃)₃)(OC₂H₅) + （4-甲基-3-戊烯-2-酮）　$\xrightarrow{(1)\ \text{TiCl}_4 \atop (2)\ \text{K}_2\text{CO}_3, \text{H}_2\text{O}}$

(13) 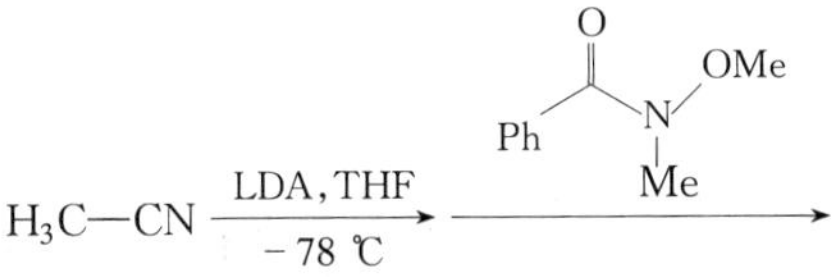

(14) 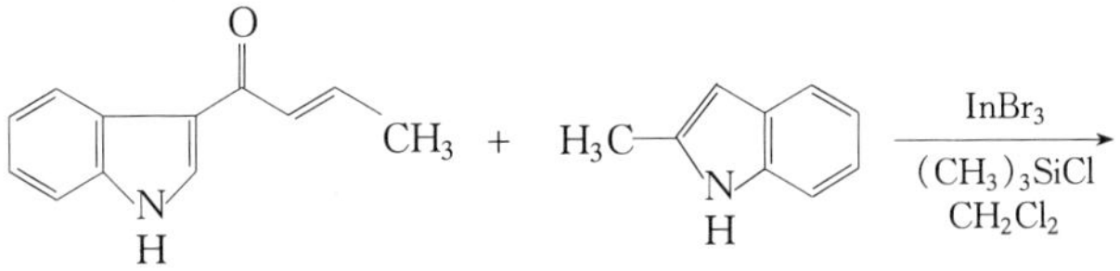

2. 解释下一区域选择性烷基化反应的原因。

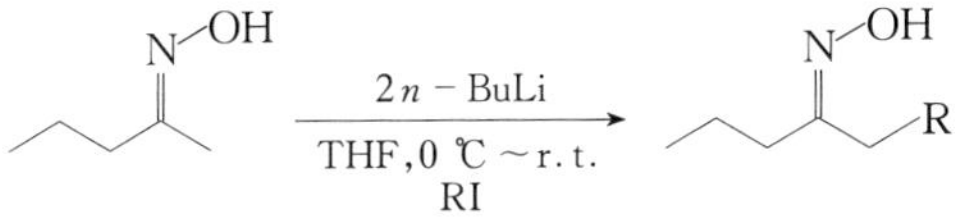

3. 逆合成分析并合成以下分子：

(1) 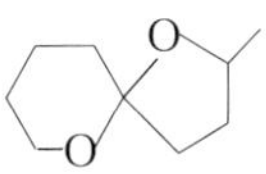　(2) 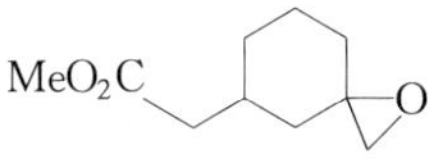　(3) 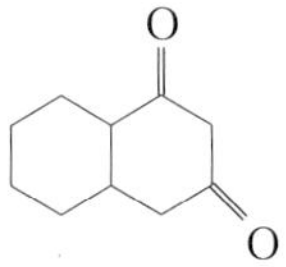

(4) 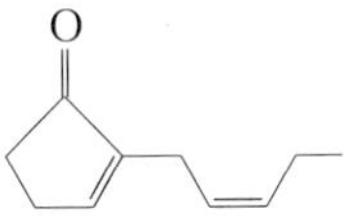　(5) 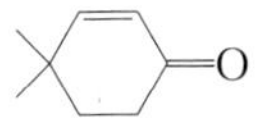　(6) 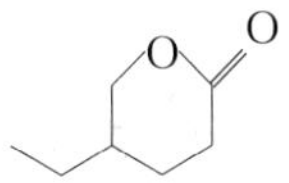

4. 根据本章介绍的反应和合成方法，列表总结合成子及相应的合成等效体或试剂。

第 4 章 稳定化碳负离子的缩合反应

两羰基化合物间的缩合反应是有机合成中最有用的反应类型之一,这类反应的前两步可用下式表示:

$$\underset{R_1}{\overset{O}{\|}}\underset{}{}R_2 \xrightarrow[-BH]{B:^-} \underset{R_1}{\overset{O^-}{}}R_2 \rightleftharpoons \underset{O}{\overset{R_2}{}}\underset{R_4}{\overset{R_3}{}}O^-$$

上式中 $R_1 \sim R_4$ 若为 H 或烃基则为醛酮的羟醛缩合反应,$R_1 \sim R_4$ 之中若有杂原子基团(Cl, O_2CR, OR, NR_2 等),则为涉及羧酸衍生物的缩合反应。其中虽然蕴涵着许多合成变化,其本质是羰基化合物之一作为亲核试剂(在碱性条件下为烯醇负离子,在酸性条件下为烯醇、烯醇醚或烯醇酯)对另一作为亲电试剂的羰基化合物的亲核加成反应。

本章将要研究的烯醇或烯醇负离子等碳亲核试剂和碳亲电试剂列于表 4.1。

表 4.1 本章将要研究的主要碳亲核试剂和碳亲电试剂

亲核试剂(Nu^-)	亲电试剂(El^+)
烯醇、烯醇负离子	加成(醛、酮)
烯胺	酰化(酯、酰氯)
丙二酸酯、亚胺负离子、膦叶立德(X = NMe$_2$, OTHP, O$^-$)	加成(亚胺、亚胺鎓)
环戊二烯负离子、吲哚、-CH$_2$X(X = NO$_2$, CN, SO$_2$Ph)	Micheal 加成(EWG = CO$_2$CH$_3$, NO$_2$, SO$_2$Ph, CN)

4.1 羟醛缩合反应

羟醛加成反应原指醛或酮**1**在酸或碱催化下的自身加成反应,产物是 α-烷基-β-羟基羰基化合物**2**。在一定条件下,羟醛加成产物会进一步脱水形成 α,β-烯醛(酮)**3**,这类反应叫羟醛缩合反应(式 4.1)。不同醛(酮)之间的羟醛加成叫交叉(混合)羟醛加成。现在,这些反应均称羟醛加成(缩合)反应。

$$2\ RCH_2CR' \underset{OH^-}{\overset{H^+ 或}{\rightleftharpoons}} \underset{\underset{R}{R'}}{RCH_2C-CHCR'} \xrightarrow{-H_2O} \underset{\underset{R}{R'}}{RCH_2C=CCR'} \quad (4.1)$$

1   **2**   **3**

(含四种可能的立体异构体)

羟醛加成   羟醛缩合反应

$$2\ EtCH_2CHO \xrightarrow[75\%]{KOH} EtCH\underset{H}{\overset{OH}{-}}C\underset{Et}{-}CHCH$$

$$\text{(acetone)} \xrightarrow[\text{酸性离子交换试剂}]{\text{Dowex-50}} \text{(mesityl oxide)} \xrightarrow{PhCH_2CH_2CHO} \xrightarrow[51\%]{Et_2NSiMe_3(2eq.)} \text{(product)}$$

4.1.1 羟醛加成反应的区域选择性与化学选择性

由于羟醛加成是一分子醛/酮的烯醇或烯醇负离子作为亲核试剂对另一作为亲电试剂醛/酮的亲核加成反应,因此,在一般的酸、碱催化条件下,交叉羟醛加成反应存在着化学选择性(哪个组分发生烯醇化作为亲核体,哪个组分作为亲电体),区域选择性(在非对称酮的哪一侧形成烯醇负离子)和立体选择性问题,将产生多种区域异构体和立体异构体的混合物。

以苯基丙酮与乙醛的羟醛加成为例,体系中存在着三种可能的亲核体和两种可能的亲电体,因此,可产生多种可能的异构体。要使得交叉羟基加成反应具有合成价值,必须解决上述问题,使得能够根据所要合成产物的需要引导其中一个特定组分向另一组分加成,惟一地,至少是主要地形成预期产物,而且需要控制反应的相对和绝对立体化学,以形成特定的立体异构体(包括非对映立体异构体和对映异构体)。

4.1.1.1 利用分子自身特点的区域与化学选择性羟醛加成反应

由于羟醛加成是构建碳骨架的重要方法,而且羟醛加成产物 α - 烷基 - β - 羟基羰基砌块存在于大环内酯和离子载体(ionophore)等类具有重要生理活性的天然产物中,因此,发展了许多控制羟醛加成反应选择性的方法。在介绍比较系统的解决办法之前,我们首先看看一些特殊的情况。

4.1.1.1.1 不含 α - 氢羰基化合物的利用

一个羰基化合物若无 α - 氢,就不能烯醇化,它在羟醛加成(缩合)中就只能作为亲电体起反应,这类化合物(包括甲醛和芳香醛)可概括成分子通式 **4**,式中任一取代基均无 α - 氢。甲醛与乙醛在碱性条件下的缩合可连续进行,直至乙醛的所有 α - H 均被取代,最后以 Cannizarro 反应结束,生成季戊四醇 **5** 和甲酸盐。

芳香醛的羟醛缩合叫 Claisen - Schmidt 缩合。芳醛与甲基酮的 Claisen - Schmidt 缩合一般得到反式烯烃。苯甲醛与过量的丙酮在 10% 的氢氧化钠溶液中缩合,生成亚苄基丙酮,而如果丙酮不过量,则得二亚苄基丙酮。

但是,并非所有不含 α - 氢的羰基化合物都可作为亲电体。例如,乙醛与二苯甲酮在碱性条件下的反应,生成的是乙醛自身缩合产物。因为二苯甲酮的活性太低,烯醇负离子优先与乙醛,而不是二苯甲酮反应。

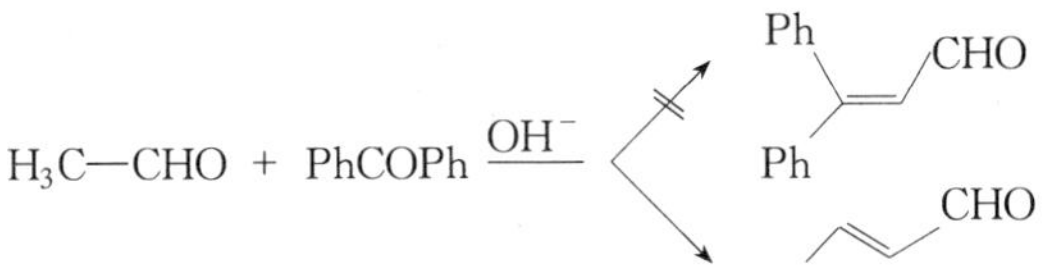

$$H_3C-CHO + PhCOPh \xrightarrow{OH^-} \not\to \begin{matrix} Ph \\ Ph \end{matrix} = \begin{matrix} CHO \\ \\ CHO \end{matrix}$$

4.1.1.1.2　通过热力学控制进行选择性羟醛加成反应：可逆反应的利用

羟醛加成是一个可逆反应，反应的可逆性在一些情况下可被用于反应的控制，以得到热力学稳定的产物。非对称酮与醛的羟醛缩合反应在酸性条件下一般得到热力学稳定产物(通过形成较多取代的热力学稳定的烯醇)(式4.2)，而在碱性条件下则倾向于生成动力学控制产物(从取代少的一侧形成烯醇负离子)。

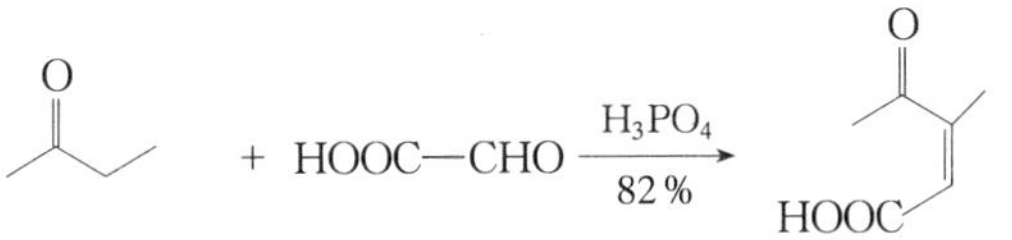

$$\text{（酮）} + \text{HOOC-CHO} \xrightarrow[82\%]{H_3PO_4} \text{（产物）} \qquad (4.2)$$

分子内羟醛缩合往往更便于进行热力学控制。二羰基化合物的分子内羟醛缩合将导向环状化合物，由于环状化合物的稳定性随着环张力的减少而增大(常见环的稳定性次序为六元环≈五元环＞七元环＞四元环)，因此，在热力学控制的条件下，能够导致形成五元环或六元环的途径占优势。例如，2,8-壬二酮 **6** 的羟醛缩合导向更稳定的六元环产物 **7**，而 8-十一烯-2,5-二酮 **8** 在稀碱催化下的缩合则主要产生取代较多，因而热力学更稳定的茉莉酮 **9**。

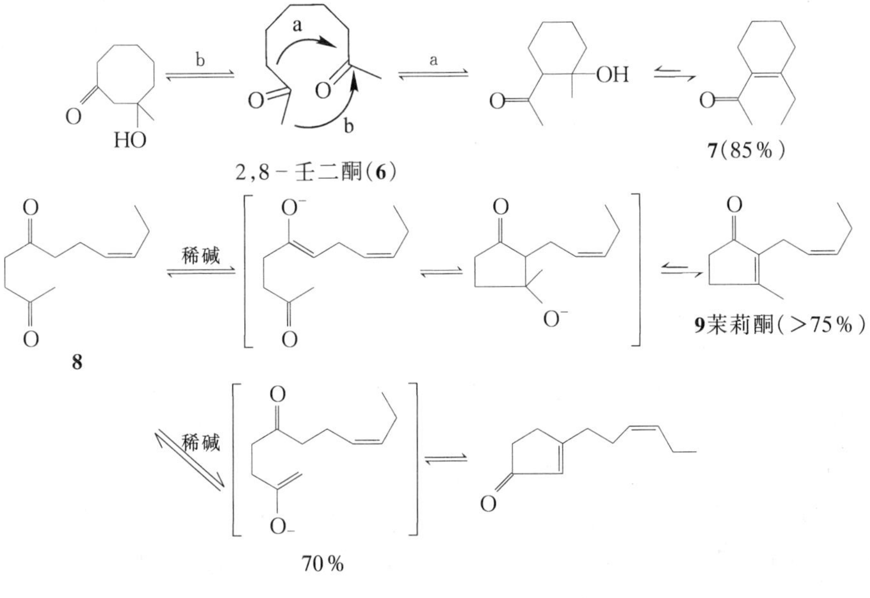

2,8-壬二酮(**6**)　　　　　　　　　　　　　　**7**(85%)

8　　稀碱　　　　　　　　　　　　　　**9** 茉莉酮(＞75%)

稀碱

70%

在 Fujimoto – Belleau 的环己烯酮合成法中,第一步是等摩尔数的甲基碘化镁对烯醇酯羰基的加成,第二步涉及分子内羟醛缩合反应。

如果羟醛加成产物可以进一步转变,形成更稳定的共轭体系,将形成热力学控制的羟醛缩合产物。当所有产物都处于平衡时,如果初始的加成产物能够不可逆地消除一个小分子,或转化为更稳定的结构,都可使平衡朝着这一方面移动,这是热力学控制一种有用手段。在以下的两个例子中,羟醛加成产物能否进一步脱水或烯醇化成为控制区域选择性的简单而有效的方法,对于羰基 α - 位取代程度不同的非对称酮,反应将朝着能够脱水形成 **10** 或能够形成更稳定的共轭烯醇体系**11**(取代少的一侧)的方向进行。

4.1.1.2 引导的羟醛反应

与酮的 α - 烷基化一样,使用预制的烯醇负离子及各种等效体也是进行羟醛反应区域选择性控制的主要方法。控制羟醛加成化学选择性的一般方法是把预期的亲核试剂完全转化为烯醇盐、烯醇硅醚、亚胺负离子或腙 α - 碳负离子,然后使其与作为亲电试剂的羰基化合物反应。只要加成速率快于质子交换以及通过其他机理进行亲核体 - 亲电体相互转变的速率,将可得到预期的加成产物。

因此，把这类反应叫做引导的羟醛反应(directed aldol reaction)。一般而言，在引导的羟醛反应中，无论是烯醇负离子的形成或加成步骤，均需在动力学控制的条件下进行。图4.1概括了常见的引导的羟醛反应，其中 **12** 和 **13** 为预制的烯醇盐/醚亲核体。

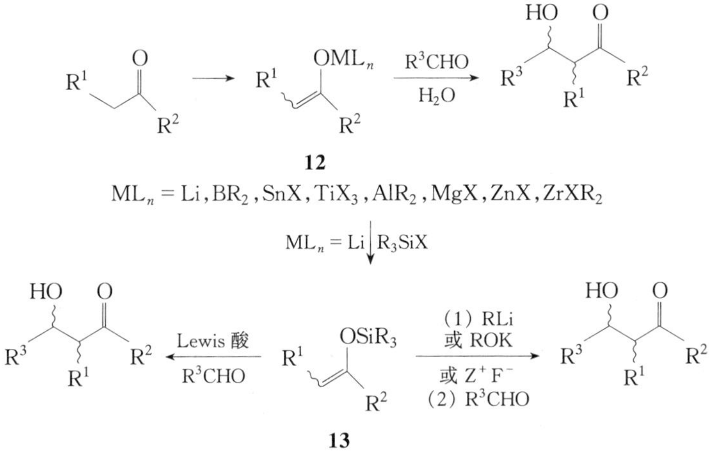

ML_n = Li, BR$_2$, SnX, TiX$_3$, AlR$_2$, MgX, ZnX, ZrXR$_2$

ML_n = Li ↓ R$_3$SiX

图4.1 基于预制的烯醇盐/醚的羟醛反应

4.1.1.2.1 使用预制的烯醇负离子的方法

如3.3.1节所述，用强碱LDA、在非质子性溶剂中、低温下对具有明显差异的非对称酮去质子化是产生动力学控制烯醇负离子的简便方法，后者与醛加成，收率良好。这是最简便的引导的羟醛反应。

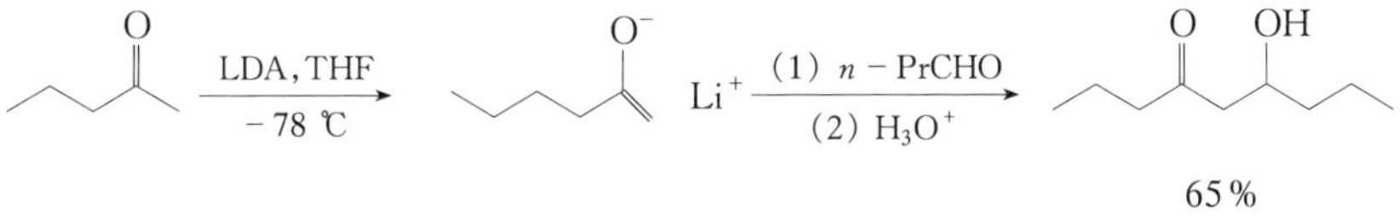

最近的研究显示，Lewis酸 TiCl$_4$[1] 及 Lewis酸与 Lewis碱组合试剂[TiCl$_4$/n-Bu$_3$N[2]，或 Ti(O—Bu-n)$_4$/t-BuOK[3]]促进的羟醛加成不但可直接用醛、酮本身，而且反应表现出高产率、高化学选择性和区域选择性。例如，直接用TiCl$_4$催化的酮与醛的交叉羟醛加成可选择性地在非对称酮取代更多的一侧进行[1]。这一反应的机理尚不清楚，不过所用的条件显然是热力学控制的条件。

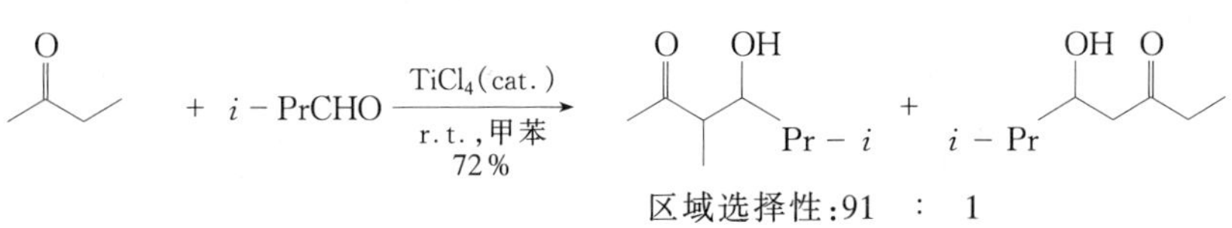

区域选择性:91 : 1
立体选择性:76 : 24 (*syn* : *anti*)

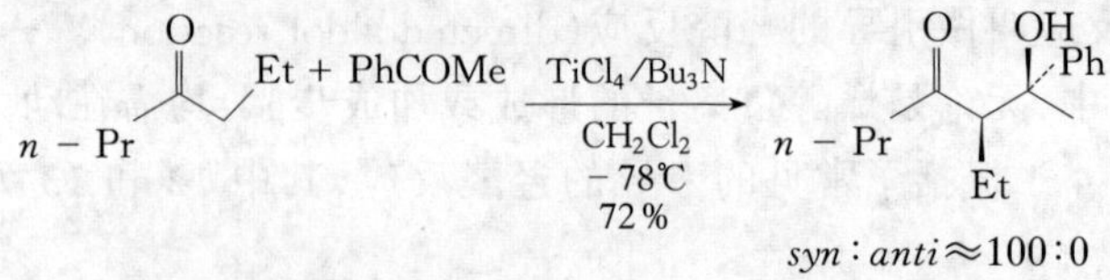

用 2.5 摩尔倍数的组合碱 Ti(O—Bu-n)$_4$/t-BuOK(1∶1)也可诱导不同醛之间的交叉羟醛加成。反应是通过组合碱对第一分子醛去质子化形成烯醇钛盐,而后加到第二分子醛上,因此,反应表现出高度化学选择性[3]。该法的缺点是立体选择性差。

4.1.1.2.2 使用烯氧基甲硼烷的方法

由于已经建立了一些区域选择性合成烯氧基甲硼烷的方法,而且通过硼及其所带的配基可以使羟醛加成获得优良的立体选择性,因而烯氧基甲硼烷(例如 **14**,**15** 和 **16**)已成为引导的羟醛反应的重要中间体[4,5]。区域选择性地获得烯氧基甲硼烷的方法之一是通过三丙基硼烷对烯酮的共轭加成,然后以烯氧基甲硼烷 **14** 的形式捕获烯醇负离子。随后的羟醛加成反应不但速率快(室温,10 min)、产率高(92%),而且非对映立体选择性好(式 4.3)。制备烯氧基甲硼烷的另一种方法是使用三氟甲磺酸二烷基硼基酯。对于非对称酮,通过改变硼上的基团和所使用的碱,可以得到任一烯氧基甲硼烷区域异构体(**15** 或 **16**,图 4.2)。

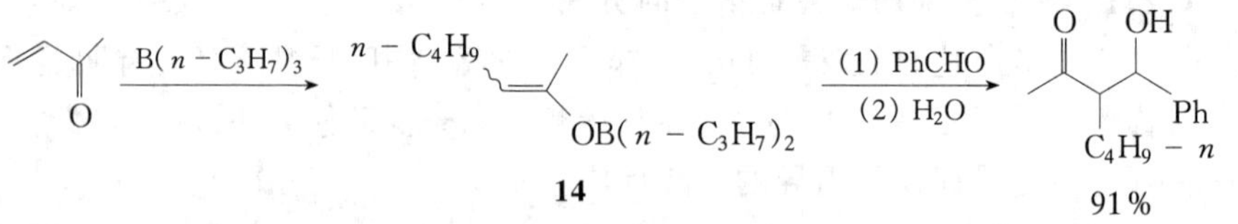

(4.3)

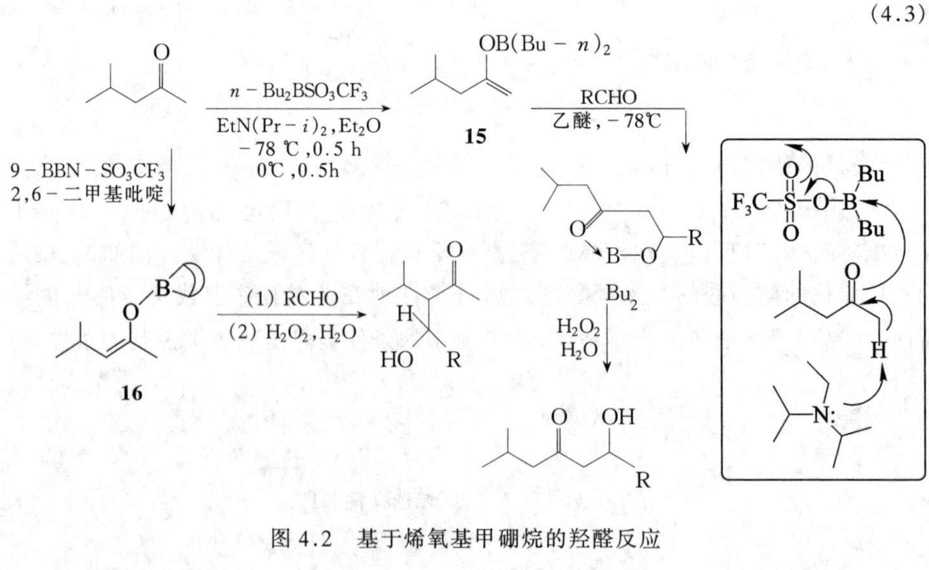

图 4.2 基于烯氧基甲硼烷的羟醛反应

4.1.1.2.3 Mukaiyama 反应

烯醇硅醚是预制烯醇负离子的另一种广泛采用的形式,这在上一章已述及。Mukaiyama 发现四氯化钛等 Lewis 酸可以诱导烯醇硅醚对羰基化合物的亲核加成,生成羟醛加成产物[6]。由于烯醇硅醚的亲核性不够强,不能直接与酮反应,需加入 Lewis 酸与酮配位起活化作用(式 4.4)。在 Lewis 酸中,$TiCl_4$ 因可形成稳定的 Ti–螯合物 **17** 效果最好,该法的缺点是立体选择性差。

$$\text{TMSO} \underset{R_1 \quad R_2}{\overset{H}{=}} + \overset{+O-A}{\underset{R \quad H}{=}} \longrightarrow \underset{R_2}{\overset{O \quad OH}{R_1 \quad R'}} \tag{4.4}$$

从(+)-2-甲基丁醛出发,在经历羟醛加成和脱水后可得昆虫警戒信息素(+)-manicone。

氟离子也可以诱导 Mukaiyama 反应。在此条件下,氟离子首先进攻硅形成三甲基氟硅烷,释放出烯醇负离子,后者与醛加成得羟醛加成产物。

Mukaiyama 反应具有良好的化学选择性,可在酮存在下优先与醛反应。与酮反应快于与酯反应。由于反应是在酸性条件下进行,可直接与缩醛/酮反应,产生 β-醚酮 **18**。

$$\text{Ph}\diagdown\text{C(OSiMe}_3\text{)=C(Me)} + \text{C}_6\text{H}_{10}(\text{OMe})_2 \xrightarrow[\text{(2) H}_2\text{O}]{\text{(1) TiCl}_4, -78°C} \text{18}$$

4.1.1.2.4 Morita-Baylis-Hillman 反应

Morita-Baylis-Hillman 反应[7]是 α,β-不饱和化合物在叔胺或三烃基膦催化下与醛的反应。叔胺或三烃基膦对 α,β-不饱和化合物的共轭加成形成烯醇负离子,后者与体系中的醛进行羟醛加成反应,最后经质子交换—β-消除重新形成 α,β-不饱和键。因此,净结果是 α,β-不饱和化合物 α-碳负离子与醛、酮的加成反应。这一反应操作十分简单,也很有价值,但反应速率慢。许多 α,β-不饱和化合物 [CH_2=CHX,X=CHO,COR,COOR,SOAr,SO_2Ar,SO_3Ar,CN,P(O)(OEt)$_2$] 都可用于这一反应。除了醛外,亚胺鎓、活化的酮、活化的亚胺也可作为亲电体。而作为催化剂的 Lewis 碱则包括了叔胺(DABCO,DBU 和 DMAP),三烃基膦和 Lewis 酸-碱混合体系所产生的卤离子。最近发现 $TiCl_4$ 也可催化 Baylis-Hillman 反应,其原理是反应体系中产生的 Cl^- 起着 Baylis-Hillman 反应中叔胺的作用,即亲核试剂和离去基团双重角色。

$$\text{MeCHO} + \text{CH}_2=\text{CHCHO} \xrightarrow[\text{65%}]{\text{DABCO(摩尔分数 3%)}}_{\text{20°C,10 天}} \text{产物}$$

$$i\text{-BuCHO} + \text{CH}_2=\text{CHSO}_3\text{Ph} \xrightarrow[\text{87%}]{\text{DABCO,C}_6\text{H}_6}_{\text{r.t.,3h}} \text{产物}$$

$$\text{CH}_2=\overset{+}{\text{N}}\text{Me}_2\text{Cl}^- + \text{CH}_2=\text{CHCO}_2\text{Me} \xrightarrow[\text{88%}]{\text{MeCN,r.t.}}_{\text{1.5 h}} \text{产物}$$

$$\text{MeCHO} + \text{CH}_2=\text{CHCO}_2\text{Et} \xrightarrow[\text{72%}]{\text{Et}_2\text{AlI,PhMe}}_{\text{0°C,20min}} \text{中间体} \xrightarrow[\text{86%}]{\text{DBU}}_{\text{25°C,1h}} \text{产物}$$

这类反应的逆合成分析为:

4.1.1.2.5 基于烯醇负离子合成等效体的方法

醛烯醇负离子的形成与反应是另一个困难的问题,它们往往在与亲电试剂反应之前就已发生自身缩合。这一问题可以通过使用相应的亚胺或 N,N-二甲基腙的氮杂烯醇负离子等合成等效体加以解决。因为这些等效体的亲电性低,而其负离子亲核性高,可以顺利进行烷基化和交叉羟醛缩合。**19~24a** 这些烯醇负离子的合成等效体在烯醇负离子的烷基化中均使用过,它们在羟醛加成中同样有效。

例如,丙醛的叔丁基亚胺用 LDA 去质子化后形成亚胺 α-碳负离子 **25**。**25** 与醛 **26** 的交叉羟醛缩合被用于天然产物 **27** 的合成。乙酸 α-碳负离子等效体 **23** 同样可用于羟醛缩合反应。如果在缩合反应后用 $NaBH_4$ 控制还原,则 **23** 可作为乙醛 α-碳负离子等效体。

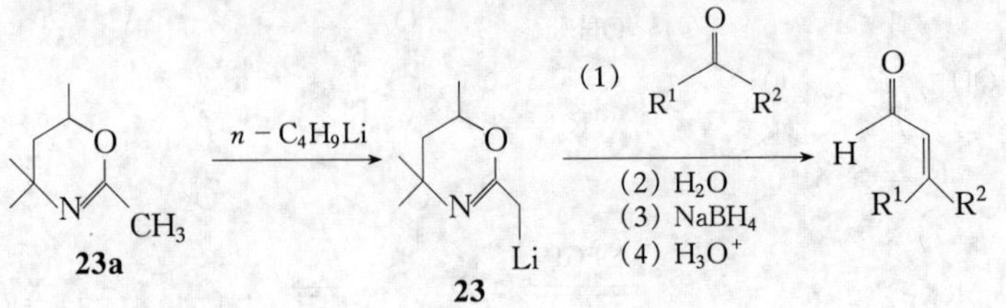

总之，环状或链状的 α,β-不饱和醛/酮以及 β-羟基醛、酮都可按逆羟醛切断方式对碳-碳键切断。

α,β-不饱和醛/酮以及 β-羟基醛、酮的切断：

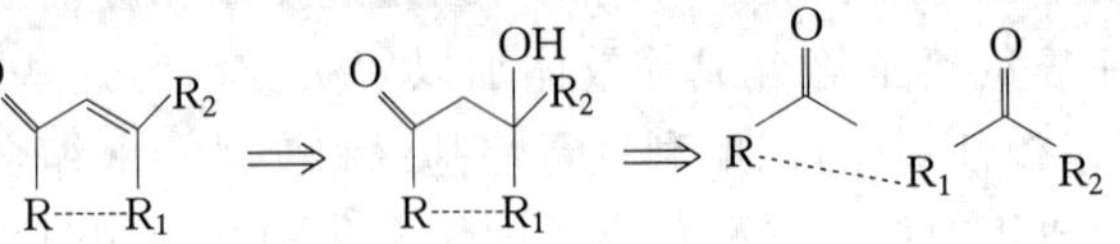

4.1.1.3 类羟醛缩合反应

羟醛反应是醛、酮烯醇负离子与醛、酮的反应，其他稳定化的碳负离子与醛、酮的加成有时统称类羟醛反应。

4.1.1.3.1 烯丙型化合物作为合成等效体

在 Lewis 酸催化下，许多烯丙型的金属和非金属化合物 **28** 可与醛加成。由于得到的烯烃经氧化断键后可得 β-羟基醛，因而，这类反应等效于醛的交叉羟醛缩合。

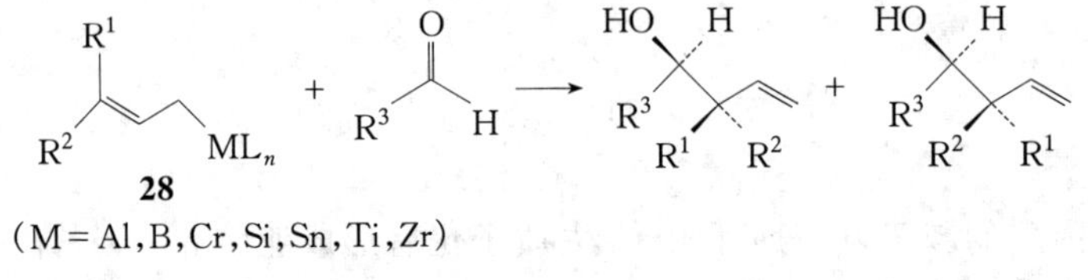

这类反应表现出高度立体选择性，选择不同的金属[8]和反应条件，可以得到反侧(*anti*)产物 **29** 或同侧(*syn*)产物。

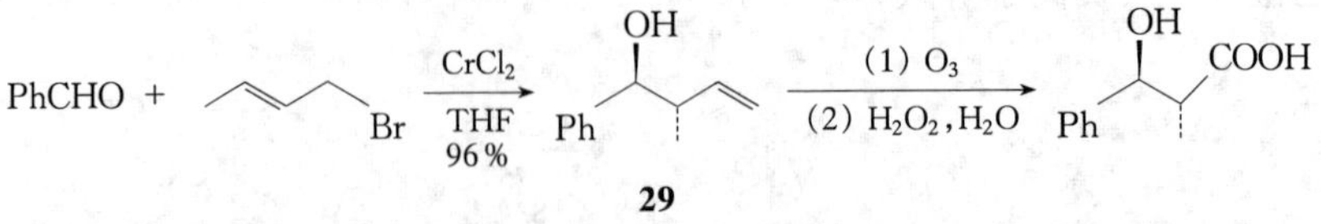

4.1.1.3.2 Henry 反应：硝基化合物的类羟醛反应（硝基羟醛反应）

由于硝基是强吸电子基团，含 α-氢的硝基烷 **30** 极易在碱（通常是 OH^-）存在下与醛反应，得 β-硝基醇[9,10]，这一硝基羟醛反应叫 Henry 反应。伯硝基烷的二个 α-氢，硝基甲烷的三个 α-氢均可发生这一反应。芳香醛的 Henry

反应通常直接脱水生成共轭的硝基化合物。

$$R_2CH-NO_2 \xrightleftharpoons{OH^-} R_2\overset{+}{C}-\overset{O}{\underset{O^-}{N}} \xrightarrow{R'CHO} \underset{O^-}{R'\overset{R}{\underset{NO_2}{C}}} \xrightarrow{H^+} \underset{OH}{R'\overset{R}{\underset{NO_2}{C}}}$$

硝基化合物的 α-碳负离子与醛反应一般收率低,硝基甲烷是个例外。然而氮酸硅酯的反应可得好产率,氮酸硅酯在氟离子作用下释放氮酸离子,后者与醛加成生成的主产物为 *anti*-异构体。

$$RCH_2NO_2 \xrightarrow[Me_3SiCl]{LDA} RCH=\overset{OSiMe_3}{\underset{O^-}{N^+}} \xrightarrow[R'CHO]{n-Bu_4NF} \underset{\underset{>20:1}{NO_2}}{R'\overset{OSiMe_3\ R}{C}}$$

经 LDA 去质子化后与醛加成形成的双锂盐中间体为 *syn*-异构体,仔细酸化硝基化合物的双锂盐中间体,则可得 *syn*-异构体。

$$RCH_2NO_2 \xrightarrow{2LDA} \left\{RC=\overset{Li}{\underset{O}{N}}\overset{O}{\underset{O}{\bigg|}}\right\}^- Li^+ \xrightarrow{R'CHO} R'\overset{OLi\ R}{\underset{NO_2Li}{C}} \xrightarrow[HMPA]{HOAc} R'\overset{OH\ R}{\underset{NO_2}{C}}$$

$$\uparrow 2LDA$$

$$R'\overset{OH\ R}{\underset{NO_2}{C}}$$

4.1.1.3.3 潜在芳香体系

潜在芳香体系如环戊二烯、茚和芴也是含活泼亚甲基化合物,可进行碱催化缩合反应。

4.1.2 羟醛加成的立体选择性

4.1.2.1 烯醇负离子的立体化学

羟醛加成反应可形成两个新的手性中心,因此,可产生四种可能的非对映立体异构体,分别是 syn(同侧或 threo 苏式)和 anti(反侧或 erythro 赤式)两对对映体。尽管影响反应立体化学的因素是多方面的,包括底物(取代基)、反应条件(动力学或热力学控制)、所用的碱、添加剂和溶剂等,但是仍然存在一些规律性的结论可用于预测反应的主产物和指导设计合成方法。

羟醛反应的立体化学首先取决于烯醇负离子的几何构型。一般而言,(Z)-烯醇负离子主要产生 syn 产物,而(E)-烯醇负离子主要形成 anti 产物。

一般而言,醛、酮在平衡条件(热力学控制)下主要形成(Z)-烯醇负离子;当使用 LDA 为碱时,E/Z 比例受动力学控制,以(E)-烯醇负离子为主,而使用位阻更大的碱叔辛基丁基氨基化锂(LOBA)可产生更高的(E)式选择性(式 4.5)。

$$\tag{4.5}$$

R	碱	(E)	(Z)
Et	LDA	87%	13%
Et	LOBA	98%	2%
t-Bu	LDA	100%	

酮和酯在 THF 中,经锂化氨基碱去质子化形成烯醇负离子的(E)式立体选择性可用爱尔兰(Ireland)模型(图 4.3)解释。在两种可能的环状过渡态 **31** 和 **32** 中,R^1 和 R^2 间的立体排斥作用不利于过渡态 **31** 的形成,这将使烯醇化主要经过过渡态 **32**,导向(Z)构型。而当 R^2 和 R′(L)间的空间排斥起主导作用时,

将不利于过渡态 **32** 的形成,而以过渡态 **31** 为主,导向(E)-烯醇负离子。

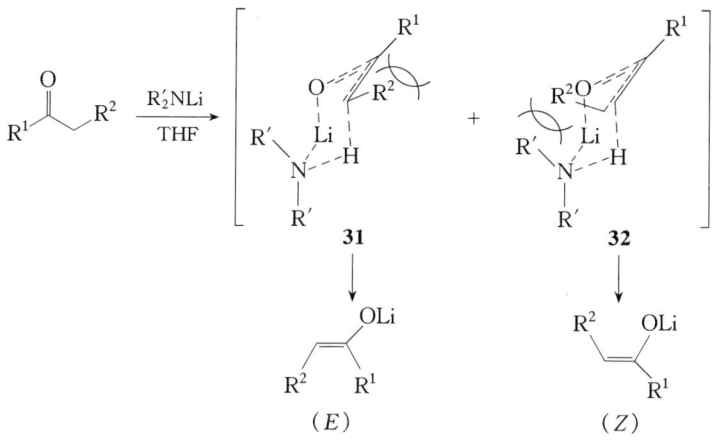

图 4.3 烯醇负离子形成的立体化学

如果反应在 THF 和 HMPA 混合溶剂中进行,或使用硅基氨基碱,则(Z)-烯醇负离子将变成主要产物。

在动力学条件下,用大位阻的碱(i-Pr_2NEt)去质子化,然后用三氟甲磺酸二丁基硼基酯捕获烯醇负离子,可高区域选择性地从取代少的一侧立体选择性地得到(Z)-烯氧基甲硼烷 **33**。

$$\underset{\text{H}}{\text{结构}} \xrightarrow[\substack{(1)\ n\text{-}Bu_2BOTf,\ i\text{-}Pr_2NEt \\ Et_2O,\ -78℃,0.5h \\ (2)\ 0℃,0.5h}]{} \underset{\substack{\textbf{33}(Z) \\ >99\%}}{\text{结构}}$$

4.1.2.2 羟醛加成的立体化学

在动力学控制条件下,羟醛加成立体化学的一般规律(图 4.4)是:

(1) (Z)-烯醇负离子(热力学控制烯醇负离子)主要产生 syn-羟酮(式 4.6 与式 4.7);

(2) (E)-烯醇负离子(动力学控制烯醇负离子)主要产生 $anti$-羟酮(式 4.8~式 4.11);

(3) 形成 syn-羟酮的非对映立体选择性大于形成 $anti$-羟酮的选择性(式 4.6~式 4.8);

(4) 对应于规律(1),(2)的选择性随 R^1 体积增大而提高(式 4.6,R = H ~ R = CH$_3$;式 4.8 ~ 式 4.9);

(5) 对应于规律(1),(2)的选择性随 R^3 体积增大而提高(特别是对烯醇硼酯);

(6) 当 R^2 特别大时,规律(1),(2)正好相反。

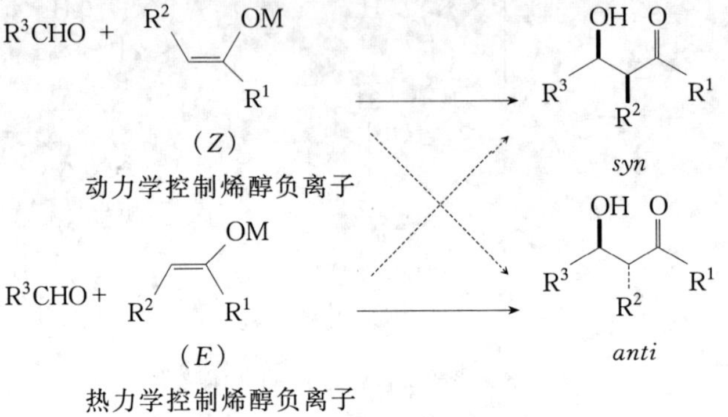

图 4.4 动力学控制条件下羟醛加成立体化学的一般规律

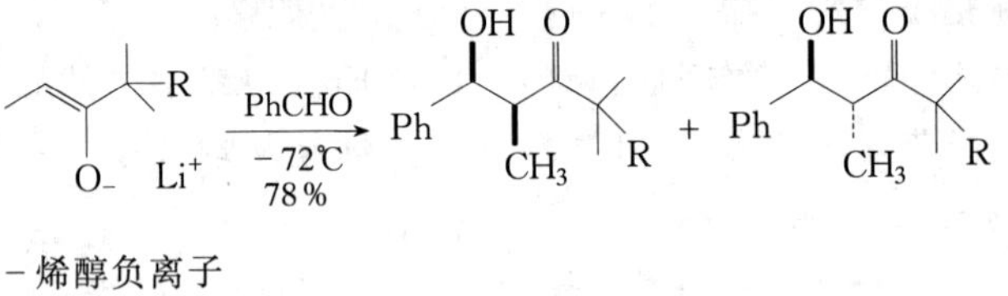

$$R = H \qquad syn : anti = 90 : 10$$
$$R = CH_3 \qquad syn > 98\%$$

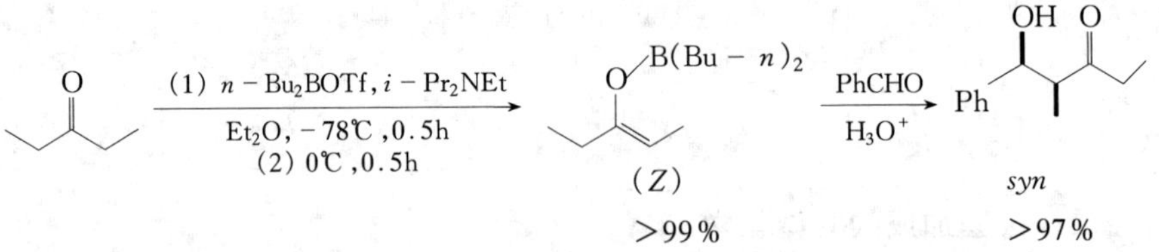

(4.6)

(4.7)

(E)-烯醇负离子

$$anti : syn = 55 : 45$$

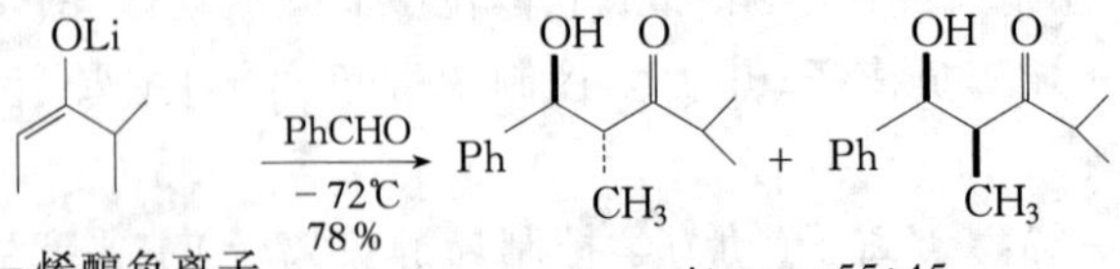

(4.8)

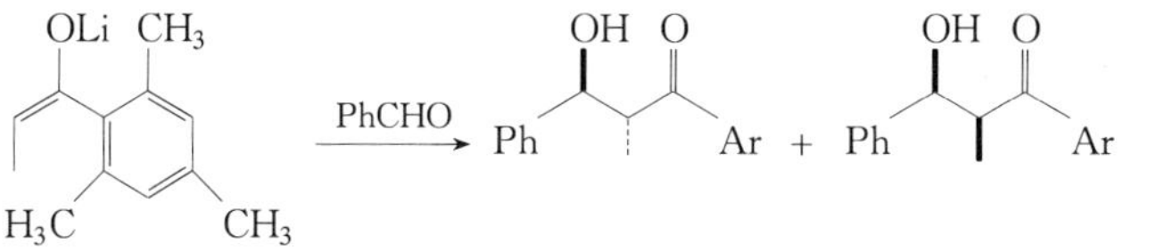

$$\text{(E)-烯醇负离子} \xrightarrow{\text{PhCHO}} \text{Ph-CH(OH)-CH(CH}_3\text{)-C(O)-Ar} + \text{Ph-CH(OH)-CH(CH}_3\text{)-C(O)-Ar} \quad (4.9)$$

anti : syn = 92 : 8

由于环酮的烯醇负离子总是(E)式,因此,在动力学控制条件下与苯甲醛的反应主要得到 anti 产物。

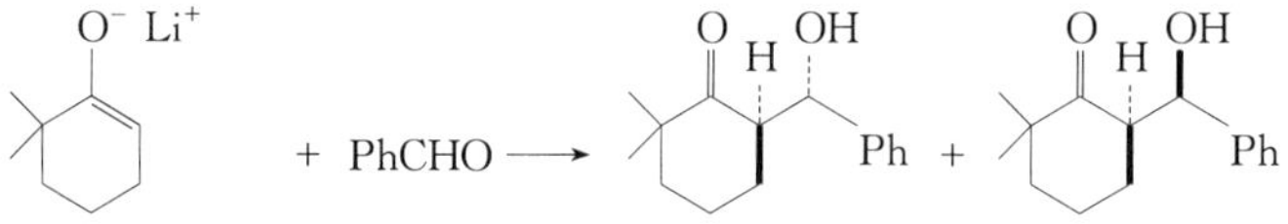

$$(4.10)$$

anti : syn = 87 : 13

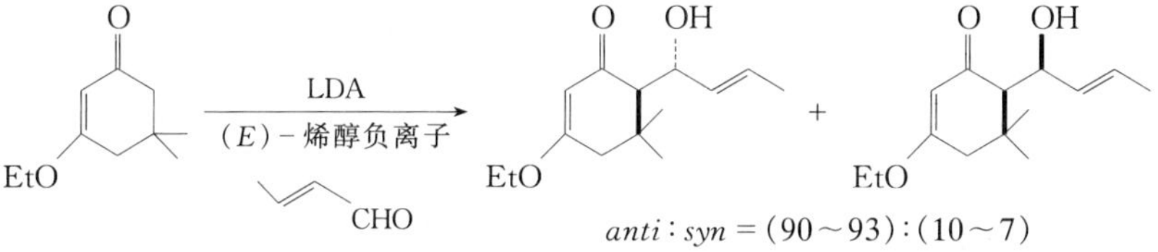

$$(4.11)$$

anti : syn = (90~93) : (10~7)

上述规律可以从 Zimmerman - Traxler 提出的环状椅式过渡态得到解释。在这些环状过渡态中,金属抗衡离子 M^+ 会影响反应的立体选择性,依选择性从高到低的次序为:B>Li>Na>K,其中 Li 和 B 是最常用的抗衡离子。烯醇硼酯在羟醛反应中的立体选择性比相应的锂盐高。原因是当经历同样的椅式环状过渡态时,由于 B—O 键更短(B—O 键键长:136 ~ 147 pm,Li—O 键键长:192 ~ 200 pm),过渡态结构更紧密,从而立体相互作用引起的立体控制更显著。

羟醛反应是可逆的,通过调节反应条件可以使两羟醛加成产物达到平衡。因此,无论烯醇负离子的立体化学如何,最终可得转化为热力学更稳定的 anti 异构体。

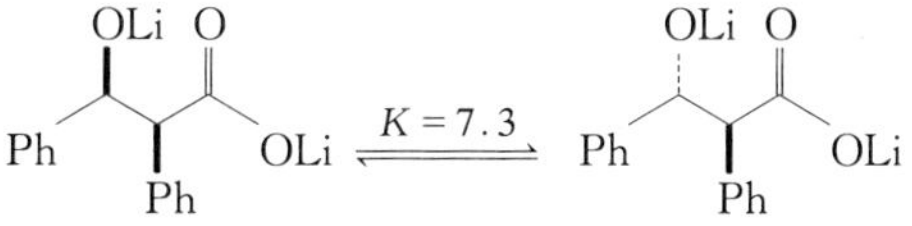

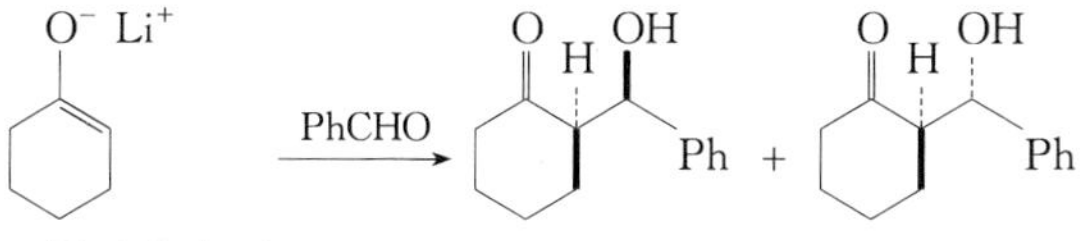

$$\xrightleftharpoons{K = 7.3}$$

(E)-烯醇负离子 $\xrightarrow{\text{PhCHO}}$

平衡比例: syn : anti = 52 : 48

4.1.3 烯醇负离子的其他缩合反应

4.1.3.1 Robinson 环合反应

Robinson 环合反应(式 4.12)是酮与 α,β-烯酮在碱性条件下连续进行去质子化(形成烯醇负离子)—Michael 加成-质子转移-羟醛缩合,最终形成环己烯酮的反应(图 4.5)。这是合成取代环己烯酮的重要方法(式 4.13,式 4.14)。

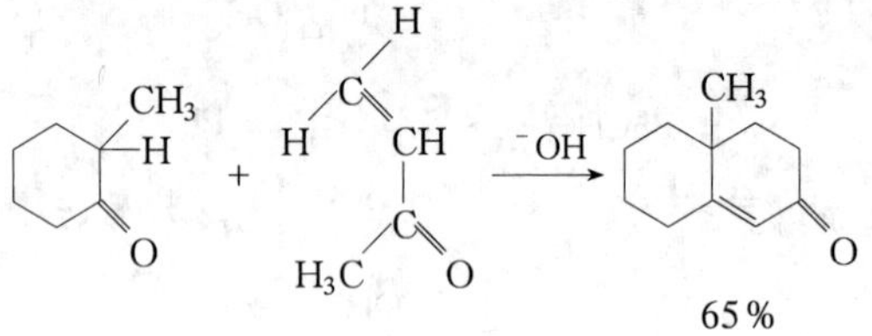

$$\text{(4.12)}$$

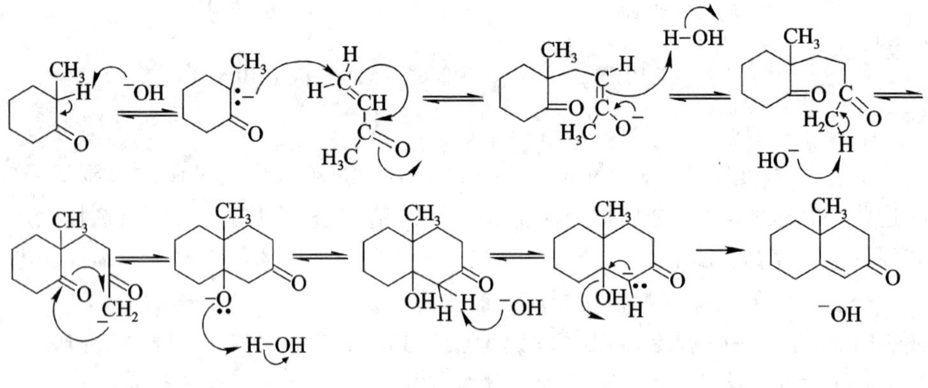

图 4.5 Robinson 环合的机理

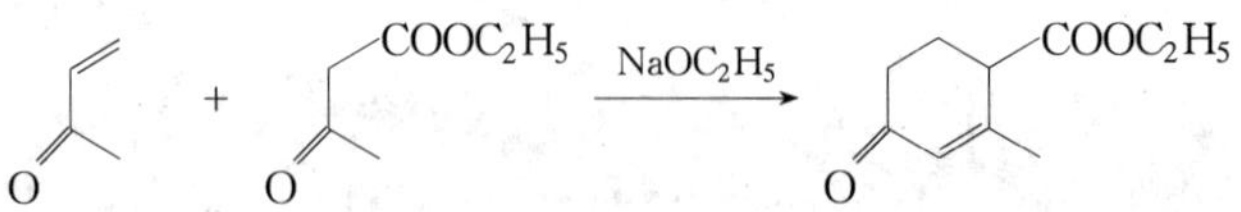

$$\text{(4.13)}$$

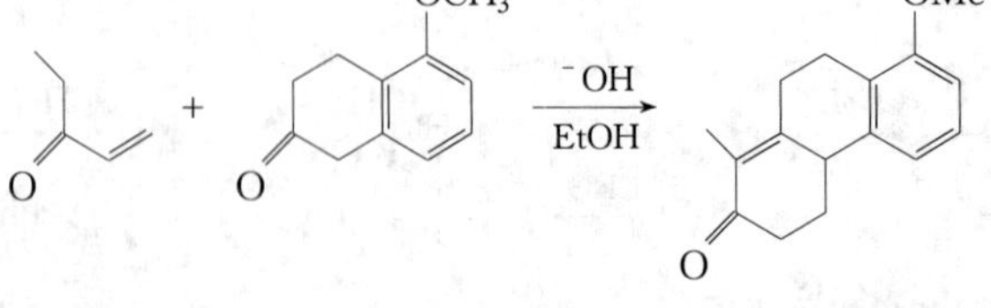

$$\text{(4.14)}$$

Robinson 环合反应的第一步是 Michael 反应。Michael 反应传统上是在质子性溶剂中进行,后来尝试用非质子性溶剂。在这样的条件下,甲基乙烯基酮易发生聚合等副反应。为此,发展了两种改进方法:一是以 Mannich 碱作为 α,β-烯酮的前体,使之在反应中现场产生(参见下节);二是在烯酮的 α-位引入硅基[11] (**34**)以提高烯酮和反应中间体的稳定性(为什么?)。

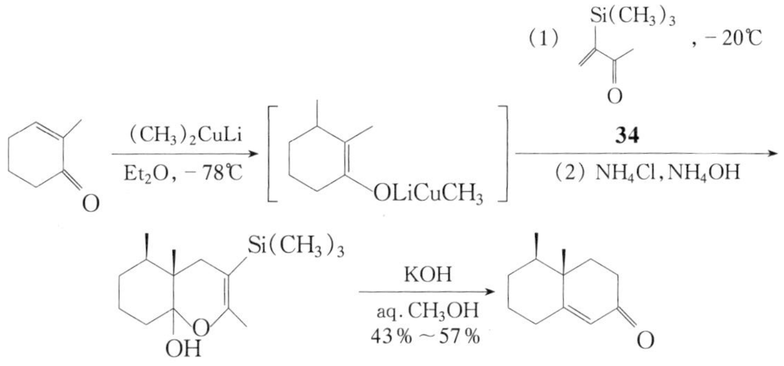

逆 Robinson 环合切断:

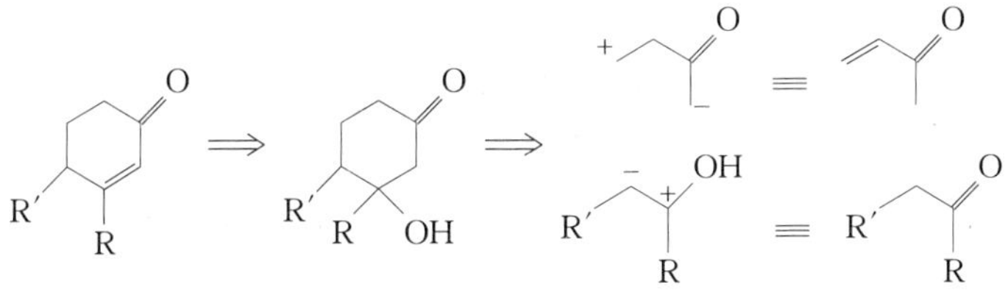

4.1.3.2 Mannich 反应

Mannich 反应是含 α-氢的酮与醛(通常是甲醛)和仲胺在酸性条件下生成 β-氨基酮的反应。β-氨基酮又称 Mannich 碱。反应的本质是体系中生成的亲核性的烯醇与强亲电性的亚胺鎓的亲核加成反应(图 4.6)。

实际上,除了酮以外,其他能够在反应条件下形成亲核物种的化合物,包括醛、β-二羧酸(酯)、β-氰酸(酯)、β-酮酸(酯)等含活泼亚甲基化合物以及酚、呋喃、吡咯、吲哚、2 或 4-甲基吡啶、末端炔化合物均可发生这一反应。

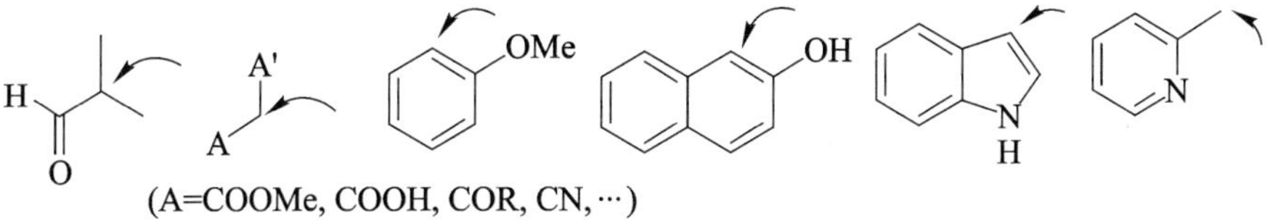

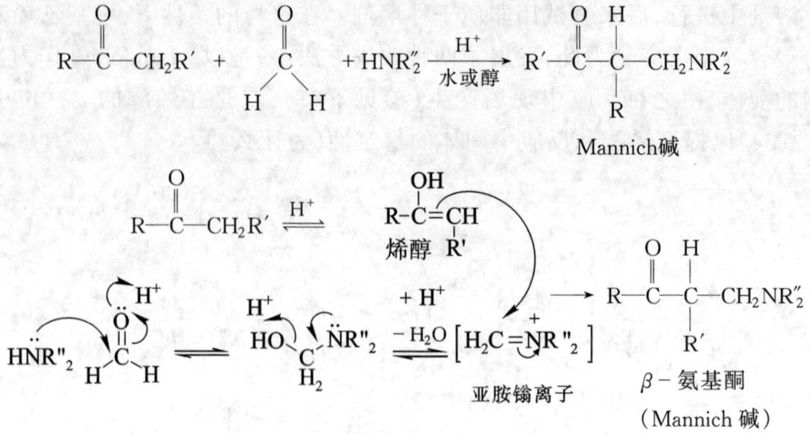

$$R\text{-}\underset{\underset{O}{\|}}{C}\text{-}CH_2R' + \underset{\underset{H}{|}}{\overset{\overset{O}{\|}}{C}}\text{-}H + HNR''_2 \xrightarrow[\text{水或醇}]{H^+} R'\text{-}\underset{\underset{O}{\|}}{C}\text{-}\underset{\underset{R}{|}}{\overset{\overset{H}{|}}{C}}\text{-}CH_2NR''_2$$

Mannich 碱

图 4.6 Mannich 反应机理

值得注意的是,氨和伯胺均能发生 Mannich 反应,反应一般连续进行,直到氮原子上所有的氢全部被取代。

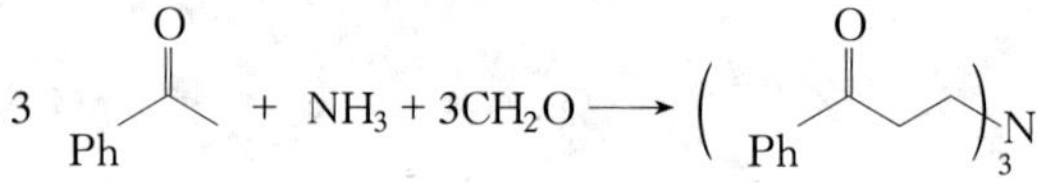

$$3\ \text{PhCOCH}_3 + NH_3 + 3CH_2O \longrightarrow (\text{Ph-CO-CH}_2\text{CH}_2)_3N$$

由于 Mannich 反应涉及亲核试剂对亚胺鎓的加成反应,因此,Mannich 反应也可直接使用预制的亚胺鎓盐。最有名的亚胺鎓盐是 Eschenmoser 盐 **36**,已经商品化。使用预制亚胺鎓盐的优点是反应可在非酸性条件下进行,而且由于亚胺鎓盐具有高亲电性,即使是烯醇化程度很低的酮也可在无催化条件下反应。

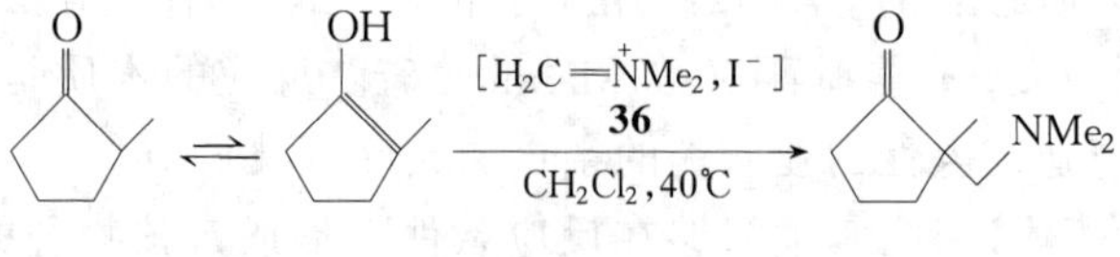

Mannich 碱在酸化或季铵化后容易在加热或碱作用下发生 β-消除。因此,常作为 α,β-不饱和酮的前体,被用于 Robinson 环合反应。

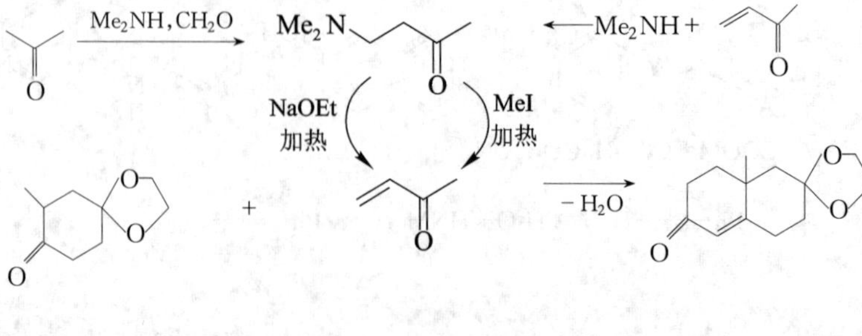

Mannich 反应不仅是有机化学家常用的一个反应,也是许多生物碱生物合成的主要途径。因此,有机化学家据此设计了许多生物碱的仿生合成路线,可以方便快捷地合成结构复杂的生物碱。最著名的仿生合成是 Robinson 于 1917 年报道的托品酮合成。把丁二醛、甲胺与 3-氧代戊二酸在酸性(pH = 5)条件下放置几天后即可高产率地得到生物碱托品酮。这一反应后来被用于麻醉剂可卡因(从可卡叶子提取到的生物碱)的合成。

环状烯胺与甲基乙烯基酮的反应常用于生物碱的合成,是合成 β-氨基环己酮的有效方法。反应过程有点类似于 Robinson 环合反应,但显得更加巧妙。在这里环状烯胺相当于邻位相反极性合成子。Δ^2-四氢吡啶与甲基乙烯基酮反应得顺式并合的醌酮,随后被转化为五环并合的生物碱白坚木碱(aspidospermine)。而取代吡咯啉的反应则用于生物碱松叶菊碱(mesembrine)的合成。

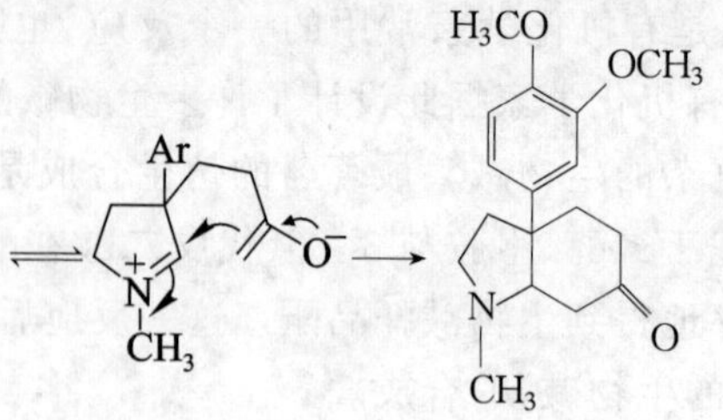

逆 Mannich 反应的切断是：

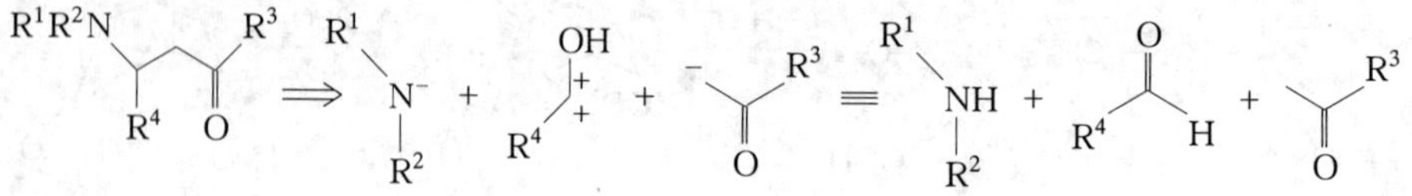

4.2 不同类型羰基化合物间的缩合反应

羧酸衍生物的缩合是酮或酯以烯醇负离子或烯醇醚(亲核试剂)的形式与另一个作为亲电试剂的羧酸衍生物的亲核加成-消除反应,净结果是烯醇负离子的酰基化反应(式4.15)。这类反应包括了许多人名反应,产物是1,3-二羰基化合物,β-二酮,β-酮酯或β-酮酸,后两者可进一步脱羧生成酮。因此,这类反应既可用于上述含活泼亚甲基化合物的合成,也可用于酮的合成。

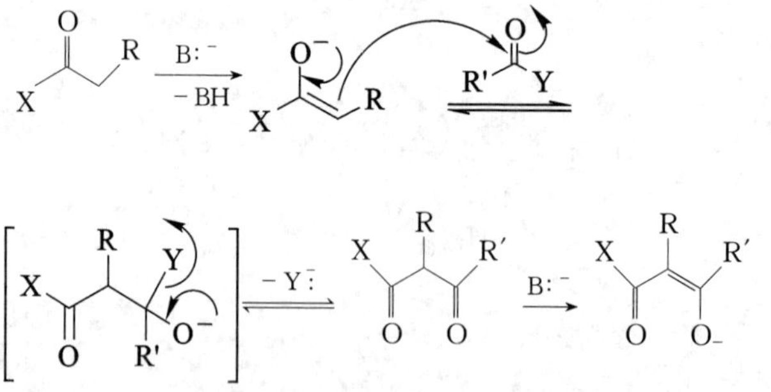

$$(4.15)$$

4.2.1 醛、酮与酯及羧酸衍生物的缩合反应

对称的酮与酯在碱作用下的反应可能产生四种缩合产物,但实际得到的往往是酮的烯醇负离子对酯的加成产物 1,3-二酮(例如 **38**)。

这一反应成功的原因有二,首先,由于缩合反应是一系列平衡反应,在碱性条件下酮—酯缩合产物(1,3-二酮)是酸性较强的含活泼亚甲基化合物,可被进一步去质子化,形成稳定化的负离子 **37**,使平衡向右移动。而酮的自缩合或酯烯醇负离子对酮的加成均不存在这一稳定化因素。其次,丙酮和 2,4-戊二酮 α-氢的酸性分别比乙酸乙酯和乙酰乙酸乙酯强,因而主要形成 2,4-戊二酮负离子 **37**。芳香酮、酯也可进行类似的反应。

但是,导向非对称二酮(例如 **39**)的酮酯缩合是没有合成价值的,因为平衡体系中存在着逆缩合反应,缩合产物非对称二酮的逆反应将导向不同的碎裂产物,后者重新缩合后将导向多种二酮的混合物。例如,3-戊酮与乙酸乙酯缩合的产物可能导向不同酮与酯(式 4.16)。

(4.16)

预制的醛、酮烯醇负离子也可与羧酸衍生物反应,生成醛/酮的酰基化产物 1,3-二酮。例如,3-戊酮用大位阻的碱 2,4,6-三甲基苯基锂去质子化生成烯醇负离子 **40**,然后与异丁酰氯反应得 1,3-二酮 **41**。

4.2.2 羧酸衍生物与醛、酮的缩合反应

预制的酯或酰胺烯醇负离子(或其烯醇硅醚)也可与醛[12]、酮加成,生成 β-羟基酯或酰胺。[13]

正如有机铈试剂对易于烯醇化酮的加成效果比有机镁和有机锂试剂好一样,酰胺的烯醇铈盐对醛、酮的加成收率比相应的烯醇锂盐高。烯醇铈盐可通过向烯醇锂盐加入无水三氯化铈现场生成[14]。

酯的烯醇负离子可与亚胺加成,所形成的中间体 **42** 可进一步环化,生成 β-内酰胺环系 **43**。β-内酰胺是青霉素和头孢类抗生素的特征结构单元。

在碱性催化下,酯也可与不含 α-氢的醛缩合,中间体脱水后得 α,β-不饱和酯,这一反应叫 Claisen 反应。例如,乙酸乙酯与苯甲醛反应,得肉桂酸乙酯。

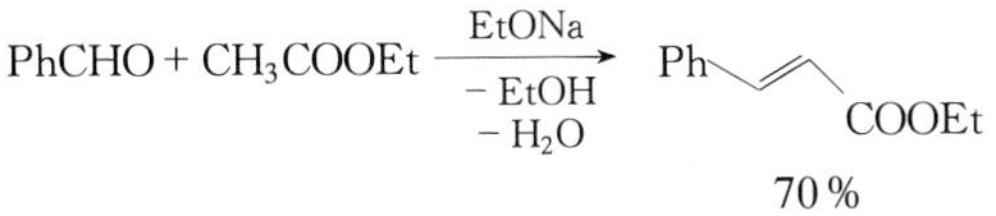

$$PhCHO + CH_3COOEt \xrightarrow[-H_2O]{\text{EtONa} \atop -EtOH} Ph\diagup\hspace{-0.5em}\diagdown COOEt \quad 70\%$$

α-溴乙酸乙酯与锌在乙醚中反应所得的烯醇负离子可视为预制的烯醇负离子,它可与醛/酮反应,水解后得类羟醛加成产物:β-羟基酯,这是经典的 Reformatzky 反应(式 4.17)。由于反应体系碱性较弱,在反应条件下羟基可保持不消除。

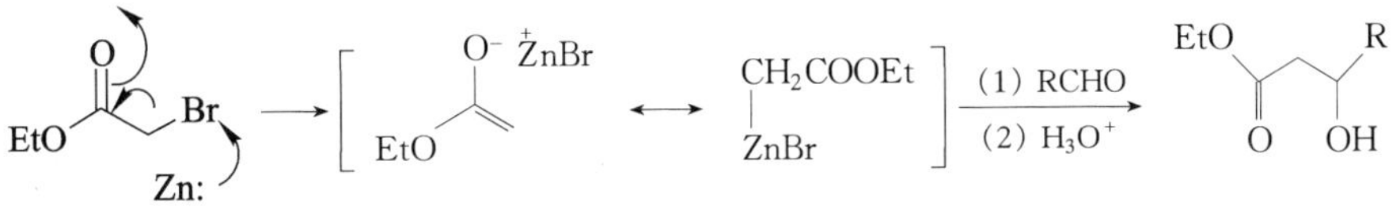

(4.17)

4.2.3 酯-酯缩合反应

4.2.3.1 分子间的酯-酯缩合:Claisen 缩合反应

丁酸乙酯的 Claisen 缩合反应(式 4.18)是自缩合反应,只得一种产物,但是,同羟醛缩合一样,两个不同酯之间的交叉 Claisen 缩合可产生四种可能的缩合产物(是什么?)。

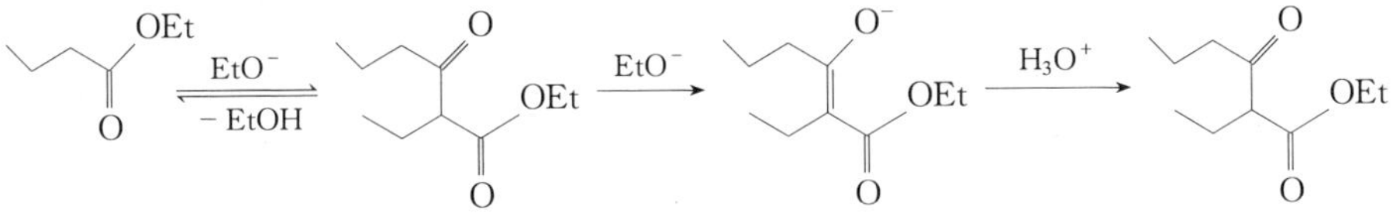

(4.18)

为得到特定的缩合产物,需要进行控制缩合。同羟醛缩合一样,有时可利用不含 α-氢的羰基化合物(如甲酸酯、苯甲酸酯、碳酸酯等)作为亲电体。更一般的方法是在动力学控制条件下不可逆地形成烯醇负离子,然后与另一个酯进行反应,这样可选择性地得到其中一种所期望的缩合产物。在下例中,用 LICA 代替 LDA 可减少起始酯的自缩合反应。

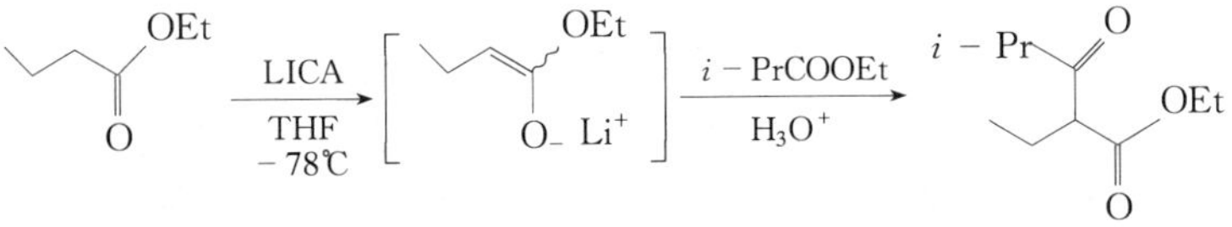

最近的研究表明，简单的 $TiCl_4/Bu_3N$ 组合试剂在催化量 TMSOTf 存在下，可有效地催化 Claisen 缩合、Dieckmann 缩合以及酯与不含 α - H 酯间的交叉 Claisen 缩合[2]。

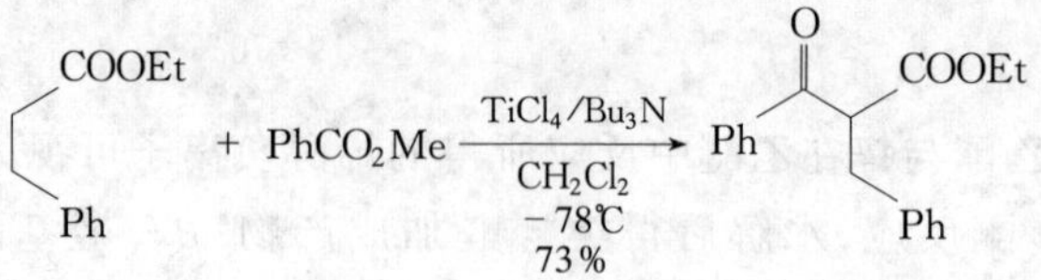
COOEt
Ph
+ PhCO2Me
TiCl4/Bu3N
CH2Cl2
-78℃
73%
O
Ph
COOEt
Ph

Stobbe 缩合(式4.19)：在酮-酯缩合反应中，亲核体一般是酮。然而，丁二酸二乙酯的情况比较特别，其在碱性条件下与酮缩合涉及丁二酸二乙酯的烯醇负离子与酮加成。

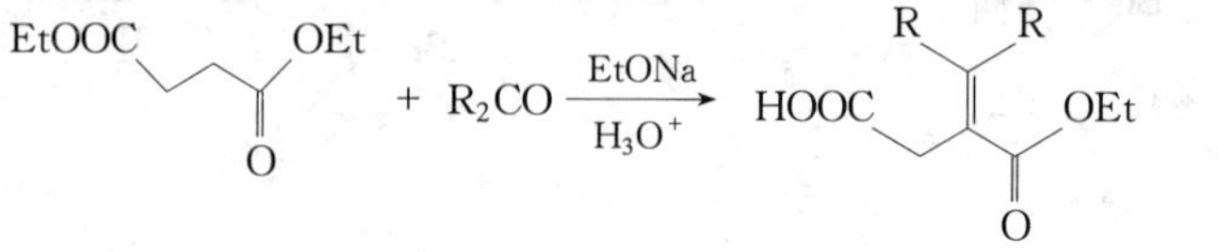
EtOOC
OEt
O
+ R2CO
EtONa
H3O+
R
R
HOOC
OEt
O
(4.19)

首先生成的加成产物直接环化得 γ-内酯(**44**，图4.7)，后者经进一步的碱催化开环反应转化为羧酸负离子 **45**。这一缩合反应叫 Stobbe 缩合。羧酸负离子的稳定性使平衡向右移动，构成了 Stobbe 反应成功的基础。

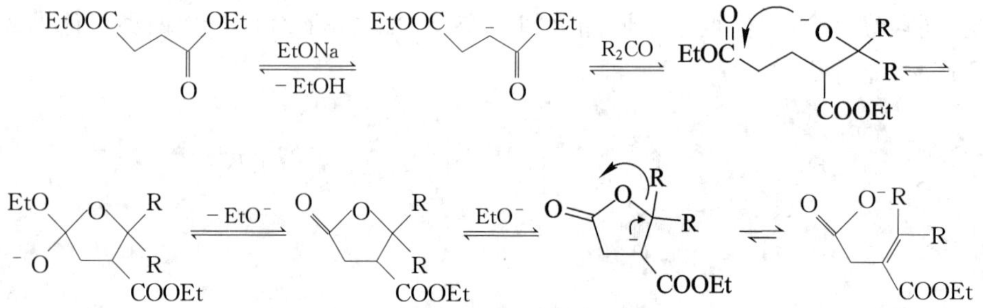
EtOOC
OEt
O
EtONa
- EtOH
EtOOC
OEt
O
R2CO
O
EtOC
O
R
R
COOEt
EtO
O
R
O
R
COOEt
- EtO-
O
O
R
R
COOEt
EtO-
O
O
R
R
COOEt
O
O- R
R
COOEt

44　　　　**45**

图4.7　Stobbe 缩合的反应机理

4.2.3.2　分子内酯-酯缩合：Dieckmann 缩合反应

Dieckmann 反应只适合于5,6元环的合成，收率60%～80%。形成7,8元环酮酯的产率低得多，而9～12元环几乎得不到。这是由于这些环存在着一定的张力，而且随着链长的增加而增大；此外，不利的活化熵也有显著影响，使分子内反应无法与分子间的缩合相竞争。而更小的环由于张力大不易形成。例如，两分子的丁二酸二乙酯在碱性条件下首先发生 Claisen 缩合进而发生 Dieckmann 缩合反应,得到六元环二酮 **46**。

4.2.3.3 分子内的腈-腈缩合:Thorpe 反应

α,ω-二腈的分子内缩合反应类似于 Dieckmann 反应,反应中间体 β-亚胺腈易于水解产生 β-酮腈。同 Dieckmann 反应一样,这一反应用于 5,6 元环的合成产率较好,更大环的合成将伴随着竞争性的分子间反应。但是,如果采用高度稀释的方法,则该法可用于 5~8 及 ≥14 元环的合成,收率良好。用于合成 9~13 元环收率只有 15%。

4.3 烯烃合成法:C═C 的形成

4.3.1 Wittig 反应及相关反应

除了羰基等含杂原子的不饱和基团可有效稳定 α-碳负离子外,邻位正电荷也可稳定 α-碳负离子。叶立德(ylide)指的是以带正电荷原子与碳负离子直接相连,相连两原子都具有满电子隅的化合物。许多原子包括磷、硫、砷、锑、铋和氮等,可以这种方式带正电荷,其中以磷和硫叶立德最为有用。

4.3.1.1 Wittig 反应

磷叶立德是由三价膦化合物与卤代烃发生 S_N2 反应形成鏻盐,然后用强碱

(n-BuLi,PhLi 或 NaH)夺取 α-氢(pK_a=31)形成的。

叶立德有另一种共振极限式叫叶林(ylene),这一结构对杂化的贡献虽然远小于叶立德,然而它表现了磷原子 3d 空轨道与碳 p 轨道形成 pd-π 键的能力,也部分解释了磷比氮更易形成叶立德的原因。

$$Ph_3P: + RCH_2Br \longrightarrow Ph_3\overset{+}{P}-CH_2R \xrightarrow{B:^-} [Ph_3\overset{+}{P}-\overset{-}{C}HR \longleftrightarrow Ph_3P=CHR]$$
磷叶立德　　　　　叶林

同其他碳负离子一样,叶立德是优良的亲核试剂,可与卤代烃、环氧化合物等许多亲电试剂反应。

但是,磷叶立德的主要用途是与醛、酮反应,用于烯烃合成,即 Wittig 反应(式 4.20)。Wittig 反应分两阶段进行,首先叶立德作为碳亲核试剂加成到羰碳上;然后,形成的两性中间体环化成四元环中间体,环碎裂后生成烯烃和三苯氧膦。四元环中间体的形成和最后一步破环反应的推动力来自两个方面,首先是+3 价磷转变成+5 价磷的倾向,其次是磷和氧形成高能的 P=O 键的驱动力。P=O 键对生命体系有重要意义,被用于能量的贮存。

(4.20)

Wittig 反应自从发现以后一直是合成烯烃的最重要方法(Wittig 因这一发现与 H.C.Brown 共享 1979 年诺贝尔化学奖)。Wittig 反应的特点是可用于合成双键位置确定的烯烃。在合成含环外亚甲基化合物时只得到一种产物,而通过消除得到的烯烃往往是烯烃区域异构体的混合物。例如,环酮环外亚甲基的装配是合成天然产物 isocomene 的关键步骤之一,通过 Wittig 反应可以选择性地进行亚甲基化。

Wittig 反应也可在叶立德与半缩醛之间进行,得到与同醛反应相同的产物。反应的进行是因为在反应体系总是存在着半缩醛与醛的平衡,尽管醛式所占比例低,然而 Wittig 反应的消耗可促使平衡向右移动。

用于 Wittig 反应的磷叶立德在 α-碳上可带各种不同的取代基,如芳基、酯基、氰基、甲氧基、卤素等。α-甲氧基叶立德($Ph_3P=CHOMe$)经 Wittig 反应生成烯基甲醚,水解后得醛。这是从醛、酮合成增加一个碳的醛的直观方法。酮也可用类似试剂合成。

呋喃甲基叶立德被用于天然产物 pallescensin A 的合成。

烯烃可依以下两种方式切断:

Wittig 反应的立体化学取决于叶立德和醛、酮的结构与反应条件。一般而言,非稳定化的叶立德主要产生(*Z*)-烯烃,稳定化的叶立德主要产生(*E*)-烯烃。在图 4.8 中:

(1) 当 R^1 是负离子稳定基团(COOMe,COMe,SO_2Ph,CN 等)时,(*E*)-烯烃为主产物。

(2) 当 R^1 是推电子基(烷基)时,(*Z*)-烯烃为主要产物。

(3) 当 R^1 为弱的负离子稳定基(C_6H_5,$CH_2CH=CH_2$)时,无选择性。

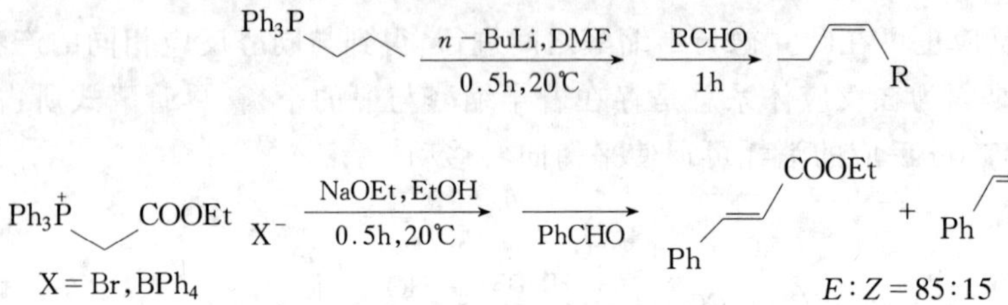
Ph3P
n-BuLi,DMF
0.5h,20℃
RCHO
1h
R
Ph3P+
COOEt
X−
X=Br,BPh4
NaOEt,EtOH
0.5h,20℃
PhCHO
COOEt
Ph
+
Ph
COOEt
E:Z=85:15

Wittig 反应的立体选择性特点可从其机理理解(图 4.8)。由于 Wittig 反应经历氧杂磷杂环丁烷中间体,稳定化的叶立德有利于苏式中间体的形成,非稳定化的叶立德有利于赤式中间体的形成。后两者经顺式开环-消除后分别产生(*E*)-和(*Z*)-烯烃。

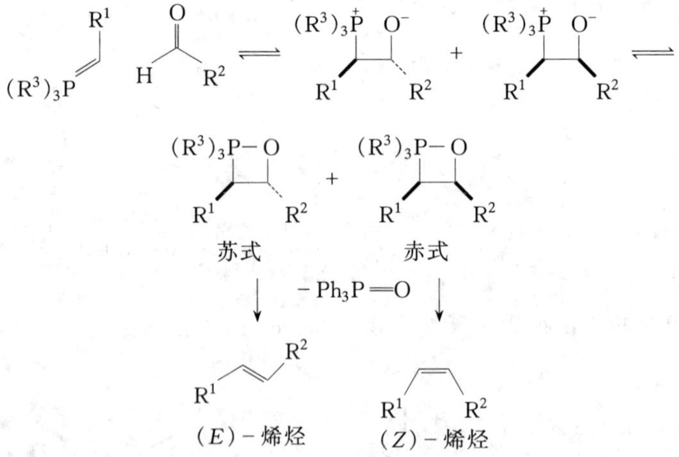
R1
(R3)3P
O
H
R2
(R3)3P+
O−
R1
R2
+
(R3)3P+
O−
R1
R2
(R3)3P—O
R1
R2
+
(R3)3P—O
R1
R2
苏式
赤式
-Ph3P=O
R2
R1
(E)-烯烃
R1
R2
(Z)-烯烃

图 4.8 Wittig 反应的机理

反应条件对 Wittig 反应立体化学也有重要影响。有利于建立热力学平衡的条件将促使赤式四元环中间体向苏式转化,从而提高(*E*)式选择性。**磷上带推电子基团(包括烷基)、在锂盐存在下、增大醛和叶立德的位阻**等因素都有利于平衡的建立。

4.3 烯烃合成法:C=C 的形成

Schlosser 总结了有利于形成(Z)-烯烃的条件如下:在图 4.8 中,R^1,R^2 为烷基,R^3 为苯基;在非锂盐条件下反应(即使用钠、钾盐合成);使用非质子性极性溶剂(THF,Et_2O,DME)。

然而,通过 Schlosser 改良法[15](式 4.21)可从非稳定化的叶立德出发,高选择地形成(E)-烯烃。在此法中,首先形成叶立德与锂盐配合物,而后在低温下与醛反应,形成加成产物 **47**。此时,再加入等摩尔数强碱如苯基锂,然后用叔丁醇质子化,可立体选择性地得到 *syn* 两性化合物 **49**,最后升温发生 β-*syn* 消除得(E)-烯烃。

(4.21)

当鳞盐 α-碳上连有吸电子基团 COOR,CN 时,α-氢酸性提高,此时用较弱的碱如 NaOH 或 NaOEt 就可去质子化,形成的叶立德变成较稳定的可分离的结晶性化合物,然而,其亲核性随之降低,不能有效地与酮反应。为此,发展了多种改进、互补方法。

4.3.1.2 HWE 反应

应用最广泛的 Wittig 反应改进、互补方法是 Wadsworth-Emmons 方法。该法用膦酸酯取代鳞盐,涉及膦酸酯 α-碳负离子与醛的反应。这一改进方法称 Wittig 反应的 Horner-Wadsworth-Emmons 改良法,简称 HWE 反应(图 4.9)。

膦酸酯可方便地通过三烷基亚磷酸酯与有机卤代物(一般是溴代烃)反应(Michaelis-Arbuzov)制备。如果使用亚磷酸甲或乙酯,则副产物为挥发性的溴甲烷或溴乙烷,产物可经直接蒸馏得到。HWE 反应通常以 NaH 为碱,乙二醇二甲醚(DME)或四氢呋喃为溶剂。

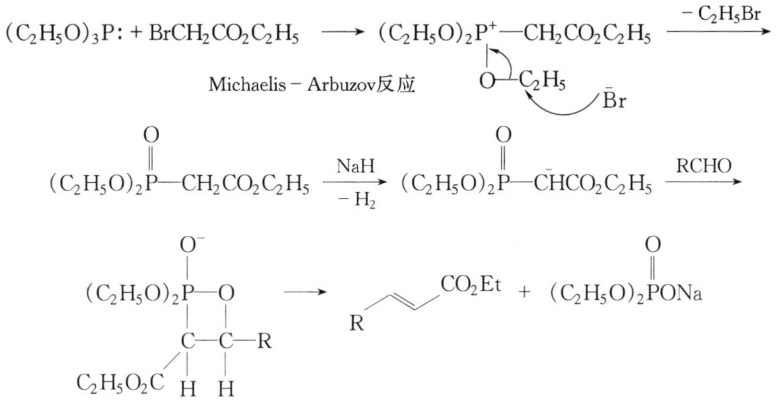

4.3 烯烃合成法：C=C 的形成

$$(C_2H_5O)_3P: + BrCH_2CO_2C_2H_5 \longrightarrow (C_2H_5O)_2\overset{+}{P}-CH_2CO_2C_2H_5 \xrightarrow{-C_2H_5Br}$$

Michaelis - Arbuzov 反应

$$(C_2H_5O)_2\overset{O}{\overset{\|}{P}}-CH_2CO_2C_2H_5 \xrightarrow[-H_2]{NaH} (C_2H_5O)_2\overset{O}{\overset{\|}{P}}-\overset{-}{C}HCO_2C_2H_5 \xrightarrow{RCHO}$$

$$\longrightarrow R\diagdown\!\!=\!\!\diagup CO_2Et + (C_2H_5O)_2PONa$$

图 4.9 HWE 反应机理

HWE 反应的优点是膦酸酯 α - 碳负离子具有较高反应性，可与酮反应。该法的另一优点是副产物为水溶性的 O, O - 二乙基磷酸钠，容易通过萃取除去。此外，HWE 反应表现出 (E) 式立体选择性，在某些情况下通过改变磷上的 R^1 基团可调节反应的立体选择性[16]。

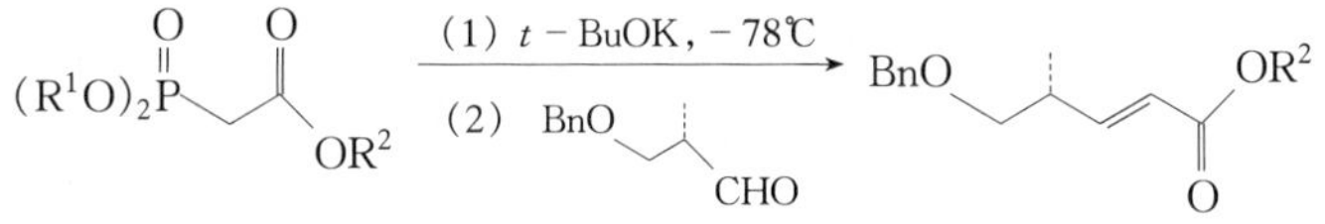

$$R^1 = Me, R^2 = Me, (Z):(E) = 3:1$$
$$R^1 = Pr-i, R^2 = Et, (Z):(E) = 5:95$$

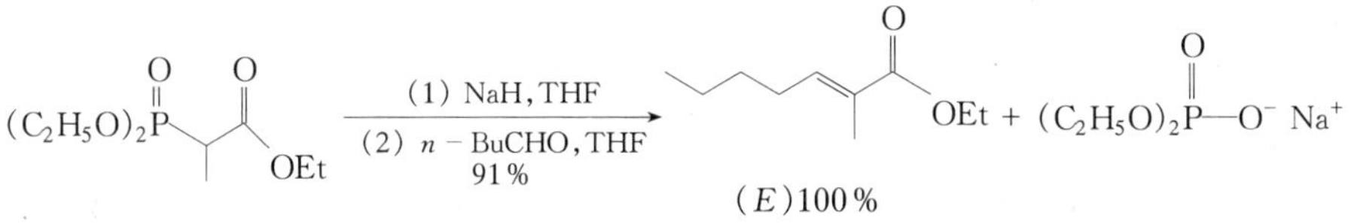

$(E) 100\%$

在 Corey 报道的天然产物前列腺素的合成中曾分别用 HWE 反应引入 β - 侧链，用 Wittig 引进 α - 侧链，两种方法分别建立了天然产物所需的 C_{13}—C_{14} 反式双键和 C_5—C_6 顺式双键。

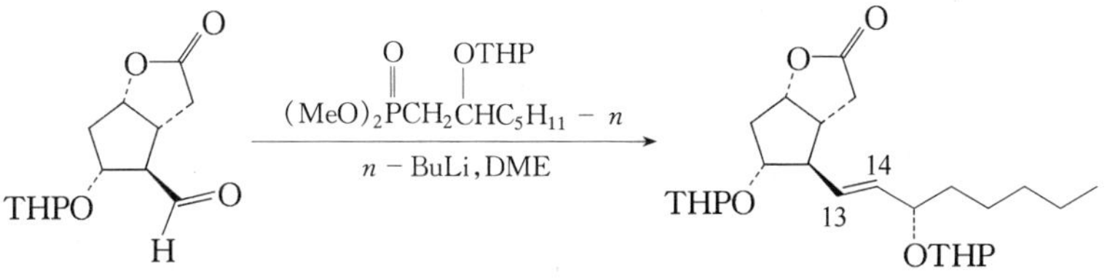

β-羰基膦酸酯的反应可以用碱体系 DBU-LiCl，这是合成(E)式异构体的方便方法[17]。

如果使用三氟乙基膦酸酯，则可高选择性地得到(Z)-α,β-不饱和酯。这一方法称为 Still-Horner 烯化条件[18]。

4.3.1.3 Horner-Wittig 反应

Horner 用膦氧化合物(**50**)代替锑盐，用叔丁醇钾进行 α-去质子化后与醛、酮反应可得中等到高的选择性(Horner-Wittig 反应，图 4.10)。该法的重要性在于，如果反应用锂碱，则中间体 1,2-亚膦酰醇 **51/52** 可被分离纯化，得到纯的非对映异构体，后者经立体选择性消除得纯的(E)或(Z)-烯烃。膦氧化合物可通过烷基三苯基膦与氢氧化钾加热反应制得。该法可用于(Z)-烯烃的制备，而(E)-烯烃则可通过对 β-酮膦氧化合物 **53** 立体选择性还原-消除得到。Horner-Wittig 反应是维生素 D_3 的 A 环和 C、D 环对接的主要方法之一[19]。

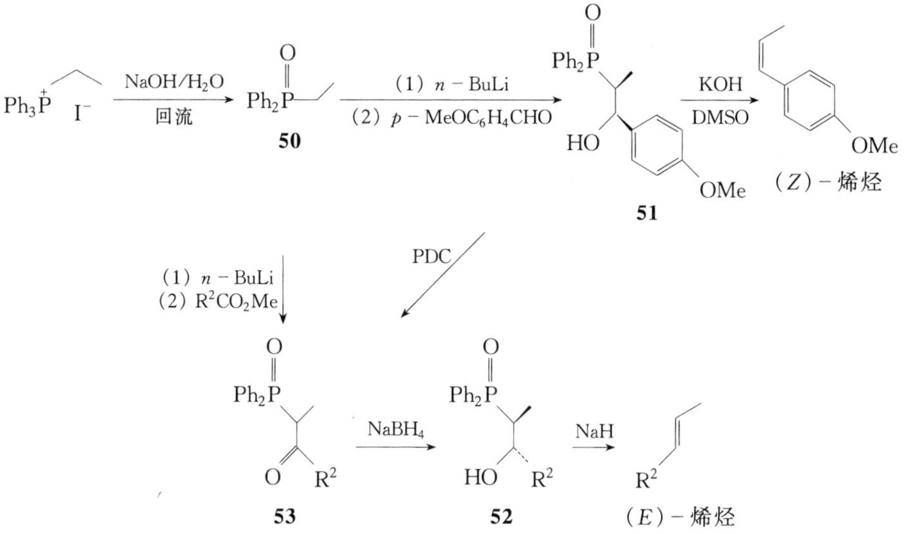

图 4.10 Horner–Wittig 反应

4.3.1.4 砷叶立德

黄耀曾发展了砷叶立德化学,建立了立体选择性合成(E)-α,β-不饱和醛、酮和酯的方法。该法是以三苯基砷叶立德代替磷叶立德与醛反应合成烯烃(式 4.22)。该法被用于天然产物 trichonibe 的合成。1989 年,又报道了三苯基砷催化的类 Wittig 反应[20],这是首例催化类 Wittig 反应,反应的(E)式选择性高。在催化循环中,砷叶立德是关键中间体。

$$RCHO + BrCH_2X + (PhO)_3P \xrightarrow[\text{THF-MeCN, r.t.}]{n\text{-}Bu_3As(cat.), K_2CO_3(s)} RCH=CHX + (PhO)_3P=O \quad (4.22)$$

(X = COOMe, COPh)

[n-Bu$_3$As$^+$CHX] 　　　R = Ph, 30h, 86%, E/Z = 99:1
砷叶立德　　　　　　　R = n-Bu, 12h, 80%, E/Z > 98:2

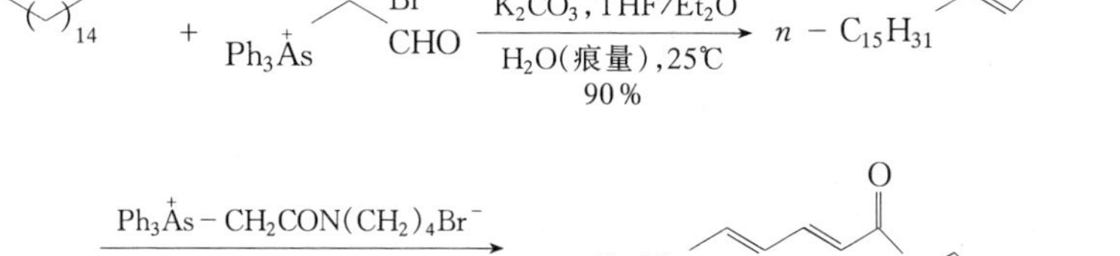

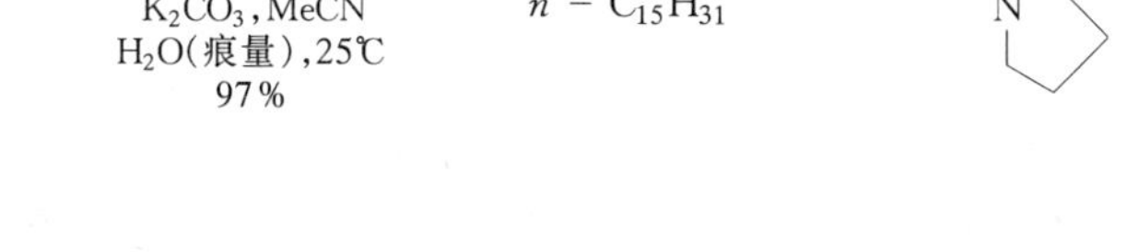

4.3.2 Julia 烯烃合成法

苯砜的 α-碳负离子与醛、酮反应也可用于烯烃的合成,这一烯烃合成法叫 Julia 烯烃合成法。如图 4.11 所示,Julia 反应涉及苯砜的 α-去质子化,碳负离子与醛、酮加成,羟基的乙酰化,以及钠-汞齐脱砜基消除,共四步反应。

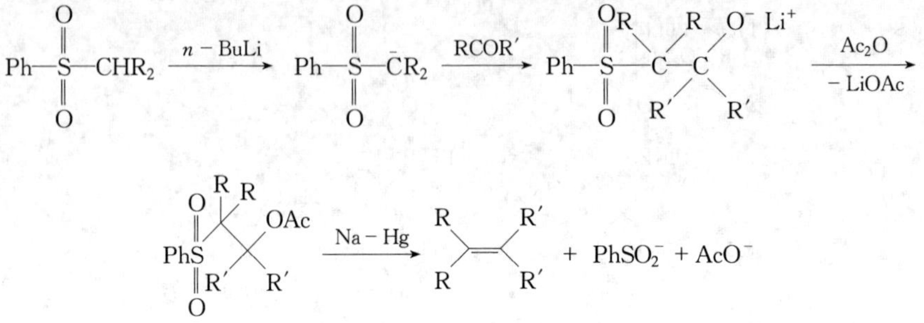

图 4.11 Julia 烯烃合成法

这一反应的显著特点是可立体选择性地得到反式烯烃,其原因是还原消除反应的碳负离子中间体(**54a**)可在消去 OAc 前绕单键旋转成最稳定的构象 **54b**,这样消去—OAc 后即产生 (E)-烯烃（式 4.23）。

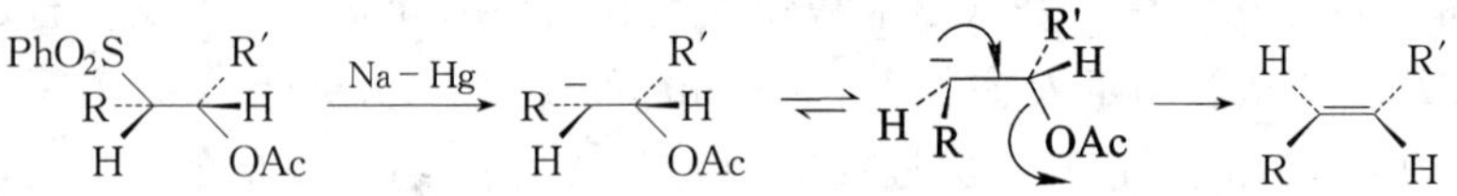

(4.23)

Julia 烯烃合成法的最近发展是用杂芳环取代基(BT,PYR,PT,TBT)取代经典 Julia 方法中(苯砜基)的苯环[21]。这些发展不但使许多原来难以进行的反应得以进行(式 4.24),使反式立体选择性得到提高,而且使原来多步骤的烯烃合成法可以以"一瓶反应"的方式进行。改良的 Julia 烯烃合成法之所以能以"一瓶反应"的方式进行源于杂芳基砜的使用引起反应机理的改变。如图 4.12 所示,使用杂芳环与苯环的不同之处在于所用的杂环均含有亚胺结构。亚胺兼具亲电性和亲核性,亲电性使得加成反应生成的中间体中氧负离子得以进攻亚胺的碳,形成氮负离子,而氮负离子促进的亚胺双键的重新形成(亲核性)又导致碳硫键断裂,砜基离去。这种有趣的基团"接力"现象经常可见诸有机反应机理。经过这一基团"接力",把 Julia 烯烃合成法的三步反应合并成"一瓶反应"。

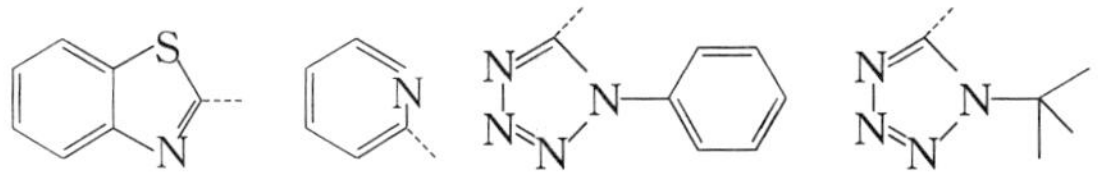

4.3 烯烃合成法:C=C 的形成

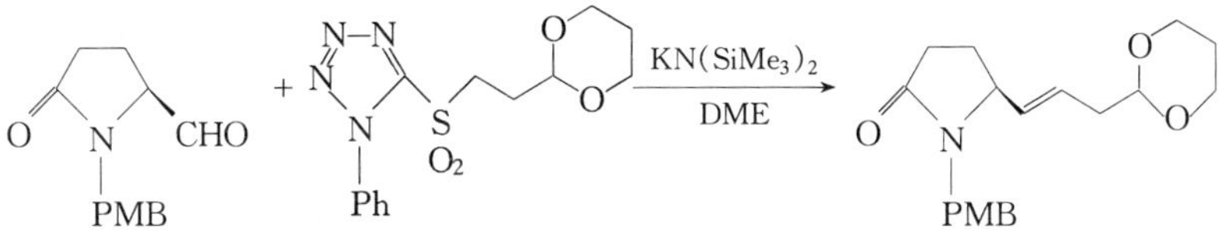

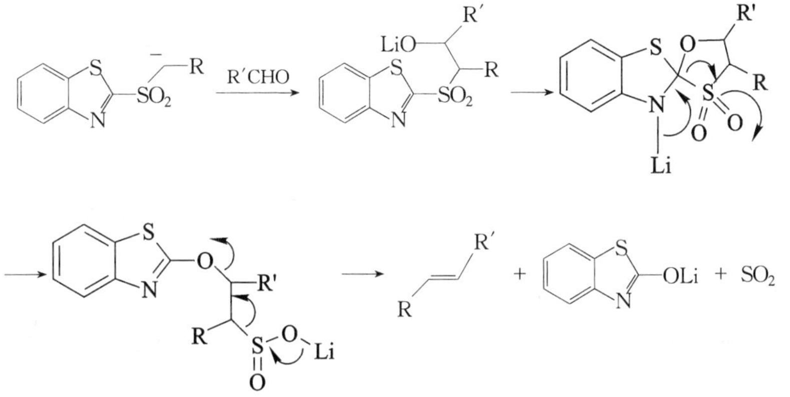

图 4.12

值得一提的是,无论是经典的 Julia 方法或其改良法,烯烃合成的反式选择性均随新形成键邻位支链的增大而提高。

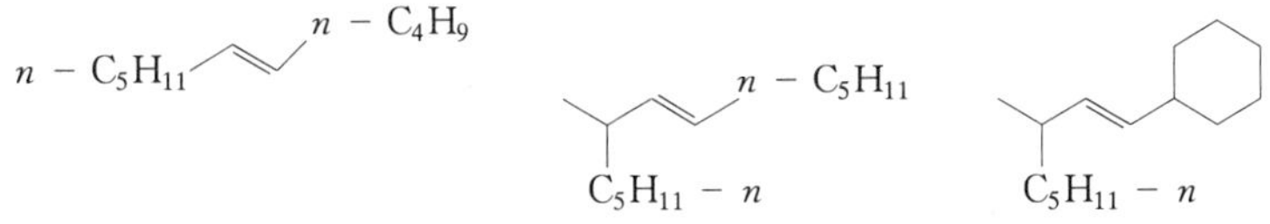

$E:Z=94:6$ $E:Z=96:4$ $E:Z>99:1$

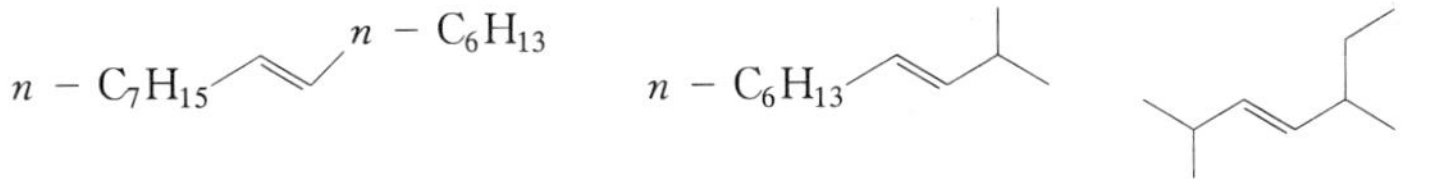

$E:Z=80:20$ $E:Z=90:10$ $E:Z>99:1$

4.3.3 Peterson 反应

Peterson 烯烃合成法是通过硅基稳定的 α-碳负离子(例如 **55**,**56**)对醛、酮加成-消除合成烯烃的方法[22](式 4.25)。该法在形式上与 Wittig 反应相似,收率较好。α-硅基格氏试剂是较有用的试剂,它对环酮的烯化比相应的 Wittig 试剂好。因为 Wittig 试剂 $Ph_3P=CH_2$ 对环酮 57 不活泼。

$$\underset{COOMe}{SiMe_3} \xrightarrow[-PhH]{PhLi} \underset{\underset{COOMe}{55}}{Li^+\underset{SiMe_3}{\bigm|}} \xrightarrow{\text{环己酮}} \underset{Me_3Si\ COOMe}{Li^+-O} \xrightarrow{-Me_3SiOLi} \underset{COOEt}{} \quad (4.25)$$

57 $\xrightarrow{Me_3SiCH_2MgCl\,(56)}$ (中间体) $\xrightarrow{AcOH \atop NaOAc}$ (产物)

4.3.4 Tebbe 试剂

许多过渡金属试剂特别是钛试剂可用于烯烃合成,最有用的是 Tebbe 试剂[23] 58, Tebbe 试剂系从 Cp_2TiCl_2 制备(Cp 为环戊二烯)。它是一种桥亚甲基配合物,$Cp_2TiCH_2 \cdot AlCl(Me)_2$。Tebbe 试剂的主要用途是与羰基反应,也可与烯烃进行环加成,还可以催化烯烃复分解反应。Tebbe 试剂与羰基化合物反应的产物形式上是以 CH_2 取代醛、酮、酯、内酯和酰胺中羰基的氧,例如与酮反应得到末端烯烃,与酯的羰基反应生成烯醇醚。$Cp_2Ti=CH_2$ 可能是活性中间体,它可以类似于 Wittig 反应的方式的进行。

$$Cp_2TiCl_2 + AlMe_3 \xrightarrow{-HCl} \underset{58}{Cp_2Ti\underset{Cl}{\diamond}AlMe_2}$$

$$Cp_2Ti\underset{Cl}{\diamond}AlMe_2 \xrightarrow{\text{碱}} Cp_2Ti=CH_2 \xrightarrow{R_2CO} \underset{TiCp_2}{R_2C-O} \longrightarrow R_2C=CH_2 + Cp_2TiO$$

在两种情况下 Tebbe 试剂表现出优于 Wittig 反应的特点,一是当与可烯醇化的酮羰基化合物反应时其立体化学不受影响;二是 Tebbe 试剂比磷叶立德活泼,与位阻大的羰基化合物和酯、酰胺这些不活泼的羰基化合物也可顺利反应。此外,类似的试剂 Cp_2TiMe_2 在酮、酯同时存在时,可选择性地与酮反应。

$$\underset{Ph}{\overset{O}{\diagdown}}OMe \xrightarrow[58]{Cp_2TiCH_2 \cdot AlClMe_2} \underset{Ph}{\diagdown}OMe$$

4.3 烯烃合成法:C=C 的形成

[反应式图:2,4-二甲基苯乙酮 + Cp₂Ti=CH₂ → 对应烯烃,45%]

[反应式图:环戊酮衍生物 + Cp₂TiCH₂,甲苯,65℃ → 亚甲基环戊烷衍生物]

4.3.5 烯烃复分解反应

烯烃复分解反应[24](式 4.26,式 4.27)是近年发展的最有用的一个新反应,是继 Wittig 反应之后烯烃合成方法的重大突破。该反应是两种烯烃在钼、钨、钌等卡宾型催化剂催化下,C=C 双键重新组合形成两个新的 C=C 双键的方法。烯烃复分解反应最先用于环状烯烃的开环复分解聚合反应,用于制取航天航空材料。其在有机合成中的应用是近年的事。

$$R^1HC=CHR^1 + R^2HC=CHR^2 \rightleftharpoons R^2HC\overset{CHR^1}{\underset{}{\|}} + \overset{CHR^1}{\underset{CHR^2}{\|}} \quad (4.26)$$

$$R^1\text{—CH=CH—} + \text{—CH=CH—}R^2 \longrightarrow R^1\text{—CH=CH—}R^2 + = \quad (4.27)$$

与 Wittig 反应比较,该法具有如下优点:(1) 反应的副产物为烯烃,选择合适的底物则反应副产物为乙烯,与 Wittig 反应相比,这是一个具备显著原子经济性的反应;(2) 反应在钌催化剂催化下,在中性的温和条件下进行,底物适应性广。在有机合成中,烯烃复分解反应最成功的应用是闭环复分解反应(RCM),被广泛用于环的合成。交叉烯烃复分解反应也已取得突破,以下举二例说明这一方法。有关这一反应更详细的描述请参见第 8 章环化反应。

用于链状烯烃合成的复分解反应包括烯烃开环复分解反应(ROM,式 4.26)和交叉复分解反应(式 4.27)。通过此法合成烯烃的条件非常温和,对酸、碱和亲核试剂敏感的底物或官能团不受影响。例如,丙烯腈和丙烯醛的烯烃复分解反应均可得到良好收率,酸酐、酯等官能团均不受影响。

[化学结构图:Mo 卡宾催化剂,含 (F₃C)₂MeCO 配体、2,6-二异丙基苯基 N 配体、Ph 基团]

$$\text{(structure)} + \overset{\diagup}{\diagdown}\text{CN} \xrightarrow[\text{79\%}]{\mathbf{59}\,(5\%) \atop \text{CH}_2\text{Cl}_2, 3\text{h}, \text{r.t.}} \text{(product)} \quad (4.28)$$

$$\text{AcO}\underset{3}{\frown\frown} + \overset{\diagup}{\diagdown}\text{O} \xrightarrow[62\%]{\mathbf{59}} \text{AcO}\underset{3}{\frown\frown\frown}\text{CHO} \quad (4.29)$$
$$E/Z = 1.1:1$$

根据逆烯烃复分解反应对烯烃进行切断的方法是：把相连的 C═C 键切断，并在两端碳上分别代之以═CH_2，便推得两个原料烯烃：

$$R_1 \diagup\!\!\!\diagdown R_2 \Rightarrow R_1\diagup\!\!\!\parallel + \parallel\!\!\!\diagdown R_2$$

参 考 文 献

1. Mahrwald R, Gundogan B. J Am Chem Soc, 1998, 120:413
2. Yoshida Y, Hayashi R, Sumihara H, Tanabe Y. Tetrahedron Lett, 1997, 38:8727
3. Han Z, Yorimitsu H, Shinokubo H, Oshima K. Tetrahedron Lett, 2000, 41:4415
4. Evans D A, Nelson J V, Vogel E, Taber T R. J Am Chem Soc, 1981, 103:3099
5. Masamune S. Organic Synthesis Today and Tomorrow. Trost B M, Hutchinson C R, ed. Oxford:Pergamon, 1981. 197
6. Mukaiyama T, Narasaka K, Banno K. J Am Chem Soc, 1974, 96:7503
7. Ciganek E. The Catalyzed α – Hydroxyalkylation and α – Amidoalkylation of Actived Olefins (The Morita – Baylis – Hillman Reaction). In:Paquette L A, ed. – in – Chief. Organic Reaction. New York:John Wiley & Sons, 1997, 51, Chapter 2
8. Buse C T, Heathcock C H. Tetrahedron Lett, 1978, 19:1685
9. Colvin E W, Beck A K, Seebach D. Helv Chim Acta, 1981, 64:2264
10. Seebach D, Bveck A K, Mukhepadhyay T, Thomas E. Helv Chim Acta, 1982, 65:1101
11. Robert K, Boeckman J, Blum A M. Org Syn, 1988, Coll Vol Ⅵ:158
12. Zibuck R, Streiber J. Org Syn, 1993, 71:236
13. Montgomery S H, Pirrung M C, Heathcock C H. Org Synth, 1990, Coll Vol Ⅶ:190
14. Shang X, Liu H J. Synth Commun, 1994, 24:2485
15. Schlosser M, Christmann K F. Angew Chem Int Ed Engl, 1966, 5:126
16. Nagaoka H, Kishi Y. Tetrahedron Lett, 1981, 37:3873
17. Blanchette M A, Choy W, Davis J T, Essenfield A P, Masamune S, Roush W R, Sakai T. Te-

trahedron Lett,1984,25:2183

18 Still W C,Gennari C . Tetrahedron Lett,1983,24:4405
19 Lythgoe B,Moran T A,Nambudiry M E N,Tideswell J,Wright P W . J Chem Soc,Perkin Trans 1,1978,6:590
20 Shi L,Wang W,Wang Y,Huang Y Z . J Org Chem,1989,54:2028
21 Blakemore P R . J Chem Soc,Perkin Trans 1,2002,23:2563
22 Ager D J . Synthesis,1984,5:384
23 Cannizzo L F,Grubbs R H . J Org Chem,1985,50:2386
24 Trnka T M,Grubbs R H . Acc Chem Res,2001,34:18

习　题

1. 写出可能反应产物，必要时标出立体化学。

(8) 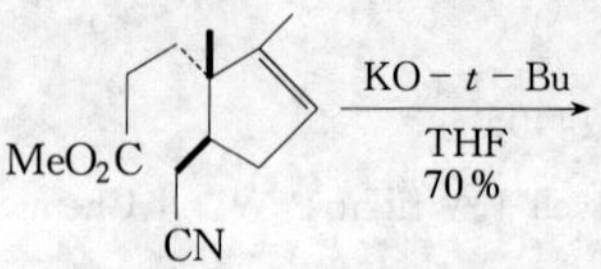

(9) 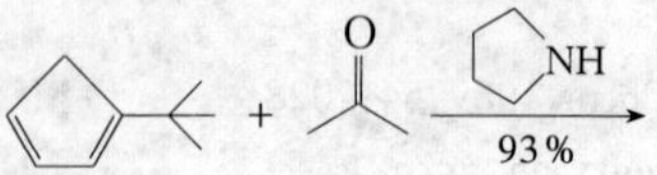

(10) 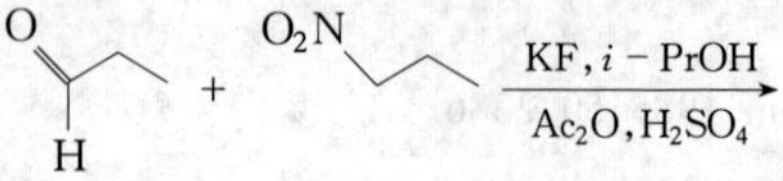

(11) 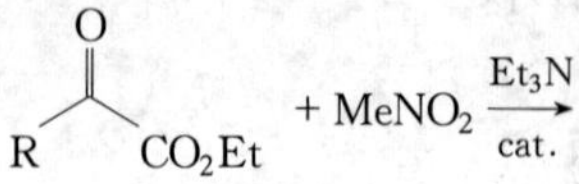

(12) 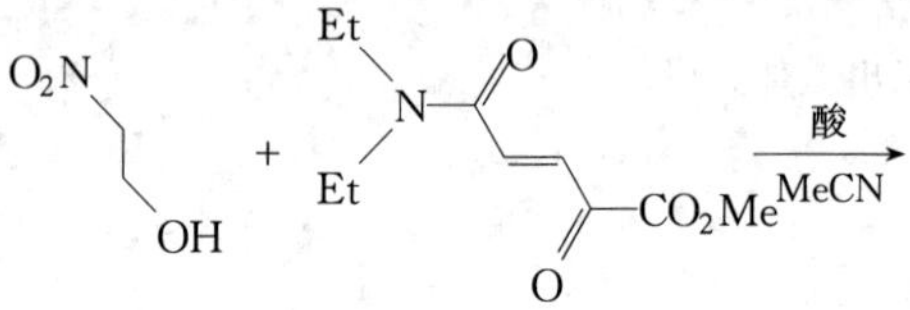

(13) 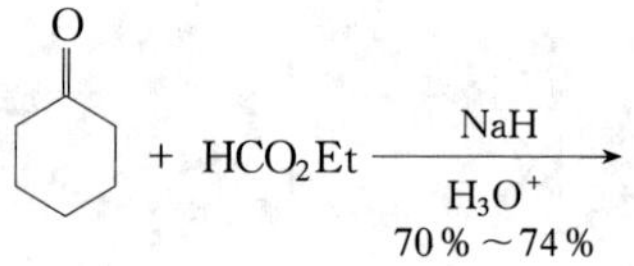

(14) 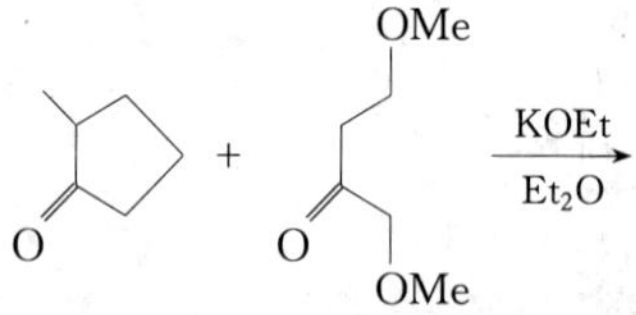

(15) 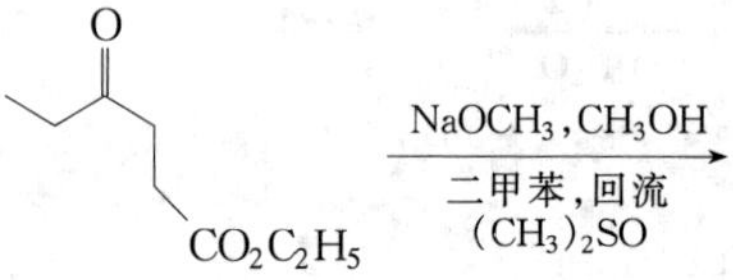

(16) 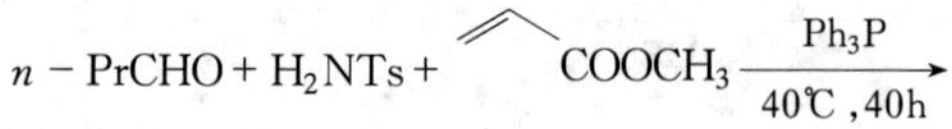

(17) 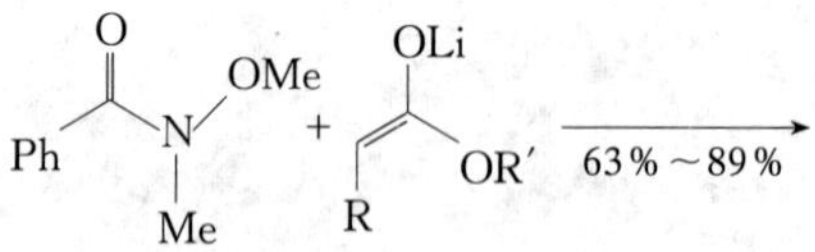

(18) 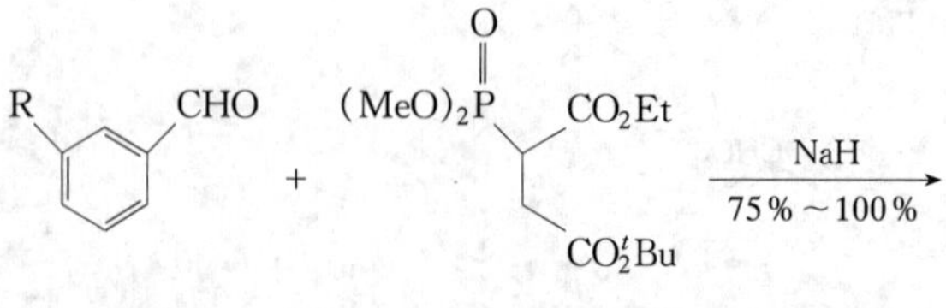

习　题

(19) $Ph_2P(=O)CH_2CH_2CH_2CH_3$ $\xrightarrow[\text{(2) } Ph_2CO]{\text{(1) PhLi, 甲苯}}$ A $\xrightarrow{t-\text{BuOK}}$ B
　　　　　　　　　　　　　(3) H_2O

(20) 写出可能反应产物

$Ph_3P=CHC(=O)CH_2R$ + PhCOCH=CHCOPh $\xrightarrow[\text{(2) AcOH } 30℃, 48h]{\text{(1) } s-\text{BuLi, THF}, -78℃}$

(21) MeO-N(Me)-C(=O)-CH(Me)-CH(Me)-CH(OTBS)-Me $\xrightarrow[\text{(2) } (EtO)_2POCH_2CO_2Me, BaSe, THF, 0℃, 90\%, 2步]{\text{(1) DIBAL-H, } CH_2Cl_2, 0℃}$

(22) 环戊酮 + $(CH_3)_2CHCHO$ $\xrightarrow{\text{LiOH}}$

(23) TB-S(=O)$_2$-$CH_2CH_2CH_2CH_3$ $\xrightarrow[\text{LDA}, -78℃ \sim \text{r.t.}]{\text{PhCHO}}$

(24) $AcO(CH_2)_3CH=CH_2$ + $CH_2=C(CH_3)CHO$ $\xrightarrow{\text{Grubbs 催化剂}}$

(25) $CH_3C(=O)(CH_2)_nC(=O)CH_3$ $\xrightarrow[(n=1,2,3,4)]{\text{碱}}$

(26) 4-t-Bu-C$_6H_4$OH (2eq.) + BuO_2C-CH=NTs $\xrightarrow{\text{TiCl}_4 \text{(3eq.)}, 35℃, 93\%}$

2. 逆分析并合成以下化合物：

(1) α-亚甲基-γ-乙基-γ-丁内酯

(2) O_2N-C(CH$_3$)=C(C$_2H_5$)-CH$_3$

(3) 3-戊基-4-羟基-2(5H)-呋喃酮（丁烯酸内酯）

(4) N-甲基托品酮类双环化合物

(5) (6) (7) (8)

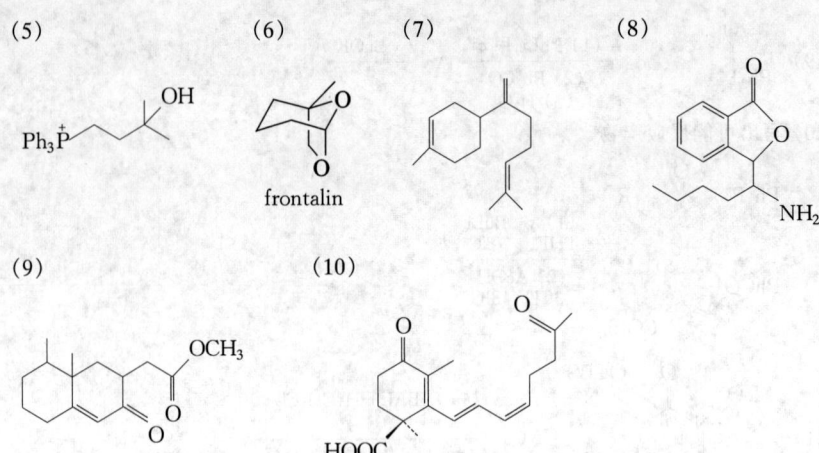

frontalin

(9) (10)

3. 根据本章介绍的反应和合成方法，列表总结合成子及相应的合成等效体或试剂。

第5章 基于有机硼、硅、锡、钯试剂的碳－碳键形成方法

5.1 有机硼试剂在碳－碳键形成中的应用

传统上,硼试剂主要用于官能团转变(包括作为应用广泛的还原剂和硼氢化试剂)而较少用于碳－碳键形成。但是,自从1981年Suzuki发展了后来被称为Suzuki反应的偶联反应后,有机硼试剂逐步成为碳－碳键形成不可忽视的方法。

5.1.1 有机硼试剂的制备

常用于碳－碳键形成的有机硼试剂列于表5.1。烷基硼和烯基硼试剂主要通过对烯烃和炔烃的硼氢化制备。非对称烯烃的硼氢化主要发生在取代较少的碳上。无法通过硼氢化制备的甲基、芳基、杂芳基和苄基硼烷可通过二烷基硼与二烷基铜锂反应制得(式5.1)。

表5.1 用于碳－碳键形成的有机硼试剂

三烷基硼	酸根型配合物	二烃基硼酸	二烃基硼酸酯	烃基硼酸	烃基硼酸酯
R_3B	$R_3R'B^- M^+$	R_2BOH	R_2BOR	$RB(OH)_2$	$RB(OR')_2$

$$R^1R^2BH + R^3_2CuLi \longrightarrow R^1R^2BR^3 + [R^3CuH]^- Li^+ \qquad (5.1)$$

有机硼试剂也可通过格氏试剂(式5.2)或在类Barbier条件下(式5.3)与卤代甲硼烷反应制备。与上述反应类似,硼上的烷氧基也可被有机锂试剂取代。

$$R^1R^2BCl + CH_2=CHCH_2MgBr \longrightarrow R^1R^2BCH_2CH=CH_2 \qquad (5.2)$$

$$3\text{ RX} + \text{BF}_3 + 3\text{ Mg} \longrightarrow \text{R}_3\text{B} + 3\text{ MgXF} \tag{5.3}$$

$$\text{R}^1\text{B}(\text{OR}^2)_2 + \text{R}^3\text{Li} \longrightarrow \text{R}^1\text{R}^3\text{BOR}^2 + \text{R}^2\text{OLi} \tag{5.4}$$

$$\text{R}^1_2\text{BX} + \text{NaOR}^2 \longrightarrow \text{R}^1_2\text{BOR}^2 + \text{NaX} \tag{5.5}$$

5.1.2 基于有机硼试剂的碳-碳键形成方法

5.1.2.1 基于酸根型硼配合物硼——→碳烷基亲核迁移的方法

三价有机硼烷具有一定的 Lewis 酸性,亲核试剂(Lewis 碱)与三烷基硼反应可以形成四配位的硼加合物 **1a/1b**,称酸根型硼配合物(ate complexe)。本节讨论的基于有机硼试剂的碳-碳键形成反应大多通过四配位的酸根型硼配合物中间体实现。酸根型硼配合物的形成削弱了碳-硼键,使得烷基可以带一对电子从硼原子迁移到同一分子(式 5.6)或另一分子的碳亲电中心(分子间迁移)(式 5.7),从而形成新的碳-碳键。适用的亲核试剂(体系)包括一氧化碳、氰基/三氟乙酐、有机锂试剂等碳亲核试剂。

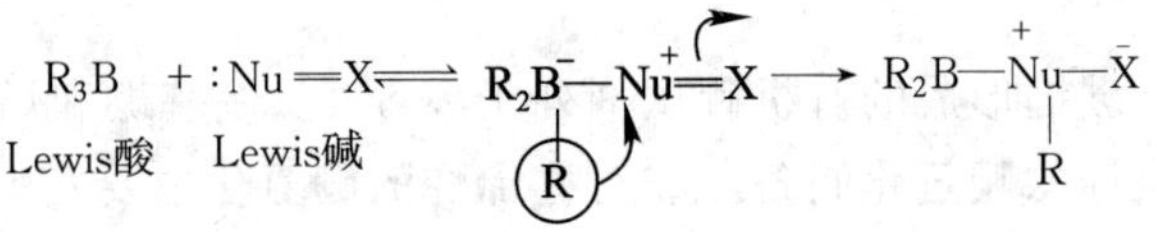

$$\underset{\text{Lewis酸}}{\text{R}_3\text{B}} + \underset{\text{Lewis碱}}{:\text{Nu}=\text{X}} \rightleftharpoons \underset{\mathbf{1a}}{\text{R}_2\overset{-}{\text{B}}-\overset{+}{\text{Nu}}=\text{X}} \longrightarrow \text{R}_2\text{B}-\overset{+}{\text{Nu}}-\overset{-}{\text{X}} \tag{5.6}$$

$$\underset{\text{Lewis酸}}{\text{R}_3\text{B}} + \underset{\text{Lewis碱}}{:\text{Nu}^-} \rightleftharpoons [\underset{\mathbf{1b}}{\text{R}_3\overset{-}{\text{B}}-\text{Nu}}] \xrightarrow{\text{E}^+} \text{R}_2\text{B}-\text{Nu} + \text{R}-\text{E} \tag{5.7}$$

羰基化反应:具有 Lewis 酸性的三烷基硼可与具有 Lewis 碱性的一氧化碳反应形成酸根型配合物,而后硼原子上的烷基可向碳亲电中心迁移。控制不同的反应条件可以分别得到一个、二个或三个烷基迁移的产物,中间体经还原或/和氧化后可分别得到伯醇、醛、酮或叔醇(图 5.1)。欲得到单烷基转移产物,则

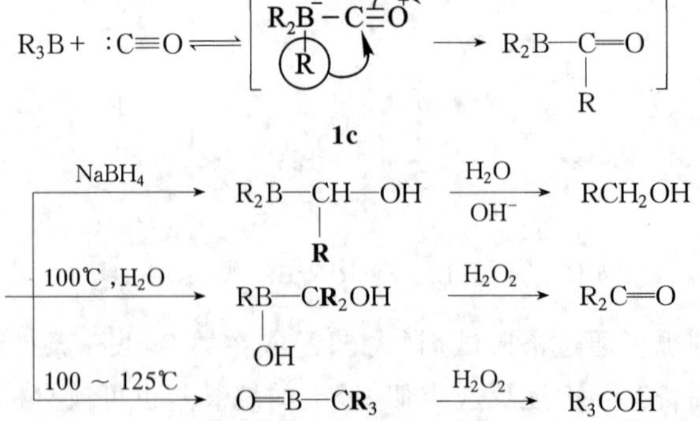

$$\text{R}_3\text{B} + :\text{C}\equiv\text{O} \rightleftharpoons [\text{R}_2\overset{-}{\text{B}}-\text{C}\equiv\overset{+}{\text{O}}] \longrightarrow [\text{R}_2\text{B}-\underset{\text{R}}{\text{C}}=\text{O}]$$

1c

图 5.1 三烷基硼烷的羰基化反应

反应需在还原剂存在下进行,这样初始形成的单烷基转移中间体可被还原从而终止烷基迁移反应。在适量水存在下反应,则可使迁移反应在迁移二个烷基后停止。

这一方法可用于环酮的合成(式 5.8),但由于反应需要在 7.09×10^6 Pa(70 大气压)的一氧化碳气氛下进行,用于实验室制备不是一个方便的方法。为此,发展了许多方法以取代一氧化碳,例如,采用氰基负离子-三氟乙酐体系[1](图 5.2)。在这一反应中,三烷基硼烷与氰基加合物被三氟乙酐 N-三氟乙酰化,从而活化了邻位的碳亲电中心,促进了第一个烷基的迁移,而酰基氧进攻硼则促进了第二个烷基的迁移。

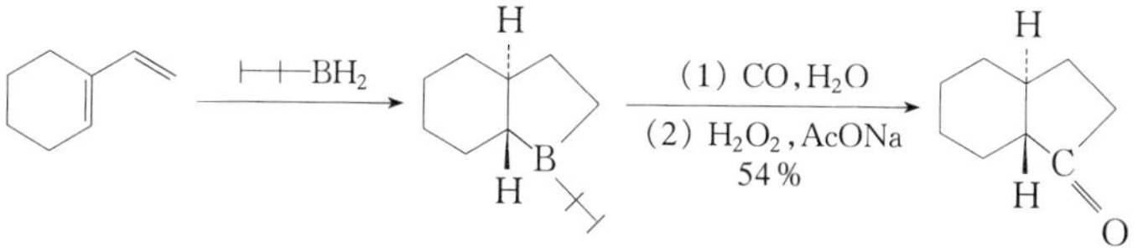

$$\text{(5.8)}$$

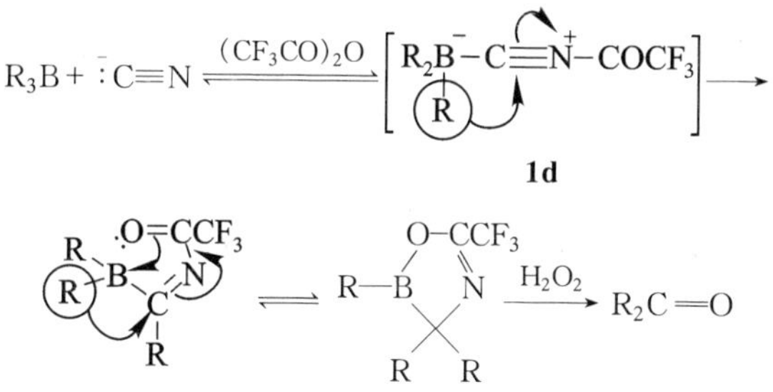

图 5.2 基于氰基负离子-三氟乙酐体系的羰基化反应

从上面的例子可以看出,通过有机硼化合物形成碳-碳键的关键是三烷基硼与合成子 RC_{++}^{-} 或 RC_{+}^{-} 的反应。因此,可以设计出许多这样的合成子以进行类似的反应。例如,**2** 和 **4** 就是这样的合成子,可分别用于酮和酯的合成。而亲电中心既可以是分子内的潜在反应性,也可以通过加入活化的亲电试剂(例如三氟乙酐,图 5.2;I_2,式 5.9)而形成,这一策略被用于 (Z)-或 (E)-烯烃的合成[2](式 5.9)。

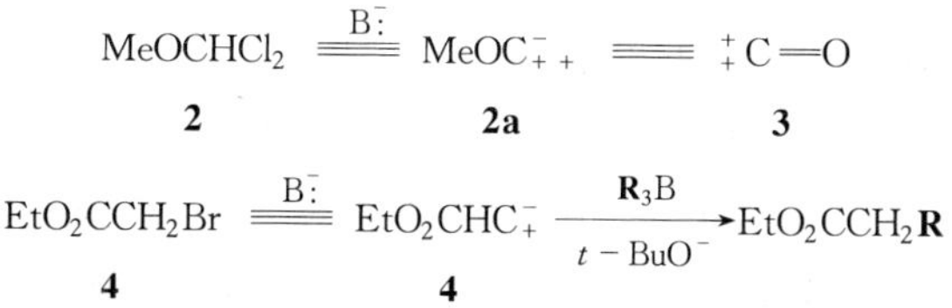

$$R'_2B\text{-CH=CHR} \xrightarrow[75\%]{I_2} \text{HRC=CHH} \quad (5.9)$$

根据以上方法,对酮可作如下切断:

$$R_2C=O \Longrightarrow 2R^- + {}^+C=O \quad {}^-CN/\text{TFAA}$$
$$\quad\quad\quad\quad R_3B \quad\quad CO \quad MeOCHCl_2$$

烷基也可从硼转移到另一亲电性的分子上(式 5.10)[3]。如果烷基亲核迁移到炔键上,则由此形成的烯基负离子可被另一亲电试剂捕获,氧化去硼化后得酮(式 5.11)[4]。

$$(n\text{-}C_8H_{17})_3\bar{B}Me\ Li^+ \xrightarrow[(2)\ \text{Cl}\diagdown\!\diagup]{(1)\ CuBr} n\text{-}C_8H_{17}\diagdown\!\diagup \quad 87\% \quad (5.10)$$

$$R_3^1B + Li\text{-}\!\!\equiv\!\!\text{-}R^2 \xrightarrow[\text{二甘醇二甲醚}]{0℃} R_3^1\bar{B}\text{-}\!\!\equiv\!\!\text{-}R^2 \xrightarrow[-78℃\sim r.t.]{R^3Br}$$

$$\underset{R^1\quad R^3}{R_2^1B\diagup\!\!\diagdown R^2} \xrightarrow[78\%\sim 88\%]{H_2O_2,\ NaOH} \underset{R^1\quad R^3}{O\diagdown\!\!\diagup R^2} \quad (5.11)$$

5.1.2.2 烯丙基硼化合物的亲核加成

同许多烯丙型的金属和非金属化合物一样,烯丙型硼酸酯可与醛加成,所形成的官能化烯烃是重要合成中间体:经氧化断键后可得 β-羟基醛(形式上的交叉羟醛缩合);经硼氢化-氧化则可得手性 1,4-二醇。

此类反应表现出高度立体选择性:(E)-2-丁烯基硼酸酯与醛反应得反侧($anti$)产物,(Z)-2-丁烯基硼酸酯的反应则得同侧(syn)产物[5]。反应的立体化学成因是在式 5.12 和式 5.13 所示的反应中,由于硼具有 Lewis 酸性,与醛的加成经历六元环过渡态(图 5.3),如果从 (E)-2-丁烯基硼酸酯出发,在二种可能的过渡态结构 TS－1/TS－2 中，由于 TS－2 存在不利的 1,3－二竖键相互作用，因而 **TS－1** 是优势构象，最终导向 *anti* 产物。而若从(*Z*)－2－丁烯基硼酸酯出发，同理，**TS－3** 是有利构象，由此导向 *syn* 产物。

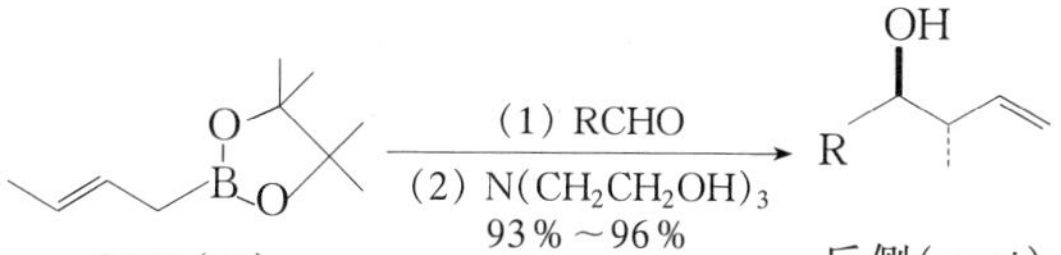

93%(*E*) 反侧(*anti*) (5.12)

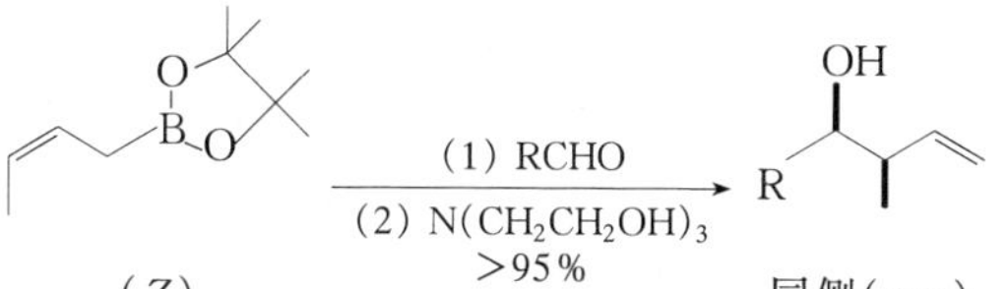

(*Z*) 同侧(*syn*) (5.13)

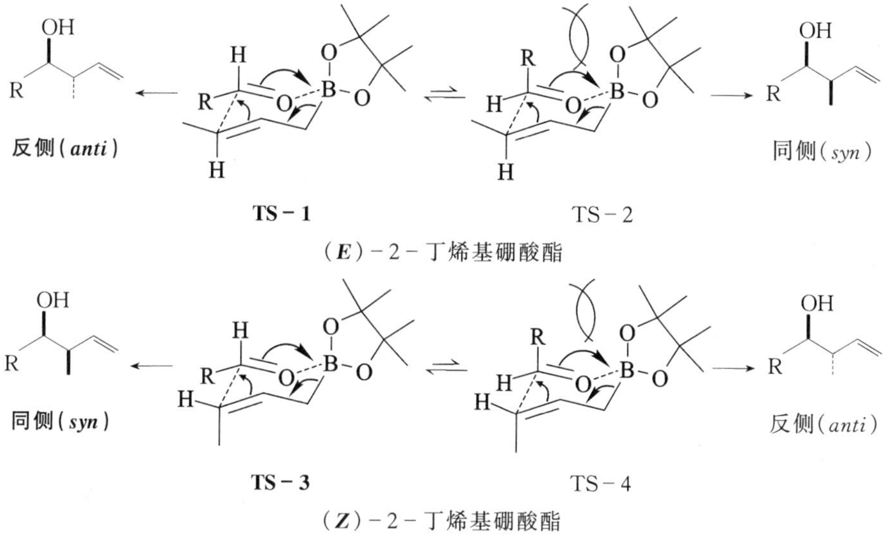

图 5.3 2－丁烯基硼酸酯与醛反应的立体选择性

从(*R*,*R*)－酒石酸二异丙酯衍生的手性 2－丁烯基硼酸酯 **5** 和 **6** 是很有价值的烯丙基化试剂，通过这些试剂进行醛的对映选择性烯丙基化可达到很高的对映选择性(式 5.14)。

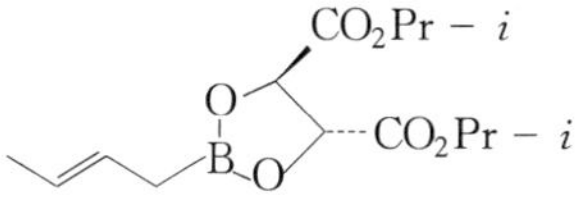

(*E*)－(*R*,*R*)－**5**
98%(*ee*)

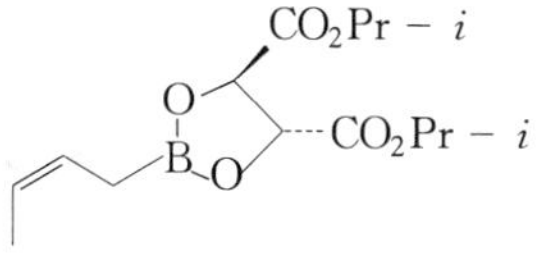

(*Z*)－(*R*,*R*)－**6**
99%(*ee*)

$$n\text{-}C_9H_{19}CHO \longrightarrow n\text{-}C_9H_{19}\overset{OH}{\underset{\bar{}}{\diagdown}}\diagup + n\text{-}C_9H_{19}\overset{OH}{\underset{\bar{}}{\diagdown}}\diagup \quad (5.14)$$

	反侧(anti)	同侧(syn)
(E)-(R,R)-5	88% ee >99:1	
(Z)-(R,R)-6	1:99	82%(ee)

5.1.2.3 有机硼化合物的偶联反应：Suzuki 反应

Suzuki 反应[6]是芳基或烯基硼化合物在钯催化剂促进下与芳基卤或烯基卤的交叉偶联反应（式 5.15a）。这是钯催化的四个重要人名反应之一，是连接芳基-芳基，芳基-烯基和烯基-烯基的重要方法之一。用于 Suzuki 反应的有机硼化合物包括二烷基亚硼酸酯和烷基硼烷。在 Suzuki 反应中，两烯基的几何构型保持，其机理可参见 5.4.2.3 节图 5.7。

$$\begin{array}{c}R\\ \diagup\diagdown\\ H\quad BX_2\end{array} + \begin{array}{c}R'\quad H\\ \diagup\diagdown\\ H\quad Y\end{array} \xrightarrow{(Ph_3P)_4Pd} \begin{array}{c}R\quad H\quad H\\ \diagup\diagdown\diagup\diagdown\\ H\quad H\quad R'\end{array} \quad (5.15a)$$

$(X = OH, OR, R; Y = Br, I)$

$$\begin{array}{c}CH_3(CH_2)_5\quad B(O\text{-}i\text{-}Pr)_2\\ C=C\\ H\quad H\end{array} + I\text{—}Ph \xrightarrow[NaOEt]{Pd(PPh_3)_4} \begin{array}{c}CH_3(CH_2)_5\quad Ph\\ C=C\\ H\quad H\end{array}$$
98%

值得一提的是，9-BBN 衍生物硼原子上的烷基也可在钯催化剂催化下与烯卤和芳卤偶联[7]（式 5.15b）。烷基的偶联在其他偶联反应中并不多见，原因是存在钯中间体的 β-消除副反应。

$$\begin{array}{c}ArX\\ 或\\ R'CH=CHX\end{array} + RBL_2 \xrightarrow[NaOMe]{Pd} \begin{array}{c}ArR\\ 或\\ R'CH=CHR\end{array} \quad (5.15b)$$

73%~81%

5.2 有机硅化合物在碳－碳键形成中的应用

5.2.1 硅元素及有机硅化合物的结构效应

有机硅化合物在有机合成中的应用十分广泛,包括用于碳－碳键形成,作为保护基、还原剂、Lewis 酸试剂等。有机硅化合物独特的反应性源于硅的原子结构。硅是处于第三周期、第四主族的元素,其原子结构和成键特点决定了有机硅化合物的反应性:

(1) 与碳($C_{0.77}^{2.5}$)和氢($H_{0.32}^{2.15}$)相比,硅($Si_{1.17}^{1.8}$)具有较大的原子半径和较小电负性,因此,Si—C 键和 Si—H 键是显著极化的,其中硅呈正电性,易受亲核试剂进攻。

(2) 硅原子的外层电子构象是 $3s^23p^33d^0$。硅原子具有能量较低的空的 3d 轨道,使之可与邻位碳的 2p 轨道相互作用。此外,硅具有高度可极化性。这就使得硅表现出:

(a) α－效应:硅可以稳定 α－碳负离子;

(b) β－效应:硅可以稳定 β－碳正离子;

(c) γ－效应:硅可以稳定 γ－碳正离子;

(d) 除了常见的＋4 价外,硅的反应中间体可表现出＋5 价和＋6 价态。在包含硅原子的亲核取代反应中,亲核试剂可以首先进攻硅,形成高价态的硅中间体,而后离去基团离去。

(3) Si—O 键(532 kJ·mol^{-1}或 127 kcal·mol^{-1}) 和 Si—F 键(808 kJ·mol^{-1}或 193 kcal·mol^{-1}) 具有大的键能,这一稳定性因素构成了硅试剂作为羟基保护基和氟化物去保护的基础。

5.2.2 基于有机硅试剂的碳－碳键形成方法

在有机硅化合物的诸多种合成应用中,本节将集中讨论其在碳－碳键形成中的应用。含硅的碳亲核试剂主要有四类:(1) 烯醇硅醚(silyl enol ether);(2) 烯丙基硅烷类试剂(allylic silane);(3) 乙烯基硅烷类试剂(vinylic silane);(4) 含硅 α－碳负离子的试剂(用于 Peterson 反应等)。由于烯醇硅醚已在烯醇负离子一章述及,本节不再重复。

5.2.2.1 烯丙基三甲基硅烷类亲核试剂

烯丙型基三甲基硅烷的制备:烯丙型基三甲基硅烷有多种制法,常用的是从

表 5.2　用于碳-碳键形成的有机硅化合物

有机硅化合物	烯醇硅醚 (OSiMe₃)	烯丙基三甲基硅烷 (SiMe₃)	烯基硅烷 (SiMe₃)	炔基硅烷 (≡—SiMe₃)	硅α-碳负离子试剂 (SiMe₃)
合成子	$\overset{O}{\underset{\|\|}{C}}$	—CH₂—CH=CH₂	=CH—	≡C⁻	烯烃化试剂

相应卤代物出发,经有机金属化合物的硅化制备。通过 Me_3SiCu 与伯烯丙基的卤代物或磺酸酯反应的方法特别适合于 3-三甲基硅基-1-烯的合成。

$$\text{allyl-MgBr} \xrightarrow[Et_2O]{Me_3SiCl} \text{allyl-SiMe}_3$$

$$\text{CH}_3\text{CH=CHCH}_2\text{Cl} \xrightarrow[NEt_3]{HSiCl_3, CuI} \text{CH}_3\text{CH=CHCH}_2\text{SiCl}_3 \xrightarrow[Et_2O]{MeMgBr} \text{CH}_3\text{CH=CHCH}_2\text{SiMe}_3$$

$$\text{Cy-CH=CH-CH}_2\text{Cl} \xrightarrow[\substack{HMPA, Et_2O \\ (1:3,体积比) \\ -60℃,1\ h}]{Me_3SiCu} \text{Cy-CH(SiMe}_3\text{)-CH=CH}_2$$

在 Lewis 酸促进下,烯丙型基三甲基硅烷可与醛、酮、缩(醛)酮、亚胺、氮杂缩酮等发生加成反应或消除-加成反应;可与酰卤发生酰基亲核取代反应;与 α,β-烯酮进行共轭加成。后一反应称为 Sakurai 反应(式 5.17)[8]。在这些反应中,有时 TMSI 和 TMSOTf 也可作为 Lewis 酸促进反应。氟离子也可促进烯丙基三甲基硅烷对醛、酮的加成。反应是通过亲核性更强的五价硅中间体进行的,这一反应体系呈碱性。

$$n\text{-}C_6H_{13}CHO + \text{CH}_2\text{=CHCH}_2\text{SiMe}_3 \xrightarrow[\substack{CH_2Cl_2 \\ H_2O}]{TiCl_4} n\text{-}C_6H_{13}\text{CH(OH)CH}_2\text{CH=CH}_2 \quad 91\%$$

$$PhCOCl + \text{CH}_3\text{CH=CHCH}_2\text{SiMe}_3 \xrightarrow[\substack{CH_2Cl_2 \\ H_2O}]{AlCl_3} Ph\text{CO-CH(CH}_3\text{)-CH=CH}_2 \quad (5.16)$$

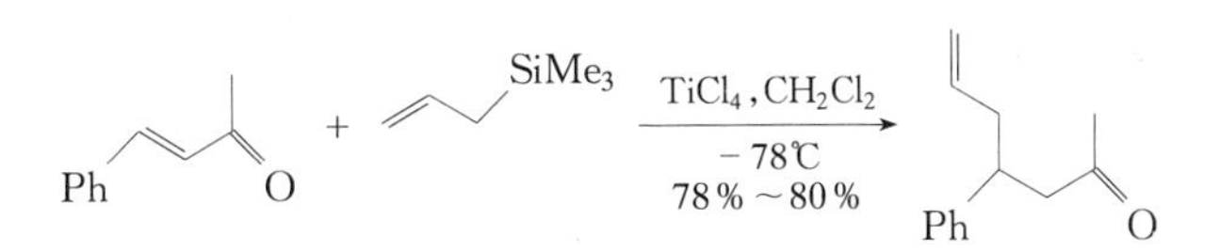

$$\text{Ph}\overset{\text{O}}{\underset{}{\diagdown}}+ \diagup\!\!\!\diagdown\text{SiMe}_3 \xrightarrow[-78℃]{\text{TiCl}_4,\text{CH}_2\text{Cl}_2} \text{Ph}\diagup\!\!\!\diagdown\overset{\text{O}}{\diagdown} \quad (5.17)$$
$$78\%\sim 80\%$$

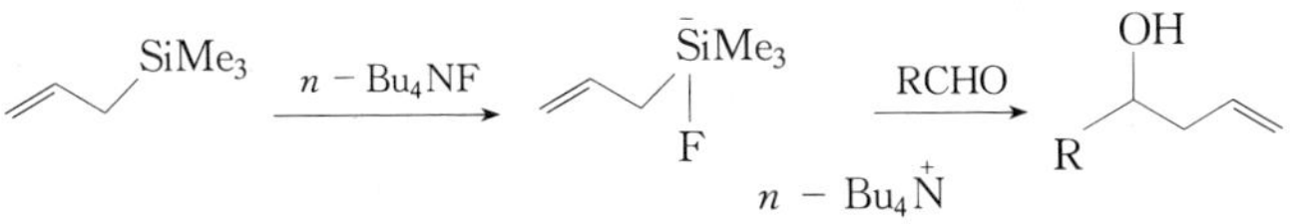

烯丙型基三甲基硅烷作为烯丙基负离子合成子表现出以下四个方面的优点:

(1) 区域专一性: 烯丙型基三甲基硅烷与亲电试剂的加成总是发生在 γ-位, 而相应的格氏试剂的加成将导向 α-位和 γ-位加成的混合物。

(2) 高度立体选择性: (E)-和(Z)-2-丁烯基三甲基硅烷与醛反应均得到羟基与甲基同侧的产物。

(3) 反应可在酸性条件下进行, 因而可用于对碱性敏感的底物。

(4) 对 α,β-不饱和酮的加成, 用有机铜试剂传递烯丙基有时不可靠, 而烯丙基三甲基硅烷则很有效。从下面的反应可看出格氏试剂、有机铜锂试剂和烯丙基三甲基硅烷的差异[8]。

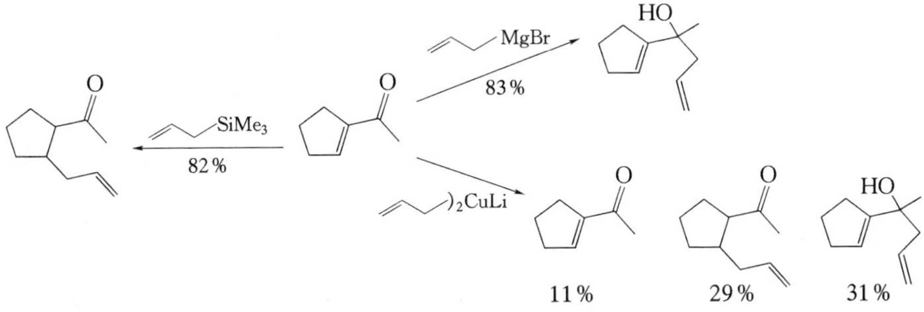

从图 5.4 所示的反应机理可以看出, 烯丙基三甲基硅烷的亲核性和区域选择性都源于硅原子稳定 β-碳正离子的能力。

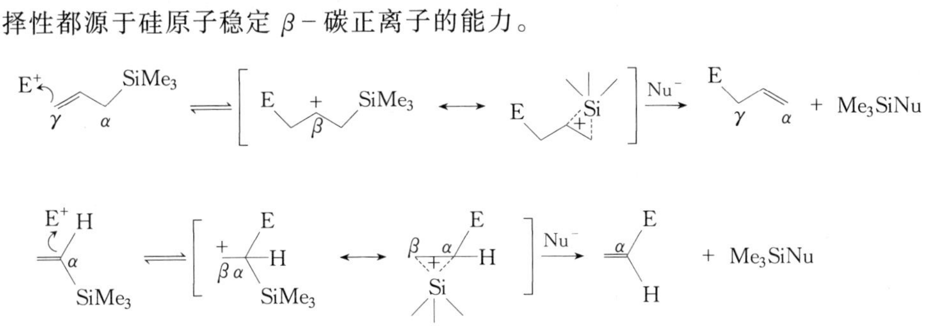

图 5.4 烯丙基三甲基硅烷和烯基三甲基硅烷与亲电试剂反应机理

5.2.2.2 烯基和炔基三甲基硅烷类亲核试剂

烯基硅烷主要通过烯基金属与氯硅烷反应制备。在 Lewis 酸催化下,烯基硅烷和炔基硅烷可与酰氯反应,生成 α,β-烯酮或 α,β-炔酮。烯基硅烷的反应具有立体专一性,在反应中,烯基的几何构型保持。三甲基烯基硅烷[9]也可与其他较活泼的亲电试剂反应,反应机理示于图 5.4。

值得注意的是,无论从烯丙基硅烷或烯基硅烷出发与亲电试剂反应,如果烯丙基硅烷在 γ-位反应,烯基硅烷在 α-位反应,都得到一个可被硅稳定的 Si-β-碳正离子活性中间体(图 5.4),这是结构决定化学反应性和区域专一性的一个很好的实例。

5.2.2.3 硅基稳定的 α-碳负离子

由于 α-效应,硅原子能够稳定 α-碳负离子。硅基 α-碳负离子可通过三种方式产生:(1) 通过有机硅化合物的 α-去质子化;(2) 通过 α-硅基卤代烃制备相应的格氏试剂;(3) 通过有机锂化合物对(商品化试剂)三甲基乙烯基硅烷的加成产生。

含硅 α-碳负离子的试剂或中间体主要通过对羰基化合物的加成(如 Peterson 反应的第一步,式 5.18)而在合成中获得应用。硅基稳定 α-碳负离子的能力也被用于改进 Robinson 环合反应

$$\text{)=O} + \text{\(\alpha\)C-SiMe}_3 \longrightarrow \text{中间体} \longrightarrow \text{烯烃} \quad (5.18)$$

α-硅基格氏试剂 7 是较有用的试剂。该试剂既可与醛、酮反应,也可与羧酸衍生物反应,从而用于烯丙型硅烷的合成。

由于有机硅化合物在氟离子存在下硅基可被氧化-羟基化,因而硅基可以作为羟基的合成等效体。根据这一特点,同时利用硅作为手性辅助基的连接单元能力,有机硅化合物可用于手性醇的不对称合成。

5.3 有机锡化合物在碳-碳键形成中的应用

锡是硅的同族元素,其电负性($Sn_{1.4}^{1.8}$)与硅($Si_{1.17}^{1.8}$)相当,但 Sn 的原子半径比 Si 大,因而在 Sn—H 键和 Sn—C 键中,键的极化更显著,Sn 呈正电性。Sn—H 和 Sn—C 键更弱,更易断裂。

5.3.1 间接用于碳-碳键形成的有机锡化合物

间接用于碳-碳键形成的有机锡化合物主要有两种:三丁基锡氢和三丁基氯化锡。

(1) 三丁基锡氢(n-Bu$_3$SnH):该化合物的最大特点是 Sn—H 键弱,易发

生均裂产生三丁基锡自由基($Bu_3Sn\cdot$),因而作为自由基的携带体被广泛用于自由基碳-碳键形成反应。三丁基锡氢的另一用途是对碳-碳重键的加成(锡氢化),由此制得的官能化有机锡化合物(如烯基锡和烯丙基锡)被用于碳-碳键形成。三丁基锡氢的第三个用途是被强碱去质子化,然后与醛反应以制备官能化的有机锡化合物。

$$RC\equiv CH \xrightarrow[AIBN]{(n-Bu)_3SnH} RCH=CHSn(n-Bu)_3$$

$$RC\equiv CH + (n-Bu)_3SnH \xrightarrow{ZrCl_4} \underset{H}{\overset{R}{\diagdown}}C=C\underset{H}{\overset{Sn(n-Bu)_3}{\diagup}}$$

$$RCH_2CH=O + (n-Bu)_3SnLi \xrightarrow{Ph_3P, I_2} RCH_2\overset{I}{C}HSn(n-Bu)_3 \xrightarrow{DBU} \underset{H}{\overset{R}{\diagdown}}C=C\underset{Sn(n-Bu)_3}{\overset{H}{\diagup}} (E)$$

(2) 三丁基氯化锡($n-Bu_3SnCl$):该化合物有两个用途:(a) 用 $NaBH_3CN$ 还原以现场产生 Bu_3SnH,用于自由基反应;(b) 用于与有机金属试剂反应以制备亲核性金属锡化合物。

$$MeO-\langle\!\!\!\bigcirc\!\!\!\rangle-MgBr + BrSnMe_3 \longrightarrow CH_3O-\langle\!\!\!\bigcirc\!\!\!\rangle-SnMe_3$$

$$\underset{Ph}{\overset{H}{\diagdown}}C=C\underset{OCH_3}{\overset{Li}{\diagup}} + Me_3SnCl \longrightarrow \underset{Ph}{\overset{H}{\diagdown}}C=C\underset{OCH_3}{\overset{SnMe_3}{\diagup}}$$

5.3.2 直接用于碳-碳键形成的有机锡化合物

三类有机锡化合物可直接用于碳-碳键形成:(1) 烯丙型基三丁基锡烷;(2) 烯基、芳基三丁基锡烷;(3) α-烷氧基锡烷和 α-氨基锡烷。

5.3.2.1 烯丙型基三丁基锡烷

烯丙型基三丁基锡烷具有与烯丙型基三甲基硅烷类似的反应性。但是,由于 C—Sn 键的极化比 C—Si 键大,因而,烯丙型三丁基锡烷比相应的烯丙型三甲基硅烷活泼。烯丙型三丁基锡烷与醛加成可在加热条件下进行(式5.19)。反应也可用金属锡粉,在水中以 Barbier 反应方式进行(式5.20)。当然,如果使用 Lewis 酸催化剂,则反应可在温和的条件下进行。

$$2\ \diagdown\!\!\!\diagup\!\!\!\diagdown^{MgBr} + [n-Bu_3Sn]_2O \longrightarrow 2\ \diagdown\!\!\!\diagup\!\!\!\diagdown^{Sn(n-Bu)_3}$$

$$Cl-C_6H_4-CHO + \text{CH}_2=\text{CHCH}_2Sn(n-Bu)_3 \xrightarrow[4h,\ 90\%]{100℃} Cl-C_6H_4-C(OH)(H)(CH_2CH=CH_2) \quad (5.19)$$

$$PhCHO + \text{CH}_2=\text{CHCH}_2I \xrightarrow[H_2O]{Sn} Ph-CH(OH)-CH=CH_2 \quad (5.20)$$

与烯丙型三甲基硅烷类似,烯丙型三丁基锡烷与亲电试剂的反应区域专一地发生在 γ-位,反应伴随着双键迁移(式 5.21)[11]。在 Lewis 酸催化下,(E)和(Z)-2-丁烯基三丁基锡烷与醛加成都得同侧(syn)产物(式 5.21)。但是,在无 Lewis 酸存在下,2-丁烯基三丁基锡烷与活泼醛的反应则是(E)式得反侧(anti)产物,(Z)式得同侧(syn)产物(式 5.22)。值得一提的是,在手性配体(R)-联萘酚(BINOL)和四异丙基钛酸酯催化下,烯丙基三丁基锡烷与醛的加成可以对映选择性的方式进行,得到高对映纯度的手性醇(式 5.23)。

$$\text{CH}_3\text{CH}=\text{CHCH}_2\text{Sn}(n-Bu)_3 \text{ 或 } \text{CH}_2=\text{CHCH}(CH_3)\text{Sn}(n-Bu)_3 \xrightarrow[BF_3,\ -78℃]{PhCHO} Ph-CH(OH)-CH(CH_3)-CH=CH_2 \quad (5.21)$$

$$\text{CH}_3\text{CH}=\text{CHCH}_2\text{Sn}(n-Bu)_3 \xrightarrow[20℃]{Cl_3CCHO} Cl_3C-CH(OH)-CH(CH_3)-CH=CH_2 + Cl_3C-CH(OH)-CH(CH_3)-CH=CH_2 \quad (5.22)$$

$(E):(Z)=9:1$ anti 9:1   syn

(Z) 0:(>99)

$$PhCH=O + CH_2=CHCH_2SnBu_3 \xrightarrow[Ti(O-i-Pr)_4]{(R)-BINOL} Ph-CH(OH)-CH_2-CH=CH_2 \quad (5.23)$$

$$87\% \sim 96\%(ee)$$

5.3.2.2 烯基和芳基锡烷

烯基和芳基锡烷的合成应用得益于零价钯催化。在零价钯催化下,烯基或芳基锡烷与烯基卤代烃可发生偶联反应,这一反应叫 Stille 偶联反应(式 5.24 以及后面 5.4.2.2 节式 5.26)[12],是在烯基-烯基,烯基-芳基以及芳基-芳基间形成碳-碳键的重要方法。三氟甲磺酸烯基酯也可用于与烯基锡的偶联。钯催化的偶联反应机理请参见 5.4.2.2 节图 5.6。

$$\text{MeO}-\!\!\left\langle\!\!\bigcirc\!\!\right\rangle\!\!-\text{SnBu}_3 + \text{TfO}-\!\!\left\langle\!\!\bigcirc\!\!\right\rangle\!\!-\text{NO}_2 \xrightarrow[\text{LiCl, DMF}]{\text{PdCl}_2(\text{PPh}_3)_2} \text{MeO}-\!\!\left\langle\!\!\bigcirc\!\!\right\rangle\!\!-\!\!\left\langle\!\!\bigcirc\!\!\right\rangle\!\!-\text{NO}_2$$
48%

(5.24)

5.3.2.3 α-烷氧基锡和α-氨基锡

α-烷氧基锡和α-氨基锡化合物中的锡原子可被正电性更强的金属(例如锂)交换,用于制备锂试剂,是有用的极性颠倒试剂,用于形成氧α-碳负离子[13]和氮α-碳负离子。

$$(n\text{-Bu})_3\text{SnH} \xrightarrow[\text{THF}]{n\text{-BuLi}} (n\text{-Bu})_3\text{SnLi} \xrightarrow[\text{THF}]{\text{RCHO}} \text{RCHSn}(n\text{-Bu})_3 \xrightarrow{\text{MOMCl}} \text{RCHSn}(n\text{-Bu})_3$$

$$\xrightarrow[\text{THF}]{n\text{-BuLi}} \underset{R}{\overset{\overset{\displaystyle O\frown O}{|}}{\text{C}}}\!-\!\text{Li} \xrightarrow{\text{El}^+} \underset{R}{\overset{\overset{\displaystyle O\frown O}{|}}{\text{C}}}\!-\!\text{El} \longrightarrow \underset{R}{\overset{\overset{\displaystyle OH}{|}}{\text{C}}}\!-\!\text{El}$$

$$R_2\text{NCH}_2\text{SPh} + (n\text{-Bu})_3\text{SnLi} \longrightarrow R_2\text{NCH}_2\text{Sn}(n\text{-Bu})_3$$

需要指出的是,有机锡试剂毒性较大,在反应后生成的有机锡副产物,不但毒性大,又往往难于除去,是一类于环境有害的化合物。

5.4 钯催化的碳-碳键形成反应

5.4.1 过渡金属配合物

大家知道,具有合成价值的有机反应大都通过分子中官能团的活化而实现,不带官能团的简单烷烃类化合物难以进行反应,即使反应发生了(如光照卤代),由于缺乏选择性,也难有合成价值。因而开发有机分子新的活化方法,发掘新的反应性,是发展有机合成新方法的基本途径。除了官能团外,有机分子可通过两种方式活化,一种是通过金属有机化合物活化;一种是通过酶、微生物等的生物体系活化。在前一类方法中,有机过渡金属化合物催化占有特别重要的地位。原因有三:首先,过渡金属通过 d 轨道表现出强而多样的配位能力,使之可与底物通过配位而活化;其次,因为配位作用是可逆的,在完成配位活化进而发生反应后过渡金属化合物可以解离,因而可以只使用催化量的金属有机试剂而非化学计量试剂,这在强调绿色合成和原子经济性合成的时代显得尤为重要;第三,周期表中过渡金属元素和配体的多样性,使之可以诱导底物表现出各种不同的反应性能。正因为如此,金属有机化合物在有机合成中发挥着日益重要的作用。

5.4.1.1 有机过渡金属配合物的基元反应

有机过渡金属配合物有四个基元反应:(1) 配位体的配位和解离(包括取代反应);(2) 氧化加成和还原消除反应(包括氧化型的碳－碳偶联和还原型的碳－碳断裂反应);(3) 插入反应和消除(反插入)反应;(4) 与金属键合的配位体的反应。

(1) 配位体的解离和配位

$$ML_n \underset{}{\overset{S}{\rightleftharpoons}} ML_{n-1}S + L \quad (S\text{代表溶剂或底物})$$

实例:
$$M \cdots \|\begin{matrix} CH_2 \\ CH_2 \end{matrix}$$

(2) 氧化加成和还原消除

$$L_nM^{x+2}\begin{matrix}A\\B\end{matrix} \underset{}{\overset{A-B}{\rightleftharpoons}} L_nM^x \overset{A-B}{\underset{A-B}{\rightleftharpoons}} \begin{matrix}[L_nM^{x+2}A]^+ + B^-\\ L_nM^{x+2}\begin{matrix}A\\B\end{matrix}\end{matrix}$$

实例:过渡金属

$$\underset{O}{\overset{Ph_3P}{\underset{C}{\diagup}}}Ir\underset{PPh_3}{\overset{Cl}{\diagdown}} \xrightarrow{H_2} \underset{O}{\overset{Ph_3P}{\underset{C}{\diagup}}}Ir\underset{Cl}{\overset{H \quad H}{\diagdown}}PPh_3$$

非过渡金属

$$Me\text{—}Br + Mg \longrightarrow Me\text{—}Mg\text{—}Br$$

(3) 插入和消除

$$\begin{matrix}U\\|\\M\text{—}X\end{matrix} \longrightarrow M\text{—}U\text{—}X$$

$U = CO, C_2H_4, C_2R_2, NO, CR_2, CNR, RCN, O_2, CO_2$

$X = H, R, Ar, OR, NR_2$

$$L_nM\text{—}R + Y \rightleftharpoons L_nM\text{—}Y\text{—}R$$

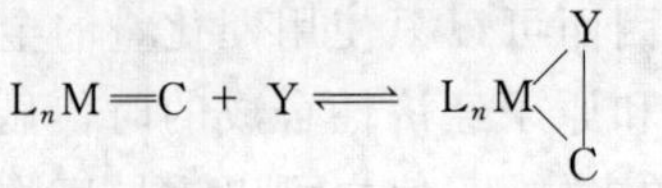

实例：

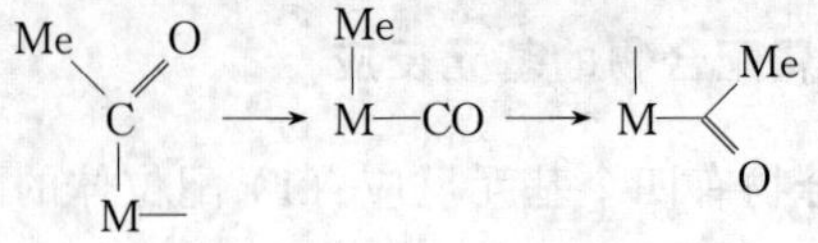

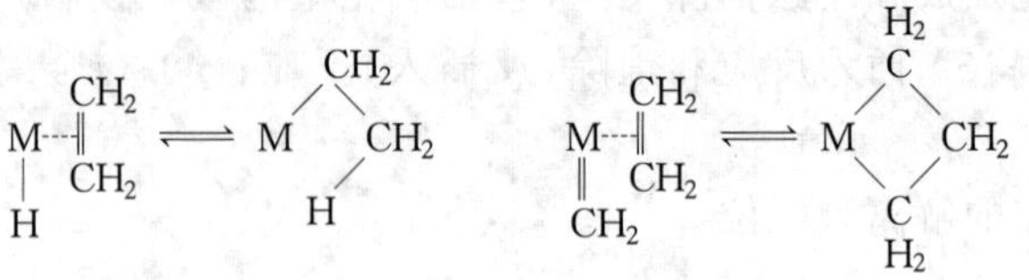

(4) 配位体和外来试剂的反应：亲核取代和亲电取代

$$L_nM—A + :Nu \rightleftharpoons L_n\overset{-}{M}—A—\overset{+}{N}u$$

$$L_nM—A + E \rightleftharpoons L_n\overset{+}{M}—A—\overset{-}{E}$$

实例：

Wacker 氧化

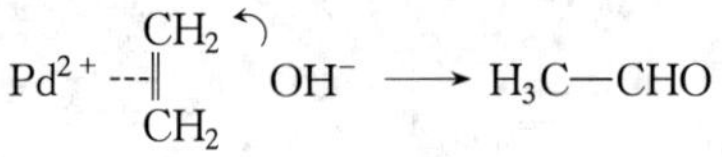

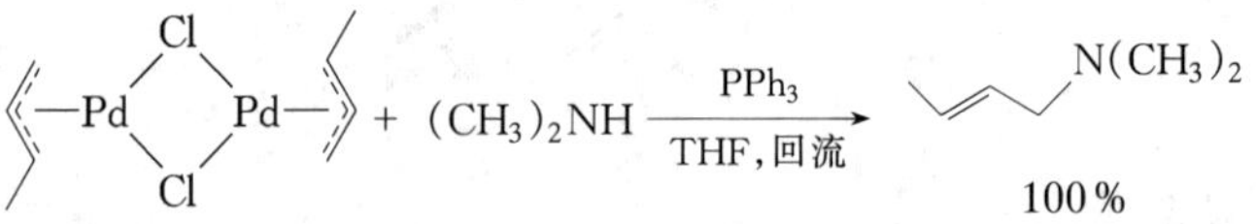

5.4.1.2　涉及碳－碳键形成的有机钯化合物中间体

钯和有机钯催化的有机反应是一类有十分重要价值的合成反应，首先是因为钯价格低廉，无毒无害，比较稳定，易于操作。当然最根本的是其具有很好的催化性能，且反应在中性条件下进行。以下三类有机钯中间体最具合成价值。

(1) 烯烃与 Pd(Ⅱ)形成的 π－配合物

这类配合物的形成活化了烯键使之易受亲核试剂的进攻。在反应的终了通过还原或消除脱除钯。Wacker 氧化就是通过这类配合物进行的。

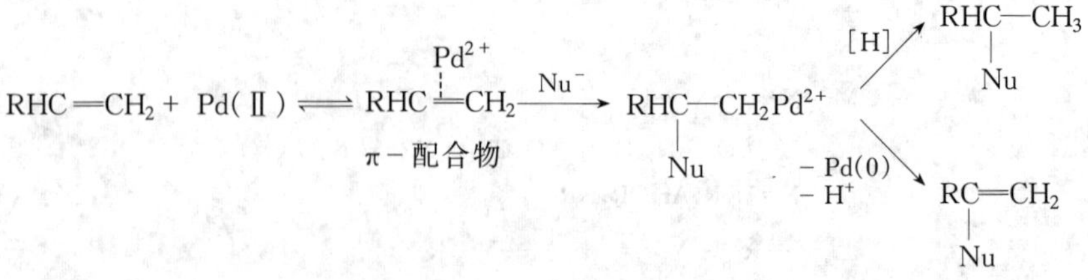
RHC═CH2 + Pd(Ⅱ)
Pd2+
RHC═CH2
π－配合物
Nu−
RHC—CH2Pd2+
Nu
[H]
RHC—CH3
Nu
－Pd(0)
－H+
RC═CH2
Nu

5.4 钯催化的碳－碳键形成反应

(2) 烯丙型化合物与 Pd(Ⅱ) 形成 π-烯丙基配合物

这类 π-烯丙型配合物具亲电性,可被多种碳和杂原子亲核试剂进攻,随后发生 β-消除形成最终产物。将在 8.3.2.1 节介绍的基于硅试剂 2-三甲基硅基烯丙基乙酸酯,通过形成 π-烯丙型配合物(三甲撑甲烷钯配合物)成为 [2+3] 环化反应的 $C_3^{+,-}$ 合成子。

(3) 零价钯对芳基卤或磺酸酯的氧化加成形成 σ-键合中间体

这类中间体可与烯烃或其他不饱和化合物反应,形成碳-碳键,也可与许多有机金属化合物反应生成偶联产物(参见下节)。

5.4.2 有机钯化合物在碳－碳键形成中的应用

有机钯催化的碳-碳键形成方法在有机合成中占有重要地位,最重要的是

Heck 反应,Stille 反应,Suzuki 反应和 Sonogashira 反应等四个人名反应。

5.4.2.1 Heck 反应

Heck 反应[14]是芳基或烯基卤、三氟甲磺酸的芳基或烯基酯、碘盐或重氮盐在 Pd(Ⅱ)催化下与烯烃的偶联反应(式 5.25)。这一反应适应性很广,所用的烯烃可以是简单烯烃、芳基取代烯烃、亲电性烯烃(例如丙烯酸酯)或 N-烯基酰胺。钯催化剂体系包含在整个催化循环中稳定钯物种的配体(一般使用膦配体)、一个助亲核试剂和一个碱。一般采用 Pd(OAc)$_2$ 等二价钯盐为催化剂,通过在反应中现场生成的零价钯 Pd(0)作为活性催化物种(胺可作为还原剂)。Heck 反应可以以分子间或分子内方式进行,后者导向环化产物。Heck 反应的催化循环示于图 5.5。

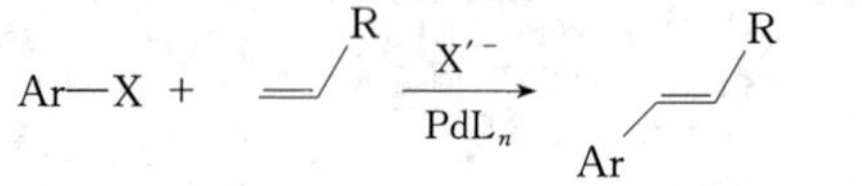

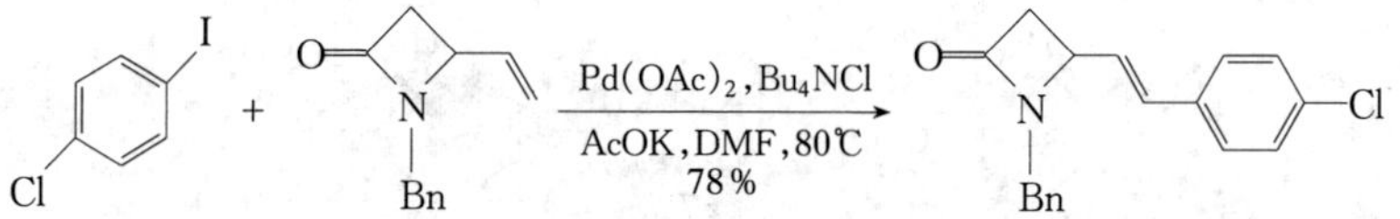

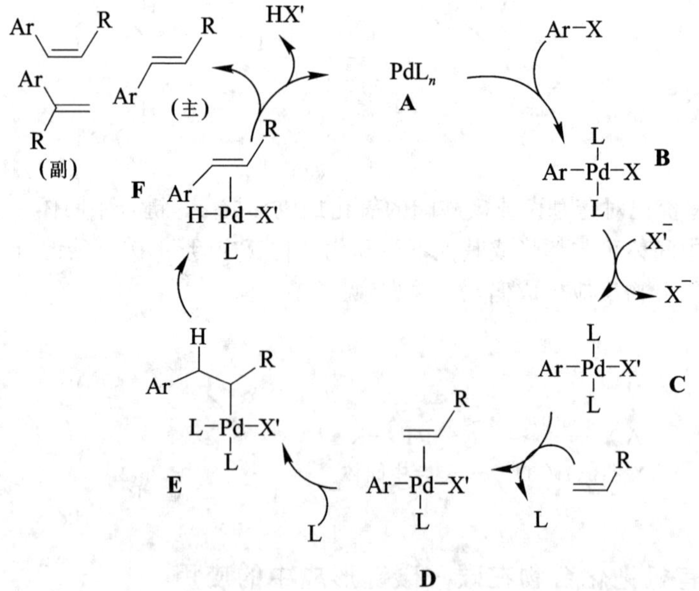

图 5.5 Heck 反应的催化循环

$$\text{(structure with OSO}_2\text{CF}_3\text{)} + \text{CH}_2\text{=CH-OC}_2\text{H}_5 \xrightarrow[\substack{n-\text{Bu}_4\text{N}^+{}^-\text{OSO}_2\text{CF}_3,\\ \text{K}_2\text{CO}_3\\ 92\%}]{\text{Pd(OAc)}_2} \text{(product with OC}_2\text{H}_5\text{)}$$

5.4.2.2 Stille 反应

Stille 偶联反应涉及芳基或烯基锡烷与芳基、烯基、苄基、烯丙基卤或三氟甲磺酸芳酯在零价钯催化下的交叉偶联反应(式 5.26)。可从锡转移出的基团包括烷基、烯基、芳基和炔基。Stille 偶联反应的催化循环示于图 5.6。与 Suzuki 偶联不同的是，Stille 偶联反应无需 OH^-，RO^-，CO_3^{2-} 或 F^- 等亲核体。Stille 偶联是合成带有易水解基团的芳基－芳基、烯基－芳基和烷基－芳基化合物的有效方法。芳卤或烯卤的反应活性与 Suzuki 反应一致，即：$\text{I(OH)OTs} \gg \text{I} > \text{Br} \gg \text{Cl}$。

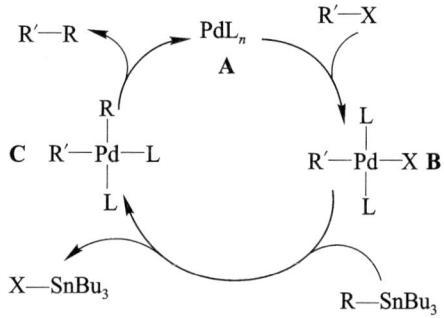

图 5.6 Stille 反应的催化循环

$$\text{ArX} + \text{Ar}'\text{Sn}(\text{Bu}-n)_3 \xrightarrow{\text{PdL}_n} \text{Ar}-\text{Ar}' \quad (5.26)$$

在上节介绍了烯基锡烷与芳基卤与 Stille 偶联。实际上，烯基三氟甲磺酸酯(ROTf)也可发生偶联反应[15]，由于前者可从酮制得，因而这一方法更具多用性。

$$\text{(4-}t\text{-Bu-cyclohexanone)} + (\text{F}_3\text{CSO}_2)_2\text{O} \xrightarrow[\text{CH}_2\text{Cl}_2]{\text{2,6-di-}t\text{-Bu-4-methylpyridine}} $$
$$(\text{Tf}_2\text{O})$$

$$\text{(4-}t\text{-Bu-cyclohexenyl-OTf)} \xrightarrow[\substack{\text{Pd(PPh}_3)_4\\ \text{LiCl, THF}}]{\text{Bu}_3\text{Sn-CH=CH}_2} \text{(4-}t\text{-Bu-vinylcyclohexene)}$$

5.4.2.3 Suzuki 反应

Suzuki 反应[6]涉及芳基或烯基硼在钯催化剂促进下与芳基、烯基卤(X＝I,

Br,Cl),苯磺酸,三氟甲磺酸,氟磺酸的芳基酯以及芳香重氮盐的交叉偶联反应,是合成联芳等不饱和化合物的重要方法。Pd(PPh$_3$)$_4$ 是最常用的催化剂,可作为零价钯的前体。Suzuki 反应需用一个碱作为共催化剂(Na$_2$CO$_3$,K$_2$CO$_3$,KHCO$_3$,Ba(OH)$_2$,NEt$_3$,CsF,TBAF,KF,K$_3$PO$_4$)。Suzuki 交叉偶联反应的活性次序是:Ar—N$_2^+$BF$_4^-$ > Ar—I ≫ Ar—Br ≥ Ar—OTf ≫ Ar—Cl。这一反应已在本章第一节述及,其催化循环示于图 5.7。镍催化剂曾被用于催化较不活泼的苯甲磺酸芳酯或芳氯的反应。

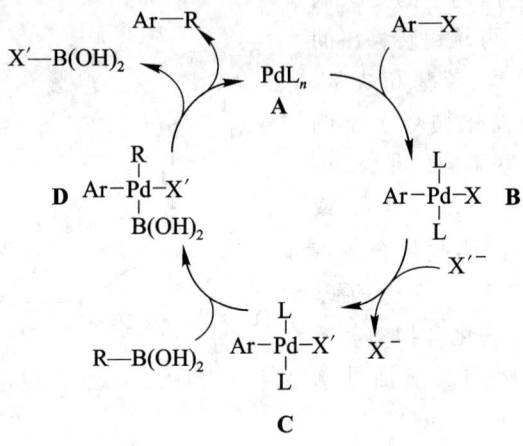

图 5.7 Suzuki 反应的催化循环

5.4.2.4 Sonogashira 反应

Sonogashira 反应[16]是末端炔烃与芳基、烯基卤在 Pd(PPh$_3$)$_4$ 与 CuI 共同作用下的交叉偶联反应(式 5.27)。与 sp^2 杂化碳相连卤素的活性是:I > Br > Cl。

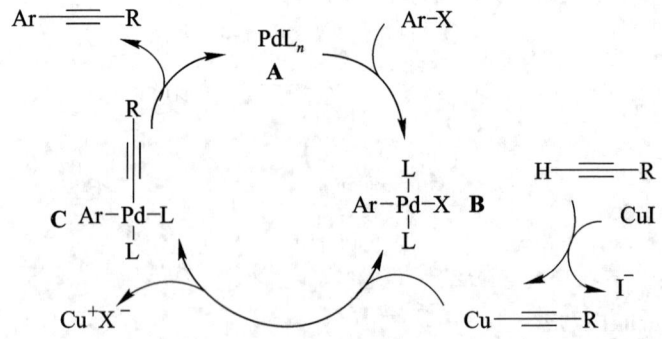

图 5.8 Sonogashira 反应的催化循环

sp^2 杂化碳的活性是:乙烯基 > 丙二烯 > 杂芳环 > 芳环。

$$Ar{-}X + H{-}\!\!\!\equiv\!\!\!{-}R \xrightarrow{PdL_n, CuI} Ar{-}\!\!\!\equiv\!\!\!{-}R \quad (5.27)$$

$$H_3C(CH_2)_4HC{=}CHI + H{-}\!\!\!\equiv\!\!\!{-}(CH_2)_2OH \xrightarrow[\text{吡咯烷}]{Pd(PPh_3)_4\ 5\%\ \ CuI\ 10\%}$$

$$\underset{90\%}{H_3C(CH_2)_4HC{=}\underset{H}{C}{-}\!\!\!\equiv\!\!\!{-}(CH_2)_2OH}$$

除了上述人名反应外,还有许多钯催化的有机金属试剂的交叉偶联反应,以及交叉偶联-羰基插入反应,也是十分有用的碳-碳键形成反应,限于篇幅在此不作介绍。

参 考 文 献

1 (a) Pelter A, Hutchings M G, Smith K, Williams D J. J Chem Soc, Perkin Trans 1, 1975, 2: 145
    (b) Pelter A, Smith K, Hutchings M G, Rowe K. J Chem Soc Perkin Trans 1, 1975, 2: 129
2 (a) Zweifel G, Arzoumanian H, Whitney C C. J Am Chem Soc, 1967, 89: 3652
    (b) Zweifel G, Fisher R P, Snow J T, Whitney C C. J Am Chem Soc, 1971, 93: 6309
3 Miyaura N, Itoh M, Suzuki A. Bull Chem Soc Jpn, 1977, 50: 2199
4 Pelter A, Harrison C R, Kirkpatrick D. J Chem Soc, Chem Commun, 1973, 15: 544
5 Hoffmann R W, Zeiss H J. J Org Chem, 1981, 46: 1309
6 Chemler S R, Trauner D, Danishefsky S J. Angew Chem Int Ed Engl, 2001, 40: 4544
7 Ishiyama T, Miyaura N, Suzuki A. Org Syn, 1993, 71: 89
8 Sakurai H, Hosomi A, Hayashi J. Org Syn, 1990, Coll Vol VII: 443
9 (a) Fleming I, Pearce A. J Chem Soc, Chem Commun, 1975, 15: 633
    (b) Fristad E E, Dime D S, Bailey T R, Paquette L A. Tetrahedron Lett, 1979, 20: 1999
10 Ehlinger E, Magnus P. J Am Chem Soc, 1980, 102: 5004
11 Yamamoto Y, Yatagi H, Ishihara H, Maruyama K. Tetrahedron, 1984, 40: 2239
12 Stille J K, Echavarren A M, Williams M, Hendrix J A. Org Syn, 1993, 71: 97
13 Still W C. J Am Chem Soc, 1978, 100: 1481
14 Meijere A, de Meyer F E. Angew Chem Int Ed Engl, 1994, 33: 2379
15 Scott W J, Crips G T, Stille J K. Org Syn, 1992, Coll Vol VIII: 97
16 Rossi R, Carpita A, Bellina F. Org Prep Proced Int, 1995, 27: 129

习 题

1. 写出以下反应的产物:

(1) R_3B + $N{\equiv}\overset{+}{N}{-}\overset{-}{C}HCOCH_3$ ⟶ (a) ⟶ (b) $\xrightarrow{\text{水解}}$ (c)

(2) [structure] $\xrightarrow[\text{53\%}]{\substack{(1)\ siamylborane \\ (2)\ CO, 50℃ \\ (3)\ H_2O_2}}$

(3) [1-methylcyclopentene] $\xrightarrow{9-BBN}$ $\xrightarrow[96\%]{\substack{(1)\ KBH(O\text{-}i\text{-}Pr)_3 \\ (2)\ CO \\ (3)\ H_2O_2,\ {}^-OH}}$

(4) [structure with BR$_2$ and OMe] $\xrightarrow{\substack{(1)\ i\text{-}PrCHO \\ (2)\ (NCH_2CH_2OH)_3}}$

(5) [phenyl boronic ester] + $Br{-}\langle\rangle{-}OCH_3$ $\xrightarrow[K_2CO_3]{Pd(OAc)_2}$

(6) [cyclohexenone with CN sidechain] + [CH$_2$=C(CH$_3$)CH$_2$SiMe$_3$] $\xrightarrow[96\%]{\substack{TiCl_4 \\ CH_2Cl_2 \\ H_2O}}$

(7) [cyclohexylidene-CH$_2$-Si(CH$_3$)$_3$] $\xrightarrow[AlCl_3,\ 90℃]{CH_3COCl}$

(8) [Me$_3$Si-C(CH$_3$)=CH-CH$_2$-] $\xrightarrow[AlCl_3]{AcCl}$

(9) Me$_3$Si-CHLi-Cl $\xrightarrow{RCHO}$

(10) Me$_3$Si-C(R)=C(R')H $\xrightarrow{Br_2}$

(11) [cyclohexenyl-CH$_2$-SiMe$_3$] $\xrightarrow{AcOH}$

(12) [2-methylcyclohexanone] $\xrightarrow[PhNTf_2]{LDA}$ (a) $\xrightarrow[PdCl_2]{Me_3Sn{-}CH{=}CH{-}SiMe_3}$ (b)

(13) [3,4-bis(Bu$_3$Sn)furan] $\xrightarrow[HMPA,\ THF,\ 65\sim80℃]{RCOCl,\ PdCl_2(PPh_3)_4}$

(14) ![o-iodobromobenzene] + CH$_2$=CHCO$_2$H $\xrightarrow[\text{NEt}_3]{\text{Pd(OAc)}_2}$

(15) RCHO + ≡—CH$_2$—Si(CH$_3$)$_3$ $\xrightarrow{\text{TiCl}_4}$

(16) 3-pyridyl-CH=N-CH$_3$ + AcO-CH$_2$-C(=CH$_2$)-CH$_2$-Sn(C$_4$H$_9$)$_3$ $\xrightarrow[\text{CH}_2\text{Cl}_2]{\text{BF}_3\cdot\text{OEt}_2}$ A $\xrightarrow[\text{DBU, dioxane}]{(\text{Ph}_3\text{P})_4\text{Pd}}$ B 91%

(17) cyclohexenyl-OSO$_2$CF$_3$ + CH$_2$=CH-CH(NHCO$_2$CH$_2$Ph)-CH$_2$-O$_2$CCH$_3$ $\xrightarrow[n\text{-Bu}_4^+\ ^-\text{O}_3\text{SCF}_3,\ \text{K}_2\text{CO}_3]{\text{Pd(OAc)}_2}$

2．根据本章介绍的反应和合成方法，列表总结合成子及相应的合成等效体或试剂。

第6章 自由基反应

共价键 A—B 可以两种方式断裂,均裂得自由基物种 A·/B·,异裂得极性物种 A^+/B^- 或 A^-/B^+。由于大多数有机反应是以极性方式进行,因而逆合成分析的切断大都采取异裂的方式进行,导向 C^a 或 C^d 合成子。但是,在过去二十年,许多自由基反应已发展成可以控制的、可达到高选择性、在中性条件下进行,并与极性反应具有互补性的合成手段。因而,导向自由基的均裂切断愈来愈经常被采用。本节将介绍通过自由基反应形成碳-碳键的主要方法。

6.1 自由基的产生

在有机合成中,自由基反应涉及自由基引发、自由基反应和自由基链转移。自由基可以通过 σ-键均裂、π-键光化学激发、单电子氧化-还原和环芳香化四种方法产生。所需的能量可通过热解、光解、氧化还原或超声波提供。

6.1.1 通过 σ-键均裂产生自由基

σ-键均裂是产生自由基的常用方法。两类化合物可以在温和条件下发生键的均裂产生自由基。一类是分子中含有弱化学键的分子,通常是含碳-杂原子键化合物。例如,过氧化物 ($D_{O-O} = 155 \text{ kJ} \cdot \text{mol}^{-1}$ 或 37 $\text{kcal} \cdot \text{mol}^{-1}$),氯 ($D_{Cl-Cl} = 239 \text{ kJ} \cdot \text{mol}^{-1}$ 或 57 $\text{kcal} \cdot \text{mol}^{-1}$) 和溴 ($D_{Br-Br} = 188 \text{ kJ} \cdot \text{mol}^{-1}$ 或 45 $\text{kcal} \cdot \text{mol}^{-1}$)。此外,N—O 键,碳和非常重的原子,如 Pb、I 的键(C—Y)也容易发生均裂。另一类是碎裂后可产生含特别强化学键产物的分子,或分子中存在着张力较大的键,在这两种情况下强的化学键如 C—C 键或 C—N 键也会发生均裂。过氧苯甲酰和偶氮二异丁腈(AIBN,**1**)是最常用的自由基引发剂。过氧苯甲酰中的 O—O 键和 AIBN 中的 C—N 键均可在加热或光化学条件下发生均裂,后者在热反应中的有效温度范围是 60~110 ℃。

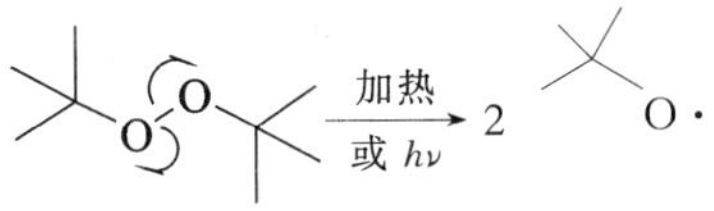

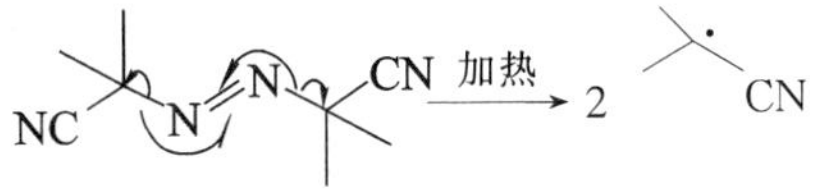

$$\text{(t-BuO)}_2 \xrightarrow{\text{加热}\\\text{或}h\nu} 2 \text{ t-BuO·}$$

$$\text{NC-C(CH}_3\text{)}_2\text{-N=N-C(CH}_3\text{)}_2\text{-CN} \xrightarrow{\text{加热}} 2 \text{ ·C(CH}_3\text{)}_2\text{CN}$$

AIBN **1**

键的离解能受取代基影响,能够通过离域稳定未成对电子的取代基可稳定自由基,从而提高键的均裂速率。例如,偶氮甲烷到 200 ℃ 仍然稳定,而 AIBN 在 100 ℃ 的半衰期只有 5 min,因为后者分解产生离域的自由基。

$$\text{·C(CH}_3\text{)}_2\text{—C≡N} \longleftrightarrow \text{(CH}_3\text{)}_2\text{C=C=Ṅ}$$

6.1.2 通过光化学方法产生自由基

如果分子中存在吸光基团(生色基),紫外光(有时是可见光)可诱导相关键的均裂,形成自由基。该法常用于从含卤素分子产生氯或溴自由基,从亚硝酸酯或次氯酸产生烷氧自由基和从 N-氯代铵产生氮自由基正离子。

用适当波长的光照射含 π-键的化合物可以把成键 π 轨道上的一个电子激发到反键 π^* 轨道上,形成 1,2-双自由基,后者可进行典型的自由基反应。$C=O$,$C=S$ 和 $C=C$ π 键均可被光激发。π 键愈弱,光激发产生自由基愈容易。

$$RON=O \xrightarrow{h\nu} RO· + ·NO$$

$$RO-Cl \xrightarrow{h\nu} RO· + Cl·$$

$$R_2\overset{+}{N}HCl \xrightarrow{h\nu} \overset{·+}{RNH} + Cl·$$

6.1.3 通过氧化还原产生自由基

有机分子中:

有的共价键因从强单电子给予体得到一个电子而断裂(例如 C—S 键)。强单电子给体包括强正电性金属,例如钠、锂、兰尼镍和相关还原体系(萘-锂,锂-氨)或低价态过渡金属盐如 $TiCl_3$,$FeCl_2$,SmI_2。

有的共价键因向强单电子接受体给出一个电子而断裂。单电子接受体通常是高价态的过渡金属离子盐。例如,四乙酸铅 $[Pb(OAc)_4]$,三乙酸锰 $[Mn(OAc)_3]$,硝酸铈铵 $[(NH_4)_2Ce(NO_3)_6]$ 和 DDQ。

有的底物经单电子还原(接受一个电子)转变成自由基负离子。例如,苯甲醚在 Birch 还原的第一步,从锂-(液)氨体系获得一个电子而成为自由基负离子。电子接受体通常是芳环或羰基π键的反键轨道。由酮衍生的自由基负离子叫羰游基(ketyl)。在制备无水无氧溶剂时,电子离域稳定的二苯甲酮羰游基(深蓝色)被广泛用于除氧。

有的底物经单电子氧化转变成自由基正离子。单电子氧化剂 CAN 和 DDQ 常用于氧化富电子芳香化合物,例如,羟基和氨基的保护基对甲氧基苯基或对甲氧基苄基。这是从 O 或 N 上除去对甲氧基苯基或对甲氧基苄基保护基的重要方法。

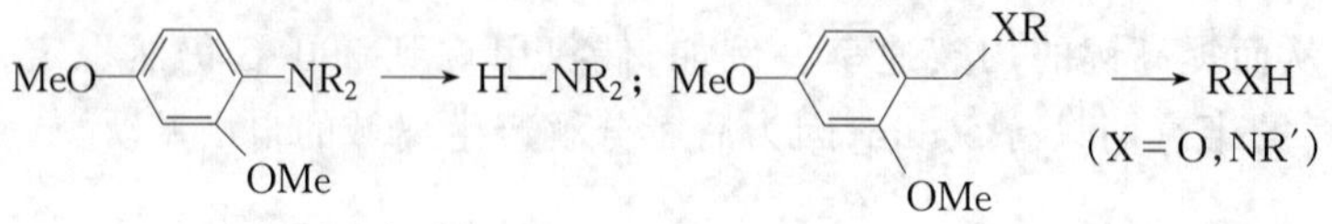

$$\text{MeO-C}_6\text{H}_3(\text{OMe})\text{-NR}_2 \longrightarrow \text{H-NR}_2; \quad \text{MeO-C}_6\text{H}_3(\text{OMe})\text{-CH}_2\text{XR} \longrightarrow \text{RXH} \quad (X = O, NR')$$

6.1.4 双自由基的产生

有些高度不饱和化合物的环芳香化可产生双自由基。其中最有名的反应是 Bergman 环化,涉及烯二炔通过环芳香化形成芳环 1,4-双自由基的反应。Calicheamycin 等抗癌抗生素的抗癌机制即为所含的烯二炔片断发生环芳香化产生双自由基,然后从 DNA 抽取 H·,引起 DNA 损伤,最终导致癌细胞凋亡。

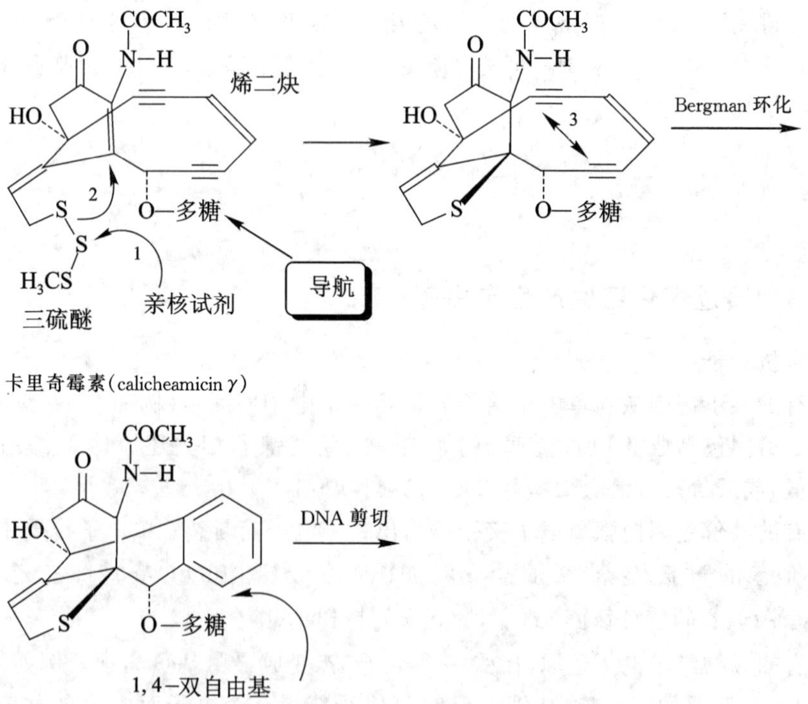

卡里奇霉素(calicheamicin γ)

1,4-双自由基

6.2 自由基的结构与反应性

6.2.1 自由基的结构与特性

碳负离子、碳正离子、自由基和卡宾是四种基本的有机活性中间体。碳负离子是 sp^3 杂化,碳正离子具有平面三角形的碳及一个空的 p-轨道。自由基是至少含有一个未配对电子的物种,其结构可以是四面体、平面型或者介于两者之间,可以用压扁的扁平四面体表示其结构。自由基的特性可以是亲核性、亲电性或具有两可反应性。这些特性受带未配对电子碳上取代基的影响,它们可用前线分子轨道理论解释。即单占有分子轨道(SOMO, singly occupied molecular orbital),与其反应对象的最低未占有分子轨道(LUMO)或最高占有分子轨道(HOMO)的相互作用受 SOMO 的相对能量影响。

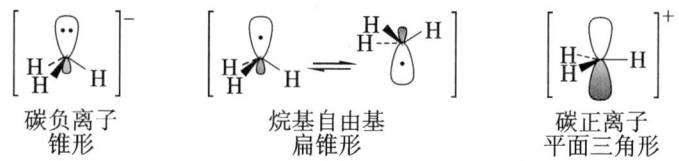

碳负离子 　　　　　烷基自由基 　　　　碳正离子
锥形　　　　　　　　扁锥形　　　　　　平面三角形

亲核性自由基:可更迅速地加成到缺电子烯烃上(例如丙烯腈和丙烯酸甲酯)的碳自由基上。烷基取代的自由基具有亲核倾向,增加烷基取代基的数目可提高 SOMO 的相对能量,由此可减少 SOMO 与 LUMO 的能量差异。因此,碳自由基与缺电子烯烃富马酸二甲酯加成的相对反应速率次序为叔>仲>伯。

亲电性自由基:亲电性自由基的特点与亲核性自由基正好相反,即可更迅速地与富电子烯烃,例如烯醇醚和烯胺反应。吸电子基可提高其亲电性,由于反应是通过亲电性自由基的 SOMO 与富电子烯烃的 HOMO 相互作用而进行,降低 SOMO 的能量将有利于降低 SOMO 与 HOMO 的能差 ΔE,进而提高反应速率。

两可反应性自由基:从前线分子轨道的观点考虑,有些自由基 SOMO 的能量界于亲电性与亲核性自由基 SOMO 的能量之间,它们与反应对象的 LUMO 或 HOMO 具有类似的相互作用,因而,吸电子基和推电子基都可加速反应。

两可反应性自由基是处于亲核与亲电反应性之间的自由基。虽然对这类自由基知之甚少,有人认为带一个弱吸电子基的自由基(如,·CH_2CO_2Bu-t)具有这种两可反应性倾向。

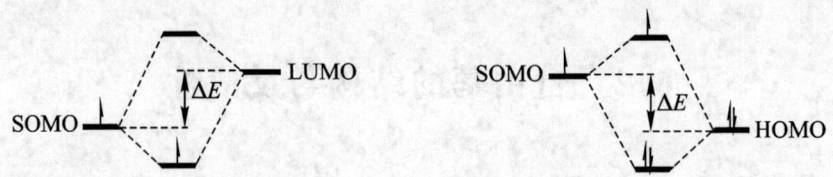

6.2.2 自由基的反应类型

自由基的主要反应类型有三种:抽取(从饱和键上抽取一个原子,通常是氢原子);加成(到不饱和键);(与另一自由基)偶联或歧化。

6.2.2.1 自由基抽取反应

自由基从饱和键上抽取一个氢是常见的反应,与不同碳上的氢反应的选择性取决于碳-氢键的离解能(D_{C-H})和极化情况。碳氢键的离解能愈低,反应性愈高,所形成的碳自由基也愈稳定。因此,烃类化合物的反应性次序为:

$$CH_2=CHCH_2-H, PhCH_2-H > Me_3C-H > Me_2CH-H > MeCH_2-H > CH_3-H > H_2C=CH_2 > C_6H_5-H$$

360   368   401   402   419   440   440   465

(单位:$kJ \cdot mol^{-1}$)

削弱某个 C—H 键的因素或提高某种自由基稳定性的因素都可使 H 抽取反应具有区域选择性。因而氢抽取反应通常发生在烯丙位或苄基位。羰基化合物在过氧二叔丁醚(DTBP)反应时容易在羰基 α-位形成自由基。在 DTBP 引发的反应中加入有些高氧化态的盐(Ag^{2+}, Co^{3+}, Ce^{4+}, Fe^{3+}, Ir^{4+}, Mn^{3+} 和 V^{5+})有助于产生羰基 α-碳自由基。

$$\text{环戊酮} \xrightarrow{DTBP, \Delta} \text{环戊酮-}\alpha\text{-自由基}$$

$$\text{丙酮} \xrightarrow[\text{或 } Ag^+/S_2O_8^{2-}]{Mn(OAc)_3} \text{丙酮-}\alpha\text{-自由基}$$

极化的影响使亲核性自由基(例如烷基自由基 R·)倾向于在低电子云密度的原子上反应;而亲电性自由基(如 Cl·)倾向于在高电子云密度的原子上反应。

6.2.2.2 自由基加成反应

向碳-碳不饱和键加成是最重要的自由基反应。自由基对单取代烯烃的加成总是加到末端炔碳上。对 $CH_2=CHX$ 的加成几乎总是加到亚甲基上,因为 $RCH_2\dot{C}HX$ 总是比 $\dot{C}H_2CHXR$ 稳定,而且 =CHX 端的位阻比 $CH_2=$ 端大。但是,α-位加成的比例随着 β-位取代基体积的增大而增大。

$$\underset{99.8\%}{\diagup}\overset{0.2\%}{\diagdown}_{COOMe} \qquad \underset{88\%}{\overset{Et}{\diagup}}\overset{12\%}{\diagdown}_{COOMe} \qquad \underset{20\%}{\overset{t-Bu}{\diagup}}\overset{80\%}{\diagdown}_{COOMe}$$

自由基对羰基加成也是已知的,但与羰基化合物的反应主要是在饱和碳上和对醛基(CHO)氢的抽取。C=O 比 C=C 反应性低可能是因为把 C=O 转变为 C—O 需要的能量(大约 352 kJ·mol^{-1})比把 C=C 转化为 C—C(约 260 kJ·mol^{-1})高得多。

6.2.2.3 自由基偶联与歧化反应

两个自由基间可发生偶联反应(式 6.1)或歧化反应(式 6.2),这两类反应速率快。自由基间的偶联反应是自由基与相应离子型反应的最主要差别。

$$2\cdot CH_3 \longrightarrow H_3C-CH_3 \tag{6.1}$$

$$\underset{}{Ph-\overset{H}{\underset{H}{C}}-\overset{H}{\underset{H}{C}}H} + \overset{H}{\underset{CH_3}{\cdot C}}-Ph \longrightarrow Ph-\overset{H}{\underset{H}{C}}=\overset{H}{\underset{}{C}} + \overset{H}{\underset{CH_3}{\overset{H}{C}}}-Ph \tag{6.2}$$

6.3 自由基反应在有机合成中的应用

6.3.1 偶联反应

6.3.1.1 Kolbe 电解合成法

Kolbe 电解合成可用于长链脂肪酸盐的脱羧偶联。该反应用于同一种羧酸盐的偶联效果好,而两种不同羧酸盐的脱羧偶联将产生三种偶联产物,但是如果其中一个羧酸盐过量,也可得到良好收率的交叉偶联产物。例如,在式 6.3 的反应中,用过量的庚酸盐可使交叉偶联产物 **2** 的收率达到 **80%**。该反应只适于伯羧酸和烯丙型羧酸盐。

$$2RCO_2^- \xrightarrow{-2e^-} 2RCO_2\cdot \xrightarrow{-CO_2} 2R\cdot \longrightarrow R-R$$

$$n\text{-}C_8H_{17}(CH_2)_7COO^- + CH_3(CH_2)_5COO^- \xrightarrow{e^-} \underset{\mathbf{2}}{n\text{-}C_8H_{17}(CH_2)_{12}CH_3} \qquad (6.3)$$

6.3.1.2 末端炔的偶联

乙炔和末端炔可在许多条件下偶联成二炔。第一个经典反应是 Glaser 反应,该反应是炔在碱性条件和 $CuCl_2$ 存在下反应生成二炔。反应可能是通过 Cu^{2+} 对乙炔负离子的单电子氧化形成炔自由基再偶联进行的。3-羟基-1-丁炔的氧化偶联被用于 β-胡萝卜素中间体 **3** 的合成(式 6.4)。

$$R{\equiv}H \underset{-H^+}{\rightleftharpoons} R{\equiv}C^- \xrightarrow{Cu^{2+}} R{\equiv}C\cdot + Cu^+$$

$$2\ R{\equiv}C\cdot \longrightarrow R{\equiv}{\equiv}R$$

$$2\ Ph{\equiv}H \xrightarrow[(2)\ 空气]{(1)\ CuCl_2,NH_4Cl} Ph{\equiv}{\equiv}Ph$$

(6.4)

炔偶联的第二个经典反应是 Chodkiewicz 偶联反应。该反应涉及溴炔与单取代炔在 CuCl 和胺存在下的偶联反应,可用于混合二炔的合成。这一反应也可在钯/铜催化下进行。

6.3.1.3 频哪醇偶联

低价钛是羰基化合物还原偶联最灵活多用的试剂。选用一定的试剂体系，羰基化合物的还原偶联可生成邻二醇(频哪醇反应)或烯烃(McMurry 烯烃化反应)。频哪醇反应[1](频哪醇偶联)是一个经典的电子转移反应。在该反应中，碱金属(Na)或碱土金属(Mg)传递一个电子给羰基，形成一个自由基负离子。如果反应是用单价金属如 Na,K,并在醇中进行,则结果是羰基还原为醇。如果用碱土金属(例如 Mg),则所形成的自由基负离子因配位而稳定,且由于桥连作用使"分子内"偶联反应比还原反应快,主要得到偶联产物频哪醇 **4**。Corey 在植物生长调节剂赤霉素合成中曾用此反应构建重要中间体 **5**(式 6.5)[2]。

除了金属镁和金属钠外,还有许多还原剂可以采用。例如,二碘化钐是一优良的单电子转移试剂,这是由 Sm^{2+} 极易被氧化成 Sm^{3+} 这一性质所决定。此外,Sm^{3+} 具有强亲氧性。这两个特点使得 SmI_2 极易与羰基化合物反应[3]。反应首先形成自由基中间体 $\dot{C}$—OSm(Ⅲ),随后与酮加成,接着从二碘化钐接受第二个电子,导向频哪醇类产物。

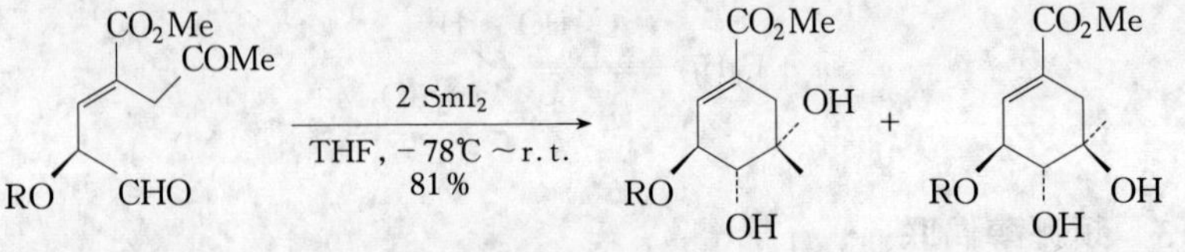

上述自由基中间体也可与亚胺、腈、烯烃等 π-亲电试剂加成。在较强的条件下,二碘化钐也可用于亚胺的还原偶联。

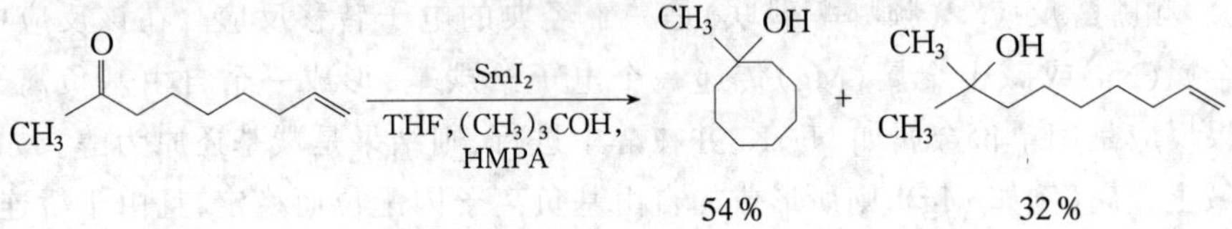

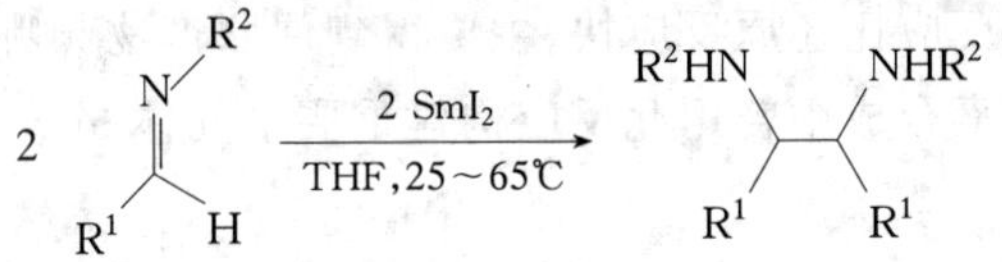

6.3.1.4 酰偶姻缩合 (acyloin condensation)

酰偶姻缩合是两个酯与单电子还原剂反应生成 α-羟基酮(酰偶姻 **6**)的反应(式 6.6)。反应通常使用金属钠,在惰性溶剂中进行。反应机理与频哪醇偶联相似,但是增加了两个消除步骤和两个电子转移步骤(图 6.1)。分子内的酰偶姻缩合反应比较有合成价值,可用于不同大小环的合成。

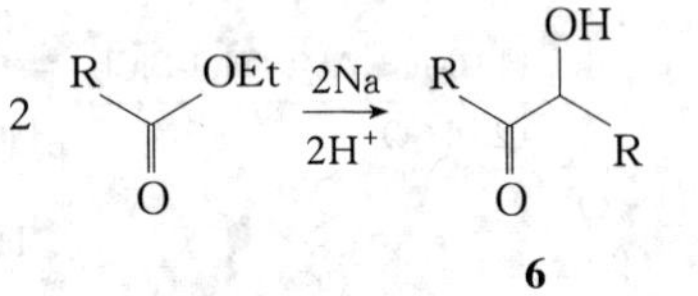

$$(6.6)$$

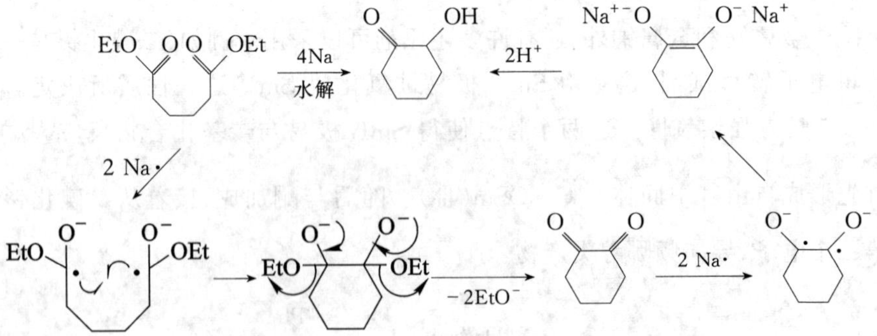

图 6.1 酰偶姻缩合的机理

酰偶姻缩合的一个有用的改进是在体系中加入过量的三甲基氯硅烷(TMSCl)以捕捉反应中生成的烷氧负离子,形成 1,2 - 二硅氧基烯。这样可以避免 EtO⁻ 催化的 Dieckmann 副反应的竞争。二硅氧基烯水解后得 α - 羟基酮。改良的酰偶姻缩合甚至可用于四元环的合成[4]。分子间反应也可得到很好的收率。

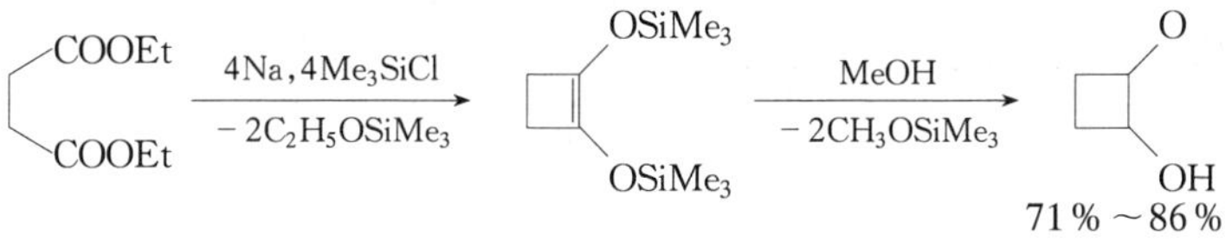

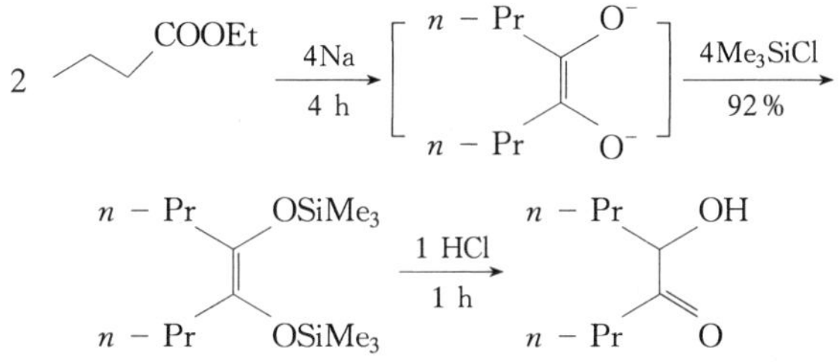

根据本节所述的自由基偶联反应,以下各类化合物的切断为:

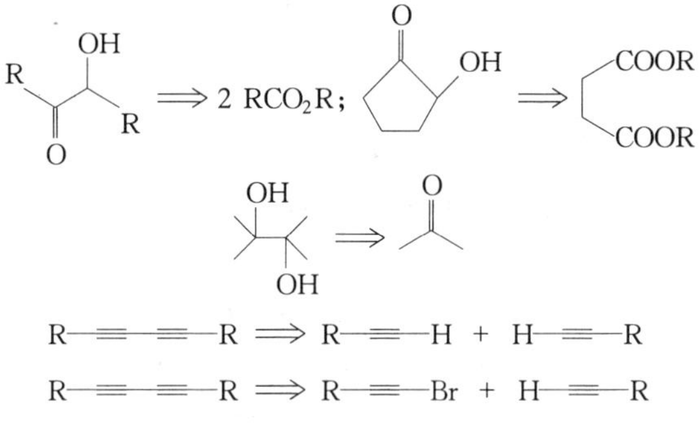

6.3.1.5 羰基化合物的 McMurry 烯烃化反应

McMurry 烯烃化反应[5,6]是两分子醛或酮在钛诱导下还原偶联合成烯烃的反应。TiCl₃/K 是最常用的试剂。这一反应是 McMurry 偶然发现的,当他试图通过用 TiCl₃ 修饰的 LiAlH₄ 发展一种新的羰基还原法时,他没有得到预期的产物 **8**,而是以 80% 的产率得到二聚烯烃 **9**。

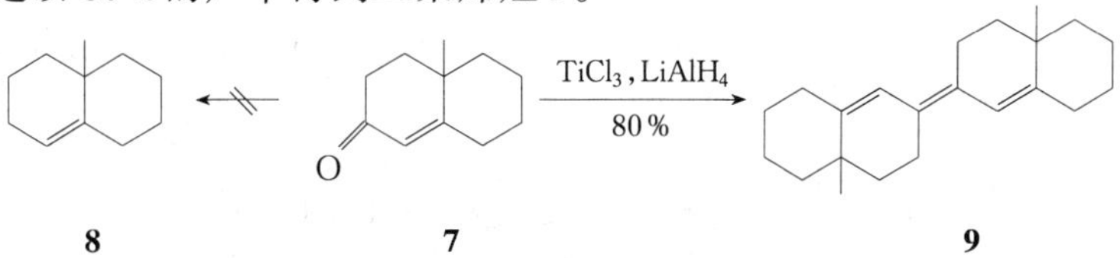

(6.7)

8　　　**7**　　　**9**

一般认为反应的活性物种是零价钛[Ti(0)]。业已发展了许多体系[例如 $TiCl_3-LiAlH_4$, $TiCl_3-K$, $TiCl_3-Li$]以产生这一物种。此法适于制备对称烯烃。在某些情况下，非对称烯烃也可制备，尤其当其中一种羰基化合物(通常是丙酮)过量时，往往可获得成功。通过分子内偶联合成环烯烃的反应更易进行。

McMurry 反应是一种有效的烯烃合成反应，具有较广的普适性，曾成功地用于许多醛、酮(包括不饱和、芳香和烷基酮)的偶联。该法被用于视黄醛的偶联合成 β-胡萝卜素 **10**(式 6.8)，萜 isomijiol **11**[7]等天然产物的合成。

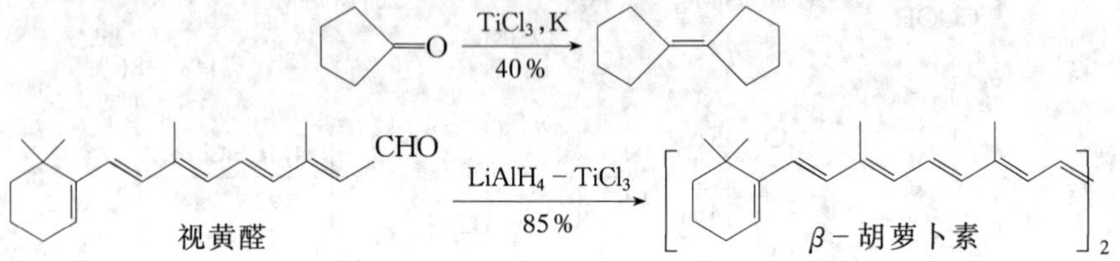

10

(6.8)

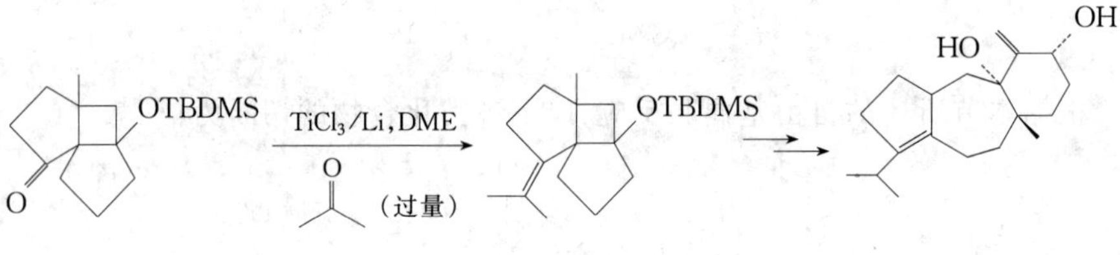

76%

isomijiol **11**

根据 McMurry 反应，烯烃可作如下切断：

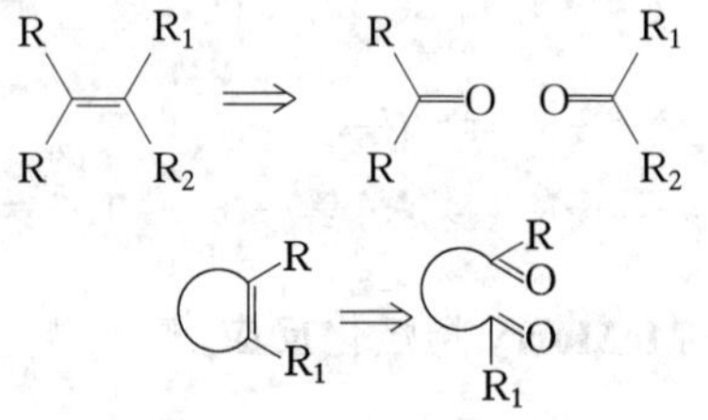

6.3.2 氧化脱羧

Hunsdiecker 反应(卤代脱羧)：Hunsdiecker 反应是羧酸的银盐在四氯化碳中与溴反应生成溴化脱羧产物的反应(式 6.9)，反应涉及中间体酰基次溴酸的均裂(图 6.2)。汞盐(Hg^{2+})(式 6.10)和铅盐(Pb^{4+})(式 6.11)[8]也可进行类似的反应。

$$RCO_2Na \xrightarrow{AgNO_3} RCO_2Ag \xrightarrow[CCl_4]{Br_2} RBr + AgBr + CO_2 \qquad (6.9)$$

$$t\text{-BuCH}_2\text{COOAg} \xrightarrow[62\%]{\text{Br}_2} t\text{-BuCH}_2\text{Br}$$

$$\text{RCO}_2\text{Ag} + \text{Br}_2 \longrightarrow \text{RCO}_2\text{Br} + \text{AgBr}$$

$$\text{RCO}_2\text{Br} \longrightarrow \text{RCO}_2\cdot + \text{Br}\cdot$$

$$\text{RCO}_2\cdot \xrightarrow{-\text{CO}_2} \text{R}\cdot \xrightarrow[\text{或 Br}\cdot]{\text{RCO}_2\text{Br}} \text{RBr} + \text{RCO}_2\cdot$$

图 6.2 Hunsdiecker 反应的机理

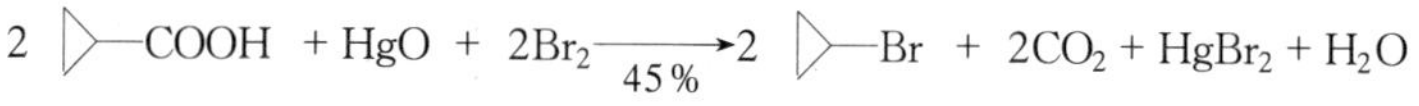

$$2 \triangleright\!\!-\text{COOH} + \text{HgO} + 2\text{Br}_2 \xrightarrow{45\%} 2 \triangleright\!\!-\text{Br} + 2\text{CO}_2 + \text{HgBr}_2 + \text{H}_2\text{O} \qquad (6.10)$$

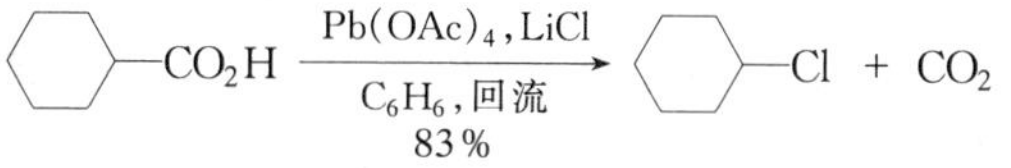

$$\text{C}_6\text{H}_{11}\text{—CO}_2\text{H} \xrightarrow[\text{C}_6\text{H}_6,\text{回流}]{\text{Pb(OAc)}_4,\text{LiCl}} \text{C}_6\text{H}_{11}\text{—Cl} + \text{CO}_2 \qquad (6.11)$$

$$83\%$$

6.3.3 自由基加成反应

有机合成中最有用的自由基通常是由碳杂原子键（C—X, X = I, Br, Cl, SPh, SePh）均裂产生的。为了提高反应的选择性，除了用催化量的偶氮二异丁腈（AIBN）作为自由基引发剂外，常用等摩尔数的三丁基锡烷（Bu$_3$SnH）[9]。三丁基锡烷有两个基本作用，一是易于生成 Bu$_3$Sn· 作为自由基链的传递者，通过抽取底物中的卤原子（I, Br, Cl）或 PhS, PhSe 引发反应；二是作为 H· 供体终止反应。反应的一般过程如下：

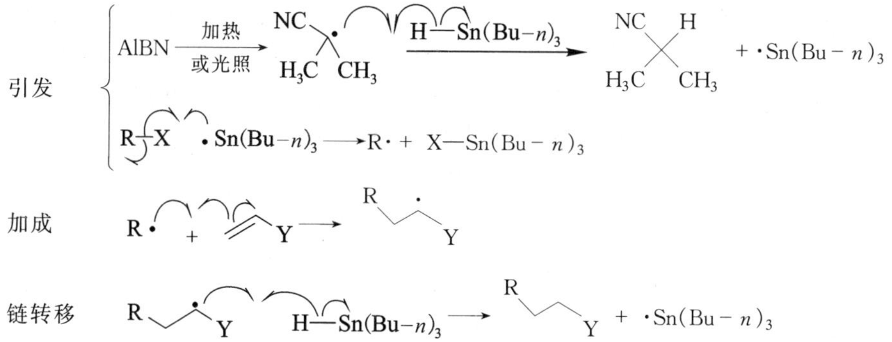

引发：
$$\text{AIBN} \xrightarrow[\text{或光照}]{\text{加热}} \text{NC—C(CH}_3\text{)}_2\cdot + \text{H—Sn(Bu-}n\text{)}_3 \longrightarrow \text{NC—CH(CH}_3\text{)}_2 + \cdot\text{Sn(Bu-}n\text{)}_3$$

$$\text{R—X} + \cdot\text{Sn(Bu-}n\text{)}_3 \longrightarrow \text{R}\cdot + \text{X—Sn(Bu-}n\text{)}_3$$

加成：
$$\text{R}\cdot + \text{CH}_2\!\!=\!\!\text{CHY} \longrightarrow \text{R—CH}_2\text{—CH}\cdot\text{Y}$$

链转移：
$$\text{R—CH}_2\text{—CH}\cdot\text{Y} + \text{H—Sn(Bu-}n\text{)}_3 \longrightarrow \text{R—CH}_2\text{—CH}_2\text{Y} + \cdot\text{Sn(Bu-}n\text{)}_3$$

还原和偶联是主要的副反应：

$$\text{R}\cdot + \text{HSnBu}_3 \longrightarrow \text{RH} + \cdot\text{SnBu}_3$$

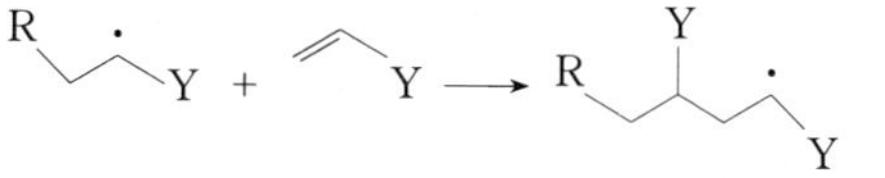

$$\text{R—CH}_2\text{—CH}\cdot\text{Y} + \text{CH}_2\!\!=\!\!\text{CHY} \longrightarrow \text{R—CH}_2\text{—CHY—CH}_2\text{—CH}\cdot\text{Y}$$

AIBN 可在回流的苯或甲苯中发生热分解。因此，自由基反应一般在回流的苯或甲苯中进行。$n\text{-}Bu_3SnH$ 可直接加入或通过硼氢化钠还原 Bu_3SnCl 现场产生[10]。自由基对取代烯烃加成反应的一般方式如下：

$$R\text{-}X + \diagup\!\!\!\diagdown Y \xrightarrow[\text{或 } n\text{-}Bu_3SnCl/NaBH_4]{AIBN(\text{cat.}), n\text{-}Bu_3SnH} R\diagup\!\!\!\diagdown Y$$

在碳自由基对烯烃和炔烃的加成中，新形成碳-碳键（键能 368 kJ·mol^{-1} 或 88 kcal·mol^{-1}）的能量足以补偿 π C=C 键（键能 226 kJ·mol^{-1} 或 54 kcal·mol^{-1}）断裂的能量。因而，这是一个十分有利的放热反应，通常是不可逆的。一般而言，亲核性自由基对未活化烯烃的反应，由于反应速度太慢并不具合成价值，具有合成价值的加成是对活化烯、炔烃在 β-位上的加成[11]。但是，当 β-位取代基较大时，在 α-位加成的量显著增加。

烯丙基锡烷是另一类可以烷基自由基加成的化合物[13]。

以下两例展示的是分子间自由基加成反应的合成应用。第一例是用于糖的立体选择性碳苷化，主产物为 α-差向异构体[14]。第二例是自由基加成反应用于天然产物 malyngolide **12** 的合成。首先是碘代物 **13** 与甲基丙烯酸甲酯的自由基偶联，然后经催化氢解除去苄撑缩醛后即环化形成内酯 **12**。

更多的自由基加成反应是以分子内反应的方式进行,导向环化产物[14]。这是合成环状化合物的重要方法,将在环化反应一章进一步讨论。值得一提的是,自由基聚合反应是高分子合成的基本方法之一。

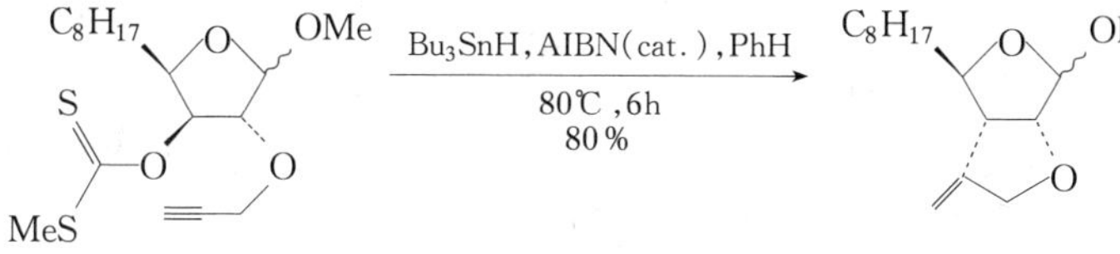

6.3.4 自由基取代反应

自由基取代反应主要用于卤代烃的脱卤与醇的脱氧反应。自由基脱卤是一个有用的反应,在这些反应中,C—X 键被 C—H 键所取代。由于反应在温和的中性条件下进行,因此,许多对酸、碱和还原剂敏感的官能团不受影响。

醇的脱氧可通过 Barton-McCombie 反应[15](式 6.12)实现。首先需把醇(ROH)转化为磺原酸酯(ROCS$_2$CH$_3$)或另一种硫代羰基化合物,然后整个基团通过 n-Bu$_3$SnH 媒介的自由基反应除去,并被 H· 所取代(图 6.3)。

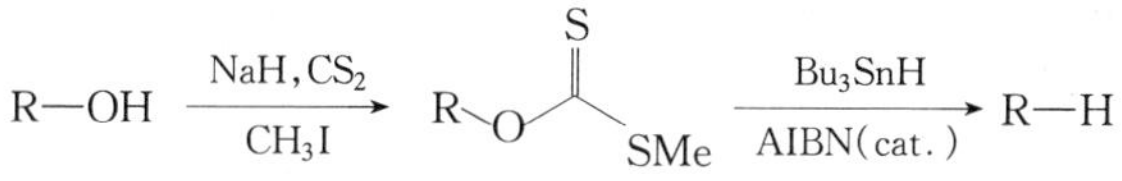

$$R-OH \xrightarrow[CH_3I]{NaH, CS_2} R-O-\overset{S}{\underset{}{C}}-SMe \xrightarrow[AIBN(cat.)]{Bu_3SnH} R-H \qquad (6.12)$$

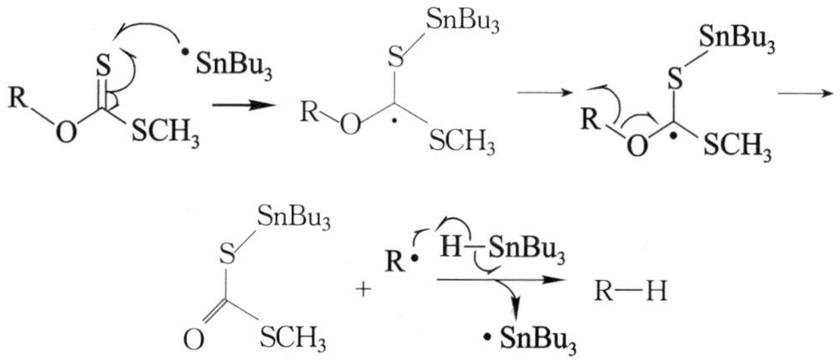

图 6.3 Barton-McCombie 自由基脱氧反应机理

6.3.5 自氧化反应

C—H 键被 C—OOH 键取代的反应叫自氧化反应。自氧化反应并非自身氧化反应,而是指醚和醛在空气中氧的(一种 1,2 - 双自由基·O—O·)作用下的自发氧化反应。这种自氧化作用可使放置中的醚氧化成过氧化物,后者经加热或碰撞易发生爆炸。有机合成中的常用溶剂乙醚、四氢呋喃和异丙醚均存在这种危险,其中尤以异丙醚为甚。商品化的醚溶液一般含有少量自由基抑制剂(如对氢醌)以阻止自由基反应,而经过实验室重蒸后的醚溶剂不再含稳定剂。因此,重蒸的醚不能久置。这一常识是从事有机合成者需切记的。过氧化物可通过淀粉试纸检测,通过还原(如用 $FeSO_4$ 水溶液)除去。

$$EtO-\underset{CH_3}{\overset{H}{C}}H + O_2 \longrightarrow EtO-\underset{CH_3}{\overset{OOH}{C}}H$$

$$\underset{O}{\bigcirc} \longrightarrow \underset{O}{\bigcirc}-OOH$$

苯甲醛放置后瓶口的白色固体是自氧化产物苯甲酸,其形成涉及苯甲醛的自氧化和 Bayer - Villiger 氧化反应:

$$Ph\overset{O}{\underset{}{\|}}H \xrightarrow{O_2} Ph\overset{O}{\underset{}{\|}}OOH \xrightarrow{PhCHO} 2\ Ph\overset{O}{\underset{}{\|}}OH$$

生物活性分子通过自由基的自氧化是食品变质的原因之一。愈来愈多的证据显示自由基是人体衰老的原因之一。然而自氧化反应也并非都是有害的,工业上利用自氧化从苯和丙烯合成苯酚和丙酮是趋利避害的一个实例。从四氢化萘合成 α - 萘酮也是利用自氧化反应的一个实例。

参 考 文 献

1　Wirth T. Angew Chem Int Ed Engl,1996,35:61
2　Corey E J,Carney R L. J Am Chem Soc,1971,93:7318
3　Molander G A,Kenny C. J Org Chem,1988,53:2132
4　Bloomfield J J,Nelke J M. Org Synth,1988,Coll Vol Ⅵ:167
5　McMurry J E. Chem Rev,1989,89:1513

6　Ephritikhine M,Chem Commun,1998,23:2549
7　Paquette L A,Yan T H,Wells G J. J Org Chem,1984,49:3610
8　Becker K B,Geisel M,Grob C A,Kuhnen F. Synthesis,1973,8:493
9　Studer A,Amrein S. Synthesis,2002,7:835
10　Giese B,Gonzalez-Gomez J A,Witzel T. Angew Chem Int Ed Engl,1987,26:479
11　Giese B. Angew Chem Int Ed Engl,1989,28:969
12　Giese B,Dupuis J,Nix M. Org Synth,1992,Coll Vol Ⅷ:148
13　Webbm Ⅱ R R,Danishefsky S. Tetrahedron Lett,1983,24:1357
14　Sharma G V M,Vepachedu S R. Tetrahedron Lett,1990,31:4931
15　Barton D H R,McCombie S W. J C S Perkin Trans 1,1975,16:1574

习　　题

1. 写出以下反应产物

(1) $R^1COR^2 + CH_2=NOCH_2Ph \xrightarrow[\text{THF}-\text{HMPA}]{2SmI_2, ROH}_{\text{r.t.}}$

(2) $Ph_2CO + PhCN \xrightarrow[(2) H_3O^+]{(1) 2SmI_2}$

(3) 十二烷二酸二乙酯 $\xrightarrow[(2) HOAc]{(1) Na}$

(4) HO$_2$C-金刚烷酮衍生物 $\xrightarrow[\text{DMF,HOAc} \atop 45℃,82\%]{\text{NCS,Pb(OAc)}_4}$

(5) $Ph-CO-Ph \xrightarrow[\text{(丙酮)(4eq.)}]{TiCl_3/Li, THF}$ 94%

(6) 十氢萘酮衍生物 $\xrightarrow[\text{(丙酮)(4eq.)}]{TiCl_3/Li, THF}$ 67%

(7) $CH_3COCH_2CH_2CH_2COPh \xrightarrow[\text{THF},70\%]{TiCl_4, Li}$

(8) 糖衍生物(OBn, Br, MeO) $\xrightarrow[\text{AIBN,甲苯,80℃} \atop 76\%]{\text{SnBu}_3 \text{(allyl)}}$

(9) [环戊烷并内酯-碘] $\xrightarrow[CH_2=CHCO_2CH_3]{Bu_3SnH, AIBN}$

(10) PhCSePh + $CH_2=CHCO_2CH_3$ $\xrightarrow[AIBN]{Bu_3SnH, 1.3eq.}$

(11) [糖环X] $\xrightarrow[\left(X= \underset{S}{\overset{O}{\|}}{OC-SCH_3}\right)]{AIBN, Bu_3SnH, 甲苯,回流}$

(12) [含HS的大环内酯] $\xrightarrow[80\%]{Bu_3SnH, AIBN \atop PhH, \triangle}$

(13) [EtO_2C, Me, O, Me, EtO_2C 结构] $\xrightarrow[ROH]{2\ SmI_2}$

2. 根据本章介绍的反应和合成方法,列表总结合成子及相应的合成等效体或试剂。

第 7 章 极 性 颠 倒

7.1 分子的极性与化学反应性

正如在第 1 章中所述,大多数化学键是以亲核－亲电结合的极性方式形成的,极性沿碳骨架的传递产生了(＋)/(－)交替的极性匹配特点(**1,2** 中 X 为电负性原子或基团)。逆合成分析的切断法明确提出了特种极性的问题。因此,发展表现特种极性合成子的极性颠倒[1]方法不但是合成 **1a** 所示的极性或含(＋)/(＋)**2a**,(－)/(－) **2b** 以及(＋)/(－) **2c** 的特种极性分子所必须,也将成倍地拓展合成方法。本章将系统地介绍羰基化合物(包括羰基羰碳,羰基 α－碳和 β－碳)及 X—CH$_2$ 的极性颠倒,并尝试把极性颠倒概念扩展到化学选择性与区域选择性的改变。

$$\underset{\textbf{1}}{\overset{dX^{(-)}}{\underset{(-)}{\overset{a}{\diagdown}}\underset{(+)}{\overset{d}{\diagdown}}\underset{(-)}{\overset{a}{\diagdown}}\underset{(+)}{\overset{d}{\diagdown}}\underset{(-)}{\overset{a}{\diagdown}}}} \xrightarrow{\text{极性颠倒}} \underset{\textbf{1a}}{\overset{aX^{(+)}}{\underset{(-)}{\overset{d}{\diagdown}}\underset{(+)}{\overset{a}{\diagdown}}\underset{(-)}{\overset{d}{\diagdown}}\underset{(+)}{\overset{a}{\diagdown}}}} \quad (\text{改变其中一个或更多原子的极性})$$

$$\underset{\textbf{2}}{\overset{d \;\; a}{\underset{(-)\;(+)}{X-CH_2}}} \xrightarrow{\text{极性颠倒}} \underset{\textbf{2a}}{\overset{a \;\; a}{\underset{(+)(+)}{X-CH_2}}} \text{或} \underset{\textbf{2b}}{\overset{d \;\; d}{\underset{(-)(-)}{X-CH_2}}} \text{或} \underset{\textbf{2c}}{\overset{a \;\; d}{\underset{(+)(-)}{X-CH_2}}}$$

(颠倒了的极性,非正常极性)

所谓极性,指的是亲核/亲电化学反应性。既然正常极性主要是由电负性与碳不同的杂原子或官能团引入而产生的,那么,通过有目的地暂时引入能够形成和稳定负离子的基团或离去基团,就可进行极性的设计与调控。然后,以颠倒后的极性(亲电/亲核性)进行反应,最后,除去暂时引入的基团恢复原来的极性,这就是极性颠倒操作。极性颠倒也可通过合成等效体的方式进行。因此,极性颠倒一般需要若干步化学反应才能实现。

7.2 羰基化合物的极性颠倒

7.2.1 羰基的极性颠倒：酰基负离子（RCO⁻）反应性的实现

亲电性是羰基羰碳的正常极性，主要表现在各种亲核试剂对羰碳的亲核加成。极性颠倒概念的提出源于希望得到具有亲核性的酰基负离子[2]，以通过亲核性酰基与亲电试剂的反应合成羰基化合物（图7.1）。而事实上，早在极性颠倒概念提出以前，在有机金属试剂（RM）和安息香缩合中就存在极性颠倒的实例。自然界生物合成也采用了极性颠倒的策略。羰基的极性颠倒是研究得最多、在合成中应用最广的，以下仅介绍有代表性、有合成价值的方法。羰基化合物的极性颠倒有三类基本方法，第一类是通过酰基金属化合物的直接极性颠倒方法；第二类是从醛、酮出发，通过极性颠倒操作的方法；第三类是使用潜在官能团或合成等效体的方法。

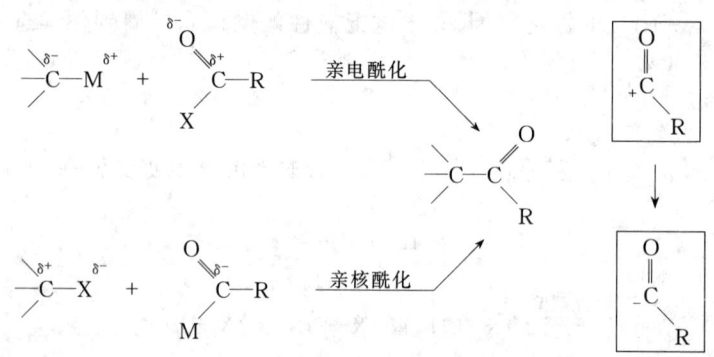

图 7.1 通过酰化合成羰基化合物

7.2.1.1 直接方法

直接获得酰基负离子的思想早已有之，早期 Staudinger 提出从酰氯制成格氏试剂的设想未能实现，不过类似的通过亚胺酰氯的反应确能够发生。另一类获得酰基金属化合物（RCOM）的方法通过把 CO 插入 M—C 键而实现。

酰基氯化二茂锆 **3** 是一个近期发展的有合成价值的酰基金属化合物，其良好的亲核反应性使之可在各种催化剂存在下与多种亲电试剂反应，主要反应示于下图[3]。

7.2 羰基化合物的极性颠倒

除了有机锆化合物外,有机碲化合物也被用作酰基负离子的前体[4]。

7.2.1.2 通过在羰碳上引入稳定负离子因素的间接方法

醛羰基极性颠倒操作的一般方法是把醛转化为缩醛类化合物,其中 X, Y 须是可以稳定 α-碳负离子的基团。去质子化形成碳负离子后与亲电试剂反应,最后,水解重新释放出羰基,形式上达到了通过酰基负离子(RCO^-)引入亲电体(El^+)的目标。

7.2.1.2.1 氰基稳定的碳负离子:通过 α-氰醚和 α-氰胺进行极性颠倒

极性颠倒在有机合成中显示出很大的合成潜力,这从经典的氰基催化的安息香缩合反应可以看出。但是,氰基催化的安息香缩合只能用于芳香醛的反应,不能用于脂肪醛,原因是脂肪醛在反应条件下容易发生羟醛加成反应。

在安息香缩合反应中,关键步骤是现场生成的 α-氰醇碳负离子对苯甲醛的加成。受此启发,在羰基极性颠倒方法中,预制的 α-氰醚(羟基保护的 α-

氰醇)4,5 和 α-氰胺 6 被用作有效的酰基负离子等效体。因为这两类化合物容易制备，且在完成必要的反应后易于水解重新释放出羰基。同样重要的是，氰基可稳定经去质子化产生的 α-碳负离子。

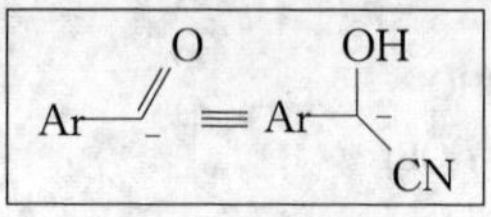

安息香缩合反应中的
酰基负离子等效体

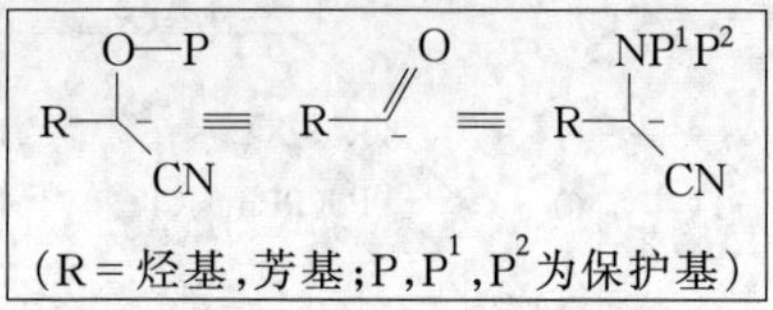

极性颠倒方法：α-氰醚和 α-氰胺作为
酰基负离子等效体

(R = 烃基，芳基；P，P^1，P^2 为保护基)

α-氰醚 4,5 和 α-氰胺 6 可从醛制得。α-氰醇中的羟基通常以乙氧乙基或三甲硅基保护，对于后者 4，也可直接从醛和三甲基氰硅烷制备。

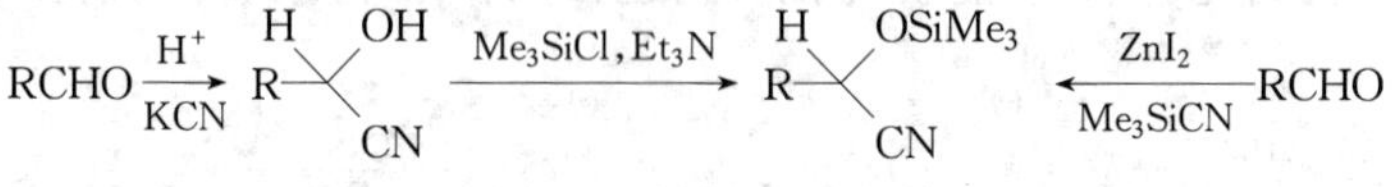

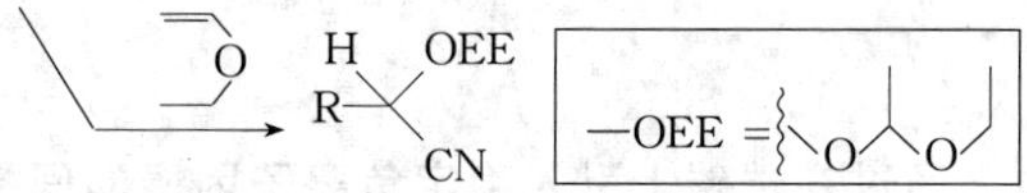

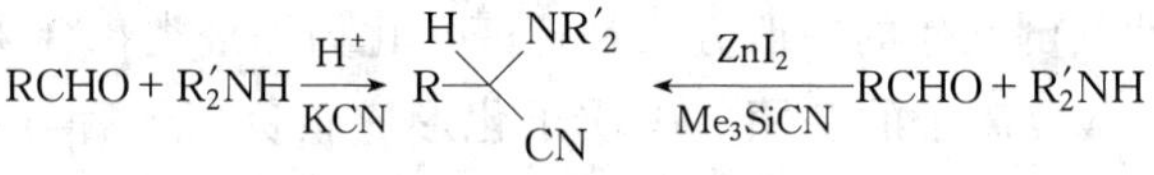

把 5（R = n-C_5H_{11}）去质子化，可形成相应的碳负离子 7，然后与卤代烃反应，再经稀 H_2SO_4 和稀 NaOH 连续处理，顺利分解出母体化合物 8。

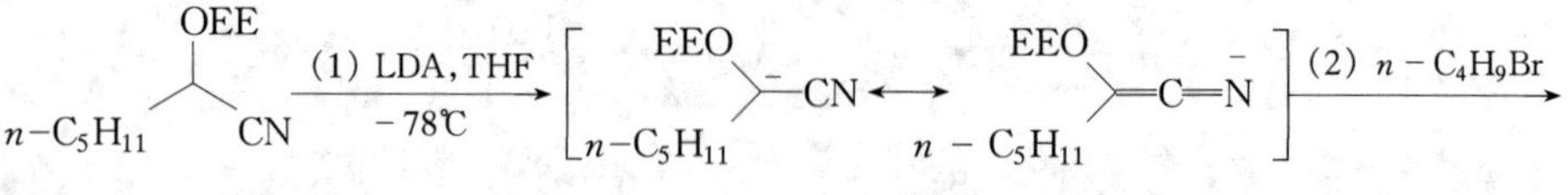

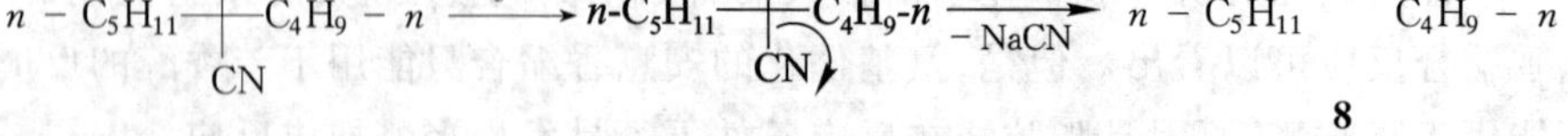

α-氰醚和 α-氰胺的分子内烷基化也容易进行，可用于环酮的合成。这一环合方法曾用于前列腺素五元环的构筑(式 7.1)[5]。

$$(7.1)$$

如果氰醚或氰胺的 α-位有两个氢，去质子化-烷基化的过程可重复进行，引入两个烷基（式 7.2）。α-氰胺的水解可用稀酸也可方便地用硫酸铜水溶液。

$$R_2NCH_2CN \xrightarrow[\text{(2) } R^1-X]{\text{(1) LDA, THF, HMPA, } -78\,^\circ\!C} R_2NCHCN \xrightarrow[\text{(2) } R^2-X]{\text{(1) LDA, THF, HMPA, } -78\,^\circ\!C} R_2NCCN \xrightarrow[\text{或 HCl, } H_2O]{\text{aq. CuSO}_4, \text{EtOH}} R^1COR^2$$
6

$$(7.2)$$

α-氰醇和 α-氰胺可用于 α,β-烯酮的制备。α,β-不饱和酰基负离子等效体 **9a** 与卤代烃、羰基化合物以及 α,β-烯酮的反应主要发生在 α-位。

有意义的是，上述酰基负离子等效体（如 **7, 9**）也可与醛、酮、酯等羰基化合物反应。如果与醛反应，则可合成 α-羟基酮。与安息香缩合只能合成 α-羟基芳香酮相比，通过极性颠倒的方法具有灵活多用性。同样，上述酰基负离子等效体也能与 Michael 受体反应，用于 1,4-二酮的合成。

$$Me_2NCHCN \xrightarrow[\text{(2) } H_3O^+]{\substack{\text{(1) LDA, THF,} \\ -78\,^\circ\!C \,;\, RCHO}} RCHCOMe \;(R = n\text{-}C_5H_{11}, n\text{-}C_6H_{13}, n\text{-}C_7H_{15}, n\text{-}C_{13}H_{27})$$
$\;\;\;\;\;$Me $\;$ OH
$\;$ 53% ~ 73%

7.2.1.2.2 噻唑镓盐稳定的碳负离子：自然界采用的极性颠倒方法

极性颠倒方法不但在有机合成上具有重要价值，在自然界也被采用。在自然界生物合成中，羰基的极性颠倒在硫胺素辅酶催化下进行，反应的进行源于硫胺素焦磷酸盐中的 1,3-噻唑镓盐稳定 α-碳负离子的能力。

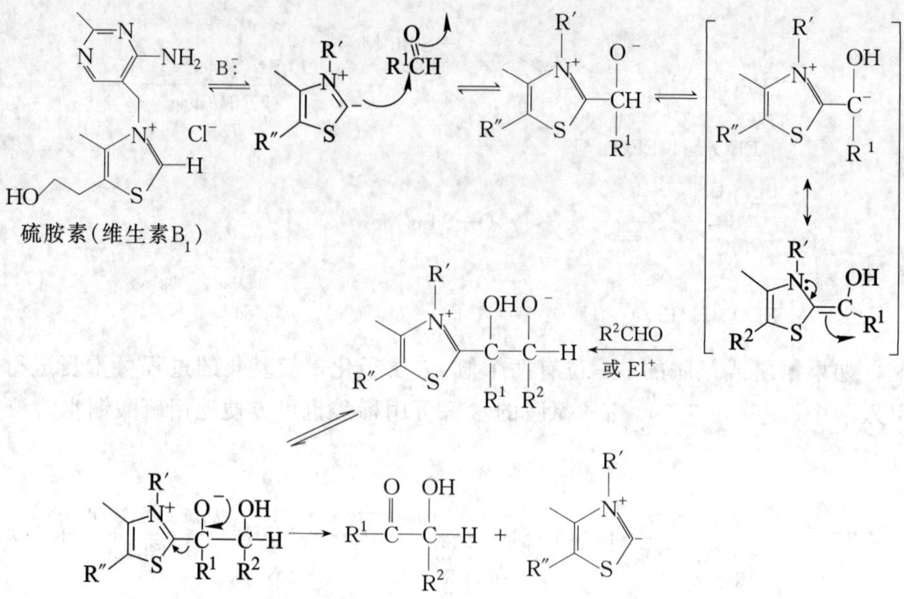

图 7.2 噻唑鎓盐催化形成酰偶姻的反应机理

在有机合成中，使用较简单的硫胺素(维生素 B_1)(图 7.2)或结构更简单的 1,3-噻唑鎓盐(如 **10a,10b**)也可实现羰基的极性颠倒[6]。与氰基媒介的安息香缩合不同，噻唑鎓盐媒介的醛、酮极性颠倒(羰基负离子的形成)不但对于芳香醛有效，也适用于脂肪醛。这一仿生极性颠倒方法被巧妙地用于天然产物多毛酸(hirsutic acid)的合成。关键步骤是起始醛在 1,3-噻唑鎓盐 **10b** 参与下产生脂肪醛酰基负离子，然后对 α,β-不饱和酯进行分子内共轭加成。这是一个出色的极性颠倒反应，具有立体化学控制。

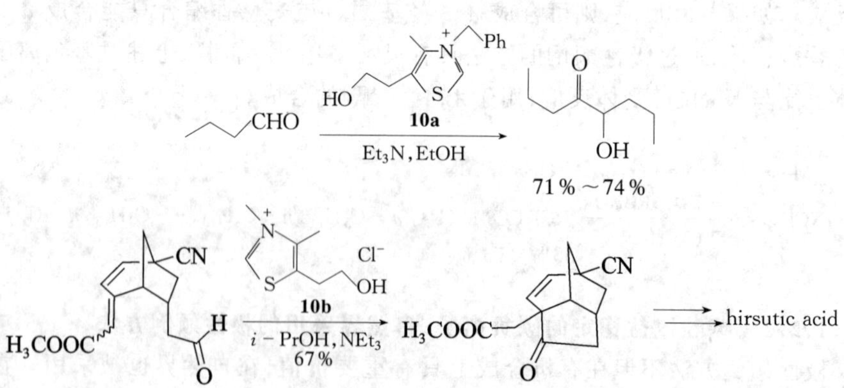

在这些反应中，1,3-噻唑两性化合物有效地起着氰基负离子的作用：

7.2.1.2.3 硫稳定的碳负离子:通过硫代缩醛(1,3-二噻烷)进行极性颠倒

如前所述,硫对碳负离子有特殊的稳定化作用,因此,1,3-二噻烷(**11**,在环己胺中的 pK_a =31)经 α-去质子化能够形成碳负离子。提高硫的氧化度(如转变成亚砜,砜)将会因氧的共振等效应而增加对负离子的稳定化作用。

1,3-二噻烷可通过1,3-丙二硫醇与甲醛在酸催化下缩合得到。1,3-二噻烷的取代衍生物可从相应的醛制备。

1,3-二噻烷可被正丁基锂或 LDA 去质子化。锂化的 1,3-二噻烷在低温下醚溶液中稳定,是优良的碳亲核试剂,可以进行一般有机锂化合物所表现的各种反应。例如,与伯或仲卤代烃,特别是碘代烃(R—I)反应,生成 2-烷基-1,3-二噻烷。最后,把硫代缩醛水解重新释放出羰基,生成醛或酮。整个过程达到了颠倒羰基极性的目的,即 1,3-二噻烷作为甲酰负离子(HCO⁻)的合成等效体[7]。以上步骤提供了一种把卤代烃转变为增加一个碳的醛的方法。

硫代缩醛的水解一般在极性溶剂乙腈中进行,可用试剂包括:$HgCl_2$ 或 HgO/H_2O。脱硫反应也可在氯胺-T、硝酸铈铵(CAN)等氧化条件下进行,或者通过自由基反应(三丁基锡烷,Bn_3SnH)进行。

通过这一方法,不但可以把甲醛转化为高级醛,也可以把醛转化为酮。如果用 $X(CH_2)_nX$ 作为烷基化试剂,1,3-二噻烷经过两次连续去质子化-烷基化反应可以方便地合成4~7元环酮[8]。1,3-二噻烷碳负离子还可与环氧化物反应用于合成 β-羟基醛或酮;与醛或酮反应用于合成 α-羟基醛或酮;与酰氯或酯、腈反应用于合成 1,2-二羰基化合物;与 α,β-不饱和化合物(烯酮类)反应生成 1,2-加成和 1,4-加成产物(图 7.3)。

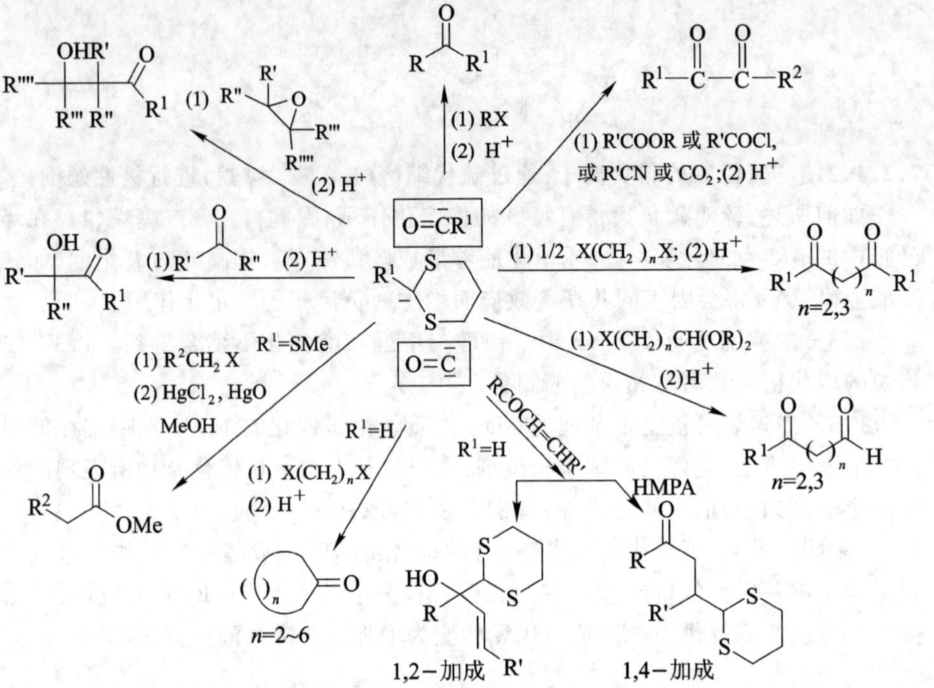

图 7.3 1,3-二噻烷(甲酰负离子等效体)的合成应用

另一类有用试剂是亚烷基二噻烷(1,3-alkylidene dithianyl)或称烯酮的硫代缩酮(ketene thioacetal) **12**。它们可通过 2-三甲硅基-1,3-二噻烷 **13** 与醛反应或由 **14** 通过 HWE 反应制得。**12a** 烯丙位上的氢具有酸性,容易被 n-BuLi 或 LDA 去质子化,生成相应的烯丙型负离子 **15**。负离子 **15** 与各种亲电试剂的反应优先在 α-位上进行,得到的产物经过水解,释放出羰基生成 α,β-不饱和酮。在该程序中,烯丙型负离子起着"隐蔽"的 α,β-不饱和酰基负离子的作用。**15** 与羰基化合物或 α,β-不饱和羰基化合物反应的区域选择性比较难以预测,反应可在 α 位或 γ 位进行。

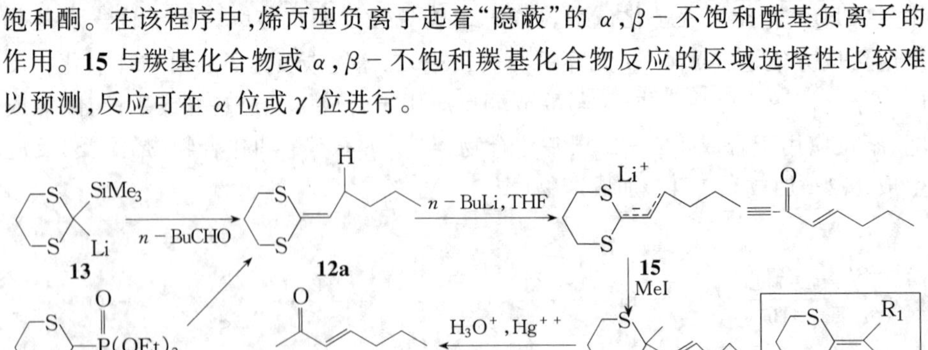

7.2.1.3 使用潜在官能团或合成等效体的方法

烯基化合物 **16** 的 α-氢具有酸性,可被去质子化,进而与亲电试剂反应。因此,**16** 可作为酰基负离子的合成等效体。

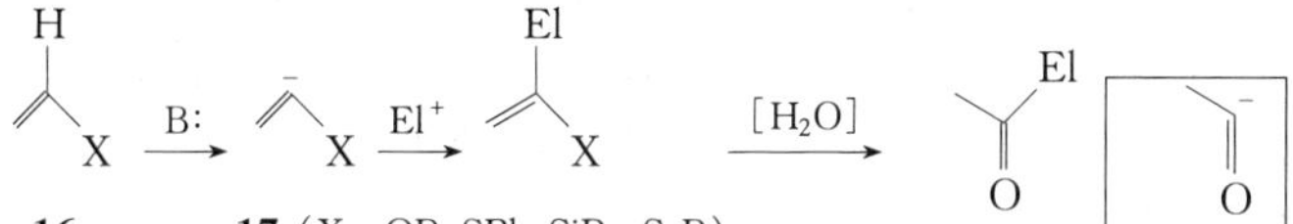

16　　**17** (X = OR, SPh, SiR$_3$, SeR)

7.2.1.3.1 烯基醚

金属化的乙烯基醚 **17a** 可由烯基醚经叔丁基锂去质子化制得。这种有机锂化合物与亲电试剂(卤代烷、醛、酮)反应生成乙烯基醚类化合物。后者经水解转化为相应的羰基化合物。**17a** 与卤代烷反应,用于合成酮;与醛、酮反应,用于合成 α-羟基酮;与 α,β-不饱和化合物发生 1,2-加成;把它转变为相应的有机铜化合物,则可进行共轭加成。

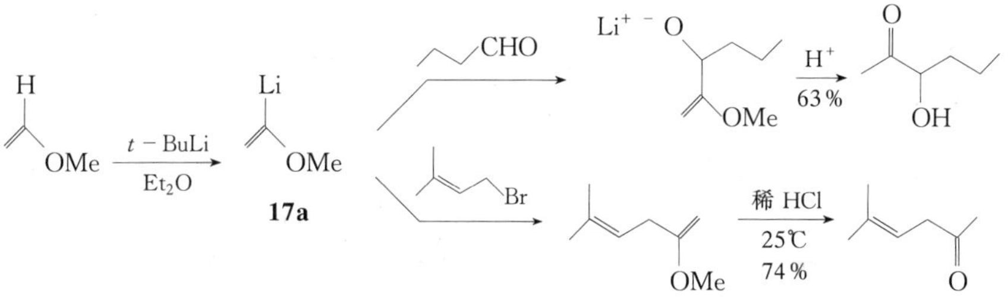

二烯醚也可进行类似的反应。例如,1-甲氧基丁二烯 **18** 可作为巴豆酰基负离子等效体。而呋喃是环状的二烯醚,常用作 1,4-二酮双酰基负离子的等效体。由于能够先后在呋喃的 2-位与 5-位用正丁基锂去质子化形成负离子,然后与多种不同的亲电试剂反应,因而该法成为合成 1,4-二酮的一般方法。1,4-二羰基可在酸或硝酸铈铵(CAN)作用下释放出来。

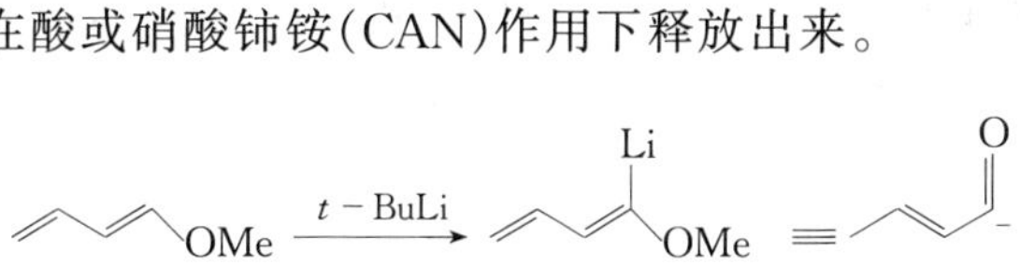

18

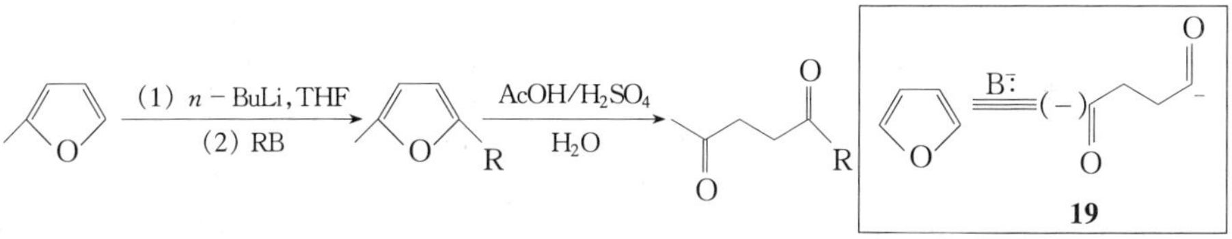

19

7.2.1.3.2 脂肪硝基化合物

脂肪族硝基化合物是一类含活泼亚甲基的化合物,其在有机合成中的应用日渐增多[9,10]。这主要得益于硝基很强的稳定 α-碳负离子的能力和硝基可被转化为羰基和氨基的特性。由于这些特点,使得脂肪族硝基化合物可以作为酰基负离子等效体。反应的过程包括三个步骤:(1) 去质子化或形成氮酸硅酯;(2) 碳负离子与亲电试剂反应;(3) 把硝基转化为羰基。把硝基转化为羰基的方法有多种,包括 Nef 反应(把伯、仲脂肪硝基化合物的盐用硫酸水解成醛或酮的反应,图 7.4)或 $TiCl_3$ 还原-水解等方法。

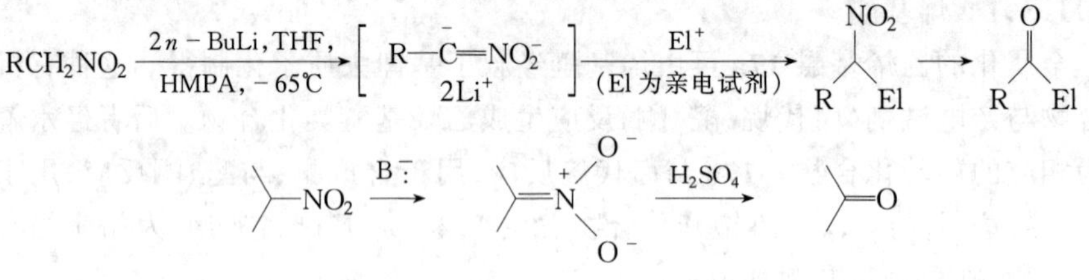

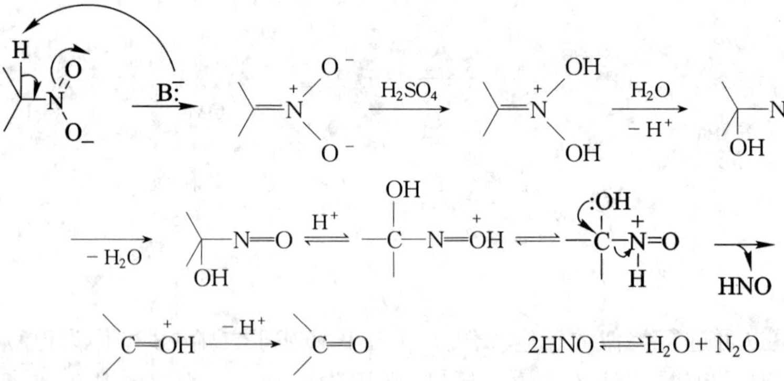

图 7.4 Nef 反应机理

在茉莉酮 **23** 的一种合成方法中,关键反应是硝基乙烷碳负离子对 α,β-不饱和酮 **20** 的共轭加成。加成产物 **21** 随后被转化成二酮 **22**,形式上完成了酰基负离子 $RC(O)^-$ 对烯酮的 Michael 加成。

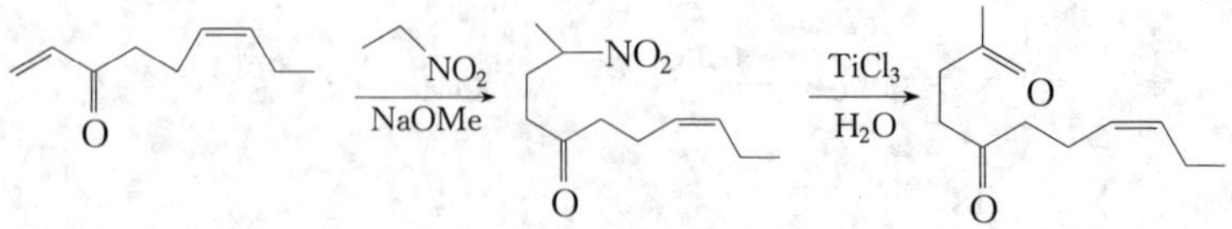

23 茉莉酮

7.2.1.3.3 砜(sulfones)

砜的 α-碳负离子能与各种亲电试剂反应。但是,由于与砜相连碳的氧化度比醛、酮低,把砜转变为酮需进行氧化度纠正。其方法是进行去质子化-氧化形成 S,O-缩醛,水解后即得羰基。因而砜也可视为酰基负离子的合成等效体。

$$PhSO_2CH_2R \xrightarrow{n\text{-}BuLi} [PhSO_2\overset{-}{C}HR] \xrightarrow{R'X} PhSO_2\underset{R'}{C}HR \xrightarrow[\text{(2) } MoO_5/Py/HMPA \text{ 或 }(TMSO)_2]{\text{(1) LDA, THF, }-78℃} RCOR'$$

如果砜基的 α-位带有杂原子官能团(例如化合物 **24**),则它具有与酮相同的氧化度,可依下式所示的反应程序,直接作为甲酰基或酰基负离子等效体用于醛、酮的合成。

$$\underset{\mathbf{24}}{PhSO_2CH_2OEE} \xrightarrow[HMPA,\,-78℃]{LDA,\,THF,} [PhSO_2\overset{-}{C}HOEE] \xrightarrow[-78℃]{R'X} PhSO_2\underset{R'}{C}HOEE \xrightarrow[\text{(2) } OH^-]{\text{(1) } H^+} R'CHO$$

7.2.1.4 羧基碳负离子等效体(^-COOH)

在第 1 章我们已看到,氰基负离子可作为羧基碳负离子的合成等效体,除了氰基负离子(CN^-)外,$(PhS)_3C^-$,$(MeS)_3C^-$ 和 Br_3C^- 均可用作羧基碳负离子等效体。$(PhS)_3C^-$ 和 $(MeS)_3C^-$ 主要用于共轭加成,其优点是反应之后释放出羧基的条件比较温和。

此外,烯基、炔基、芳基和呋喃-2-基也是常用的羧基碳负离子等效体。具体方法是首先把上述不饱和化合物制成有机金属试剂 RM,然后通过亲核加成或取代反应引入主链,最后通过氧化反应(RuO_4)把上述基团转化为羧基,从而形式上实现引入羧基碳负离子(^-COOH)。

7.2.2 羰基 α-位的极性颠倒：$RCOCH_2^+$ 反应性的实现

羰基 α-位的正常极性是 d，表现为烯醇式或烯醇负离子的亲核反应性。把羰基 α-位的极性变成 a 的方法(图 7.5)有三类：(1) 在羰基 α-位引入电负性原子或基团(—X)；(2) 通过极性颠倒操作；(3) 使用合成等效体。

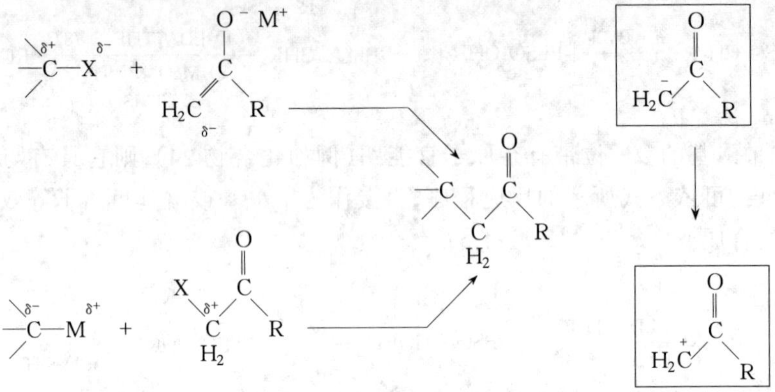

图 7.5 羰基α-位碳-碳键形成方式

7.2.2.1 在羰基 α-位引入电负性原子或基团的方法

α-氧代，α-卤代羰基化合物和环氧化合物是羰基 α-位极性颠倒的常见形式。由于杂原子或基团的引入，使得这些化合物成为具有多个反应中心、多种化学反应性的化合物。以下将集中讨论作为羰基 α-位极性颠倒形式的α-卤代羰基化合物。

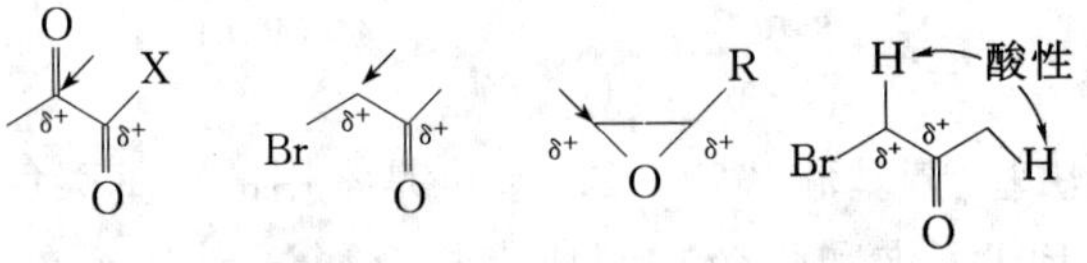

由于醛的高度亲电性，亲核试剂与 α-卤代醛的反应往往比较复杂，只有硫醇等较"软"的亲核试剂能够选择性地进攻羰基的 α-位，取代卤素。如果使用强亲核试剂如有机锂试剂，则需要预先对羰基进行保护。

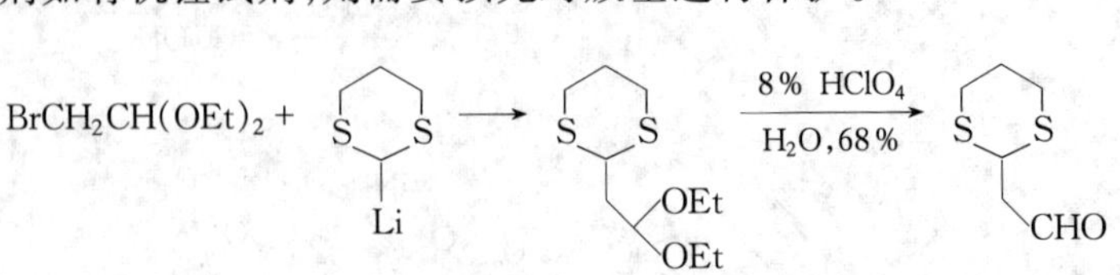

$$\text{MeOOC-CH}_2\text{C(CH}_2)_3\text{CH=CH}_2 + \text{BrCH}_2\text{COCH}_3 \xrightarrow[\text{dioxane}]{\text{NaH}, \ 86\%} \text{MeOOC-CH(COCH}_2\text{CH}_2\text{CH}_2\text{CH=CH}_2)\text{COCH}_3$$

α-卤代酮可与大多数杂原子亲核试剂、烯胺、活泼亚甲基化合物的碳负离子，以及有机铜试剂等碳亲核试剂反应，生成 α-卤素被取代的产物。在碱性条件下，α-卤代酮的反应往往得到有趣的产物，并可能经历两种可能的途径。例如，α-溴代酮与甲醇钠反应的净结果是形成 α-溴被甲氧基取代的产物，但反应可能首先涉及甲氧基负离子对羰基的加成，而后形成环氧化物。Favorskii 重排可能涉及两种机理。而 Darzen 反应则始于甲氧基负离子对溴乙酸酯的 α-去质子化。

$$\text{Me}_2\text{CHCCH}_2\text{Br} \xrightarrow[\text{MeOH}]{\text{MeO}^-} \text{Me}_2\text{CHCCH}_2\text{Br} \longrightarrow \text{Me}_2\text{HC-C-CH}_2 \xrightarrow[54\%]{\text{MeOH}} \text{Me}_2\text{CHCCH}_2\text{OMe}$$

Favorskii 重排：

环己酮-2-Cl $\xrightarrow[\text{H}_3\text{O}^+]{\text{NaOH}}$ 环戊基-COOH

7.2.2.2 通过极性颠倒操作的方法

相应于合成子（RCOCH_2^+）的极性颠倒单元是带吸电子基团的 α,β-不饱和化合物，它们可分为两类。第一类是同碳上带有两个吸电子基的 α,β-不饱和化合物 **25**。这类极性颠倒单元在共轭加成后，与吸电子基团相连的碳原子具有醛的氧化度，因此，水解即可得到醛，表现为合成子 RCOCH_2^+。代表性的试剂和反应程序示于下式。

结构式：SOMe/SMe 取代烯烃；CN/NMePh 取代烯烃

$$\overset{Y}{\underset{W}{>}}\!\!=\!\! \xrightarrow[(2) \ \text{H}_3\text{O}^+]{(1) \ \text{Nu}^-} \text{Nu-C(Y)(W)-CH} \xrightarrow{[\text{H}_2\text{O}]} \text{Nu-C-CHO}$$

25

(Y = OR, SR, NR$_2$; W = SOR, SOAr, CN)

第二类是只带一个吸电子基团的 α,β-不饱和化合物 **26**。这类极性颠倒单元在共轭加成后需经氧化才能转化为醛的氧化度（参见 7.2.1.3.3 节），同样

表现为合成子 $RCOCH_2^+$ 的等效体。

α,β-不饱和硝基化合物是好的 Michael 受体,烯醇硅醚可顺利与之加成,水解后得 1,4-二酮[11]。

7.2.2.3 使用合成等效体的方法

烯基经氧化断裂可得醛、酮,因而可作为潜在的羰基。这样烯丙基卤 **27** 及取代的烯丙基卤 **28** 是丙酮 α-碳正离子的合成等效体。把烯烃 **29** 转化为酮需用适当的氧化反应,而把杂原子取代的具有醛、酮的氧化度的烯烃 **30**,转化为酮只需经酸性水解。用乙酸的烯丙醇酯(**27**,**28**,X=OAc)作为烯丙基化试剂需在钯催化下进行。

X=Cl,Br,I,(OAc);Y=OMOM,OEt,Cl

7.2.3 羰基 β-位的极性颠倒:高烯醇负离子($^-$C—C—COR)的实现

羰基 α-碳负离子(烯醇负离子)可以在温和条件下形成,而高烯醇负离子(羰基 β-碳负离子)的形成,除了特殊情况外(参见 3.1.2.2 节),必须通过极性颠倒而实现。已经发展的形成高烯醇负离子的方法可分为两类:极性颠倒操作和潜在官能团方法。

7.2.3.1 通过极性颠倒操作形成高烯醇负离子

这类方法一般从 α,β-不饱和化合物出发,经过杂原子或杂原子基团共轭加成和羰基保护,形成 β-取代(X 或 W)的化合物 **31** 或 **32**。**31**,**32** 可依常法形成碳负离子 **33**,**34**,然后,与亲电试剂反应。去羰基保护基后即完成极性颠倒操作,得到羰基 β-碳负离子与亲电试剂的反应产物。

β-位杂原子或杂原子取代基的选择取决于随后转化的需要:若选择卤素或苯硫基(**31**,X = Br, PhS),则可通过格氏反应或还原锂化等方式产生非稳定化的 β-碳负离子 **33**;若选择稳定碳负离子的基团 W(**32**),则去质子化形成稳定化的 β-碳负离子 **34**,后者与亲电试剂反应后,根据所用基团的不同,可选择消除得 α,β-不饱和化合物(如 W 为苯砜基、三苯基磷、硝基);氧化得 1,3-二酮(W 为硝基)。

格氏试剂 **33a/33b** 可依以下途径合成,其中格氏试剂的制备需在四氢呋喃中进行。羰基保护成二氧六环的化合物较稳定,但在完成 C—C 键形成或在更后面的步骤,二氧六环保护基的去除往往出现困难。而相应的二氧五环同系物则较不稳定,格氏试剂的制备及反应需在低于 35℃下进行。

[反应式：34a 与 THPO-CH(CH₃)-CHO 反应得到 >90%(Z) 产物，再经 MeOH/PPTs 得到环状烯醚产物]

[反应式：环戊烯酮 + O₂N-CH₂CH₂-COOEt (34b)，(1) t-BuOK, THF, -20℃~r.t.；(2) MeOH, r.t. 得到含 COOEt 的产物]

在进行合成路线设计时，化合物 **33a**，**33b**，**34a**，**34b** 和 **34c** 可分别作为以下合成子的合成等效体。

[合成等效体示意图：
- 33a,b：BrMg-CH₂CH₂-缩酮 ≡ ⁻CH₂-C(=O)-R(H)
- 34a：Ph₃P=CH-CH₂-缩酮 ≡ ⁻CH=CH-CHO
- 34b：O₂N-CH₂CH₂-COOEt ≡ ⁻CH=CH-C(=O)-R 或 CH₂=CH-C(=O)-R
- 34c：PhO₂S-CH₂CH₂-缩酮-R]

7.2.3.2 通过潜在官能团形成高烯醇负离子

形成高烯醇负离子的第二类方法是潜在官能团方法。γ-位杂原子取代的烯丙型化合物可作为高烯醇负离子的潜在官能团。具体方法是：从杂原子取代的烯丙型化合物 **35** 出发，经强碱去质子化，产生具有两可亲核中心的烯丙基负离子 **36**，后者与亲电试剂的反应一般发生在 γ-位，因而可形式上产生高烯醇负离子 **37**。

[反应式：35 (CH₂=CH-CHX-H) —B:→ 36 (γ-CH⁻...α，X 取代烯丙基负离子) ≡ 37 (⁻CH₂-CH₂-CHO)]

(X = OR, SR, SiR₃, NR₂, BR₂)

由 2-丙烯硫醇与丁基锂制得的双负离子 **36a** 是高烯醇负离子 **37** 的一种合成等效体，它与卤代烃或羰基化合物反应主要发生在 γ-碳，生成硫代烯醇锂 **38**，水解后生成醛 **39**。

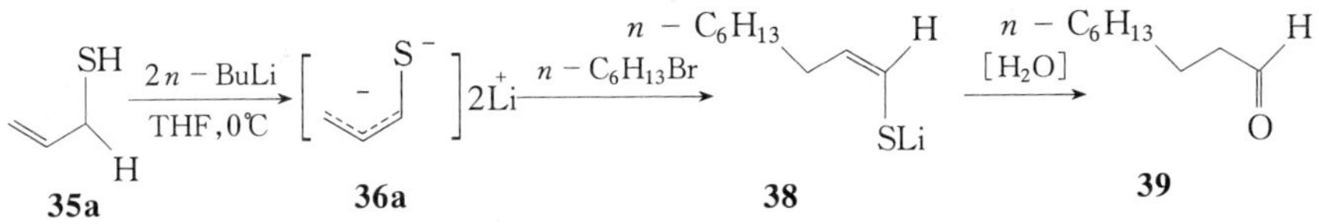

[反应式: 35a → 36a → 38 → 39]

烯丙基醚类化合物 **35b** 是 β - 酰基负离子的另一个等效体。其合成应用示于下图。

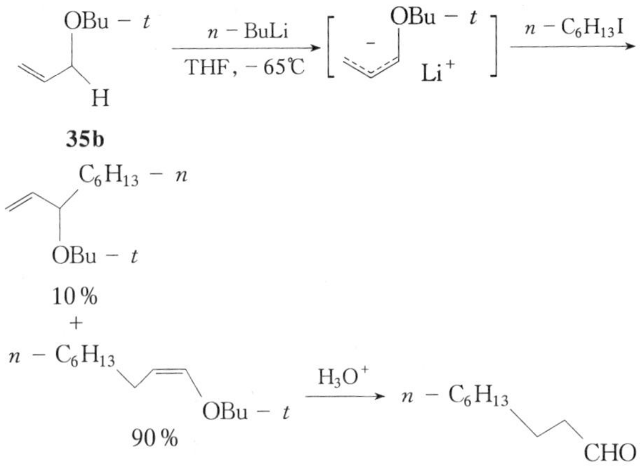

[反应式: 35b 经 n-BuLi/THF, −65℃ 得锂化物，再与 n-C$_6$H$_{13}$I 反应，生成 10% 支链产物与 90% 直链烯醇醚产物，后者经 H$_3$O$^+$ 水解得 n-C$_6$H$_{13}$CH$_2$CH$_2$CHO]

由丙烯醛氰醚 **40** 生成的负离子在 −78℃ 下与酮的加成发生在 α - 位。但在 0℃ 下，却生成热力学产物，即从 γ - 位加成。γ - 加成产物 **41** 是个烯酮衍生物(ketene)，水解后产生 γ - 羟基酸，后者在酸性溶液中环化成 γ - 内酯。

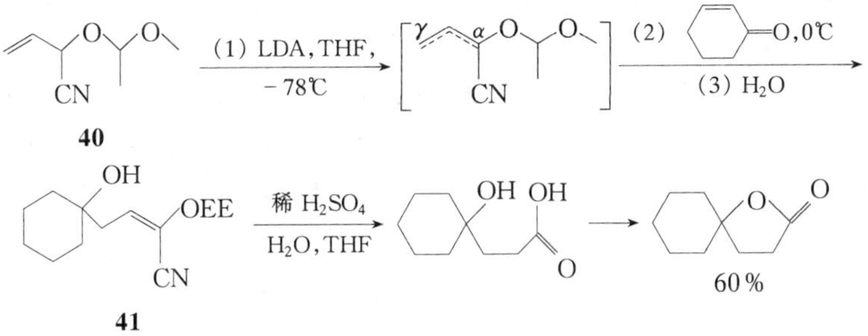

[反应式: 40 经 (1) LDA, THF, −78℃; (2) 环己酮, 0℃; (3) H$_2$O → 41 经稀 H$_2$SO$_4$/H$_2$O, THF → 羟基酸 → 螺内酯 60%]

7.3 胺和醇的极性颠倒

7.3.1 氨基 α - 位的极性颠倒：胺 α - 碳负离子（$^-$CR$_2$NH$_2$）

与羰基化合物一样，亚胺、亚胺鎓盐（及其等效体）的碳原子是亲电性的，许多亲核试剂可与之反应(图 7.6)。

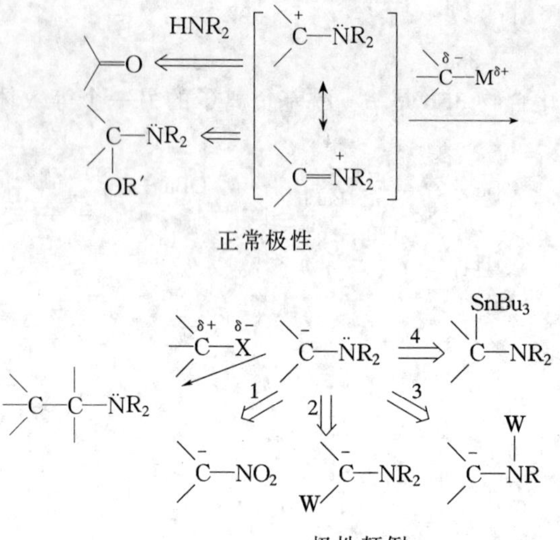

正常极性

极性颠倒

图 7.6 胺 α - 位极性颠倒

氨基 α - 位极性颠倒的基本方法可分为四类：第一类方法是使用合成等效体；第二类方法是在氮原子 α - 位引入稳定负离子的基团；第三类方法是在氮原子上引入稳定负离子的基团；第四类方法是通过金属 - 金属交换产生非稳定化的碳负离子。由于胺有伯、仲、叔之分，不同类型的胺适用的极性颠倒方法不尽相同。

伯胺 α - 碳负离子等效体：硝基烷。由于硝基烷可以产生稳定化的 α - 碳负离子，且硝基可被还原成氨基，因此硝基可视为氨基 α - 位的极性颠倒官能团。硝基烷作为伯胺 α - 碳负离子等效体，去质子化及随后的反应可在多种条件下进行，例如，类羟醛加成反应可在 Al_2O_3 表面、无溶剂条件下进行。

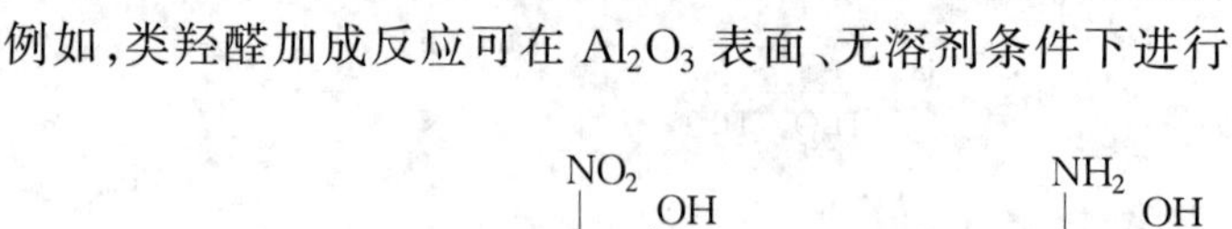

$$RCH_2NO_2 + R'CHO \xrightarrow{Al_2O_3} R\underset{R'}{\overset{NO_2\ OH}{-C-C-}} \xrightarrow[\text{或}\ H_2,Pd-C]{LiAlH_4} R\underset{R'}{\overset{NH_2\ OH}{-C-C-}}$$

第二类产生稳定化的胺 α - 碳负离子合成子的途径是在胺氮原子上引入一个稳定碳负离子的基团。常用活化方法是形成 N - 亚硝基，N - 酰基，N - 烷氧羰基或甲脒衍生物。亚硝胺能稳定 N - α - 碳负离子，因为它能提供一个轨道以离域电子对。而甲脒基，酰基和烷氧羰基则能通过偶极稳定 N - α - 碳负离子(参见第 2 章)。这些 N - α - 碳负离子可与多种亲电试剂反应，最后可通过水解或还原方法去除。

直接在胺氮原子 α - 碳上引入一个吸电子基团(如甲氧羰基,氰基等)是氨基 α - 碳负离子的第三类方法。α - 氰胺是多用途的合成中间体,在完成极性颠倒功能后,水解可产生醛或酮(作为羰基的极性颠倒试剂);而用 $NaBH_4$ 还原则可得到胺,成为 N - α - 碳负离子等效体。

产生胺氮原子 α - 碳负离子的第四类方法是通过金属 - 金属交换和还原锂化产生非稳定化的 N - α - 碳负离子。

7.3.2 羟基 α - 位的极性颠倒:醇的 α - 碳负离子合成子($^-CR_2OH$)

羟基 α - 位的极性颠倒可以通过以下方法实现:(1) 在 α - 位引入稳定负离子的基团(式 7.3);(2) 在氧原子上引入稳定负离子的基团(式 7.4);(3) 通过金属 - 金属交换(式 7.5)或还原锂化产生非稳定化的碳负离子(式 7.6)。

$$\text{Me}_3\text{SiCH}_2\text{OH} \xrightarrow[\text{CO}_2]{n-\text{BuLi}} \text{Me}_3\text{SiCH}_2\text{OCO}_2\text{Li} \xrightarrow[\substack{\text{THF}\\-25℃}]{s-\text{BuLi}} \text{Me}_3\text{SiCHO}\overset{\text{OLi}}{\underset{\text{Li}}{\text{C}}}=\text{O}$$

总产率 57%

(7.3)

$$\text{Me}_3\text{SiCHO}\overset{\text{OLi}}{\underset{\text{Li}}{\text{C(=O)}}} \xrightarrow[\text{(2) H}_3\text{O}^+]{\text{(1) RCOOEt}} \text{R}-\overset{\text{O}}{\underset{}{\text{C}}}-\text{CH}_2\text{OH}$$

68%

(7.4)

(7.5)

(7.6)

7.3.3 氨基氮原子及其他杂原子的极性颠倒

氮、氧、硫等电负性比碳大的原子是亲核性的(d)。从第一章我们已知道，把它们同种原子或与电负性更大的原子相连(如 PhS—SPh, R_2N—OR′, RO—Cl, RS—Cl)或使同种原子以重键相连(如 N=N, O=O)都可使之极性颠倒。

例如，二苯二硫(PhSSPh)的硫原子具有亲电性，可经受烯醇负离子的进攻。羰基化合物的苯硫醚化反应是使之转化为 α,β-不饱和羰基化合物的有用方法。

偶氮二甲酸二乙酯 **42** 和叠氮化合物 **43** 是极好的氨基正离子($^+\text{NH}_2$)合成子的等效体。有机金属试剂或烯醇负离子等亲核试剂可与之反应，形成含氮化合物。手性酰亚胺的烯醇负离子与 **42** 加成可形成碳-氮键，所形成的化合物经醇解、催化氢解、去苄基和兰尼镍还原断裂 N—N 键后可得 α-氨基酸。这是氨基酸不对称合成的一种有用的方法。化合物 **43** 是叠氮正离子的合成等效体，同样可用于氨基酸的不对称合成。

氧分子(O═O)是一种天然的氧原子极性颠倒试剂，有机金属试剂或烯醇负离子等亲核试剂可与之反应，这是在羰基 α-位引入羟基的有用方法(式7.7)。这也是涉及碳负离子的反应需要在无氧条件下进行的原因。从下例可以看出，芳构化也可成为氧原子极性颠倒的驱动力。

7.4 芳烃和烯烃的极性颠倒

7.4.1 芳烃的极性颠倒

未取代和带推电子基的芳香化合物中芳环是富电子的,可与亲电试剂反应,例如进行 Friedel-Crafts 反应。芳香化合物的许多经典反应都存在极性颠倒,例如,带有强吸电子基的芳香硝基化合物可在苯环上进行亲核取代反应;通过生成苯炔中间体的消除-加成方法;吡啶环是高度缺电子的,环中氮原子带来的吸电子效应与引入一个硝基的效果相当。

使芳香化合物极性颠倒方法有二种:化学极性颠倒方法和酶/微生物方法。

7.4.1.1 化学极性颠倒方法

7.4.1.1.1 配位法

使芳香环由亲核性变为亲电性的真正意义上的极性颠倒一般通过芳香烃与过渡金属形成配合物而实现[12]。由于金属配合物的形成与解离是可逆的,因而此类方法一般是可逆的。常用于形成配合物的金属是 Cr, Pd, Rh, Os, Ru, Fe。目前有机合成中常用的极性颠倒配合物是芳香烃三羰基 η^6 配合物。这类配合物的制备方法简便,配合物有一定的稳定性和反应性,在反应终了除去配合的金属也有可靠、方便的方法。例如通过氧化(I_2, 25℃ 或 CAN)、置换(PPh_3 或 R_3N)、光照等方法。

芳香烃与三羰基铬配位导致芳环上电子云密度降低,可经受亲核试剂进攻,还引起芳环侧链的性质发生变化,使侧链 α-氢酸性增大,使连在芳环上的烯键成为优良的 Michael 受体,发生 Michael 加成反应。

7.4.1.1.2 苯酚氧化法

氧化是进行苯酚芳环极性颠倒的极好方法(式 7.8)[13]。廖俊臣以此发展了构建多取代复杂环系的方便方法。例如,式 7.9 示出抗高血压药物利血平关键 E 环的主要合成步骤。在这一合成路线中,首先用三价碘进行取代苯酚 **44** 的氧化,接着亲核试剂烯丙醇对氧化中间体加成,所生成的环己烯-烯烃紧接着进行分子内 Diels-Alder 反应形成复杂环体系 **45**。**45** 经多步转化为利血平的 E 环前体 **46**。

45 的合成不但涉及高效的一瓶三步反应,而且涉及二次极性颠倒:首先是芳环的极性颠倒;接着是相反电子需求的 Diels-Alder 反应(见下节)。

7.4.1.2 酶和微生物氧化方法

把苯环羟基化可视为对苯环的极性颠倒。酶可有效地进行此类反应,例如,甲苯二羟化酶把芳香化合物转化为顺式二羟基环己二烯早在 1968 年已有报道。

后来发展到克隆酶与微生物的结合,使得二醇可以极佳的时空收率(即每升每小时转化的质量(g))制得。对于取代苯,由于酶转化产物具有光学活性,因此,这一酶转化技术被广泛用于不对称合成。

7.4.2 烯烃的极性颠倒

烯烃的亲电/亲核反应性取决于烯键上所连的基团,未取代和带推电子基的烯烃是亲核的,而与羰基等吸电子基相连的烯烃是亲电的。真正意义上的极性颠倒方法是在烯键上引入砜基、硝基等活化基团,后者在反应的终了可以通过一定的方式除去。

7.4.2.1 可逆方法

同芳香化合物一样,使烯烃形成金属配合物可改变烯烃的电子环境,使之从富电子的亲核体变成亲电体。烯烃的金属配合物既可通过加入催化剂现场生成(例如 Wacker 氧化,把乙烯转变为乙醛是烯烃极性转换的一个早期的例子),也可制成稳定的可分离的金属配合物。例如,二羰基环戊二烯铁与烯烃配合可形成 π-烯烃正离子 **47**,弱亲核试剂环己酮可通过烯醇式与之加成生成 **48**,配体解离后得 2-乙烯环己酮。

除了 Wacker 氧化外,通过钯催化进行烯烃极性颠倒形成碳-碳键的反应也有报道。在化学计量氯化钯促进下,末端烯烃可与稳定化的碳负离子(pK_a 约为 10~17)发生烃基化反应。在这一反应中,使用 2 摩尔倍数三乙胺可避免二价钯还原为零价钯。如果在反应体系加入 HMPA,则这一反应可扩展到非末端烯烃,亲核试剂也可扩展到烯醇负离子和苯基锂。

7.4.2.2 强亲核试剂对非活化烯烃的直接加成

由于烯烃是富电子的,亲核试剂难以对未活化烯烃进行加成,但是,在强烈条件下,用强亲核试剂可以对未活化烯进行加成。所谓强亲核试剂指的是非稳定化的有机锂试剂。由于强的碳亲核试剂对未活化烯的加成可形成一个新的碳-碳键和新的有机金属中间体,这类反应叫碳金属化。在反应中,由于存在有机锂试剂与底物其他官能团反应以及加成中间体进一步与烯烃聚合反应的问题,分子间反应并不具合成价值,但是分子内反应却有一定的合成价值。邻位杂原子的存在和锆试剂的催化都有助于反应的进行,在后一种情形下亲核试剂可以是活性比有机锂试剂低的格氏试剂。

7.4.2.3 亲电加成与亲电杂原子环化反应

X_2, HX 与烯烃的亲电加成涉及亲核试剂(X^-)对被 H^+ 或 X^+ 活化烯烃的进攻。此类经典反应的现代意义在于发展了一类称作亲电杂原子环化的反应[14,15]。这是一类具有普遍意义的反应,被广泛用于杂环化合物的合成。除了卤素(X_2)外, PhSCl, PhSeCl, NIS, NBS, $AgBF_4$, Ag_2CO_3, $Hg(OAc)_2$, $PdCl_2$, $Pd(OAc)_2$ 等试剂均可活化这一反应。亲核基团可以是 OH, COOH, NH_2 等。此类反应形式上涉及烯烃的极性颠倒,但是从反应机理看并不涉及烯烃的极性颠倒。因为反应的第一步是亲核性的烯烃对碘等亲电体的反应形成亲电体鎓,第二步是亲核基团(OH, NH_2)对亲电体鎓的加成成环。

$$\text{Ph-CH=CH-CH}_2\text{-CH(Ph)-CO}_2\text{H} \xrightarrow[\text{CHCl}_3, 0℃, 6h]{\text{I}_2, \text{NaHCO}_3} $$ (lactone with Ph and CH₂I)

$$\text{HOOC-CH(CH}_3)\text{-CH(OH)-CH=CH-CH(CH}_3)\text{... } \xrightarrow{\text{I}_2} \text{ (hydroxy lactone with CHI-CH}_3)$$

7.5 广义的"极性"颠倒概念及其应用

7.5.1 自由基加成反应的"极性"颠倒

自由基对烯烃的加成反应是通过自由基反应形成碳-碳键的最常用方法。常用于捕捉自由基的烯烃往往带有吸电子基,如 CN,COOEt,COR 等。三个因素决定了 α,β-不饱和化合物特别适合于自由基加成:(1) 烷基自由基有较强的亲核性;(2) 这类带吸电子基的烯烃,由于有立体和自由基稳定效应的共同作用,表现出较好的区域选择性;(3) 自由基反应在中性条件下进行。虽然通过自由基反应形成碳-碳键是由每个原子提供一个电子,两个碳原子仍有亲核/亲电之分(式 7.10)。

$$\text{C}_6\text{H}_{11}\text{-I} + \text{CH}_2\text{=CH-CO}_2\text{CH}_3 \xrightarrow[h\nu, \text{NaBH}_4]{n\text{-Bu}_3\text{SnH(cat.)}} \text{C}_6\text{H}_{11}\text{-CH}_2\text{CH}_2\text{CO}_2\text{CH}_3 \quad (7.10)$$

$$\text{C}_6\text{H}_{11}\cdot + {}^\circ\text{CH}_2\text{-CH-CO}_2\text{CH}_3$$

自由基反应已成为复杂分子合成的一种有用的策略。正如在第 6 章所述,自由基有亲电亲核之分,因而也存在广义的潜在"极性"($\cdot / \circ$),因而,对自由基反应也可进行"极性颠倒"[16]。最能体现这一概念价值的是含非正常极性化合物的合成。以下实例包括 1,4-二酮 **49,50** 的逆合成分析和亲核性的氧原子 α-自由基的加成反应(式 7.11)。

$$(7.11)$$

7.5.2 其他类型的"极性"颠倒:反应选择性的颠倒

以上我们介绍了正常类型的化学反应性颠倒——分子极性颠倒,这种操作可极大地增加化学合成的可能途径。这一概念也可扩展到区域选择性和化学选择性,例如进行 Diels - Alder 反应区域选择性的调控。把极性颠倒概念引入区域选择性和化学选择性控制,目的在于激发有机合成工作者的想像力与创造力,进行选择性调控。这也是有机合成的乐趣所在:充满着变化与挑战。

7.5.2.1 相反电子需求的 Diels - Alder 反应(IEDDAR)

如第 1 章所述,适合于 Diels - Alder 反应的双烯和亲双烯体的极性是可以改变的,即变富电子双烯与贫电子烯烃间的环加成为贫电子双烯与富电子烯烃的 Diels - Alder 反应,后者称为相反电子需求的 Diels - Alder 反应。在第 5 章已通过双烯与亲双烯体的前线轨道图分析了此类反应。在本章 7.4.1.1.2 节也通过利血平 E 环的构筑说明了这一策略的合成应用。现仅举一例以进一步说明这类反应的合成价值。

7.5.2.2 区域选择性颠倒

富电子双烯与贫电子亲双烯体的 Diels-Alder 反应主要得邻、对位产物(式7.12),但是,如式 7.14 所示,只要设计适当长度的桥链把双烯和亲双烯体连接起来,由双烯和亲双烯体前线轨道系数所决定的区域选择性(式7.12)是可以改变的(式 7.13)[17]。

$$D + A \longrightarrow \text{主} + \text{次} \tag{7.12}$$

$$D\frown A + \longrightarrow \text{次} + \text{主} \tag{7.13}$$

$$\text{(式 7.14)} \quad 30:70 \tag{7.14}$$

Michael 加成的区域选择性也可颠倒。Michael 加成是亲核试剂对 α,β-不饱和羰基化合物及相关化合物在亲电性 β-位的共轭加成(式 7.15,途径 a)。对于炔 Michael 受体,在三苯基膦催化下,通过改变反应条件,γ-位可以由亲核性变成亲电性,从而使亲核试剂的加成发生在 γ-位(途径 b)。

$$\text{EWG}\equiv \xrightarrow[\text{途径 b}]{\text{途径 a} \quad \text{Nu-H}} \begin{array}{c}\text{EWG}\sim\!\!\!\!\sim\!\text{Nu} \\ \text{EWG}\frown\!\!\!\frown\!\text{Nu}\end{array} \tag{7.15}$$

$$CH_3O_2C-\!\!\!\equiv\!\!\!-CH_3 + CH_2(CO_2CH_3)_2 \xrightarrow[\text{甲苯,80℃}]{\text{PPh}_3(\text{cat.}) \atop \text{HOAc(cat.)} \atop \text{NaOAc(cat.)}} $$

7.5.2.3 化学选择性颠倒

醛酮及其衍生物的反应性是醛＞酮＞缩醛,当一个分子含有上述基团时,优先反应的是醛,然后是酮,缩醛在碱性条件下是稳定的。但是从下面两个例子可以看到,在一定的条件下,这一化学选择性是可以"颠倒"的[18]。二碘硅烷(DIS)与 **51** 反应可使缩醛部分反应而酮保持不变(生成 **52**);而与 **54** 反应,则醛基不变,生成 **53**。

参 考 文 献

1　Seebach D. Angew Chem Int Ed Engl,1979,18:239

2　Seebach D. Angew Chem Int Ed Engl,1969,8:639

3　Hanzawa Y,Tabuchi N,Taguchi T. Tetrahedron Lett,1998,39:6249

4　Kambe N,Inoue T,Sonoda N. Org Syn,1995,72:154

5　Stork G,Takahashi T. J Am Chem Soc,1977,99:1275

6　Stetter H,Kuhlmann H. Org Syn,1990,Coll Vol Ⅶ:95

7　Hase T A,Koskimies J K. Aldrichim Acta,1982,15:35

8　Seebach D,Beck A K. Org Syn,1988,Coll Vol Ⅵ:316

9　Ono N,Kaji A. Synthesis,1986,9:693

10　Rosini G,Ballini R. Synthesis,1988,11:833

11　Miyashita M,Yanami T,Yoshikoshi A. Org Syn,1990,Coll Vol Ⅶ:414

12　Pape A R,Kaliappan K P,Kundig E P. Chem Rev,2000,100:2917

13　Liao C C,Peddinti R K. Acc Chem Res,2002,35:856

14　Rousseau G,Homsi F. Chem Soc Rev,1997,26:453

15　Bartlett P A,Gonzalez F B. Org Syn,1990,Coll Vol Ⅶ:164

16　Curran D P. Synlett,1991,1:63

17　Craig D,Reader J C. Tetrahedron Lett,1990,31:6585

18　Keinan E,Sahai M,Shvily R. Synthesis,1991,8:641

习 题

1. 写出以下反应产物

(1) 3-吡啶甲醛 + H₂C=CH-CN $\xrightarrow[64\%\sim68\%]{\text{NaCN, DMF}, 35℃}$

(2) $C_2H_5CHO + NaHSO_3 + NaCN \xrightarrow[60\%\sim75\%]{H_2O, 0℃}$

(3) 2-羟基丁腈(OH, CN) + CH₂=CHOEt $\xrightarrow[70\%\sim86\%]{HCl}$ A $\xrightarrow{LDA, CH_3COCH_3}$ $\xrightarrow[45\%\sim63\%]{H_2SO_4, NaOH}$ B

(4) 甲基乙烯基酮 + 异丁醛 $\xrightarrow[82\%]{\text{噻唑盐催化剂, } i\text{-PrOH, NEt}_3}$

(5) HS(CH₂)ₙSH $\xrightarrow{CH_2O, HCl, CHCl_3}$ A $\xrightarrow[BnBr]{n\text{-BuLi, THF, }-10℃}$ B $\xrightarrow{H_3O^+, Hg^{2+}}$ C

(6) TBDPS-O-环氧化物 + 1,3-二噻烷-2-Li $\xrightarrow[76\%]{\text{DMPU, THF, }0℃}$

(7) 脯氨酸衍生物 $\xrightarrow[\text{(2) MeI } 72\%, dr>95:<5]{(1)\ s\text{-BuLi, TMEDA, 乙醚, 3 h, }-78℃}$

(8) $\xrightarrow[丙酮,\ -78℃,\ 60\%\sim65\%]{\text{LiDBB, }-78℃,\ \text{THF}}$

(9) ArSH $\xrightarrow{(1)\ Cl_2,\ CCl_4}$ A $\xrightarrow[Et_2O]{(2)\ ROH,\ NEt_3}$ B

(10) CH₃CH(COCH₃)(CO₂Et) $\xrightarrow[CH_2Cl_2,\ r.t.,\ 58\%]{NsONHCO_2Et,\ CaO}$

(11) $\xrightarrow{(1)\ LDA,\ (2)\ CF_3CO_2H,\ (3)\ NH_4Cl}$

(12) [结构式: 苯环上带 Cr(CO)₃ 和噁唑啉(NC-CH₂-N) 取代基] $\xrightarrow{\text{(1) LDA}}_{\text{(2) I}_2}$

2. 试从指定原料合成指定产物,并指出合成涉及的主要合成子及合成等效体。

(1) 呋喃 ⟶ 2-甲基-3-(丁-2-烯基)环戊-2-烯酮

(2) 樟脑 ⟶ 2-乙酰基-2-羟基冰片衍生物

(3) 2-甲氧基-3,4-二氢-2H-吡喃 ⟶ 2-(丙-1-烯基)环己-2-烯酮

(4) 丙烯醛 ⟶ 6-乙基-四氢-2H-吡喃-2-酮

3. 烯丙基有机金属化合物与亲电试剂反应后可被转变为多种产物,试指出烯丙基有机金属化合物可作为哪些合成子的等效体?其中哪些合成子是极性颠倒合成子?

[反应框: CH₂=CH-CH₂-MgX 与 El⁺ 反应得 CH₂=CH-CH₂-El]
⟶ A: CH₃-CO-CH₂-El
   B: HO-CH₂-CH₂-CH₂-El
   C: HO-CH(CH₃)-CH₂-El (？)
   D: OHC-CH(El)- 结构

4. 试按上一题的思路分析以下两类化合物,指出 Y,X 各代表哪些原子或基团?此时(1)和(2)可分别作为哪些合成子的等效体?

(1) CH₂=C(Y)-CH₂-MgX   (2) CH₂=C(Y)-CH₂-X

5. 分析并设计以下分子的合成路线

(1) 3-异丁基环戊-2-烯酮

(2) 2-羟基-2-(叔丁基)戊-3-酮类结构

(3) 1-甲基双环[3.3.0]辛-2-烯-2-酮

(4) 3-(1-氨基戊基)异苯并呋喃-1(3H)-酮

(5) 2-正丁基-5-正庚基吡咯烷 (n-Bu 和 C₇H₁₅-n 取代)

6. 根据本章介绍的反应和合成方法,列表总结合成子及相应的合成等效体或试剂。

第 8 章 成环反应

8.1 成环策略

一般而言,环系的建立可通过非环体系的环化或通过对已有环的修饰而实现。在前一种方式中又可区分两种可能的途径,一是通过一个非环前体单边环化,即分子内反应(式 8.1,8.2);二是通过二个或多个非环片断的分子间反应(如周环反应)实现双边或多边环合。双边环化往往通过双反应中心化合物与双官能团化合物的结合而实现(式 8.3)。(图中以 +/− 表示的合成子包括了极性反应、自由基反应和周环反应)。通过环修饰的方式包含了扩环和缩环的重排反应以及环交换反应(式 8.4)。

单边环化 (8.1)

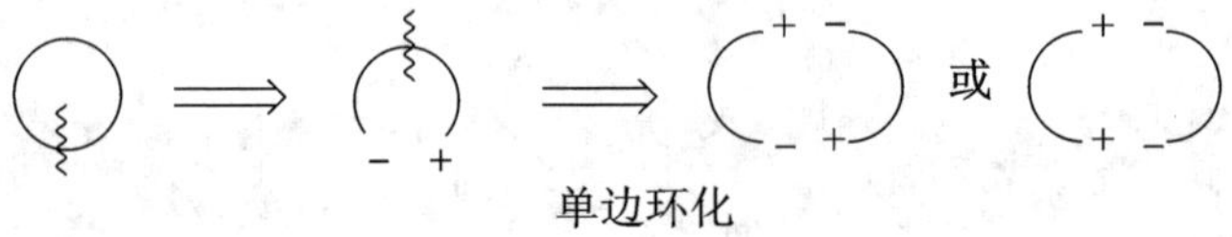

单边环化 (8.2)

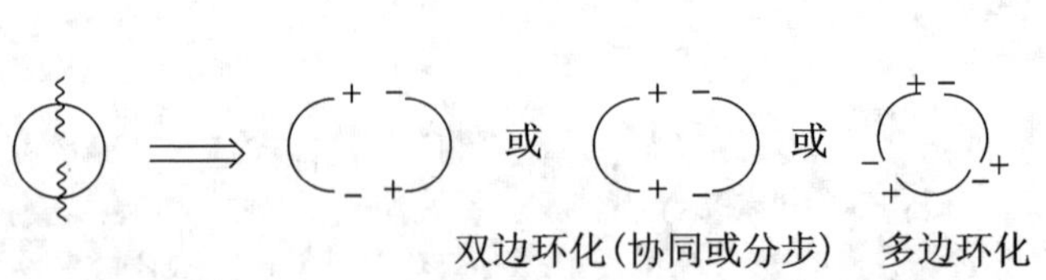

双边环化(协同或分步) 多边环化 (8.3)

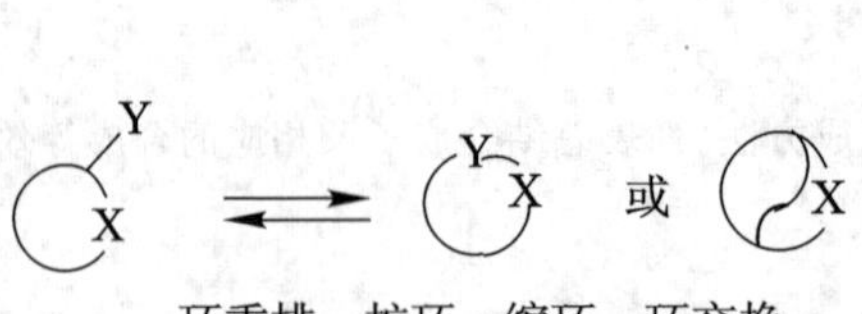

环重排:扩环、缩环、环交换 (8.4)

8.2 非环前体的环化反应(单边环化)

8.2.1 原理

环化反应[1]是从链状化合物向环状化合物转化的反应,属于分子内成键反应。由于分子内反应引起的熵减少比相应的分子间反应小,因而在许多情形下,分子内反应比相应的分子间反应容易进行。但是受四种因素的制约,在有些情况下,导向成环的分子内反应较分子间反应不容易进行。制约分子内反应四个因素是:

(1) 环的张力

如果欲形成的环存在张力,这样的环就较难形成。小环(三元环、四元环),中环(八~十二元环)和大环都不易形成。这一点可通过式 8.5 所涉及的 α, ω-溴代胺的环化看出,形成不同大小环的相对速率反映了熵和环张力的综合影响。

$$\text{NH}_2\text{—Br} \longrightarrow \text{HN}\overset{n}{\frown} \tag{8.5}$$

环的大小(n):	3	4	5	6	7	10	15
相对环化反应速率:	0.12	0.002	100	1.7	0.03	10^{-8}	10^{-4}

(2) 分子的几何结构

由于成环涉及轨道的交盖,成环的难易取决于分子中所涉反应中心原子能否有效地进行轨道的交盖,而后者又受分子几何结构的制约。下一节将要讨论的环化反应的 Baldwin 规则就是用于预测这一因素所决定的成环的难易。

(3) 同时形成两反应中心的要求

由于分子内(成环)反应涉及同一分子内两个反应中心(例如亲电中心和亲核中心)间的反应,这两个反应中心的形成和在一定阶段、一定程度上并存也是一个制约因素。反应获得成功的先决条件是形成一个反应活性中心时所用的试剂和条件不能影响和破坏另一反应中心。

(4) 竞争性分子间反应

在有些分子内反应不易进行的反应,例如大环的合成,此时分子间反应往往成为竞争反应。

环化反应可依所涉及的活性中间体划分为:阳离子环化、阴离子环化、自由基环化、金属有机催化剂媒介的环化和卡宾插入反应。

8.2.2 阴离子环化与 Baldwin 环化规则

8.2.2.1 原理

这里所涉及的阴离子环化主要指的是在环化反应中涉及阴离子中间体的反应。实际上,此类反应包含了更多的亲核环化,例如,含氨基、羟基和巯基等非阴离子亲核中心的环化反应。阴离子环化所涉及的反应类型包括了 S_Ni 反应、1,2-加成和 1,4-加成等反应方式。就像 Woodward-Hoffmann 规则可用于预测周环反应的可行性(允许-禁阻)一样,Baldwin 环化规则可用于预测某个单边环化反应是否有利。

通过分子内亲核取代或加成反应成环是合成碳环和杂环的重要方式。在亲核反应的过渡态中,为了满足轨道的有效交盖,达到成键的目的,对于不同杂化情况的亲电中心,亲核试剂有效进攻的方位是不同的(图 8.1)。对于 sp^3 杂化的亲电中心(σ-亲电体,S_N2 反应),试剂进攻与基团离去呈 180°角(瓦尔登转化);对于 sp^2 杂化的亲电中心(例如羰基化合物,亲核加成),亲核试剂从与羰基呈大约 109°的方向(Bürgi-Dunitz 轨道)进攻;而对于 sp 杂化的碳亲电中心(亲核加成),亲核试剂的最佳进攻角度是 120°。上述立体和立体电子要求在分子间反应一般容易达到,然而,对于分子内反应,由于受连接两反应中心链长短的限制,两反应中心的最佳几何排布并非总能得到满足,因此,在相同条件下,有的环化反应容易进行,有的环化反应难以进行。

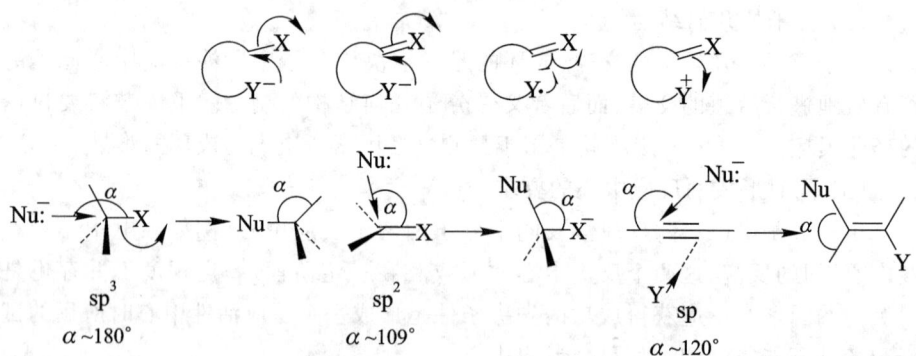

图 8.1 亲核试剂进攻碳亲电中心的最佳角度

8.2.2.2 Baldwin 环化规则

Baldwin 总结了许多非环前体环化反应的立体和立体电子效应规律,提出了判断和预测非环前体单边环化反应"有利"或"不利"的 Baldwin 规则[2,3]。在 Baldwin 规则中,环化方式用三个参数进行描述,环化反应有利或不利取决于这三个因素:

(1) 环的大小 n:欲形成环的链上原子数;

(2) 受进攻原子的杂化情况:sp^3 杂化(tet);sp^2 杂化(trig);sp 杂化(dig);

(3) 断键方式:内式(*endo*)电子向"环"内"流动",形成较大的环;外式(*exo*)电子向"环"外"流动",形成较小的环(图 8.2)。

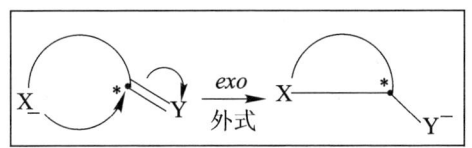
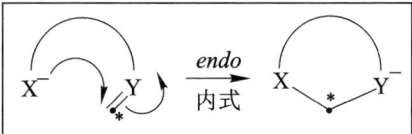

图 8.2 断键方式

Baldwin 环化规则所涉及的各种情况示于图 8.3,并归纳到表 8.1。

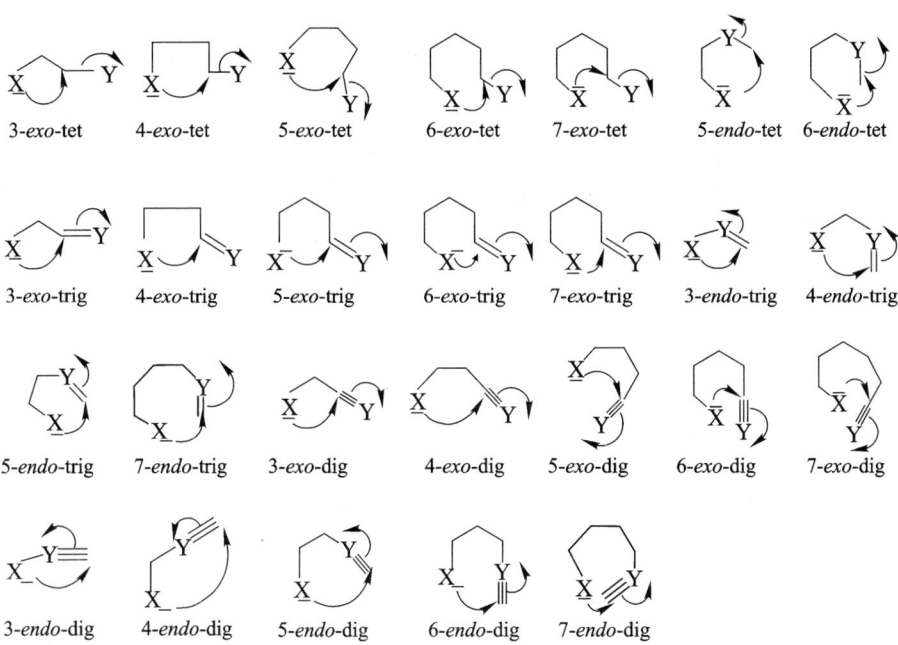

图 8.3 各种环化方式的描述

表 8.1 Baldwin 环化规则

受进攻原子的杂化情况	断键方式	欲形成环的大小				
		三元环	四元环	五元环	六元环	七元环
tet (sp^3)	exo	有利	有利	有利	有利	有利
	endo			不利	不利	
trig(sp^2)	exo	有利	有利	有利	有利	有利
	endo	不利	不利	不利	不利	有利
dig(sp)	exo	不利	不利	有利	有利	有利
	endo	有利	有利	有利	有利	有利

按照 Baldwin 环化规则,5-exo-trig 环化有利,而 5-endo-trig 环化不利,许多实例验证了这一规则。例如,化合物 **1** 在碱性条件下只得到按 5-exo-trig 方式环化的产物 **2**,未观察到按 5-endo-trig 方式,即通过分子内 Michael 加成形成的环化产物 **3**,而相应的分子间 Michael 加成反应则容易实现(式 8.6)。

值得注意的是,Baldwin 环化规则预测的"不利"的环化反应并非完全不能进行,只是比较困难,通常比竞争反应慢。如果改变条件,使反应按其他机理,则环化仍然是可能的,当然此时环化方式已经改变。例如,**4** 在碱性条件下无法环化,但是在酸性条件下却可得到预期的环化产物 **5**。其原因是在酸性条件下形成阳离子中间体 **6**,环化方式变成有利的 5-exo-trig。因此,这一实例本质上仍然遵循 Baldwin 环化规则。

8.2 非环前体的环化反应(单边环化)

此外,硫及第三周期的其他元素作为亲核中心往往可进行一般情况下不利的 5-endo-trig 环化。这是因为硫的原子半径较大,C—S 键键长较长,而且硫原子空的 3d 轨道可以从双键的 π 轨道接受电子,3d 轨道与 π 轨道的这种成键相互作用要求的角度为 $\alpha \leqslant 90°$,而非 $109°$,因而 **7** 的内式环化在几何上比较容易满足成键要求(图 8.4)。

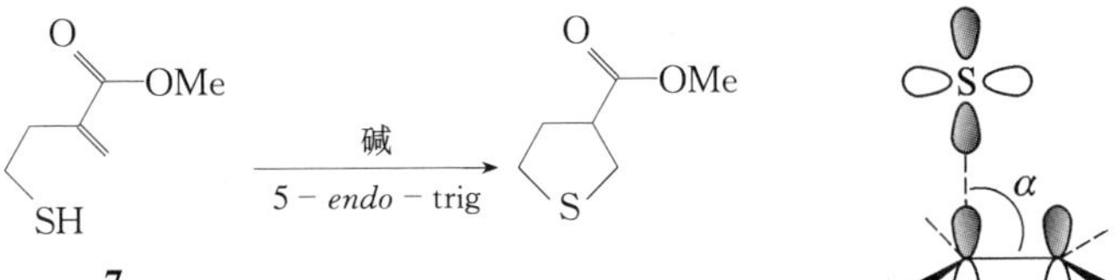

图 8.4 硫参与的 5-endo-trig 环化反应

需要指出的是,Baldwin 环化规则虽然是对亲核环化反应提出的,但是该规则对阳离子环化和自由基环化反应同样有效(图 8.5)。

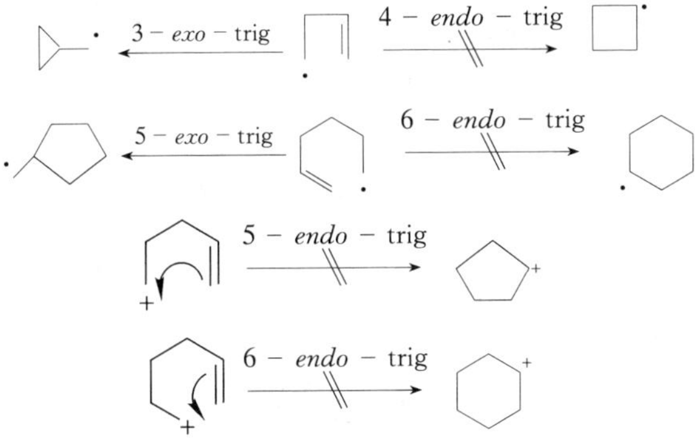

图 8.5

当然,违背 Baldwin 环化规则的实例仍然存在[4]。例如,β-氨基醇与醛的反应很容易在室温下,几分钟内完成,生成 1,3-噁唑烷。反应可能是通过杂原子基团对亚胺鎓 **8** 以 5-endo-trig 的方式环化实现。而且,初始形成的动力学非对映立体异构体(2,4-反式)很容易转变为热力学更稳定的 2,4-顺式异构体[5]。这一差向异构化仍然是通过非环的亚胺鎓中间体 **8** 进行的。**9a** 和 **9b** 的环化反应(5-endo-trig)也容易进行[6]。在钯催化和碱性条件下,乙酸烯丙型酯也以合理的收率环化(式 8.7)。

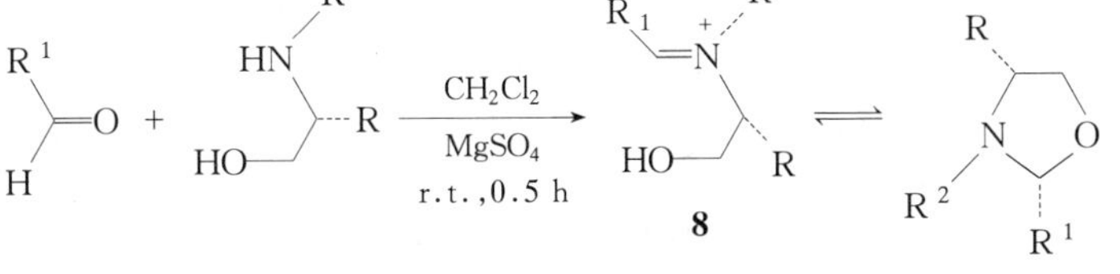

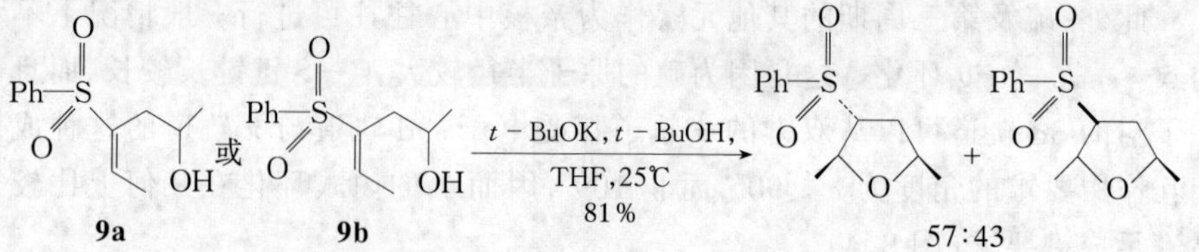

9a　　**9b**　　57∶43

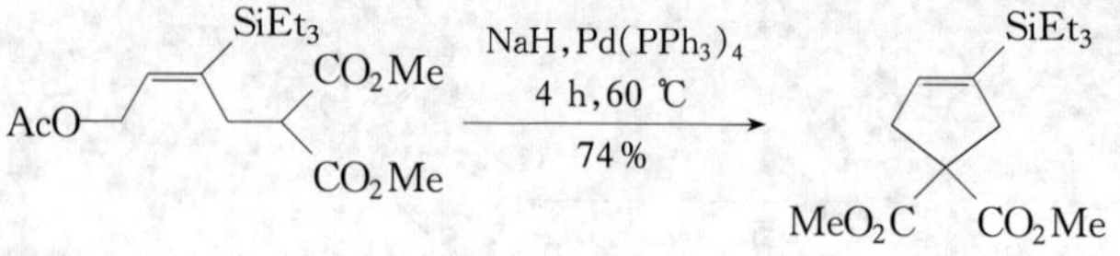

(8.7)

Baldwin环化规则也可扩展到以烯醇负离子为亲核体的环化反应[7]，对于这类反应的描述需要增加一个参数，即烯醇负离子是以内式(*enolendo*)或外式(*enolexo*)进攻。这样，烯醇负离子的环化方式和规则分别示于图8.6和表8.2。

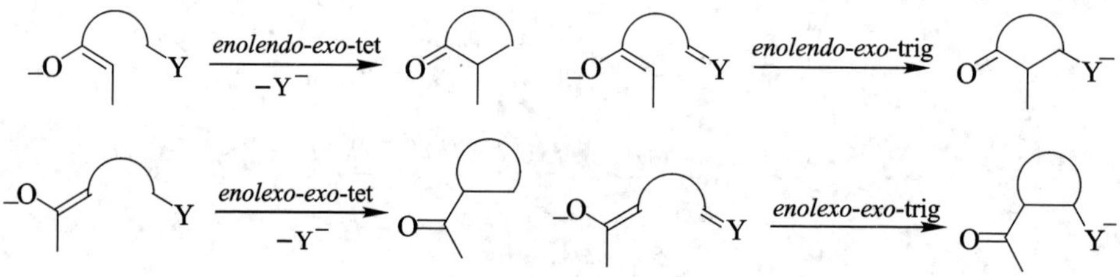

图8.6　烯醇负离子的环化方式

表8.2　烯醇负离子的环化规则

6—7 - *enolendo* - *exo* - tet	有利
3—5 - *enolendo* - *exo* - tet	不利
3—7 - *enolexo* - *exo* - tet	有利
3—7 - *enolexo* - *exo* - trig	有利
6—7 - *enolendo* - *exo* - trig	有利
3—5 - *enolendo* - *exo* - trig	不利

这一规则可以解释为什么**10**的环化得**10b**，而其同系物**11**的环化则得**11b**。烯醇负离子**10a**的环化以*enolexo* - *exo* - tet方式进行是有利的。

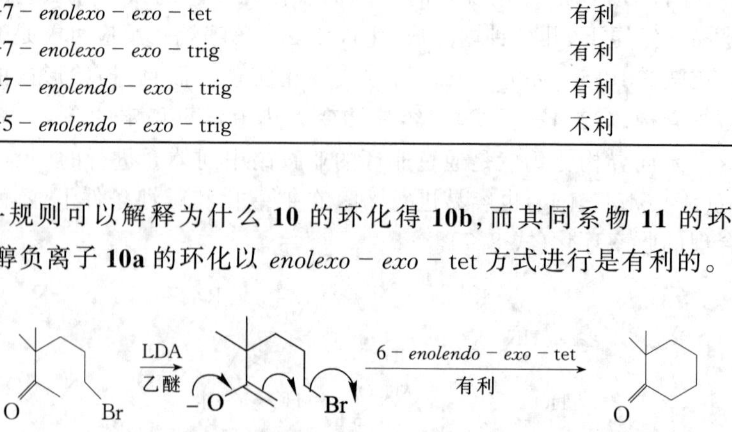

10　　**10a**　　**10b**惟一产物

环氧及其他三元环受进攻碳原子的杂化可视为介于 tet(sp^3) 和 (sp^2)trig 之间，其环化仍以外式为主。但是，α,β-不饱和环氧的环化往往得到 6-exo 环化产物。

碘促进的羧酸 **12** 的环化经历了碘鎓中间体 **12a**，随后的环化仍可视为以有利的 5-exo-(trig/tet) 方式进行。

8.2.2.3 阴离子环化

阴离子环化[1]是最常用的成环方法，在以下实例中，碳负离子分别以有利的 5-exo-tet、5-exo-trig 和 6-enolexo-exo-tet 方式环化，均能顺利得到环化产物。在这类环化中，碳负离子活性中间体除了通过去质子化产生(式 8.8,8.10)外，也可通过前面一些章节述及的方法产生。例如，通过烯基碘与正丁基锂的碘-锂交换，可生成烯基锂，后者直接加成到羰基，形成环化产物(式 8.9)。在这里，成功的关键是强碱正丁基锂进行锂-碘交换的速率要快于丁基锂与羰基加成速度。

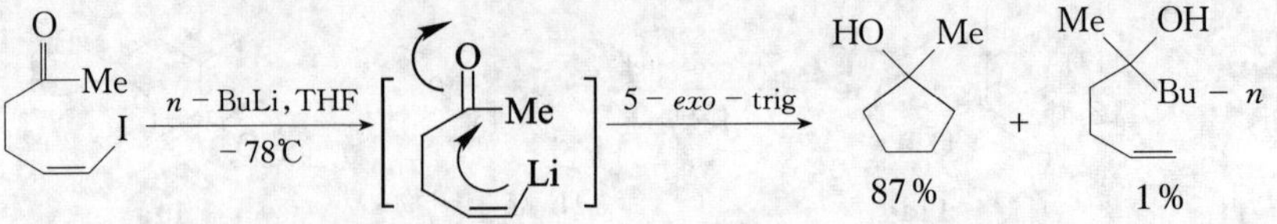

(8.9)

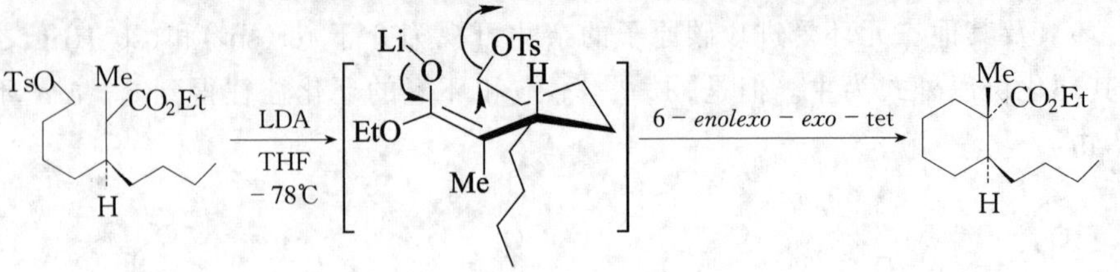

(8.10)

在醛基存在下用强碱去质子化形成碳负离子不易做到,因为醛是优良的亲电试剂,又含有酸性的 α-氢,而许多强碱往往同时也是强亲核试剂。但是,用亲核性较小的强碱双三甲硅基胺锂进行烯二炔 13 的去质子化—分子内加成可以比较顺利地进行,这是合成烯二炔类新型抗癌药物的关键步骤。反应的成功无疑得益于起始醛 13 不含 α-氢,因而可以避免一些副反应。相比之下,在酸性条件下的分子内羟醛缩合反应(式 8.11)条件比较温和,收率较高。

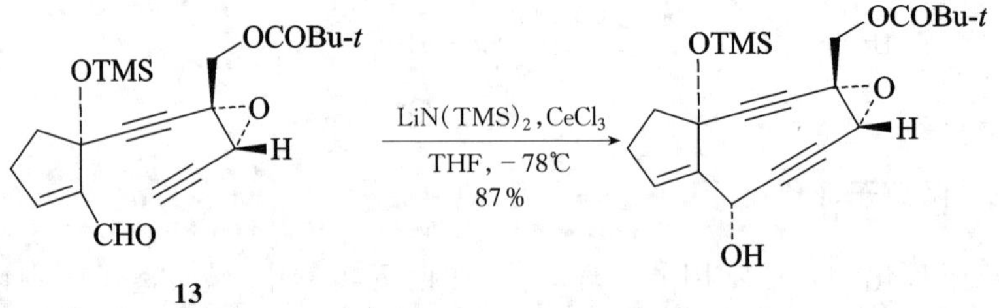

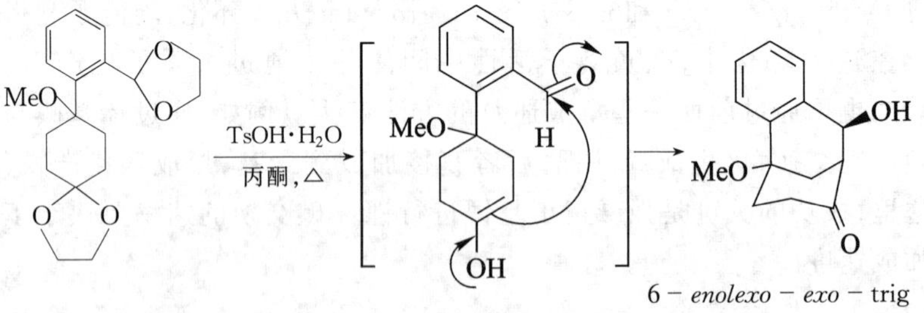

(8.11)

烯丙型三丁基锡烷和三甲基硅烷(参见 2.3 节)是适合于分子内反应的亲核体,因为与上述反应不同,这两类亲核试剂的环化反应可在 Lewis 酸催化下进行,无需使用强碱,因而可以兼容体系中许多敏感官能团。例如,式 8.12 所示的烯丙型三丁基锡烷对醛进行分子内加成环化在海洋天然产物多环醚的合成被反复运用,其中第一次环化的收率几乎是定量的。在这类环化反应中形成七元环的立体选择性远远高于六元环。

$$\text{(8.12)}$$

有机锂试剂对非活化烯烃的分子间加成并不具合成价值,但是这一反应的分子内方式却比较有价值。式 8.13 是一个通过叔丁基与伯碘代物进行锂-碘交换产生有机锂中间体,进而对非活化烯烃加成环化的反应,反式顺式异构体比例为 10.7∶1。

$$\text{(8.13)}$$

$trans : cis = 10.7 : 1$

如第 3 章所述,共轭加成是形成特定烯醇负离子的有效方法,如果 α,β-不饱和化合物分子内还含有亲电中心(如离去基),则烯醇负离子中间体可进一步发生分子内烷基化。反应顺利进行的必要条件是亲核试剂进行共轭加成的速度快于取代卤素的速度。

由于氨基、羟基、巯基是"天然"的亲核试剂,亲核环化在杂化合物的合成中应用十分广泛。这类反应既可以通过直接的分子内 S_N2 取代(即 S_Ni)的方式进行(式 8.14)。值得一提的是,在式 8.14 的反应中,在伯、仲羟基和氨基三个亲核基团同时存在下,甲磺酰化可以选择性地在伯羟基上进行,随后发生环化反应,这"一瓶"二步的反应总产率达到 77%。

$$\text{(8.14)}$$

8.2.3 阳离子环化

阳离子环化[2]指的是在环化过程中涉及碳正离子中间体的环化反应。阳离子环化反应在自然界中非常普遍,萜类化合物(异戊二烯类化合物)和甾体的生源合成大多通过这一途径。在甾体化合物的合成中,其四环骨架是通过多重连续阳离子环化反应构建的,由于六元环构象的控制,反应达到高度立体选择性。人们建立了许多体系以模仿自然界的阳离子环化反应。从以下四个阳离子环化反应的例子可以看出,阳离子环化可用于多种碳骨架的构筑。由于非稳定化的碳正离子容易发生重排反应,只有当可形成较稳定的叔碳正离子时,反应才能得到较好的收率。

在阳离子环化中,戊二烯正离子环化成环戊烯基正离子是研究得较多的,其中 Nazarov 环化(式 8.15)最具合成价值。

$$\text{(structure)} \xrightarrow{\text{Lewis 酸}} \text{(structure)} \longrightarrow \text{(structure)} \tag{8.15}$$

近期研究较多的是稳定化碳正离子的环化反应。稳定化的碳正离子指的是与带孤对电子杂原子相连的碳正离子,例如,亚胺鎓、酰亚胺鎓、氧鎓。这类碳正离子邻位杂原子上的孤对电子可参与稳定碳正离子。亚胺鎓、酰亚胺鎓、氧鎓是有用碳正离子等效体,也是一类重要的合成中间体。亲核体(包括富电子的烯烃)可以进攻正电性的碳原子。

$$\overset{+}{C}-\ddot{N}R_2 \longleftrightarrow C=\overset{+}{N}R_2$$
亚胺鎓

$$\overset{+}{C}-\ddot{N}R \longleftrightarrow C=\overset{+}{N}R$$
$$\quad\; COR' \qquad\qquad\quad COR'$$
酰亚胺鎓

$$\overset{+}{C}-\ddot{O}R \longleftrightarrow C=\overset{+}{O}R$$
氧鎓

$$\overset{+}{C}-\ddot{S}R \longleftrightarrow C=\overset{+}{S}R$$
硫鎓

由于亚胺鎓和酰亚胺鎓易于生成,又有较高的反应性,因而被广泛用于生物碱和药物合成。亚胺鎓是 Mannich 反应的活性中间体,分子内 Mannich 加成将导向环状产物,这早在 1910 年 Robinson 托品酮的仿生合成已展示过。除了烯醇和烯醇负离子外,羟基、氰基、巯基等亲核体也可与亚胺鎓加成。

值得一提的是,亚胺鎓和烯胺经常处于平衡,酸性条件有利于亚胺鎓的生成,而碱性条件有利于烯胺的形成。例如,在酸性条件和氰化钾存在下,(R)-苯基甘氨醇与戊二醛的反应生成重要手性合成砌块 **15**[8]。于松(Husson)以此为基础建立了一种称为(CN R,S)的不对称合成方法学,成功地用于许多生物碱的不对称合成。在式 8.16 的反应中,亚胺鎓是通过仲胺与甲醛(多聚甲醛在体系中解聚)反应现场生成的。碘离子的存在可以促进富电子炔基对亚胺鎓的加成,形成环化的烯基碘[9]。

15

$$(8.16)$$

在式 8.17 所示的反应中,在酸性和催化氢解条件下,连续发生了 N - 去保护,缩醛水解和胺的还原烷基化等"一瓶"多步反应。通过这"一瓶"反应,高立体选择性地合成了蚂蚁毒素生物碱 xenovenine[10]。

$$(8.17)$$

烯胺的亲核性远大于一般的烯键,因而,如下式所示,其环化可在弱碱三乙胺存在下进行[11]。

氧鎓也是有用的合成中间体。氧鎓通常通过式 8.18 所示的反应制得,X 可以是烷氧基或离去能力比烷氧基更强的杂原子基团。氧鎓的形成通常需要 Lewis 酸催化以促进 X 的离去。氧鎓一旦形成,分子内的亲核体即可进攻亲电的碳,形成环状含氧杂环化合物。可以在 Lewis 酸催化下反应的亲核体包括烯醇硅醚、烯丙型三甲硅烷和烯基三甲硅烷。式 8.19 是一个涉及烯醇硅醚与现场生成的氧鎓中间体进行分子内加成的例子。氧鎓是在三氟甲磺酸银催化下、4Å分子筛存在下由四氢呋喃基-2-吡啶硫醚产生。

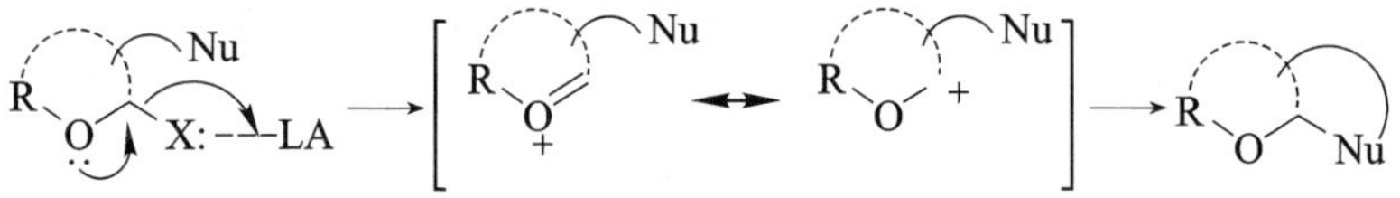

(8.18)

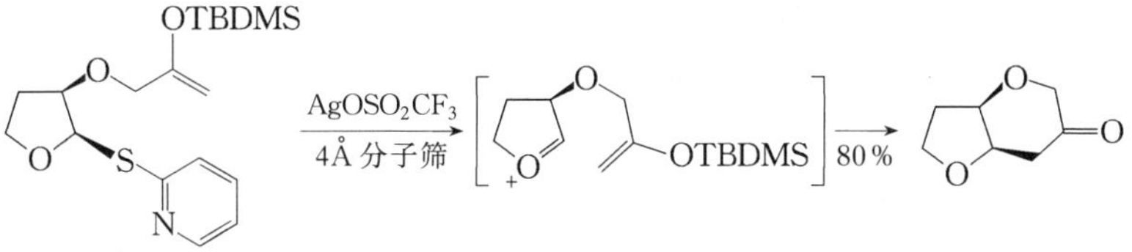

(8.19)

缩醛是更方便、更具有普遍性的氧鎓中间体的前体。在 Lewis 酸催化下,烯醇硅醚与缩醛的反应(Mukaiyama 反应)涉及氧鎓中间体。分子内的 Mukaiyama 反应可导向碳环的形成,式 8.20 展示了这一反应在 hydroazulinone 合成中的应用。

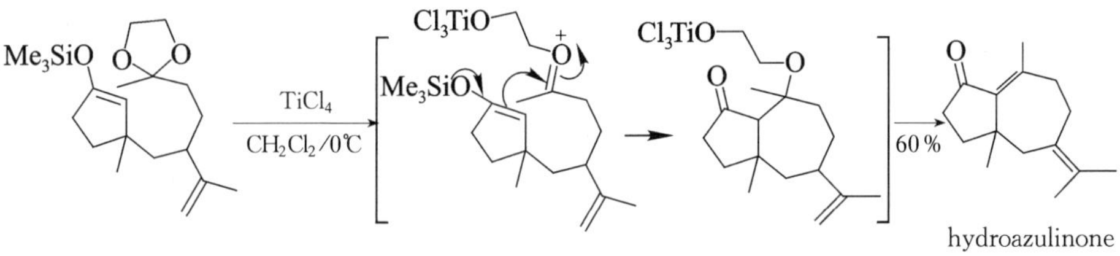

hydroazulinone

(8.20)

涉及烯丙型三甲基硅烷[12]的分子内环化也是一类阳离子环化反应。它们作为亲核体在酸催化下的反应首先形成硅稳定的 β-碳正离子。由于反应可以在非质子性(Lewis 酸催化)条件下进行,因而许多官能团可以并存。

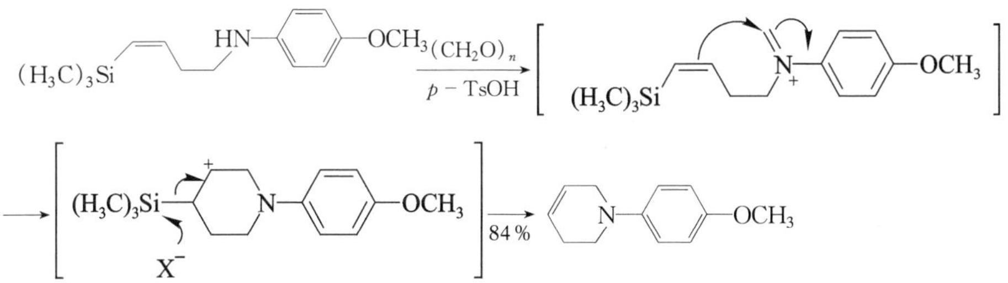

在上一章讨论的杂原子亲电环化涉及鎓中间体,因而也属于阳离子环化反应。

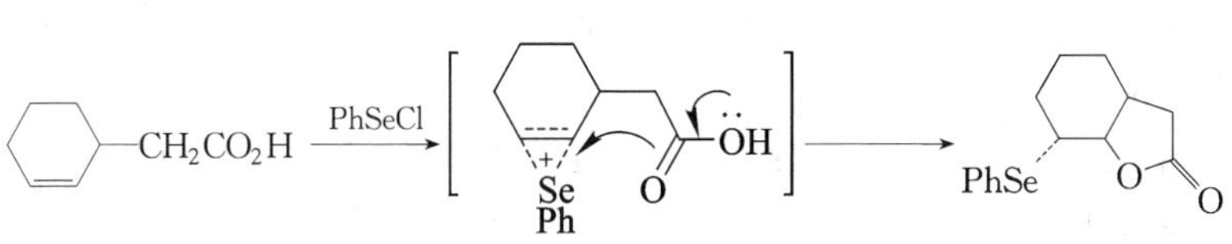

8.2.4 自由基环化

自由基环化[13,2]是一类分子内环化比分子间更容易进行的反应,自由基环化反应不但可用于碳环的合成,也可用于杂环的合成。各种碳自由基(烷基、烯基、烯丙基、苯基、酰基、亚胺酰基)和杂原子自由基(氨基、亚胺基、烷氧和硫醚)都可有效地形成和环化。自由基接受体可以是活化的烯烃、非活化的烯烃乃至去活化的烯烃。正常的自由基反应和极性颠倒的自由基反应均可进行。与极性反应相比,自由基反应的优点是自由基的形成及其前体的合成都可在非酸非碱的中性条件下进行,因而不会对敏感官能团造成影响。虽然 Baldwin 环化规则预测 5-exo-trig 和 6-$endo$-trig 环化方式都是有利的,但自由基环化一般以形成五元环为主(式 8.21)。式 8.22 所示的反应是 Stork 发展的方法,该法原料易得,不但可用于含氧五元环的合成,由于缩醛可以水解破环,因而也成为引入 C_2 单元的有用方法[14]。

$$(8.21)$$

$$(8.22)$$

$$(8.23)$$

自由基反应的合成应用在近二十年得到快速发展,被用于许多复杂天然产物的立体选择性合成。沙晋康发展了环酮 α-自由基环化反应[15](式 8.24),并用于石斛碱(dendrobine)等生物碱的全合成。Mn(Ⅲ) 媒介的氧化自由基环化(式 8.25)是一类有价值的反应,反应涉及三乙酸锰促进的烯醇化。三乙酸锰作为单电子氧化剂,可以从含活泼亚甲基化合物的烯醇式获得一个电子,形成亲电性的自由基,随后向碳-碳重键加成。该法被用于中草药雷公藤有效成分 triptolide 的不对称全合成(式 8.26)[16]。在式 8.26 所示的自由基环化反应中,三氟甲磺酸镱的加入可使反应的非对映立体选择性从 9:1 提高到 38:1。

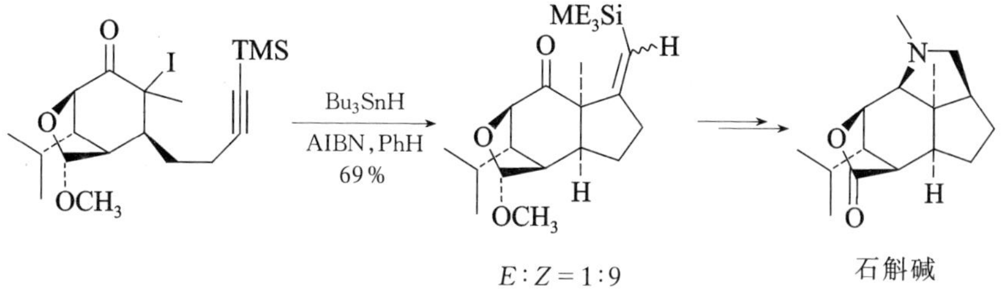

(8.24)

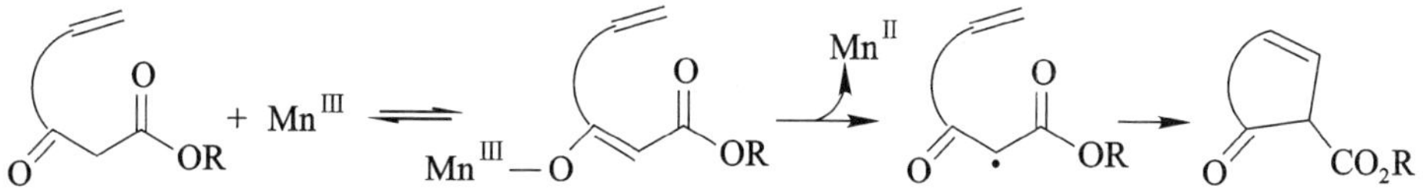

(8.25)

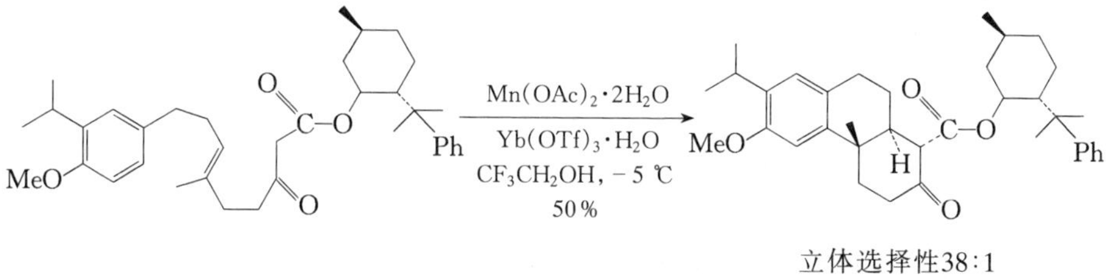

(8.26)

8.2.5 有机金属化合物催化的环化反应

8.2.5.1 钯催化的环化反应

过渡金属催化的环化反应[2]是一类应用前景广阔的环化反应,钯、锆、钴、铑、钌、银、汞等过渡金属配合物均可催化这类环化。实际上,许多分子间反应可发展成为分子内反应,从而用于环的合成。

最常见的反应是钯催化的分子内 Heck 反应[17](式 8.27),分子内 Stille 反应[18](式 8.28)和分子内 Suzuki 反应[19](式 8.29)。有机钯化合物也可催化烯炔、二炔和联烯的环化反应[20](式 8.30,8.31)。

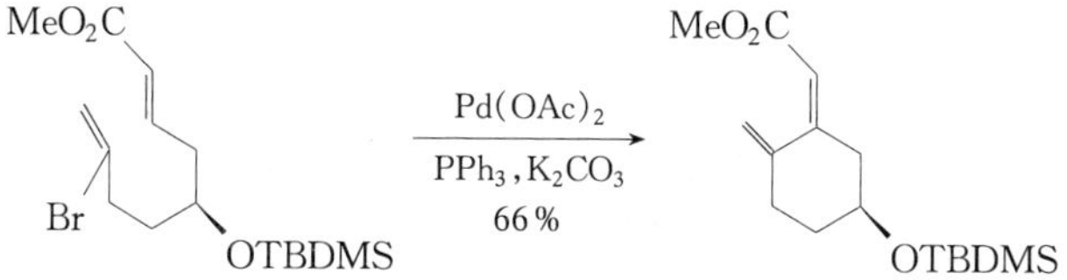

(8.27)

$$\text{(8.28)}$$

$$\text{(8.29)}$$

$$\text{(8.30)}$$

$$\text{(8.31)}$$

8.2.5.2 有机金属化合物催化的亲电环化

有机金属化合物催化的亲电环化[2]是另一类十分重要的反应,主要用于杂环化合物的合成。在这些反应中,Pd^{2+},Ag^+ 或 Hg^{2+} 首先与烯键、炔键或联烯配位,使之活化,而后,分子内亲核体(通常是杂原子)进攻活化了的不饱和碳-碳键,形成杂环。

对于 Hg^{2+} 催化的环化反应,初始环化产物是有机汞化合物,需要用硼氢化钠还原除去。而 Pd^{2+} 催化的环化反应的初始环化产物为有机钯中间体,可通过 β-消除除去钯,也可使之在醇中与一氧化碳反应,进一步引入甲氧羰基。惟有 Ag^+ 催化的环化反应可直接得到环化产物。如果使用钯-银共催化剂,则可以在一瓶内先后进行 Heck 反应和银催化的亲电环化[21](式 8.32)。

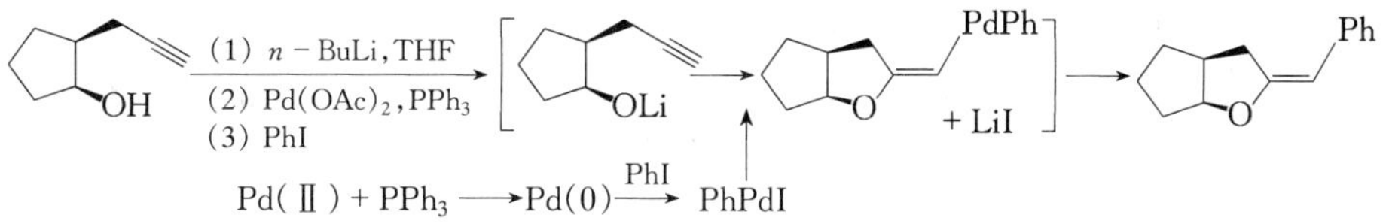

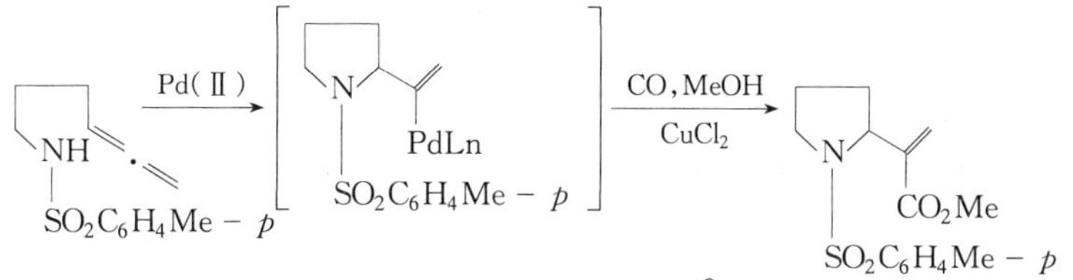

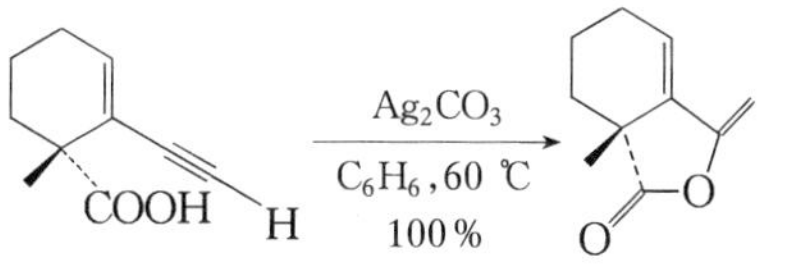

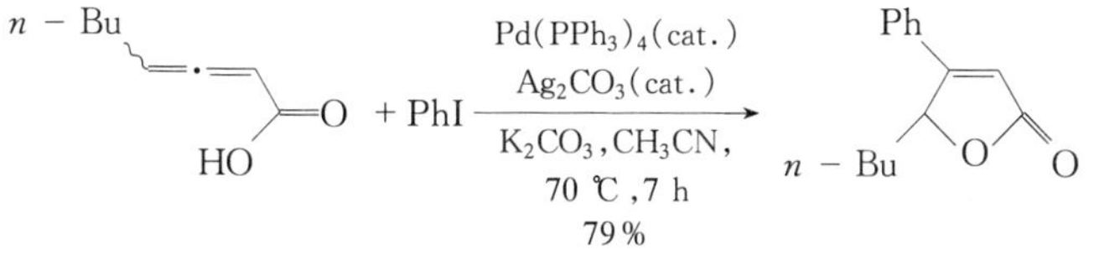

8.2 非环前体的环化反应(单边环化)

$$(8.32)$$

8.2.5.3 过渡金属卡宾类化合物的插入反应

重氮化合物在二价铑盐或二价铜盐如 $Rh_2(OAc)_4$ 或 $CuCl_2$ 作用下形成过渡金属卡宾类化合物,后者可进行单线态卡宾类化合物的典型反应,即向 π-键加成(环丙烷化)和向 C—H σ 键插入。对于插入反应[22]而言,可导向环状产物的分子内反应最为有用,反应主要生成五、六元环,且在反应中被插入碳-氢键中碳的立体化学保持。

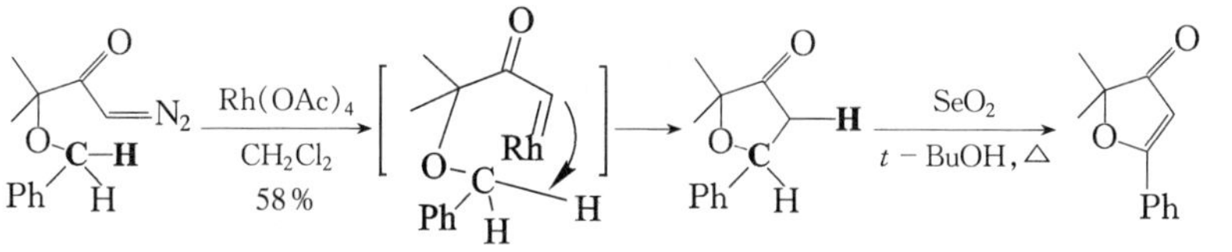

$$(8.33)$$

bullatenone

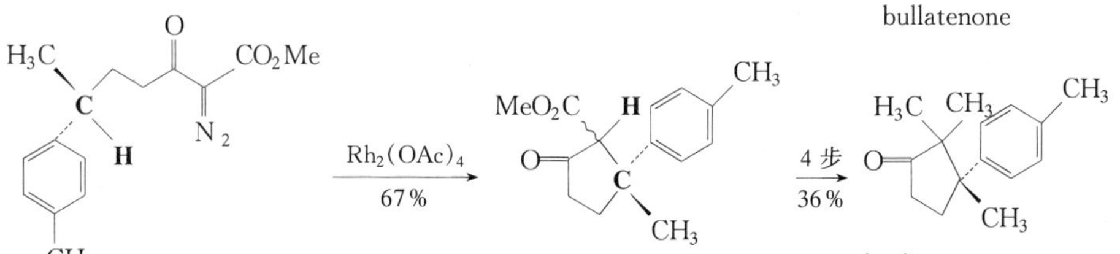

(+)-α-cuparenone

8.2.5.4 烯烃复分解反应

烯烃复分解反应(olefin metatheses)[23]是近年发展起来一种独特的碳骨架

中 C ═C 双键在金属卡宾配合物催化下重新排布的反应，现已成为形成 C ═C 双键的有力工具，是近年来最成功的一个新反应。该反应在制备航天飞机材料上获得广泛应用，其优点是副产物是挥发性的烯烃，如乙烯。

8.2.5.4.1　反应类型

烯烃复分解反应包括：

开环复分解聚合(ROMP，用于合成聚合物，式 8.34)；

开环复分解反应(ROM，用于合成链状烯烃，参见第 4 章)；

闭环复分解反应(RCM，用于成环，式 8.35)；

交叉复分解反应(用于合成链状烯烃，参见第 4 章)。

前三种反应容易进行，后一种变化的关键是避免两种原料烯烃的自身复分解反应。最近的发展已使之可以选择性地进行，成为有合成价值的反应。

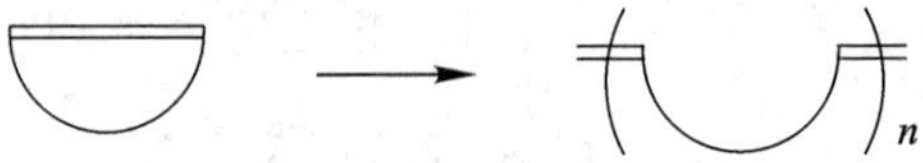

(8.34)

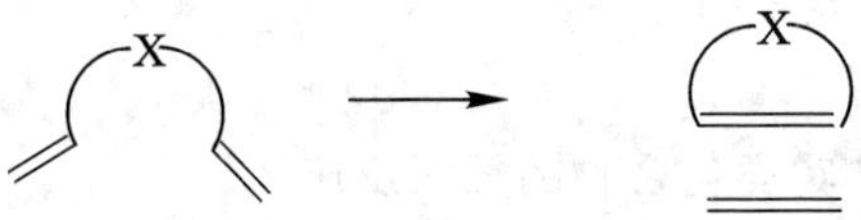

(8.35)

8.2.5.4.2　催化剂

用于催化烯烃复分解反应的催化剂很多，早期多用多组分催化，结构不确定，只是最近才发展了单一组分、结构确定的金属卡宾配合物(**16**～**21**)，其中，钌催化剂的应用最为广泛。烯烃复分解反应的催化循环示于图 8.7。

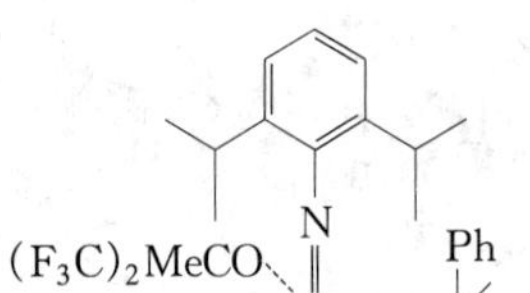

16

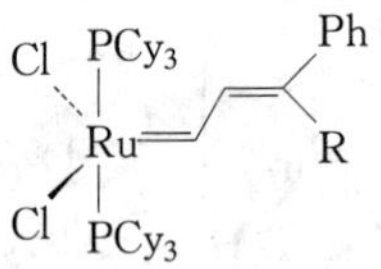

17 R = Ph
18 R = H

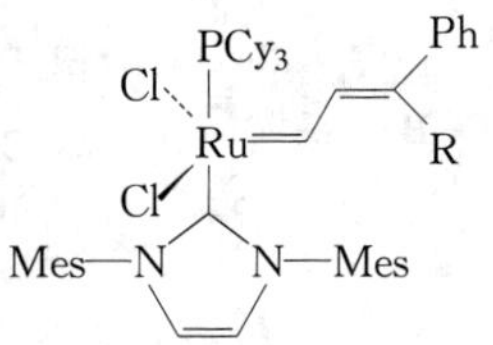

19

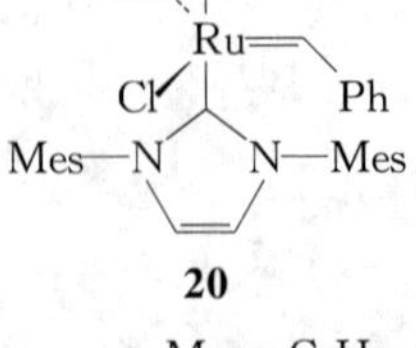

20

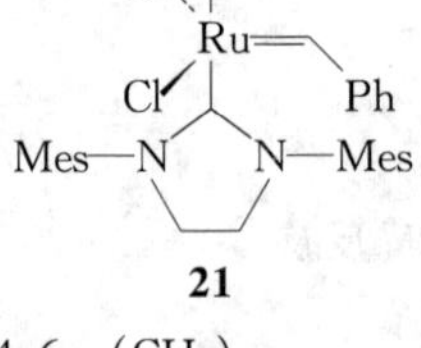

21

Mes = C_6H_4 - 2,4,6 - $(CH_3)_3$

8.2 非环前体的环化反应(单边环化)

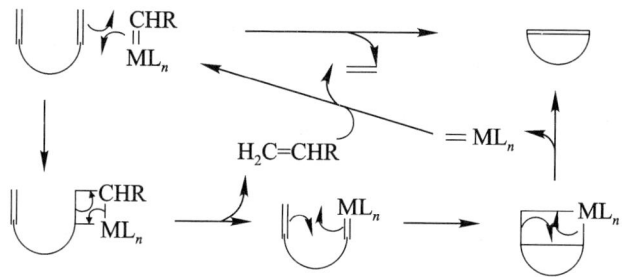

图 8.7 烯烃复分解反应的催化循环

8.2.5.4.3 烯烃复分解反应的合成应用

闭环复分解反应不但可方便地用于五、六元碳环和杂环的合成,也可方便地用于大环、中碳环和杂环(式 8.36,8.37)的合成。

(8.36)

(8.37)

环状烯烃可按逆烯烃复分解反应作如下切断,其他环状化合物也可通过添加官能团转变为环状烯烃,进而进行同样的切断。

8.3 双边环化与环加成反应

以上讨论了形成一个化学键的单边环化反应,以下将讨论双边环化,涉及协同或非协同的环加反应或多步连续单边环化反应。上述各种情况从逆合成分析和合成子的角度均可广义地以环加成方式表示。

8.3.1 六元环的形成

8.3.1.1 Diels-Alder 反应

Diels-Alder 反应[24]是德国化学家 O. Diels 和 K. Alder 在 1928 年发现的,他们因此获得 1950 年诺贝尔化学奖。该反应历经近六十年的发展已成为有机合成中最有用的反应之一。这不但因为 Diels-Alder 反应可一次同时形成两个 σ 碳-碳键、建立多样的环己烯体系和多达四个手性中心,更因为在大多数情况下,该反应是一协同反应,表现出可预见的高立体选择性和区域选择性;遵循顺式原理,即双烯和亲双烯体的构型保持到加成产物中;遵循内型规则,即优先形成内型产物;优先形成"邻、对位"取代产物(对正常电子需求的 Diels - Alder 反应而言)。

最简单的 Diels - Alder 反应,即 1,3 - 丁二烯与乙烯的 [4+2] 环加成,需要在强烈的条件下才能进行。这是因为,根据 Woodward - Hoffman 规则和前线轨道理论,Diels - Alder 反应涉及双烯的最高占有分子轨道($HOMO_{双烯}$)和亲双烯体最低未占有分子轨道($LUMO_{亲双烯体}$)的相互作用(图 8.8),非活化的 1,3 - 丁二烯 HOMO 与非活化的乙烯 LUMO 的能量差别较大,相互作用小。双烯上带有供电子基团(D),或亲双烯上带有吸电子基团(A)均可提高 HOMO 双烯的能量或降低 LUMO 烯烃的能量,从而缩小 $HOMO_{双烯} - LUMO_{亲双烯体}$ 能差,加强轨道的相互作用,提高反应速度,这是正常电子需求的 Diels - Alder 反应。

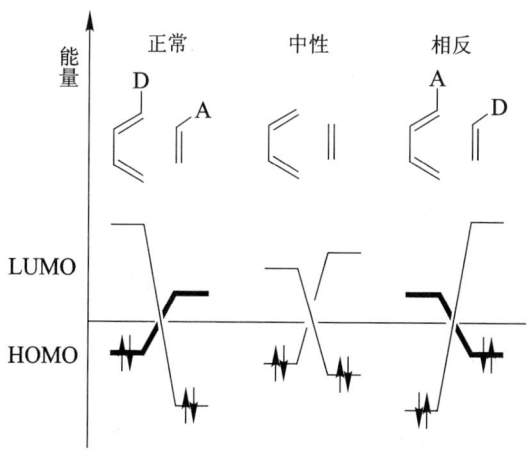

图 8.8 Diels - Alder 反应中双烯与亲双烯体前线轨道的相互作用

从以下所示的结构多样的双烯和亲双烯体可以看出,Diels - Alder 反应是一灵活多用,具有极大合成价值的反应。

如果同时改变双烯和亲双烯体上取代基的性质(D/A,D 为推电子基;A 为吸电子基),Diels-Alder 反应也比较容易进行,此时反应涉及 HOMO$_{亲双烯体}$ 和 LUMO$_{双烯}$ 的相互作用,其能差同样较小(图 8.8)。这种情形叫反电子需求的 Diels-Alder 反应(inversed electron demand Diels-Alder reaction, IEDDAR)。以下是若干曾经成功使用过的缺电子双烯和富电子亲双烯体。

反电子需求的 Diels-Alder 反应曾被成功地用于维生素 D_3 A 环的不对称合成,其关键步骤示于下式。

环戊二烯既是双烯,又可作为亲双烯体,因而在常温下,环戊二烯以二聚体(Diels-Alder 加成产物)存在。欲得到单体环戊二烯需对二聚体进行蒸馏,并在低温下收集,现蒸现用。这一例子说明一个规律,即 Diels-Alder 反应是可逆的,加热可使反应朝着逆 Diels-Alder 反应的方向进行。

根据前线分子轨道理论,由于 Diels-Alder 反应采取对旋方式和同面成键,因此,双烯和亲双烯体的构型得以保持到加成产物中,此即顺式原理。

Diels-Alder 反应遵循内型规则,其根源在于当采取内型方式时,亲双烯体上的取代基与双烯 π-轨道存在有利的次级相互作用。

内型(endo)加成   外型(exo)加成

主导区域选择性(形成邻、对位产物)的因素是轨道系数。在双烯或亲双烯体上引入一定的取代基(D,推电子基或 A,吸电子基)均可改变有关原子的轨道系数,双烯和亲双烯体轨道系数大(用"."表示)的原子相互交盖比其他方式更为有效(图 8.9)。

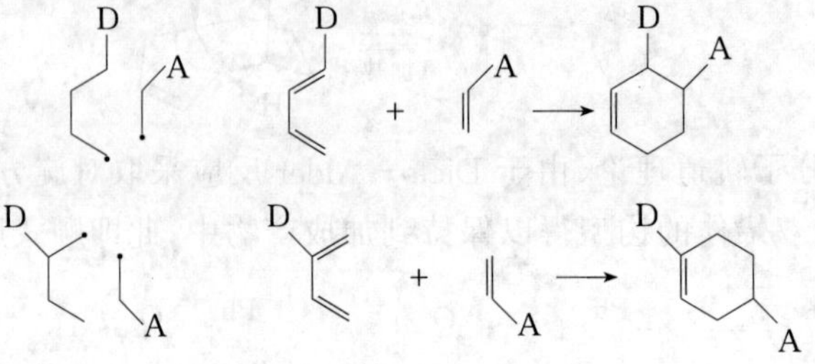

D 为推电子基,A 为吸电子基
图 8.9 轨道系数决定的区域选择性

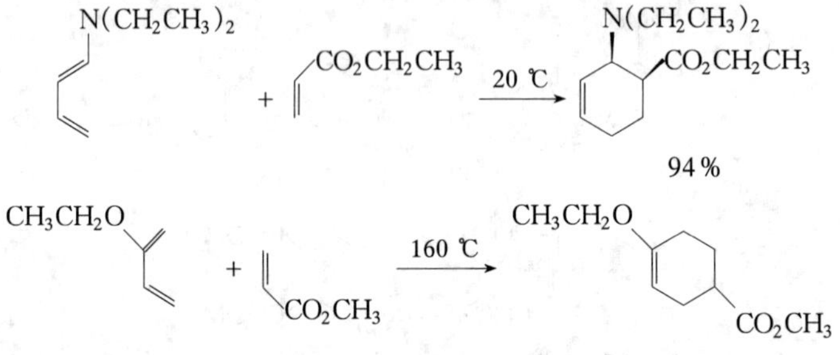

2-三甲硅氧基取代的 1,3-丁二烯在 Diels-Alder 反应中表现出很好的区域选择性[25]。Danishefsky 双烯[26] **24** 是一个活性特别高、区域选择性极佳的双烯。在 Lewis 酸催化下,**24** 可与非常不活泼的亲双烯体如醛羰基、亚胺进行环加成反应(尽管反应可能经历非协同的分步机理)。该双烯的高化学反应性和区域选择性得益于这一体系的 C_1 的轨道系数较一般双烯大。有意义的是,Danishefsky 的环加成产物经水解后可得 α,β-不饱和酮。水解反应(烯醇硅醚水解成酮)伴随着甲醇的消除。

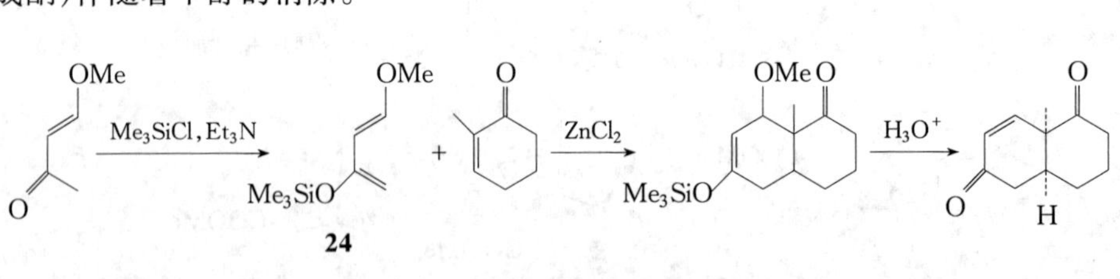

为保证热 Diels-Alder 反应在高于溶剂沸点的温度下进行,Diels-Alder 反应常在封管里进行。此外,无水氯化锌、三氯化铝、二乙基氯化铝等 Lewis 酸可以催化 Diels-Alder 反应,从而降低反应温度,提高反应速率。Lewis 酸的催化作用源于其与亲双烯体配位,提高后者的亲电性。

8.3 双边环化与环加成反应

反应条件	对位/间位比
150 ℃, 142 h, 20%	1.9
25 ℃, AlCl$_3$, 17 h, 97%	36

不稳定的双烯可通过其前体在反应中现场形成,例如,**25**[27]可通过多种方式产生,其中一种方式是苯并环丁烯 **26** 的热解。

只要满足轨道交盖的要求,分子内 Diels-Alder 反应[28]也可以进行,这是合成双环和多环化合物的有效方法。

($cis:trans = 9:1$)

值得注意的是,双烯一般存在着顺位和反位两种构象,为了满足轨道同面交盖的要求,只有顺位(cisoid)双烯才能进行 Diels-Alder 反应,如果双烯没有或无法采取顺位构象,则 Diels-Alder 反应将不会进行。例如,顺式-1-取代丁二烯 **27a** 比异构体 **27b** 不活泼,因为 **27a** 存在着较大的位阻,提高了反应的活化能。环状烯烃只有顺位才能反应。由于双烯 **28a~28c** 没有顺位构象,因而无法进行 Diels-Alder 反应。

此外,Diels-Alder 反应的一个特点是对位阻敏感,例如亲双烯体 **29a** 和 **29b**,由于甲基的位阻,其 Diels-Alder 反应难以进行。但是,超高压可以促进反应的进行,因为 Diels-Alder 反应是活化体积缩小反应,提高压力有利于使平衡向右移动。式 8.38 所示的 Diels-Alder 反应是合成抗癌活性天然产物斑蝥素 **30** 的理想方法,这一理想的实现主要得益于超高压合成技术的建立。

$$(8.38)$$

30 斑蝥素

简单的醛(RCHO)和亚胺(RN=CHR′)作为亲双烯体其反应性低,但是如果 R 是吸电子基团如 CO_2R,SO_2R 或使用高反应活性的 Danishefsky 双烯并在 Lewis 酸催化下反应,醛和亚胺的反应将可得较好收率。此外,亚胺鎓是优良的亲双烯体，有意义的是亚胺鎓可在水中形成，相应的 Diels-Alder 反应也可在水中进行[29]。

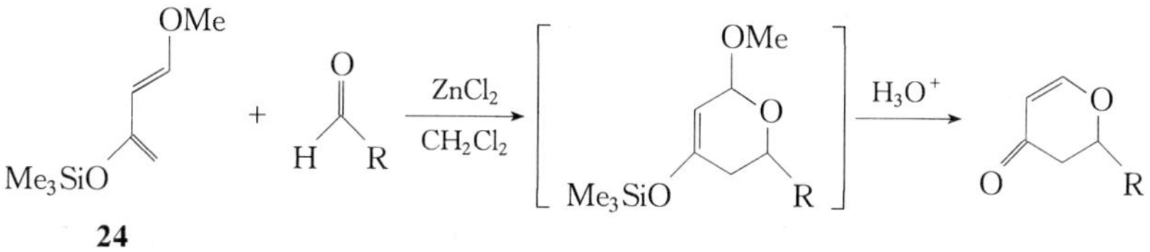

24

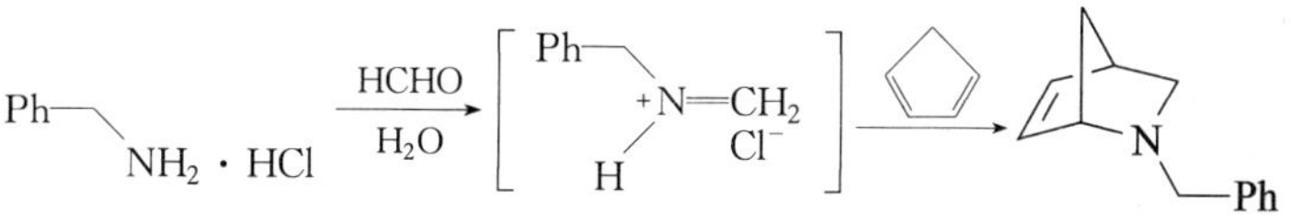

一般的六元环状化合物容易按逆 Diels-Alder 反应的方式切断。对 α,β-不饱和酮类化合物(包括环己烯酮和杂环烯酮)可作如下切断：

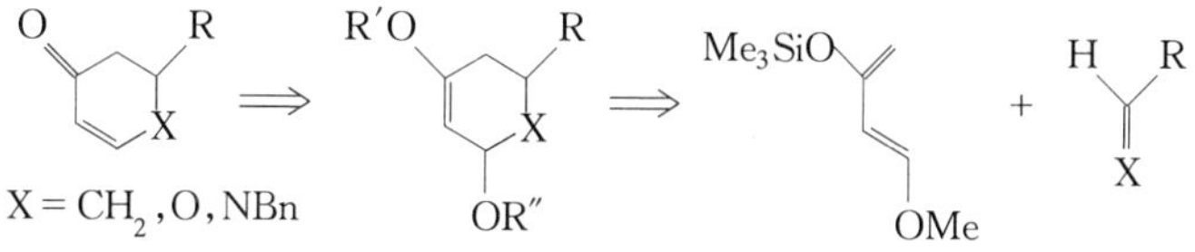

24

8.3.1.2 "4+2"分步极性环合

本节所要讨论的环合反应虽然在本质上涉及单边环化，但是，由于反应可以一瓶方式进行，形式上类似于环加成反应，可称为"4+2"分步极性环合。

除了 Diels-Alder 反应外，Robinson 环合(式 8.40)也是合成六元环的重要方法，该法涉及两次单边环化，可表示为式 8.39。根据极性原理，这种环化方式是可以设计的，式 8.41 提供了一个实例，涉及"3+3"分步环合。

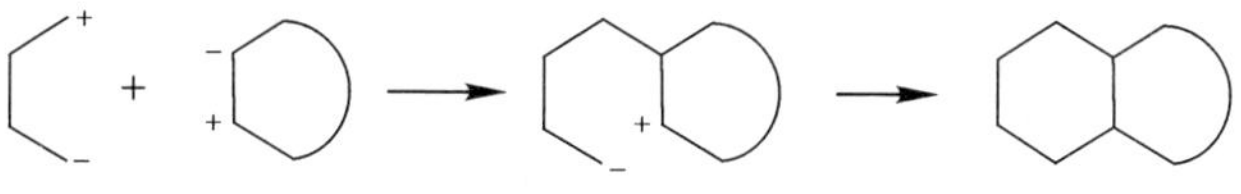

(8.39)

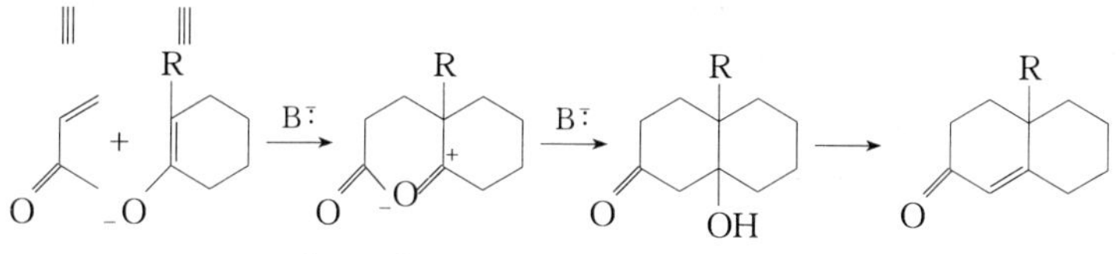

(8.40)

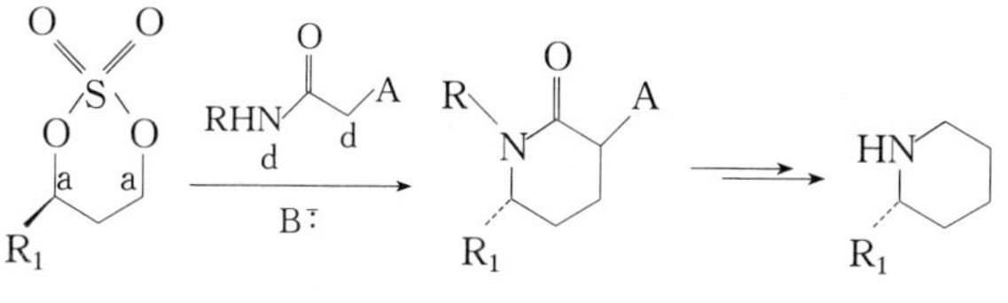

(8.41)

8.3.2 五元环的形成

8.3.2.1 [3+2]环加成:1,3-偶极环加成

1,3-偶极环加成(式 8.42)属于[3+2]环加成反应,是合成五元杂环化合物和形成碳-碳键的重要方法。这类反应涉及偶极体与烯烃、炔烃、亚胺、亚硝基或偶氮等亲偶极体间的环加成反应。偶极体是烯丙基负离子的等电体,在其 π-电子体系中有两个填充满的轨道和一个空轨道。由于在偶极体的共振结构中,至少有一个在 1,3-位置上带相反电荷的共振极限式,其环加成反应因此称作 1,3-偶极环加成。与 Diels-Alder 反应一样,1,3-偶极环加成是协同的 [2πs+4πs]环加成,因此,同样表现出很好的区域和同侧(syn)立体选择性。反应涉及偶极体的 HOMO$_{偶极体}$与亲偶极体 LUMO$_{亲偶极体}$的相互作用,因此,偶极体上带供电子基团(D)和亲偶极体上带吸电子基团(A)都有利于反应的进行。图 8.10 列举了常见的偶极体。

$$\begin{matrix} \overset{+}{a} \diagdown b \diagup c^{-} & \leftrightarrow & a \diagup b^{+} \diagdown c^{-} \\ & d=e & \end{matrix} \longrightarrow \begin{matrix} a \diagdown b \diagup c \\ d \cdots e \end{matrix} \tag{8.42}$$

图 8.10 用于 1,3-偶极环加成的偶极体

臭氧　腈氧化物　重氮化合物　亚胺叶立德　叠氮化合物　硝酮　氰基叶立德　羰基氧化物　腈亚胺

硝酮(nitrones) **31a,31b** 是一类非常有用的偶极体,可由羟胺与醛、酮加成制得。硝酮与烯烃的分子间环加成反应产生异噁唑烷[30],分子内环加成则得稠环异噁唑烷。如果把 N—O 键还原断裂,则这一系列反应的净结果是形成新的碳-碳键,并引进羟基和氨基两个官能团。

31a

8.3 双边环化与环加成反应

31b

预测 1,3-偶极环加成的区域选择性需要计算有关轨道的能量,但是,如果亲偶极体带吸电子基或涉及分子内的 1,3-偶极环加成,环加成的区域选择性是可以预测的。在硝酮与缺电子烯烃的 1,3-偶极环加成中,亲核性的氧与亲偶极体丙烯酸乙酯亲电性 C_2 的结合决定了反应的区域选择性(式 8.43,8.44)。

$$\text{亲核性} \quad \text{亲电性} \tag{8.43}$$

$$\tag{8.44}$$

此外,许多例子显示,硝酮和腈氧化物这两个最有用偶极子与单取代和 1,2-二取代烯烃加成时,1,3-偶极子中的氧总是进攻烯键中取代较多的碳(除非带有强吸电子基)(式 8.45,8.46)。例如,Δ^1-吡咯啉-N-氧化物与 4-苯基丁-1-烯反应生成单一区域异构体和外型加成产物(式 8.45)。

环状硝酮与烯烃的加成一般经历外型过渡态,因为内型过渡态存在着不利的亲偶极体的取代基与环上亚甲基的立体排斥作用。

$$\tag{8.45}$$

$$\tag{8.46}$$

硝酮的分子内环加成很容易进行,原料也容易制得,因而在有机合成中应用十分广泛。由于 N—O 键可以被还原断裂,因而硝酮的环加成成为引入立体关系确定的氨基和羟基的有用方法。

鉴于 Diels - Alder [4+2] 环加成反应是合成六元环的有力工具,探索类似的 [3+2] 环加成以合成五元碳环一直是合成工作者的追求。为此,Trost 发展了基于三甲撑甲烷(TMM, **33**)[31]与缺电子烯烃 [3+2] 环加成的方法。TMM 可由化合物 **32** 在零价钯配合物催化下现场产生。因而化合物 **32** 可作为偶极子 **33a** 的等效体。在 TMM 的 [3+2] 环加成中,E-烯烃的几何构型可以保持到产物,反应表现出高度非对映立体选择性。

8.3.2.2 "3+2"分步极性环合反应

除了 1,3-偶极 [3+2] 环加成外,许多双反应中心的 C_3 和 C_2 合成子可用于"3+2"分步极性环合(式 8.47)。酮作为 $C_2^{-,+}$ 合成子 **34**,可与 $C_3^{+,-}$ 合成子 **35** 以式 8.47 所示的方式结合,形成环戊酮或内酯衍生物。图 8.11 列举了若干

$C_3^{+,-}$ 合成子等效体。

$$\text{[structure 34]}$$

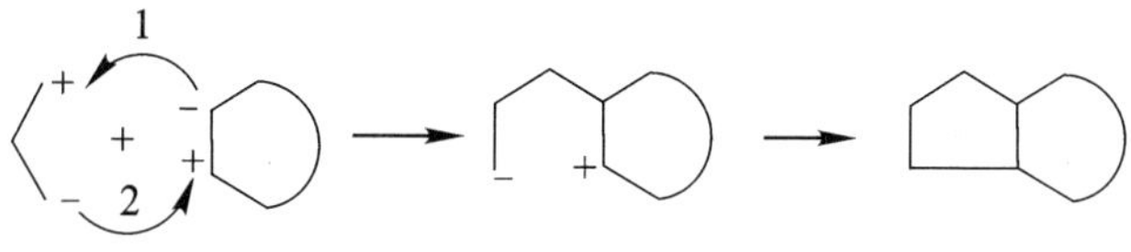

$$\text{(8.47)}$$

$$\text{[structures 35 and equivalents]}$$

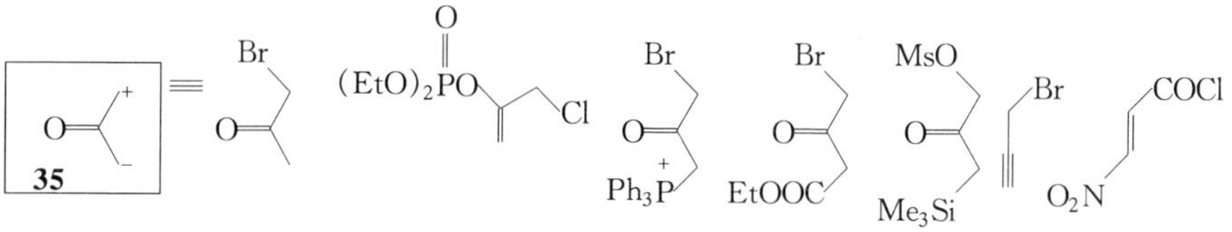

图 8.11 若干 $C_3^{+,-}$ 合成子等效体

成环反应由以下步骤构成:酮(C_2)的去质子化形成烯醇负离子(C_2^-)与 C_3^+ 单元烷基化或酰化;C_3 单元去质子化形成负离子(C_3^-)与 C_2 单元的羰基(C_2^+)加成。

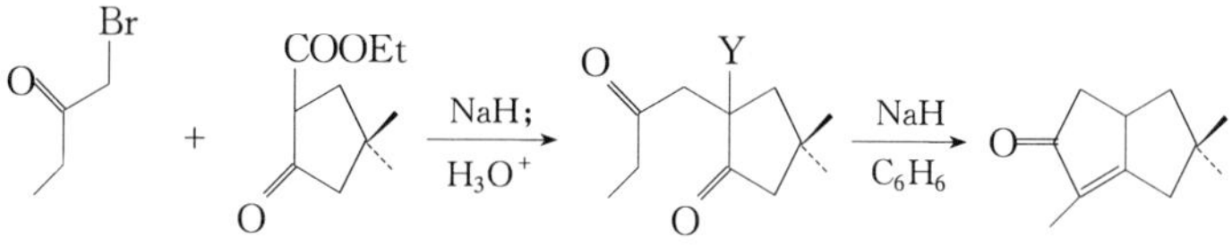

$$\text{[reaction scheme]}$$

"3+2"分步极性成环反应也可以与上述方法极性颠倒的方式进行,即"$C_3^{-,+}+C_2^{+,-}$"(式 8.48)。α,β-不饱和酮可分别作为 $C_2^{+,-}$ 和 C^+-O^- 合成子的等效体,而极性颠倒试剂 **36~38** 可作为 $C_3^{-,+}$ 合成子(**36a~38a**)的等效体。

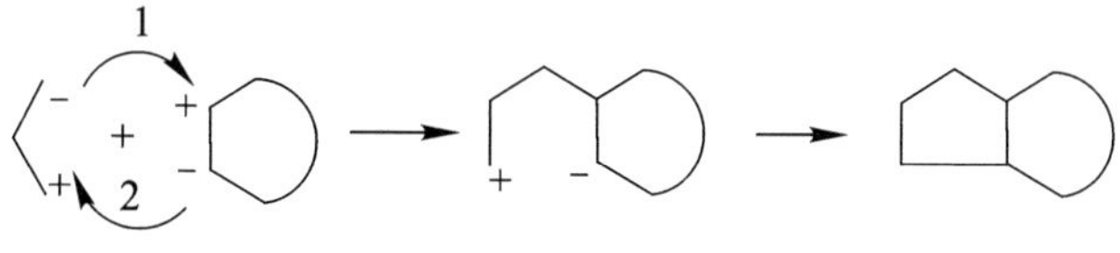

$$\text{(8.48)}$$

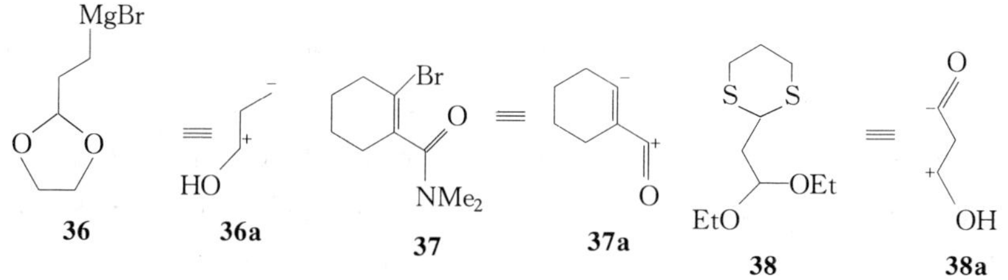

$$\text{[structures 36, 36a, 37, 37a, 38, 38a]}$$

有趣的是,羰基既可以合成子 $\overset{+}{H_2C}-\overset{-}{O}$ 的方式形成五元环,在二碘化钐存在下,它也可以合成子 $\overset{-}{H_2C}-\overset{+}{O}$ 的极性颠倒方式成环,而且在手性辅助剂和手性质子源存在下,可获得光学活性产物[32]。

同样有意义的是,烯丙基三甲基硅烷除了作为亲核性的烯丙基化试剂(Sakurai 反应),也可作为 1,3-偶极合成子。在 Lewis 酸四氯化钛催化下,烯丙基三甲基硅烷可与缺电子烯烃和醛、酮进行分步骤的"2+3"极性成环反应[33]。

值得一提的是,这一反应是从 Sakurai 反应(烯丙基共轭加成)分离到"2+3"环加成副产物的基础上发展起来的。烯丙基三甲基硅烷对 α,β-不饱和酮的加成首先形成硅稳定化的阳正离子中间体 **39a**(图 8.12),此时,若氯离子进攻硅原子,将导向正常的 Sakurai 反应产物;而当使用位阻大的硅烷取代基时,可以减缓氯离子的进攻速度,而有利于烯醇负离子以 5-exo-tet 环化方式进攻硅镓 **39b**,形成环化产物。这一基于反应途径推测设计出的成环反应获得了成功(式 8.49)。

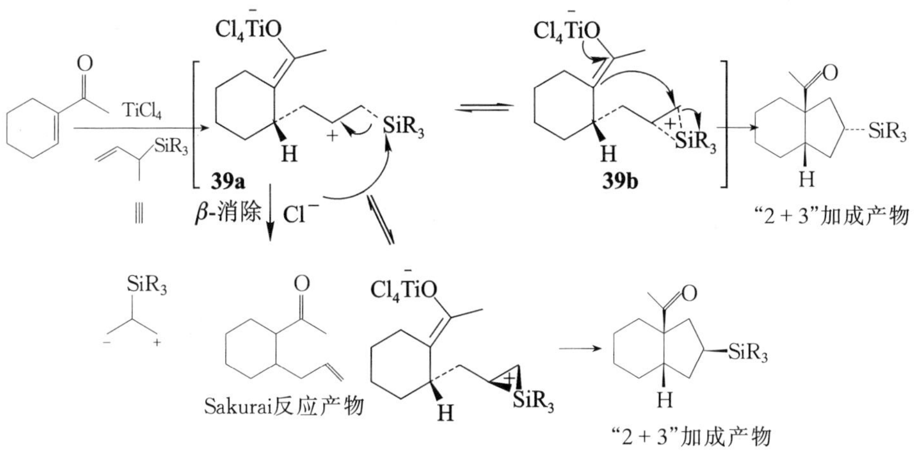

8.3 双边环化与环加成反应

图 8.12 烯丙基三甲基硅烷与 α,β-不饱和酮反应的可能途径

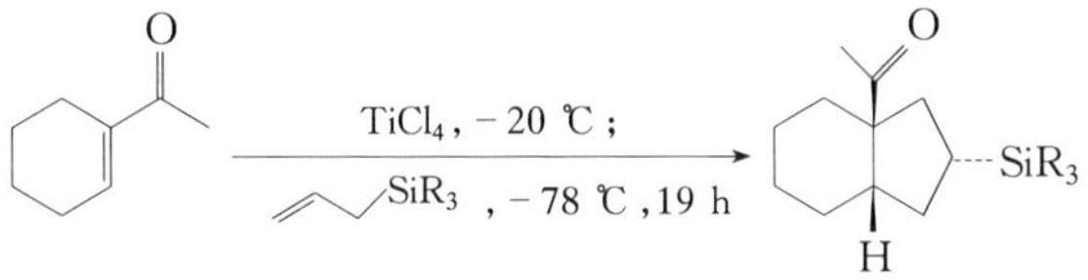

$$R = Me \quad 18\% \quad 76\%$$
$$R = i\text{-}Pr \quad 86\% \quad 2\%$$

"2+3"加成产物　　Sakurai反应产物

(8.49)

8.3.3 四元环的形成: [2+2]环加成反应

[2+2]环加成是合成四元环的主要方法。这一反应有三种基本形式:(1) 烯烃与烯烃($CH_2{=}CH_2 + CH_2{=}CH_2$);(2) 烯烃与累积重键如烯酮($CH_2{=}CH_2 + R_2C{=}C{=}O$)、异氰酸酯($CH_2{=}CH_2 + RN{=}C{=}O$);(3) 烯烃与碳同第三周期或更重元素形成的重键($Ph_3P{=}CH_2$ 或 $Cp_2Ti{=}CH_2$)之间的环加成。

根据 Woodward-Hoffmann 规则,协同的[2+2]环加成反应只有在光照条件下是允许的[34,35]。光照的[2+2]环加成可以是烯烃的二聚或不同烯烃,特别是不同烯键的分子内反应。Cu(Ⅰ)盐可以催化环加成反应。

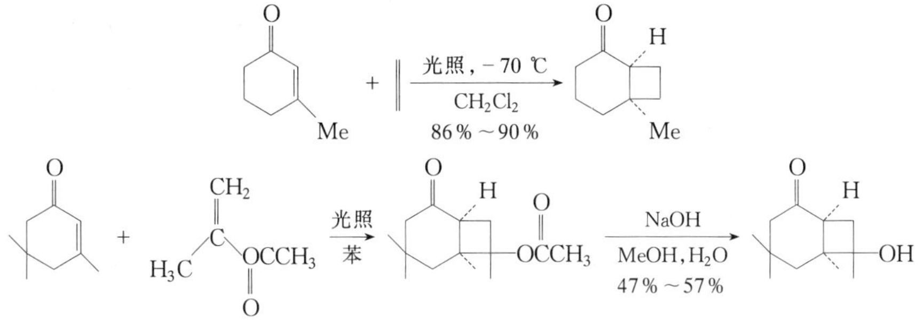

烯酮(ketene)环加成得环丁酮,反应在加热条件下进行。类似地,烯烃与异氰酸酯反应得 β-内酰胺。

极性组分间非协同的环加成也可进行,形成环丁烷类化合物。

8.3.4 三元环的形成

8.3.4.1 [1+2]环加成合成环丙烷

合成子($C\pm$)与活化或非活化烯烃的加成可用于环丙烷类化合物的合成(式8.50)。

$$\tag{8.50}$$

在第1章已提到,卡宾和卡宾类化合物具有 $C\pm$ 的反应性。它们最重要的反应之一是对烯烃的加成,即环丙烷化。因此,卡宾与烯烃的加成是合成环丙烷的常用方法。卡宾可由三个体系产生:卤仿/碱(HCX_3 或 $H_2CX_2/B:$);重氮化合物/铑或铜催化剂($R_1R_2C=N_2$/cat.)或二碘甲烷/锌铜齐(CH_2I_2/Zn-Cu),后一反应称 Simmons-Smith 反应(式8.51,8.52)。

$$\tag{8.51}$$

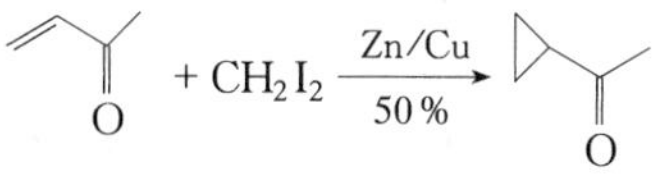

$$\text{CH}_2=\text{C(Me)}-\text{CO-} + \text{CH}_2\text{I}_2 \xrightarrow[50\%]{\text{Zn/Cu}} \text{cyclopropyl-CO-} \tag{8.52}$$

重氮化合物在二价铑盐或二价铜盐如 $Rh_2(OAc)_4$ 或 $CuCl_2$ 作用下形成过渡金属卡宾类化合物，后者同样可以分子间或分子内的方式向 π–键加成（环丙烷化）。在环丙烷化反应中，如果使用手性催化剂，可以进行不对称环丙烷化。该法被用于高效低毒的除虫菊酯 **40** 的不对称合成。

手性催化剂：(S)-**41**

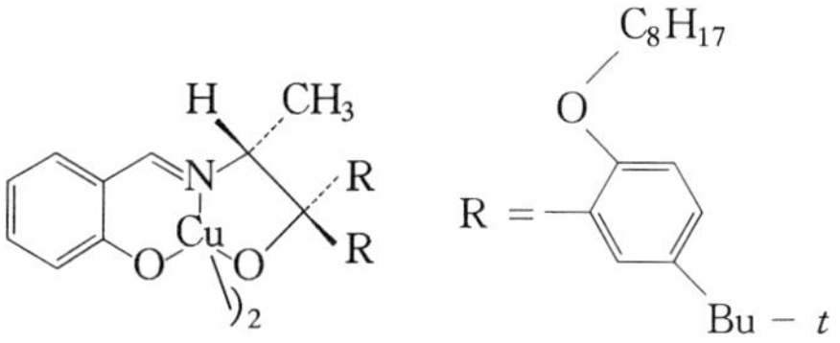

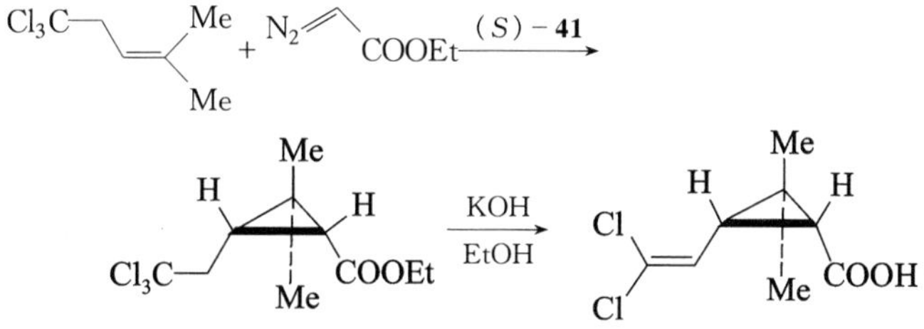

40 除虫菊酯

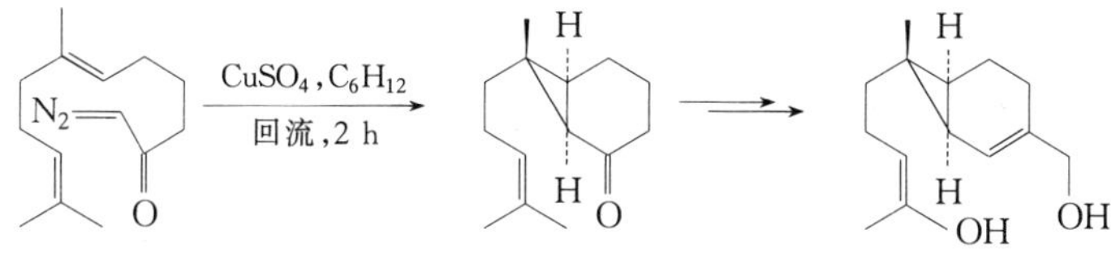

8.3.4.2 "1+2"分步环化

杂原子合成子 $O\pm$ 见诸过氧化试剂，例如 RCO_3H 和 H_2O_2，它们往往首先作为亲核中心，而后成为亲电中心。

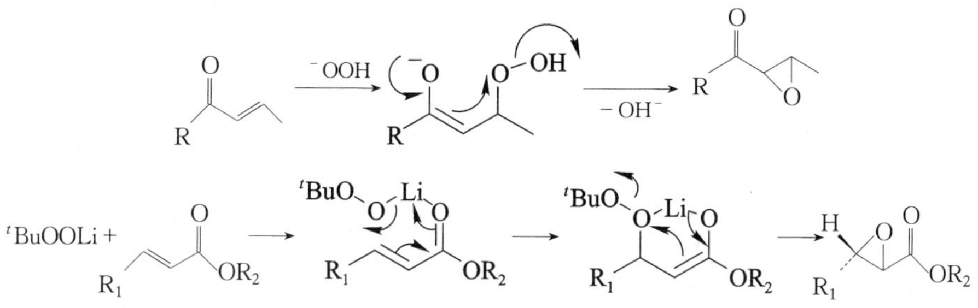

硫叶立德 **42** 与醛、酮反应得环氧化合物，与 α,β-不饱和酮主要发生 1,2-加成，同样生成环氧化合物。戴立信等人发展了二个稳定化的硫叶立德 **43**[36] 和 **44**[37]。带手性辅助基的 **43** 与 α,β-不饱和酮、酯的反应主要发生 1,4-加成，最终形成光学活性环丙烷类化合物。**44** 可与亚胺反应，形成吖丙啶环。

$$(CH_3)_2\overset{+}{S}CH_3 I^- \xrightarrow[DMSO]{NaCH_2SCH_3 \atop O} (CH_3)_2\overset{+}{S}-CH_2^- \xrightarrow{RCHO}$$

42

$$R_2\overset{O^-}{\underset{|}{C}}-H_2C\overset{+}{\underset{|}{S}}(CH_3)_2 \longrightarrow R_2C\overset{O}{\underset{\triangle}{-}}CH_2 + (CH_3)_2S$$

43 + PhCH=CHCO₂Me $\xrightarrow[THF, -78℃]{t-BuOK}$ 产物 (85%, 97% ee)

44 + PhCH=N-P(O)Ph₂ $\xrightarrow{NaH, CH_2Cl_2}$ 吖丙啶产物 (10:90), 92%

更稳定的氧化硫叶立德 **45** 与醛、酮反应得环氧化合物；与 α,β-不饱和酮反应得环丙烷。

$$(CH_3)_2\overset{+}{\underset{\overset{\|}{O}}{S}}CH_3 I^- \xrightarrow[DMSO]{NaH} (CH_3)_2\overset{+}{\underset{\overset{\|}{O}}{S}}-CH_2^- \xrightarrow{RCHO}$$

45

$$R_2\overset{O^-}{\underset{|}{C}}-H_2C\overset{+}{\underset{\overset{\|}{O}}{S}}(CH_3)_2 \longrightarrow R_2C\overset{O}{\underset{\triangle}{-}}CH_2 + (CH_3)_2S=O$$

合成子 C± 的等效体是可以设计的,只要一个原子上同时带稳定负离子基团和离去基或潜在离去基,该分子将表现出—CH± 或 W—CH± 的反应性(图 8.13),它们可与缺电子烯烃反应生成环丙烷或与醛、酮反应生成环氧化合物。以下是若干 C± 合成子及其合成等效体。

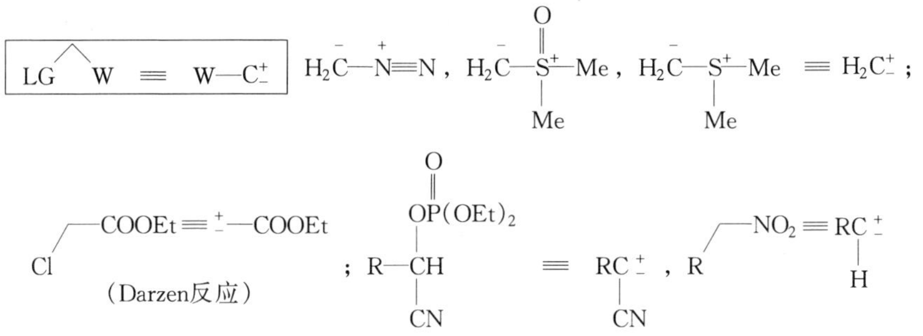

图 8.13 若干 C± 合成子及其合成等效体

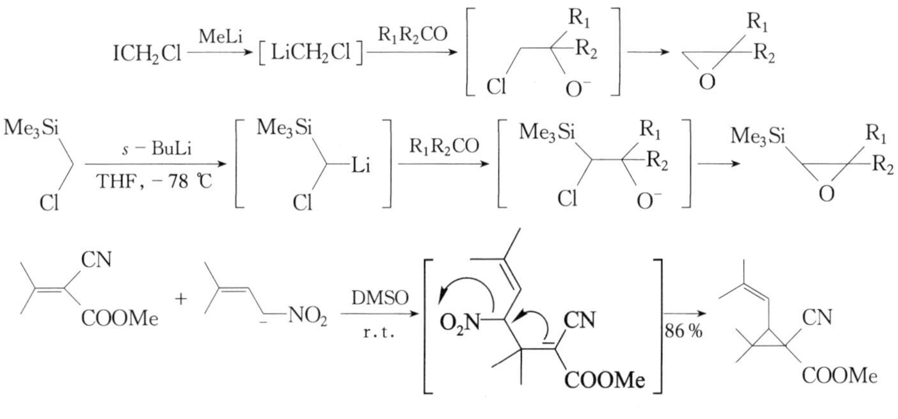

参 考 文 献

1　Thebtaranonth C, Thebtaranonth Y. Tetrahedron, 1990, 46: 1385
2　Baldwin J E. J Chem Soc Chem Comm, 1976, 18: 734
3　Baldwin J E, Cutting J, Dupont W, Kruse L, Silberman L, Thomas R C. J Chem Soc Chem Comm, 1976, 18: 736
4　Johnson C D. Acc Chem Res, 1993, 26: 476
5　Arseniyadis S, Huang P Q, Morellet N, Beloeil J C, Husson H P. Heterocycles, 1990, 31: 1789
6　Craig D, Ikin N J, Mathews N, Smith A M. Tetrahedron, 1999, 55: 13471
7　Baldwin J E, Lusch M J. Tetrahedron, 1982, 38: 2939
8　Bonin M, Grierson D S, Royer J, Husson H P. Org Synth, 1993, 70: 54
9　Arnold H, Overman L E, Sharp M J, Witschel M C. Org Synth, 1993, 70: 111

10　Arseniyadis S, Huang P Q, Husson H P. Tetrahedron Lett, 1988, 29: 1391
11　Pu X, Ma D. J Org Chem, 2003, 68: 4400
12　Overman L E, Flann C J, Malone T C. Org Synth, 1992, Coll Vol Ⅷ: 358
13　Rajanbabu T V. Acc Chem Res, 1991, 24: 139
14　Stork G, Sher P M. J Am Chem Soc, 1986, 108: 303
15　Sha C K, Chiu R T, Yang C F, Yao N T, Tseng W H, Liao F L, Wang S L. J Am Chem Soc, 1997, 119: 4130
16　Yang D, Ye X Y, Xu M, Pang K W, Cheung K K. J Am Chem Soc, 2000, 122: 1658
17　Meijere A, Meyer F E. Angew Chem Int Ed Engl, 1994, 33: 2379
18　Duncton M A J, Pattenden G. J Chem Soc, Perkin Trans 1, 1999, 10: 1235
19　Chemler S R, Trauner D, Danishefsky S J. Angew Chem Int Ed, 2001, 40: 4544
20　Lu X, Zhang Q. Pure Appl Chem, 2001, 73: 247
21　Ma S, Shi Z. J Org Chem, 1998, 63: 6387
22　Taber D F, Stiriba S E. Chem Eur J, 1998, 4: 990
23　Schuster M, Blechert S. Angew Chem Int Ed Engl, 1997, 36: 2036
24　Carruthers W. Cycloaddition Reactions in Organic Synthesis. In: Baldwin J E, Magnus P D, ed. Tetrahedron Organic Chemistry Series, Vol 8. Oxford: Pergamon Press, 1990
25　Jung M E, McCombs C A. Org Syn, 1988, Coll Vol Ⅵ: 445
26　Danishefsky S, Kitahara T, Schuda P. Org Syn, 1990, Coll Vol Ⅶ: 147
27　Mallory F B, Mallory C W. Photocylization of Stilbenes and Realated Molecules. In: Dauben W G, ed. - in - Chief Organic Reactions. New York: John Wiley & Sons, 1984, 30, chapter 1
28　Fallis A G. Can J Chem, 1984, 62: 183
29　Grieco P A, Smart B E. Org Synth, 1991, 68: 206
30　Frederickson M. Tetrahedron, 1997, 53: 403
31　Trost B M. Pure Appl Chem, 1988, 60: 1615
32　Wang W, Xu M H, Lei X S, Lin G Q. Org Lett, 2000, 2: 3773
33　Z Valenta. Org Syn, 1988, Coll Vol Ⅵ: 1024
34　Caldwell W E. Org Syn, 1990, Coll Vol Ⅶ: 315
35　Knolker H J, Foitzik N, Goesmann H, Graf R, Jones P G, Wanzl G. Chem Eur J, 1997, 3: 538
36　Ye S, Huang Z Z, Xia C A, Tang Y, Dai L X. J Am Chem Soc, 2002, 124: 2432
37　Yang X F, Zhang M J, Hou X L, Dai L X. J Am Chem Soc, 2002, 124: 8097

习　题

1. 写出以下反应产物：

$(1)\ A \xleftarrow[86\% \sim 94\%]{Bu^tOK,\ Bu^tOH,\ reflux}$ [环戊基酮-Br底物] $\xrightarrow[(2)\ reflux]{(1)\ LDA, THF,\ -72\ ℃} B$

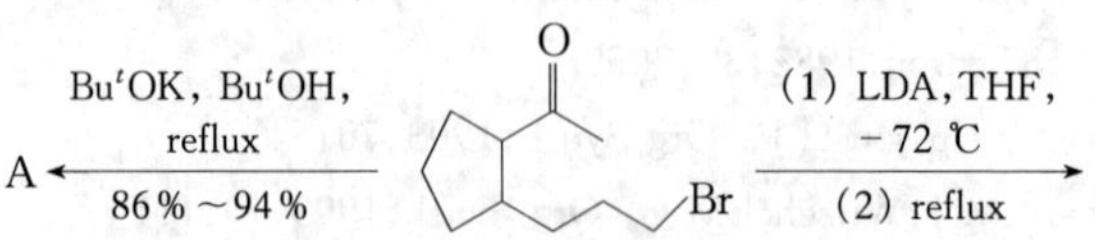

(2) [structure: decalin with OTs and ketone] $\xrightarrow[\text{THF}]{t\text{-BuOK}}$

(3) [structure: cyclohexenone with CH₃ and CH₂COCH₂CO₂Et side chain] $\xrightarrow[\substack{(2)\ \text{HCl(aq.)},\text{加热} \\ 45\%}]{(1)\ K_2CO_3,\text{EtOH},\text{r.t.},40\ h}$

(4) [structure: methylenedioxybenzene with Br and CH₂CH₂Cl] $\xrightarrow[-70\ ℃]{t\text{-BuLi}} \xrightarrow[91\%\sim93\%]{-70\ ℃\sim25\ ℃}$

(5) [structure: 3-chlorocyclohex-2-enone] $\xrightarrow[\substack{\text{THF},-15\ ℃ \\ 85\%}]{\text{Li(PhS)Cu}-(CH_2)_4-\text{Cu(SPh)Li}}$

(6) [structure: epoxide with furan, CH₃, CH₂OCH₂Ph] $\xrightarrow[\substack{Et_3N,-78\ ℃ \\ 25\%\sim35\%}]{BF_3\cdot OEt_2}$

(7) [structure with Si(CH₃)₃ group, CH₃O, OCH₃] $\xrightarrow[CCl_4,25\ ℃]{SnCl_4}$

(8) [structure: alkene with CH₂OH] $\xrightarrow[92\%]{I_2,\ NaHCO_3}$

(9) [bicyclic ketone with O-C(=S)-O-p-tolyl group] $\xrightarrow[\substack{PhMe,80\ ℃ \\ 70\%}]{Bu_3SnH,\ AIBN}$

(10) [spiro structure with diazo β-ketoester, OMe] $\xrightarrow[91\%]{Rh_2(OAc)_4}$

(11) [N-Boc amino ester with two allyl groups, CO₂Me] $\xrightarrow[\substack{Ru-\text{催化剂} \\ 93\%}]{Grubbs}$

(12) Me₃SiO-CH=CH-C(=CH₂) + CH₂=CH-C(O)OMe →(1) ZnCl₂ (2) H₃O⁺

(13) methacrolein ⟹ 4-methyl-4-formyl-cyclohex-2-enone

(14) MeO₂C-cyclohexene ⟹ decalin with CO₂Me, O, H

(15) isoprene + CH₂=CH-PPh₃⁺Br⁻ →MeCN, (1) LDA (2) CH₂O

(16) CH₂=CH-CH=CH-CH₂CH₂CH₂-NH₂·HCl →HCHO, 50 ℃ / H₂O, 48 h

(17) citronellal-type aldehyde →MeNHOH, HCl / NaOMe, 甲苯   64%～67%

(18) RO₂C-CH₂-...-CH₂-CO₂R + TsO-(CH₂)₄-OTs →2LiTMP, THF, −78℃   61%   87:13 [(SS):(RR)]

(19) N-oxide pyrrolidine with allyl →甲苯/△ A →(1) H₂, Pd/C (2) HCHO, HCO₂H B

(20) PhO₂S-CH₂-C(=CH₂)-CH₂Br + R-CH=CH-COOEt →LDA, −78 ℃   65%～90%

(21) AcO-CH₂-C(=CH₂)-CH₂-TMS + CH₃-CH=CH-C(O)-O-CH₂CH₂Ph →Pd(PPh₃)₄ / 甲苯

(22) 2,3-dimethyl-3-(4-methylpent-4-enyl)cyclohex-2-enone →hν / 己烷   77%

(23) 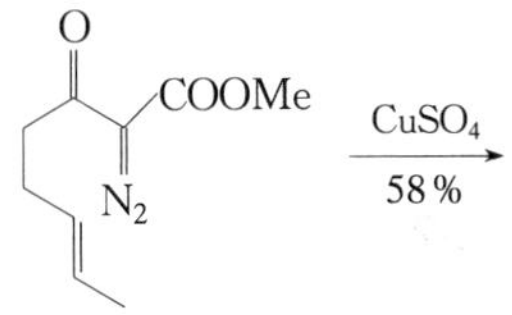

(24) 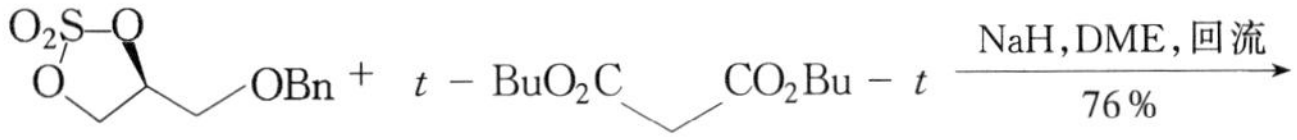

(25) 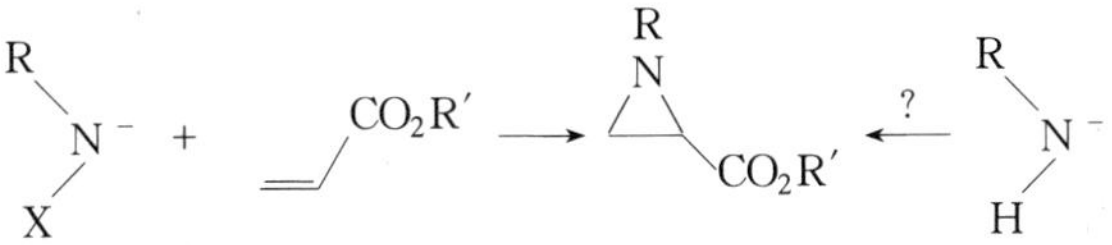

(26) 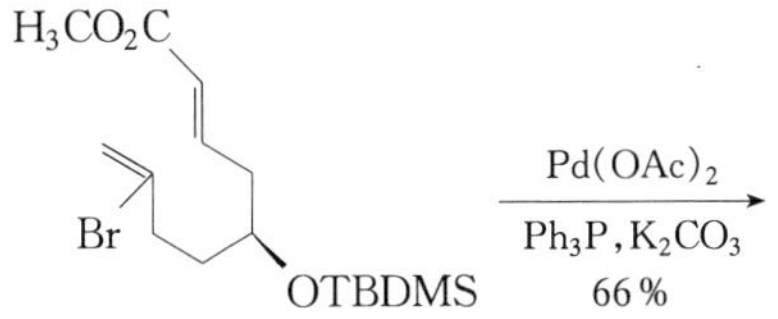

(27) 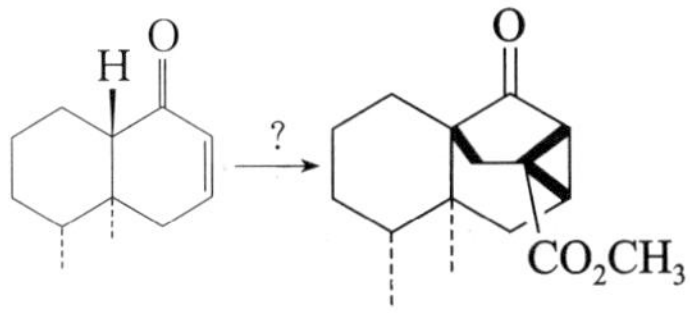

(28) 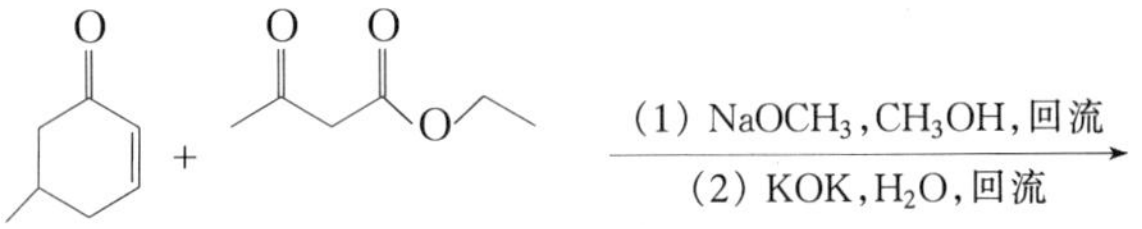

2. 逆分析并合成以下化合物：

(1) 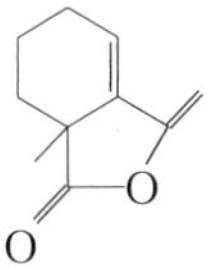

(2) 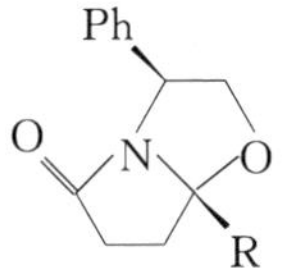

(3) 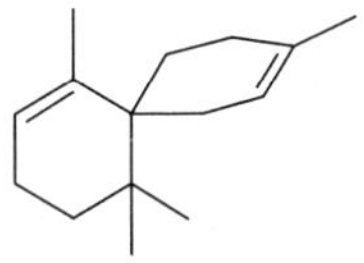

α − chamigrene

(4) 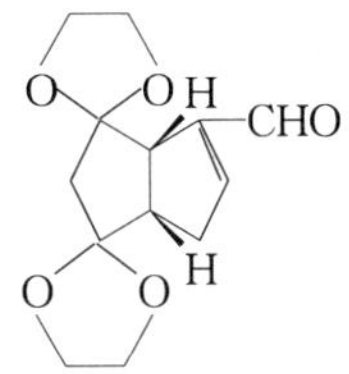

(5) 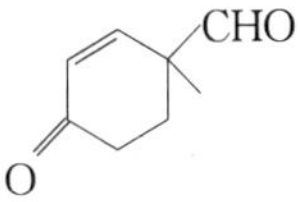

(6) 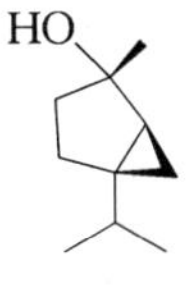

(+/−)

(7) 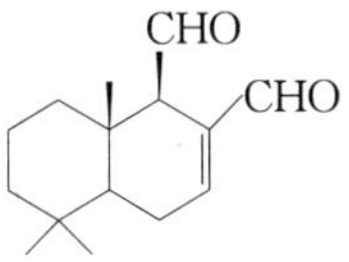

polygodial

(8) 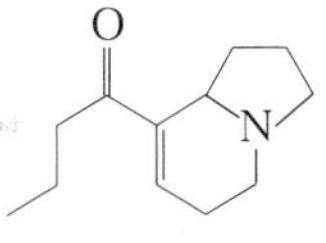

elaeokanine − A

(9) 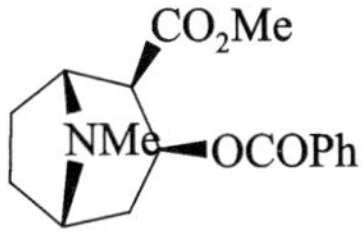

3. 根据本章介绍的反应和合成方法，列表总结合成子及相应的合成等效体或试剂。

第 9 章 氧 化 反 应

氧化反应是有机合成的一类常用的重要反应。有机化学中氧化反应常定义为加氧反应或脱氢反应,但从广义而言,氧化反应是指反应原子或基团失去电子的反应,如烯转变为醇,醇转变为醛,醛转变为羧酸。有机化合物可以用多种氧化剂氧化实现官能团转变。

9.1 醇 的 氧 化

醇经氧化可生成羰基化合物,生成的产物取决于醇的结构、所用的氧化剂及氧化反应条件。一级醇经过温和氧化生成醛,醛进一步氧化成羧酸。二级醇可氧化成酮,如果剧烈氧化可发生碳-碳键断裂生成两分子羧酸。

9.1.1 铬氧化剂

铬氧化剂是一类具有多种反应性能的六价铬试剂,几乎可以氧化所有可被氧化的基团,通常可以控制氧化条件使主要生成一种产物。在氧化过程中,如醇氧化,铬由六价被还原成四价。常用的铬氧化剂有三氧化铬和重铬酸盐(重铬酸钠、重铬酸钾)。三氧化铬是一高聚物,溶于水解聚生成铬酸。铬酸在水溶液中以多种形式的六价铬存在,包括:$HOCrO_3H$,H_2CrO_4,$HCrO_4^-$,CrO_4^{2-},$Cr_2O_7^{2-}$,$HCr_2O_7^-$,$H_2Cr_2O_7$。常用铬酸稀硫酸溶液。有时加乙酸以增加反应物的溶解度。将重铬酸盐加到稀硫酸中即形成铬酸溶液。三氧化铬也可溶于乙酐、叔丁醇或吡啶,分别生成铬酸乙酸混酐、铬酸叔丁酯或三氧化铬-吡啶配合物。

铬酸在有机合成中的重要用途是醇的氧化。铬酸氧化醇的机理是铬酸与醇首先形成酯,醇的羟基同碳上的氢失去,同时铬-氧键断裂生成酮。作用于氢的方式有两种解释:一种解释是水作为碱夺取质子,另一种是分子内铬酸的氧夺取质子。

9.1 醇的氧化

$$R-\underset{\underset{H}{|}}{\overset{\underset{|}{R}}{C}}-O-\underset{\underset{O}{\|}}{\overset{\overset{O}{\|}}{Cr}}-OH \longrightarrow \underset{R}{\overset{R}{>}}C=O + HCrO_3^- + H_3O^+$$

H_2O

$$R-\underset{\underset{H}{|}}{\overset{\underset{|}{R}}{C}}-O-\underset{\underset{O}{\|}}{\overset{\overset{O}{\|}}{Cr}}-OH \longrightarrow \underset{R}{\overset{R}{>}}C=O + H_2CrO_3$$

  醇的空间位阻的大小影响铬酸氧化醇的反应性，这种影响既可能表现在影响铬酸的形成过程，也可能表现在氢的消除、铬酸酯的分解过程。非位阻醇被铬酸氧化时，形成铬酸酯的过程较快，除氢、铬酸酯的分解一步是反应速率的决定步骤。位阻醇被氧化时，则由于羟基的位阻影响，使形成铬酸酯的速率下降，铬酸酯的形成决定反应速率。如环己烷体系中发现，a 键羟基的氧化速率比 e 键羟基要快。对位叔丁基取代时，羟基的位阻不明显，铬酸的形成较快，反应速率取决于除氢、铬酸酯的分解步骤，处在 a 键的氢相对位阻较大，反应相对较慢。当叔丁基取代在邻位时，虽然表面看来同样也是 a 键羟基比 e 键羟基容易氧化，但决定反应速率的过程不同于对位叔丁基环己醇。处在 e 键的羟基因位阻增大，阻碍了与铬酸成酯的过程，尽管此时的氢处在 a 键，相对氢的消除以及叔丁基的排斥作用而使铬酸酯分解都比铬酸成酯相对容易，但铬酸成酯的过程表现为决定反应速率步骤。

相对氧化速率

3:1

5:1

1:2

（莰醇）   （异莰醇）

(内向原莰醇)　　(外向原莰醇)　　2.5:1

异莰醇比莰醇较易氧化的原因在于异莰醇铬酸酯的 7 位二甲基位阻所致。而在原莰醇中 7 位没有甲基取代,内向原莰醇的氢比外向原莰醇的氢位阻小,在氢的消除、铬酸酯的分解时内向原莰醇相对容易。

铬酸氧化剂由于氧化能力强和酸性介质的原因,不适用于含对酸敏感基团(如醚、缩醛、缩酮等)和含易氧化基团(如含烯基、硫醚基、酚羟基、氨基等)的醇类,一些极易被过度氧化的醇也不适合用铬酸氧化。如苄基仲醇用咯酸氧化,R＝异丙基,得到 6% 裂解产物;R＝叔丁基,裂解产物占 60%。

$$\underset{Ph\;\;R}{\overset{OH}{|}} \xrightarrow{Cr(Ⅵ)} \underset{Ph\;\;R}{\overset{O}{\|}} + \underset{Ph\;\;H}{\overset{O}{\|}} + ROH$$

伯醇用铬酸氧化可生成醛,但随之被氧化成酸。一般不易用铬酸氧化伯醇制备醛,但有时可以采用将生成的醛随时蒸出的方法达到制备醛的目的。醛的铬酸氧化成酸的过程如下反应式所示:

$$RCHO + H^+ + HCrO_4^- \rightleftharpoons R-\underset{H}{\overset{OH}{\underset{|}{C}}}-O-CrO_3H$$

$$R-\underset{H}{\overset{OH}{\underset{|}{C}}}-O-CrO_3H \longrightarrow \underset{R\;\;OH}{\overset{O}{\|}} + HCrO_3^- + H_3O^+$$

$$R-\underset{H}{\overset{OH}{\underset{|}{C}}}-O-\underset{O}{\overset{O}{\underset{\|}{Cr}}}-OH \longrightarrow \underset{R\;\;OH}{\overset{O}{\|}} + H_2CrO_3$$

对于铬酸酸性敏感的或其他易氧化基团的醇,可以用温和的铬氧化剂氧化。例如三氧化铬 - 稀硫酸 - 丙酮(Jones 试剂)可选择性地氧化仲醇成酮,双键不受影响。

$$\xrightarrow{CrO_3,丙酮/水}{稀 H_2SO_4,15\sim20\ ℃}$$

$$CH_3(CH_2)_3C\equiv C-\underset{\underset{H}{|}}{\overset{\overset{OH}{|}}{C}}-CH_3 \xrightarrow[\text{稀 } H_2SO_4, 5\ ℃]{CrO_3, \text{丙酮/水}} CH_3(CH_2)_3C\equiv C-\overset{\overset{O}{\|}}{C}-CH_3$$
$$77\%$$

用三氧化铬与吡啶形成的三氧化铬-双吡啶配合物是吸潮性红色结晶,称 Sarett 试剂,可使一级醇氧化为醛,二级醇氧化为酮,产率很高。因为吡啶是碱性,对在酸中不稳定的醇是一种很好的氧化剂,如含不饱和键或缩酮的醇可以被氧化成醛、酮。

$$CH_3(CH_2)_4C\equiv C-CH_2OH \xrightarrow[84\%]{CrO_3-Py_2/CH_2Cl_2} CH_3(CH_2)_4C\equiv C-CHO$$

$$\xrightarrow[89\%]{CrO_3-Py_2}$$

吡啶-氯铬酸盐(简称 PCC)是将吡啶加到三氧化铬盐酸水溶液中生成吡啶-氯铬酸盐结晶。该氧化剂在二氯甲烷溶液中能氧化醇成醛、酮。但由于吡啶-氯铬酸盐有一定的酸性,对酸敏感的醇不适用。

$$CH_3(CH_2)_5CH_2OH + \left[\underset{\underset{H}{|}}{\overset{}{N}}\right]^+ ClCrO_3^- \xrightarrow[78\%]{CH_2Cl_2} CH_3(CH_2)_5CHO$$
PCC

$$\xrightarrow[93\%]{PCC/CH_2Cl_2}$$

将吡啶加到中性的三氧化铬溶液中得到吡啶-双铬酸盐(简称 PDC),该试剂为中性氧化剂,可氧化对酸敏感的醇。该试剂氧化烯丙醇类反应速率快于氧化脂肪醇。加入催化量的吡啶三氟醋酸盐可提高吡啶-双铬酸盐氧化反应速率。氧化反应通常在二氯甲烷溶剂中进行。如 4-乙烯氧基丁醇经吡啶-双铬酸盐氧化得到 92% 产率的醛。当溶剂由二氯甲烷改成二甲基甲酰胺,吡啶-双铬酸盐氧化性能有较大的改变。烯丙醇类被氧化成相应的醛,而普通醇类则被氧化成相应的酸。

$$+ \left[\underset{\underset{H}{|}}{\overset{}{N}}\right]^+_2 Cr_2O_7^{2-} \xrightarrow[92\%]{CH_2Cl_2}$$

$$\underset{Me}{\overset{Me}{>}}C=CHCH_2CH_2C=CHCH_2OH \xrightarrow[92\%]{PDC/DMF} \underset{Me}{\overset{Me}{>}}C=CHCH_2CH_2C=CHCHO$$

$$\text{(香茅醇)} \xrightarrow[83\%]{PDC/DMF} \text{(香茅酸)}$$

9.1.2 二氧化锰

二氧化锰在中性条件下将醇氧化成醛或酮。高锰酸钾与硫酸锰在碱性条件下可制得二氧化锰,新制的二氧化锰可将 β-碳上为不饱和键的一级、二级醇氧化成相应的醛、酮,不饱和键不受影响。用二氧化锰氧化剂,烯丙醇、苄醇比饱和醇容易氧化,伯醇比仲醇易氧化,利用这一活性差异,可以进行选择性氧化。

$$2KMnO_4 + 3MnSO_4 + 4NaOH \longrightarrow 5MnO_2 + K_2SO_4 + 2Na_2SO_4 + 2H_2O$$

[结构式: 环辛二烯二醇经 MnO₂ 80% 氧化为对应的醛]

[结构式: 3,4-二甲氧基苯基-1,3-丙二醇经 MnO₂/丙酮 25°C, 5h, 94% 氧化为酮]

在合适的条件下,二氧化锰可使烯丙醇过度氧化生成共轭酸或共轭酯(含醇溶液)。如在甲醇-氢氰酸溶液中,二氧化锰氧化 18 轮烯甲醛成相应的酯,收率 44%。其他氧化剂氧化会导致轮烯环开环。氢氰酸在该反应中作为亲核试剂参与反应,反应过程如下。

[结构式: 18-轮烯甲醛 经 MnO₂ / HCN, MeOH 氧化成对应的甲酯]

$$\underset{CHO}{\overset{R}{\diagdown}} \xrightarrow{HCN} \underset{HO\ CN}{\overset{R}{\diagdown}} \xrightarrow{MnO_2} \underset{O\ CN}{\overset{R}{\diagdown}} \xrightarrow{MeOH} \underset{O\ CO_2Me}{\overset{R}{\diagdown}}$$

9.1.3 二甲亚砜

在铬酸氧化反应过程中,首先生成铬酸酯,随之脱去 α-氢和酯的裂解成羰基化合物。二甲亚砜氧化反应的本质上具有类似性。Kornblum 发现二甲亚砜与 α-卤代酮加热反应可生成 α-羰基醛。其氧化反应的可能机理如下所示。类似的反应是苯丙烯醇在二甲亚砜中回流反应 14 h 得到苯丙烯醛。

基于上述机理，Moffatt 设想采用缩合剂 DCC 使二甲亚砜与醇缩合生成关键中间体烷氧基锍盐，再转化成酮和硫醚，结果顺利地将醇氧化成酮。这类在活化剂存在下二甲亚砜氧化醇的反应称为 Moffatt 氧化反应。DCC 参与下二甲亚砜氧化醇的反应过程如下。

其他活化剂与二甲亚砜组成的氧化剂有：二甲亚砜－乙酐、二甲亚砜－五氧化二磷、二甲亚砜－三氧化硫、二甲亚砜－三氟乙酐、二甲亚砜－草酰氯等。二甲亚砜-乙酐氧化过程中,乙酐先与二甲亚砜形成乙酰氧基锍盐,再与醇作用转化为烃氧基锍盐,反应过程如下所示。

该类试剂的一个重要特点是选择合适的活化剂可以进行选择性氧化。如二甲亚砜-三氟乙酐特别适合立体位阻醇的氧化,并且可使多元醇选择性氧化。

下述甾醇 α-异构体能被 DMSO-SO_3 氧化成相应的酮,收率70%;而 β-异构体同样条件下不反应。

α-异构体　　　　　　β-异构体

9.1.4 高碘酸酯

高碘酸酯是一类在中性条件下氧化醇成醛酮的氧化剂。该反应由 Dess 和 Martin 发现而称为 Dess-Martin 高碘酸酯氧化反应。邻碘苯甲酸与溴酸钾在硫酸中反应,再经与乙酸/乙酐在 100 ℃ 加热反应制得高碘酸酯。该试剂在室温条件下即可将醇氧化成相应的醛酮。环己醇化合物在室温下二氯甲烷溶剂中经高碘酸酯氧化得到高收率相应的酮。

高碘酸酯在室温、中性条件下氧化,尤其适合对酸、热不稳定的化合物的氧化。如下述氧化反应在室温,3 min 完成反应,生成的醛对酸很敏感,用高碘酸酯氧化得到 90% 收率的醛。

9.1.5 Oppenauer 氧化

Oppenauer 氧化反应:在温和条件下,在丙酮中用烷氧基铝(通常用异丙醇铝)将伯醇或仲醇氧化成醛或酮的反应称为 Oppenauer 氧化反应。该反应的特点是只在醇和酮之间发生氢的转移,不涉及分子的其他部分,结果是醇变成醛或酮,丙酮被还原成异丙醇。因此,在分子中含有碳-碳双键或其他对酸不稳定的基团时,利用该方法氧化较为适合。是氧化不饱和二级醇制备不饱和酮的有效方法。

该方法的局限性在于当碳-碳双键与所生成的羰基不是处在共轭状态时，碳-碳双键会发生双键的迁移，得到共轭的不饱和酮。例如，含 β,γ 双键的胆甾醇化合物经 Oppenauer 氧化，得到的是 α,β-不饱和酮。

虽然 Oppenauer 氧化法可以氧化伯醇成相应的醛，但由于反应在碱性条件下，生成的醛常易于进行羟醛缩合反应，应用价值不大。

9.1.6 NMO 氧化剂

N-甲基吗啉-N-氧化物(N-methylmorpholine-N-oxide，NMO)是一种有效氧化剂，与金属组成的共氧化剂可以用于不同的氧化反应。NMO-钌盐共氧化剂可氧化醇成醛酮。NMO-四氧化锇共氧化剂是有效的烯烃的双羟基化试剂。

NMO-TBAP(过钌酸四丁基铵，tetra-n-butylammonium perruthenate)共氧化剂可将仲醇氧化成酮。NMO-TPAP(过钌酸四丙基铵，tetra-n-propylammonium perruthenate)共氧化剂氧化伯醇得到醛，其中的环氧键不受影响。

NMO-RuCl$_2$(PPh$_3$)$_3$ 共氧化剂氧化醇成醛酮。例如，(+)-香芹烯醇可被氧化成(+)-香芹烯酮，收率 94%。

9.1.7 其他氧化剂

铂催化氧化反应：用铂催化剂和氧进行催化氧化是在温和条件下氧化伯醇

或仲醇的一种有效方法。氧化伯醇时,根据反应的需要,可以控制反应条件生成醛或酸。例如,十二烷醇在铂催化氧化时,控制反应时间得到相应的醛,延长反应时间,进一步氧化得到酸。

$$CH_3(CH_2)_{10}CH_2OH \xrightarrow[0.5\ h]{O_2/Pt} CH_3(CH_2)_{10}CHO \quad 77\%$$

$$CH_3(CH_2)_{10}CH_2OH \xrightarrow[2\ h]{O_2/Pt} CH_3(CH_2)_{10}COOH \quad 96\%$$

铂催化氧化反应通常双键不受影响。例如,2-甲基-2-丁烯-1-醇能被氧化成相应的不饱和醛。

$$CH_3CH{=}\underset{CH_3}{C}{-}CH_2OH \xrightarrow{O_2/Pt} CH_3CH{=}\underset{CH_3}{C}{-}CHO$$

铂催化氧化反应,伯羟基一般比仲羟基易于反应,环状化合物中 a 键仲羟基比 e 键仲羟基易于反应。该反应在糖类化合物羟基的选择性氧化中尤其适用。例如,合成抗坏血酸的中间体 2-酮基-L-古罗糖酸是由 L-山梨糖经氧化铂催化氧化制得。

三苯基碳酸铋氧化:在温和条件下可以选择性地将伯醇或仲醇氧化成醛或酮,其他官能团,如巯基、氨基等不受影响。三苯基碳酸铋是由三苯基二氯化锡与碳酸钾在丙酮水溶液中混合制得。该试剂尤其适合氧化烯丙醇或苄醇成羰基化合物。例如,香叶醇用三苯基碳酸铋氧化得到 95% 收率的香叶醛。

$$(CH_3)_2C{=}CHCH_2CH_2\underset{CH_3}{C}{=}CHCH_2OH \xrightarrow[40\ ℃,2\ h]{Ph_3Bi\ \begin{smallmatrix}O\\O\end{smallmatrix}{=}O} (CH_3)_2C{=}CHCH_2CH_2\underset{CH_3}{C}{=}CHCHO \quad 95\%$$

双(三丁基锡)氧化物[bis(tri-n-butyltin) oxide]与溴组成的氧化剂[(n-Bu₃Sn)₂O, Br₂]能氧化苄醇、烯丙基醇、仲醇成羰基化合物。化合物同时含有伯羟基和仲羟基时,该氧化剂可以选择性地氧化仲羟基成酮。同样,双(三丁基锡)氧化物-溴代丁二酰亚胺氧化剂可以选择性氧化仲羟基。

9.2 碳-碳双键氧化反应

碳-碳双键用不同的氧化剂氧化可以得到不同的氧化产物。强氧化剂氧化可发生碳-碳键的断裂生成酮或羧酸。控制氧化条件可以得到环氧化合物、羟基化合物、双羟基化合物等。碳-碳双键的光敏氧化时,氧选择性地结合在烯烃的不饱和碳原子上,同时双键发生迁移,得到烯丙基过氧化氢。碳-碳双键经臭氧氧化,反应经过加成,裂解重排,可生成碳-碳双键裂解产物。

9.2.1 碳-碳双键环氧化反应

碳-碳双键的环氧化反应最常用的氧化剂是过氧化合物,如过氧化氢、过氧羧酸、醇的过氧化物。不同的过氧化试剂的氧化能力取决于离去基团的共轭酸的酸性强弱,部分过氧化试剂氧化能力的依次顺序是:

9.2 碳–碳双键氧化反应

$$CF_3-\overset{O}{\underset{\|}{C}}-OOH > HO_2CCH=CH-\overset{O}{\underset{\|}{C}}-OOH > \underset{\text{(邻-CO}_2\text{H)}}{C_6H_4}-CO_2H > \underset{\text{(对-NO}_2\text{)}}{C_6H_4}-CO_3H > H-\overset{O}{\underset{\|}{C}}-OOH$$

$$> \underset{\text{(间-Cl)}}{C_6H_4}-CO_3H > C_6H_5-CO_3H > CH_3-\overset{O}{\underset{\|}{C}}-OOH > HO-OH > t-BuO-OH$$

过氧化氢可以氧化烯烃为环氧化物,常在水或与水混溶的溶剂中反应,通常反应较慢。但在金属催化下可以加速反应,可用作过氧化氢环氧化的催化剂有:五氧化二钒、三氧化钨、三氧化钼。值得一提的是过氧化氢氧化烯丙醇时醇羟基比双键更易氧化。2-丁烯-1-醇经过氧化氢氧化得到高产率的2-丁烯醛,而并不是环氧化物。

$$RO-OH + \underset{\text{烯烃}}{\bigvee} \longrightarrow \underset{\text{过渡态}}{\bigvee\cdots\overset{H}{O}-O-R} \longrightarrow \underset{\text{环氧化物}}{\bigtriangleup O} + R-OH$$

醇的过氧化物常用的是叔醇过氧化物,而伯醇或仲醇的过氧化物易于重排分解。醇的过氧化物具有易溶于有机溶剂,比过氧化氢稳定且易处理的特点。常见醇的过氧化物有叔丁基过氧化氢、叔戊基过氧化氢、异丙苯基过氧化氢。醇的过氧化物通常采用过氧化氢与叔醇或烯烃与过氧化氢在硫酸催化下制得,也可通过烷烃在氧存在下自氧化反应制备,例如,异丁烷与氧反应制备叔丁基过氧化氢,收率75%(转化率8%)。

金属催化剂同样可以催化醇的过氧化物的环氧化反应。

$$RO-OH + \underset{R''}{\overset{R'}{\diagup}}=\underset{}{\diagdown} \xrightarrow{M} \underset{R''}{\overset{R'}{\diagup}}\underset{O}{\bigtriangleup}$$

一些常见的催化剂催化醇的过氧化物的环氧化反应及其反应结果比较见表9.1。

表9.1 过渡金属催化下醇的过氧化物对烯烃的氧化反应

R	烯烃	溶剂	催化剂(%)	反应条件	过氧化物/%
H	环戊烯	二氧六环	$MoO_3(10)$	50 ℃, 10 h	38
t-Bu	环戊烯	二氧六环	$MoO_3(12)$	80 ℃, 8 h	99
t-Bu	环戊烯	无	$MoO_2(acac)_2(2)$	70 ℃, 1 h	86
Cumyl	环戊烯	乙苯	V-naphth.(0.03)	90 ℃, 1 h	97

续表

R	烯 烃	溶 剂	催化剂(%)	反应条件	过氧化物/%
t-Bu	1-辛烯	乙酸乙酯	Na_2MoO_4/$Na_4(PMo_{12}O_{40})(8)$	135 ℃, 2 h	89
Cumyl	1-辛烯	异丙苯	$MoO_3(19)$	100 ℃, 6 h	84
t-Amyl	1-丙烯	无	Mo-naphth.(2)	130 ℃, 2 h	78
Cumyl	1-甲基-2-戊烯	无	Na_2MoO_4/$Na_4(PMo_{12}O_{40})(1.5)$	110 ℃ 0.75 h	97

环氧化反应中取代基较多的双键比取代基少的更易反应。苧烯环氧化在环内双键。富电子的双键比缺电子的双键易反应。在四价钛催化下叔丁基过氧化氢选择性环氧化香叶醛的孤立双键。

对于含烯丙醇结构的烯烃，在金属催化剂存在下，叔丁基过氧化氢可区域选择性或立体选择性的环氧化作用。例如牻牛儿醇含孤立双键和烯丙醇双键，在钒催化下叔丁基过氧化氢选择环氧化烯丙醇双键。3-环己烯醇环氧化得到顺式环氧己醇。链式烯丙醇也同样可得到选择性环氧化产物。

9.2 碳-碳双键氧化反应

过氧化氢在碱性介质中产生过氧负离子,对 α,β-不饱和羰基化合物的双键进行共轭加成式的环氧化反应。例如 3,5,5-三甲基-2-环己烯酮在碱性双氧水中氧化得到72%的环氧化物。当存在孤立双键与共轭双键时,可选择性环氧化共轭双键。

α,β-不饱和腈在过氧化氢碱性介质中首先在氰基上加成,随之在双键上的环氧化反应得到环氧酰胺。而叔丁基过氧化氢碱性条件环氧化 α,β-不饱和腈可以得到环氧腈。

过氧羧酸是最常用的环氧化试剂。过氧羧酸可以用相应的羧酸与过氧化氢反应制得。甲酸与过量的过氧化氢反应即可形成过氧甲酸。过氧三氟乙酸亦可按此法制得。但制备其他过氧羧酸,必须用酸作催化剂。过氧乙酸和过氧三氟乙酸也可用酸酐与过氧化氢反应制备。

上述过氧羧酸均不稳定,需使用前新配制。间氯过氧苯甲酸比较稳定,易保存,是一种市售的应用较广的过氧羧酸。间氯过氧苯甲酸可按下述方法制备。

$$\text{(3-ClC}_6\text{H}_4\text{COCl)} + \text{H}_2\text{O}_2 \xrightarrow[\text{MgSO}_4]{\text{NaOH/H}_2\text{O}} \text{(3-ClC}_6\text{H}_4\text{CO}_3\text{Na)} \xrightarrow{\text{H}^+} \text{(3-ClC}_6\text{H}_4\text{CO}_3\text{H)}$$

过氧羧酸与烯烃反应是合成环氧化物最简便的方法。尤其对于孤立双键,单独用过氧化氢或过氧醇(不存在金属催化剂)不易被环氧化,而用过氧羧酸很容易反应。其环氧化烯烃的反应机理是过氧羧酸对碳-碳双键的亲电性进攻。

$$\text{1-甲基环戊烯} + \text{m-ClC}_6\text{H}_4\text{CO}_3\text{H} \xrightarrow[85\%]{\text{CHCl}_3} \text{1-甲基-1,2-环氧环戊烷}$$

$$\text{苯乙烯} + \text{PhCOOOH} \xrightarrow[75\%]{\text{CHCl}_3} \text{苯基环氧乙烷}$$

$$\text{(CH}_3)_2\text{C=CH}_2 + \text{RC(O)OOH} \longrightarrow [\text{过渡态}] \longrightarrow \text{环氧化物} + \text{RCOOH}$$

过氧羧酸与烯烃环氧化反应是亲电性反应,双键上烃基取代越多,越易反应。不同取代基取代的烯烃的相对反应速率为:

烯烃	$CH_2=CH_2$	$RCH=CH_2$	$RCH=CHR$	$R_2C=CH_2$	$R_2C=CHR$	$R_2C=CR_2$
相对速率	1	24	500	500	6 500	≫6 500

当分子内含有两种不同烃基取代的双键,过氧羧酸可以选择性地优先氧化取代基较多的双键。

$$\text{二烯} \xrightarrow[\text{CHCl}_3,\text{回流}]{\text{CH}_3\text{CO}_3\text{H}} \text{单环氧化物}$$

单取代的烯烃反应活性较低,通常用较强的过氧羧酸,如三氟过氧乙酸或间氯过氧苯甲酸。间氯过氧苯甲酸(m-CPBA)对大多数烯烃能进行环氧化反应,即使是位阻大的烯烃也能顺利地反应。对于构象固定的环状烯,过氧羧酸的环氧化从位阻较小的一面进攻,例如原莰烯优选生成外向环氧化物。

9.2 碳－碳双键氧化反应

在过氧羧酸对烯烃的环氧化反应有邻位基团效应。刚性结构的烯丙醇由于羟基氢键的作用,过氧苯甲酸环氧化得到顺式环氧化合物为主,而羟基酯化后则主要产物为反式环氧化合物。

当烯烃的双键附近有其他活性基团参与竞争反应时,过氧羧酸的环氧化反应过程中由于酸催化作用,伴随分子内的取代反应,得到环氧键开环化合物。例如下列化合物在过氧羧酸环氧化反应时分别得到醚和内酯化合物。

在手性催化剂催化下,不对称环氧化反应将碳－碳双键环氧化得到光活性的环氧化合物。有关不对称环氧化反应在不对称反应章节中作讨论。

过氧化氢－脲氧化剂(urea-hydrogen peroxide,UHP)与酸酐、磷酸氢二钠在无水有机溶剂中能氧化烯成环氧化物。反应中,过氧化氢－脲释放无水过氧化氢作为氧化剂。过氧化氢－脲由脲在过氧化氢水溶液重结晶制得。该环氧化反应中酸酐的选择与被氧化的烯的双键的电性有关。富电子的烯较易氧化,例如,甲基苯乙烯、α-蒎烯,用过氧化氢-脲-乙酸酐可以氧化得到高收率的环氧化产物。其他酸酐如丁烯酸酐、三氟乙酐等也可以用于这类反应。反式-1,2-二苯乙烯经过氧化氢-脲-丁烯酸酐氧化体系得到 80% 收率的环氧化物。相对电子密度较弱的烯,例如,1-辛烯,用过氧化氢-脲-三氟乙酐氧化得到 88% 的环氧化物。过氧化氢-脲-三氟乙酐可用于缺电子的烯烃 α-甲基丙烯酸甲酯的环氧化反应。

与吸电子基共轭的烯烃,例如,α,β-不饱和酮异佛尔酮和硝基烯烃 β-甲基-β-硝基苯乙烯,由过氧化氢-脲产生的碱性过氧化氢环氧化可以得到相应的环氧化物。

9.2.2 碳-碳双键的双羟基化反应

烯烃用高锰酸钾或四氧化锇氧化得到邻二醇。高锰酸钾稀碱水溶液在控制反应温度下可将烯烃氧化得到顺式邻二醇。对于非水溶性烯烃可采用水与有机溶剂混合溶液或采用相转移催化法,使烯烃在水和有机相的两相体系中反应。该反应的条件控制极为重要,反应过于剧烈会使烯烃过度氧化得到碳-碳键断裂的产物。因为该反应条件不易控制,有部分邻二醇被进一步氧化,产率一般不高。

9.2 碳-碳双键氧化反应

[反应式1: 菲氢化物 + KMnO₄, NaOH / H₂O, t-BuOH → 顺式二醇, 66%]

[反应式2: 环辛烯 + KMnO₄, NaOH, TEBA / H₂O/CH₂Cl₂ → 顺式环辛二醇, 70%]

高锰酸钾氧化烯烃的双羟基化反应是按锰酸酯机理进行的。同位素 O^{18} 研究表明氧是高锰酸根转移给生成的醇。

[机理反应式: 环己烯 + MnO₄⁻ → 环状锰酸酯中间体 → OH⁻ → 带 OMnO₃²⁻ 的加成物]

$$\longrightarrow \text{顺式环己二醇} + MnO_3^- \longrightarrow MnO_2 + MnO_4^-$$

在微量乙酸存在下,烯烃在丙酮中被高锰酸钾氧化,最初生成的 α-二醇可被进一步氧化成 α-羟基酮。如在乙酐中氧化,则生成 α-二酮。

[反应式: RCH=CHR + KMnO₄, CH₃COCH₃ / H₂O/AcOH → R-CO-CH(OH)-R]

[反应式: n-C₈H₁₇CH=CH(CH₂)₇COOH + KMnO₄ / Ac₂O → n-C₈H₁₇CO-CO(CH₂)₇COOH]

四氧化锇是氧化碳-碳双键成邻二醇的有效氧化剂。四氧化锇的双羟基化反应是经过环加成与烯烃生成六价锇酯,在水或醇溶液中分解成邻二醇。锇酯中的配位体 L 或是溶剂分子或是加入的试剂,如吡啶。与高锰酸钾一样,四氧化锇双羟基化反应得到的是顺式邻二醇。

[反应式: 环己烯 + OsO₄ / 乙醚 → 环状锇酸酯(含 L 配位) → H₂O → 顺式环己二醇 + OsO₃]

由于锇酯配合物的空间位阻,四氧化锇双羟基化反应从双键位阻较小的一面进攻烯烃。

虽然四氧化锇是十分有效的双羟基化试剂,但由于其毒性和价格昂贵的原因仅局限于小规模使用或在一些昂贵的复杂化合物的合成中应用。较经济的方法是用催化量的四氧化锇与过氧化氢、氯酸盐、叔丁基过氧化氢、胺氧化物和铁氰化钾等组成的共氧化试剂。例如,在四氧化锇催化下,叔丁基过氧化氢可以将4-辛烯氧化成4,5-辛二醇。

N-甲基吗啉-N-氧化物(N-methylmorpholine-N-oxide,NMO)与催化量的四氧化锇组成的共氧化剂是有效的双羟基化试剂。例如,环辛烯经OsO_4-NMO 氧化得到顺式 1,2-环辛二烯。当碳-碳双键的邻位含有手性碳原子,手性碳上取代基的位阻存在影响氧化反应中生成的双羟基的空间取向,双羟基位置处在位阻较小的一边。

9.2.3 碳-碳双键的臭氧化反应

烯烃在低温下与臭氧(O_3)反应,生成臭氧化加成产物。臭氧化物经进一步处理,分解成醛、酮。总的结果是烯烃的碳-碳双键被氧化裂解。

9.2 碳－碳双键氧化反应

臭氧的结构是由四个共振结构式构成。臭氧与烯的反应是以 1,3 - 偶极加成生成 1,2,3 - 三氧杂环戊烷。1,2,3 - 三氧杂环戊烷热稳定性差,即使低温下能迅速重排成 1,2,4 - 三氧杂环戊烷。重排过程是先裂解成醛或酮和羰基氧化物。再经 1,3 - 偶极加成,得到 1,2,4 - 三氧杂环戊烷——通常称臭氧化物。羰基氧化物的聚合可以生成二聚过氧化物或多聚过氧化物。

臭氧化物的分解方式有四种:还原、水解、氧化和热分解。当臭氧化物的碳含有氢时,还原裂解得到醛,而水解或氧化裂解得到酸。当臭氧化物的碳不含氢时,氧化或还原裂解得到酮。

臭氧化物所用还原剂的还原能力不同,会影响最终生成产物。弱还原剂,如:锌粉/乙酸或二甲基硫醚,还原得到醛或酮。用强还原剂还原,如:锂铝氢或硼氢化钠,生成的醛或酮可被进一步还原成醇。如烯醇酯经臭氧化反应,再用锂铝氢还原得到 70% 收率的二醇化合物。

烯烃臭氧化反应时,如烯烃中同时含有活性不同的双键,可以选择性地在富电子处臭氧化。如:1-甲氧基-4-甲基-1,4-环己二烯臭氧化时,优先氧化连接甲氧基的双键。经二甲硫醚还原后得到醛基酯,再用硼氢化钠还原,转化成羟基酯。

9.2.4 碳-碳双键的光敏氧化反应

在氧和光敏剂的存在下,用紫外线照射烯烃或共轭二烯的稀溶液,分别生成烃基过氧化氢和环状过氧化物。

烯烃的光敏氧化反应常用的溶剂是苯、吡啶或低相对分子质量的脂肪醇。通常使用的光敏剂是有机染料,如荧光黄衍生物、次甲基蓝和类似卟啉类衍生物。

烯烃的孤立双键的光敏氧化时,氧选择性地结合在烯烃的不饱和碳原子上,同时双键发生迁移,得到烯丙基过氧化氢,并且可以分离纯化。如果将烯丙基过氧化氢直接还原,生成烯丙醇。这是一种将烯转化成烯丙醇,同时发生双键的位置迁移的有效方法。例如,α-蒎烯经光敏氧化反应转化成反式松香芹过氧化氢,再用亚硫酸钠还原可生成反式松香芹醇。

9.2 碳－碳双键氧化反应

烯烃的孤立双键的光敏氧化时,烯丙基上的氢原子是必需的,同是必须有光敏剂、氧和光照存在。光敏氧化的反应机理,一般认为是经过环状协同过程,而不是自由基过程。排除自由基的过程可以由生成的产物的立体化学性质推断。例如,(+)-苧烯光敏化反应时,得到的产物是具有光学活性的烯丙基醇。显然,如果是经过自由基的过程,得到产物应当是外消旋化产物。

具有协同反应性质的光敏氧化反应过程中,活泼氧沿垂直于烯烃平面的方向进攻双键的π轨道,与此同时,双键邻位碳上的质子转移到氧上。因此,要求转移的质子必须采取适当的取向,以尽可能满足空间位置的要求。当C—H键垂直于双键平面时才能最大程度地满足这一要求,这时空间距离上便于质子的转移,同时有利于双键邻位碳上产生的p轨道与双键的π轨道重叠。

光敏氧化反应的立体选择性要求所形成的碳－氧键和发生碳－氢键断裂处在同一侧。当碳－碳双键的邻位碳上含有两个氢原子时,并且所处的空间相对位置固定时,碳－氢键的断裂选择性地发生在碳－氧键生成的同侧。例如,7-氘代胆甾醇类化合物的光敏氧化反应时,氘代的空间位置不同,得到的产物也不同。7α-氘代胆甾醇经光敏氧化反应和还原反应后,得到的产物是以7-氢取代产物为主,氘代产物只占8%。而以7β-氘代胆甾醇为原料,光敏氧化反应和还原反应后,7-氘代产物占95%。

[7α-氘代胆甾醇] → (1) $O_2, h\nu$/光敏剂 (2) 还原 → 7-氢产物/7-氘代产物 = 92/8

[7β-氘代胆甾醇] → (1) $O_2, h\nu$/光敏剂 (2) 还原 → 7-氢产物/7-氘代产物 = 5/95

这种光敏氧化反应过程中同平面效应不仅表现反应的立体选择性，同时体现在反应的速率上。例如，含环己烯体系的化合物的光敏氧化反应中，具有 a 键取向的氢比 e 键取向的氢更容易反应。例如，5 位含 a 键取向氢的 5α-胆甾-3-烯的光敏氧化反应比 5 位含 e 键取向氢的 5β-胆甾-3-烯容易进行，反应收率分别为 75% 和 40%。

(1) $O_2, h\nu$/光敏剂 (2) 还原 → 75%

(1) $O_2, h\nu$/光敏剂 (2) 还原 → 40%

光敏氧化反应过程中氧进攻碳-碳双键时的区域选择性与邻位碳-氢键断裂有关。例如，2,4-二甲基-2-戊烯的光敏氧化反应，得到高于 95% 产率的仲烃基过氧化氢，叔烃基过氧化氢小于 5%。该产物的区域选择性原因在于 2,4-二甲基-2-戊烯的构象和邻位碳-氢键断裂时的取向要求。如果氧进攻在 1 位上，稳定构象是 (A) 式所示，在该构象中 C_3 位的氢原子几乎与双键平行，不能满足 C—H 键垂直于双键平面的要求，如果要满足这一要求，必须采取 (B) 式构象，但此时 C_3 的甲基与二甲乙烯基的空间效应不利于反应的进行。当氧进攻在 2 位上，由构象式可以明显看出不存在空间效应问题。

(1) $O_2, h\nu$/光敏剂 → >95% + <5%

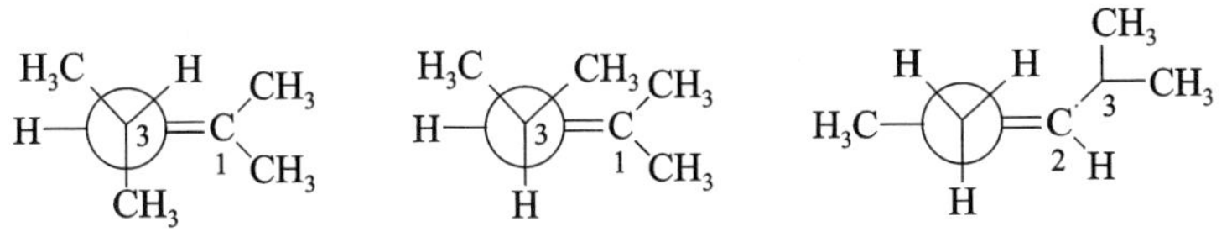

(A)　　　　　　(B)　　　　　　(C)

而 2-甲基-2-戊烯的光敏氧化反应则得到仲烃基过氧化氢和叔烃基过氧化氢的混合物。构象分析表明无论氧进攻在 1 位碳还是进攻 2 位碳，满足双键邻位碳的 C—H 键垂直于双键平面的要求，两者没有空间效应差异。

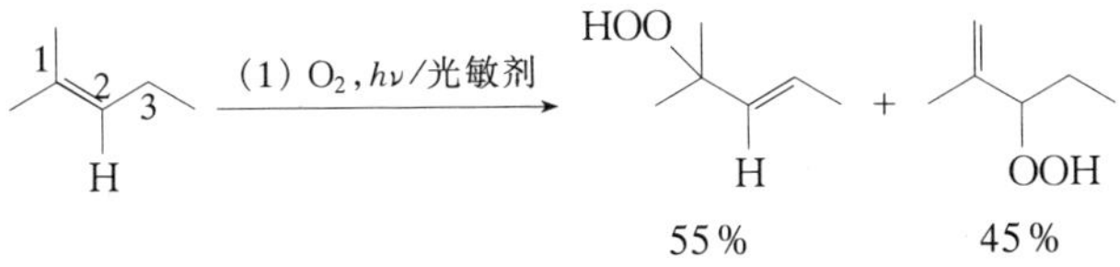

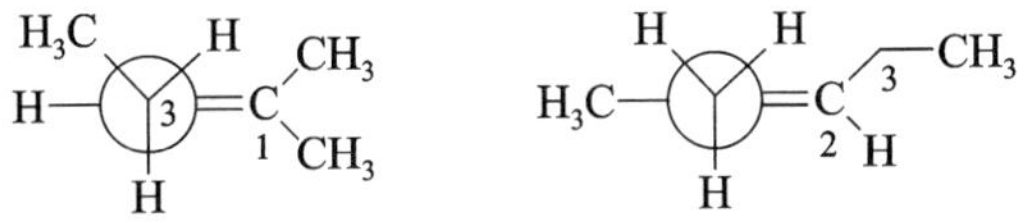

（1位碳进攻）　　　　　　（2位碳进攻）

光敏氧化反应将含氧官能团引入双键碳原子上是具有合成应用价值的一种反应，尤其在天然产物的合成和结构改造方面的应用。例如，二萜生物碱加山荚叶碱由前体化合物经过光敏氧化反应，再经氢化锂铝还原制得。

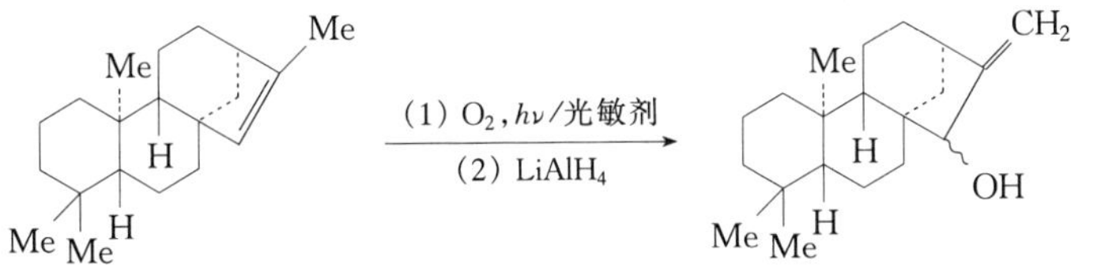

46%（两种差向异构体）

9.3　碳-碳键断裂氧化

9.3.1　高锰酸钾

高锰酸钾稀碱溶液低温氧化烯烃得到顺式邻二醇，但在剧烈条件下，通常是提高氧化剂的浓度、反应温度和酸性溶液，可进一步氧化成羰基化合物。

虽然高锰酸钾在一定浓度和反应温度下可以氧化烯烃成羰基化合物,实际操作中由于溶解度、反应条件控制等原因而不易操作。可操作的方法是用催化量的高锰酸钾与计量的高碘酸混合,称为 Lemieuxvon Rudloff 试剂。该氧化剂中高锰酸钾用于氧化烯烃成羰基化合物,高碘酸将被还原的锰再氧化成高价锰。相转移催化法也是实现高锰酸钾氧化的有效手段。

高锰酸钾氧化单取代的碳-碳双键往往得到羧酸,不易得到醛。但采用合适的条件也可以得到醛。如高锰酸钾/硫酸镁水溶液氧化双环[2.2.1]-2-庚烯得到1,3-环戊二醛。炔烃经高锰酸钾氧化得到羧酸。

四氧化锇-高碘酸钠氧化烯烃可得到醛或酮。

9.3.2 钌氧化剂

四氧化钌可氧化烯烃成醛、酮或羧酸。通常单独使用四氧化钌时产量不稳定,有时产量很低,如环己烯氧化成二醛收率仅10%。但当与高碘酸钠合并使用,可显著提高氧化收率。四氧化钌-高碘酸钠试剂氧化能力强,氧化含有氢的双键则得到主要产物是羧酸而不是醛。二氧化钌-高碘酸钠是较温和的氧化剂,氧化烯成酮时并不氧化仲羟基。

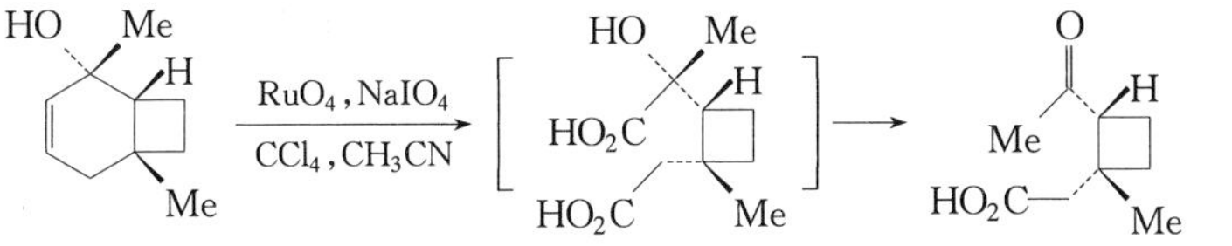

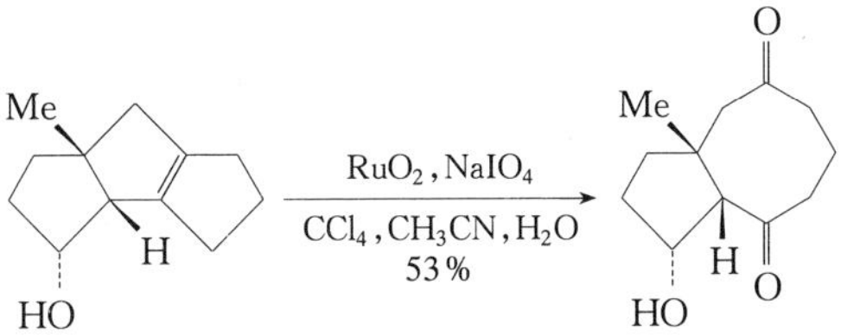

[反应式图]

[反应式图]

其他的钌试剂,三氯化钌-高碘酸钠能将醇或邻二醇氧化成羧酸。例如含环氧基团的伯醇被氧化成羧酸,环氧基不受影响。

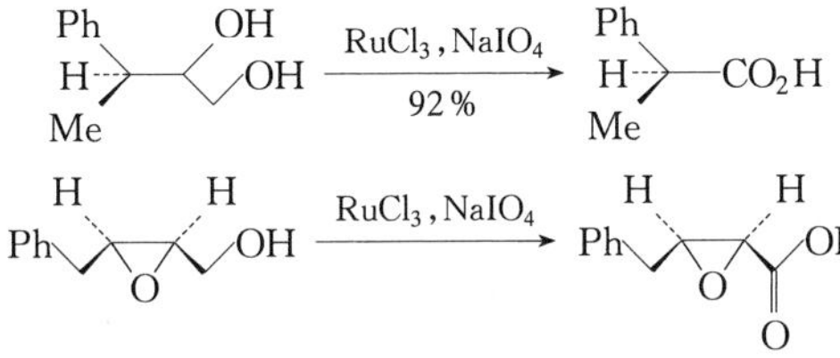

[反应式图]

[反应式图]

9.3.3 四乙酸铅

四乙酸铅是氧化1,2-二醇、α-羟基酮、邻二酮、α-羟基酸,使碳-碳键断裂的有效试剂。四乙酸铅的氧化裂解反应通常在非水溶剂中进行。广泛用于醛酮的合成及结构的鉴定。

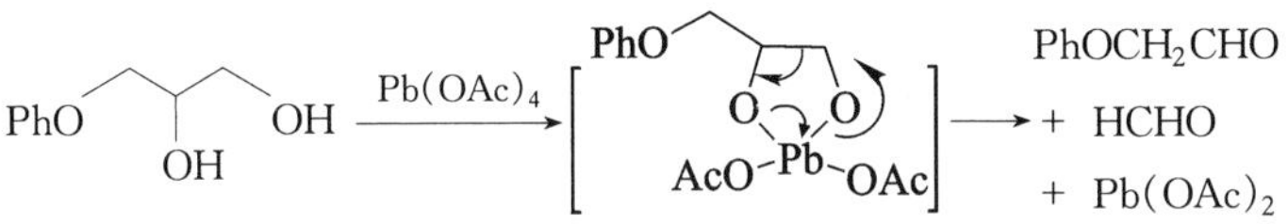

[反应式图]

四乙酸铅的氧化是经过五元环中间体的过程。因此,对于不同异构体的邻二醇,氧化反应速率不同。例如,苏式1,2-二醇氧化速率大于赤式异构体。在环状体系中,顺式邻二醇氧化速率大于反式异构体。

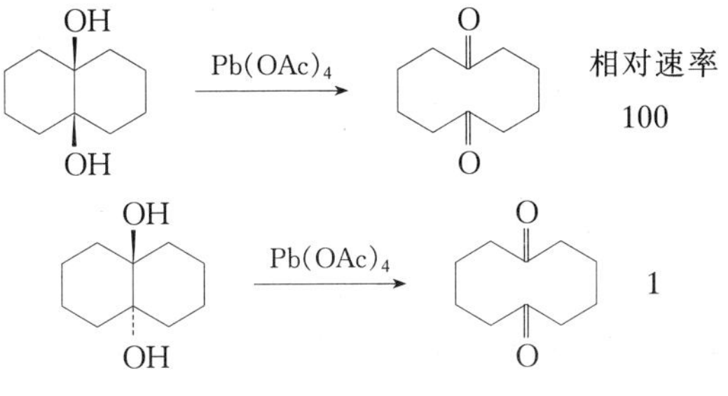

[反应式图] 相对速率 100

[反应式图] 1

四乙酸铅氧化邻二醇成醛或酮,但不破坏碳-碳双键。α-羟基酮经四乙酸铅在乙醇溶剂中氧化切断碳—碳键,生成醛基酯。

烯醇酯、烯醇三甲基硅醚或烯胺在四乙酸铅氧化作用下得到α-乙酰氧基酮。

9.3.4 高碘酸

高碘酸或高碘酸盐水溶液是1,2-二醇氧化裂解试剂。反应常使用甲醇、乙醇、乙酸或1,4-二氧六环作溶剂。因为能定量地反应,因此根据高碘酸的消耗量,可推知多元醇中所含相邻羟基的数目,根据产物可推测原化合物的结构。

$$CH_3(CH_2)_7CH(OH)CH(OH)(CH_2)_7COOH \xrightarrow{KIO_4/H_2SO_4}_{EtOH/H_2O} CH_3(CH_2)_7CHO + OHC(CH_2)_7COOH$$
$$89\% \qquad 76\%$$

高碘酸与二醇反应时,先形成环状的高碘酸酯,再氧化裂解成二醛(酮)。

外消旋和内消旋的 2,3－丁二醇进行反应时,由于外消旋体形成的环酯中两个甲基处于反式,位阻较小,高碘酸的氧化裂解速率大于内消旋异构体。

α－羟基酮、α－氨基醇、α－羟基酸、邻二酮、α－酮酸等均可发生上述类似的氧化裂解反应。α－羟基酮与高碘酸反应类似地形成环状中间体,氧化裂解后得到一分子羧酸和一分子醛或酮。

邻二酮经高碘酸氧化裂解则得到两分子羧酸。

9.3.5 Baeyer-Villiger 氧化反应

过氧羧酸或过氧化氢氧化酮转化成酯或内酯的反应称为 Baeyer-Villiger 氧化反应。虽然 Baeyer-Villiger 氧化反应并没生成碳－碳键断裂产物,实际反应结果是羰基碳和邻位碳间的碳-碳断裂,插入一个氧。因此,将 Baeyer–Villiger 氧化反应列入这一节中讨论。Baeyer–Villiger 氧化反应经过 C→O 重排过程。过酸氧化酮成酯的过程是在酸催化下,过酸的羟基亲核性进攻羰基碳,生成偕二醇过氧酯,接着烃基由碳原子迁移到邻位氧,同时过氧键断裂,羧酸负离子离去,生成酯。在碱催化下,过氧化氢的氧化是由过氧化氢负离子亲核性进攻羰基碳,生成偕二醇过氧醇,随之烃基由碳原子迁移到邻位氧,同时羟基负离子离去,生成酯。由于羟基作为离去基团比酰氧基困难,所以,碱性催化过氧化氢的氧化反应活性比过酸差。

$$\underset{R_2}{\overset{R_1}{\diagdown}}\!\!\!\!C\!\!=\!\!O \xrightarrow[H^+]{RCOOH} \cdots \longrightarrow R_1\text{—}O\text{—}R_2 + H\text{—}O\text{—}R$$

$$\underset{R_2}{\overset{R_1}{\diagdown}}\!\!\!\!C\!\!=\!\!O \xrightarrow[HO^-]{HOOH} \cdots \longrightarrow R_1\text{—}CO\text{—}OR_2 + HO^-$$

对称的酮经 Baeyer–Villiger 氧化,由于与羰基相连的两个烃基相同,只得到一种的酯。如:环己酮经过氧乙酸氧化得到 90% 产率的己内酯。

$$\text{环己酮} + CH_3CO_3H \xrightarrow[90\%]{EtOAc/40\ ℃} \text{己内酯}$$

当与羰基相连的两个烃基不同时,两个基团都可能发生迁移,容易得到混合物。但是,不同的烃基之间有一定的选择性,其迁移能力的顺序是:

$$R_3C\text{—} > \text{环己基} \approx R_2CH\text{—} \approx PhCH_2\text{—} \approx Ph\text{—} > CH_2\!=\!CH\text{—} > RCH_2\text{—} > \text{环丙基} > CH_3\text{—}$$

常用的 Baeyer–Villiger 氧化剂有:过氧苯甲酸、间氯过氧苯甲酸、过氧乙酸、三氟过氧乙酸等。如:环丙基甲基酮经三氟过氧乙酸氧化,选择性地得到乙酸环丙酯。磷酸氢二钠作为缓冲剂可以阻止三氟乙酸参与的酯交换反应生成三氟乙酸酯副产物。

当迁移基团是手性碳时,手性构型保持不变。如:手性 2,3-二甲基环己酮经间氯过氧苯甲酸氧化,得到相应的内酯,迁移基团的构型不变。

三氟过氧乙酸/磷酸氢二钠氧化手性环己基甲基酮,得到 85% 乙酸取代环己基酯,环己基的手性碳保持原有的立体构型。

桥二环酮的 Baeyer-Villiger 氧化反应在合成中是有价值的。它为制备具有立体化学控制的取代环——戊烷和环己烷衍生物提供了一种方法,而且在许多天然产物的合成中也要用到该类反应。如下反应所示的合成前列腺素中的重要中间体内酯的制备,其中关键的一步就是桥二环酮的间氯过氧苯甲酸 Baeyer-Villiger 氧化反应。

用不饱和酮进行反应时,同时存在过氧羧酸氧化烯成环氧化合物的竞争性反应。通常,酮的 Baeyer-Villiger 氧化反应比烯的环氧化反应慢。酮的氧化需要高活性的过氧羧酸,强酸催化剂。如 2-烯丙基环己酮用过氧乙酸氧化得到

44%的 Baeyer–Villiger 氧化产物,未检测出环氧化产物。在苯腈中,用过氧化氢氧化2-烯丙基环己酮,则得到54%的环氧化产物,而不是内酯。

如要选择性地环氧化烯键,需要在惰性溶剂和低温条件下反应。在低温、苯作溶剂下,间氯过氧苯甲酸氧化烯酮得到环氧化产物。

9.4 碳–氢键的氧化

9.4.1 二氧化硒

二氧化硒是氧化碳–氢键最常用的氧化剂。烯丙基或苄基的碳–氢键经二氧化硒氧化可得到烯丙基醇或羰基化合物。含氮芳环的苄甲基经二氧化硒氧化得到醛或羧酸,芳环的氮原子并不受影响。反应过程从表面来看是 C—H 转化成 C—OH,仅仅是在 C—H 之间插入一个氧原子,反应实际经过两次的双键迁移过程。

9.4 碳-氢键的氧化

$$R-CH=CH-CH_2-Se(=O)OH \longrightarrow R-CH(OSeOH)-CH=CH_2 \longrightarrow R-CH=CH-CH_2-OSeOH \xrightarrow{H_2O} R-CH=CH-CH_2-OH$$

醛或酮的羰基化合物经二氧化硒氧化得到邻二羰基化合物。环己酮氧化得到 60% 收率的环己二酮。含甲基的酮氧化得到 α-羰基醛,如苯乙酮氧化得到 α-氧代苯乙醛。反应在酸催化下变成烯醇,与二氧化硒作用生成硒酸酯。再经过迁移、消除得到邻二羰基化合物。

$$PhCOCH_3 \xrightarrow[\text{二氧六环}, 72\%]{H_2SeO_3} PhCOCHO$$

$$R-CO-CH_2R' \xrightarrow{H_3^+O} R-C(OH)=CHR' \xrightarrow[H_3^+O]{SeO_2} [\text{硒酸酯中间体}]$$

$$\longrightarrow \underset{R \quad R'}{HOSeO-CH(-)-CO-} \longrightarrow R-CO-CO-R' + Se + H_2O$$

9.4.2 铬、锰化合物氧化剂

铬、锰化合物氧化剂是氧化芳烃甲基的有效氧化剂。与芳环相连的甲基经氧化成醛基或羧基。比甲基长的侧链氧化时,氧化剂作用在苄基碳上,在控制条件下,氧化成酮,进一步氧化成羧酸。高锰酸钾、重铬酸钠氧化与芳环相连的甲基成羧基。二苯甲基氧化得到二苯甲酮。

$$2,3\text{-二甲基萘} \xrightarrow{Na_2Cr_2O_7/H_2O} 2,3\text{-萘二甲酸}$$

$$Ph-CH_2-Ph \xrightarrow[R_4NCl]{KMnO_4/H_2O} Ph-CO-Ph$$

二氧化锰作为较温和的氧化剂,控制合适的反应条件,可氧化芳环的 α-甲基或亚甲基成醛或酮。

$$\text{邻二甲苯} \xrightarrow[H_2SO_4, H_2O]{MnO_2} \text{邻甲基苯甲醛}$$

$$\text{PhCH}_2\text{CH}_3 \xrightarrow[\text{H}_2\text{SO}_4, \text{H}_2\text{O}]{\text{MnO}_2} \text{PhCOCH}_3$$

与芳环相连的甲基可被三氧化铬-乙酸酐氧化成双乙酸酯,水解后得到芳醛,芳环上带有硝基、卤素、氰基及酯基均无影响。铬酰氯的氯仿或四氯化碳溶液也是芳烃甲基氧化成醛的试剂。氧化先生成双铬氧配合物,酸性水解成醛,该反应称为 Etard 反应。

$$o\text{-CH}_3\text{-C}_6\text{H}_4\text{-NO}_2 \xrightarrow[\text{Ac}_2\text{O}]{\text{CrO}_3} o\text{-(AcO)}_2\text{CH-C}_6\text{H}_4\text{-NO}_2 \xrightarrow{\text{H}_3^+\text{O}} o\text{-OHC-C}_6\text{H}_4\text{-NO}_2 \quad 74\%$$

$$o\text{-CH}_3\text{-C}_6\text{H}_4\text{-NO}_2 \xrightarrow[\text{CHCl}_3]{\text{CrO}_2\text{Cl}_2} o\text{-(HOCl}_2\text{CrO)}_2\text{CH-C}_6\text{H}_4\text{-NO}_2 \xrightarrow{\text{H}_3^+\text{O}} o\text{-OHC-C}_6\text{H}_4\text{-NO}_2 \quad 65\%$$

9.4.3 其他碳-氢键氧化剂

酮类化合物在 α-碳原子上的氧化,可以生成 α-羟基酮或 1,2-二酮。这种转化在合成上是很有价值。虽然,酮与醋酸汞或四乙酸铅反应可直接转化成 α-乙酰氧基衍生物,但是这些方法的选择性都不太高,而且当有其他官能团存在时,往往就不适用了。

在强碱(如叔丁醇-叔丁醇钾溶液)存在下,酮能迅速地与氧反应生成 α-过氧羟基酮,接着被还原成相应的 α-羟基酮。有时,可以将 α-过氧羟基酮分离,然后再用锌和醋酸汞还原。但是,如果在亚磷酸三乙酯存在下进行氧化,则能将生成的 α-过氧羟基酮直接还原为 α-羟基酮,通常反应产率更高。通过该方法可以方便地把 17-α-羟基引入到 20-酮基甾族化合物中。在一些天然产物的合成中,也常用此法把羟基引入到指定的位置上。这些反应具有良好的立体选择性,从已经研究过的例子中发现,生成的 α-过氧羟基或 α-羟基取代基与被取代的氢原子的空间取向相同。

$$\xrightarrow[\text{(2) Zn, CH}_3\text{CO}_2\text{H}]{\text{(1) O}_2, t\text{-BuOK}/t\text{-BuOH}} \quad 78\%$$

$$\underset{\text{COCH}_3\ \text{CONH}_2}{\text{[structure]}} \xrightarrow[\text{P(OC}_2\text{H}_5)_3, -20\ ℃]{\text{O}_2, t\text{-BuOK}/t\text{-BuOH}} \underset{96\%}{\underset{\text{COCH}_3\ \text{CONH}_2}{\text{[structure with HO]}}}$$

此类反应常常会有裂解产物生成,而且当 α-过氧羟基上连有一个 α-氢原子时,就很可能通过碱催化消去反应生成 α-二酮类化合物,结果使 α-羟基酮的产率很低。解决的方法是采用较易制备的 MoO_5·吡啶·六甲基磷酰胺配合物(MoOPH)进行氧化。MoOPH 试剂在 $-70 \sim -40\ ℃$ 之间容易与烯醇化物反应生成 $Mo^{Ⅵ}$ 酯,生成的酯经水处理即得到良好产率的 α-羟基化合物,而没有氧化裂解产物生成。凡是含有能发生烯醇化的亚甲基和次甲基的酮、酯和内酯都可以通过此法转化成 α-羟基化合物。不对称酮反应时,只生成一种 α-羟基酮,反应通过动力学控制生成烯醇盐的途径进行的。例如,2-苯基环己酮反应时,生成反式-2-羟基-6-苯基环己酮。

$$\underset{}{\text{[2-phenylcyclohexanone]}} \xrightarrow[(3)\ \text{H}_2\text{O}]{\substack{(1)\ \text{LDA, THF}, -78\ ℃ \\ (2)\ \text{MoOPH}}} \underset{70\%}{\text{[trans-2-hydroxy-6-phenylcyclohexanone]}}$$

$$\underset{}{\text{[lactone with C}_4\text{H}_9]} \xrightarrow[(3)\ \text{H}_2\text{O}]{\substack{(1)\ \text{LDA, THF}, -78\ ℃ \\ (2)\ \text{MoOPH}}} \underset{73\%}{\text{[α-hydroxy lactone]}}$$

选择合适的氧化剂可以将酮转化成 α,β-不饱和酮。传统的方法是用溴化-脱溴化氢法,也可采用二氧化硒法或高电位醌(如氢醌或 5,6-二氢-2,3-二氰-p-苯醌)氧化法实现。但是,这些方法因有时产率不高而且缺乏选择性而限制了其应用。

一种较好的方法是在温和的条件下,将酮经过 α-苯硒基羰基化合物转化成 α,β-不饱和酮化合物。α-苯硒基羰基化合物可在室温下由羰基化合物与苯基氯化硒反应制得,也可以在 $-78\ ℃$ 下由相应的烯醇式负离子与苯基卤化硒或二苯基二硒化物反应制备。硒化物用过氧化氢或高碘酸钠氧化时,转化成相应的硒氧化物,该硒氧化物立即发生顺式 β-消去反应,以良好的产率生成反式-α,β-不饱和酮。醇羟基、酯基和烯烃双键等官能团存在时不受影响。例如,苯丙酮能以 89% 的产率转化成苯基乙烯基酮,由于这种不饱和酮中烯键容易聚合,并且对亲核试剂很敏感,所以用其他方法很难得到。4-乙酰氧基环己酮反应时,可生成 4-乙酰氧基环己烯酮。

[反应式：苯丙酮经 (1) LDA/THF, -78℃ (2) PhSeBr, -78℃ 得 α-PhSe 取代酮，再经 NaIO$_4$/MeOH/H$_2$O，通过 Ph-Se(O)-中间体消除，生成 PhCOCH=CH$_2$ (89%) + PhSeOH]

酮氧化成 α,β-不饱和酮的方法可以将酯或内酯氧化成相应的 α,β-不饱和酯和内酯。

[反应式：γ-戊基-γ-丁内酯经 (1) LDA/THF, -78℃ (2) PhSeCl (3) H$_2$O$_2$ 得到 α,β-不饱和内酯，56%]

[反应式：多烯脂肪酸甲酯经 (1) LDA/THF, -78℃ (2) PhSeSePh (3) NaIO$_4$ 得产物，80%]

这种酮的 α,β-脱氢方法可以用于 α,β-不饱和酮的 β-位烃化反应。如：有机铜盐对 α,β-不饱和酮进行烷基化，得到的中间体烯醇铜盐再与苯基溴化硒反应得到硒化合物，再经氧化去硒基，得到 β-位烃化的 α,β-不饱和酮。类似地，1,3-二羰基化合物经过硒中间体氧化用于合成烯二酮类化合物。

[反应式：PhCOCH=CHCH$_3$ 经 (1) (CH$_3$)$_2$CuLi (2) PhSeBr 得 PhCOCH(SePh)CH(CH$_3$)$_2$，再经 H$_2$O$_2$ 得 PhCOC(CH$_3$)=CH—，85%]

[反应式：2-乙氧羰基环己酮经 (1) NaH (2) PhSeCl (3) H$_2$O$_2$ 得 2-乙氧羰基-2-环己烯酮，90%]

烯醇化物与苯基卤化硒的反应即使在 -78℃ 下也能很快地完成，而且在动力学控制下生成的烯醇物反应时，不会重排成更稳定的异构体。因此，对于不对称酮，可以根据需要，使之转化成两种 α,β-不饱和酮的任何一种。例如，2-甲基环己酮通过对应的热力学烯醇化物生成 2-甲基-2-环己烯酮，而通过对应的动力学烯醇化物生成 6-甲基-2-环己烯酮。

参 考 文 献

1. Smith M B, March J. Advanced Organic Chemistry. New York: John Wiley & Sons, 2001
2. Norman R O C, Coxon J M. Principles of Organic Synthesis. Cheltenham: Nelson Thornes, 2001
3. Burke S D, Danheiser R L. Handbook of Reagents for Organic Synthesis: Oxidizing and Reducing Agents. New York: John Wiley & Sons, 1999
4. Smith M B. Organic Synthesis. New York: McGraw-Hill, 2002
5. McMurry J. Organic Chemistry. New York: Brooks/Cole, 2001
6. 黄宪. 有机合成. 北京: 高等教育出版社, 1992
7. 李良助. 有机合成中的氧化还原反应. 北京: 高等教育出版社, 1989
8. [英]Carruthers W 著. 有机合成的一些新方法. 李润涛, 刘振中, 叶文玉译. 开封: 河南大学出版社, 1991

习　　题

1. 写出下列反应的主要产物

(1) [结构式：含 Me、NH、O、HO、OCOCH₃ 的核苷结构] $\xrightarrow{\text{DMSO/DCC}, \text{H}_3\text{PO}_4}$

(2) [甾体结构，含 HO、Me、OH 基团] $\xrightarrow{\text{MnO}_2}$

(3) [含缩醛结构，H、CH₃、O、CH₃、OH] $\xrightarrow{\text{CrO}_3 \cdot \text{Py}_2}$

(4) [萘-CH₂OH] $\xrightarrow{\text{CrO}_3 \cdot \text{Py}_2}$

(5) [norbornene] $\xrightarrow{m\text{CPBA}}$

(6) [cyclohexene] $\xrightarrow{H_2O_2/OsO_4}$

(7) [PhO-CO-CH(OH)-CH(OH)-CO-OPh] $\xrightarrow{NaIO_4}{MeOH/H_2O}$

(8) [decalone with Me, Me, and α,β-unsaturated ketone] $\xrightarrow{t\text{-BuOOH, NaOH}}$

(9) [menthyl acrylate OCOCH=CH$_2$] $\xrightarrow{(1)\ O_3}{(2)\ Me_2S}$

(10) [phenanthrene] $\xrightarrow{K_2Cr_2O_7/H_2SO_4}$

(11) $CH_3(CH_2)_7\overset{H}{\underset{}{C}}=\overset{H}{\underset{}{C}}(CH_2)_7CO_2H$ $\xrightarrow{KMnO_4/NaOH/H_2O}{0\sim10\ ℃}$

(12) [p-nitrotoluene] $\xrightarrow{(1)\ CrO_3/Ac_2O}{(2)\ H_3O^+}$

2. 解释下列反应结果

（1）为何双键的邻位羟基取代时，环氧化得到顺式产物，而双键的邻位羟基成酯后得到反式化物。

[cyclohexenol] $\xrightarrow{PhCO_3H}{C_6H_6, 0\ ℃}$ [cis-epoxy alcohol]

[cyclohexenyl acetate] $\xrightarrow{PhCO_3H}{C_6H_6, 0\ ℃}$ [trans-epoxy acetate]

(2) 下式含两个孤立双键化合物环氧化时,为何优先发生在环内。

(3) 写出下式氧化反应过程。

(4) 判断下式反应产物是(A)还是(B),并解释之。

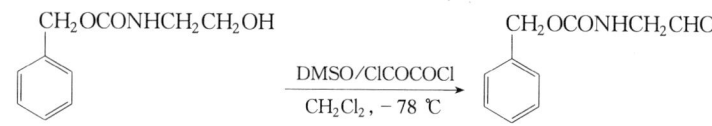

第10章 还原反应

有机合成中官能团转变的另一个重要手段是还原反应。还原反应的过程是氧化态的降低,得到电子。有机化合物中大多数不饱和官能团都可能被还原。例如:烯烃还原成饱和烃;羧酸、酯、醛、酮等可被还原成醇;亚胺、酰胺等可被还原成胺。对于每一种官能团,往往有一种或几种适合的还原剂。在还原反应方面,不仅涉及被还原的化合物的结构特征、合适的还原剂的选择,还受到其他反应条件,如溶剂、反应温度、压力、催化剂等多方面的因素的影响。

10.1 负氢转移还原反应

负氢转移还原反应是有机合成中广泛使用的一类还原反应。负氢转移还原反应是以金属氢化物(如硼氢化钠)作为负氢转移试剂提供负氢离子,加成到被还原的反应物,达到氢化还原。负氢转移试剂根据中心原子主要有两类:一类是硼氢化物,如:硼氢化钠、硼烷等;另一类是铝氢化物,如:氢化锂铝、铝烷等。根据试剂的电负性可以分为亲电性负氢转移试剂和亲核性负氢转移试剂。硼烷、铝烷具有缺电性,是亲电性负氢转移试剂。不仅能使极性不饱和键还原,也可以使碳-碳双键加成还原。亲核性负氢转移试剂,如:氢化锂铝和硼氢化钠,是金属氢化物的配合物,其配合物负离子作为负氢来源,具有亲核性,能使极性不饱和键还原,但不与富电性的碳-碳双键反应。

氢化锂铝和硼氢化钠是其中最常用的两种试剂。氢化锂铝或硼氢化钠中的部分氢被烃氧基取代生成各种不同的金属氢化物还原剂,如三(甲氧基)氢化锂铝[$LiAlH(OCH_3)_3$]、三(叔丁氧基)氢化锂铝[$LiAlH(Ot-Bu)_3$]等,具有不同的还原能力,并具有不同的化学选择性和立体选择性,是有效的选择性还原试剂。氢化锂铝是由氢化锂与三氯化铝反应制得。氢化钠与硼酸三甲酯反应得到硼氢化钠。

$$4LiH + AlCl_3 \longrightarrow LiAlH_4 + 3LiCl$$
$$4NaH + B(OMe)_3 \longrightarrow NaBH_4 + 3CH_3ONa$$

10.1.1 氢化锂铝

氢化锂铝是还原极性官能团最有效的还原剂,能还原大部分的羰基化合物,如:醛、酮、羧酸、酸酐、酰氯、酯、酰胺、亚胺等。氢化锂铝的还原过程是通过氢化锂铝的负氢离子的转移实现。以氢化锂铝还原酮成醇为例,铝上的负氢转移到羰基碳,铝与氧结合,分步形成烃氧基铝中间体,水解后生成醇。随着与铝结合的烃氧基的数目的增加,与铝结合的氢的减少,其氢化物的还原活性降低。实际反应时,1 mol 的氢化锂铝能与多少摩尔的羰基作用完全取决于与羰基连接的 R 基团的大小所带来的空间的影响。如:R = 甲基,羰基化合物是丙酮时,1 mol 的氢化锂铝能与 4 mol 丙酮作用,生成四异丙氧基铝锂中间体。而空间位阻大的基团,如双异丙基酮时,1 mol 的氢化锂铝最多只能与 2 mol 双异丙基酮作用,生成二(2,4-二甲基-3-戊氧基)二氢铝锂。

由于醛比酮位阻小,比酮易于被还原。连一级碳的酮比连二级碳的酮易于还原。随着连接的基团的位阻增加,还原难度增加。位阻太大时,有时甚至使羰基还原也很困难。

用氢化锂铝还原 α,β-不饱和羰基化合物,主要得到羰基还原产物——烯丙醇。但是当试剂过量或反应温度过高,则碳-碳双键和羰基均被还原。

氢化锂铝还原羰基的重要特征之一是非对映选择性。当与羰基直接相连的取代基是手性基团，通常用氢化锂铝还原羰基时负氢离子加到立体位阻较小的一面。

如果与羰基直接相连的取代基是可旋转手性基团，视手性碳原子所连接的基团的大小差别，其中在一面进攻占优势，产生不对称还原。反应的主要产物可由 Cram 规则预测。例如 3-苯基-戊-2-酮经氢化锂铝还原，优势产物是苏式的醇。

羰基化合物的 α-碳连有极性基团，则不遵守 Cram 规则。例如 α-卤代酮进行反应时，由于卤原子与羰基的氧原子静电相斥作用超过立体效应，因此卤原子与羰基的氧处于反式有利。此时，负氢优先进攻其余两个基团中较小的一边。

α-羟基或 α-氨基取代酮与氢化锂铝反应时，由于金属与相邻两个带孤对电子的原子的螯合形成一个固定的环状中间体，负氢由位阻较小的一边进攻，赤式构型为优势产物。

4-叔丁基-环己酮与氢化锂铝反应，优势产物是比较稳定的 e 键醇。反应起主导作用的是加成过程中 C-O 键与两个相邻碳原子上 e 键 C-H 键之间的位阻。当负氢由 e 键方向进攻，则 C-O 键转变成 a 键的过程中会与两个 e 键的 C-H 键重叠，能量上不利；而由 a 键进攻时，则 C-O 键与两个 e 键的 C-H

键距离逐渐增加,能量上有利。故优先生成 e 键醇。

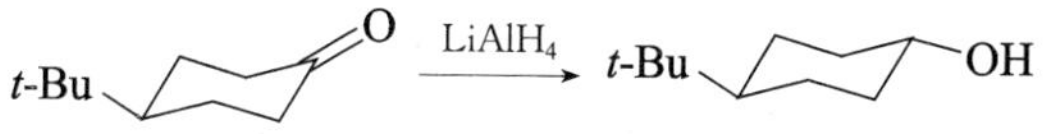

$$t\text{-Bu} \underset{}{\bigcirc}\!\!=\!\!O \xrightarrow{\text{LiAlH}_4} t\text{-Bu}\underset{}{\bigcirc}\!-\!\text{OH}$$

氢化锂铝不仅可以还原醛、酮成醇,而且可使酯、酰卤、酸酐、羧酸还原成醇,使酰胺、亚胺还原成胺。

酯经氢化锂铝还原得到相应的醇。与芳基或不饱和键直接相连的酯基可选择性还原成醇,不影响不饱和键。内酯经氢化锂铝还原得到二醇。

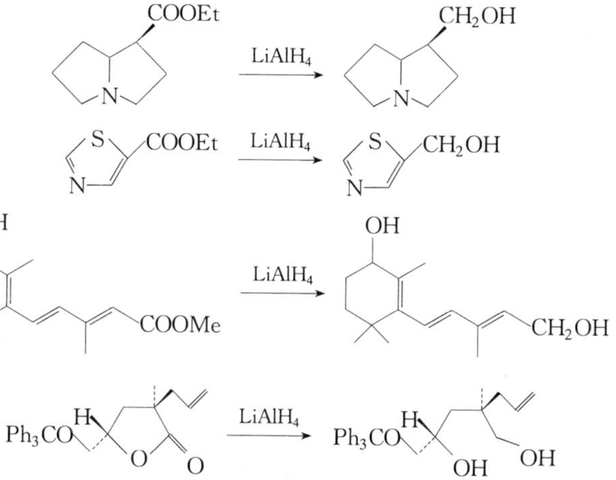

酰胺用氢化锂铝还原得到相应的胺。一级、二级酰胺还原反应氢化锂铝与酰胺活泼氢作用,形成酰胺氮负离子,氢化铝作用于羰基氧,形成的铝氧化合物在氮上的孤对电子参与下脱去—OAlH$_2$,经过亚胺中间体,再经进一步还原,水解得到相应的一级、服级胺。三级酰胺还原反应则经过亚胺盐中间体,再还原得到三级胺。

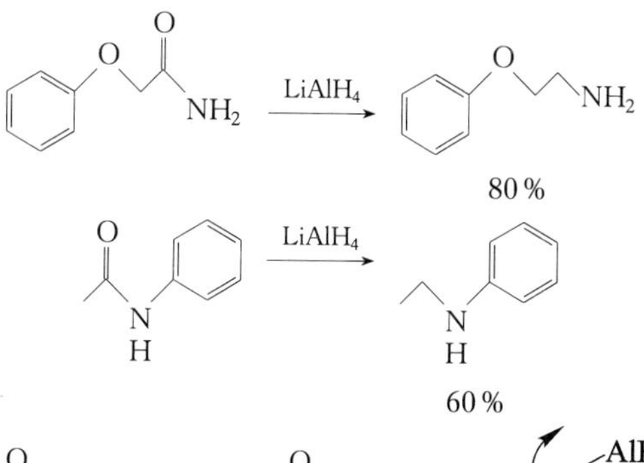

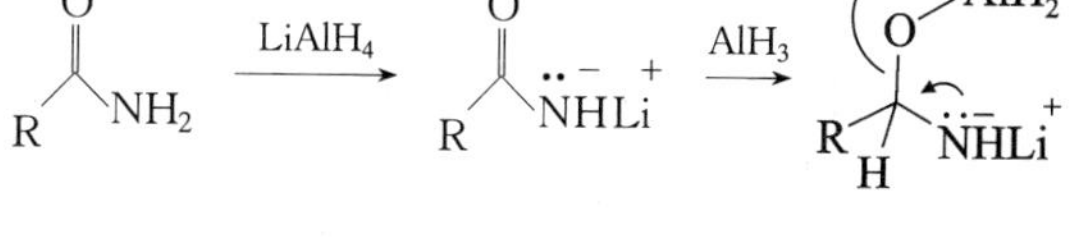

腈用氢化锂铝还原，首先生成亚胺盐，再进一步还原成伯胺。

叠氮化合物是胺的一个重要前体。叠氮基是一个强亲核性试剂，如用叠氮化钠与卤代烃反应生产叠氮化物，用氢化锂铝还原得到相应的胺。

环氧化合物经氢化锂铝还原得到醇。负氢离子进攻位阻较小的一边。顺序是伯碳优先于仲碳，仲碳优先于叔碳。

10.1 负氢转移还原反应

[反应式：三甲基苯基环氧化合物 (1) LiAlH₄ (2) H₃⁺O → 叔醇 95%]

分子同时含环氧键和酯基时,优先还原环氧键。当酯基处在环氧邻近,能与氢化锂铝形成配合物参与还原时,影响环氧键的还原开环选择性。如:含环氧基十氢异喹啉甲基乙酸酯,由于环氧基的邻近的酯基存在,参与氢化锂铝配合物的形成,使负氢的进攻在含甲基的碳的产物增加,得到仲醇和叔醇的混合物。

[反应式：含环氧基的十氢萘化合物 (1) LiAlH₄,乙醚 回流,30 h (2) H₃⁺O → 叔醇 + 仲醇]

氢化锂铝还原卤代物或磺酸酯得到氢解产物。反应机理是负氢作为亲核试剂进行 S_N2 反应。伯卤烃、仲卤烃可被氢化锂铝还原成烃。叔卤烃反应较慢,几乎全部生成烯烃。脂肪卤烃比芳香卤烃易还原去卤素。芳香卤烃中碘化物、溴化物可被氢化锂铝还原成烃,而芳香氯化物不被还原。脂肪氯化物则可以被还原脱氯。

[反应式：含氮冠醚二氯化物 (1) LiAlH₄,THF 回流,26 h (2) H₃⁺O → 脱氯产物 72%]

[反应式：溴代芳烃 (1) LiAlH₄,THF,70 ℃ 封管,50 h (2) H₃⁺O → 脱溴产物 90%]

磺酰氯与伯醇或仲醇反应生成磺酸酯,再经氢化锂铝还原,切段碳-氧键,达到醇的脱氧作用。

[反应式：薄荷基对甲苯磺酸酯 (1) LiAlH₄,乙醚 回流,1.5 h (2) H₃⁺O → 薄荷烷 60%]

含伯、仲羟基的二醇,经选择性的磺酰化伯羟基得到单磺酸酯,再经氢化锂铝还原脱氧,得到仅脱去伯羟基的化合物。

$$\text{环戊醇-OH, -CH}_2\text{OH, -C}_2\text{H}_5 \xrightarrow[\text{(3) H}_3^+\text{O}]{\text{(1) TsCl/吡啶} \atop \text{(2) LiAlH}_4} \text{环戊醇-OH, -CH}_3, -\text{C}_2\text{H}_5$$

由于氢化锂铝还原卤代烃的溶剂效应是:二缩乙二醇二甲醚>乙二醇二甲醚>四氢呋喃≫乙醚,而还原对甲苯磺酸酯的溶剂效应正与上述次序相反。因此,对含卤素和对甲苯磺酰氧基的化合物,在乙醚中反应,氢化锂铝选择性作用于甲苯磺酰氧基,在二缩乙二醇二甲醚(DGM)中则还原氢解卤素。

$$\text{BrCH}_2(\text{CH}_2)_9\text{CH}_2\text{OTs} \begin{array}{c} \xrightarrow{\text{LiAlH}_4/\text{乙醚}} \text{BrCH}_2(\text{CH}_2)_9\text{CH}_3 \\ 83\% \\ \xrightarrow{\text{LiAlH}_4/\text{DGM}} \text{CH}_3(\text{CH}_2)_9\text{CH}_2\text{OTs} \\ 78\% \end{array}$$

10.1.2 烃氧基铝氢化物

氢化锂铝是一个强还原剂,能还原醛、酮、羧酸、酸酐、酰氯、酯、酰胺、亚胺等多种官能团。所以,在分子内含有诸如上述多个官能团时,氢化锂铝的还原往往缺乏选择性。此外,尽管氢化锂铝还原某些官能团时,是分步完成的。但由于还原能力太强,不能停留在中间阶段。如氢化锂铝还原酯,经过中间产物醛,再进一步还原成醇。实际反应中无法使反应控制部分还原得到醛。当氢化锂铝中的部分氢被烃氧基取代,得到的烃氧基铝氢化物,可降低还原能力,达到选择性还原效果。如 1 mol 的氢化锂铝与 3 mol 的乙醇作用,生成(三乙氧基)氢化锂铝。

$$\text{LiAlH}_4 + 3\text{CH}_3\text{CH}_2\text{OH} \longrightarrow \text{LiAlH(OEt)}_3 + 3\text{H}_2$$

酰胺、氰化合物用(三乙氧基)氢化锂铝还原,水解得到较高收率的醛。内酯在低温条件下,经(三乙氧基)氢化锂铝还原得到分子内的半缩醛,收率 97%。

$$\text{CH}_3\text{CH}_2\text{CH}_2\text{C(O)NMe}_2 \xrightarrow[\text{(2) H}_3^+\text{O}]{\text{(1) LiAlH(OEt)}_3} \text{CH}_3\text{CH}_2\text{CH}_2\text{CHO}$$

$$(\text{CH}_3)_2\text{CHCN} \xrightarrow[\text{(2) H}_3^+\text{O}]{\text{(1) LiAlH(OEt)}_3} (\text{CH}_3)_2\text{CHCHO}$$

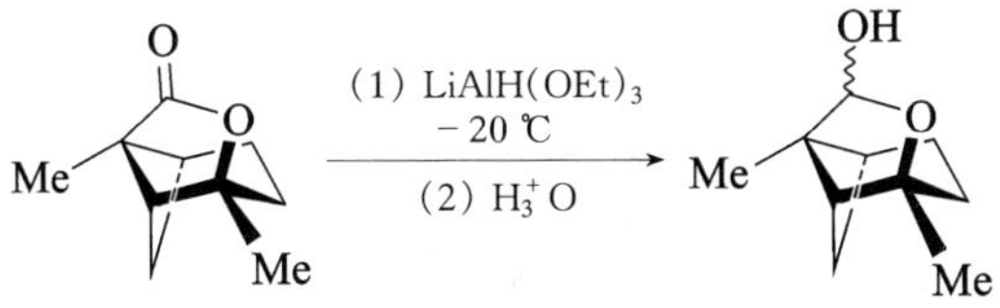

[反应式图]

1 mol 的氢化锂铝与 3 mol 的叔丁醇作用生成(三叔丁氧基)氢化锂铝是更温和的还原剂。能选择性还原醛、酮成醇,酯基或环氧基反应缓慢,腈和亚硝基几乎不反应。可以在这些基团存在下选择性还原醛、酮。

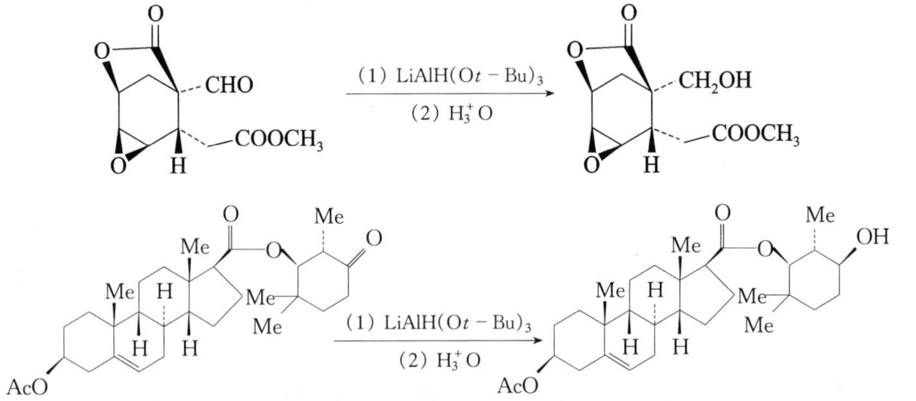

[反应式图]

[反应式图]

(三叔丁氧基)氢化锂铝能还原醛、酮,但失去了氢化锂铝所具有的还原脱卤或脱磺酰氧基的功能。如分子内同时含酮基和卤素或酮基和磺酰氧基时,(三叔丁氧基)氢化锂铝选择性还原酮成醇,不影响卤素或磺酰氧基。

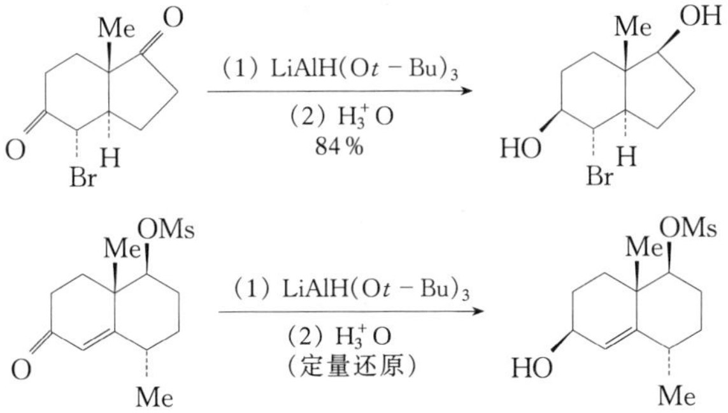

[反应式图]

[反应式图]

10.1.3 双(甲氧乙氧基)铝氢化物

双(甲氧乙氧基)铝氢化钠(俗称 Red-Al)是用金属钠和铝,氢气加压,在苯或甲苯中加热反应制得。其还原能力与氢化锂铝接近。特点是在醚和芳烃溶剂中溶解,热稳定性好,在近 200 ℃ 能保持良好的稳定性,对干燥空气稳定,不易自燃等。

$$2\ \text{MeO-CH}_2\text{CH}_2\text{OH} \xrightarrow[\text{甲苯},>100\ ℃]{\text{Na,Al,H}_2} \text{Na}^+[\text{Al}(\text{OCH}_2\text{CH}_2\text{OMe})_2\text{H}_2]^-$$

类似氢化锂铝，Red–Al 能还原醛、酮、羧酸及其衍生物。不同的是 Red–Al 还原能在甲苯或苯中反应。对于 α,β-不饱和醛、酮，控制还原剂的用量和反应温度，可以选择性的还原醛基。增加还原剂用量，提高反应温度，可使双键同时还原。

PhCH=CHCHO
- Red–Al, 0.5 eq. / 5～15 ℃ → PhCH=CHCH$_2$OH
- Red–Al, 1.1 eq. / △ → PhCH$_2$CH$_2$CH$_2$OH

Ph$_2$C=O $\xrightarrow{\text{Red–Al}}$ Ph$_2$CHOH

芳香醛、酮，用 Red–Al 高温还原，使醛基还原成烃基。实际反应是先还原成苄醇，苄醇氢解成烃基。

2-甲基-4-甲醛基苯酚 $\xrightarrow[\text{(2) H}_3^+\text{O}]{\text{(1) Red–Al/140 ℃}}$ 2-甲基-4-甲基苯酚 85%

4-氨基苯乙酮 $\xrightarrow[\text{(2) H}_3^+\text{O}]{\text{(1) Red–Al/140 ℃}}$ 4-乙基苯胺 90%

酯经 Red–Al 还原得到高收率的醇。酯在低温还原，可得到醛。当分子内有酯、内酯时，控制反应条件下，Red–Al 可选择性还原内酯成分子内半缩醛。

$$\text{CH}_2=\text{CH(CH}_2)_8\text{COOCH}_3 \xrightarrow{\text{Red–Al}} \text{CH}_2=\text{CH(CH}_2)_8\text{CH}_2\text{OH}$$
100%

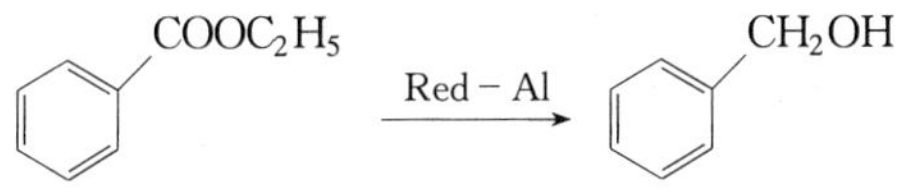

91%

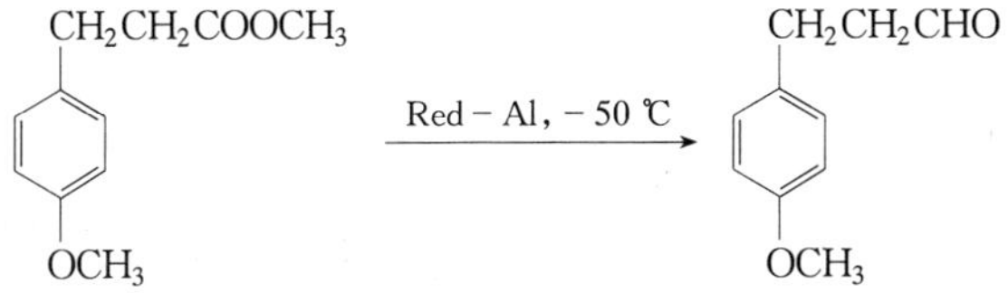

88%

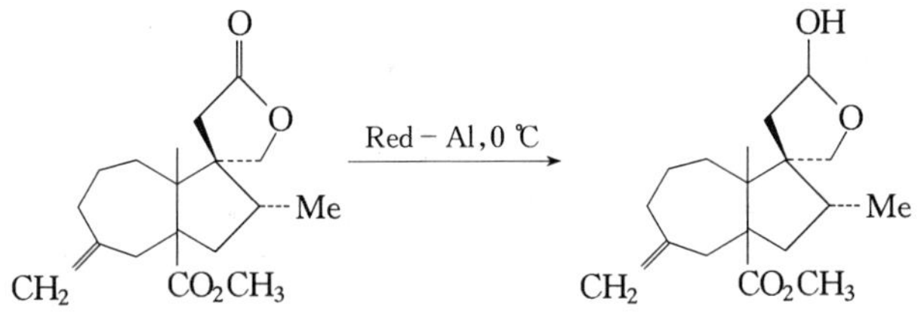

83%

用 Red－Al 还原酰胺，得到胺。酸酐还原生成二醇。

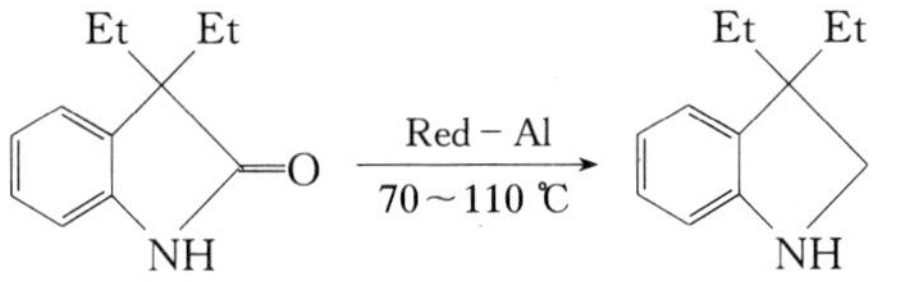

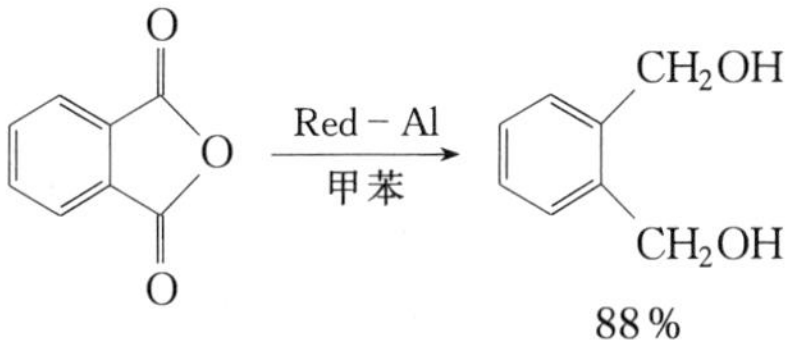

88%

腈经 Red－Al 低温还原，水解，可以得到醛。但也可以直接还原生成胺。如：α－羟基腈还原水解得到 α－羟基醛。亚胺经 Red－Al 还原，得到胺。

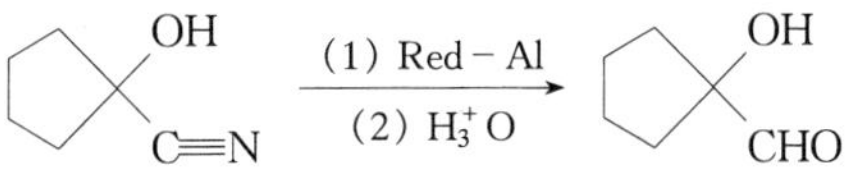

环氧化物用 Red－Al 还原开环得到醇，负氢加到位阻较小的碳原子上。如环氧苯丙醇还原开环得到 1，3－二醇为主。不同溶剂中，两个异构体比例不同。苯：A/B＝6.7/1；乙醚：A/B＝6.3/1；四氢呋喃：A/B＝14/1。

$$\underset{Ph}{\overset{O}{\triangle}}\diagdown OH \xrightarrow{Red-Al, 0\sim 25\ ℃} \underset{Ph}{\overset{OH}{|}}\diagdown OH + \underset{Ph}{\diagdown}\underset{OH}{\overset{|}{\diagdown}}OH$$
　　　　　　　　　　　　　　　　　　(A)　　　　　　(B)

10.1.4 硼氢化物

　　硼氢化物还原剂包括硼氢化钠、硼氢化钾和硼氢化钠或硼氢化钾与其他金属盐(氯化锂、氯化镁等),其中最常用的是硼氢化钠。硼氢化钠还原能力比氢化锂铝能力弱,主要用于还原醛、酮和酰氯等。能在分子中含有环氧基、酯、腈、硝基等官能团存在下,选择性还原醛、酮和酰氯等。

　　硼氢化钠能还原醛成醇。反应通常在水、低级醇、胺类和及其混合溶剂中进行。反应迅速,大多数情况下,反应是定量进行的。酮类被硼氢化钠还原的速率比醛要慢得多。一般的醛还原反应往往几分钟即可完成,而酮的还原通常需要 30~90 min。表 10.1 是在室温条件下至少达到 90% 的酮被还原所需要的反应时间。

表 10.1　酮的结构与被硼氢化钠还原 90% 的酮所需的反应时间

酮	完成 90% 所需时间/min
丙酮	40
3-羟基-2-丁酮	2
苯乙酮	100
二苯甲酮	130
安息香	6
环己酮	4
2-甲基环己酮	7
环戊酮	90
薄荷酮	90

　　α,β-不饱和醛、酮用硼氢化钠还原,得到 1,2-还原产物,双键不受影响。当分子内同时含有酮和 α,β-不饱和酮基时,硼氢化钠可以选择性还原孤立酮羰基。

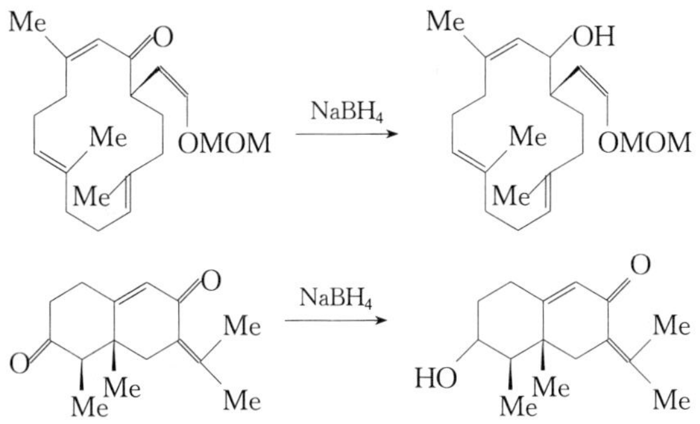

[反应式图]

硼氢化钠对简单脂肪族酯类的还原反应很慢,应用价值不大。但当酯基的 α-位有吸电子基团取代时,增加了羰基碳的正电荷,利于被硼氢化物的进攻。α-位吸电子基团可以是卤素、氧原子、氮原子基团等。

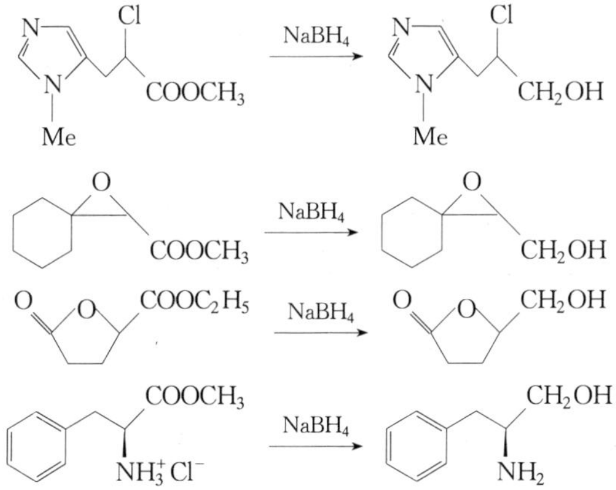

[反应式图]

与卤素一样,α-氰基是强有力的吸电子基团,可以活化酯基,使酯基被硼氢化钠还原。连接缺电子芳环体系的芳酯,由于受到有吸电子作用的芳环对酯基的活化作用,同样起到类似α-位吸电子基团,酯基可被硼氢化钠还原成醇。

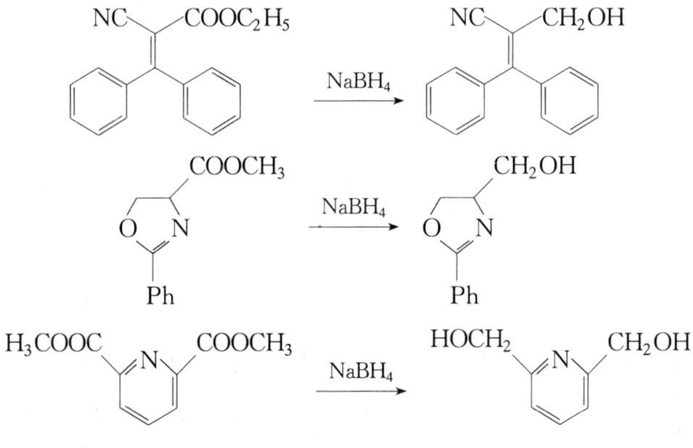

[反应式图]

内酯化合物经硼氢化钠还原得到二醇,通常在水、醇或其混合溶剂中进行,硼氢化钠的用量较一般的多,收率中等。

酰亚胺在硼氢化钠还原下,可以得到高收率的羟基酰胺。反应经过羟基内酰胺,开环成酰胺醛,再进一步还原成羟基酰胺。

控制反应条件在低温和短时间反应,硼氢化钠还原酰亚胺得到其中一个羰基部分还原产物。而且反应具有立体和区域选择性。含酯基的酰亚胺在低温下反应几分钟,即可得到 2-羟基内酰胺,还原在具有位阻的一边羰基,并且具有立体选择性,还原生成的羟基与环上的乙酰氧基主要在同侧。用乙酐酰化锁定羟基,再经核磁共振氢谱的耦合常数确定构型。

硼氢化钠还原亚胺得到高产率的胺。伯胺或仲胺与甲醛在硼氢化钠存在下反应得到氮上甲基化产物。反应实际是经过亚胺,再经硼氢化钠还原得到胺。

10.1 负氢转移还原反应

其他金属硼氢化物，如：硼氢化锂、硼氢化锌、硼氢化铝等，由于改变了金属离子，其还原能力发生了改变。硼氢化锂可以由硼氢化钠或硼氢化钾与锂盐反应生成，其还原能力比硼氢化钠强，不仅可以还原醛、酮和酰氯，还可还原环氧化物、酯和内酯，但不能还原羧酸、腈基和硝基化合物等。硼氢化锂另一特点是可溶于乙醚（4 g/100 g）、四氢呋喃（21 g/100 g），而硼氢化钠不溶于乙醚，微溶于四氢呋喃。实际操作时由硼氢化物与锂盐同时加入反应体系中生成的硼氢化锂作为还原试剂。

$$NaBH_4 + LiBr \longrightarrow LiBH_4 + NaBr$$

$$KBH_4 + LiCl \longrightarrow LiBH_4 + KCl$$

硼氢化锂还原硬脂酸乙酯得到 98% 收率的醇。菸酸乙酯经硼氢化锂还原得到 64% 收率的醇。

由硼氢化钠-氯化锌在乙醚中生成的硼氢化锌可选择性还原 α,β-不饱和醛、酮的羰基。2-环己烯酮经硼氢化锌还原得到 96% 收率的 2-环己烯醇，4% 的环己醇。硼氢化锌能非对映选择性还原羟基羰基化合物，产物 A:B = 10:1，其选择性可能源于锌的螯合作用。

在催化量的三氯化铈存在下,可以改进硼氢化钠的化学选择性。如使 α,β-不饱和酮选择性地还原成丙烯醇,收率 98%;α,β-环氧酮还原成反式环氧醇,收率 85%。

10.1.5 酰氧基和烃基硼氢化物

酰氧基硼氢化物还原能力比硼氢化钠弱,仅能还原醛、酮、亚胺和烯胺等。三乙酸硼氢化钾,由硼氢化钾与乙酸作用生成,还原含酮基醛,优先还原醛基,得到 60% 醛基还原产物。

含烯胺或亚胺结构的化合物经硼氢化钠-乙酸还原剂还原,双键氢化还原,得到高收率的胺。

烃基硼氢化物:当烃基与硼键合,给电性增强,增加硼氢化物的还原能力。最有效的烃基硼氢化物是三乙基硼氢化锂(LiBHEt$_3$),称超氢化物(super hydride),还原能力比硼氢化锂还强,是现有最强的亲核性氢化物。三乙基硼氢化锂由三乙基硼与氢化锂在四氢呋喃中反应生成。

$$BEt_3 + LiH \xrightarrow{THF, 65\,°C, 15\ min} LiBHEt_3$$

超氢化物最重要的用途是卤代烃的脱卤。反应机理是 S_N2 型的亲核取代反应。外型 2-溴-双环[2.2.1]庚烷用氘代三乙基硼氢化锂还原,得到内型 2-氘-双环[2.2.1]庚烷。

磺酸酯用超氢化物还原得到切断碳-氧键的还原产物。超氢化物还原环氧化物得到区域选择性氢化开环产物。1-甲基-1,2-环氧环己烷经超氢化物还原得到 99% 收率的 1-甲基-1-羟基环己烷。

超氢化物还原苯并双环庚烷环氧化物得到 93% 的开环氢化产物和微量重排开环产物,而用锂铝氢还原则得到 85% 的重排开环产物和 15% 开环氢化产物。

超氢化物可以还原醛、酮。一般用于立体选择性要求的还原。如下的 α, β-不饱和酮用超氢化物低温还原得到非对映选择性的 1,2-还原产物,产率 95%。

三仲丁基硼氢化物(selectrides):当与硼连接的烃基空间位阻增加时,所得到的烃基硼氢化物还原前手性的羰基,非对映选择性还原能力提高。三仲丁基硼氢化钾(K-selectride)或三仲丁基硼氢化锂(L-selectride)是两个有效的高非对映选择性还原能力试剂,而且有很强的还原能力,能在-78℃下还原醛、酮成醇。三仲丁基硼与氢化钾作用生成三仲丁基硼氢化钾,三仲丁基硼与三甲氧基氢化锂铝作用生成三仲丁基硼化锂。

$$KBH(sec-Bu)_3 \xleftarrow[\text{THF, 25°C}]{KH} B(sec-Bu)_3 \xrightarrow[\text{THF, 25°C}]{LiAlH(OMe)_3} LiBH(sec-Bu)_3$$
(K-selectride)　　　　　　　　　　　　　　　　　　(L-selectride)

$$\xrightarrow[(2) Ac_2O/Py]{(1) LiBH(sec-Bu)_3}$$

70%

α,β-不饱和酮用三仲丁基硼氢化钾还原,先生成1,4-还原的烯醇酯,再加4-溴-2-烯-丁酸甲酯得到α-烃基取代酮。如果用酸水溶液处理烯醇酯则得到1,4-还原产物。

$$\xrightarrow[-78°C]{LiBH(sec-Bu)_3}$$

氰基硼氢化钠:硼氢化钠与氢氰酸生成氰基硼氢化钠是另一种硼氢化物还原试剂,该试剂稳定性好,在弱酸性(pH>3)的水溶液不分解,能溶于四氢呋喃、甲醇、水、HMPA、DMF等不同溶剂。

$$NaBH_4 + HCN \xrightarrow{THF} NaBH_3CN + H_2$$

氰基硼氢化钠在HMPA溶剂中能还原碘化物、溴化物和磺酸酯,得到烃,而羰基及其他易还原基团均无影响。

$$\xrightarrow{NaBH_3CN}$$

$$\xrightarrow{NaBH_3CN}$$

尽管在中性条件,氰基硼氢化钠不还原醛、酮,在pH=3~4,醛和酮能被还原成醇。氰基硼氢化钠在酸性条件还能还原亚胺。

10.1.6 硼烷、氢化铝及其衍生物

硼烷(BH_3),通常以乙硼烷(B_2H_6)形式存在,是一个强还原剂,能还原醛、酮、酯、过氧化物、羧酸、酰胺和腈等。硼烷由氢化锂与三氟化硼反应或硼氢化钠与三氟化硼反应制得。

$$6LiH + 8BF_3 - OEt_2 \longrightarrow B_2H_6 + 6LiBF_4$$

$$3NaBH_4 + 4BF_3 - OEt_2 \longrightarrow 2B_2H_6 + 3NaBF_4$$

硼烷与金属氢化物之间反应活性的主要区别在于硼烷是强路易斯酸,能与富电子原子配位结合。因此,硼烷在还原羰基反应时,增加羰基的电子密度有利于提高反应活性。如:三氯乙醛和新戊醛还原成相应的醇时,用硼烷还原,新戊醛比三氯乙醛易于还原;而用硼氢化钠还原,则三氯乙醛比新戊醛易反应。

硼烷还原酯的活性小,可用于选择性还原含酯基的醛、酮化合物。

硼烷最广泛应用的是在于选择性还原羧酸。含卤素、酯、腈和酮等基团的羧

酸，用硼烷可选择性地还原羧基成醇。

硼氢化钠在四氢呋喃中与浓硫酸作用生成硼烷，与氨基酸反应，得到 β - 氨基醇，保持手性碳的光学活性纯度。L - 苯丙氨酸还原得到氨基醇，收率 77%。

其他硼烷，如：双(1,2-二甲丙基)硼烷、9-硼双环[4.4.1]壬烷(9-BBN)、双环己基硼烷等具有类似硼烷的还原功能。双烃基硼烷还原酯或内酯比硼烷快。酰胺用双烃基硼烷还原得到醛。如：N,N-二甲基苯甲酰胺经双(1,2-二甲丙基)硼烷还原得到 89% 的苯甲醛。

氢化铝(AlH_3)如同硼烷(BH_3)也是路易斯酸，具有亲电性。3 mol 的锂铝氢与 1 mol 的三氯化铝作用生成氢化铝。实际制备时常常会存在含氯氢化铝，如 Cl_2AlH，$ClAlH_2$。

$$3LiAlH_4 + AlCl_3 \longrightarrow 4AlH_3 + 3LiCl$$

氢化铝能还原醛、酮、酰氯、环氧化物、羧酸、叔酰胺、酯和腈等。α,β-不饱和羰基化合物经氢化铝还原得到烯丙醇化合物。果蝇信息素合成中间体合成中的 α,β-不饱和酯经氢化铝能还原得到相应的烯丙醇，收率 94%。

氢化铝能还原 2 - 环戊酮得到 90% 收率的 2 - 环戊烯醇和少量环戊醇。1,2 - 还原的选择性比锂铝氢强，其原因在于氢化铝作为路易斯酸与羰基氧配位结合强，空间距离而言，与铝相连的负氢转移时到羰基碳比到 β - 位容易。

烃基铝氢化物类似于烃基硼烷，最常用的是二异丁基氢化铝(dibal)。二异丁基氢化铝合成中的应用主要在于还原酯、内酯和腈。二异丁基氢化铝的酯还原,得到高收率的醇。

二异丁基氢化铝还可以用于酯或腈的部分还原得到醛。

含酯基的内酯化合物用二异丁基氢化铝还原可以优先选择性将内酯还原成半缩醛,在原甲酸三甲酯存在下,生成稳定的缩醛。

在甲基亚铜的存在下,二异丁基氢化铝可用于选择性地还原 α,β-不饱和酯的碳-碳双键。

10.2 催化氢化反应

催化氢化是有机合成中最简便的还原方法之一。催化氢化反应常分为催化加氢和催化氢解,对分子中的不饱和官能团的加氢还原称为催化加氢,而发生单键破裂使某些官能团被氢置换则称为催化氢解。多数情况下,催化氢化是由氢气作为氢的给体,但有时用有机物作为氢的给体,如用醇作为氢的给体,这种以有机物作为氢的给体的催化氢化称为催化转移氢化。根据催化剂的溶解性质,催化氢化可以分为非均相催化和均相催化。非均相催化是指在反应条件下,催化剂不溶于反应介质;而均相催化则催化剂可溶于反应介质。

10.2.1 催化活性与反应性

影响催化氢化反应的因素除了被还原的官能团外,通常涉及催化剂的催化活性、催化剂的用量、反应温度、压力等因素,其中催化剂是影响催化氢化反应的最重要因素。最常用的催化剂有铂、钯、镍、铑、钌等。作为催化剂使用时,既可采用高度分散的金属粉,也将其附于活性炭、氧化铝或硫酸钡等载体上。

催化氢化可使多种官能团还原,如烯烃氢化成饱和烃,炔烃氢化成烯烃,羰氢化成羟基,硝基或叠氮基氢化成氨基等。根据反应所需要的活性和选择性来选择合适的催化剂。通常催化剂活性愈高,氢化愈易进行。氢化速度也随温度升高、压力增大和催化剂用量增大而增加。因此,欲提高反应的选择性,应该选择活性较低的催化剂,并尽可能在较温和的条件下进行。为了达到有效地催化氢化和官能团选择性还原的目的,通常根据反应活性和选择性需要选择合适的催化剂。一些常用的催化剂、催化氢化适用范围及主要反应条件见表10.2。

表 10.2 常用的催化氢化催化剂、适用范围及主要反应条件

催化剂	被还原官能团	产物	催化剂用量(摩尔分数)	温度/℃	压力/atm
5%Pd-C	烯烃	饱和烃	5%~10%	25	1~3
	醛、酮	醇	3%~5%	25	1~4
	卤代烃	烃	1%~15%,KOH	25	1
	硝基、叠氮基	胺	4%~8%	25	1
	肟、腈	胺	5%~15%,AcOH	25	1~3
PtO$_2$	烯烃	饱和烃	0.5%~3%	25	1~3
	炔烃	饱和烃	3%	25	1
	芳烃	饱和烃	6%~20%,AcOH	25	1~3
	杂环芳烃	饱和烃	4%~7%,AcOH	25	1~4
	醛、酮	醇	2%~4%	25	1
	硝基、叠氮基	胺	1%~5%	25	1
	肟、腈	胺	1%~10%,AcOH	25	1~3
Raney Ni	烯烃	饱和烃	30%~200%	25	1~3
	炔烃	饱和烃	20%	25	1~4
	芳烃	饱和烃	10%	75~100	70~100
	杂环芳烃	饱和烃	2%	65~200	130
	醛、酮	醇	30%~100%	25	1
	卤代烃	烃	10%~20%,KOH	25	1
	硝基、叠氮基	胺	10%~80%	25	1~3
	肟、腈	胺	3%~30%	25	35~70
0.3%Pd-CaCO$_3$	炔烃	烯烃	8%	25	1
5% Pd-BaSO$_4$	炔烃	烯烃	2%+2%喹啉	20	1
	卤代烃	烃	30%~100%,KOH	25	1
Lindlar 催化剂	炔烃	烯烃	10%+4%喹啉	25	1
5%Rh-Al$_2$O$_3$	芳烃	饱和烃	40%~60%	25	1~3
5%Rh-C	杂环芳烃	饱和烃	20%,HCl/MeOH	25	1~4

10.2.2 催化氢化的立体化学

不饱和化合物进行催化氢化时,首先被吸附在催化剂表面,同时氢分子在催化剂上发生键的断裂,形成活泼的氢原子。然而氢原子从催化剂上转移到被吸附的不饱和化合物上,生成氢化还原的化合物。催化氢化过程中,通常氢从不饱和中心位阻较小的一边进行顺式加成。例如,蒎烯衍生物的烯键氢化时,氢由位阻较小的一边进行加成,得到羧基向上的氢化产物。3,3,5-三甲基环己酮进行氢化时,氢从 e 键方向进攻,得到的氢化产物羟基处在 a 键。

然而对于分子结构较难区分哪一边位阻较小时,则较难预测氢化的立体化学过程。此外,当有离不饱和中心较远的对催化剂表面有特殊亲和力的取代基时,氢分子由此基团一边进攻不饱和基团。例如,四氢芴衍生物氢化时,当 R = CH_2OH 时,由于易与催化剂表面结合,故氢化产物中的氢由 CH_2OH 一边进攻占 95%;当 R = $CONH_2$ 时,受立体因素控制,由 $CONH_2$ 一边进攻仅占 5%。

有时溶剂也会影响氢化的立体化学性质。例如,环己酮在酸性溶液中氢化优先生成 a 键醇,而在碱性或中性溶液中则优先生成 e 键醇。

10.2.3 官能团的催化氢化还原

10.2.3.1 烯烃的氢化还原

烯烃的双键在催化剂存在下通常可顺利地氢化还原成饱和烃。只有少数立体位阻较大的烯烃由于双键部位难以吸附到催化剂催化作用点而较难氢化。适用于氢化的催化剂有铂、钯、铑、钌、镍等。这些催化剂以金属粉末或附于载体，不溶于反应溶剂，以非均相催化氢化。

钯能催化氢化许多官能团，但是由于反应活性的不同，控制反应条件，包括温度、压力、反应时间和吸氢量等可以达到选择性目的。如钯碳可使 α,β - 不饱和酮、腈及脂肪族硝基化合物的碳 - 碳双键优先还原。

铑催化剂是碳 - 碳双键选择性氢化有效催化剂。用于烯烃的氢化，可以避免分子中的含氧基团被还原。α,β - 不饱和酮的碳 - 碳双键优先还原。

环外双键比环内双键易于被铂氢化还原，用氧化铂催化氢化，则可以选择性优先还原环外双键。

工业上常用的氢化催化剂除了镍外，还有铁、铬、钴、铜等，这些金属活性较低，需要高温高压的强烈条件下进行，其中铜铬催化剂 $[CuO \cdot CuCrO_4]$ 是一个较为经济的氢化催化剂，但需要在 30 MPa 条件下进行。

10.2.3.2 炔烃的氢化还原

碳 - 碳叁键比碳 - 碳双键相对易氢化还原，但在常用的催化剂如铂、钯、

Raney 镍催化下,炔烃氢化加成,得到饱和的烷烃。选用催化活性较低的催化剂可以控制催化氢化的反应程度,使部分氢化,得到烯烃。如 Lindlar 催化剂(钯附着于碳酸钙和少量氧化铅上,使催化剂活性降低),按顺式加氢,使炔烃催化氢化,得到高收率的顺式烯烃。例如,茉莉炔酮经 Lindlar 催化剂催化氢化得到茉莉酮。双烯炔酯可以还原成 (Z,E,E)-三烯酯。

由钯附着于硫酸钡并用喹啉降低催化活性的 Cram–Allinger 催化剂,由镍盐和硼氢化钠制得的硼化镍,以及由醋酸镍、氢化钠及叔戊醇混合形成的镍催化剂等均可使炔烃顺利地氢化成顺式烯烃。

10.2.3.3 芳香族化合物的氢化还原

芳环的氢化,如苯氢化还原成环己烷,比其他基团困难。常用于芳环氢化的催化剂是铂或铑,反应可在温和条件下进行。而用 Raney 镍催化则需要加热、加压才能反应。各种催化剂氢化还原苯的催化活性顺序是:Rh＞Ru＞Pt＞Pd≫Ni＞Co。

含易发生氢解的基团,如苄基与氧或氮等相连时,一般催化剂催化还原时易发生氢解,但采用铑或钌催化剂,在温和条件下即可使苯环优先氢化,不发生氢解反应。如 α-羟基苯乙酸用钯碳氢化得到氢解产物苯乙酸,而用铑催化剂催化则得到苯环氢化产物。

当芳环有羟基或氨基取代时,氢化还原反应变得复杂。如苯酚类化合物氢化时,可还原生成烯醇,再转变成环己酮。当有过量氢存在,铑催化苯酚类化合物可得到醇。

苯胺氢化还原过程中,易生成亚胺中间体,另一分子胺与其发生加成,再去氨基得到二环己基胺。用铑或钌催化剂可以抑制该副反应,得到环己胺。

杂环芳烃可以被氢化还原。如吡啶、吡咯、呋喃、噻吩能进行催化氢化反应,失去芳香特性而得到饱和杂环化合物。其中噻吩类含硫芳烃能使催化剂中毒,需要特殊催化剂。杂环芳烃的氢化还原不仅受到杂环类型、环的大小、环上的取代基等影响,同时也受到反应条件的影响。乙烯吡咯用氧化铂氢化得到81%的乙基吡咯。在酸性条件下可使吡咯环还原氢化成四氢吡咯化合物。

苯并杂环的体系氢化还原时控制条件可以部分还原。如提高反应条件,增加吸氢量,则完全还原。

10.2.3.4 羰基的氢化还原

醛、酮可以被催化氢化还原。根据催化剂及反应条件的不同,醛、酮可氢化还原成醇或还原脱氧成烃。萘 α-醛用氧化铂与三氯化铁催化氢化得到 80% 的醇,用钯催化则可氢解成烃。

[反应式: 2-甲基萘 ← H₂/Pd-BaSO₄ — 2-萘甲醛 — H₂/PtO₂, FeCl₃, EtOH → 2-萘甲醇]

钯－碳氢化还原醛、酮成醇。若提高反应温度、延长反应时间或在酸存在下,则发生氢解得到烃。

[反应式: 苯乙酮 —H₂/Pd-C, Lewis酸→ 乙苯]

就还原选择性而言,羰基比芳环容易还原。但与烯键存在时,选择性还原羰基比较困难。锇－碳催化剂可以选择性氢化还原醛成醇。用 Raney 镍－铬催化同样可以选择性还原酮,芳环和烯键不被还原。

[反应式: 肉桂醛 —H₂/Os-C, 100℃, 3 MPa→ 肉桂醇]

[反应式: 芳基不饱和酮 —H₂/Raney Ni-Cr→ 相应醇]

当羰基的邻位是有手性碳时,催化氢化可以立体选择性还原,得到非对映选择异构体。

[反应式: 吡咯里西啶酮 —H₂/PtO₂, AcOH-H₂O→ 二醇]

10.2.3.5 其他官能团的氢化还原

其他官能团,如硝基、腈、叠氮基、环氧键等均能被氢化还原。含硝基和氰基的化合物选用不同的催化剂,可以分步还原硝基和氰基。

[反应式: 硝基苯腈衍生物 —H₂/PtO₂, 76%→ 氨基苯腈衍生物 —H₂/Pd-C, AcOH, 55%→ 氨基苄胺衍生物]

[反应式: 叠氮环丁酮 —H₂/Pd-C→ 氨基环丁酮]

环氧化合物用 Raney 镍还原开环,条件不同开环的区域选择性不同。如辛基环氧乙烷,用 Raney 镍氢化开环得到 1-癸醇,而用 Raney 镍加氢氧化钠氢化开环得到 2-癸醇。

10.2.4 催化氢解

催化氢解是催化氢化中一类重要反应。与烯丙基或苄基相连的 C—O 键,C—N 键易发生氢解反应。含有 C—X、C—S 单键的化合物也可发生氢解反应。N—N、N—O、O—O 单键以及小环 C—C 键、三元杂环的 C—O 键或 C—N 键均可发生氢解反应。

苄酯、苄醚、苄胺的苄基可以氢解脱去,因此,苄基可以作为羧基、醇及胺的保护基团。钯-碳是氢解苄-氧键或苄-氮键的有效催化剂。苄氧甲酰基常用作保护基也在于能被钯-碳氢解,脱去保护基。

镍也可以用作氢解的催化剂。C—S 键用 Raney 镍可氢化裂解。由于含硫化合物会使催化剂中毒,C—S 键的氢解时需要过量的催化剂。例如,将酮转变成二硫代缩酮,在用 Raney 镍氢解,是一种转变酮成亚甲基的有效方法。

10.2.5 均相催化氢化

用可溶性催化剂,使氢化反应在均相溶液中进行,称为均相催化氢化。均相催化剂中应用较广的是铑、钌和铱配位催化剂,如:三(三苯基膦)氯化铑

[(Ph₃P)₃RhCl]、氢化三(三苯基膦)氯化钌[(Ph₃P)₃RuHCl]、羰基二(三苯基膦)氯化铱[(Ph₃P)₂Ir(CO)Cl]。这类催化剂能避免非均相催化剂所能产生的烯烃异构化及氢解等副反应,并且提高氢化还原的选择性。

均相催化氢化过程是:氢加成到催化剂,同时脱去一分子三苯基膦配体。随之,烯烃与含两个氢原子的配合物配位结合。氢的迁移后生成烃基配合物。氢和烃基结合脱去,同时一分子三苯基膦配体重新结合到金属上,回复到原先的催化剂型式。

三(三苯基膦)氯化铑催化剂在常温、常压下氢化还原非共轭烯烃,羰基、氰基、硝基、叠氮基等不被还原。

三(三苯基膦)氯化铑催化剂利用单取代和双取代烯烃比三取代和四取代烯烃易于还原的差别,可选择性地氢化还原末端双键。

三(三苯基膦)氯化铑催化剂的另一个重要特点是不发生氢解反应。例如,肉桂酸苄酯能顺利地转化成二氢化合物而苄基不受影响。能氢化还原烯丙基苯硫醚,得到收率93%的丙基苯硫醚。

$$\text{PhS-CH}_2\text{-CH=CH}_2 \xrightarrow{H_2/(Ph_3P)_3RhCl} \text{PhS-CH}_2\text{-CH}_2\text{-CH}_3$$

均相催化剂一个重要的用途是在不对称催化反应中的应用。当均相催化剂的金属结合的是手性配体时，得到手性催化剂，能催化不对称催化氢化得到光学活性的化合物。手性催化剂常用的手性配体有手性膦配体、手性胺配体、手性膦胺配体、手性联二萘配体等。铑是常用的制备手性催化剂的金属。例如，手性联二萘配体(S)-2,2'-双(双苯基膦)-1,1'-联二萘基(BINAP)铑配合物[Rh(S)-Binap]，催化氢化 α-乙酰胺丙烯酸得到 97% 产率，*ee* 值为 98% 的 *R* 构型还原产物。有关不对称催化氢化反应将在第 12 章中作进一步阐述。

$$\underset{\underset{H}{|}}{\overset{\overset{H}{|}}{C}}=\underset{\underset{NHCOPh}{|}}{\overset{\overset{COOH}{|}}{C}} \xrightarrow[97\%,98\%(ee)]{H_2/Rh(S)-BINAP} \begin{array}{c} H \\ | \\ \text{-C-COOH} \\ | \\ \text{NHCOPh} \end{array}$$

10.3 可溶性金属还原反应

可溶性金属是一类有效还原剂，可以还原多种不饱和化合物。可溶性金属还原法是由金属表面的电子或溶解的金属的电子转移到被还原的反应物的单电子转移过程，溶剂作为质子源提供质子。常用的金属是锂、钠、钾、钙、镁、锌、锡和铁等。常用作质子源的溶剂是醇、乙酸、胺等。虽然随着催化氢化和氢化物还原应用增加，一些可溶性金属还原法应用被随之取代，但由于可溶性金属还原法对一些基团的还原方面的化学选择性和立体选择性，目前仍被广泛应用于有机合成中。

10.3.1 羰基化合物的还原

醛、酮在质子性溶剂中可被多种金属还原成醇。反应过程中由金属提供电子给被还原的底物,生成金属正离子和负离子自由基。负离子自由基从反应介质中获得一个质子成自由基。自由基再得到一个电子成负离子,最后获得到一个质子得到还原产物。如酮在钠-质子性溶剂中还原,反应除了生成还原产物醇以外,还可能由负离子自由基或自由基聚合生成二聚物。

立体化学研究表明,可溶性金属还原酮具有良好的立体选择性,优先生成热力学稳定的醇。例如,2-甲基环己酮还原生成羟基处于 e 键的反式醇。不同的还原剂还原 2-甲基环己酮得到的顺反异构体结果如下:

还原剂	反式产物	顺式产物
Na - EtOH	99	1
$NaBH_4$	69	31
Al(i - Pro)$_3$	42	58
催化氢化	7～35	65～93

立体选择性在于金属供给一个电子给羰基生成负离子自由基,氧负离子获得一个质子自由基中间体。电子顺磁共振实验表明羟基自由基为非平面构型,羟基处在 e 键比较稳定。

类似地,锂-氨还原酮得到醇,对于羰基邻位有手性中心的化合物,还原产物具有非对映选择性,生成的羟基同样处在邻位甲基的反式。

α,β-不饱和酮用锂-氨还原,选择性地还原碳-碳双键。如下的 α,β-不饱和酮用锂-氨还原,再加碘甲烷,得到碳-碳双键甲基化产物并具有立体选择性,产率 85%。

锌汞齐在酸性条件下加热反应,醛、酮被还原成甲基或亚甲基称为 Clemmensen 还原。

Clemmensen 还原需要剧烈的反应条件,不适合多官能团化合物的还原。用锌粉和氯化氢气体,在非质子溶剂乙醚或乙酐中,可在温和条件下还原羰基成亚甲基。

10.3.2 还原裂解反应

可溶性金属可用于还原裂解反应,尤其是切断苄基-氧键或苄基-氮键,这是催化氢解的一种替代方法。苄基及烯丙基的卤化物、醚、酯,甚至醇均可被可溶性还原试剂还原裂解。还原裂解反应过程是金属的电子转移到反应底物,生成负离子自由基,苄基-氧之间均裂产生苄基自由基和烃氧基负离子,苄基自由基从氢原子给体获取一个氢原子生成甲苯,烃氧基负离子获取质子生成醇。

10.3 可溶性金属还原反应

碱金属钠或锂-液氨及其醇体系是常用还原裂解试剂,在结构研究和作为氨基、亚氨基、羟基和巯基等的保护基团的离去都有应用。

由于氮的电负性比氧小,苄胺不易被金属-液氨试剂还原裂解。但是季铵盐增加其电负性,易被还原,称为 Emde 反应。

碱金属还原裂解反应涉及电子转移,反应底物的接受电子能力决定了反应的可行性。具有接受电子能力环丙基结构的化合物,用锂-液氨还原裂解可定量转化成环丙烷基开环还原产物。

环氧化合物用锂-液氨还原开环具有立体选择性和区域选择性,开环后氧处于位阻较小的一边，收率 76%。反应中间体是负离子自由基，如同羰基化合物的碱金属还原，会生成少量二聚物。

锂或钠在液氨-乙醚中可使酯还原裂解成烃，但立体位阻大的酯不反应。在冠醚催化下立体位阻的仲醇或叔醇形成的酯可以反应。钠-叔丁醇-HMPT 体系也是有效的还原裂解试剂。叔醇酯几乎定量地转化成烃。

醇羟基经过磷酰化或甲磺酰化后，生成磷酸酯或甲烷磺酸酯，再用可溶性金属试剂还原裂解成烃。这是醇羟基脱氧的一种方法。

有机卤化物用可溶性金属试剂可以进行还原脱卤。通常采用镁、锌在质子性溶剂中反应。碱金属，如钠，同样也可脱卤，但同时会发生 Wurtz 偶联副反应。

砜基是有机合成中的一个活化基团,反应后去除砜基的一个有效方法是用钠-汞齐还原裂解。

当能被可溶性金属还原裂解去除的基团的邻位存在易以稳定负离子离去的基团,如:—OH,—OR,—OCOR,—OSO$_2$CH$_3$,—X 等时,优先发生还原消除反应而不是还原裂解。

邻二溴化合物、邻甲氧基溴化物用锌或镁还原消除得到烯烃。β-苯砜基醇及其衍生物用钠-汞齐还原得到还原消除产物。反应收率与离去基团的离去能力有关。产物以较稳定 E 型为主。

取代基 R	收率	E/Z
H	54%	54/46
COCH$_3$	68%	70/30
SO$_2$CH$_3$	80%	65/35

10.3.3 炔烃还原

金属还原的一个基本用途是还原非末端炔烃成烯烃。反应具有高度立体选择性,主要生成反式烯烃,这与炔烃催化氢化还原的立体选择性正好相反。末端炔基与金属易于形成金属炔化物,由于炔碳上带有负电荷,阻止了进一步还原。同时含末端炔键和非末端炔键的炔烃,可使非末端炔键被还原成双键,末端炔键不受影响。

$$CH_3(CH_2)_2C\equiv C(CH_2)_4C\equiv CH \xrightarrow[NH_3]{NaNH_2} CH_3(CH_2)_2C\equiv C(CH_2)_4C\equiv CNa$$

$$\xrightarrow[75\%]{Na,NH_3} \quad \begin{array}{c} H \\ CH_3(CH_2)_2 \end{array} \!\!C\!\!=\!\!C\!\! \begin{array}{c} (CH_2)_4C\!\equiv\!CH \\ H \end{array}$$

炔烃的可溶性金属还原过程是先获得一个电子,生成负离子自由基,负离子自由基得到一个质子成烯自由基,烯自由基再获得一个电子和一个质子成烯烃。

$$R-C\equiv C-R \xrightarrow{e^-} \left[\begin{array}{c} R \\ \cdot C=C \\ R \end{array} \begin{array}{c} R \\ \cdot \end{array} \right] \xrightarrow{H^+} \left[\begin{array}{c} R \\ \cdot C=C \\ R \end{array} \begin{array}{c} R \\ H \end{array} \right]$$

$$\xrightarrow{e^-} \left[\begin{array}{c} R \\ \cdot C=C \\ R \end{array} \begin{array}{c} R \\ H \end{array} \right] \xrightarrow{H^+} \begin{array}{c} R \\ R \end{array} \!\!C\!\!=\!\!C\!\! \begin{array}{c} R \\ H \end{array}$$

金属钙-胺还原剂同样可以还原炔成烯烃。2-壬炔用钙-甲胺还原得到 87% 收率的反-2-壬烯,反应同时异构化得到少量反-3-壬烯和反-4-壬烯。

$$n\text{-}C_6H_{13}\text{-}C\equiv C\text{-}CH_3 \xrightarrow[87\%]{Ca, CH_3NH_2}$$

$$\begin{array}{ccc} n\text{-}C_6H_{13} & n\text{-}C_5H_{11} & n\text{-}C_4H_9 \\ \diagdown & \diagdown & \diagdown \\ CH_3 & + & C_2H_5 & + & C_3H_7\text{-}n \\ 86 & : & 8 & : & 4 \end{array}$$

10.3.4 共轭体系的还原

孤立碳-碳双键由于加成所需较高的能量,不被可溶性金属还原剂还原。但当碳-碳双键处在共轭体系中,电子加成所形成的中间体可被共轭稳定,可以被还原。应用最广的是碱金属-液氨试剂部分还原芳环的方法(Birch 还原法)。

$$\text{PhOMe} \xrightarrow{Li, NH_3, EtOH} \text{1-methoxy-1,4-cyclohexadiene}$$

$$\text{PhCOOH} \xrightarrow{Li, NH_3, EtOH} \text{2,5-cyclohexadiene-1-carboxylic acid}$$

Birch 还原法还原芳环时,由于芳环取代的基团的电负性不同,得到的还原产物双键所处的位置不同。苯甲醚还原所得到产物 1-甲氧基-1,4-环己二烯,甲氧基与双键相连。苯甲酸还原所得到产物则是 2,4-环己基羧酸,羧基不与双键相连。其区别在于还原过程中形成负电荷所处位置有关。Birch 还原过程是芳环先得到一个电子,生成负离子自由基,得到一个质子成自由基,自由基再获得一个电子和一个质子,最终得到部分还原产物环己二烯产物。当苯环有甲氧基取代时,获得一个电子生成的负离子自由基,其中的负电荷可处在甲氧基所连接的碳或在其邻位,由于甲氧基是富电子基团,显然在其邻位相对能量较低。而苯甲酸的羧基是吸电子基,当苯甲酸获得一个电子形成负离子自由基时,显然负电荷处在与羧基相连的碳,更有利于负电荷的分散。

Birch 还原的重要应用价值是苯甲醚类化合物和苯胺类化合物的还原。所得到的二氢化产物水解后得到环己烯酮衍生物。温和条件下水解的产物是 β, γ-不饱和酮。如在较剧烈条件下水解,则发生双键的异构化,得到 α, β-不饱和酮。

用钙代替碱金属还原苯甲醚同样可以得到如同 Birch 还原产物。钙的优点在于安全性和可操作性比碱金属好,尤其需要公斤级以上的操作规模。钙-乙胺还原剂还原苯甲醚得到 86% 收率的 1,4-环己二烯基甲基醚。

10.4 其他还原剂还原

10.4.1 烷基硅烷还原法

烷基硅烷中含有 Si—H 结构,能对不饱和键发生加成反应,是一种有用的还原方法,而且是合成复杂的有机硅的一种重要方法。

烷基硅烷还原烯烃成饱和烃。炔烃发生顺式加成生成烯基硅烷。酮生成对应仲醇的硅醚。烷基硅烷还原 α,β-不饱和醛、酮,通过生成烯醇硅醚,再转变成羰基化合物。芳香烃亚胺容易被还原成胺。例如,三乙基硅烷与三氟乙酸还原甲基环己烯得到甲基环己烷,收率 72%。二苯基硅烷还原环己烯酮,得到 85% 收率的环己酮。

$$\text{甲基环己烯} \xrightarrow[20\ ℃,1\ h,72\%]{Et_3SiH,10eq.\ CF_3CO_2H} \text{甲基环己烷}$$

$$\text{环己烯酮} \xrightarrow[86\%]{Ph_2SiH_2} \text{环己酮}$$

苯丙烯醛用二乙氧甲基硅烷还原,得到醛基还原而烯键不受影响的产物烯丙醇,收率 95%。

$$\text{PhCH=CHCHO} \xrightarrow[KF\ 95\%]{(EtO)_2SiHMe} \text{PhCH=CHCH}_2\text{OH}$$

二乙氧甲基硅烷还原邻位溴取代的酮,羰基还原成醇,溴不受影响。

$$\text{PhCOCHBrCH}_3 \xrightarrow[KF\ 70\%]{(EtO)_2SiHMe} \text{PhCH(OH)CHBrCH}_3$$

在过渡金属催化剂催化下,可以促进硅烷还原反应。在三(三苯基膦)氯化铑 $[(Ph_3P)_3RhCl]$ 存在下,三乙基硅烷还原含单烯键和酯的 α,β-不饱和酮,经烯醇硅醚得到酮,收率 88%。多个共轭双键的不饱和酮,在过渡金属催化下,二苯基硅烷还原仅 α,β-位的双键参与迁移和还原。

[反应式：含酯基和双键的双环酮 + Et₃SiH / (Ph₃P)₃RhCl → 烯醇硅醚中间体 → 还原产物]

[反应式：(E)-4-(2,6,6-三甲基-1-环己烯基)-3-丁烯-2-酮 + 2.5 Ph₂SiH₂/0.35 ZnCl₂, 2% Pd(PPh₃)₄ → 饱和酮, 96%]

酯基用烷基硅烷较难还原，但三乙氧硅烷并在氟化铯催化下，可以将酯还原成醇。

$$CH_2=CH(CH_2)_8COOCH_3 \xrightarrow[\text{(2) } H_2O]{\text{(1) (EtO)}_3SiH, CsF} CH_2=CH(CH_2)_8CH_2OH \quad 70\%$$

10.4.2 肼还原法

将醛、酮的羰基化合物、水合肼和氢氧化钠或氢氧化钾的混合物，在高沸点溶剂（常用一缩二乙二醇，沸点 245 ℃）中，于 180～200 ℃ 加热几小时，可以使醛、酮还原成甲基或亚甲基，该方法称为 Wolff-Kishner-黄鸣龙还原法。新的改进方法是在二甲亚砜中，用叔丁醇钾为碱，反应在室温即可进行。

$$PhCOCH_2CH_3 \xrightarrow[(HOCH_2CH_2)_2O, \triangle]{NH_2NH_2, NaOH} PhCH_2CH_2CH_3 \quad 82\%$$

还原反应的过程一般认为是由酮与肼反应成腙，然后在碱作用下，成氮负离子，电子迁移，形成氮-氮不饱和键，最后氮离去，碳负离子从溶剂获取质子。

$$R_2C=O + NH_2NH_2 \rightleftharpoons R_2C=N-NH_2 \xrightarrow{B}$$

$$R_2C=N-\overset{-}{N}H \xrightarrow{BH} R_2CH-N=NH \xrightarrow{B} R_2CH-N=\overset{-}{N}$$

$$\longrightarrow N\equiv N + R_2CH^- \xrightarrow{SH} R_2CH_2$$

共轭不饱和酮还原有时会伴随有双键的迁移。α,β-环己烯醛还原去氧，同时双键迁移得到环外烯。

$$\text{环己烯-CHO} \xrightarrow[\text{(HOCH}_2\text{CH}_2)_2\text{O}, \triangle]{\text{NH}_2\text{NH}_2, \text{NaOH}} \text{环己烷=CH}_2 \quad 80\%$$

另外，当 α-位有离去基团的酮还原时，常伴随消去反应。例如，α-位羟基酮的腙醇还原生成烯。

$$\xrightarrow[\text{(HOCH}_2\text{CH}_2)_2\text{O}, \triangle]{\text{NH}_2\text{NH}_2, \text{NaOH}} \quad 82\%$$

10.4.3 偶氮(HN═NH)还原法

偶氮最早用于还原反应是孤立双键在氧或氧化剂存在下能被肼还原。该反应中实际的还原剂是肼被氧化所产生的偶氮。用不同的方法，例如，偶氮碳酸钾与酸作用、肼的衍生物(如对甲苯磺酰肼)的热分解，所产生的偶氮具有同样还原作用。

$$\text{对甲苯-SO}_3\text{NHNH}_2 \xrightarrow[\text{回流}]{\text{二甘醇二甲醚}} \text{对甲苯-SO}_3\text{H} + \text{HN═NH}$$

偶氮是一种高选择性还原剂，能有效地还原碳-碳双键。通常条件下，对称的不饱和键，例如，炔键、烯键，能被偶氮顺利还原。而极性较大的不饱和键则不被偶氮还原。因此，偶氮可以选择性还原炔键和烯键。实际反应操作时，随着偶氮生成同时直接参与还原反应。

偶氮的反应机理是经过六元环状过渡态的协同加成还原过程。

$$\underset{\text{HN═NH}}{\overset{}{\text{C═C}}} \longrightarrow \left[\begin{array}{c} \text{H} \cdots \text{H} \\ \text{N═N} \end{array}\right] \longrightarrow \underset{\text{H} \quad \text{H}}{\text{C—C}}$$

分子内含有被羰基极化的双键和孤立双键时，偶氮可以选择性地还原孤立双键。同时，偶氮可以选择性地还原位阻较小的末端双键。

参 考 文 献

1. Smith M B, March J. Advanced Organic Chemistry. New York: John Wiley & Sons, 2001
2. Norman R O C, Coxon J M. Principles of Organic Synthesis. Cheltenham: Nelson Thornes, 2001
3. Burke S D, Danheiser R L. Handbook of Reagents for Organic Synthesis: Oxidizing and Reducing Agents. New York: John Wiley & Sons, 1999
4. Smith M B. Organic Synthesis. Oxidation. New York: McGraw–Hill, 2002
5. McMurry J. Organic Chemistry. New York: Brooks/Cole, 2001
6. 黄宪. 有机合成. 北京: 高等教育出版社, 1992
7. 李良助. 有机合成中的氧化还原反应. 北京: 高等教育出版社, 1989
8. [英] Carruthers W 著. 有机合成的一些新方法. 李润涛, 刘振中, 叶文玉译. 开封: 河南大学出版社, 1991

习 题

1. 写出下列反应的主要产物：

(4) 结构式 $\xrightarrow{\text{(1) Zn(BH}_4)_2}{\text{(2) H}_3^+\text{O(dil.)}}$

(5) 结构式 $\xrightarrow{\text{(1) Red-Al/140 ℃}}{\text{(2) H}_3^+\text{O}}$

(6) 结构式 $\xrightarrow{\text{H}_2, 10\%\text{Pd/C}}{1.0\times 10^6\text{ Pa/25 ℃}}$

(7) 结构式 $\xrightarrow{\text{(1) H}_2, 5\%\text{Pd/C}}{\text{(2) HCl}}$

(8) 结构式 $\xrightarrow{\text{Na, EtOH}}$

(9) 结构式 $\xrightarrow{\text{H}_2, 5\%\text{Rh/Al}_2\text{O}_3}{8.0\times 10^6\text{ Pa/80 ℃}}$

(10) 结构式 $\xrightarrow{\text{Dibal}}{\text{甲苯}, -78\text{ ℃}}$

(11) 结构式 $\xrightarrow{\text{Red-Al}}{\text{THF}, 25\text{ ℃}}$

(12) 结构式 $\xrightarrow{\text{Red-Al(1.3 eq)}}{\text{THF}/0\text{ ℃}}$

(13) 结构式 $\xrightarrow{\text{LiAlH}_4}$? $\xrightarrow{\text{H}_2/\text{Pd-C}}$?

(14) 结构式 $\xrightarrow{\text{(1) LiAlH}_4}{\text{(2) H}_3^+\text{O(dil.)}}$

2. 解释下列反应结果

(1) 解释不同的反应温度下产物不同的原因及其生成过程：

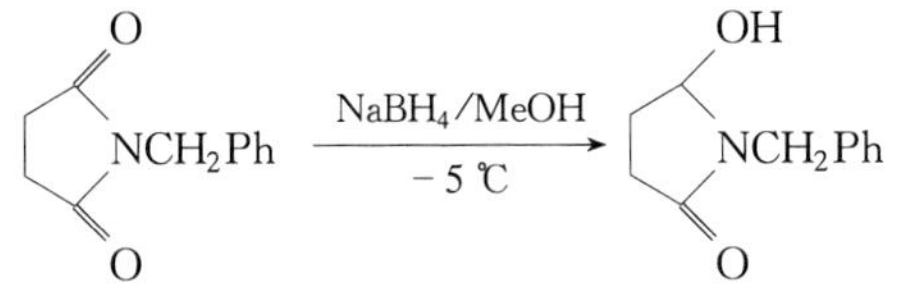

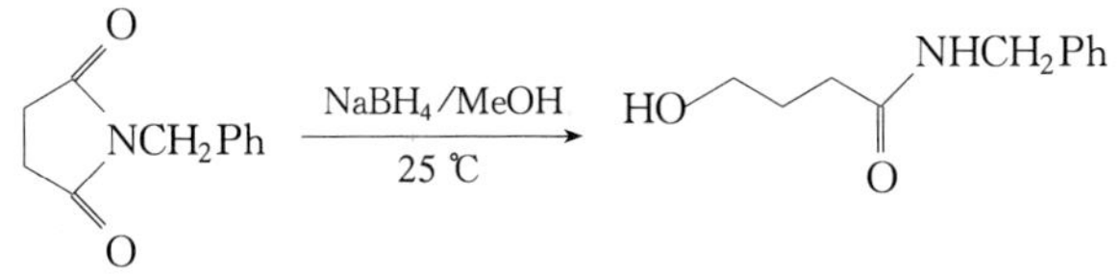

(2) 解释下列产物生成过程：

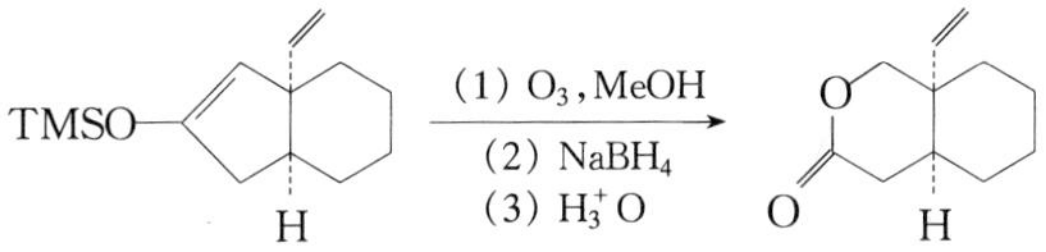

(3) 解释下列还原反应生成不同产物的原因：

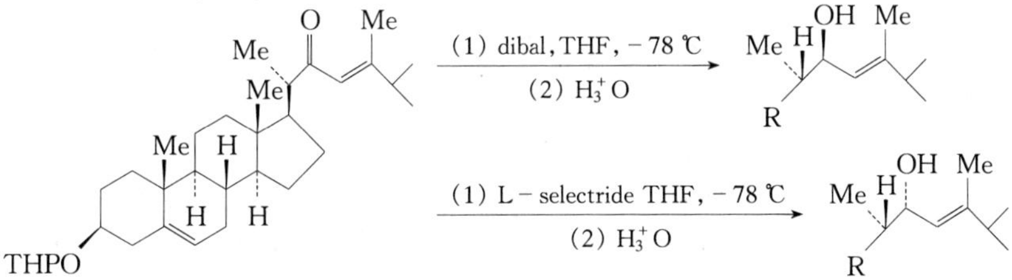

(4) 为何硼氢化钠仅还原其中的一个酯基：

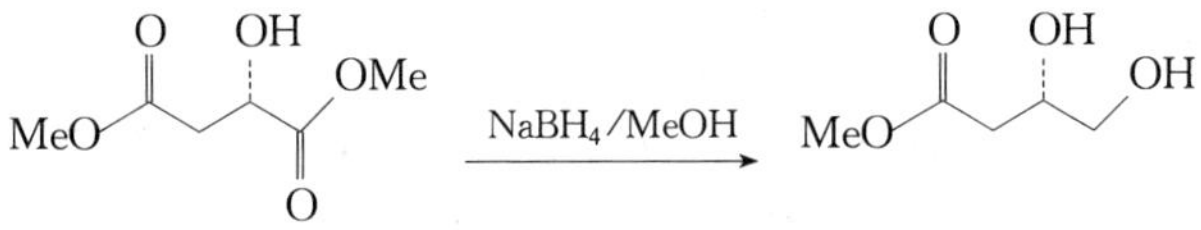

第 11 章 有机合成中的保护基

有机合成中常常会遇到多官能团化合物。反应时,一个试剂往往会与其中两个或两个以上的官能团作用,而实际则希望仅与其中的某一个基团反应。例如,化合物中含有酮和醛基,两者具有类似的反应活性;同时含有羟基和氨基的化合物,两个官能团能与许多试剂同时发生反应。类似上述列举的化合物,如果仅要在其中的一个基团上反应,常用的方法是用一种试剂(称保护基试剂),先将不需要发生反应的基团保护起来,使其在反应条件下,其他基团可以反应,而被保护的基团不会反应,待反应完成后,再去除保护基,使不需要发生反应的基团恢复成原来的状态,从而达到其中某一基团发生反应,另外的基团不发生反应的效果。这就是在有机合成常用的基团保护的方法。

采用保护基进行基团保护的方法包含上保护基和去保护基的过程。上保护基是用保护试剂与需要被保护的基团反应,生成被保护了的基团。去保护基则是待反应结束后,选择合适的反应条件将保护基去除,使被保护的基团恢复到原来的状态。由于在基团的保护中涉及到保护、去保护两步反应,增加了两步反应,不仅增加了反应的操作和试剂的使用,也会影响反应的总收率。因此,反应中的保护基的选择十分重要。理想的保护基应该是:(1)能选择性地、容易地与被保护的基团反应,达到高的转化率。(2)与保护基反应后所生成的结构部分在其他官能团的反应过程中是稳定的,保护基不会受破坏。(3)当反应结束后,可以方便地裂解脱去,脱去的保护基易于从反应物中分离除去。(4)同时需要考虑到所用的保护基是容易得到的,反应易操作,少污染等因素。

有机合成中常见的需要保护的基团有:羟基、氨基、巯基、醛基、酮基、羧基等。如羟基,由于氢质子的酸性,能参与许多反应。为了避免由于氢质子的存在影响其他反应,可以暂时将质子去除,羟基转化成醚、酯或缩醛等。醛、酮很容易与亲核试剂反应,可以先将其转化成缩醛、缩酮或硫代的缩醛、缩酮加以保护。氨基可以通过酰化或烃化转化为酰胺或叔胺等来保护。

11.1 羟基的保护

在许多具有生物活性的化合物和有合成价值得化合物,包括核苷、糖类和甾体的分子以及在某些氨基酸的侧链上都含有羟基。当对这些分子进行氧化、酰化、卤化、水解等反应时,往往需要对羟基加以保护。保护孤立的羟基,可将其转化成醚、缩醛或缩酮,也可将其转化成酯。保护1,2-二醇或1,3-二醇,可将其转化成环醚(如丙酮缩合物)或环酯(如碳酸酯或硼酸酯)。当要脱去保护基时,烷基醚、醛缩或缩酮类化合物可以用酸水解,酯类化合物可用碱水解,苄基醚可催化氢解。

11.1.1 醚类保护基

11.1.1.1 甲醚

羟基的甲基化得到相应的甲醚。常用的甲基化试剂有:硫酸二甲酯-氢氧化钠-相转移催化剂[$(MeO)_2SO_2/NaOH, n-BuN^+I^-$]存在下反应,通常收率在60%~90%;碘甲烷-氢氧化钠,一般收率约85%~90%;重氮甲烷,是一个有效的甲基化试剂,反应几乎可以定量转化;其他甲基化试剂:$Me_3O^+BF_4^-$,$(MeO)_2POH/TsOH$,CF_3SO_2OMe/吡啶。甲醚裂解去保护是在酸的作用下完成。甲醚用浓氢碘酸可裂解成醇,三甲基硅碘/氯仿在室温下即可去保护得到醇,路易斯酸如三溴化硼也可将醚裂解成醇。甲醚在 pH = 1~14 范围是稳定的,强碱、亲核试剂、氧化剂、有机金属试剂、催化氢化、氢化物还原剂等均不受影响。如酚羟基易被氧化,将其甲基化保护,氧化反应后再脱去甲基得到游离酚羟基。

$$\xrightarrow{(1) CrO_3, AcOH}{(2) HBr, AcOH}$$

11.1.1.2 苄醚

另一个常用的醚保护基形式是苄醚。苄醚由氯苄或溴苄烃化制得。在 pH = 1~14 苄醚是稳定的,而且对于诸如碳正离子、亲核试剂、有机金属试剂、氢化物还原剂和一些氧化剂等试剂都不受影响。苄醚的碳-氧键切断去保护是采用氢解方法,包括钯-碳催化氢化法和可溶金属(钠或钾液氨)还原法。由于苄醚的去保护是采用不同于其他醚键断裂的方法,因此,在氢解去苄基时,其他的醚键可以保留。如下反应选择苄基保护基是不仅要考虑保护羟基,避免游离羟基对反应的影响,又要考虑到在脱保护基时可能会对其他基团的影响,形成苄醚保护保证了在去保护时,产物中的甲醚不裂解。

11.1.1.3 叔丁基醚

醇与2-甲基丙烯在酸催化下反应转化成叔丁基醚。常用催化剂是浓硫酸、三氟化硼/磷酸。叔丁基醚的生成过程不同甲醚、苄醚。首先是2-甲基丙烯经氢质子加成形成叔丁基碳正离子,碳正离子亲电性进攻氧上孤对电子,脱去质子后得到叔丁基醚。由于叔丁基碳正离子的位阻,叔丁基醚的保护法可用于选择性保护伯醇。

叔丁基醚对酸的稳定性比甲醚、苄醚差,但是在非强酸性条件下仍然具有一定的稳定性。一般在 pH=1～14 范围内是稳定的。对于亲核试剂、有机金属试剂、氢化物还原剂、催化氢化、氧化和可溶性金属还原等,叔丁基醚键不受影响。叔丁基醚的裂解去保护的方法有无水三氟乙酸、三甲基硅碘或氢溴酸/乙酸处理。例如,叔丁基醚保护双环化合物经过多步反应构成多环化合物,其中含有叔丁基醚和烷基芳基醚,利用叔丁基醚比烷基芳基醚易被酸解的性质,而选择性裂解叔丁基醚。

11.1.1.4 甲氧基甲醚(MOM 醚)

上述的甲醚、苄醚、叔丁基醚等简单醚保护基在上保护基或去保护时常常需要酸性条件,这对于一些含有对酸敏感的基团的化合物显然是不合适的。为此,一类称为"取代的甲基醚"保护基可以克服上述醚保护基的不足。所谓的"取代的甲基醚"实际是一种缩醛结构。最简单的是甲氧基甲醚($R—O—CH_2OCH_3$,R—O—MOM),从结构来看是甲醛缩二醇。

甲氧基甲醚是用氯甲基甲醚或甲醛缩二甲醇将醇羟基甲氧甲基化生成。在强碱(如氢化钠、氢化钾)存在下,氯甲基甲醚烃化被保护的醇得到甲氧基甲醚。在五氧化二磷催化下,甲醛缩二甲醇烃化醇羟基同样可生成甲氧基甲醚。甲氧基甲醚的裂解去保护可用盐酸甲醇溶液、盐酸 THF 水溶液、硫酸/乙酸水溶液等。

$$ROH + ClCH_2OCH_3 \xrightarrow{NaH/THF} ROCH_2OCH_3$$

$$ROH + CH_3OCH_2OCH_3 \xrightarrow{P_2O_5/CHCl_3} ROCH_2OCH_3$$

甲氧基甲醚遇酸稳定性不如简单的醚,通常在 pH = 4～12 是稳定的,遇亲核试剂、有机金属试剂、氢化物还原剂、催化氢化(除酸性条件下铂催化)和氧化反应等不受影响。由于甲氧基甲醚遇酸,稳定性较差,比简单的醚易于水解去保护,利用这一差别可选择性酸水解脱保护基。同时含苄醚和甲氧基甲醚,盐酸甲醇液可以选择性裂解甲氧基甲醚,苄醚不裂解。

11.1.1.5 甲硫甲基醚(MTM 醚)

甲氧甲基的氧被硫替代,得到的甲硫甲基醚的保护基($R—O—CH_2SCH_3$, R—O—MTM)。用氢化钠等强碱与醇作用形成烃氧基负离子,在碘化钠存在下,与氯甲基甲硫醚反应得到甲硫甲基醚。其他方法,如:氯甲基甲硫醚/硝酸银、碘甲基甲硫醚/二甲亚砜 - 乙酐,均可制得甲硫甲基醚。

$$ROH \xrightarrow{NaH/DME} \xrightarrow[NaI]{ClCH_2SCH_3} ROCH_2SCH_3$$

甲硫甲基醚在 pH = 1～12 稳定,因此,在脱去 O,O′- 丙酮化合物或 O - 四氢吡喃醚的弱酸性下,甲硫甲基醚可以保留。甲硫甲基醚保护可以用于亲核反应、有机金属试剂反应、氢化物的还原反应。但具有硫醚所有的易被氧化、对金属催化剂的毒化作用等性质。甲硫甲基醚对强酸水溶液和路易斯酸敏感。所以去保护采用汞盐或银盐等路易斯酸。主要的裂解试剂有:氯化汞/乙腈-水、硝酸银/THF-水/2,6-二甲基吡啶、碘甲烷/丙酮-水/碳酸钠。由于裂解是在中性下进行,硅烷基醚、O-四氢吡喃醚及1,3-二噻烷均不受影响。

11.1.1.6 2-甲氧基乙氧甲基醚(MEM醚)

2-甲氧基乙氧甲基醚($R-O-CH_2 OCH_2 CH_2OCH_3$, $R-O-MEM$)是最常用缩醛型的羟基保护基之一。可用于保护伯、仲、叔醇。醇在氢化钠等强碱作用形成的烃氧基负离子与2-甲氧基乙氧甲基氯($ClCH_2 OCH_2 CH_2OCH_3$)反应生成 MEM 醚。2-甲氧基乙氧甲基氯与叔胺形成的季铵盐与醇直接作用也可以制备 MEM 醚。所用的叔胺可以使三乙胺、二异丙基乙胺等。MEM 醚的裂解条件是溴化锌/二氯甲烷或四氯化钛/二氯甲烷体系。MEM 醚的生成和裂解都在非质子条件下完成。在温和酸性水解条件下,如:$AcOH-H_2O/25℃$,4 h;TsOH(催化剂)/MeOH,/23℃,3 h,不发生裂解。

11.1.1.7 2-(三甲基硅)氧基乙氧甲基醚(SEM醚)

2-甲氧基乙氧甲基醚的2-甲基被三甲基硅替代的保护基称为2-(三甲基硅)氧基乙氧甲基醚($R-O-CH_2 OCH_2 CH_2OSiMe_3$, $R-O-SEM$)。SEM 保护基由于三甲基硅的存在,利用硅对氟离子的敏感性,可以用氟盐脱保护基,如:氟化四丁铵(TBAF)。SEM 醚的形成如同 MEM 醚,用 SEMCl 与叔胺作用生成季铵盐与醇反应。

11.1.1.8 四氢吡喃醚(THP 醚)

四氢吡喃醚是环状缩醛保护基(R—O—THP 醚)。四氢吡喃醚是由二氢吡喃醚与醇在酸催化下制得。四氢吡喃保护基的 2-位的不对称碳原子存在,如果被保护的醇含有手性中心,当四氢吡喃基保护时,得到的化合物将会有非对映异构体生成。四氢吡喃醚在中性或碱性条件下稳定,对酸水或路易斯酸易分解。去保护可以在酸性水溶液中进行。

$$\text{二氢吡喃} \xrightarrow{H^+} \text{氧鎓离子} \xrightarrow{ROH} \text{中间体} \xrightarrow{-H^+} \text{THP 醚}$$

银胶菊碱的中间体的合成过程中,应用四氢吡喃醚保护有利于羰基 α-位烃化的立体选择性,如羟基不用四氢吡喃基保护,会影响烃化反应的立体化学性质。

$$\text{THPO-中间体} \xrightarrow[\text{(2) 盐酸}]{\text{(1) } O_3, \text{MeOH/CH}_2\text{Cl}_2} \text{HO-产物-COOH}$$

11.1.1.9 硅烷基醚

硅烷化试剂硅醚是一类重要的保护基,广泛地用于有机合成。含活泼氢的基团都可以用硅烷化保护。反应的活性顺序是:ROH > ArOH > COOH > NH > CONH > SH。醇羟基经硅烷化保护生成硅醚(R—O—SiR$_3$)。硅醚一般能被酸或碱水解,硅烷化试剂的烃基不同,所生成的硅醚的稳定性不同。水解速率一级硅醚比二级硅醚易水解,脂肪醇硅醚比芳香醇硅醚易水解,其他硅烷化合物的水解活性次序是:COOSiR$_3$ > NHSiR$_3$ > CONHSiR$_3$ > SSiR$_3$。立体因素也影响硅醚的稳定性。

硅醚中最常见是三甲基硅醚(R—O—SiMe$_3$,R—O—TMS)。三甲基硅烷化试剂有三甲基氯硅烷、六甲基二硅烷胺、N,O-双三甲硅基乙酰胺、双三甲硅基脲素、N-三甲硅基-N,N'-二苯基脲素、三甲硅基咪唑、六甲基二硅醚、三甲硅基二乙胺等。

$$\text{ROH} + \text{Me}_3\text{SiCl} \xrightarrow{\text{Et}_3\text{N, THF}} \text{ROSiMe}_3$$

三甲基硅醚极不稳定,遇水分解,所以制备过程需要保持无水环境。亲核试剂(如格氏试剂)、氢化反应、氢化物还原等都会影响三甲基硅醚。三甲基硅醚通常用于暂时的羟基保护,生成的硅醚直接用于下一步反应,反应结束后处理时同时可脱去保护基。三甲基硅醚脱保护,一般遇水即可分解,常用酸或碱水解,也可以用氟化钾/甲醇-水或氟化四丁铵/THF非质子体系。

由于三甲基硅醚稳定性差,尤其不适合较长时间,用三乙基硅作为保护基可以增加其硅醚的稳定性。三乙基硅醚($R-O-SiEt_3$,$R-O-TES$)是由三乙基氯硅烷在吡啶作用下硅烷化羟基。三乙基硅醚比三甲基硅醚稳定得多,尤其遇水稳定性显著提高。三乙基硅醚的脱保护可以用乙酸/THF-水或氟化物。

三异丙基硅醚($R-O-Si(i-Pr_3)$,$R-O-TIPS$)是由三异丙基氯硅烷硅烷化羟基制得,催化剂是咪唑或二甲氨吡啶。其稳定性比三甲基硅醚高得多,可用于亲核反应、有机金属试剂、氧化还原、氢化物还原和氧化反应等。脱保护常用氟试剂,如:氟化氢水溶液、氟化四丁铵。由于三异丙基硅的基团位阻较大,可用于选择性保护羟基。

叔丁基二甲基硅醚($R-O-Si(Me_2)t-Bu$,$R-O-TBDMS$)是较稳定的硅醚。在 pH=4~12 范围稳定。叔丁基二甲基硅醚能适合于亲核反应、有机金属试剂,氢化还原、氢化物还原和氧化反应等条件下的羟基保护。叔丁基二甲基硅醚由叔丁基二甲基氯硅烷($t-Bu(Me_2)SiCl$)或三氟甲磺酸叔丁基二甲基硅酯($t-Bu(Me_2)SiOSO_2CF_3$)制得。由于叔丁基二甲基硅的位阻,硅烷化反应选择在伯羟基。脱保护如同三异丙基硅醚所用的方法,如:氟化氢水溶液、氟化四丁铵。也可以用硫酸铜/丙酮与催化量对甲苯磺酸,丙酮的存在可使二醇转化成缩酮。

11.1.2 酯类保护基

羟基的另一种保护方法是酯化。但由于酯化引入羰基,易于发生羰基上的亲核反应、水解以及还原反应等,涉及此类反应时不宜用酯化法保护羟基。合成中主要用作保护基的酯是乙酸酯、苯甲酸酯、2,4,6-三甲基苯甲酸酯等。

酯通常采用酸酐或酰氯在碱存在下酰化制得。去保护一般用碱水解或碱醇解法,也可以用氨的醇溶液氨解(如甲醇氨溶液)。酯在碱性条件下稳定性差,相对在酸性较稳定,这正好弥补了醇类的醚保护基衍生物需要酸性才能裂解去保护的不足。

乙酸酯在 pH=1~8 稳定。有机金属试剂(如有机铜)、催化氢化、硼氢化物还原、路易斯酸、氧化反应等可以采用乙酸酯保护。用酸或碱催化水解裂解成醇和酸。核苷的合成中利用乙酰化保护羟基。如胸苷的制备是利用乙酸酯保护核糖的羟基,缩合反应在路易斯酸催化下进行,然后用甲醇钠/甲醇或氨/甲醇脱去乙酰基。

苯甲酸酯类似乙酸酯可用于羟基的保护。适用于有机金属试剂(如有机铜)、催化氢化、硼氢化物还原、路易斯酸、氧化反应等时的羟基保护。就水解而言,苯甲酸酯作为保护基比乙酸酯稳定。苯甲酸酯的裂解去保护同样一般采用碱性水解或醇解,有时也可以用锂铝氢还原法去保护。利用苯甲酸酯在核苷不同位置稳定性差别,可以选择性裂解 2′-位苯甲酰基。

[反应式：PhCOO-糖环-B, PhCOO, OCOPh → NH₂NH₂/AcOH-Py → PhCOO-糖环-B, PhCOO, OH]

2,4,6-三甲基苯甲酸酸酯(O-Mes)作为保护基的主要特点在于其稳定性,不仅具有一般酯的特点,如:有机金属试剂(如有机铜)、催化氢化、硼氢化物还原、路易斯酸、氧化反应等可以采用,而且不易水解。Mes 酯的稳定在于 2,6-甲基的存在阻碍了酯羰基的受攻击。Mes 酯由于稳定而导致去保护比一般酯难,需要用叔丁醇钾/水(8:1)或用锂铝氢还原。

11.1.3 1,2-和1,3-二醇的保护

1,2-和1,3-二醇能与醛、酮形成环状缩醛酮而不同于单个羟基的保护。环状缩醛酮由二醇在酸催化下与醛、酮反应制得。醛、酮与1,2-二醇反应生成1,3-二氧环戊烷,与1,3-二醇反应生成1,3-二氧环己烷。二氧环戊烷和二氧环己烷对于氧上烃化或酰化碱性条件,对于锂铝氢还原、钠-汞齐还原以及催化氢化还原(除苄叉基醛缩醇和酮缩醇)都是稳定的。一般的氧化剂,如:CrO₃/Py,NaIO₄,Pb(OAc)₄,KMnO₄ 等也不影响其稳定性。裂解去保护一般是在酸催化下进行。所以,二醇环状缩醛酮通常适合在中性或碱性条件作为保护基使用,不适合在酸性介质中反应。

虽然许多醛、酮都能1,2-和1,3-二醇形成环状缩醛酮,作为二醇保护常用的醛、酮有丙酮、环己酮、苯甲醛等或其烯醇醚(如2-甲氧基丙烯)、缩二甲醇(2,2-二甲氧基丙烷、苯甲醛缩二甲醇)。

抗艾滋病药萘非那韦的合成中所用到的中间体1,4-二对甲苯磺酰-1,2,3,4-四丁醇是由 D-酒石酸为起始原料,经过缩丙酮的保护和盐酸醇溶液去保护过程。

[反应式：MeOOC-CH(OH)-CH(OH)-COOMe + MeO-C(Me)(Me)-OMe →(TsOH) MeOOC-CH-CH-COOMe 环缩酮 →(NaBH₄/EtOH) HO-CH₂-CH-CH-CH₂-OH 环缩酮 →(TsCl) TsO-CH₂-CH-CH-CH₂-OTs 环缩酮 →(HCl(aq.)/EtOH) TsO-CH₂-CH(OH)-CH(OH)-CH₂-OTs]

环状缩醛酮保护二醇应用较多的是在糖类化合物的反应中。选择性保护邻二醇,可以在未保护的羟基上进行一系列的反应,对糖环部分作结构改造。

11.2 醛、酮的保护

醛、酮的羰基,由于氧的电子效应,使与其相连的碳原子带有正电性,很容易与许多亲核性试剂发生亲核性加成反应。为了避免在羰基发生亲核性反应,必须改变羰基的 π-键结构,使失去原来羰基所具有的亲电性。作为保护基,要使羰基暂时失去原有的反应性,同时要考虑到脱去保护基,恢复到原来的羰基结构。保护醛、酮的主要方法是用醇或二醇,生成缩醛、缩酮,也可以用硫醇代替醇,生成硫代缩醛、缩酮。

11.2.1 缩醛、缩酮

醛、酮在酸性催化剂催化下,很容易和两分子的醇反应,失去一分子水,得到缩醛、缩酮。催化剂有对甲苯磺酸、氯化氢。例如,醛、酮与甲醇,得到缩二甲醇。

$$CH_3CH_2CH_2CHO + 2CH_3OH \xrightarrow{H^+} CH_3CH_2CH_2CH(OCH_3)_2$$

形成缩醛、缩酮的反应过程如下:首先羰基与催化剂氢质子形成𬭩盐,增加羰基碳原子的亲电性,然后和一分子醇发生加成,失去氢质子,形成不稳定的半缩醛。再与一个质子结合,并随之失去一分子水,生成烃氧羰基正离子。和第二分子醇加成,失去氢质子得到缩醛或缩酮。上述反应的每一步都是可逆的。因此,缩醛酮虽然再酸催化下形成,但同时也被酸催化分解成原来的醛酮和醇。

$$\diagup\!\!\!\!=\!O \underset{}{\overset{H^+}{\rightleftharpoons}} \diagup\!\!\!\!=\!\overset{+}{O}H \overset{ROH}{\rightleftharpoons} \underset{\underset{H}{OR}}{\overset{OH}{\diagdown\!\diagup}} \overset{-H^+}{\rightleftharpoons} \underset{OR}{\overset{OH}{\diagdown\!\diagup}}$$

$$\overset{H^+}{\rightleftharpoons} \underset{OR}{\overset{\overset{+}{O}H_2}{\diagdown\!\diagup}} \overset{-H_2O}{\rightleftharpoons} \overset{+}{\diagdown\!\diagup}\!OR \overset{ROH}{\rightleftharpoons} \underset{\underset{H}{OR}}{\overset{OR}{\diagdown\!\diagup}} \overset{-H^+}{\rightleftharpoons} \underset{OR}{\overset{OR}{\diagdown\!\diagup}}$$

缩醛、缩酮在 pH=4~12 范围内通常是稳定的,但对酸水溶液或路易斯酸是敏感的。对碱、氧化剂、还原剂是稳定的。在有机合成中可以利用这一性质将醛或酮转化成醇的缩合物保护后,在中性、碱性介质中进行一些反应,如氧化、还原、亲核取代和消除等反应。然后再用稀酸水溶液将缩醛、缩酮分解成醛、酮。水解去保护除了酸催化水解,还可以用丙酮酸催化下,用交换法生成丙酮缩二醇和游离出被保护的醛酮。

用作制备缩醛酮常用的醇是甲醇。甲醇的好处在于生成的缩二甲醇结构鉴定相对容易,在核磁共振氢谱上甲基的单峰易于识别。脱去保护基产生的甲醇容易从反应物中分离去除。1,2-二醇或1,3-二醇是有效的醛、酮保护基,与醛、酮反应生成环缩醛、环缩酮。醛、酮与1,2-乙二醇反应生成1,3-二氧环戊烷,与1,3-丙二醇反应生成1,3-二氧环己烷。实际应用中,1,2-乙二醇作为醛、酮保护基更为常用。

$$\diagup\!\!\!\!=\!O + \begin{matrix}OH\\OH\end{matrix} \overset{H^+}{\longrightarrow} \diagup\!\!\!\!\diagdown\!\!\begin{matrix}O\\O\end{matrix}\diagdown\!\!\diagup$$

$$\diagup\!\!\!\!=\!O + \begin{matrix}OH\\ \\OH\end{matrix} \overset{H^+}{\longrightarrow} \diagup\!\!\!\!\diagdown\!\!\begin{matrix}O\\ \\O\end{matrix}\diagdown\!\!\diagup$$

同时含有醛基和酮基的化合物,一般条件下,醛的反应活性比酮强。如与亲核性试剂反应,优先在醛基。如要选择在酮上反应,需要先将醛保护。利用醛比酮的反应性强,可以选择在醛基发生缩合反应,得到缩醛。例如,含醛和酮甾体化合物,在干燥的氯化氢气体催化下,与甲醇反应,控制反应时间,可以选择性地在醛基反应生成缩醛,酮基保留。去保护基可以采用甲醇-水的混合溶剂,用 2 mol·L^{-1} 硫酸作催化剂,回流反应 3 h,可使缩醛恢复成醛。

11.2 醛、酮的保护

酮基用乙二醇保护,然后用锂铝氢还原酰胺羰基,再水解去保护可以将含酮的酰胺羰基还原,使酰胺还原成胺。

欲用格氏试剂选择性加成在含有酮基的酯羰基上,由于酮与格氏试剂反应比酯容易,首先需要将酮羰基制成缩酮保护,再用格氏试剂加成,然后在酸催化下水解得到游离酮。

含醛基的卤代烃的强碱下脱卤化氢,由于醛在强碱下会发生副反应,需要将醛保护。用甲醇将醛转化成缩二甲醇,然后碱性脱卤化氢成烯,再去保护得到烯醛。

由 2-溴代环己酮合成共轭环己烯酮,需要先将羰基制成缩酮保护,消除反应后再去保护基得到产物。

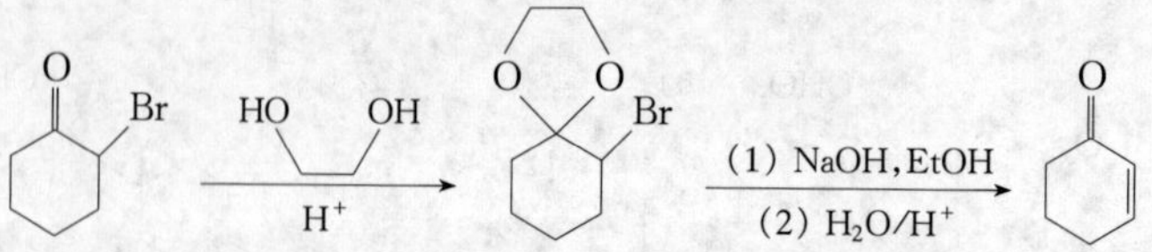

如果不将酮保护,则发生重排副反应,在氢氧化钠水溶液中得到羧酸,用醇钠醇溶液得到酯。2-溴代环己酮在碱性条件下重排反应过程如下:

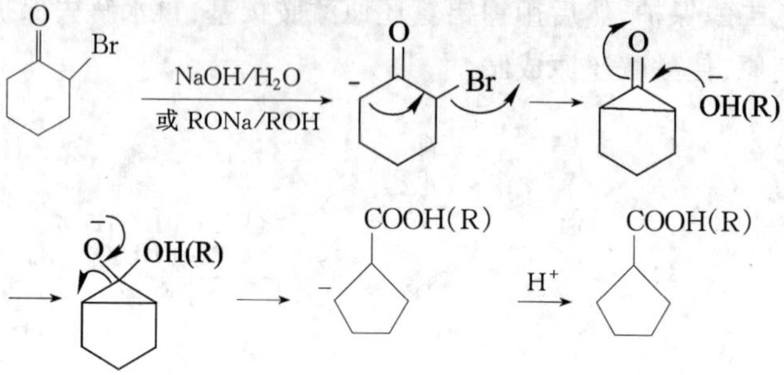

取代的二醇,如 2,2-二甲基-1,3-丙二醇,也可用于醛酮的保护。生成环缩醛酮。由于丙二醇的 2-位亚甲基已经被取代,可以避免反应中使用丁基锂等强碱试剂影响。

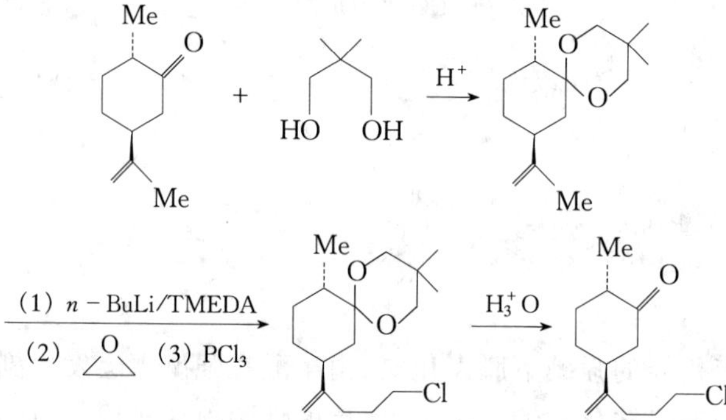

11.2.2 二硫代缩醛、缩酮

醛、酮与 2 摩尔倍数的硫醇在酸催化下生成硫代缩醛、缩酮。用二硫二醇作为醛、酮保护基,可以生成类似的二硫代环缩醛、缩酮。如用二硫代乙二醇与醛、酮反应生成 1,3-二硫环戊烷衍生物。

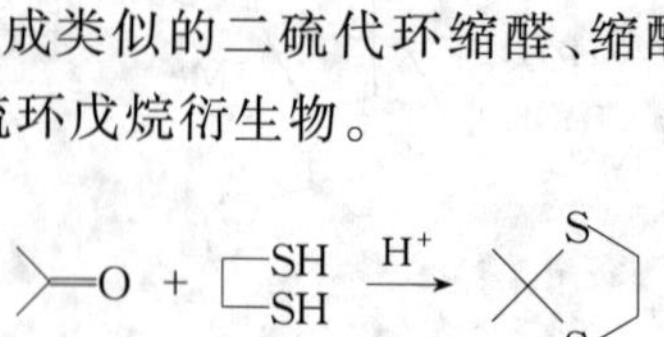

用硫醇作保护基的优点在于生成的硫代缩醛、缩酮对酸的稳定性好。在

pH=1~12范围内稳定。能耐受还原剂、有机金属试剂、亲核试剂和部分氧化剂。要注意是由于硫醚易被氧化,硫代缩醛、缩酮对一些氧化剂的敏感性。硫化物可使一些金属催化剂的中毒而失去催化活性。一些硫化物,如苄基硫则可发生催化氢解反应。

硫代缩醛、缩酮制备的常用催化剂是三氟化硼-乙醚,氯化锌、三氟乙酸锌等也有用于催化缩合反应。硫代缩醛、缩酮的脱保护常用氯化汞水溶液水解,银盐、铜盐、钛盐、铈盐、铝盐等也可用于催化水解去保护,其他试剂:N-溴代或氯代丁二酰亚胺、碘-DMSO 等也能去保护。

11.3 氨基的保护

氨基作为一个活泼基团能参与许多反应。氨基的活性在于:1. 伯胺或仲胺氮上的活泼氢;2. 氮上的孤对电子,具有很强的亲核性,许多亲电试剂能与其反应。氨基保护的常用方法是:1. 将伯胺或仲胺转化成叔胺,常用苄基或三烃基硅保护;2. 转化成酰胺或氨基甲酸酯。

11.3.1　N-烃化和 N-三烃基硅烷化保护

氨基的烃化保护常用的烃化剂是苄基氯或苄基溴。在碱存在下,如氢氧化钠、碳酸钾,苄基卤化物与氨基反应得到苄基烃化的叔胺。苄基叔胺遇强碱、亲核试剂、有机金属试剂、氢化物还原剂等反应均不受影响。苄基叔胺可作为路易斯碱与路易斯酸反应。对于催化氢化(钯-碳氢化)或可溶性金属还原(钠/液氨),苄胺可发生氢解脱去苄基。这是苄基保护基的去保护方法。

治疗艾滋病的蛋白酶抑制剂利托那韦的手性中间体二氨基醇的合成中应用苄基的烃化保护氨基。L-苯丙氨酸用氯苄烃化,碳酸钾作碱,得到氮上苄基烃化成叔胺的酯。苄基保护除去氮上的活泼氢保证乙腈碳负离子进攻酯羰基的亲核反应和下一步格氏试剂对氰基的亲核反应。待完成反应后用钯-碳/甲酸铵还原去苄基,得到二氨基醇手性中间体。

硅烷胺($N-SiR_3$)可以看作 N-烃化($N-CR_3$)的类似物。简单的硅烷保护是三甲基硅($N-SiMe_3$,$N-TMS$)。三甲基氯硅烷在有机碱(三乙胺、吡啶等)存在下与伯胺或仲胺反应得到硅烷胺。硅烷胺遇水、醇分解,因此,反应需要无水条件。在 carpetimycin A 合成用三甲基硅保护氨基。水解去保护后环合得到 β-内酰胺中间体。

11.3.2　N-酰化保护

酰胺是 N-酰化保护的一种常用方法。作为酰化剂最简单的是乙酰化。

11.3 氨基的保护

氨基乙酰化常用乙酸酐或乙酰氯,酰化所用的碱有无机碱(如碳酸钾、氢氧化钠)或有机碱(如三乙胺、吡啶)。乙酰胺在强酸、强碱下会发生水解,但在 pH = 1~12 稳定。亲核试剂一般不与乙酰胺反应,许多有机金属试剂也不与乙酰胺作用,有机锂试剂不与不含活泼氢的乙酰胺反应,但格氏试剂会与其反应。催化氢化、硼烷试剂、氢化物还原剂、氧化剂等会影响乙酰胺基。乙酰胺的脱保护常用酸或碱催化水解方法。

三氟乙酰基具有类似乙酰基的氨基保护功能,但稳定性方面有一定的差别。三氟乙酰胺对碱的稳定比乙酰胺弱,对酸的稳定性相同,在 pH = 1~10 稳定。由于氟的吸电子效应使酰胺羰基的亲电性增强,多数具有亲核性反应性能的试剂能与三氟乙酰胺的羰基反应,例如,亲核试剂、有机金属试剂、氢化物还原试剂等。抗氧化能力比乙酰胺强。路易斯酸、硼烷和大多数的催化氢化条件都不影响三氟乙酰胺。

三氟乙酰化反应类似乙酰化,常用三氟乙酸酐,在有机碱三乙胺或吡啶存在下反应。三氟乙酰胺在碱性条件下脱酰基相对较容易,常用碳酸钾水甲醇溶液。如下反应在 7% 碳酸钾溶液可以水解脱去三氟乙酰基。

另一较常用酰化剂是苯甲酰基。苯甲酰氯在碱作用下与胺反应得到酰胺。苯甲酰胺在 pH = 1~14 保持稳定。苯甲酰胺能耐受亲核试剂、有机金属试剂(有机锂除外)、催化氢化、氢化物还原剂(锂铝氢和硼烷除外)和氧化剂的反应。苯甲酰胺去保护常用 6 mol·L^{-1} HCl 或 HBr 的乙酸溶液,或氢氧化钠浓碱液。麦角酸的合成中用到苯甲酰化保护吲哚氮的保护,6 mol·L^{-1} HCl 脱苯甲酰保护基。

11.3.3 氨基甲酸酯保护

氨基甲酸酯保护是一类重要的氨基保护基。尤其在肽的合成中应用广泛。代表性的氨基甲酸酯保护基是:氨基甲酸叔丁酯和氨基甲酸苄酯。叔丁氧基甲酸酐(BOC 酐)作为氨基酰化试剂制得氨基甲酸叔丁酯,即 BOC 保护的氨基。甲酸叔丁酯在强酸下水解脱去保护基,但在 pH=1~12 范围内稳定。亲核试剂、有机金属试剂(包括丁基锂和格氏试剂)、非酸性条件下的催化氢化、氢化物还原、氧化反应等不影响氨基甲酸叔丁酯。BOC 酐在碱存在下与氨反应得到氨基甲酸叔丁酯。脱 BOC 基常用强酸催化,如浓盐酸、三氟乙酸等。在脱 BOC 基的酸性条件下,氨基甲酸苄酯或及其类似物不分解。如下述结构中含氨基甲酸噻唑甲酯(类似氨基甲酸苄酯)与氨基甲酸叔丁酯,浓盐酸下水解,仅裂解甲酸叔丁酯,不影响氨基甲酸噻唑甲酯。

用氯甲酸苄酯酰化氨基,得到氨基甲酸苄酯。氨基甲酸苄酯的特点是酸性下稳定,但用钯-碳催化氢化或钯-碳/甲酸铵可以将甲酸苄酯切除,值得一提的是在钯-碳催化氢化时,氨基甲酸叔丁酯则不受影响。利用两者的性质不同可以选择性保护氨基和去保护。由苯丙氨酸制备 β-氨基-4-苯基丁酸反应过程用到中酸性条件,采用耐酸性的氨基甲酸苄酯保护。

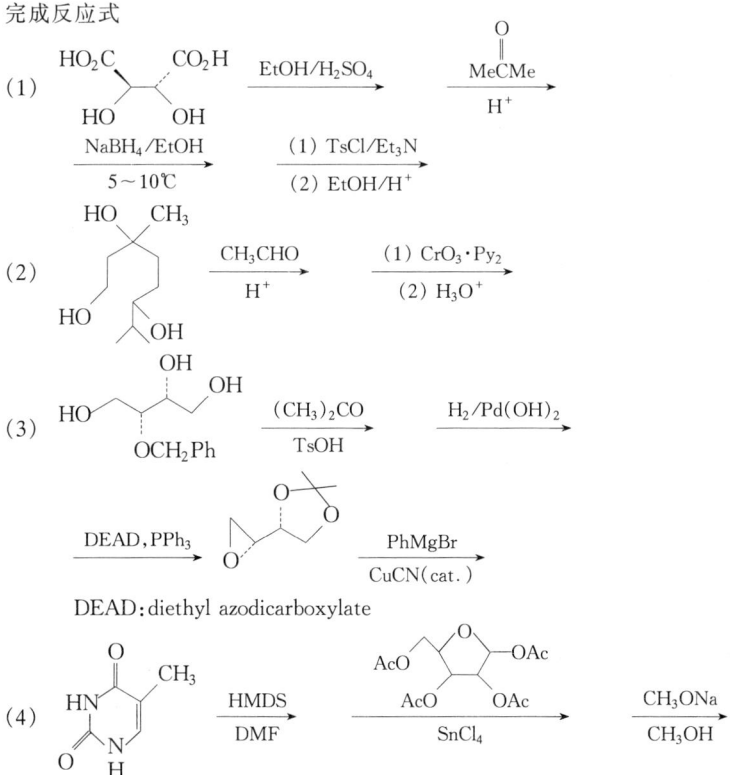

参 考 文 献

1. Greene T W, Wuts P G M. Protective Groups in Organic Synthesis. New York: John Wiley & Sons, 1999
2. Greene T W. Protective Groups in Organic Synthesis. New York: John Wiley & Sons, 1980
3. Smith M B. Compendium of Organic Methods, Vol 7. New York: John Wiley & Sons, 1992
4. Smith M B. Organic Synthesis. New York: McGraw-Hill, 2002
5. Greene T W 著. 有机合成的保护基. 范如霖译. 上海: 上海科学技术文献出版社, 1985
6. Ghosh A K, Bilcer G, Schiltz G. Synthesis, 2001, 15: 2203

习　题

完成反应式

(5) 略

(6) 略

(7) 略

第 12 章 不对称合成

12.1 不对称合成的意义

自然界的手性分子绝大多数是以单一对映异构体的形式存在的,如糖是 D-构型的,氨基酸则是 L-构型的。由这些单一构型的有机小分子所形成的生物大分子如酶、核酸等因而也是具有手性的。生物大分子的这种不对称性一方面决定了它们在进行各种生化反应时具有极高的立体专一性,另一方面对外来的、互为对映异构的化合物则表现出识别能力的差异,因而体现出不同的生理活性。当对映异构化合物以某种特定的用途,如作为治疗药物使用时,对映异构体所表现出的生理活性可能很不相同,甚至截然相反。如 L-多巴(DOPA)是治疗帕金森氏综合征的有效药物,而其 D-型异构体则会由于不能透过血脑屏障而产生严重的副作用;(S,S)-乙胺丁醇(ethambutol)是个治疗结核病的药物,而其(R,R)-对映体则会导致失明。因此,如果将手性药物以外消旋的形式使用就可能导致严重的药物事故。"反应停"(thalidomide)的误用就是一个典型的事例。在 20 世纪 60 年代,"反应停"曾以外消旋的形式作为镇静药用于治疗孕妇的早期妊娠反应,后来不少服用过此药物的孕妇分娩出了畸形儿。其原因在于"反应停"中的 S-异构体具有强烈的致畸活性,而当时该药物是以外消旋的形式使用的。除了药物以外,对映异构化合物在作为农用化学品、食品添加剂等其他与生物体有关的用途时,也可能表现出不同的生理活性。如合成甜味剂阿斯巴甜(aspartame),其(S,S)-异构体的甜度是蔗糖的 200 倍,而其他异构体却呈苦味。

L-多巴　　　　　　D-多巴　　　　　　(S)-反应停

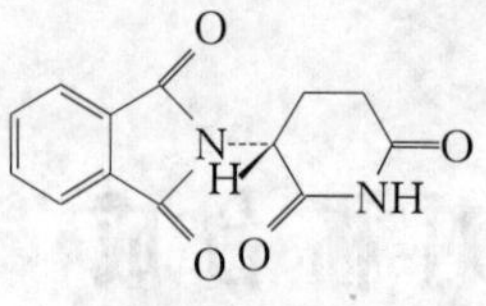

(R)-反应停 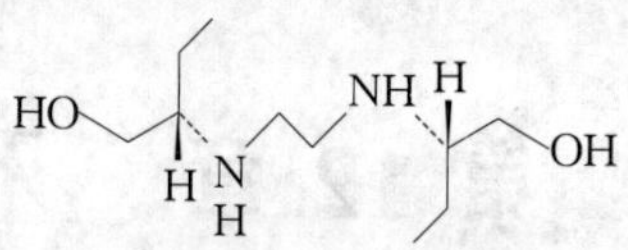　　　　(S,S)-乙胺丁醇

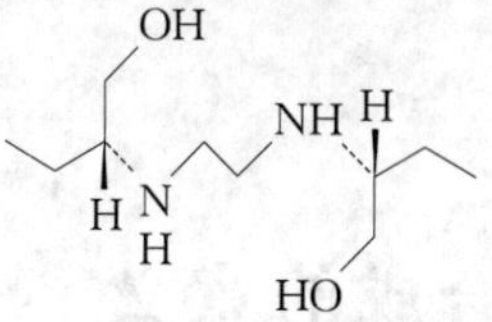

(R,R)-乙胺丁醇 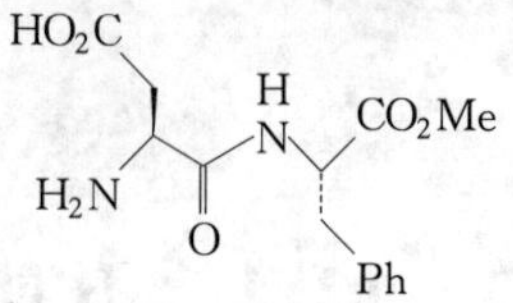　　　阿斯巴甜

对映异构化合物的生理活性差异及其潜在的危害,促使许多国家在20世纪90年代先后颁布了手性药物使用的管理条例,这类条例在客观上对促进不对称合成的基础和应用研究起到了重要的推动作用。目前,手性药物已发展成为一个全世界年产值超过1 300亿美元的高新技术产业,并且每年还以超过13%的平均速度在继续增长。

尽管自1848年Pasteur发现酒石酸盐的对映异构现象至今已有150多年的历史,不对称合成却基本上是在20世纪80年代后才蓬勃发展起来的,然而仅仅经过近20年的时间,这一领域已发展成为一门日趋成熟的学科。2001年W.Knowles、R.Noyori和K.B.Sharpless由于在不对称合成领域的基础和应用研究中的杰出贡献获得了诺贝尔化学奖,这一科学界的最高荣誉充分说明了社会和科学界对这一学科的重要性和所取得成就的认可。

不对称合成的关键在于如何有效地控制反应的立体选择性,使涉及形成不对称中心的反应尽可能只产生所要求的立体构型。近二十多年来,随着对不对称合成原理认识的不断深入和对不对称反应的不断积累,加上制药行业对单一对映体手性药物合成技术的强烈需求,不对称合成得到了迅速的发展,成为有机合成中最为活跃的研究领域之一。

本章将介绍不对称合成的基本概念、实现不对称合成的原理和方法、重要不对称合成反应及其应用。

12.2　不对称合成的基本概念

12.2.1　不对称合成的定义与立体选择性

在不对称合成的发展过程中,对不对称合成的定义曾有过不同的表述。目

12.2 不对称合成的基本概念

前一般认为最完整的表述是由 Morrison 和 Mosher 于 1977 年提出的,他们将不对称合成定义为"底物分子中潜手性单元与反应物作用形成不等量立体异构体的过程"。该定义中的潜手性单元可以是含有重键的平面基团如羰基、碳碳双键、亚胺基,也可以是饱和碳上的潜手性单元如乙苯中的亚甲基等。而底物分子本身则可以是非手性的(式 12.1)或手性的(式 12.2)。

在一个不对称反应中,若底物经转化后形成不等量的一对对映异构体,则该反应称为"对映选择反应"。如非手性的苯乙酮在手性硼噁唑烷(**1**)催化下由硼烷还原后形成(S)-对映体为主的 1-苯基乙醇就是一个对映选择反应(式 12.1)。

$$\underset{}{\text{PhCOCH}_3} \xrightarrow[\text{BH}_3, \text{THF}]{\textbf{1}(10\%,\text{摩尔分数})} (S)\text{-} \quad + \quad (R)\text{-} \qquad (12.1)$$

$$99 \quad : \quad 1$$

（手性硼噁唑烷催化剂 **1**）

但若底物分子中已有手性中心存在,且反应的产物为不等量的一对非对映异构体,这样的反应则称为"非对映选择反应"。非对映选择反应的产物可以是光学活性的,也可以是非光学活性的,取决于底物是否具有光学活性。如光学活性烯酮(S)-(**2**)与二甲基铜锂的共轭加成反应得到光学活性的非对映选择性产物(式 12.2):

$$(S)\text{-}2 \xrightarrow{\text{Me}_2\text{CuLi}} (S,S)\text{-}3 \quad + \quad (S,R)\text{-}4 \qquad (12.2)$$

$$98 \quad : \quad 2$$

而从外消旋的烯酮(R,S)-(**2**)出发的反应所得到的非对映异构体(**3**)和(**4**)也是外消旋体,尽管(**3**)是主要的产物。

在上述立体选择性反应中,两个立体异构产物的比例可以用于衡量反应立体选择性的优劣。但实际上更常用主要异构体超出次要异构体的百分率即"百分过剩"来表示反应的立体选择性。若反应为对映选择的,称为"对映过剩"(ee, enantiomeric excess); 而若反应为非对映选择性的, 则称为"非对映过剩"(de, diastereomeric excess)。它们分别用下两式表示：

$$对映过剩(ee) = \frac{[R]-[S]}{[R]+[S]} \times 100\% \qquad (12.3)$$

$$非对映过剩(de) = \frac{[RS]-[SS]}{[RS]+[SS]} \times 100\% \qquad (12.4)$$

这样式 12.1 反应的 ee 值为 98%, 式 12.2 反应的 de 值为 96%。

一个好的不对称合成反应首先应具有好的立体选择性，即高的对映或非对映过剩。此外，温和的反应条件、高的收率、两种立体异构体合成的通用性、原子经济性等亦是衡量其优劣的指标。

12.2.2 反应面的描述

在前述式(12.1)的反应中，氢负离子作用于苯乙酮羰基的两个反应面得到一对对映体。在不对称合成中，为了能方便地表述反应发生的方向，对像苯乙酮这样的潜手性分子的两个反应面作了定义。按广义的 CIP(Cahn - Ingold - Prelog)规则，常见的含双键的平面型潜手性基团的反应面按如下方式定义：

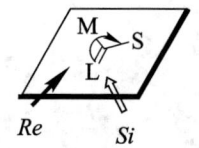

图 12.1 潜手性面的定义

若潜手性分子某一反应面上的基团按优先次序 (L>M>S)排列的顺序为顺时针，则该反应面称为 Re 面(拉丁文 rectus); 而若排列的顺序为逆时针则称为 Si 面(拉丁文 sinister) (图 12.1)。

依照上述定义，就可以方便地描述一个不对称反应发生的方向，如式 12.1 反应中氢负离子进攻苯乙酮羰基的 Si 面得到(R)-构型的 1-苯基乙醇；而进攻其 Re 面则得到(S)-构型的 1-苯基乙醇(图 12.2)。

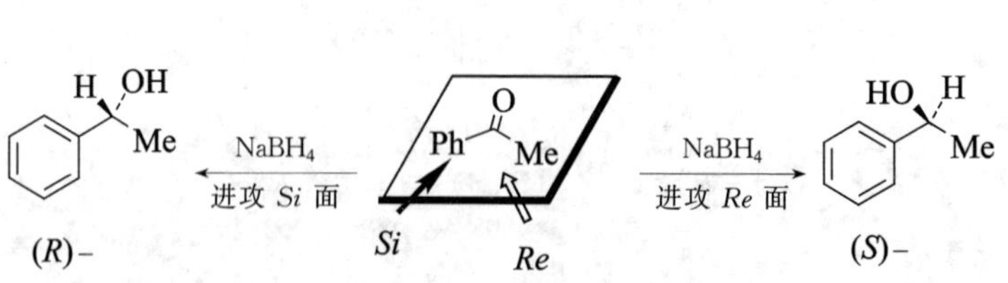

图 12.2 苯乙酮的反应面与还原产物

值得注意的是：反应发生的面与产物的绝对构型之间没有必然的联系。即在一个反应中发生于某一面所形成的产物可能是 S-构型的，亦可能是 R-构型的，具体取决于反应产物按 CIP 次序规则得出的构型。

12.2.3 不对称反应的过渡态与动力学

一个不对称合成反应之所以能有选择性地形成某一立体异构体占优势的产物,其原因在于形成不同立体异构体的过渡态在能量和反应动力学上的差异。

对于一个没有立体选择性的反应,如烯丙基溴化镁与苯甲醛的亲核加成反应来说,反应试剂对底物的两个反应面(Re 和 Si 面)的反应几率是完全均等的,这是由于形成两个立体异构物的过渡态($R^{\#}$ 和 $S^{\#}$)是对映的,其活化能是完全一样的(图 12.3a)。因此,这类反应的结果形成等量的一对对映体的混合物,即外消旋混合物(式 12.5)。

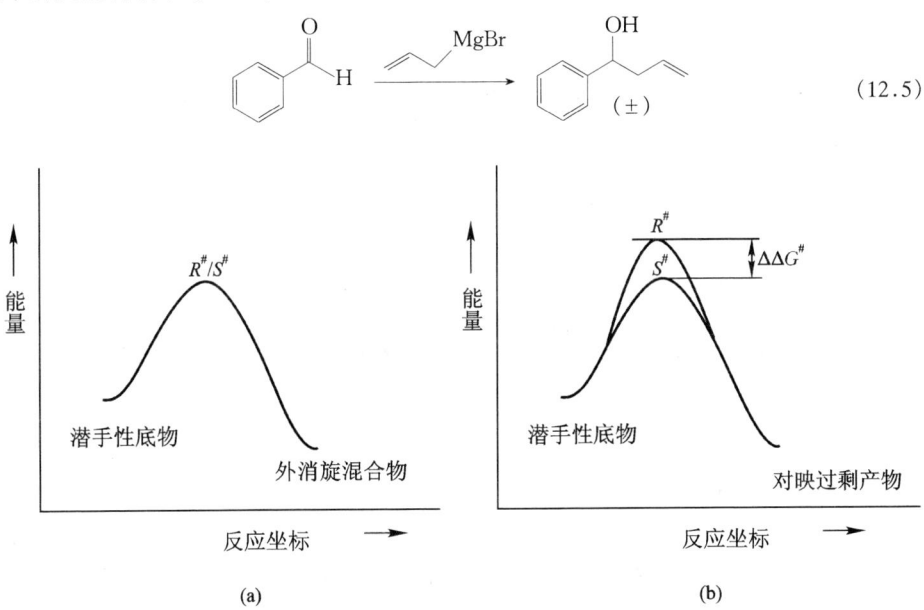

图 12.3 消旋反应(a)和对映选择性反应(b)的能量坐标

然而,当反应体系中有一者,如反应试剂、底物或催化剂,具有不对称性时,反应的过渡态则是非对映的。因此,形成两种立体异构产物的活化能是不一样的(图 12.3b),这就导致两种立体异构体在形成速率上的差异,反应的最终结果是其中某一立体异构产物的形成占优势。苯甲醛与手性烯丙基硼试剂(**5**)的加成反应(式 12.6)就属于这种情况,反应的结果是形成(R)-对映体为主的产物。

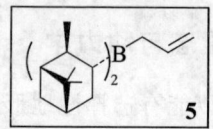

因此,一个不对称反应尽管可能经过不同途径实现,但归根结底均是由于不同反应途径的动力学差异引起的。任何影响反应途径自由能差异($\Delta\Delta G^{\#}$)的因素均可影响反应的立体选择性。除了自由能差因素外,根据不同反应途径产物形成比例与自由的关系(式 12.7),反应中两异构体形成的比例还与温度有关。温度越低,两者比例的差异越大。因此,一般地说,降低温度有利于提高反应选择性。这就是为何许多立体选择性反应实际上常在低温下进行的缘故。从式 12.7 还可估算出在某一温度下达到一定反应选择性所需的自由能差 $\Delta\Delta G^{\#}$ 值。如在 20 ℃时,若要使某一反应的对映选择性≥98%(ee),则两种反应途径的 $\Delta\Delta G^{\#}$ 应在 11.13 kJ/mol 以上。

$$\ln\frac{[R]}{[S]} = -\frac{\Delta\Delta G^{\#}}{RT} = -\frac{\Delta G_S^{\#} - \Delta G_R^{\#}}{RT} \tag{12.7}$$

12.3 实现不对称合成的原理与基本方法

前文已述及,一个不对称合成反应中必须至少有一种的不对称因素存在,这种不对称因素可来自于底物、试剂、催化剂(化学的或生物的)、溶剂或物理力(光、电磁场)等。根据不对称因素的来源,可将不对称反应分为:(1) 手性底物控制;(2) 手性辅助基团控制;(3) 手性试剂控制和(4) 手性催化剂控制的四大主要反应类型。下面分别举例介绍这四类实现不对称合成的主要方法。然而应当指出的是,在一个实际目标物的不对称合成中,常常需要综合使用不只一种的上述方法。

12.3.1 手性底物控制的不对称反应

在底物控制的不对称反应中,反应的立体选择性是由底物分子中已有的手性中心控制或诱导的。新不对称中心是由试剂与底物分子中的潜手性基团反应而形成的。这类不对称反应可用下式表示:

$$S-G^* \xrightarrow{R} P^*-G^*$$

其中 S 和 G^* 分别为底物分子中的潜手性和手性基团,R 为手性或非手性反应试剂,P^* 为在反应过程中产生的新不对称中心。例如,通过羟基酮(6)中所

12.3 实现不对称合成的原理与基本方法

存在羟基的诱导,硼氢化锌高选择地还原分子中的潜手性羰基,形成>98%(de)的还原产物[1](**7**)。

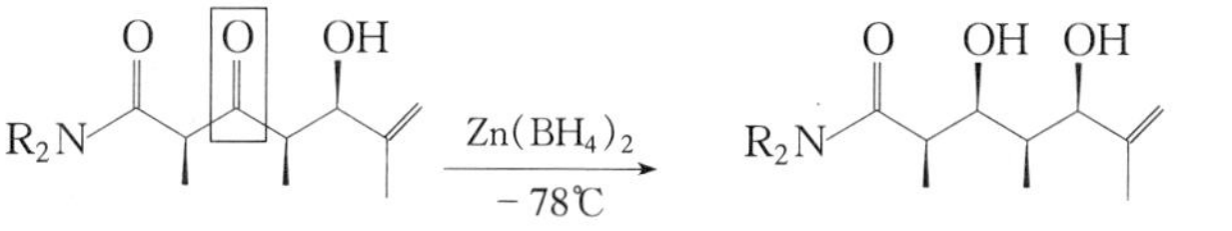

这类不对称反应的最大优点在于反应的起始原料一般来自于天然的手性化合物,如氨基酸、碳水化合物、萜类和合成的光学纯化合物,具有很高的光学纯度,因此对于新不对称中心的形成常常可以达到好的不对称诱导效果。许多利用天然手性源的不对称合成都涉及这类反应。例如,抗生素 milbemycin β_3 的合成方法之一可归结为(S)-香茅醇和 D-甘露醇为手性源出发的合成[2](图 12.4)。

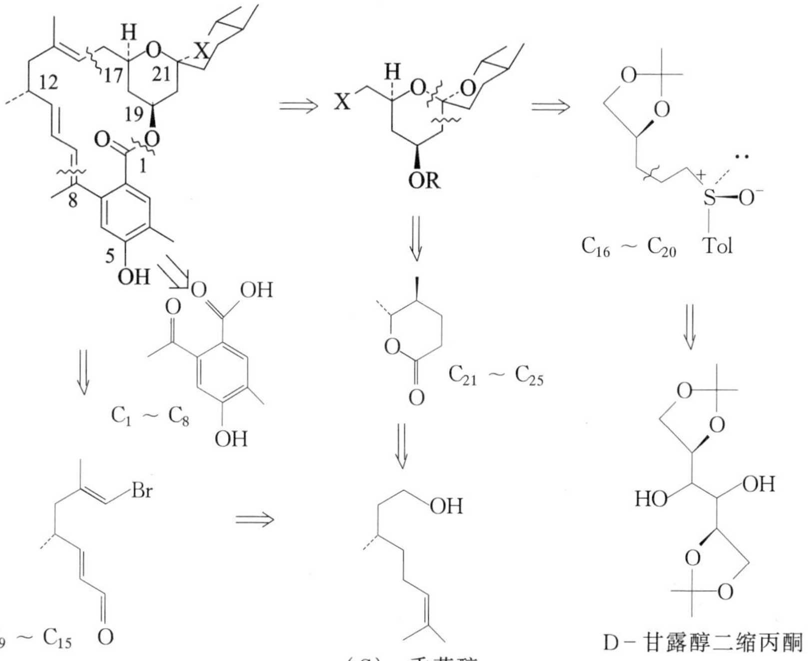

图 12.4 从(S)-香茅醇和 D-甘露醇为手性源的 milbemycin β_3 合成路线

这类反应局限性主要在于手性原料的种类和来源比较有限的,而且往往只有一种特定的构型易得,如糖只有 D-型的,氨基酸则为 L-构型。

12.3.2 手性辅助基团控制的不对称反应

这类反应与上述底物控制的反应类似。反应的立体选择性也是通过分子内已有的手性中心控制的。但在这类反应中,手性中心不是底物分子中固有的,而是通过形成化学键的方式将一手性基团特意引入到底物分子中,使其在反应中"临时"起到不对称诱导作用,但在反应结束后,则将其除去。因此引入底物的手性基团只起到一种阶段性的辅助作用,故称为"手性辅助基团"。这类反应可用下式表示:

$$S \xrightarrow{A^*} S\text{-}A^* \xrightarrow{R} P^*\text{-}A^* \longrightarrow P^* + A^*$$

其中 S 为含潜手性基团的底物,A^* 为光学纯的手性辅助试剂,$S\text{-}A^*$ 为连上辅助基团的底物,$P^*\text{-}A^*$ 为连着辅助基团的产物,而 P^* 则为去除辅助基团后的最终产物。其中手性辅助试剂 A^* 一般可回收再使用。以 $(S)\text{-}1\text{-}$氨基$\text{-}2\text{-}$甲氧甲基吡咯烷(SAMP,**8**)为手性辅助基团合成高光学纯度的食叶蚁警戒信息素 **9** 就是这类不对称反应的一个典型例子(式 12.8)。

$$60\%, 99.5\%(ee) \quad (12.8)$$

手性辅助基团控制的不对称反应具有如下特点:

(1) 具有比手性底物控制的反应更为广泛的应用范围。前者只是单一底物控制的反应,而后者则可通过与一系列不同的潜手性底物(一般为含同一官能团的化合物)相连而实现不对称诱导。如 $(R)\text{-}$ 和 $(S)\text{-}1\text{-}$氨基$\text{-}2\text{-}$甲氧甲基吡咯烷(RAMP)和(SAMP)既可用于各种酮,也可用于醛 $\alpha\text{-}$位的不对称烷基化,形成各种不同类型的产物,显示了手性辅助基团在不对称合成应用中的灵活性(图 12.5);

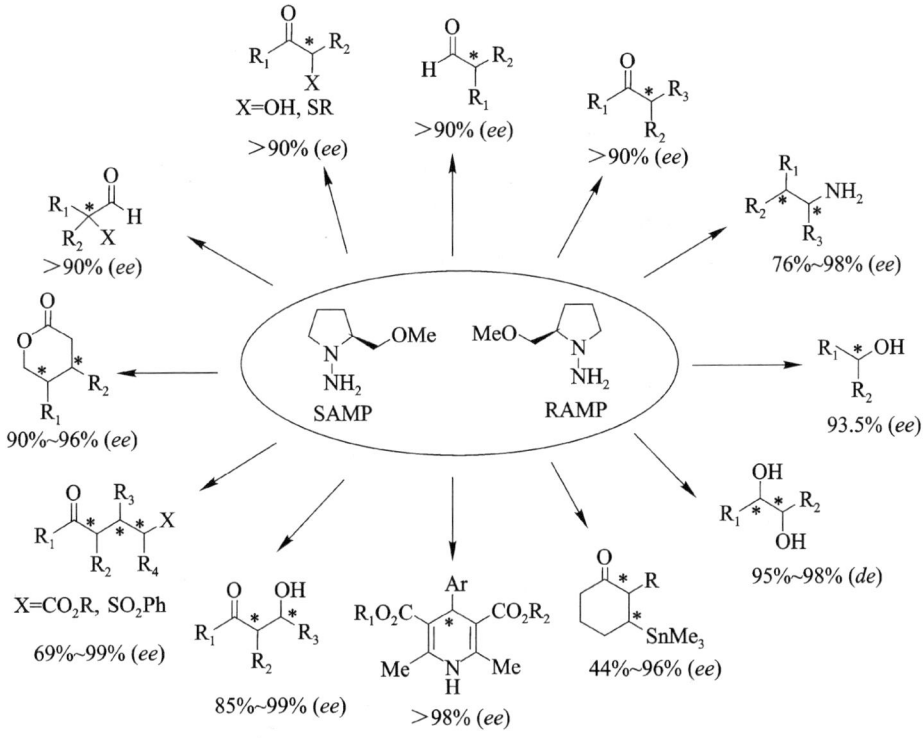

图 12.5 SAMP 和 RAMP 作为手性辅助基团的不对称合成应用

(2) 由于连上手性辅助基团后的底物 S-A* 与试剂 R 反应的两种可能产物 P*-A* 为一对非对映体,而非对映体由于具有不同的物理性质或吸附性能,因此常可通过结晶或柱色谱分离的方法将它们分开,因而即使反应的非对映选择性不一定很好,最终也常常可以得到较高光学纯度的产物;

(3) 许多手性辅助基团 A* 常常一对对映体均可得到,因此在许多情况下 P* 的一对对映体均可通过相同的反应途径得到。目前已开发出数以百计的各种手性辅助基团用于各类不对称合成反应[3]。

除了具有上述优点外,辅助基团控制的不对称反应的不足之处在于这样的合成方法多了连接和除去辅助基团 A* 的两个额外的反应步骤,因而在一定程度上影响了其合成效率和反应的原子经济性。

12.3.3 手性试剂控制的不对称反应

手性辅助基团控制的不对称反应虽用途广泛,但连接和除去辅助基团的两个额外步骤影响了合成的效率和原子经济性。避免这一不足的途径之一是使用光学活性手性试剂,即由潜手性的底物 S 与手性试剂 R* 直接反应,形成对映过剩的产物 P*。

$$S \xrightarrow{R^*} P^*$$

这类反应具有较广泛的底物适用范围,避免了使用辅助基团的两个附加反应步骤。从反应的控制方式来说,这类反应是分子间控制的不对称反应而非前两类的分子内控制的不对称反应。如由(+)-α-蒎烯衍生得到的二异松蒎烷基硼[(-)-(Ipc)$_2$BH]可与各种不同结构类型的烯烃发生不对称硼氢化反应形成光学活性的醇类化合物。

常用的手性试剂有手性硼试剂、手性氢负离子还原剂和手性亲核试剂等[4]。这类反应的不足之处在于手性试剂的种类目前仍相当有限,因此并非每一类型的手性化合物都可通过这一途径进行合成。

12.3.4 手性催化剂控制的不对称反应

在前述的三种不对称反应中,含不对称因素的组分均需不少于化学计量的用量,而光学纯手性试剂常常是昂贵的。因此,更加经济、方便的途径应是只使用催化量的手性化合物 L*,实现潜手性底物 S 与非手性试剂 R 的反应而形成对映过剩的产物。这类反应即手性催化剂控制的不对称反应,简称催化不对称合成。

$$S \xrightarrow[L^*(\text{cat.})]{R} P^*$$

如诺贝尔化学奖获得者 W. Knowles 发现的第一个通过催化过程生产治疗帕金森氏综合征药物 L-多巴的工业化路线就是这类不对称反应的典型例子(式 12.9)。在这一反应中,潜手性的烯酰胺在催化量的手性膦配体(R,R)-DIPAMP 和铑(I)存在下发生对映选择氢化反应,形成高对映过剩[>95%(ee)]的 L-异构体,进一步除去保护基后得到 L-多巴。在 20 世纪 70 年代末,这是一项了不起的成就。

>95%(ee)

$$\text{L-多巴} \quad (R,R)\text{-DIPAMP} \tag{12.9}$$

这类不对称反应由于只需催化量的手性化合物,而且在许多情况下可以回收后再使用,并常具有广泛的底物适用范围,因此是一种最为经济、最具有工业应用潜力的不对称合成途径。目前,许多类型的不对称反应均朝着催化反应的方向发展。

除了化学催化的不对称合成反应外,近年来作为生物催化剂的酶由于具有高度的立体选择性和环境友好的显著优点,在不对称合成中的应用也备受关注,并在不对称合成的基础研究和工业应用方面取得了较大的进展。

下面将按反应类型介绍不对称碳碳键形成、不对称氧化和不对称还原等主要的不对称反应。

12.4 不对称碳-碳键形成反应

碳-碳键形成反应是有机合成中构造分子骨架的最主要途径,而各种碳-碳键形成反应的不对称方式如:(1)碳亲核试剂对羰基的不对称加成;(2)羰基 α-位的不对称烷基化反应;(3)不对称醇醛反应;(4)不对称碳环形成反应等是重要的基本不对称反应。本节将简要介绍这几类不对称碳-碳键形成反应及其应用。

12.4.1 羰基的不对称加成反应

经羰基的不对称加成反应形成光学活性的醇类化合物,是一类重要的不对称合成反应。根据反应的不同控制方式,可将这类反应分为:非螯合控制、螯合控制、手性辅助基团诱导、手性试剂控制和催化的不对称加成反应等几种主要类型。

12.4.1.1 非螯合控制的加成反应

亲核试剂 Nu^- 加成于羰基两个反应面可得到两个立体异构加成产物。若 R,R′均为非手性基团,则加成物为一对等量的对映体,即外消旋体。但若 R,R′一者或均为手性基团,则得到的是一对非对映异构加成物。手性中心的存在使

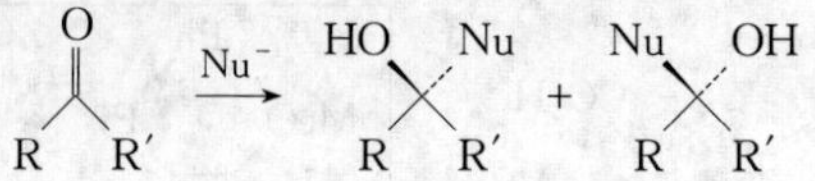

得亲核试剂对羰基两个反应面加成反应的速率由于空间位阻不同而有差异,因此其中一异构体将具有一定程度的过剩率。例如,(S)-2-甲基苯乙醛(**10**)与甲基格氏试剂的反应形成一对非对映体,两者的比例为 7∶4(式 12.10),即反应的 *de* 值为 33%。

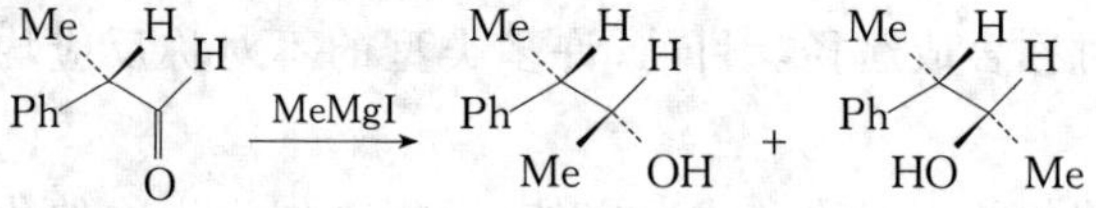

$$\text{(12.10)}$$

上述 α-手性羰基化合物与有机金属试剂不对称加成反应的立体选择性可用 Cram 或 Felkin-Anh 模型加以解释。Cram 模型认为[5]:α-取代羰基化合物的亲核加成反应是经过亲核试剂对底物的重叠构象(**11**)按垂直于羰基的方向进行的,其中亲核试剂从 α-碳的大(L)和小(S)取代基的进攻方向为有利的反应途径(图 12.6)。Cram 模型虽然能够解释一些实验现象,但该模型却存在着两个明显不合理的地方。其一是,该模型将重叠构象视为主要的反应构象,而实际上重叠构象能量高,是不稳定的;其二是,认为亲核试剂对羰基是沿垂直方向进攻的,这与四面体碳的键角(~109°)有较大的偏差。

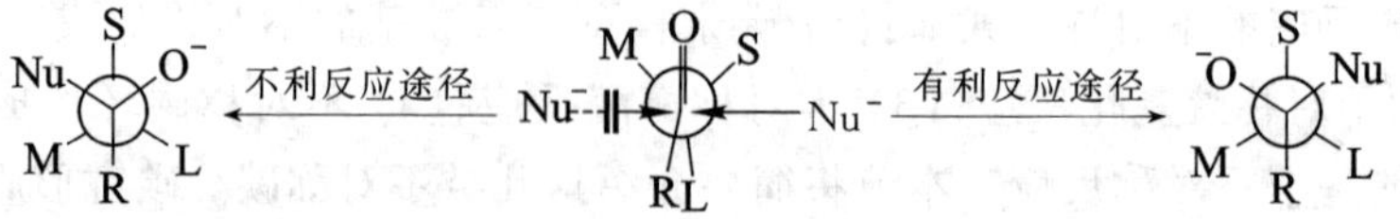

图 12.6　α-手性羰基化合物加成反应的 Cram 模型

针对 Cram 模型的缺陷,Felkin-Anh 提出了另一种模型。该模型认为[6],α-手性羰基化合物在反应过渡态中采取如 **12** 所示的交叉构象,其中 α-碳上最大取代基(L)与羰基平面垂直,反应时亲核试剂 Nu⁻ 从中等(M)和最小(S)取代基之间(空间位阻最小)按接近 109°(四面体碳的键角)的方向进攻羰基,形成优势产物(图 12.7)。

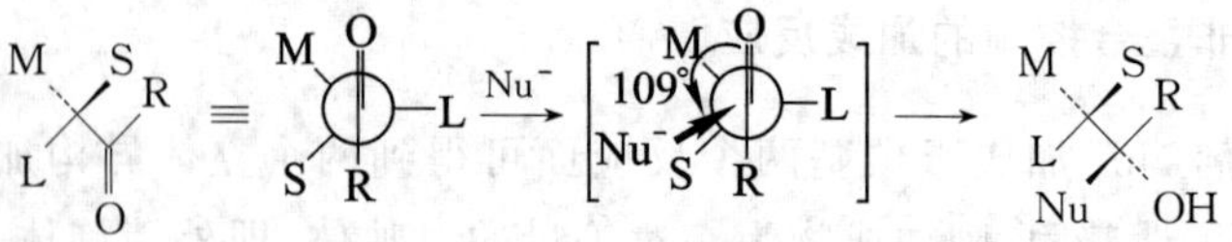

图 12.7　α-手性羰基化合物加成反应的 Felkin-Anh 模型

理论计算表明,Felkin-Anh 模型更能代表反应的过渡态,能更合理地解释反应立体选择性的结果。因此,该模型更为普遍地用于预测 α-位具手性中心羰基化合物加成反应的立体化学选择性。

在实际反应过程中,由于上述羰基化合物还可以采取除了优势构象以外的许多其他可能构象,因此对于开链的 α-位手性取代的羰基化合物来说其反应的非对映选择性一般都不很高,但随着羰基化合物中 α-位取代基相对体积的改变以及亲核试剂体积大小的差异,反应的立体选择性亦表现出较大的差异(表 12.1)。

表 12.1 α-手性羰基化合物加成反应的立体选择性

R	S	M	L	Nu	$de/\%$
H	H	Me	Ph	MeMgI	33
H	H	Et	Ph	EtMgI	43
H	H	Me	Ph	PhMgBr	>60
Me	H	Me	Ph	MeMgI	66
Me	H	Me	Ph	PhMgBr	83
H	H	Me	Ph	MeTi(OPr^i)$_3$	76
H	H	Me	Ph	MeTi(OPh)$_3$	86

上述结果表明,羰基化合物中取代基体积的增大有利于提高反应的立体选择性,但亲核试剂体积的改变对反应的立体选择性的影响则更为显著。

12.4.1.2 螯合控制的加成反应

值得注意的是,上述的 Felkin-Anh 模型只适用于羰基化合物中不含能够与亲核试剂中的金属离子形成螯合结构的情形。当底物中存在可形成螯合结构的基团(通常为含 N,O 的取代基)时,反应的结果和选择性则很不一样,这时必须使用 Cram 或 Felkin-Anh 的螯合模型(图 12.8)解释产物的形成。

13
Y = OR, NRR′, M = Mg^{2+}, Ti^{4+}

图 12.8 手性羰基化合物的 Felkin-Anh 螯合控制加成反应模型

在这类手性羰基化合物中,由于亲核试剂中的金属离子(如 Mg^{2+},Ti^{4+})与

底物中 α-位上的杂原子和羰基氧螯合,形成一刚性的环状结构的反应过渡态(**13**)。其结果是,一方面使得螯合结构成为惟一的反应构象,另一方面还提高了非主要反应途径的空间位阻。因此,亲核试剂在能形成螯合结构时对羰基的加成反应的选择性比无螯合结构时要高得多。如 α-位有苄氧基取代的酮(**14**)与丁基格氏试剂的加成反应的非对映选择性达到 98%(*de*)以上(式 12.11),远比前述没有螯合的情况高得多。

$$^nC_4H_9MgBr \text{ / THF}$$

14 → [过渡态] → $de > 98\%$

(12.11)

12.4.1.3　手性辅助基团诱导的加成反应

在许多情况下,反应底物中的 α-位上并不一定带有合适的手性中心或能形成螯合结构的基团,在这种情况下,在底物或亲核试剂中引入手性辅助基团就成为实现不对称诱导的另一种途径。

12.4.1.3.1　羰基组分手性辅助基团诱导的反应

将潜手性的羰基组分连于手性辅助基团上后,羰基的两个反应面即表现出选择性差异,因而可以有选择地形成某一立体异构产物。如在手性硫代缩醛(**15**)上引入酰基,形成手性的羰基化合物(**16**)。格氏试剂再与其中的羰基进行亲核加成反应,获得高非对映选择性的加成物(**17**)。除去辅助基团后,得到高对映过剩的 α-羟基醛(**18**)(式 12.12)。

15 $\xrightarrow{\text{(1) BuLi} \\ \text{(2) RCHO} \\ \text{(3) DMSO, TFAA, Et}_3\text{N}}$ **16** $\xrightarrow{\text{R'MgX}}$ **17** (R′ = ^{n}Pr, >93% *de*)

$\xrightarrow{\text{Cl-N(succinimide)} \\ \text{AgNO}_3}$ **18** >93%(*ee*)

(12.12)

19

在上述反应的加成步骤中,格氏试剂中镁离子与(**16**)中的 1,3-二氧基团形成配位结构(**19**),使得亲核试剂 R⁻ 从位阻较小的 *Re* 面加成于羰基上,形成主要的加成产物[7]。除了硫代缩醛外,还有其他一些连有手性辅助基团的羰基化合物(如 **20**、**21**)等亦成功地用于不对称加成反应。

20　X = O, NPh
21

12.4.1.3.2　手性亲核辅助基团控制的反应

羰基手性辅助基团控制的加成反应由于辅助基团常常连接于羰基的 α-位,因此在使用上有很大的局限性。解决这一问题的方法之一是将亲核试剂 R⁻ 连接于一手性辅助基团中,使其成为手性亲核试剂。这样,R⁻ 在对羰基的加成时就具有对映面的选择性。例如,光学纯的亚砜(**22**)中的甲基在强碱存在下形成手性碳负离子亲核试剂,然后与羰基化合物发生加成反应,形成高非对映过剩的加成物(**23**),用 Ni 催化方法脱除辅助基团后得到相应的醇(式 12.13)。

22 → **23**　96%～98%　～100%(*de*)

$$\xrightarrow[\text{H}_2]{\text{Raney Ni}} \quad (12.13)$$

光学纯(*R*)-联萘酚-氯代钛酸酯(**24**)与格氏试剂交换后形成的手性烷基钛酸酯(**25**),则是通过手性环境下碳亲核试剂对羰基的不对称加成反应,形成高对映选择性的加成物(式 12.14)。

24 $\xrightarrow{\text{RMgX}}$ **25** $\xrightarrow{\text{R'CHO}}$ (12.14)

与羰基组分上连接手性辅助基团的方法相比,手性亲核试剂显然更为灵活、简便,并具有较前者广泛的应用范围。与这种方法相关的是一类称为不对称烯丙基化的反应(Roush 反应)。在这类反应中,醛与连有手性辅助基团的烯丙基试剂发生加成反应,形成手性高烯丙醇类手性化合物(式 12.15)。这类手性化合物经氧化、硼氢化等反应可将双键转化为其他官能团,因而是不对称碳−碳键形成反应中很有用的一类反应。

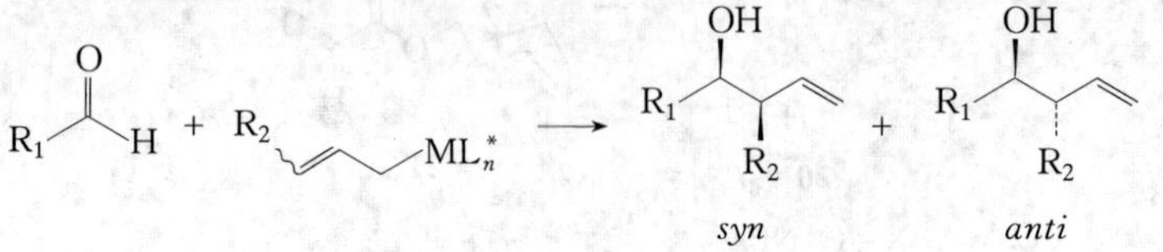

$$R_1CHO + R_2-CH=CH-CH_2-ML_n^* \longrightarrow \underset{syn}{R_1\text{-CH(OH)-CH}(R_2)\text{-CH=CH}_2} + \underset{anti}{R_1\text{-CH(OH)-CH}(R_2)\text{-CH=CH}_2} \quad (12.15)$$

M = B,Sn,Si 等,L* = 手性配体

在这类反应中,手性因素可存在于 R_1、L^* 或二者中,所形成产物的相对立体化学可以是同侧(syn)或反侧(anti)的,而产物的绝对构型以及何者为主产物,则取决于 R_1 和 L^* 的构型。例如,由(S,S)−酒石酸二异丙酯衍生得到的烯丙基硼酸酯(**26**)与醛反应可得到高对映过剩的高烯丙醇产物(式 12.16)。

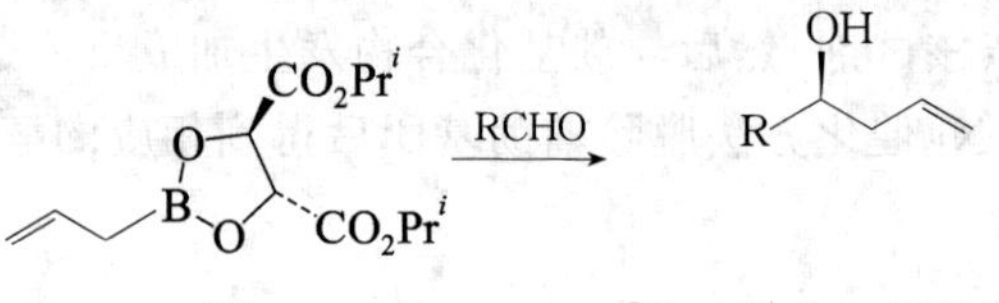

$$\text{烯丙基硼酸酯 } \mathbf{26} \xrightarrow{\text{RCHO}} R\text{-CH(OH)-CH}_2\text{-CH=CH}_2 \quad (12.16)$$

[R = alkyl, ~86%(ee)]

与前述的羰基不对称加成反应的 Felkih−Anh 过渡态不同,该反应的过渡态是通过缺电子硼与醛羰基氧原子的配位,并形成一类椅式过渡态进行的。在两种可能的过渡态(图 12.9)中,经(**27a**)的烯丙基加成主要发生于羰基的 Si

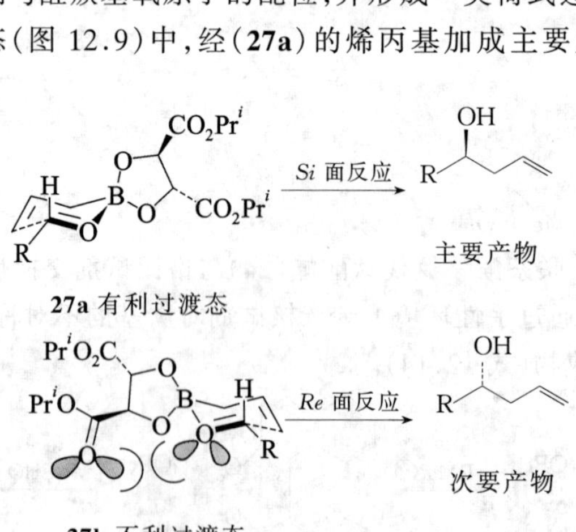

27a 有利过渡态 $\xrightarrow{Si \text{ 面反应}}$ 主要产物

27b 不利过渡态 $\xrightarrow{Re \text{ 面反应}}$ 次要产物

图 12.9 烯丙基硼酸酯 **26** 与醛的反应过渡态

面,形成主要对映体;而另一种发生于羰基的 Re 面反应的过渡态(**27b**),则由于过渡态中存在着醛羰基氧与酯羰基氧上未共用电子对之间的立体电子相互排斥作用,使得该过渡态能量比较高,成为次要的反应途径。

当烯丙基的末端有取代基存在时,则反应得到的产物为 syn 与 anti 异构体的混合物,何者为主产物,取决于双键的几何构型为(Z)或(E)。在烯丙基硼类型的反应中,Z-构型烯烃得到 syn 主产物(如式 12.17a),而 E-构型烯烃则得到 anti 主产物(如式 12.17b)。烯丙基硼化合物的这一反应结果可从上述类椅式过渡态得到解释。表 12.2 列出了烯丙基硼酸酯(**28a**)和(**28b**)与醛加成反应的结果。

$$(Z)-\mathbf{28a} \xrightarrow{RCHO} syn \tag{12.17a}$$

$$(E)-\mathbf{28b} \xrightarrow{RCHO} anti \tag{12.17b}$$

表 12.2 烯丙基硼酸酯(**28a**)和(**28b**)与醛加成反应的立体选择性

R	烯丙基硼酸酯	syn/anti	ee/%*
$^nC_9H_{19}$	**28a**	>99:1	88
$^nC_9H_{19}$	**28b**	3:97	86
$TBSOCH_2CH_2$	**28a**	>98:2	85
$TBSOCH_2CH_2$	**28b**	>2:98	72
Bu^t	**28a**	95:5	73
Bu^t	**28b**	>1:99	70
$^nC_7H_{15}CH=CH$	**28a**	>99:1	74
$^nC_7H_{15}CH=CH$	**28b**	3:97	62

* 主要对映体。

值得注意的是,上述反应可形成四种立体异构产物,即一对 syn 和一对 anti 的对映体。syn 与 anti 只描述了反应的相对立体化学,而主产物中哪一种对映体为主,则由手性辅助基团的构型决定。其 ee 值表示了该反应中主要非对映异构体中主要对映体的对映过剩。

不对称烯丙基化反应在许多天然产物的全合成中得到了广泛的应用。例如

(R,R)-烯丙基硼酸酯(**29**)与醛(**30**)反应所得到的产物(**31**)是新抗肿瘤化合物埃波霉素(epothilone)一种全合成的关键反应步骤[8](式 12.18)。

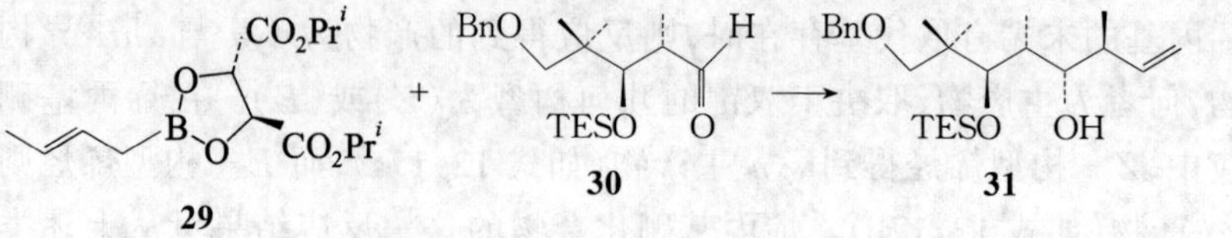

$$\text{29} + \text{30} \longrightarrow \text{31} \qquad (12.18)$$

除以酒石酸酯为手性辅助基团的烯丙基反应外,还有许多其他手性烯丙基化试剂和催化剂也成功地用于醛的不对称烯丙基化反应[9]。一些例子列于图 12.10 中。

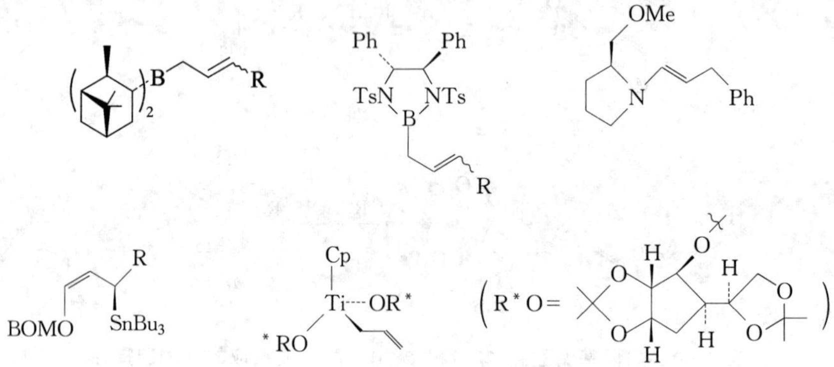

图 12.10 一些手性烯丙基化试剂

12.4.1.4 羰基的催化不对称加成反应

在前述羰基的不对称加成反应中,反应的立体选择性依赖于底物或试剂已有的手性中心,这样的控制方式在适用范围、合成效率和经济性上均受到一定的限制。更理想的途径是使非手性的底物和非手性的试剂,在催化量的手性催化剂存在下发生不对称反应。近年来这方面的研究已有较大进展,开发出了一些具有较高对映选择性的羰基不对称加成反应的催化体系。

在羰基化合物的催化不对称加成反应中,要求亲核试剂具有较低的亲核性,即在无催化剂时不发生反应,但在催化剂存在下,羰基或亲核试剂受到活化,使反应得以发生。格氏试剂、有机锂化合物由于对羰基的反应活性很高,难以满足这一要求,最合适的是有机锌化合物。它们在一般条件下难以与羰基化合物反应或反应很缓慢,但在一些配体存在下,则会由于配体的加速作用促使反应发生。因此,有机锌化合物是最适合这一要求的碳亲核试剂。

有机锌试剂对羰基化合物的催化不对称加成反应中,最成功的应用是与醛类化合物的反应(式 12.19),其中的手性催化剂 L^* 大多是含 N,O 的双齿配体。

$$\underset{R}{\overset{O}{\underset{H}{\bigvee}}} + R'_2Zn \xrightarrow{L^*} \underset{R}{\overset{OH}{\underset{R'}{\bigvee}}} \quad (12.19)$$

表 12.3 列出了一些代表性的手性配体促进下,二乙基锌与苯甲醛的不对称加成的反应结果。可以看出,这类反应可以形成很高对映过剩的加成产物。

表 12.3 一些手性配体催化下二乙基锌与苯甲醛的不对称加成反应

配体	(结构1: 含NMe₂和OH的莰烷衍生物)	(结构2: Bu^tCH(OH)CH₂-哌啶)	(结构3: 环己烷二胺双三氟甲磺酰胺)
产物构型	S	R	S
$ee/\%$	99	98	90

配体	(结构4: 2,5-二异丙基哌嗪二锂)	(结构5: BINOL-Ti(OPrⁱ)₂)
产物构型	R	S
$ee/\%$	92	91.9

在上述配体中,$(-)$-DAIB[$(-)$-3-exo-(dimethylamino)isoborneol] (**32**)还广泛地用于催化其他烷基锌与醛的不对称加成反应,形成高对映过剩的仲醇化合物(表 12.4)。在反应机理上,该反应可能是通过(图 12.11)所示的过渡态进行的。其中一分子烷基锌(Zn_A)与配体的羟基交换后形成五元环的螯合结构,并同时与醛配位,提高羰基的亲电性。而另一分子烷基锌(Zn_B)则与配体的氧和 Zn_A 余下的烷基 R' 配位,提高 R' 的亲核性。在过渡态中,醛的烷基远离配体以减小立体阻碍。连于 Zn_A 和 Zn_B 上的烷基从醛羰基的 Re 面进攻,形成所示构型的加成物。

表 12.4 [$(-)$-DAIB](**32**)催化烷基锌与醛的不对称加成反应

R	Ph	Ph	p-ClC₆H₄	p-MeOC₆H₄	2-Furyl	PhCH₂CH₂
R′	Me	Buⁿ	Et	Et	C₅H₁₁ⁿ	Et
$ee/\%$	91	98	93	93	>95	90

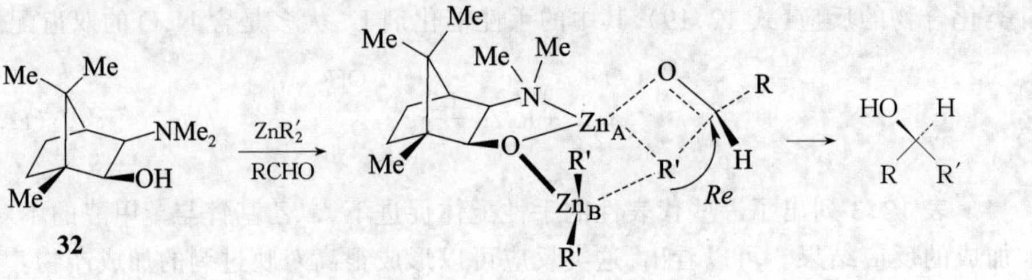

图 12.11 (−)−DAIB(32)催化烷基锌与醛的不对称加成反应机理

DAIB 催化的加成反应还被用于天然产物的合成。名贵天然香料麝香酮[(R)−muscone]即是其成功应用的一例(式 12.20)。14−炔醛(33)经硼氢化后与二乙基锌交换形成醛与有机锌共存的中间体(34),这一中间体本身并不发生醛基与有机锌之间的加成反应,但在(+)−DAIB 催化下则发生分子内环化,形成高对映过剩的加成物(35),经羟基诱导的不对称环丙烷化引入潜在甲基、区域选择开环形成甲基等步骤,得到(R)−麝香酮。

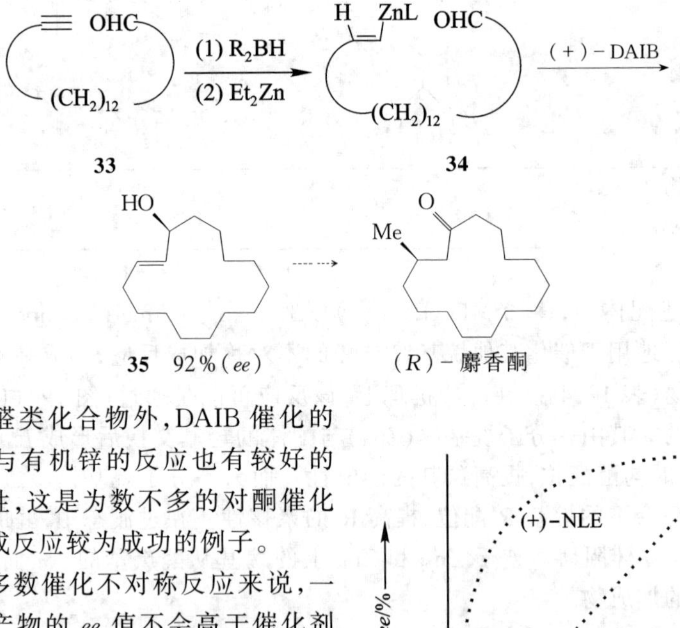

(12.20)

除了醛类化合物外,DAIB 催化的潜手性酮与有机锌的反应也有较好的对映选择性,这是为数不多的对酮催化不对称加成反应较为成功的例子。

对大多数催化不对称反应来说,一般所形成产物的 ee 值不会高于催化剂本身的 ee 值,但在 DAIB 催化的不对称加成反应中,所形成加成产物的 ee 值比催化剂的 ee 值(若低于 100%)要来得高。法国合成化学家 Kagan 最早对这一现象进行了系统研究,并将这种现象称为不对称反应的"非线性效应"

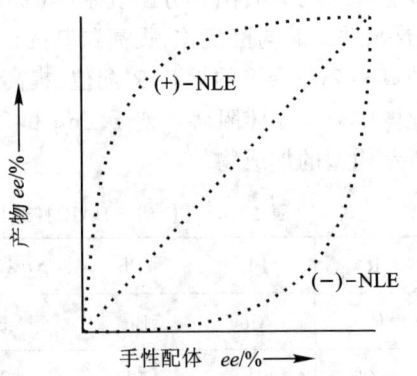

图 12.12 不对称催化反应的非线性效应

(nonlinear effects,NLE)[10,11](图 12.12)。对于产物的光学纯度低于手性源光学纯度的反应称为"负非线性效应,(-)-NLE",产物的光学纯度高于手性源光学纯度的反应则称为"正非线性效应,(+)-NLE",又称为"手性放大作用"。实验结果和理论研究表明,仅~15%(ee)的(-)-DAIB 在催化有机锌与苯甲醛的不对称加成反应中,即可形成≥90%(ee)的加成产物[12]。

"正非线性效应"对于不对称合成具有重要的理论意义和应用价值,因为用低 ee 值的手性催化剂,就可能实现高的对映选择性,这对于不易获得高光学纯度的催化剂反应体系来说具有重要的意义。例如默克(Merck)公司利用廉价的 ~70%(ee)的 α-蒎烯得到的手性硼还原剂(-)-Ipc$_2$BCl(**36**)对酮(**37**)进行对映选择性还原,得到光学纯度>95%(ee)的用于合成哮喘治疗药物 singulair 的重要中间体[13](**38**)(式 20.21)。

$$ (20.21) $$

近年来发现,这种现象也存在于其他一些光学活性的化合物如 1,1′-联萘-2,2′-二酚(BINOL)的催化反应体系中。

12.4.2 不对称醇醛反应

醇醛反应是有机合成中另一类重要的碳-碳键形成反应。这类反应可形成两个新的不对称中心、四个可能的立体异构体(式 12.22),即 *syn* 和 *anti* 的各一对对映体。该反应的相对立体化学,即产物的 *syn* 与 *anti* 选择性,可用 Zimmerman-Traxler 模型进行解释。该模型认为,醇醛反应经历了一个类似于烯丙基化反应的类椅式过渡态(图 12.13)。反应的 *syn* 与 *anti* 选择性与烯醇盐的几何构型有关。在反应中,若烯醇盐的结构为 *E*-构型,反应主要采取(**39**)的低能量过渡态(更多取代基处于 *e*-键),形成 *anti* 主产物;而若烯醇结构为 *Z*-构型,则主要经(**40**)的过渡态,形成 *syn* 主产物。而产物的绝对构型则取决于羰基两个反应面受烯醇盐进攻的相对难易程度。

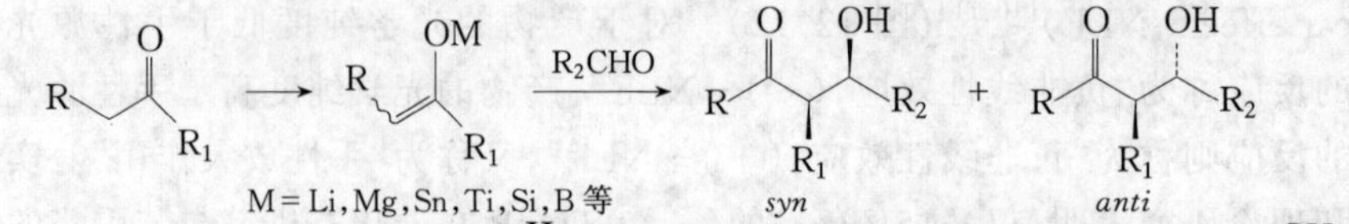

(12.22)

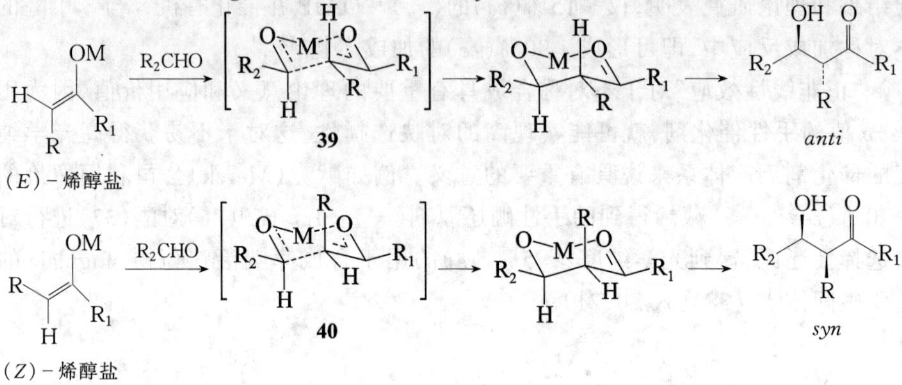

图 12.13 醇醛缩合反应立体选择性的 Zimmerman - Traxler 模型

除了烯醇结构的几何构型外,醇醛反应的立体选择性还受到烯醇抗离子 M、立体化学因素(空间位阻)和具体反应条件的影响。

根据反应控制方式的不同,不对称醇醛反应可分为:(1) 底物控制的反应;(2) 试剂控制的反应;(3) 催化剂控制的反应。下面分别举例说明这三类控制方式的醇醛反应及其应用。

12.4.2.1 底物控制的反应

底物控制的不对称醇醛反应可以通过:(a) 手性的烯醇体与手性或非手性醛的反应或(b)在非手性的烯醇前体中引入手性辅助基团来实现。两者的差别仅在于后者的手性中心在反应完成后被除去,而前者则保留在产物中。由于手性原料来源的局限性,手性辅助基团诱导成为底物控制不对称醇醛反应较常采用的方式。目前已有许多种手性辅助基团可用于此类反应[14],Evans (**41**) 和 Oppolzer (**42**)手性辅助基团是其中最典型的代表。

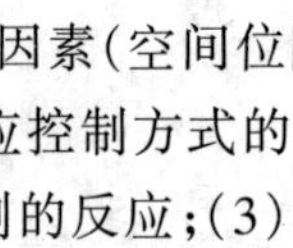
41

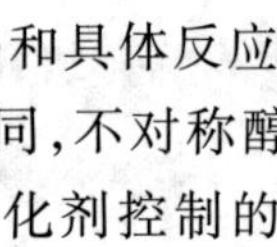
42

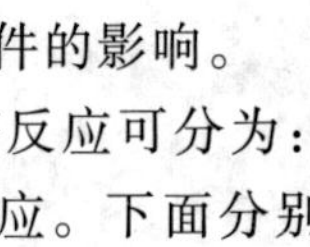
43

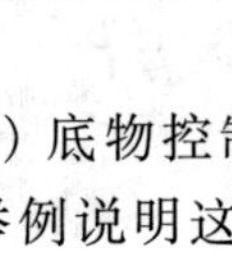
44

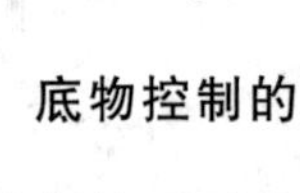
45

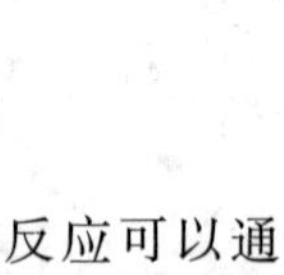
46

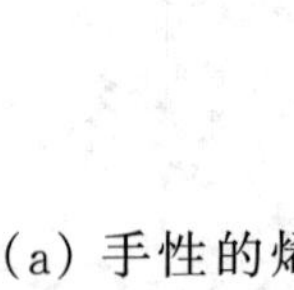
47

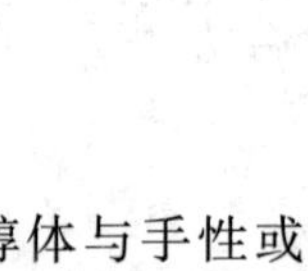
48

12.4 不对称碳-碳键形成反应

手性酮(**49**)与 LDA 所形成的锂烯醇盐与醛的反应就是一手性羰基化合物烯醇体控制的不对称醇醛反应(式 12.23)。在该反应中,酮(**49**)于低温条件下形成动力学控制的 Z-烯醇盐(**50**),然后与醛经 **51** 所示的过渡态,即烯醇盐从位阻较小的一面与醛的 Si 面发生加成反应,形成所示绝对立体化学的 syn 主产物。从表 12.5 的反应结果可以看出:对于不同的醛来说,R 基团体积大的选择性较好。值得一提的是,在反应体系中加入可与 Li 抗离子配位的试剂如四甲基乙二胺(TMEDA),可使反应的选择性大大提高(>95:5)。这显然是由于配位后的抗离子体积增大,更有利于烯醇盐(**50**)区分醛的两个反应面的缘故。

$$ \qquad (12.23) $$

表 12.5 烯醇盐 50 与醛的醇醛反应结果

R	Ph	^{i}Pr	PhCH$_2$	Ph$_2$CH	^{t}Bu
51a/51b	75:25	75:25	87:13	>90:10	>95:5

N-酰基手性噁唑酮(**52**)(Evans 手性辅助基团)是手性辅助基团用于不对称醇醛反应的一个典型例子(式 12.24)。在该反应中,由(**52**)所形成的 Z-硼烯醇盐(**53**)在与醛的两种可能的反应过渡态(**54a**)和(**54b**)中(图 12.14),主要经过能量较低的类椅式过渡态(**54a**),形成所示绝对立体化学的 syn 产物。

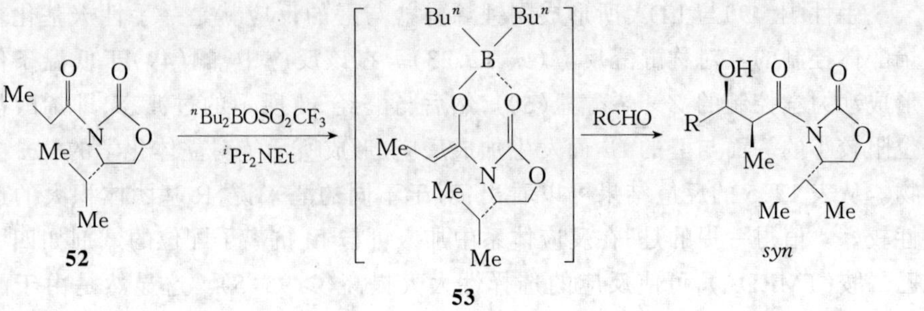

$$\text{(12.24)}$$

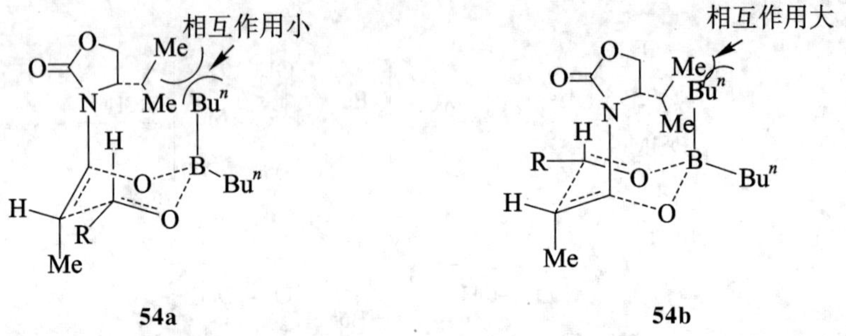

图 12.14 硼烯醇盐 **53** 与醛的两种反应过渡态

这类手性辅助基团控制的不对称醇醛反应被广泛地用于许多复杂天然产物的全合成。例如 Evans 从连有手性噁唑酮的前体 **55** 出发,采用不同的立体选择性控制方式,合成了大环内酯抗生素红霉素的两个关键片段[15]**56a** 和 **56b**(式 12.25)。

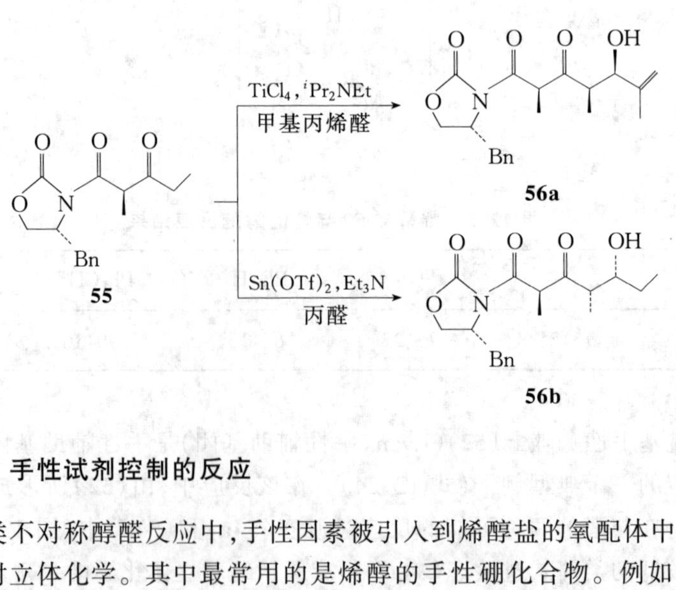

$$\text{(12.25)}$$

12.4.2.2 手性试剂控制的反应

在这类不对称醇醛反应中,手性因素被引入到烯醇盐的氧配体中,由其控制反应的绝对立体化学。其中最常用的是烯醇的手性硼化合物。例如,由左旋二异松莰烷基硼的三氟甲磺酸酯(**57**)与酮形成的 Z – 硼烯醇盐(**58**),在与醛的反应中,高对映选择性地形成 syn 加成物(式 12.26,表 12.6)。其中主要对映体是经过两种可能的反应过渡态中的有利过渡态(**59a**)(图 12.15)形成的。

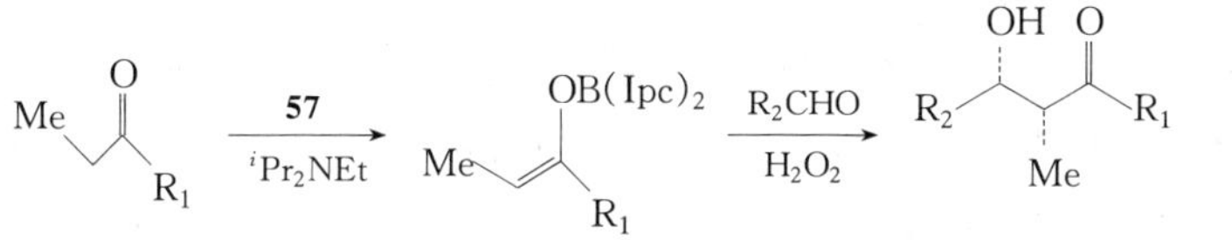

$$\text{Me} \overset{O}{\underset{R_1}{\diagup\!\!\!\diagdown}} \xrightarrow[^iPr_2NEt]{\mathbf{57}} \underset{\text{Me}}{\overset{OB(Ipc)_2}{\diagup\!\!\!\diagdown}} R_1 \xrightarrow[H_2O_2]{R_2CHO} R_2 \overset{OH}{\underset{\text{Me}}{\diagup\!\!\!\diagdown}} \overset{O}{\underset{}{\diagup\!\!\!\diagdown}} R_1 \quad (12.26)$$

58

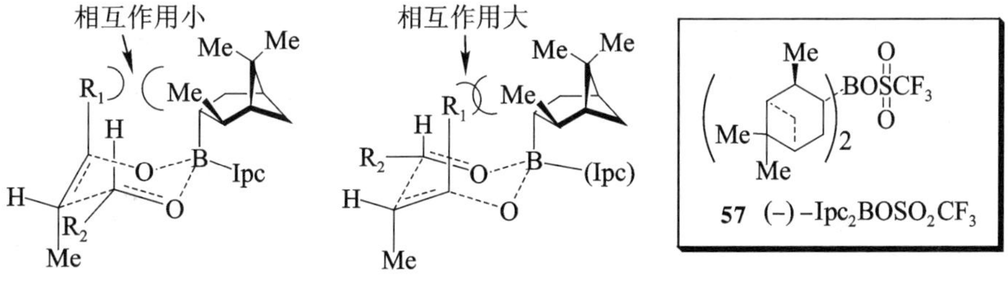

图 12.15 硼烯醇盐 **58** 与醛的两种反应过渡态

表 12.6 硼烯醇盐 **58** 与醛的反应结果

R_1	Et	Et	Et	Et	^{i}Pr	^{i}BuCH$_2$
R_2	Me	^{n}Pr	2-Furyl	H$_2$C=C(Me)—	H$_2$C=C(Me)—	H$_2$C=C(Me)—
ee/%	82	80	80	91	88	86
%	91	92	84	78	99	79

这类控制方式由于手性试剂来源有较大的局限性,因此在实用上不如手性辅助基团诱导的反应用得广泛。

12.4.2.3 手性催化剂控制的反应

由于手性催化剂控制的醇醛反应具有比上述两种控制方式更为广泛的适用性和更好的灵活性,因此这类控制方式成为近年来不对称醇醛反应研究得最活跃的方向。目前已开发出数种催化体系,可以高对映选择性地控制不对称醇醛反应。

在众多的催化不对称醇醛反应中,最常见的是醛与烯醇硅醚在手性 Lewis 酸催化下的反应。在这种不对称醇醛反应中,手性 Lewis 酸催化剂首先与醛组分配位,既提高了醛羰基的亲电性使其易受烯醇体的进攻,又创造了一个不对称的环境使得反应具有面的选择性(式 12.27)。

$$R_1\text{CHO} + \underset{R_2}{\text{CH}_2=\text{C(OSiR}_3\text{)}} \xrightarrow[-R_3SiX]{L^*X} \left[\underset{R_1}{\overset{OL^*}{\text{CH}}}\overset{*}{\text{CH}}_2\overset{O}{\text{C}}R_2 \right] \xrightarrow[-L^*X]{+R_3SiX} \underset{R_1}{\overset{R_3SiO}{\text{CH}}}\overset{*}{\text{CH}}_2\overset{O}{\text{C}}R_2$$

(12.27)

Mukaiyama 等发现,醛与烯醇硅醚 **60** 在二价和四价锡以及手性二胺配体(如 **61~64**)存在下,能高对映选择性地形成醇醛产物(式 12.28)。这一反应被称为 Mukaiyama 醇醛反应。一系列醛与烯醇硅醚 **60** 在手性胺 **61** 存在下形成醇醛反应产物如表 12.7 所示。

$$R_1CHO + \underset{\mathbf{60}}{\overset{OSiMe_3}{\underset{R_2}{\text{CH}=C-R_3}}} \xrightarrow[\text{手性二胺,}-78℃]{Sn(OSO_2CF_3)_2, Sn(\text{IV})} \underset{syn}{\overset{Me_3SiO\ O}{\underset{R_2}{R_1\text{CH-CH-C-}R_3}}} + \underset{anti}{\overset{Me_3SiO\ O}{\underset{R_2}{R_1\text{CH-CH-C-}R_3}}}$$

(12.28)

61, **62**, **63**, **64** (手性二胺结构式)

表 12.7 烯醇硅醚 **60** 在手性胺催化下与醛的 Mukaiyama 反应

R_1	Ph	Ph	^tBu	$p-CH_3OC_6H_4$	Ph	$(E)-CH_3CH=CH-$
R_2	Me	Me	H	Me	OBn	OBn
R_3	SEt	SEt	SEt	SEt	SEt	SEt
手性胺	**62**	**61**	**61**	**61**	**61**	**64**
$syn/anti$	100/0	100/0	100/0	100/0	26/74	<2/98
$ee/\%(syn)$	84	>98	>98	>98	97	>97($anti$)
%	79	86	90	95	69	85

除了 Mukaiyama 催化剂外,还有其他一些手性 Lewis 酸催化剂如 **65~68** 也成功地用于此类反应,高选择性地形成醇醛反应产物[16]。例如,噁唑啉铜可高立体选择性地催化硅烯醇醚与醛的醇醛反应(式 12.29,式 12.30)。

65 X = Cl, OPr^i

66

67

68

$$\text{BnO}\diagdown\text{CHO} + \begin{array}{c}\text{OSiMe}_3\\ \diagup\\ \text{SBu}^t\end{array} \xrightarrow[-78℃]{\textbf{67}(0.5\%,\text{摩尔分数})} \text{BnO}\diagdown\underset{\text{OH}}{\overset{}{\diagup}}\diagdown\overset{\text{O}}{\diagup}\text{SBu}^t \quad (12.29)$$

100%, 99%(*ee*)

$$\underset{\text{O}}{\overset{\text{O}}{\text{MeO}\diagdown\diagdown\text{Me}}} + \begin{array}{c}\text{OSiMe}_3\\ \diagup\\ \text{SBu}^t\end{array} \xrightarrow[-78℃]{\textbf{67}(0.5\%,\text{摩尔分数})} \text{产物} \quad (12.30)$$

96%, 99%(*ee*)

除了以烯醇醚为亲核试剂的不对称醇醛反应外，近年来还开发出直接用含 α-氢羰基化合物在反应体系中即时形成烯醇体的不对称醇醛反应催化剂体系。这类反应无需经过烯醇醚，因而使得反应更为方便。此外，用生物催化剂的醇醛酶(aldolase)催化的不对称醇醛反应，可使反应在水介质中于温和的条件下进行，形成复杂结构的天然产物，尤其是多羟基化合物和糖类。这些新的催化体系代表着不对称醇醛反应的最新发展方向[16]。

12.4.3 不对称环加成反应

环加成反应如[4+2]环化反应(Diels-Alder 反应)，1,3-偶极加成反应等是有机合成中另一类形成碳-碳键的重要反应。这些反应由于能同时形成至少两个 σ 键和最多达四个的不对称中心，因此在不对称合成，尤其是复杂天然化合物的合成中有着很重要的地位。

Diels-Alder 反应是环加成反应中最常见和最重要的反应之一。在该类反应中,双烯体和亲双烯体在加热或 Lewis 酸催化下形成取代环己烯。其中两个反应组分中,双烯体上一般连有供电子取代基,而亲双烯体上则连有吸电子取代基(Y,Z)。该反应是一协同反应,遵循(Woodward-Hoffmann)规则,具有好的区域和立体选择性,即形成内型加成物和优先形成邻-或对-位取向的产物(式 12.31)。

$$\text{双烯体} + \text{亲双烯体} \xrightarrow{\triangle \text{ 或 Lewis 酸}} \text{产物} \tag{12.31}$$

Diels-Alder 反应可以在加热条件下进行,也可使用 Lewis 酸催化剂促进反应。由于 Lewis 酸能通过降低亲双烯体的前线轨道(LUMO)的能量,使反应在较低的温度下进行;同时由于 Lewis 酸与亲双烯体的配位作用增大了其体积因而有利于反应面的区分,从而显著地提高反应的立体选择性。例如,环己二烯与丙烯酸甲酯在两种反应方式下的内/外(endo/exo)选择性如(式 12.32)所示。可见,Lewis 酸催化剂可显著地提高反应的立体选择性。因此在不对称 Diels-Alder 反应中,Lewis 酸比加热方式更常用于促进这类反应。

$$\text{环戊二烯} + \text{CH}_2=\text{CHCO}_2\text{Me} \xrightarrow{\text{反应条件}} endo + exo \tag{12.32}$$

反应条件	endo/exo
0℃(无 Lewis 酸)	88:12
$AlCl_3$(0℃)	96:4
$AlCl_3$(-78℃)	99:1

在反应的立体化学控制方面,主要有:(1) 在双烯体和/或亲双烯体中引入手性辅助基团;(2) 使用手性 Lewis 酸催化剂两种主要途径。

12.4.3.1 手性辅助基团控制的不对称 Diels-Alder 反应

在这种控制方式中,手性辅助基团可以连接于双烯体和/或亲双烯体上,使得亲烯体对于双烯体的加成反应具有好的面选择性,从而形成不等量的加成产物。

12.4.3.1.1 手性亲双烯体与非手性双烯体的反应

由 L-缬胺醇衍生得到的手性亲双烯体 **69** 的反应,是较少见的热促进的一例 Diels-Alder 反应。在该反应中,手性亲双烯体的上面由于角甲基和异丙基的取代,使得该反应面的立体阻碍比下面大,因而与双烯体的反应发生于下面,经 **70** 所示过渡态形成惟一的 *endo* 加成物(式 12.33)。

$$(12.33)$$

在更多情况下,手性亲双烯体与双烯体的反应是在 Lewis 酸存在下进行的。例如,连有手性噁唑酮的丙烯酰胺衍生物 **71**,在二乙基氯化铝存在下与异戊二烯在低温下经 **72** 所示过渡态,形成加成物 **73**,它经进一步纯化后可达 98%(*de*)以上的光学纯度。**73** 产物经进一步转化后可得高光学纯的松油醇 **74**(式 12.34)。

$$(12.34)$$

12.4.3.1.2 手性双烯体与非手性亲双烯体的反应

尽管从原则上讲,手性双烯体也可控制不对称 Diels-Alder 反应的选择性,但在实际上由于在双烯体上连接和去除手性辅助基团不如在亲双烯体上来得方便。因此,这种方法与前述的手性辅助基团连于亲双烯体上的方法相比要少见。

虽然如此,这类反应在一些情况下仍得到了成功的应用。例如,手性的亲双烯体烯醇酯 **75** 与烯酮 **76** 在三乙酰基硼酸酯存在下的反应就是一个此类反应的成功例子(式 12.35),亲双烯体上所连接的手性辅助基团使得对双烯体的反应具有好的面选择性。

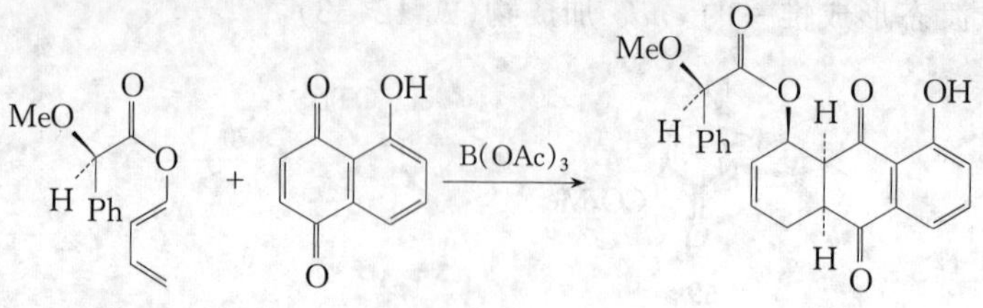

75　**76**

(12.35)

12.4.3.1.3　分子内的不对称 Diels－Alder 反应

当双烯体与亲双烯体共同存在于一分子中时,则可发生分子内的 Diels－Alder 环加成反应。例如,**77** 中连有手性辅助基团的亲双烯体与分子内的双烯体在二乙基氯化铝存在下经 **78** 所示的过渡态,高立体选择性地形成分子内环加成物 **79**,它经进一步转化,得到天然产物 1－甲基－番木鳖苷的糖苷配体 **80**(式 12.36)。因此,分子内的 Diels－Alder 环加成反应是构筑复杂天然产物,尤其是多环化合物的一种很有效方法。

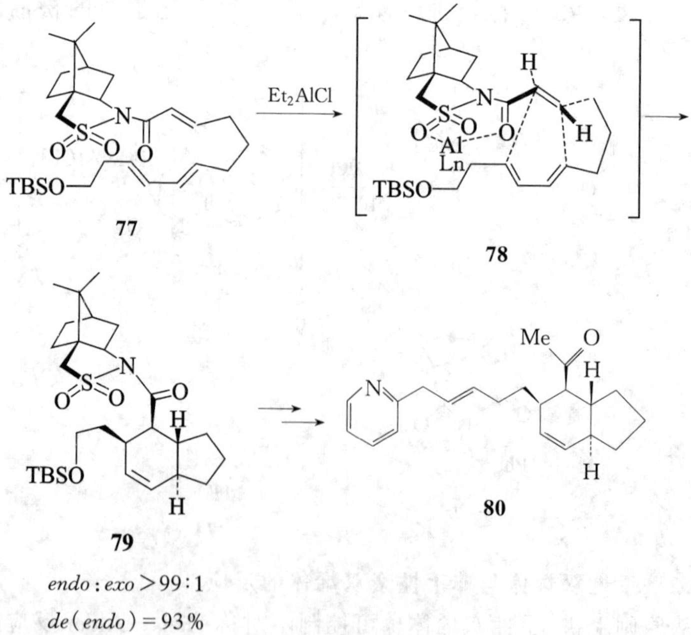

77　**78**　**79**　**80**

(12.36)

endo : *exo*＞99∶1

de(*endo*)＝93%

12.4.3.1.4　手性双烯体与手性亲双烯体的反应

这种组合方式又称为双不对称 Diels－Alder 反应。如式 12.37a 中的双烯

体 (S)-**81** 和亲双烯体 (S)-**82** 均连有手性辅助基团,二者在 Lewis 酸 $BF_3 \cdot OEt_2$ 存在下,高立体选择性地形成加成产物 **83a** ($dr>130:1$)。值得注意的是,不同构型的双烯体和亲双烯体组分发生反应时,其加成物的立体选择性可能很不相同,如 (R)-**81** 与 (S)-**82** 反应的非对映选择性仅为 35:1 (式 12.37b)。在这种不同构型组合的反应结果中,常把选择性高的组合方式称为匹配 (matched),而把选择性较差的称为错配 (mismatched)。

$$(S)\text{-}81 + (S)\text{-}82 \xrightarrow{BF_3 \cdot OEt_2} \mathbf{83a} \quad dr > 130:1 \quad (12.37a)$$

$$(R)\text{-}81 + (S)\text{-}82 \xrightarrow{BF_3 \cdot OEt_2} \mathbf{83b} \quad dr = 35:1 \quad (12.37b)$$

12.4.3.2 手性催化剂存在下的不对称 Diels–Alder 反应

手性辅助基团诱导的不对称 Diels–Alder 反应存在着与使用辅助基团的不对称合成反应的共同不足之处,除需连接或去除辅助基团的两个附加反应步骤外,还受到应用范围的限制。更理想的不对称 Diels–Alder 反应是使非手性的双烯体和非手性的亲双烯体在催化量的手性催化剂存在下发生加成反应。这一领域在近年来取得了很大的进展,目前已开发出了许多催化剂(如 **84~89**),可有效地催化不对称 Diels–Alder 反应。

84 M = B, Al; X = Br, Me

85

86 X = H, Br; M = Ti, B, Al; L = Cl, R

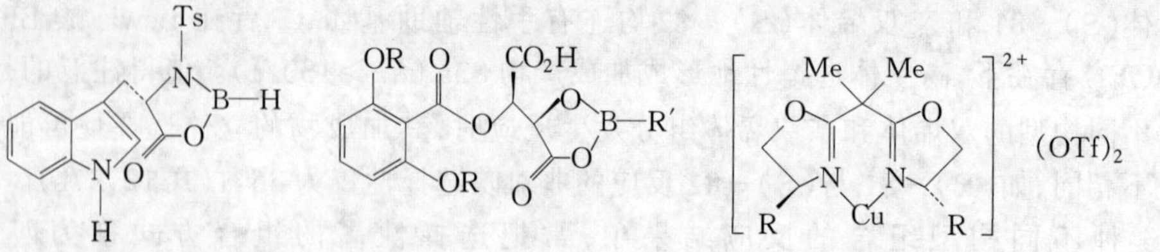

87 **88** R′ = H, OCOR **89**

Diels-Alder 反应催化剂的共同特点是均为含有缺电子的 B, Al, Ti 或其他金属中心的 Lewis 酸。它们通过与亲双烯体的配位,形成非对映的配位物并提高其反应性。配位后的亲双烯体与双烯体发生非对映面的选择性加成反应,形成对映过剩的加成物。例如,双烯体环戊二烯与 2-溴丙烯醛在手性催化剂 **87** 存在下,经历过渡态 **90**,其中的吲哚基团有效封闭了亲双烯体的 *Si* 面,使其与双烯体的加成只能发生于 *Re* 面,高对映选择性地形成加成物(式 12.38)。

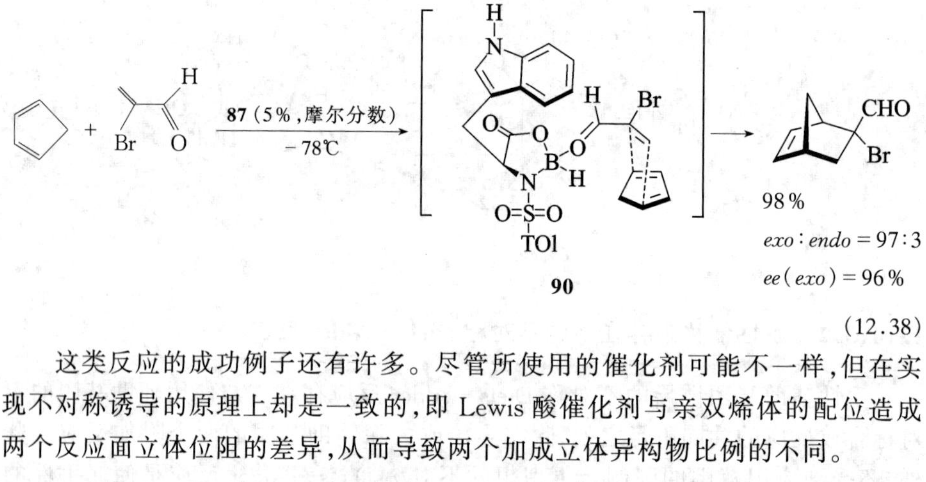

98%
exo : endo = 97 : 3
ee(exo) = 96%

(12.38)

这类反应的成功例子还有许多。尽管所使用的催化剂可能不一样,但在实现不对称诱导的原理上却是一致的,即 Lewis 酸催化剂与亲双烯体的配位造成两个反应面立体位阻的差异,从而导致两个加成立体异构物比例的不同。

12.4.3.3 不对称杂 Diels-Alder 反应

在不对称 Diels-Alder 加成反应中,近年来一类使用含杂原子(N,O)亲双烯体的反应备受关注。在这类反应中,与双烯体进行加成的是含有杂原子的基团(C=O,C=N),因而又称杂 Diels-Alder 反应(式 12.39)。

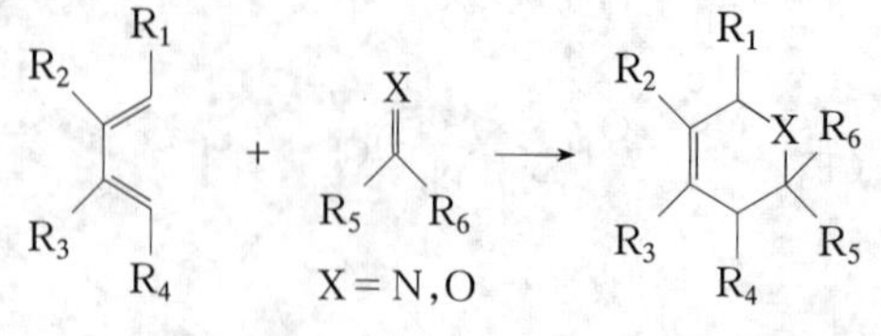

$$X = N, O \tag{12.39}$$

由于这类反应的产物常是天然产物或其结构单元,因而近年来得到广泛的应用。例如,二烯醚 **91** 与乙醛酸甲酯在(R)-BINOL-钛催化剂存在下的形成手性四氢吡喃的衍生物(式 12.40);二烯硅醚(danishefsky 二烯)**92** 与亚胺在(R)-BINOL-苯基硼酸酯存在下的加成反应则得到含氮手性六元杂环化合物(式 12.41)。

$$\text{式 (12.40)}$$

$$\text{式 (12.41)}$$

除了不对称 Diels-Alder 反应外,其他不对称环加成反应如 1,3-偶极加成反应、不对称环丙烷化反应等也是形成手性中心的有效途径。

12.5 不对称氢化和不对称还原反应

氢化和还原反应是有机合成中另两类涉及形成不对称中心的重要反应。酮、取代烯烃和其他含不饱和基团化合物的不对称氢化和还原反应,在有机合成中有着很重要的地位。

12.5.1 碳-碳双键的不对称氢化

碳-碳双键在过渡金属催化剂存在下发生氢化反应是一类简单、高效、无污染的反应,并且可形成多达两个的不对称中心,加上双键可有各种取代基,因此这类反应对不对称合成的基础研究和工业应用都具有非常重要的意义。

用于碳-碳双键不对称氢化的手性催化剂配体大都为双齿的膦配体,而研究得最多的底物则为烯酰胺、取代丙烯酸和烯丙醇等,因为这些底物经不对称氢化后的光学活性产物是氨基酸衍生物或手性药物的重要中间体或最终产物。

12.5.1.1 烯酰胺的不对称氢化

由于这类化合物的不对称氢化与具有广泛工业用途的氨基酸工业紧密相关,因此是不对称催化氢化反应中研究得最多的一类底物。具有(Z)-或

(E)-构型的烯酰胺在手性双齿膦配体(如 93～96)和过渡金属如 Rh(I)和 Ru(II)存在下,可高对映选择性地形成光学活性的氨基酸衍生物(式 12.42,表 12.8)。

$$\underset{\text{NHCOCH}_3}{\overset{\text{R}\quad\text{CO}_2\text{R}'}{\diagdown\!\!\!\!\diagup}} \xrightarrow[\text{H}_2]{\text{手性配体-Rh(I)}} \underset{\text{NHCOCH}_3}{\overset{\text{CO}_2\text{R}'}{\text{R}\diagdown\!\!\!\!\diagup}} \quad (R)/(S) \qquad (12.42)$$

93 CHIRAPHOS

94 DIPAMP

95 BINAP

96 DIOP

表 12.8 烯酰胺的不对称氢化

R	R'	手性配体	$ee/\%$(构型)
H	H	(S,S)-93	92(R)
Pr^i	H	(S,S)-93	100(R)
Ph	H	(R,R)-94	96(S)
MeOCH$_2$	Me	(R,R)-94	86(S)
Pr^n	Me	(R,R)-94	95(S)
Pr^i	Me	(R,R)-94	78(S)
Ph	H	(S)-95	87(R)
MeOCH$_2$	Me	(R,R)-94	94(S)

这一反应已用于在工业规模上生产某些重要的氨基酸或其衍生物。如化学合成甜味剂阿斯巴甜的原料之一(S)-苯丙氨酸,其生产工艺路线和前述的孟山都公司开发出的生产治疗帕金森氏综合征药物 L-多巴,都是这类不对称氢化反应的成功例子。

对这类不对称氢化反应机理的仔细研究表明,烯酰胺与手性双齿膦配体-Rh(I)的结合是个快速的反应步骤,其中非对映配合物 **97** 虽为主要异构体,但在加氢反应速度决定步骤中,它却比次要异构体 **98** 要慢得多(速度差异约 600 倍)。因此,在最终产物中反而是由 **98** 转化得到的(S)-对映体成为反应的主要产物(图 12.16)。

烯酰胺的不对称氢化除了用于氨基酸衍生物的合成外,还成功地用于多肽和生物碱等具有重要生理活性化合物的合成。例如在(S)-**95** 和 Ru(II)存在

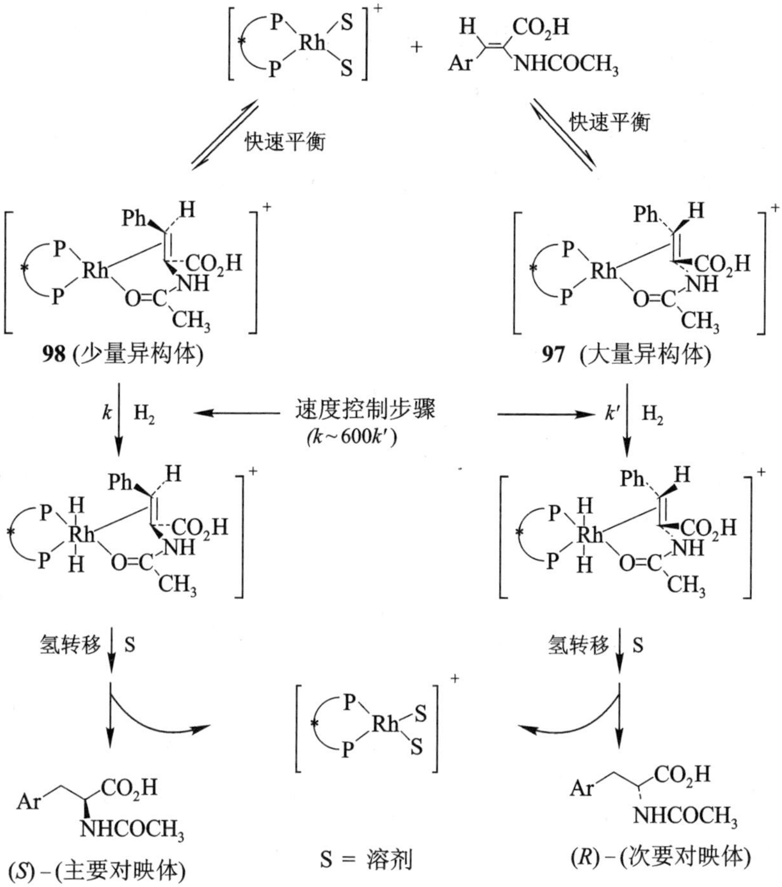

图 12.16 烯酰胺的不对称氢化反应机理

下,芳香烯酰胺 99 高对映选择性地发生氢化,得到合成异喹啉类生物碱的关键中间体 100[19](式 12.43)。

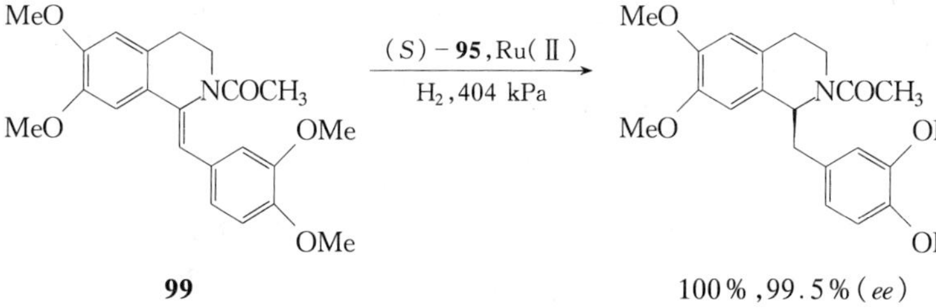

12.5.1.2 取代丙烯酸和烯丙醇的不对称氢化

取代丙烯酸和烯丙醇是另两类广泛研究的不对称氢化反应底物。它们的氢化产物是重要的手性中间体或药物。取代丙烯酸的催化氢化可在手性双齿膦配体和 Rh(I) 或 Ru(II) 存在下进行 (式 12.44)。

$$\underset{R_2}{\overset{R_1}{\diagup}}C=C\underset{R_3}{\overset{CO_2H}{\diagdown}} \xrightarrow[H_2]{\text{手性配体} - Ru(II)} \underset{R_2}{\overset{R_1}{\diagup}}CH-CH\underset{R_3}{\overset{CO_2H}{\diagdown}} \quad (12.44)$$

(光学活性产物)

101 (二茂铁手性配体，含 PPh₂、NMe、吡咯烷基团)

表 12.9 取代丙烯酸的不对称氢化

R^1	R^2	R^3	手性配体	$ee/\%$
Me	Me	H	(R)-95	91
H	$Me_2C=CHCH_2$	Me	(R)-95	87
Me	$AcOCH_2$	Me	(R)-95	93
H	$HOCH_2$	H	(R)-95	83
Me	Me	Ph	101	95
Me	Et	Ph	101	78
Me	Ph	Ph	101	87

α-(6-甲氧基萘基)丙烯酸 **102** 在 (S)-95 和 Ru(II) 存在下，可高收率、高对映选择性地得到重要的非甾族抗炎药 (S)-萘普生 **103** (式 12.45)。尽管该反应需在高压下进行且底物/催化剂比 (S/C=215) 较低，但展示了这类反应的潜在工业应用前景。

$$\text{MeO-萘-C(=CH}_2\text{)CO}_2\text{H} \xrightarrow[H_2, 1.37\times 10^4 \text{ kPa}]{(S)\text{-95}, Ru(II)} \text{MeO-萘-CH(CH}_3\text{)CO}_2\text{H}$$

102   **103** 92%, 97%(ee)

(12.45)

95 还可高对映选择性地催化取代烯丙醇类化合物的氢化反应，形成具有重要用途的氢化产物。例如，由烯丙醇 **104** 得到的氢化产物 **105** 是维生素 E 和 K

的侧链，β-内酰胺衍生物 **106** 的氢化产物 **107** 则是合成新一代 β-内酰胺抗生素陪南(penem)的关键中间体。

$$\text{104} \xrightarrow[\text{H}_2, 1.01\times 10^4 \text{ kPa}]{(S)-\textbf{95}, \text{Ru}(\text{II})} \text{105} \quad 98\%, 99\%(ee) \tag{12.46}$$

$$\text{106} \xrightarrow[\text{H}_2, 404 \text{ kPa}]{(R)-\text{TolBINAP}, \text{Ru}(\text{II})} \text{107} \quad 99.8\%(ee) \tag{12.47}$$

12.5.2 酮的不对称还原

酮类化合物的不对称还原可以通过如下主要途径实现：(1) 使用手性氢负离子还原剂；(2) 底物诱导的不对称还原；(3) 使用手性氢化催化剂；(4) 酶、整细胞或微生物的生物还原方法。

12.5.2.1 手性氢负离子的不对称还原

常用的手性氢负离子还原剂主要是氢化锂铝经手性配体修饰或现场产生的衍生物，而手性配体则多为氨基醇或二羟基类化合物（如 **108**～**113**）。

手性配体通过与 LiAlH$_4$ 中 1～3 个氢负离子的交换，一方面降低了 LiAlH$_4$ 中氢负离子的高度反应活性，使反应更具选择性；另一方面，所引入的配体提供了不对称环境，使反应具有对映面的选择性。例如，α,β-不饱和酮用氢化锂铝在手性配体 N-甲基麻黄碱 **108** 存在下，可高对映选择性地形成相应的醇（表

12.10)。

表 12.10 N-甲基麻黄碱 108 存在下酮的对映选择性还原

酮	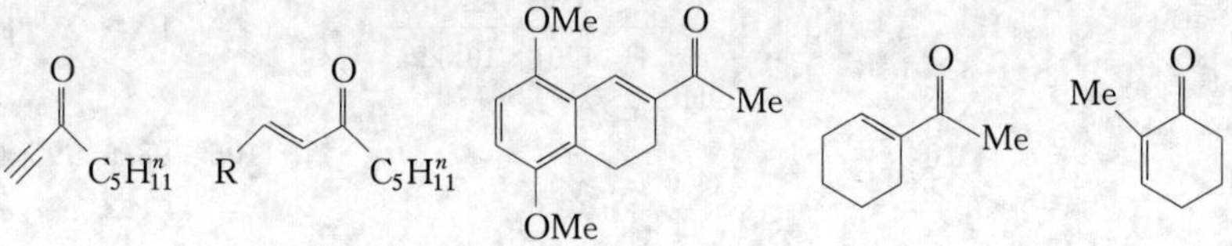 (结构式)				
醇产物	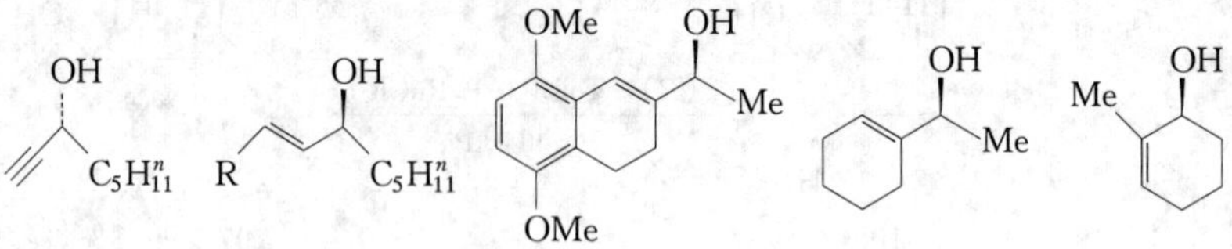 (结构式)				
ee/%(构型)	84(R)	78~98(S)	92(S)	78(S)	98(S)

由光学纯 1,1′-联萘-2,2′-二酚(BINOL, **113**)与 LiAlH$_4$ 在乙醇中所形成的配合物(R)-或(S)-BINAL-H **114** 是另一个很成功的手性氢负离子还原剂。它们对不饱和酮和芳酮的还原反应具有很高的对映选择性,而且产物的构型容易预测(式 12.48)。

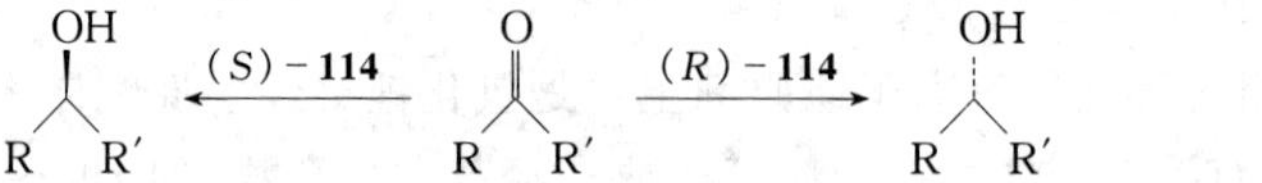

$$\underset{R\ R'}{\overset{OH}{|}} \xleftarrow{(S)-114} \underset{R\ R'}{\overset{O}{\|}} \xrightarrow{(R)-114} \underset{R\ R'}{\overset{OH}{|}} \quad (12.48)$$

(R = 不饱和基团)

该反应的立体选择性可通过一六元环的过渡态进行解释。如以(R)-**114** 为手性还原剂时,体积较大的不饱和基团 R 处于过渡态的平伏键位置(较稳定的过渡态),氢负离子从羰基的 Si 面进攻,形成图 12.17 中所示的还原产物。

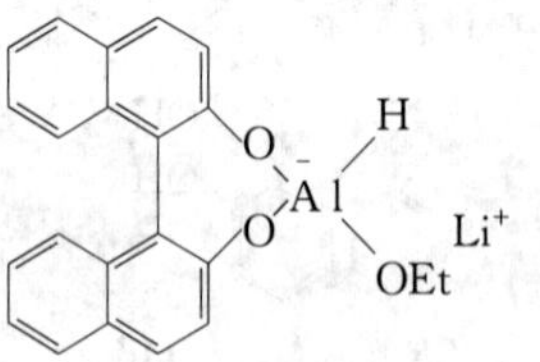

114
(R)-/(S)-BINAL-H

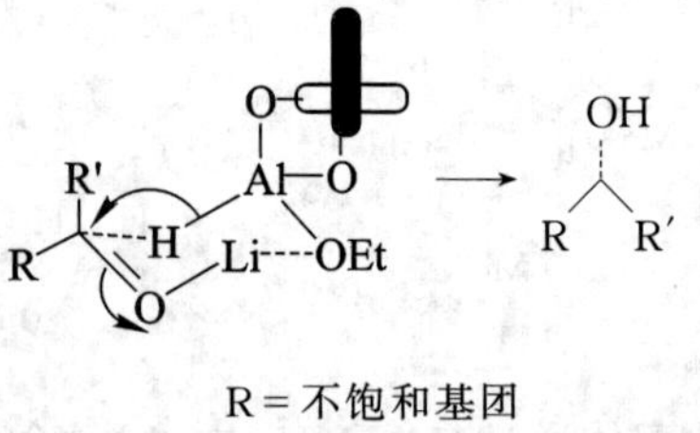

图 12.17 (R)-**114** 对不饱和酮还原反应的过渡态

R = 不饱和基团

这一手性还原剂成功地用于前列腺素 PGE1 甲酯 **116** 关键片断(R)-羟基环戊烯酮 **115** 的合成(式 12.49)。

$$\text{(式)} \xrightarrow{(S)-114} \underset{\mathbf{115}}{\text{(式)}} \longrightarrow \underset{\mathbf{116}\ PGE_1\text{甲酯}}{\text{(式)}} \quad (12.49)$$

尽管 BINAL-H 对不饱和酮和芳酮的还原具有很好的对映选择性,但对饱和酮的还原选择性却很不理想。一些手性有机硼化物还原剂可有效地弥补这一不足。例如,由蒎烯衍生得到的手性硼化物 **117**,既可高选择性地还原不饱和酮,对非饱和酮的还原也具有好的对映选择性(表 12.11)。

表 12.11 手性烷基氯化硼对酮的对映选择性还原

酮	(2,2-二甲基环己酮)	(3-甲基-2-丁酮)	(3-乙酰吡啶)	(α-氯苯乙酮)	(α-四氢萘酮)
醇产物	(对应醇)	(对应醇)	(对应醇)	(对应醇)	(对应醇)
ee/% (还原剂)	91(**117a**)	95(**117b**)	92(**117a**)	95(**117a**)	87(**117a**)

一般认为该反应的机理经历了一个六元环的类船式过渡态(图 12.18)。缺电子硼通过对羰基的配位作用提高了后者的亲电性,使还原反应易于发生。反应过程中起还原作用的是处于硼 β-位的氢以负离子的方式转移至酮羰基,而反应的对映选择性则是由于过渡态中羰基组分中体积大的取代基 R_L 处于远离体积庞大的还原剂并处于 e 键的位置(能量上最有利)。

$$\underset{}{\text{(结构)}} \xrightarrow{R_L \overset{O}{\underset{}{\|}} R_S} [\text{过渡态}] \longrightarrow \underset{R_L \quad R_S}{\overset{OH}{\text{(结构)}}}$$

图 12.18 手性烷基氯化硼 117 对酮的还原反应机理

$$\left(\underset{\mathrm{Me}}{\overset{R}{\underset{\mathrm{Me}}{\bigotimes}}}\right)_2 \mathrm{BCl}$$

117a R = Me
117b R = Et

12.5.2.2 底物诱导的不对称还原

若羰基的邻近（α, β 位）中已有不对称中心存在，则其分子中的潜手性羰基也可使用非手性的还原剂实现非对映选择性还原。例如，LiAlH$_4$ 对一系列 α 位上连有不对称中心的酮 **118** 的还原反应得到不同非对映过剩的还原产物（式 12.50）。反应的选择性显然受到取代基 R 体积大小的影响，其原因可通过前述的 Felkin-Ahn 模型进行解释。

$$\text{Ph} \overset{R}{\underset{O}{\bigvee}} \xrightarrow[\mathrm{Et_2O}]{\mathrm{LiAlH_4}} \text{Ph} \overset{R}{\underset{OH}{\bigvee}} \quad (12.50)$$

118

R =	Me	Et	Pr^i	Bu^t
de /%	74	76	85	95

手性 β-羟基酮的还原是底物诱导的不对称还原的重要应用之一。分子中存在的手性羟基可有效地诱导不同的还原剂，高立体选择性地形成 1,3-*syn* 或 *anti* 的二醇还原产物。例如，β-羟基酮在三乙酰氧基硼氢化钠作用下，得到 1,3-*anti* 的二醇（式 12.51～式 12.53）。

$$R_1 \overset{OH}{\underset{}{\bigvee}} \overset{O}{\underset{}{\bigvee}} R_2 \xrightarrow{\mathrm{Na(OAc)_3BH}} R_1 \overset{OH}{\underset{}{\bigvee}} \overset{OH}{\underset{}{\bigvee}} R_2 \quad (12.51)$$

1,3-*anti*-

(12.52)

anti : *syn* = 92 : 8

(12.53)

anti : *syn* = 92 : 8

该反应经一类椅式的过渡态进行,底物中的羟基首先与还原剂交换一个乙酰氧基形成过渡态 **119**。在其中 R_2 处于 e 键,使得过渡态具有较低的能量;分子内氢负离子对羰基的 Si 面发生加成反应形成 $anti$ 主产物(式 12.54)。

$$\text{(12.54)}$$

与三乙酰氧基硼氢化钠的还原反应相反,硼氢化锌对 β-羟基酮的还原则得到 1,3-syn-的二醇主产物(式 12.55)。该反应的机理是通过 Zn(Ⅱ)对 β-羟基酮的螯合,使得氢负离子从位阻较小的一面进攻羰基,形成 1,3-syn 的产物。因此,硼氢化锌对手性 β-羟基酮的不对称还原是对三乙酰氧基硼氢化钠还原方法立体选择性的互补。

最近报道的利用碘化钐(SmI_2)对 β-羟基酮的还原也具有高的 1,3-$anti$ 选择性(式 12.56)。

$$\text{(12.55)}$$

$$\text{(12.56)}$$

$anti : syn = 97 : 3$

12.5.2.3 催化不对称还原

与手性氢负离子还原剂相比,酮的催化不对称还原具有手性试剂用量少(只需催化量)、底物适应性更广的优点。近年来,已开发出许多催化体系可以高对映选择性地还原羰基化合物。

12.5.2.3.1 硼杂噁唑烷催化剂

这是一类含 N、O 配体的环状手性硼化物,其中最为典型的是由 Corey-Bakshi-Shibata 等发现的、并以他们命名的 CBS 催化剂 **120**。CBS 催化剂可方便地由相应构型的脯氨酸经酯化、格氏反应、酰胺还原和缩合四步反应制得(式 12.57)。

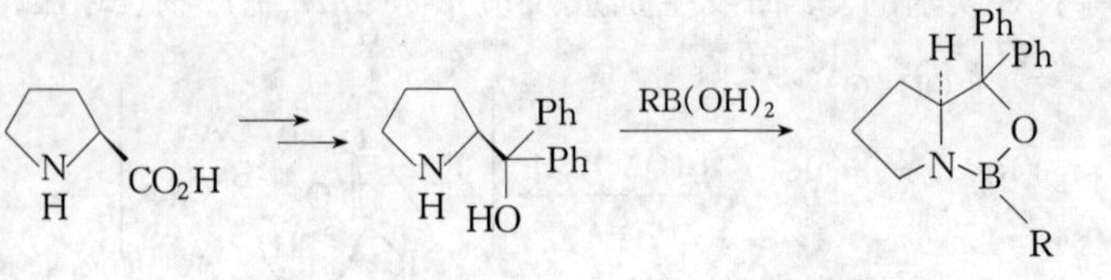

$$(12.57)$$

120 R = H, Me, Bu

5%~10%(摩尔分数)的 **120** 可有效地催化硼烷与酮的不对称还原反应。高对映选择性地形成还原反应产物(表 12.12)。手性噁唑烷对潜手性酮的催化还原机理可通过(图 12.19)进行解释。首先,硼烷从位阻较小的 α 面(下面)接近硼噁唑烷中含有未共用电子对的 N 原子,形成配合物 **121**。随后,底物的羰基与 **121** 中的硼配合,形成过渡态 **122**,体积较大的取代基 R_L 远离其中位阻较大的 β 面(上面)。最后,配合物中硼烷上的氢负离子转移至酮羰基,对映选择性地形成还原产物。

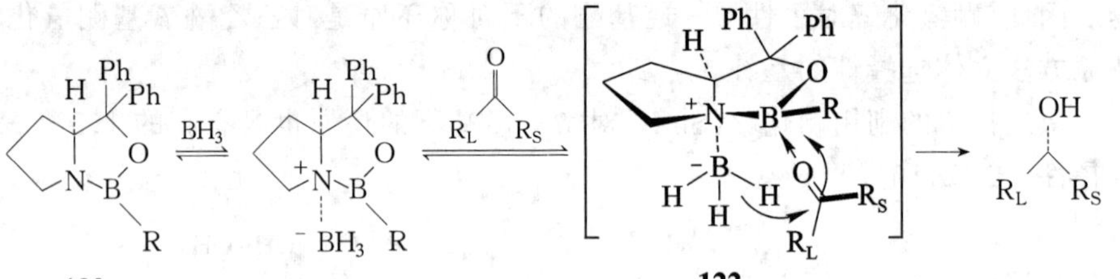

图 12.19 CBS 催化剂对酮的对映选择性还原机理

表 12.12 CBS 催化剂对酮的对映选择性还原

酮	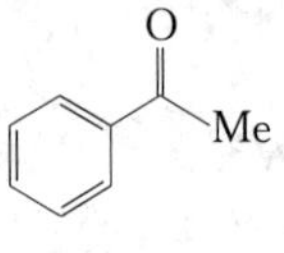	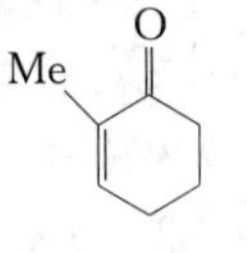	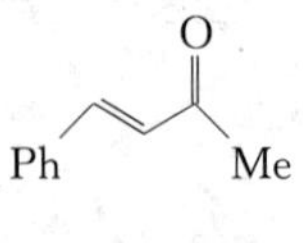	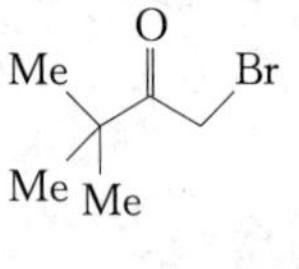	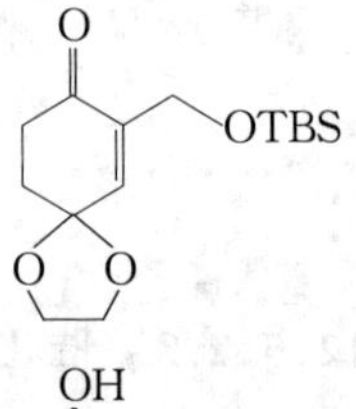
醇产物	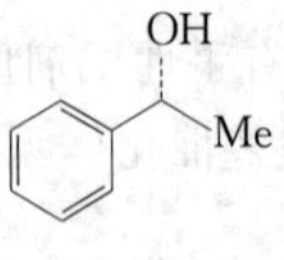	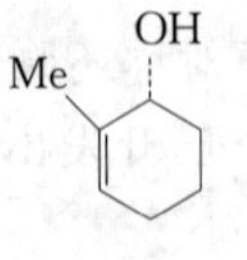	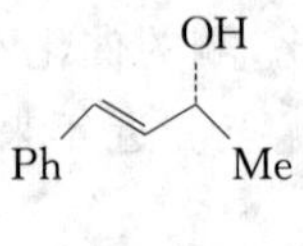	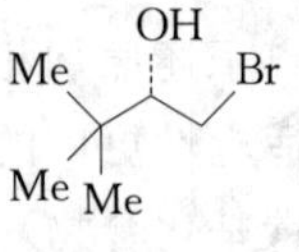	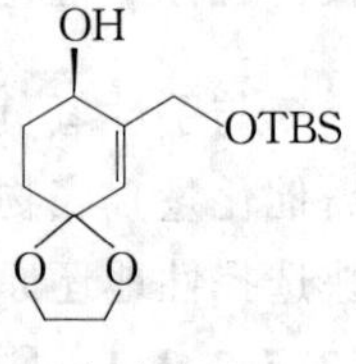
催化剂	(S)-**120** R = Me	(S)-**120** R = Bu	(S)-**120** R = Bu	(S)-**120** R = Bu	(S)-**120** R = Bu
ee/%	99	93	97	97	92

CBS 试剂催化硼烷对酮的不对称还原反应广泛用于光学活性醇和天然产物的合成[17]。例如酮 **123** 在(R) - **120**（R = ^{n}Bu）存在下用儿茶酚硼烷（catechol borane）还原得到主要异构体 **124**，它是合成免疫抑制活性化合物（+）- Discodermolide 的关键反应之一（式 12.58）。

$$(12.58)$$

(+) - discodermolide

12.5.2.3.2 手性联二萘膦催化剂

由诺贝尔化学奖获得者 Noyori 等发现的手性联二萘膦（BINAP）与过渡金属形成的配合物是另一类广泛用于羰基化合物不对称还原的催化体系。BINAP 对 α 或 β - 位上含有未共用电子对取代基的酮的还原反应具有很好的对映选择性，而且产物的构型可由所使用 BINAP 配体的构型进行预测（式 12.59）。表 12.13 列出一些酮化合物用该催化体系还原的结果。

$$n = 1,2; Y = 含 N,O 基团; X = Cl, Br, OAc \quad (12.59)$$

该催化体系的一个不足之处是对简单二烷基酮的选择性不高。很显然，羰基邻近含有未共用电子对取代基对催化反应的对映选择性起着重要作用。针对这一不足，Noyori 进一步改进了该体系，通过引入手性二胺（如 **125，126**）与二对甲苯基 TolBINAP **127** 和 Ru(Ⅱ)所形成的混合配合物，可有效地还原简单的酮。

表 12.13　BINAP 95 对酮的对映选择性还原

酮	O=C(CH₃)CH₂NMe₂	O=C(CH₃)CH₂OH	CH₃COCH₂COOMe	邻R-苯基甲基酮	CH₃COCH₂COCH₃
BINAP（构型）	(S)	(S)	(R)	(R)	(R)
产物 (ee/%)	OH-CH(CH₃)CH₂NMe₂ 96	OH-CH(CH₃)CH₂OH 96	OH-CH(CH₃)CH₂COOMe 99	邻R-苯基-CH(OH)CH₃ 92	OH-CH(CH₃)CH₂COCH₃ ~100

(S,S)-DEPN **125**　　(S)-DAIPN **126**　　(S)-TolBINAP **127**

12.5.2.4　生物还原法

在自然界，羰基的还原反应是通过酶立体专一进行的。许多还原酶以不同的方式（纯化酶、整细胞或微生物）也已在不对称还原反应中得到了广泛应用。面包酵母是最廉价而用途最广的生物还原剂之一。它可有效地还原潜手性酮成相应的醇，反应的对映选择性如式 12.60 所示，其中若 R_L 和 R_S 分别为羰基上体积较大和较小的取代基，还原反应发生于羰基的 Re 面，形成所示构型的产物（表 12.14）。

$$R_L-CO-R_S \xrightarrow{\text{H-Enzyme}} R_L-C(OH)(H)-R_S \qquad (12.60)$$

生物还原法具有立体选择性高，反应条件温和以及环境友好等优点，但一般只能得到一种构型的还原产物。

除了酮化合物外，近年来，亚胺的不对称还原反应也很受重视。因为这类化合物经不对称还原得到的手性取代胺常常是手性药物合成行业中很有用的中间体或最终产物。例如，在手性二膦配体 BPPM **128** 和 BiI_3 存在下，亚胺 **129** 经不

表 12.14 面包酵母对酮的对映选择性还原

酮	乙酰基苯(R取代)	PhO$_2$S-CO-CH$_3$	EtO$_2$C-CH$_2$-CO-CH$_3$	CH$_3$CH$_2$-CO-CH$_2$-CO-CH$_3$	2-乙酰基噻唑
产物 (ee/%)	R-C$_6$H$_4$-CH(OH)CH$_3$ (82~96)	PhO$_2$S-CH$_2$-CH(OH)CH$_3$ (100)	EtO$_2$C-CH$_2$-CH(OH)CH$_3$ (98)	CH$_3$CH$_2$-CO-CH$_2$-CH(OH)CH$_3$ (>99)	噻唑-CH(OH)CH$_3$ (>95)

对称还原得到(S)-构型的产物 **130**,它是合成抗菌药物左氧氟沙星 **131** 的中间体(式 12.61)。

$$\mathbf{129} \xrightarrow[\text{BiI}_3,\ \text{H}_2]{(S,S)\text{-}128} \mathbf{130} \longrightarrow \mathbf{131}$$

(12.61)

(S,S)-BPPM
128

12.6 不对称氧化反应

不对称氧化反应是另一类重要的不对称反应,包括烯烃的邻二羟基化和环氧化、硫醚的氧化、羰基化合物的 α-羟基化和酮的氧化(Bayer-Villiger 反应)等。本节主要介绍烯烃的不对称邻二羟基化和环氧化反应。

12.6.1 烯丙醇的不对称环氧化

诺贝尔化学奖获得者 Sharpless 经多年的研究发现,在催化量的光学纯酒石酸酯和钛酸酯存在下,烃过氧化物(如叔丁基过氧化氢,TBHP)可以高对映选择性地氧化烯丙醇类化合物,形成相应的环氧化物(式 12.62)。该反应具有立体选择性高、产物构型易于预测、催化剂廉价易得、反应易于操作等优点,所形成的手性环氧化物是不对称合成中极有用的多功能手性中间体。因此,该反应在实验室和工业不对称合成中得到了广泛的应用。

Sherpless 不对称环氧化反应中常用的酒石酸酯为二乙酯(DET)或二异丙酯(DIPT)。若将烯丙醇的羟基按(式 12.62)所示的方式放置,则左旋(D-构型)的酒石酸酯催化从烯烃所在平面的上方(β 面)的环氧化,形成 β-环氧化物;相反,若使用的酒石酸酯为右旋(L-构型),则环氧化反应发生于下方(α 面),形成 α-环氧化物。表 12.15 列出一些烯丙醇的不对称环氧化反应结果。

$$\underset{R_1}{\overset{R_2}{>}}\!\!=\!\!\underset{\quad\quad OH}{\overset{R_3}{<}} \quad\begin{array}{c}\xrightarrow{\text{Ti}(\text{OPr}^i)_4, \text{L-}(+)\text{-酒石酸酯}}_{\text{Bu}^t\text{OOH}, \text{CH}_2\text{Cl}_2, -20℃}\\ \xrightarrow{\text{Ti}(\text{OPr}^i)_4, \text{D-}(-)\text{-酒石酸酯}}_{\text{Bu}^t\text{OOH}, \text{CH}_2\text{Cl}_2, -20℃}\end{array}\quad\begin{array}{c}R_2\underset{R_1}{\overset{R_3}{\triangle}}\text{OH}\\ R_2\underset{R_1}{\overset{R_3}{\triangledown}}\text{OH}\end{array} \quad(12.62)$$

表 12.15 一些烯丙醇的不对称环氧化反应结果

烯丙醇	催化剂	环氧化物	Y(%)	ee/%
![]OH	(−)-DET	![]OH	47	>95
![]OH	(+)-DIPT	![]OH	70	92
![]OH	(+)-DIPT	![]OH	56	>91
![]OH	(+)-DIPT	![]OH	68	92
![]OH	(+)-DET	![]OH	77	94
Ph, Ph ![]OH	(+)-DET	Ph, Ph ![]OH	90	94

Sharpless 不对称环氧化反应除了具有很好的面选择性外,还具有好的位置

12.6 不对称氧化反应

选择性,即只有烯丙位的双键才能被环氧化,而且羟基必须是未保护的。因此在多烯分子和多羟基化合物中可以进行选择性的环氧化。Sharpless 不对称环氧化反应的一个不足之处是反应时间较长,有时需要几天的时间。我国合成化学家周维善等意外地发现,在反应体系中加入少量的氢化钙和硅胶可以显著缩短反应时间,提高反应效率。

对于 Sharpless 不对称环氧化反应的机理进行了深入的研究。目前一般认为该反应经历了酒石酸酯羟基与钛酸酯的配体交换,形成双核手性催化剂 **132**,后者与烯丙醇和烃过氧化氢进一步发生配体交换形成配合物 **133**,最后发生氧的转移形成环氧化产物并产生叔丁醇(图 12.20)。

$$2Ti(OR)_4 + 2\text{tartrate} \rightleftharpoons Ti_2(\text{tartrate})_2(OR)_4 + 4ROH$$

$$Ti_2(\text{tartrate})_2(OR)_4 \xrightleftharpoons[ROH]{Bu^tOOH} Ti_2(\text{tartrate})_2(OOBu^t)(OR)_3$$

$$ROH \| \text{allyOH} \qquad\qquad ROH \| \text{allyOH}$$

$$Ti_2(\text{tartrate})_2(\text{Oallyl})(OR_3) \xrightleftharpoons[ROH]{Bu^tOOH} Ti_2(\text{tartrate})_2(\text{Oallyl})(OOBu^t)(OR)_2$$

环氧化 **132**

$$\text{EpoxideOH} + Bu^tOH \begin{pmatrix} Bu^tOOH \\ \text{allylOH} \end{pmatrix} Ti_2(\text{tartrate})_2(\text{Oepoxide})(OBu^t)(OR)_2$$

133

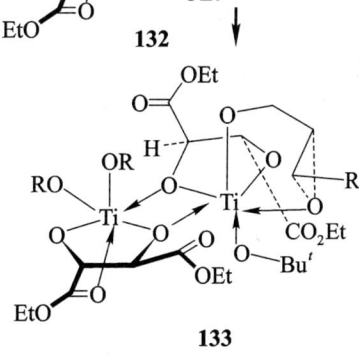

图 12.20 Sharpless 不对称环氧化反应的机理

由于环氧化反应的面选择性是由所使用酒石酸酯的构型控制的,故当外消旋的烯丙醇用某一构型的酒石酸酯催化环氧化时,就会出现与催化剂相匹配的异构体反应较快,而不相匹配的异构体反应较慢或不反应的现象,即所谓的"催化动力学拆分"。利用这一特点,有可能选择性得到所需要的环氧化物或烯丙醇或两者。例如由外消旋的烯丙醇 **134** 在(−)−DIPT 存在下得到 ee 值>99% 的环氧化物 **135** 和烯丙醇 **136**;而(±)−**137** 则得到高 ee 值的环氧化物 **138**。

$$\text{(12.63)}$$

$$\text{(12.64)}$$

Sharpless 不对称环氧化反应的重要性在于由该反应所得到的光学活性环氧化物是不对称合成中极其有用的中间体。在不同的亲核试剂和反应条件下,2,3-环氧丙醇类化合物可发生 C_2 或 C_3 位置的选择开环反应,形成各种类型的开环产物(式 12.65)。

$$\text{(12.65)}$$

就立体化学而言,开环反应是反式的,即亲核试剂从与环氧结构相反的方向进攻,形成 *anti* 开环产物;而开环反应的位置选择性与 R 基团的大小、亲核试剂的性质以及有否 Lewis 酸存在等因素有关。一般地说,对于末端环氧化物,开环位置主要为位阻较小的 C_3-位(式 12.66);若有 Lewis 酸如钛(Ⅳ)等存在,由于钛(Ⅳ)对环氧的配合作用,开环反应主要发生于 C_3-位(式 12.67)。但对于有机锂和酮试剂,开环反应则主要发生了 C_2-位(式 12.68)。

$$\text{(12.66)}$$

$$C_7H_{15}{}^n \overset{O}{\triangle} OH \xrightarrow[NuX]{Ti(OPr^i)_4} \left[C_7H_{15}{}^n \underset{Pr^iO}{\overset{O^+}{\underset{|}{\text{Ti}}}} \overset{NuX}{\underset{OPr^i}{\bigcirc}} \right] \longrightarrow C_7H_{15}{}^n \underset{OH}{\overset{Nu}{\diagdown}} OH \quad (12.67)$$

$NuX = (CH_2=CHCH_2)_2NH, Pr^iOH, PhCO_2H, C_3/C_2 > 100:1$
$NuX = Me_3SiCN, C_3/C_2 > 14:1$
$NuX = Me_3SiN_3, C_3/C_2 > 100:1$

$$PhCH_2O \overset{O}{\triangle} OH \xrightarrow{Me_2CuLi} PhCH_2O \underset{OH}{\diagdown} OH \quad (12.68)$$
$$(95\%)$$

除了Sharpless不对称环氧化反应外,手性烯丙醇和高烯丙醇分子中的羟基亦可诱导环氧化反应的面选择性。这类反应中,环氧化反应发生于羟基所在的反应面(式12.69,式12.70)。

$$\underset{}{\overset{OH}{\bigcirc}} \xrightarrow{m-CPBA} \underset{}{\overset{OH}{\bigcirc}}{\triangle} \quad (12.69)$$

$$\text{(化合物)} \xrightarrow[TBHP]{VO(acac)_2} \text{(化合物)} \quad (12.70)$$

12.6.2 非官能化烯烃的不对称环氧化

在Sharpless不对称环氧化反应中,底物分子中必须含有能与催化剂配位的羟基。对于无这一结构因素的烯烃,则不发生环氧化反应。因此,非官能化烯烃的不对称环氧化反应更具挑战性。近年来,这类烯烃的不对称环氧化反应也取得了突破性的进展,并迅速在不对称合成中得到了应用。

在非官能化烯烃的不对称环氧化反应中,Jacobsen发现的手性水杨亚胺(salen)锰配合物 **139** 和史一安发现的手性酮 **140** 是两个具有代表性的催化体系。

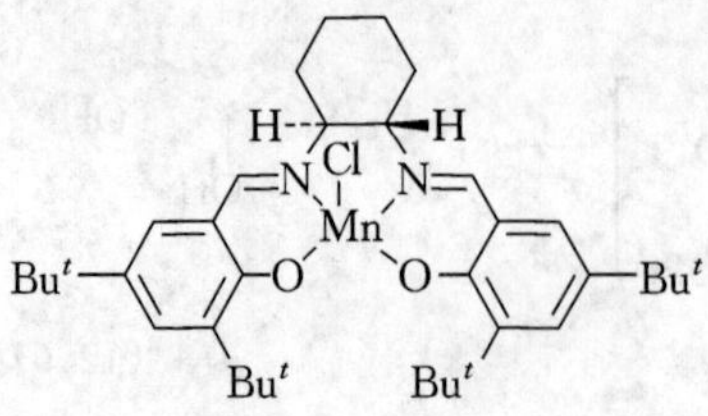

(S,S)-**139** 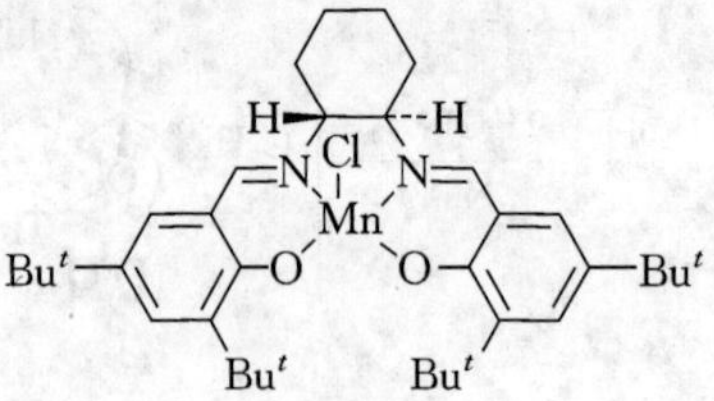   (R,R)-**139** 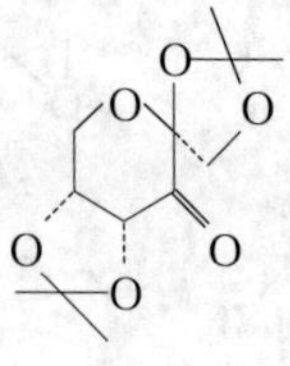   **140**

Salen-Mn 催化体系所使用的氧化剂为极廉价的次氯酸钠(漂白粉)。该反应对水、空气均不敏感。Salen-Mn 催化剂对顺式烯烃具有很好的对映选择性。如(S,S)-催化剂对顺式烯烃的环氧化反应主要发生于上面,形成相应的环氧化物(式 12.71)。但是,Salen-Mn 催化剂对反式烯烃的选择性则较差。对该环氧化反应选择性的解释是由于底物与催化剂之间的立体相互作用匹配(图 12.21)。

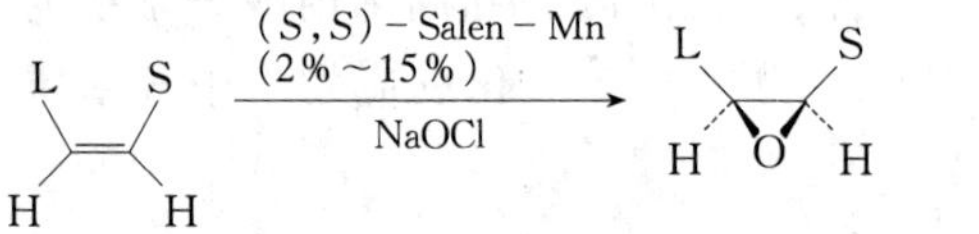

$$\underset{H}{\overset{L}{\diagdown}}C=C\underset{H}{\overset{S}{\diagup}} \xrightarrow[NaOCl]{(S,S)-Salen-Mn \atop (2\%\sim15\%)} \underset{H}{\overset{L}{\diagdown}}\underset{O}{\overset{S}{\triangle}}\underset{H}{\diagup} \quad (12.71)$$

(L=大基团, S=小基团)

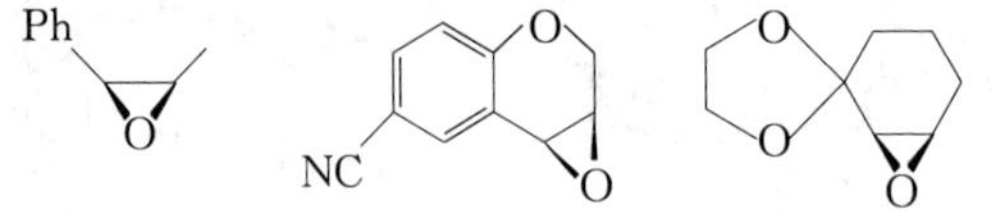

84%, 92%(ee)   96%, 97%(ee)   63%, 94%(ee)

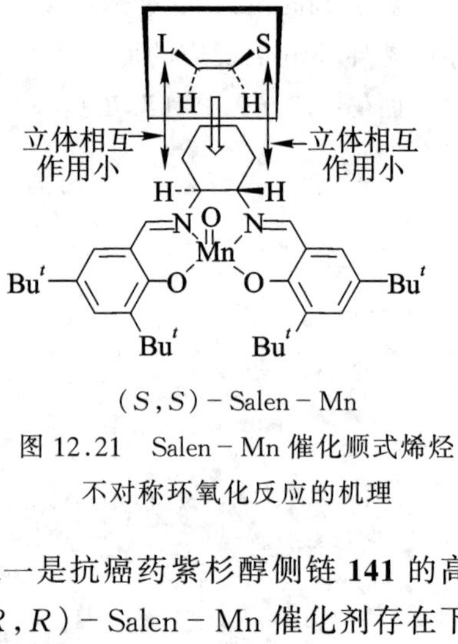

(S,S)-Salen-Mn

图 12.21 Salen-Mn 催化顺式烯烃不对称环氧化反应的机理

Jacobsen 不对称环氧化反应的成功应用之一是抗癌药紫杉醇侧链 **141** 的高效、高对映选择性合成。顺式肉桂酸甲酯在(R,R)-Salen-Mn 催化剂存在下发生对映选择性环氧化反应,形成的顺式环氧化物经位置选择性氨解开环和官能团转化,得到紫杉醇侧链(式 12.72)。

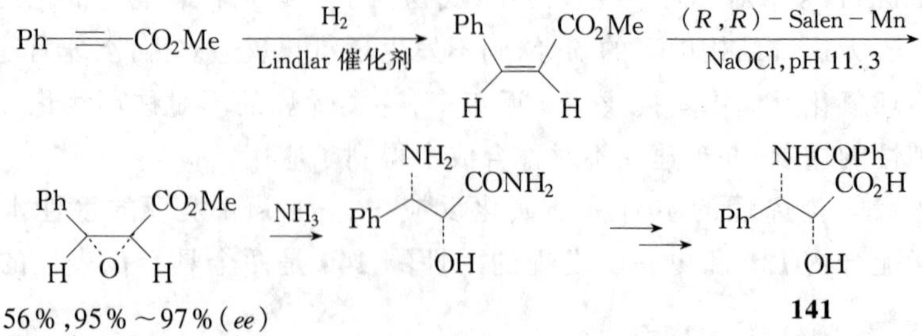

$$Ph-\!\!\equiv\!\!-CO_2Me \xrightarrow[Lindlar 催化剂]{H_2} \underset{H}{\overset{Ph}{\diagdown}}C=C\underset{H}{\overset{CO_2Me}{\diagup}} \xrightarrow[NaOCl, pH\ 11.3]{(R,R)-Salen-Mn}$$

$$\underset{H}{\overset{Ph}{\diagdown}}\underset{O}{\overset{CO_2Me}{\triangle}}\underset{H}{\diagup} \xrightarrow{NH_3} \underset{}{\overset{NH_2\ CONH_2}{Ph\underset{OH}{\diagdown}}} \longrightarrow \underset{}{\overset{NHCOPh\ CO_2H}{Ph\underset{OH}{\diagdown}}} \quad (12.72)$$

56%, 95%~97%(ee)   **141**

12.6 不对称氧化反应

另一方面,以 D-果糖衍生得到的环酮 **140** 为催化剂在过硫酸氢钾制剂(Oxone®)存在下,则能高对映选择性地环氧化反式烯烃,弥补了 Salen-Mn 催化体系对底物的局限性(式 12.73)。

$$R_1\text{—CH=CH—}R_2 \xrightarrow[\text{(KHSO}_5)]{\substack{\mathbf{140}\\ \text{Oxone}^\circledR}} R_1\text{—}\overset{O}{\triangle}\text{—}R_2 \quad (12.73)$$

环氧化物	Ph△Ph	Ph△	Ph△(环己基)	△—C≡C—TMS	Ph△—TMS
ee/%	>95	88	91	95	92

12.6.3 烯烃的不对称邻二羟基化

继发现不对称环氧化反应后,对传统的烯烃邻二羟基化反应的立体选择性进行了深入的研究。其中 Sharpless 等发现,在天然生物碱喹宁和喹宁啶衍生而来的手性配体 (DHQD)$_2$-PHAL **142** 或 (DHQ)$_2$-PHAL **143** 和四氧化锇存在下,能高对映选择性地催化烯烃的邻二羟基化反应,形成高光学纯度的邻二醇。此反应称为 Sharpless 不对称邻二羟基化反应或 Sharpless AD 反应(Sharpless asymmetric dihydroxylation)。在该反应中,手性配体和四氧化锇均为催化用量(0.2%~0.4%,摩尔分数),铁氰化钾为化学计量的氧化剂(式 12.74)。

(DHQD)$_2$-PHAL **142**   (DHQ)$_2$-PHAL **143**

$$\underset{\text{HO OH}}{\overset{\text{S}\quad\text{M}}{\underset{|\quad|}{\text{L—C—C—H}}}} \xleftarrow[\substack{\text{K}_2\text{CO}_3,\text{OsO}_4\\ \text{K}_3\text{Fe(CN)}_6\\ \text{MeSO}_2\text{NH}_2}]{(\text{DHQD})_2\text{-PHAL}} \underset{\text{L}\quad\text{H}}{\overset{\text{S}\quad\text{M}}{\text{C=C}}} \xrightarrow[\substack{\text{K}_2\text{CO}_3,\text{OsO}_4\\ \text{K}_3\text{Fe(CN)}_6\\ \text{MeSO}_2\text{NH}_2}]{(\text{DHQ})_2\text{-PHAL}} \underset{\text{HO OH}}{\overset{\text{S}\quad\text{M}}{\underset{|\quad|}{\text{L—C—C—H}}}}$$

(12.74)

在该反应中,若烯烃按上述的方式排列,则配体 (DHQD)$_2$-PHAL 得到的从双键上方(α-面)邻二羟基化的产物;配体 (DHQ)$_2$-PHAL 则给出相反方向(β-面)的邻二羟基化产物。表 12.16 列出了一些烯烃的不对称邻二羟基化结果。

表 12.16　一些烯烃的邻二羟基化反应结果

烯　烃	配　体	邻二羟基化产物	ee/%
Bu^n—C(Me)=CH—Me	(DHQD)$_2$-PHAL	Bu^n—C(Me)(OH)—CH(OH)—Me	98
1-苯基环己烯	(DHQ)$_2$-PHAL	1-苯基-1,2-环己二醇	98
Ph—CH=CH—Ph	(DHQD)$_2$-PHAL	Ph—CH(OH)—CH(OH)—Ph	>99
MeO$_2$C—CH=CH—CH=CH—Me	(DHQD)$_2$-PHAL	MeO$_2$C—CH=CH—CH(OH)—CH(OH)—Me	92
TMS—C≡C—CH=CH—Me	(DHQD)$_2$-PHAL	TMS—C≡C—CH(OH)—CH(OH)—Me	93
Me—CH=CH—CH=CH—Me (cis)	(DHQD)$_2$-PHAL	Me—CH=CH—CH(OH)—CH(OH)—Me	98

尽管对该反应立体选择性的催化机理仍不甚清楚，但一般认为催化剂配体的位阻是反应具有出色立体选择性的主要原因（图 12.22）。

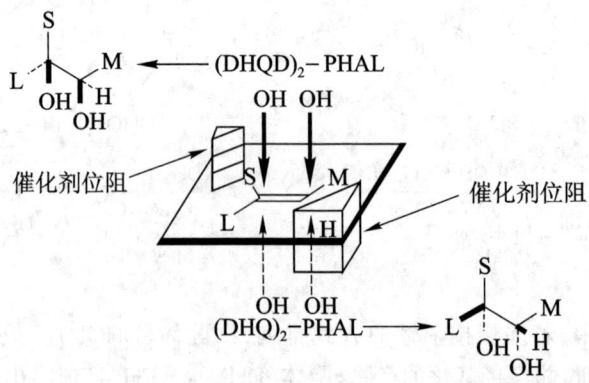

图 12.22　Sharpless 不对称邻二羟基化的立体选择性示意图

12.6 不对称氧化反应

除了反应面的选择性外,在多烯底物中,还存在反应位置选择性的差异。一般说来,富电子的双键比缺电子的更易于反应,双键比叁键反应活性高,而反式烯烃则比顺式烯烃易于邻二羟基化。

除了 142 和 143 外,一些其他含氮的双齿手性配体在邻二羟基化反应中也具有优良的对映选择性。由邻二羟基化反应得到的光学活性邻二醇也是有机合成中多用途的合成砌块,可以用于许多重要的转化或目标物的合成[18]。例如烯烃 144 在配体 142 存在下的邻二羟基化反应得到邻二醇 145,它在对甲苯磺酸存在下发生分子内环化,形成昆虫激素(+)- exo - Brevicomin 146(式 12.75)。

$$144 \xrightarrow[\substack{K_2CO_3, OsO_4 \\ K_3Fe(CN)_6 \\ MeSO_2NH_2}]{142} 145 \xrightarrow{p-TsOH} 146$$

$$96\%, 95\% (ee) \quad (12.75)$$

此外,在 $(DHQ)_2$ - PHAL 和 $(DHQD)_2$ - PHAL 和锇酸钾存在下,烯烃可与含有氮源的试剂在含水介质中发生一种称为 Sharpless 不对称邻氨基羟化的反应(Sharpless AA 反应)(式 12.76),形成较高对映过剩的邻氨基醇衍生物(表 12.17)。

$$(12.76)$$

$$X = Ts, Ms, Cbz, Boc$$

该反应的面选择性与不对称邻二羟基化反应相同。但一般地说缺电子烯烃更有利于反应。尽管这一反应目前对大多数底物只有中等的对映选择性,但由于该反应的产物大多是结晶性的固体,因此在许多情况下可以通过重结晶的方法显著地提高了产物的光学纯度。该反应的代表性应用之一是反式肉桂酸甲酯为原料的邻氨基羟基化反应(式 12.77)。这一反应提供了一条合成紫杉醇侧链的最简捷途径。

表 12.17 一些烯烃的邻氨基羟基化反应

烯烃	配体	邻氨基羟基化产物	$ee/\%$ *
Ph—CH=CH—Ph	$(DHQ)_2$-PHAL	Ph-CH(NHTs)-CH(OH)-Ph	62(99)
Ph—CH=CH—CO_2Me	$(DHQD)_2$-PHAL	Ph-CH(NHTs)-CH(OH)-CO_2Me	75
Me—CH=CH—CO_2Me	$(DHQ)_2$-PHAL	Me-CH(NHTs)-CH(OH)-CO_2Me	74
环己烯	$(DHQD)_2$-PHAL	反-2-TsHN-环己醇	45(99)

* 括号内为重结晶后的 ee 值。

$$Ph-CH=CH-CO_2Me \xrightarrow[\substack{K_2OsO_2(OH)_4(4\%,\text{摩尔分数}) \\ MeSO_2N(Cl)Na \\ H_2O-{}^iPrOH}]{(DHQ)_2-PHAL(5\%,\text{摩尔分数})} Ph-CH(NHSO_2Me)-CH(OH)-CO_2Me \qquad (12.77)$$

$$65\%, 95\%(ee)$$

除了上述反应外,其他不对称氧化反应,如羰基化合物 α-位的羟基化、α,β-烯酮的环氧化反应,芳烃的邻二羟基化和酮的 Bayer Villiger 等反应近来也取得了一些有实用价值的进展。

综上所述,从本章的一些具有代表性的不对称合成反应中可以看出,作为有机合成中最为活跃的领域之一,不对称合成近年来得到了非常迅速的发展。在今后,该领域仍是有机合成中最有活力的发展方向之一。随着对现有反应的不断改进和优化、新的不对称反应的发现,不对称合成作为有机合成的一个分支学科将发展得更加成熟,并在合成科学的基础研究和工业应用中发挥出更大的作用。

参 考 文 献

1　Evans D A, Kim A S. Tetrahedron Lett, 1997, 38:53.

2 Williams D R, Barner B A, Nishitani K, Philips J G. J Am Chem Soc, 1982, 104:4708
3 Seyden-Penne J. Chiral Auxiliaries and Ligands in Asymmetric Synthesis. New York: John Wiley & Sons, Inc., 1995. 43~85
4 Seyden-Penne J. Chiral Auxiliaries and Ligands in Asymmetric Synthesis. New York: John Wiley & Sons, Inc., 1995. 87~142
5 Cram D J, Elhafez F A A. J Am Chem Soc, 1952, 74:5828
6 Anh N T. Top Curr Chem, 1980, 86:145
7 Eliel E L, Lynch J E. Tetrahedron Lett. 1981, 22:2855
8 May S A, Grieco P A. Chem Commun, 1998, 15:1597
9 Ager D J, East M B. Asymmetric Synthesis Methodology. London: CRC Press, 1996. 62~65
10 Kagan H B, Giraard C. Angew Chem Int Ed, 1998, 37:2922
11 Puchot C, Samuel O, Dunach E, Zhao S, Agami C, Kagan H B. J Am Chem Soc, 1986, 108:2353
12 Kitamura M, Okada S, Noyori R. J Am Chem Soc, 1989, 111:4028
13 Zhao M, King A O, Larsen R D, Verhoven T R, Reider P J. Tetrahedron Lett, 1997, 38:2461
14 Ager D J, East M B. Asymmetric Synthetic Methodology. New York: CRC Press, 1996. 151~158
15 Evans D A, Kim A S. Tetrahedron Lett, 1997, 38:53
16 Machajewski T D, Wong C H. Angew Chem Int Ed Engl, 2000, 39:1352
17 Corey E J, Helal C J. Angew Chem Int Ed Engl, 1998, 37:1986
18 Kolb H C, VanNieuwenhze S V, Sharpless K B. Chem Rev, 1994, 94:2483
19 Noyori R, Ohta M, Kitamura M, Ohta T, Takaya H. J Am Chem Soc, 1986, 108:7117

习 题

1. 如下反应是 Noyori 合成前列腺素中的一个不对称反应：

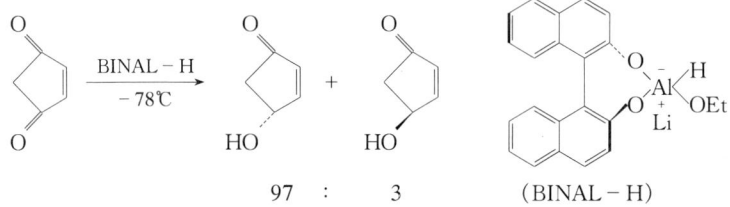

请回答如下问题：

(1) 这个反应是对映选择性反应还是非对映选择性反应？

(2) 反应中所使用还原剂 BINAL－H 是什么构型？产物中主要异构体是什么构型的？

(3) 产物中主要异构体是 H^- 加成于羰基的什么反应面所形成的？

(4) 主要异构体过剩是多少？

2. 写出如下反应的主要产物，并标明其立体化学：

(1)
$$\text{CH}_2=\text{C}(\text{CH}_3)\text{CH}_2\text{OH} \xrightarrow[t\text{BuOOH}]{(+)\text{-DET, Ti(OPr}^i)_4}$$

(2)
$$\underset{C_3H_7{}^i}{\overset{BnO}{\underset{H}{\vphantom{|}}}}\text{C}-\text{COCH}_3 \xrightarrow[(2)\ H_3^+O]{(1)\ CH_3CH_2MgBr}$$

(3) [camphorsultam acrylate with C_2H_5] $\xrightarrow[-78\ ^\circ C]{Me_2CuLi} \xrightarrow[(ii)\ H_3^+O]{(i)\ LiAlH_4}$

(4) PhC(OH)(H)C(=O)CH=CH$_2$ + cyclopentadiene $\xrightarrow[-65\ ^\circ C]{ZnCl_2}$

(5)
$$\text{EtOC(O)CH}_2\text{C(O)OEt} \xrightarrow[H_2]{RuCl_2[(R)\text{-BINAP}]}$$

(6) Cy–CH(OTBS)–C(=O)–CH$_2$CH$_3$, $\xrightarrow[{}^iPr_2NEt]{{}^nBu_2BOTf} \xrightarrow{PhCHO}$

(7) 2-hydroxy-cyclohexane-CO$_2$Et $\xrightarrow[CH_2=CHCH_2Br]{2\ LDA}$

(8) indanol-OH $\xrightarrow{mCPBA}$

(9)
$$\text{MeO}-\text{C(O)}-\text{CH}_2-\text{C(O)}-\text{CH(OH)}-\text{CH}_2\text{OBn} \xrightarrow[-78\ ^\circ C]{Zn(BH_4)_2}$$

(10)
$$\underset{\text{Ph}}{\text{oxazolidine-pyrrolidine}} \xrightarrow{Cy\text{-Ti(OPr}^i)_3}$$

3. 用反应机理的方式说明如下反应产物形成的立体化学：

(1)
$$\text{AcO-CH(Ph)-C(Ph)_2-OH} \xrightarrow[(2)\ \text{CH}_3\text{CH}=\text{CHCHO}]{(1)\ 2\text{LDA, MgBr}_2} \longrightarrow \text{CH}_2=\text{CHCH(OH)CH}_2\text{C(O)O-CH(Ph)-C(Ph)_2-OH}$$

(Braun, M. et al, Tetrahedron Lett., 1984, 25, 5031)

(2)
$$\text{TBSO-CH}_2\text{CH}_2-\text{CH(OCH}_2\text{OBn)}-\text{C(O)}-\text{CH}_2\text{CH}_2\text{C(CH}_3)=\text{CH}_2 \xrightarrow[\text{THF}]{MeMgBr} \longrightarrow \text{TBSO-CH}_2\text{CH}_2-\text{CH(OCH}_2\text{OBn)}-\text{C(OH)(CH}_3)-\text{CH}_2\text{CH}_2\text{C(CH}_3)=\text{CH}_2$$

(Still, W.C. et al, Tetrahedron Lett., 1980, 21, 1031)

(3) 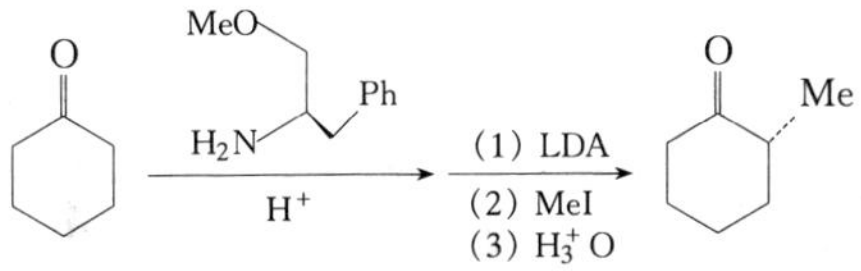
O
MeO
Ph
H2N
H+
(1) LDA
(2) MeI
(3) H3+O
O
Me

(Meyers, A. I. *et al*, J. Am. Chem Soc., 1976, 98, 3032)

第 13 章　合成策略与复杂目标分子的全合成

前面几章介绍了主要的有机合成反应、有机合成的原理、反应选择性的控制方法和不对称合成反应,这些内容的最终应用在于实际目标分子的合成,尤其是用于合成来自自然界的有机化合物。本章将介绍合成的主要策略和一些实际目标分子的全合成。

13.1　有机合成的一般策略

对于一个给定的目标物分子来说,如何设计一条有效、合理的合成路线并将其成功地付诸实施是合成课程和实际工作中常遇到的问题。对于不同的目标分子而言,所采用的合成路线,所使用的试剂和条件千差万别。即使对于同一目标分子,不同研究者所采用的合成路线也会很不相同,并随着某一时代合成科学的发展水平而变化。在这方面,托品酮的合成就是一个典型的例子。在 1902 年,Willstätter 用了 20 步的反应从环庚酮合成了托品酮(tropinone,**1**),总收率只有 0.4%;到了 1917 年,随着 Mannich 缩合反应的发现,Robinson 以丁二醛、甲胺和 3-羰基戊二酸加热缩合,仅用一步反应就得到了 92.5% 的托品酮,成为有机合成的一个具有划时代意义的合成范例。因此,正如已故合成大师、诺贝尔化学奖获得者 R. B. Woodward 所说"合成是一门艺术"。但合成并不仅仅是一门艺术,它同时还是一门科学。因此,在考虑某一目标分子的合成时,就有一些普遍的策略和指导原则可以遵循和借鉴。

一般地说,一个目标分子的合成包括三个主要阶段,即(1)对目标分子的分子结构进行考查和剖析;(2)设计可行的合成路线;(3)实施目标分子的合成。在这三个阶段中,合成路线的设计占有重要的地位。一条合理的合成路线,可以决定合成工作的效率,也可以使一个目标分子的合成少走弯路。尽管目前对于什么样的合成路线是完美的并无严格的定义,但一般地说,一条好的目标分子合成路线应考虑到如下几个方面,即使用廉价的原料、采用尽可能少的反应步骤、具有好的反应选择性、获得尽可能高的收率和原

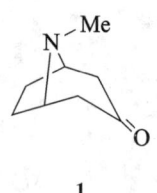

子经济性等。在工业规模的合成上,还应考虑到合成过程应尽可能地减少环境污染。此外,温和的反应条件、分离的难易程度等也是合成过程中应当考虑的因素。

在合成效率上,对于多步骤的合成还应考虑到所设计的合成路线是线型的还是汇聚型的,因为这两种不同的设计对合成总收率的影响是很不一样。在线型合成(linear synthesis)中,合成过程的各个反应步骤之间是以"接力"的方式相联系的,整个合成的总收率为各步反应收率的乘积(图 13.1a);而在汇聚型合成(convergent synthesis)中,整个目标分子被分割成若干个大小相近或相等的片段,这些片段在组成最终目标分子之前的合成是相对独立的(图 13.1b),因此对于整个合成的总收率来说,某一原料至产物之间的步骤就会比线型合成显著减少,因而收率就会提高。例如,对于一个平均收率为 90% 的 11 步合成,线型合成的总收率 $Y = (0.9)^{11} \times 100\% = 31.4\%$;而对于 5 步加 5 步加汇聚 1 步的汇聚型合成,其总收率则为 $Y = (0.9)^{5+1} \times 100\% = 53.1\%$。此外,对于复杂的目标分子来说,采用汇聚型合成还可能将目标分子的片段同时进行合成,再组装成目标分子,这样可以缩短整个合成的时间。

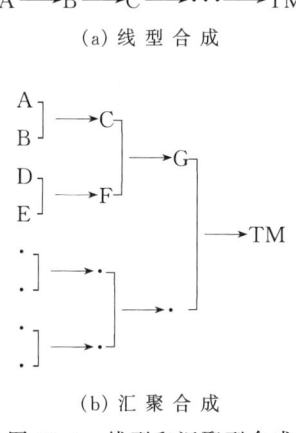

图 13.1 线型和汇聚型合成

13.2 合成设计的基本策略

一个特定目标分子合成的关键在于如何建立其与适当原料之间的联系,第 1 章的逆合成分析法是建立这种联系的一种最常用的理性方法。通过逆合成分析,目标分子被逐步地简化为较为简单的次目标分子,从而使复杂分子的合成变成简化了的次目标分子的合成。尽管不同目标分子的结构和合成路线可能差别很大,但逆合成分析的一些基本策略对合成过程具有普遍的指导意义。Corey[1]将逆合成的策略归纳为五个主要的方面,即(1) 基于官能团的策略;(2) 基于转换的策略;(3) 结构与目标策略;(4) 拓扑逻辑策略;(5) 立体化学策略。然而这些策略不是彼此孤立,而是相互联系的。在一个特定目标分子的合成过程中,常常需要多种策略并用,以最有效地简化合成问题,设计出最有效的合成路线。下面将简要地介绍这些合成策略及其应用。

13.2.1 基于官能团的策略

目标分子中的各种官能团及其相互联系为逆合成分析提供了丰富的线索。基于官能团的逆合成分析策略就是通过利用分子中官能团排列之间的相互联系或通过对官能团的删减、添加等方法对目标分子进行简化。例如,目标分子 **2** 中的 1,3-二醇可由相应的 β-羟基酮 **3** 经立体选择还原得到,而它则可由 1,5-二酮 **4** 经醇醛反应形成。具有对称性的二酮 **4** 进一步切断产生环己酮和烯酮 **5**,后者可由两分子环己酮经醇醛缩合得到。因此,通过逐步简化,初看似复杂的目标分子 **2** 最终简化为三分子环己酮的缩合反应和官能团转换:

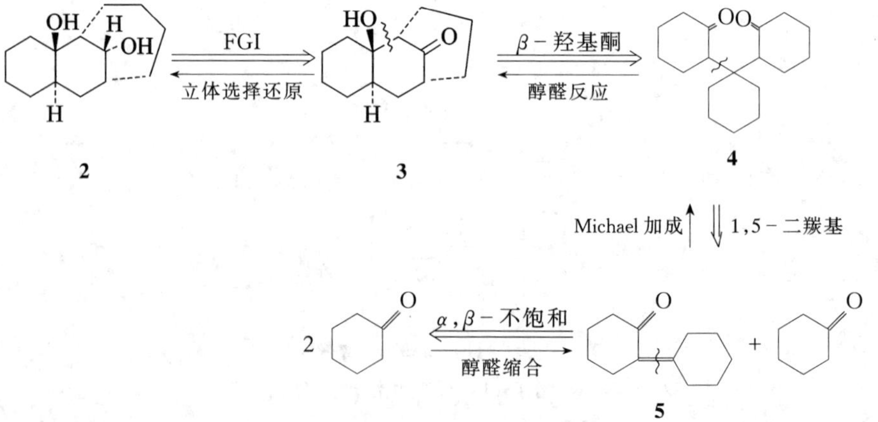

13.2.2 基于转换反应的策略

一个目标分子的合成常常涉及许多不同类型的反应,其中那些用于构造分子骨架的反应往往能在目标物分子的逆合成分析中对目标分子起到有效的简化作用。转换反应的策略就是利用一些关键的合成反应对目标分子进行简化。表 13.1 列出了几种典型的转换反应及其用于构筑的结构单元。

13.2 合成设计的基本策略

表 13.1　一些转换反应及其用途

转换反应	用　　途
Diels–Alder 反应	六元碳环
杂 Diels–Alder 反应	N,O 六元杂环
环化反应	不同大小的环
醇醛反应	β-羟基羰基结构/α,β-不饱和羰基结构
Michael 加成	1,5-二羰基结构
Wittig 等双键形成反应	烯烃合成
芳环选择还原	取代环己烯/二烯

此外,认识一些特殊的转换反应对解决某些目标物分子的合成可能具有决定性的作用。例如,具有螺环结构的双环酮 **6** 用一般的方法可能很难合成,但若注意到 α-位带有季碳的酮可由片纳醇重排得到,这一问题便可迎刃而解:

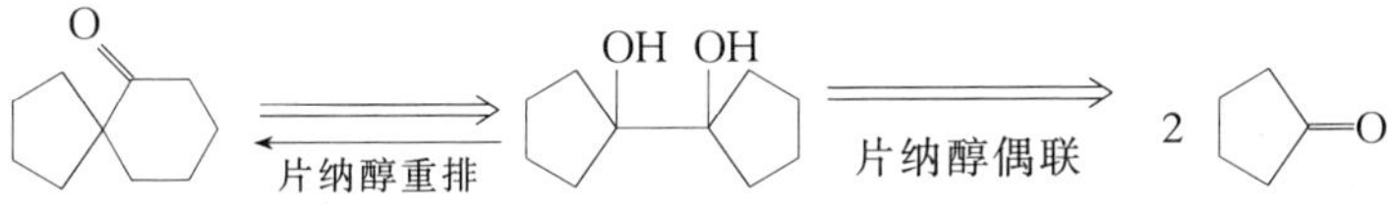

对于某些目标分子,在运用转换反应简化之前,可能需使用某些官能团转化反应。如目标分子 **7** 为一取代环己烷的结构,应有可能通过 Diels–Alder 作为关键转换反应来合成。但对目标分子本身却不能直接运用这一反应。通过对其进行两次官能转化(FGI)后,合成问题成为次目标分子 **9** 的合成,而这时已清楚地显露出运用 Diels–Alder 反应的结构特征了。

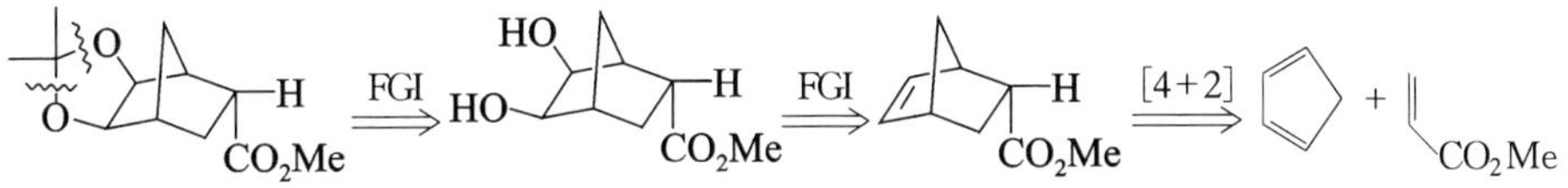

在转换反应的运用中,一些相互关联转换的灵活运用可以使这一策略更具威力。例如目标分子 **10** 可由对甲氧基苯甲酸经 Birch 还原-水解两个互相关联的转换反应实现其合成:

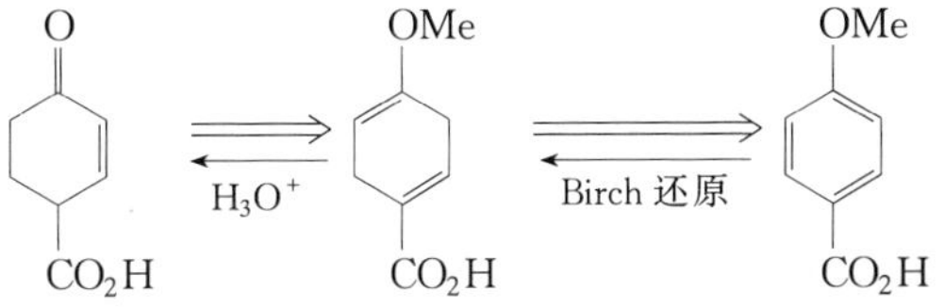

13.2.3　基于结构特征的策略

在许多合成问题中,目标分子中存在的能与原料相联系的结构单元,是另一种很有用的逆合成分析线索,通过识别这些结构单元,可能迅速地简化逆合成和合成的程序。这些结构单元,可能含有一个至多个的手性中心,它们可能来自天然的手性源,如氨基酸、碳水化合物、羟基酸等,也可能是试剂目录的原料或文献中已合成过的中间体。这种基于结构特征的合成设计策略是一种传统且常用的合成设计方法。

例如,通过比较凝血噁烷(thromboxane B_2)**12** 和葡萄糖的结构可以发现,目标分子中的四氢吡喃环及某些手性中心与葡萄糖具有相似之处。因此,从葡萄糖出发,可以推导出一条简捷有效的合成路线:

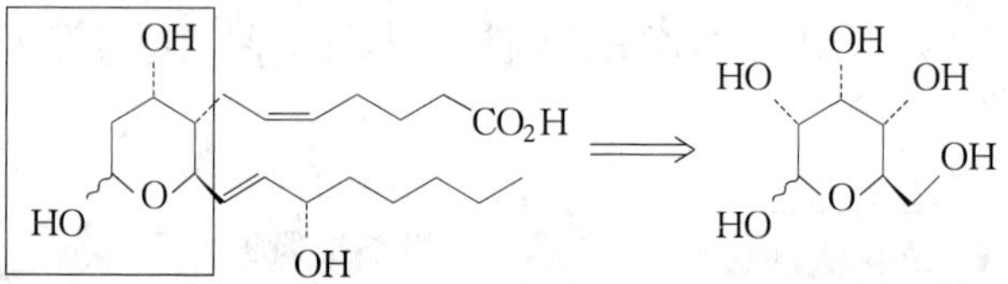

12　　D－葡萄糖

在这种策略中,当使用天然手性库(chiral pool)中的原料时,不仅保证了原料的高光学纯度,而且手性源中已有手性中心还可诱导其他新不对称中心的形成。例如,在由 L－天冬氨酸合成沙纳霉素(thienamycin)**13** 的路线中作为合成砌块被用于目标分子 $C_1 \sim C_4$ 的构造,同时,天冬氨酸的不对称中心对 C_3 和其侧链羟基的立体化学的形成起到了关键的诱导和控制作用:

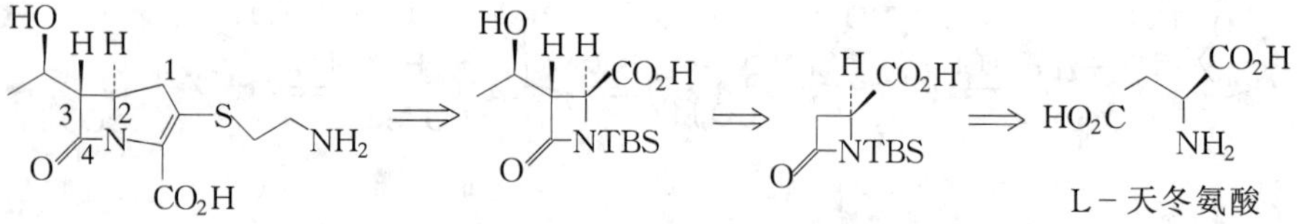

L－天冬氨酸

13　　**14**　　**15**

这种基于手性源的合成策略又常称为手性合成子方法(chiron approach),尽管它是一种经典的不对称合成法,但目前在许多目标物分子的合成中仍很常用。

13.2.4　拓扑学策略

对于含有多环体系(稠环、螺环和桥环等)的目标分子,逆合成分析的切断位置和方式对于目标分子的简化具有重要的作用。拓扑逻辑策略的一些原则对于设计这类化合物的合成路线具有指导性意义。

对于稠环化合物而言,Corey 总结了数条逆合成分析的切断规律,其中最常见的是两环共享键(a)和该共享键相隔键(a')同时切断的方法,这种切断的运用应产生能同时形成两个化学键的环化前体,并使目标物分子中环的数目得到减少,从而将复杂的稠环化合物转化为较为简单的非环或稠合程度较低的次目标分子结构,使合成问题得到简化。

对于桥环化合物,常用于切断的键则是连接桥头原子的策略键,但切断所产生的次目标结构不应含有大于七元的环结构,其原因在于七元以上的环一般不易形成,而且成环效率较低,因此不是一种简化问题的有效途径。因为这种策略所切断的键是与多个化学键共享的桥头原子,故有时又称为"共同原子法"。例如,桥环酮 **16** 于 a 或 b 处切断,分别产生两个十氢萘酮结构的合成子,在 a 处切断产生的合成子 **17** 中羰基的 α-位可通过烯醇负离子实现分子内的环化,因此是一种合理的逆合成分析途径;而若在 b 处切断,则产生的合成子 **18** 不能利用羰基建立一种合理的成环方法。

又如目标分子 **19**,尽管 a、b、c 三种切断均为与桥头原子相连的键,但在 b 的切断产生了一个十元环 **21**,没有使目标分子得到简化,故不是合适的切断;而 a、c 位置的切断均得到简化的次目标分子 **20** 和 **22**,它们可以通过进一步的逆合成分析得到简化。次目标分子 **22** 可以最终归结于丁烯酮和异丁醛的缩合。

此外，一个目标分子或经简化后产生的次目标分子若具有对称的结构，常可给合成路线的设计带来很大程度的简化。因为这意味此类目标分子的合成在某个阶段可能共享某一中间体，因而可显著地提高合成效率。如目标分子 **23** 于酰胺键处切断后得到两个片段 **24** 和 **25**，它们可以由儿茶酚出发经一共同中间体 3,4-二甲氧基苯乙腈得到：

这种策略在一些具有对称性(或潜在对称性)的复杂结构天然产物的合成中能有效地简化目标物分子。

13.2.5 立体化学策略

目标分子中的不对称中心是逆合成分析过程常常必须考虑的一个重要方面。立体化学策略就是通过对目标分子中立体化学中心的删除或简化,降低目标结构的立体化学复杂程度,从而简化合成问题。立体化学策略的应用在很大程度上取决于对有机立体化学和不对称转化反应知识的掌握。表13.2列举了一些目标结构通过立体化学策略转化为较为简单的次级目标分子及转化过程的立体化学控制方式。

表13.2 一些立体化学策略的应用

立体控制转化反应	控制方式
(环己醇环氧结构) ⇒ (环己烯醇)	羟基诱导的不对称环氧化
(β-内酰胺带R,CO₂H,NTBS) ⇒ (β-内酰胺带CO₂H,NTBS)	环结构诱导的不对称烷基化
(双环丙烷醇) ⇒ (环己烯醇)	羟基诱导的不对称环丙烷化
HO—环氧—CH=C(CH₃)₂ ⇒ HO—CH=C—CH=C(CH₃)₂	Sharpless 不对称环氧化
(环戊烷-OH,CH₂OR) ⇒ (环戊二烯-CH₂OR)	不对称硼氢化
R-CH(*)-C(O)OMe ⇒ R-CH₂-C(O)-Xc (Xc=手性辅助基团)	手性辅助基团诱导的不对称烷基化
(OH,OH,OH 三醇) ⇒ (OH,O 羟酮)	羟基诱导的立体选择性还原

在一个实际目标分子的逆合成分析过程中,常需多种策略并用,以期最有效地简化合成路线。有关实例将在本章的全合成部分加以介绍。

除了上述几种常用的主要策略外,仿生合成和逆质谱合成在一些目标分子的合成中也能给某些目标分子的逆合成分析提供有用的信息。

13.3 天然产物全合成例选

自然界中门类丰富、结构多样、活性各异的有机化合物,给有机合成化学提供了无穷无尽的研究内容。通过对天然产物的合成研究,促进了人类对自然界中有机化合物及其形成过程的认识,发现了许多具有重要用途的化合物,如治疗各种疾病的药物、美化生活的香精香料、五彩缤纷的染料等等。同时,天然产物的合成研究还极大地推动了合成化学的进步,许许多多新的合成反应、方法、策略,正是从解决天然产物的合成过程中被创造出来的。

天然产物的合成例子数不胜数,即便是同一个化合物也常常有不同时代、不同作者的合成方法。本节仅选取几个有代表性的例子,作为前面几章已介绍过的合成反应、方法和策略的应用。

13.3.1 舞毒蛾雌性信息素 disparlure

舞毒蛾是一种森林害虫,雌蛾在产卵交配期能分泌出一种称为 disparlure **26** 的性信息素吸引雄蛾。人工合成的 disparlure 可以用于舞毒蛾的聚集行为研究和虫害防治。在 disparlure 的 4 种光学异构体中,只有 ($7R,8S$)-异构体具有引诱雄蛾的活性。因此,合成过程的立体控制很重要。

Disparlure 的合成已有多种方法,并且已在工业规模上生产,用于舞毒蛾虫害的防治。这里介绍林国强和 Mori 的两条合成路线。

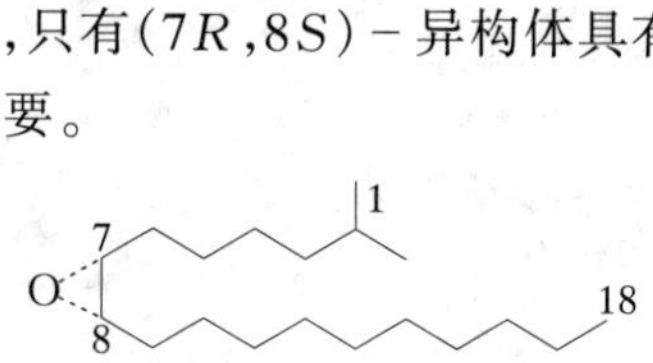

26 (+)-disparlure

13.3.1.1 林国强等的合成路线[2]

该合成路线如图 13.2 所示。外消旋的烯丙醇 (±)-**27** 在 (L)-(+)-DET 存在下,选择性地环氧化 (S)-构型对映体,形成动力学拆分的环氧化物 [**28**,92%(ee)],而 (R) 构型的烯丙醇 **29** 则不被环氧化 [77%~89%(ee)] 而留在反应混合物中。将二者分离后,**28** 的羟基保护为 THP 醚后,用烷基铜锂试剂对环氧结构开环,引入 7 位侧链,所得到的 $anti$-1,2-二醇 **32** 经溴化-乙酰化后转化为一对 syn-邻溴醇乙酸酯的混合物 **33a** 和 **33b**,最后在碱性条件下进行乙酸酯的水解、S_N2 构型翻转环化,形成同一光学异构体 (+)-disparlure **26**。

最终产物的光学纯度达 92%（ee），是一条简捷有效的合成路线。

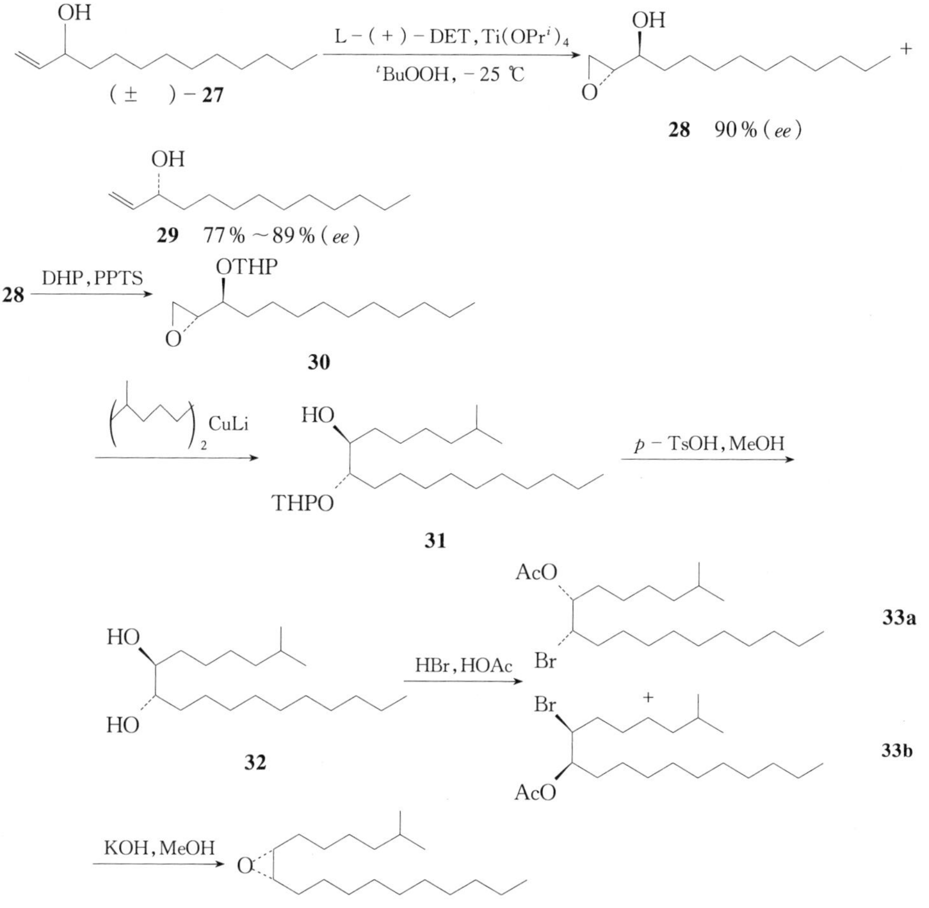

图 13.2 林国强等的(+)-disparlure 合成路线

13.3.1.2 Mori 等的合成路线[3]

  Mori 的合成路线图 13.3 以顺丁-2-烯醇二乙酸酯为起始原料。顺丁-2-烯醇二乙酸酯经环氧化形成内消旋的环氧化物 **34**，它在猪胰酯酶（PPL）催化下发生去对称化，得到 90%（ee）的单乙酸酯 **35**。**35** 经羟基的 TBDPS 保护、酯基水解和衍生化重结晶后，其光学纯度提高到 100%（ee）。单端 TBDPS 保护的光学纯环氧化物 **38** 经苯磺酰化、有机铜试剂的亲核取代引入 7 位侧链。**40** 用 TBAF 去除硅保护基、苯磺酰化和有机铜试剂的亲核取代引入 8 位上的侧链，完成(+)-disparlure 的合成。整个合成的总收率达 44.4%，最终产物的光学纯度达 100%（ee）。

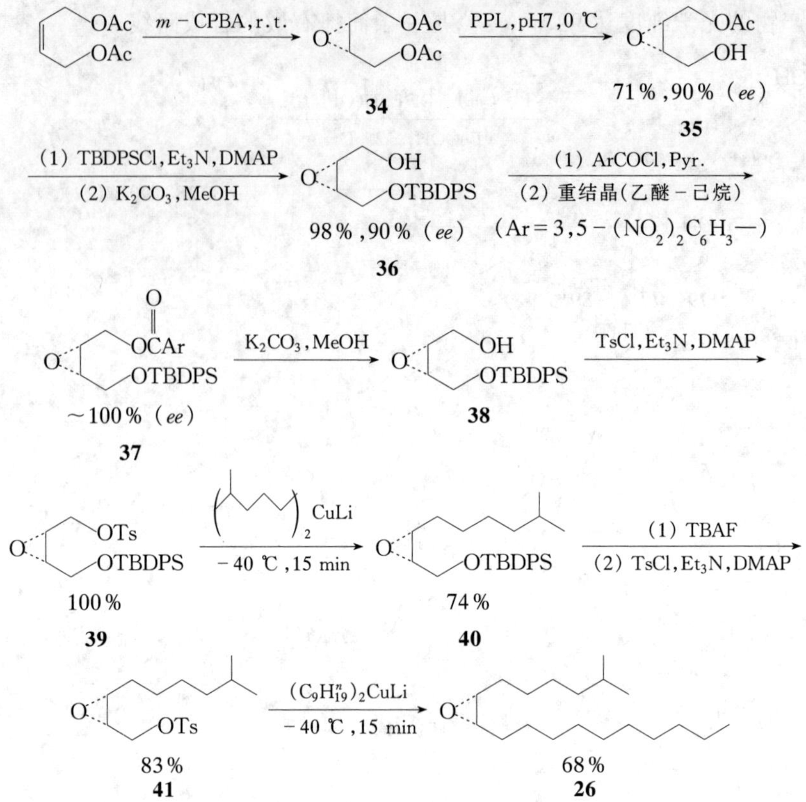

图 13.3　Mori 等的(+)-disparlure 合成路线

13.3.2　稻瘟病自卫物质

稻瘟病(rice blast disease)是由稻瘟病菌引起的一种严重危害水稻的病害，它能导致水稻严重减产。从病害作物中分离出了数种 18 碳的含氧不饱和脂肪酸，并发现其具有防卫稻瘟病菌侵害的作用。化合物 **42** 和 **43** 是两种稻瘟病自卫物质的代表结构，它们含有一个特征的邻三羟基结构单元，但 3 个羟基的相互立体化学关系略有差异。下面介绍 Honda 和吴毓林的两条合成路线。

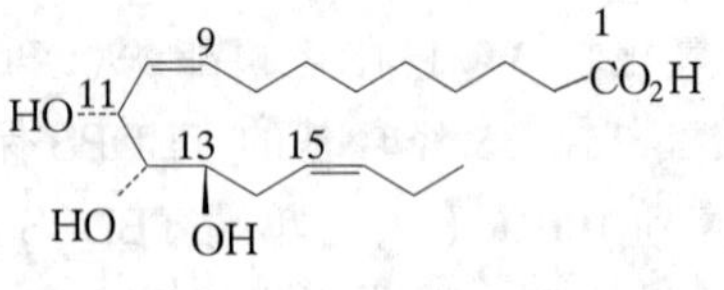

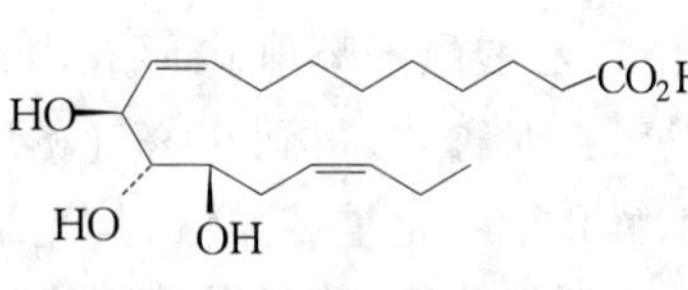

13.3.2.1　Honda 等的合成路线[4]

Honda 等的合成路线如图 13.4 所示：

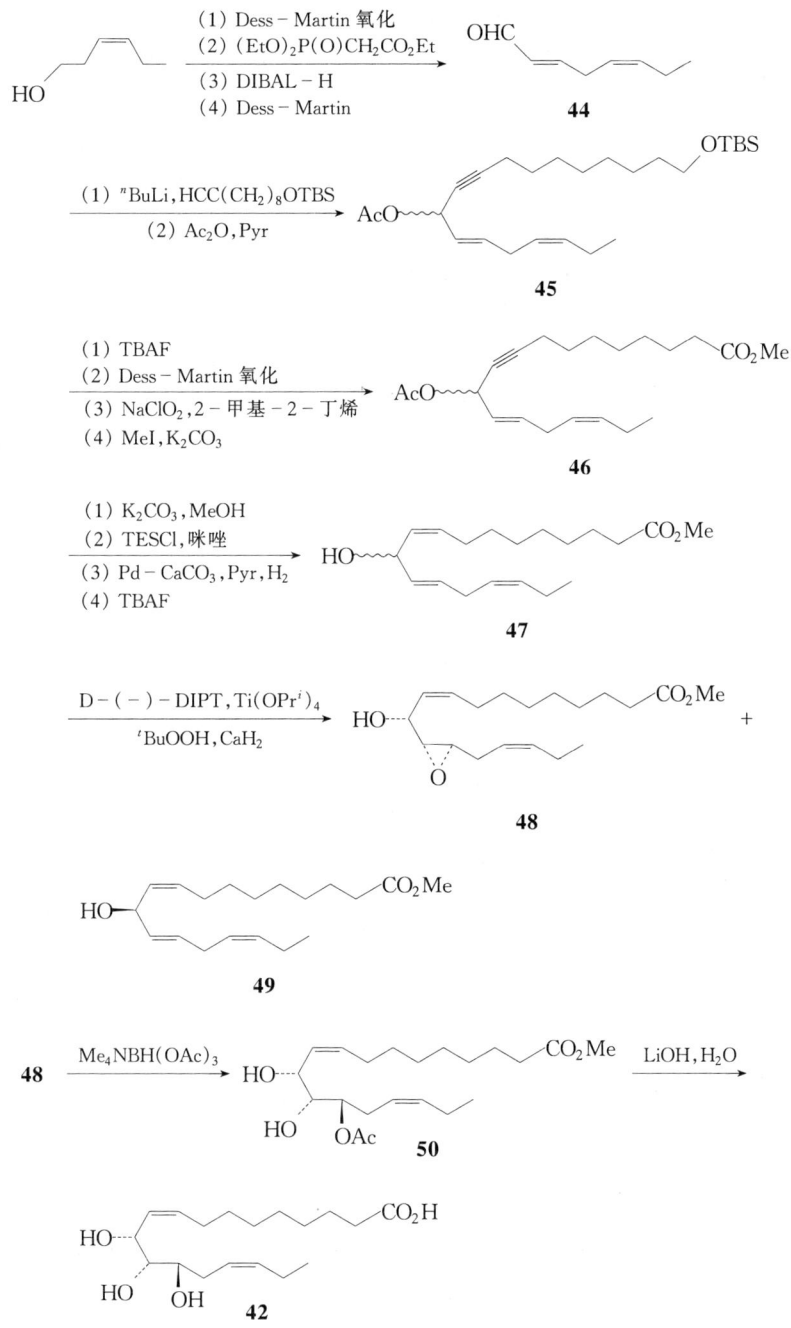

图 13.4 Honda 等的稻瘟病自卫物质合成路线

(Z)-己-3-烯-1-醇经 Dess-Martin 氧化、Wittig-Horner 反应形成反式烯键、DIBAL-H 还原成醇和再次 Dess-Martin 氧化得到二烯醛 **44**。它与

TBS 保护的癸-9-炔-1-醇锂化物经加成、乙酰化后得到外消旋的二烯炔乙酸酯 **45**。**45** 经 TBS 去保护、Dess-Martin 氧化伯醇成醛、进一步用亚氯酸钠氧化成酸和酯化反应得到甲酯 **46**。**46** 经烯丙位酯基的选择性水解、TES 保护烯丙位羟基(防止氢化时发生氢解反应)、Lindlar 催化选择性氢化炔键成顺式双键和 TES 去保护后,得到中间体外消旋三烯醇 **47**。**47** 在 L-(-)-DIPT 催化下的改进 Sharpless 不对称环氧化动力学拆分,得到光学活性的 β-羟基环氧化物 **48** 和(R)-烯丙醇 **49**。三乙酸硼氢化四甲铵对 **48** 的反应得到区域选择性反式开环产物 **50**,它经酯基的碱性水解得到最终目标分子 **42**。

13.3.2.2 吴毓林等的合成路线[5]

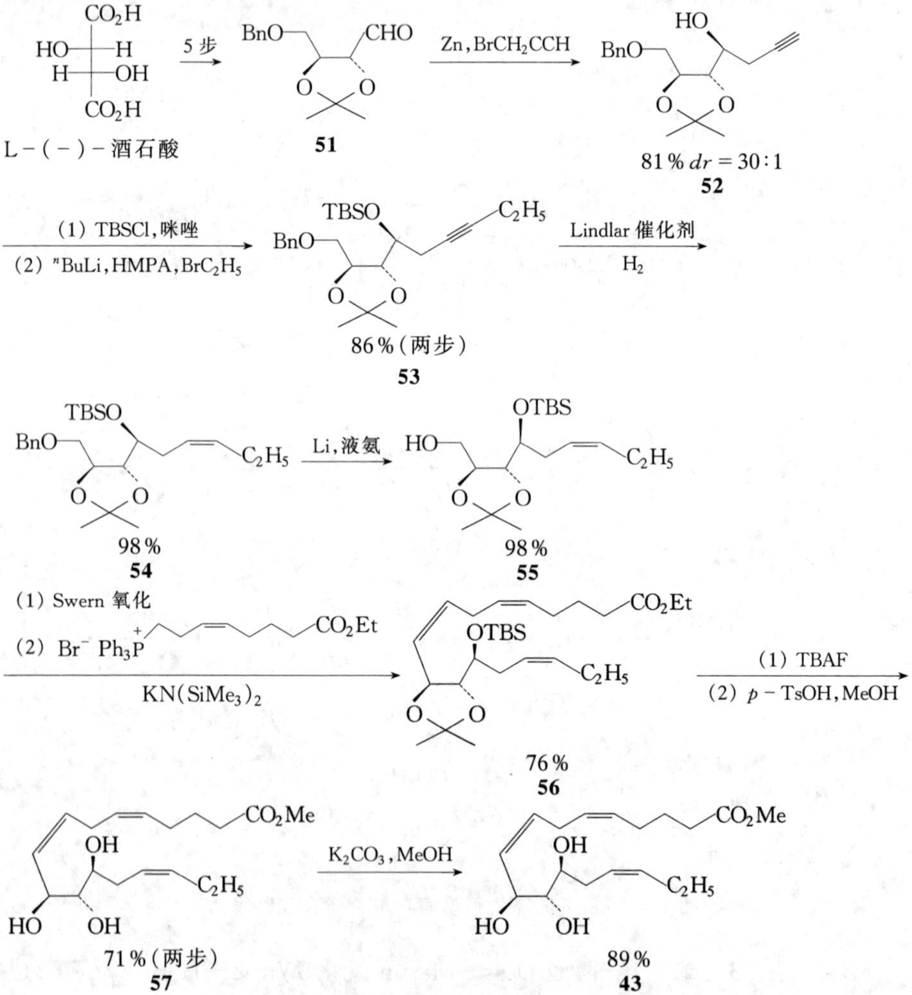

图 13.5 吴毓林等的稻瘟病自卫物质合成路线

与 Honda 的不对称全合成方法相比,吴毓林等采用 L-(-)-酒石酸为手性源合成 **43**(图 13.5)。保护的 L-苏糖 **51** 可从 L-(-)-酒石酸经已知方法合成。现场产生的丙炔基锌对 **51** 中醛基的加成反应得到赤式主产物 **52**($dr=$ 30∶1)。羟基保护、末端炔的乙基化和选择性控制氢化后得到烯烃 **54**。还原脱苄、Swern 氧化和 Wittig 反应引入所需的碳数和 9,10 位顺式双键。脱除 13 位的羟基保护基后进一步在对甲苯磺酸的甲醇溶液中脱去缩酮保护基并同时发生酯交换反应,得到甲酯 **57**。最后碱性水解得到最终目标分子 **43**。

13.3.3 前列腺素

前列腺素(prostgrandin,PG)是哺乳动物的一类内分泌激素。虽然这类化合物在人和动物体内产生的量很微少,但却对许多生理过程如生殖、胃活动、血压、体温控制等起着重要的调控作用。因此,前列腺素的全合成在基础和应用研究一直是个活跃的研究领域,目前已有作为治疗某些疾病的合成前列腺素或其类似物在临床上使用。

在结构上,前列腺素具有前列烷酸 **58** 的基本骨架。在五元环上常有含氧的取代基,α-侧链上可有不饱和键,而 ω 侧链一般含有手性烯丙醇结构单元。因此,立体化学的控制是前列腺素合成的一个重要方面。下面介绍 Corey 和 Noyori 的两种最具有代表性的前列腺素 PGE_2 合成方法。

13.3.3.1 Corey 合成路线[6]

Corey 是最早进行前列腺素全合成的化学家之一。他以双环内酯 **60**(又称 Corey 内酯)为关键中间体开发出了一条前列腺素合成的通用方法[6]。在逆合成分析上,Corey 合成法可看成首先对两个双键侧链处的切断简化,α-侧链与 9-位羟基的再连接与关键中间体 Corey 内酯 **60** 相关联。**60** 可经 γ-烯酸 **61** 的碘内酯化反应得到。而 **61** 的前体内酯 **62** 可由 5-甲氧甲基环戊二烯和 1-氯丙烯腈的 Diels-Alder 反应、水解成酮和区域选择性 Bayer-Villiger 氧化进行合成(图 13.6)。

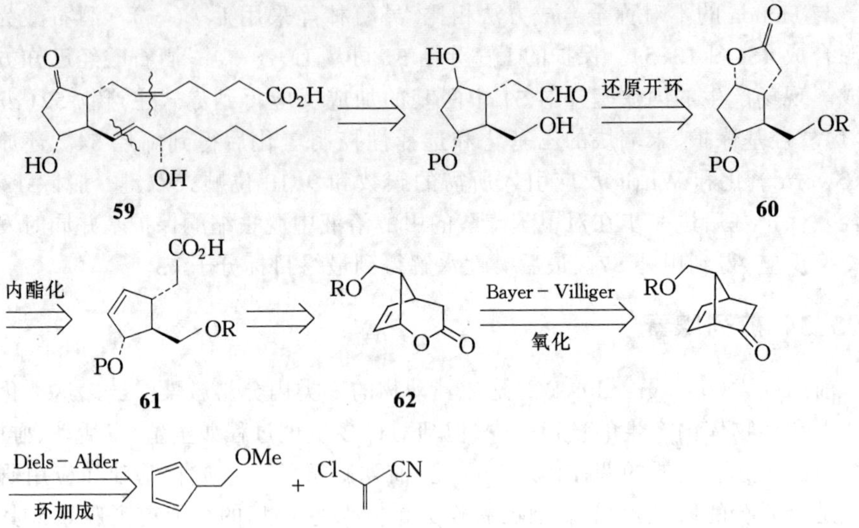

图 13.6　Corey 前列腺素合成的逆合成分析

Corey 的 PGE_2 合成具体合成路线如图 13.7 所示。5-甲氧甲基环成二烯与 1-氯丙烯腈在铜(Ⅱ)催化剂存在顺利发生 Diels-Alder 反应形成环加成产物 **63**，它经水解成酮后进一步用 mCPBA 进行位置选择性 Bayer-Villiger 氧化形成内酯 **62**。**62** 经水解开环、二氧化碳酸化和拆分后得到(+)-γ-烯酸 **61**，它在碘存在下经过渡态 **64** 发生碘内酯化反应，形成碘代内酯 **65**。**65** 经羟基乙酰化保护、自由基还原脱碘后得到著名的 Corey 内酯 **60**。**60** 经脱甲基保护后

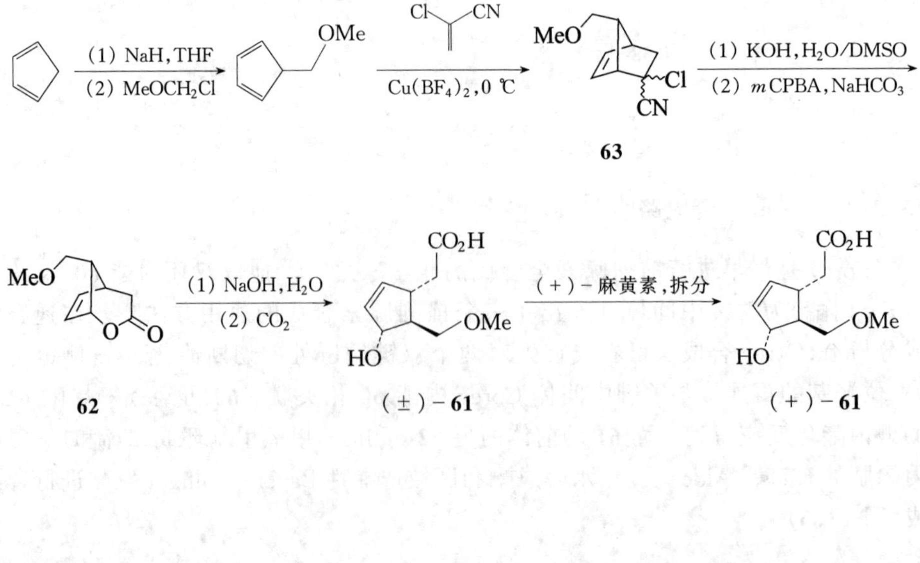

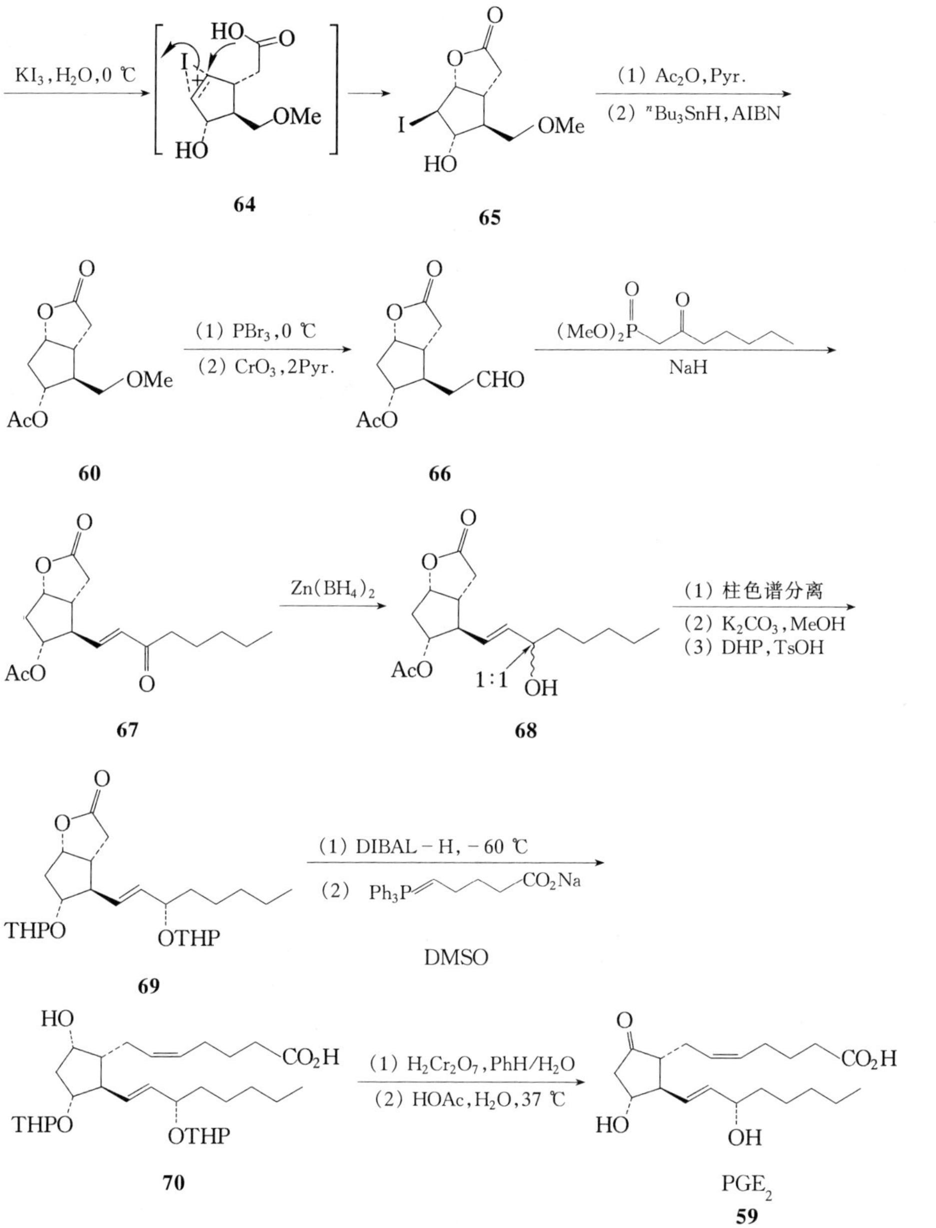

图 13.7　Corey 的前列腺素 PGE$_2$ 合成路线

进一步被氧化成醛 **66**，它经 Wittig - Horner 反应延长所需碳数的 ω 侧链并形成(E) - 构型双键 **67**。硼氢化锌对 **67** 中侧链烯酮的还原不具有立体选择性(1∶1)，所形成的非对映体 **68** 通过硅胶柱层析进行分离。对所需非对映体 11 - 位上乙酸酯进行水解后，将两个羟基均保护为 THP 醚，然后用 DIBAL - H 将内酯还原成半缩醛,接着进行 Wittig 反应,用非稳定化的 Wittig 试剂形成 Z 构型的双键,并获得 α-侧链至所需的碳数。最后将 **70** 中环上 9-位羟基氧化成酮并进一步脱除 THP 保护基后得到 PGE_2。

13.3.3.2 Noyori 的三组分合成法[7]

该合成法是前列腺素合成中最为简捷的方法之一。从逆合成分析上看,Noyori 沿与五元环相连处切断 α 和 ω 侧链,产生手性环戊烯酮 **71**。接下来,通过烷基铜试剂 **72** 对烯酮 **71** 的共轭加成引入 ω 侧链,这步反应所形成的烯醇中间体随即对烯丙基碘化物形式的 α 侧链 **73** 进行亲核取代反应,从而以"一瓶反应"的形式实现两个侧链的组装。这一过程还巧妙地利用了五元环上加成和取代反应的反式立体化学要求,通过烯酮 3 位上羟基的立体化学,完全控制 α 和 ω 侧链的反式、反式立体化学,构成一条简捷和高度立体选择性的"三组分"前列腺素合成法(图 13.8)。

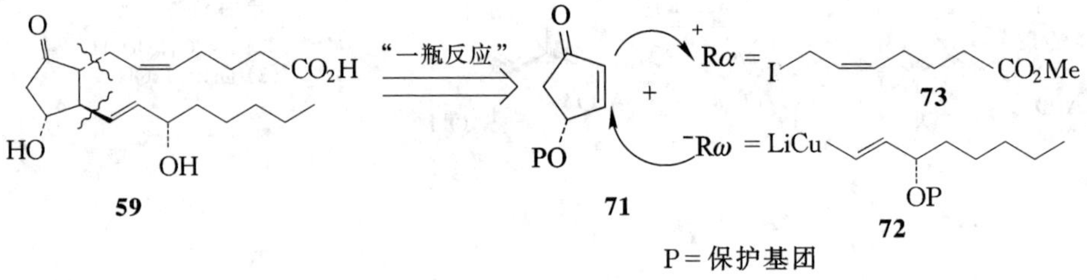

图 13.8　Noyori 三组分前列腺素合成法的逆合成分析

在具体合成步骤中,两个关键的中间体即手性环戊烯酮 **71** 和 ω 侧链目前有多种合成方法,Noyori 的合成方法之一是通过联二萘酚修饰的手性氢负离子还原剂(S)-BINAL-H 对其前体酮的还原形成所需的羟基构型,并将羟基保护为 THP 醚:

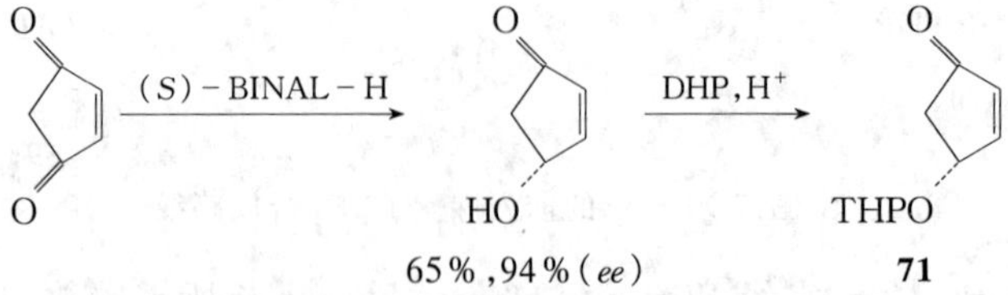

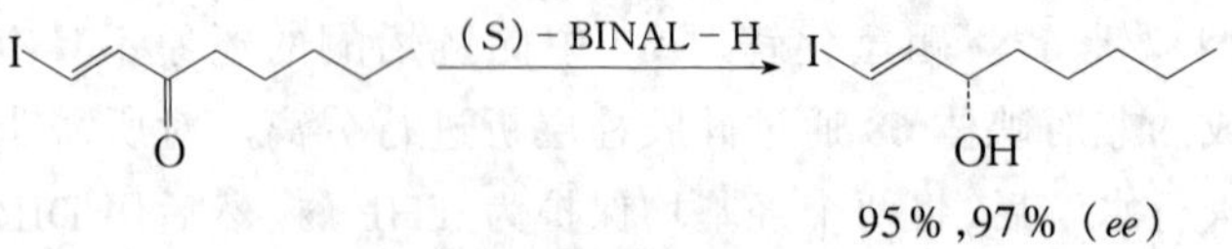

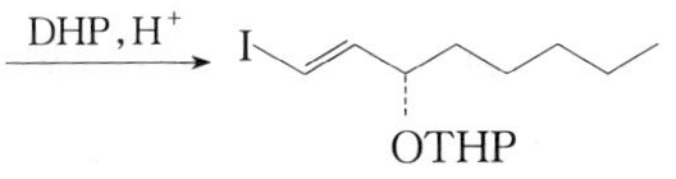

关键的三组分偶联反应首先是将 ω 侧链的烯基碘化物 74 进行金属交换并现场转化为烷基铜锂试剂 72,它在三苯基锡和 HMPA 存在下对烯酮 71 进行共轭加成,所形成的烯醇中间体 75 进一步对烯丙基碘化物 α 侧链 73 进行亲核取代反应,在"一瓶反应"中实现两个侧链的引入和立体化学控制,该反应的收率近 80%。最后,酸性条件下去除 75 中的 THP 保护基并用酶促水解脱除酯基后得到最终产物 PEG_2。

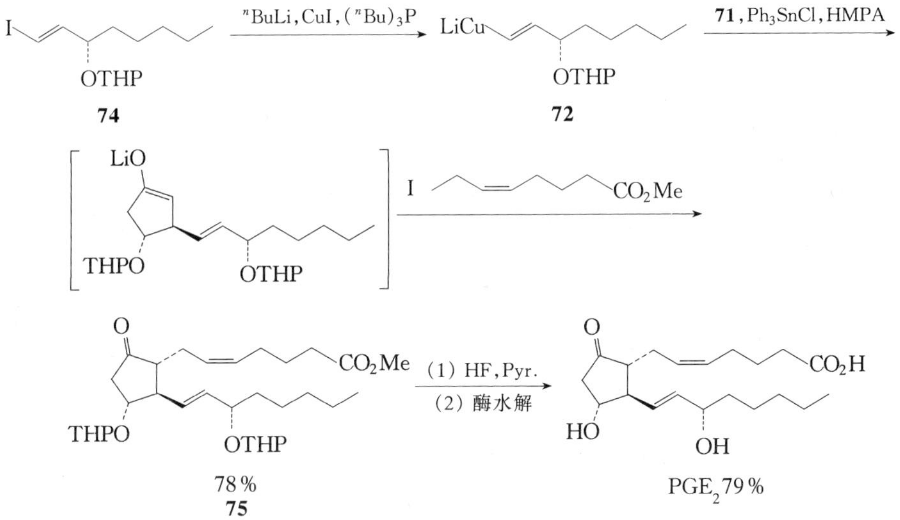

图 13.9 Noyori 的三组分前列腺素合成法

13.3.4 青蒿素的全合成

青蒿素(arteannuin)76 是一种从我国传统中草药青蒿(*artemisia annua L. compsitae*)中分离得到的一种具有治疗疟疾药效的化合物,是由我国合成化学和药物化学家自主开发出的具有高效、快速、低毒和抗耐药性的抗疟疾新药,它对疟原虫红细胞内型无性体具有高效、快速的杀灭作用,目前在国内外广泛地用于疟疾的治疗。

从结构上看,青蒿素除了含有 7 个不对称中心外,还含有 1 个独特的过氧桥缩醛/酮结构,而且其中的 5 个氧原子都处于同一平面上。这些结构特点及其相当的结构复杂性使得青蒿素成为一个具有挑战性的合成目标分子。我国上海有机化学研究所著名合成化学家周维善院士领导的课题组在青蒿素的全合成中作出了开创性的工作,并于1983年完成了其全合成[8],这是我国继人工合成胰岛素后在合成化学领域的又一里程碑。

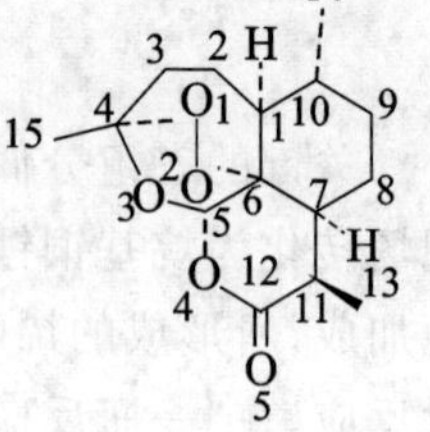

在合成策略上,周维善研究组采取了如下的逆合成分析路线(图13.10)。于过氧缩酮、醛内酯结构处同时切断,得到了其成环前体 **77**,它可由烯醇醚 **79** 于 C_6 上的光氧化形成过氧结构和醛官能团。1,5-二酮 **80** 可从薄荷酮衍生物 **81** 的 α-位不对称烷基化得到,而其本身则可从含一个手性中心的单萜化合物(R)-香茅醛经烯反应和官能团转化获得。

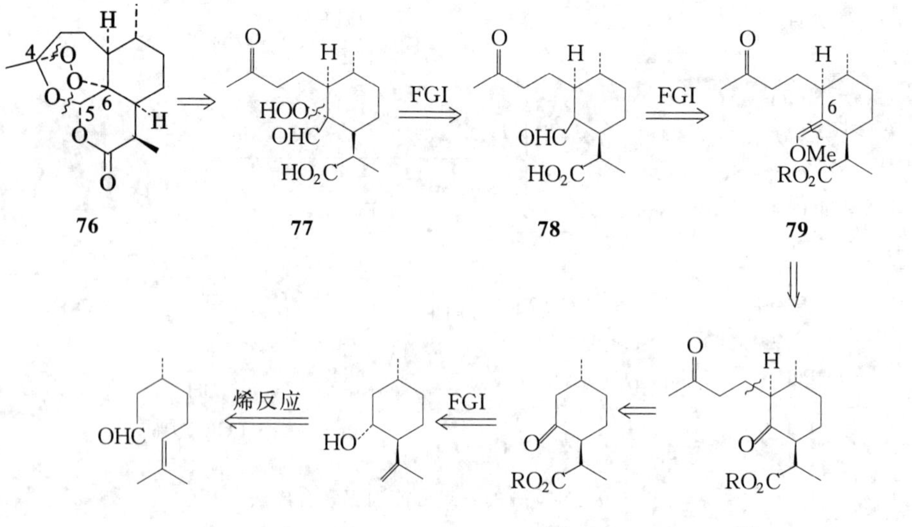

图 13.10 青蒿素逆合成分析

在具体合成过程中,基本上采用了线型合成的方法,整个合成过程包括了20个主要反应步骤(图13.11)。首先,在 Lewis 酸 $ZnBr_2$ 催化下(R)-香茅醛发生分子内的烯反应得到异胡薄荷醇(isopulegol)**82**。反应产物的立体化学由香茅醛分子中已有的手性中心控制。尽管该反应可以形成 4 个立体异构体,但得到的主产物是预料之中的、取代基全为 e-键的最稳定异构体。**82** 经硼氢化、苄基选择性保护伯羟基并进一步氧化仲醇后得酮 **84**,它在过量 LDA 存在下于 C_1 上进行动力学烯醇化后与 3-(三甲基硅基)-3-丁烯-2-酮进行 Michael

加成反应后得 1,10 反式取代的 1,5-二酮 **85**。**85** 在碱性条件下 [Ba(OH)$_2$] 发生分子内的醇酮反应并进一步在酸性条件下脱水形成烯酮 **86**。

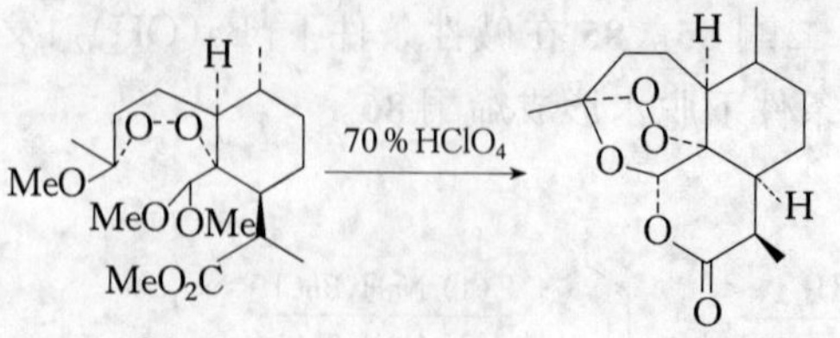

图 13.11　周维善等的青蒿素合成路线

　　86 中的烯酮官能团在吡啶中用硼氢化钠彻底还原,再用 Jones 试剂氧化羟基后得到酮 **87**。圆二色(CD)光谱分析表明 1-位和 6-位的氢均是 a 键取向的,这与最终目标分子所要求的构型是相一致的。化合物 **87** 与甲基溴化镁反应并进一步将加成产物在酸性条件下脱水后得到烯烃 **88** 和其位置异构产物,二者的比例为 1:1。从混合产物中用柱层析分离出 **88**,经脱除苄基、Jones 试剂氧化伯醇成羧酸和重氮甲烷酯化后得到甲酯 **89**,其中的双键经臭氧化开裂后得到醛酮 **90**。在后续合成步骤中,要求对 **90** 中的酮羰基进行选择性保护。尽管一般情况下醛基的反应活性比酮来得活泼,但在 **90** 中,由于醛基邻近基团的立体位阻使其反应活性受到削弱。因此,当用 1,3-丙二硫醇与其反应时,分子中的酮羰基被选择性地保护,形成硫缩酮 **91**。**91** 中的醛基与原甲酸甲酯反应,形成缩醛中间产物,并进一步在二甲苯中加热后失去一分子甲醇,得到甲基烯醇醚 **92**。它在二价汞存在下脱除硫缩酮中的保护基形成酮 **93**。**93** 在甲醇中在光敏剂虎红存在下,发生双键上的氧化反应,形成过氧化中间产物,然后在氯化氢存在下进一步环化形成甲基过氧缩醛酮 **94**,即青蒿素前体。**94** 在高氯酸中发生酯基-缩醛和缩酮之间的分子内多米诺环化反应,形成青蒿素中的关键结构过氧内酯缩醛酮,从而完成目标分子青蒿素 **76** 的全合成。

13.3.5　利血平的全合成

　　利血平(reserpine)**95** 又称蛇根碱或血安平,是一种从热带植物萝芙木的根中提取出来的生物碱。利血平能阻断交感神经收缩血管并有兴奋心脏的作用,使血压下降、心率减慢,因而是一种降血压药物。

　　已报道的利血平的全合成路线有数种,其中由现代有机合成化学奠基者、已故诺贝尔化学奖获得者 R. B. Woodward 在 1956 年首次完成的合成[9],是复杂化合物全合成的经典杰作之一。尽管时过近半个世纪,这一合成路线的策略和一些反应在今天看来仍很具启发意义。

　　在结构上,利血平共有 5 个互相稠合的环,其中的 6 个手性中心有 5 个处于 E 环上。因此可以想象 E 环的构筑和立体化学的控制将是整个合成的最难点。

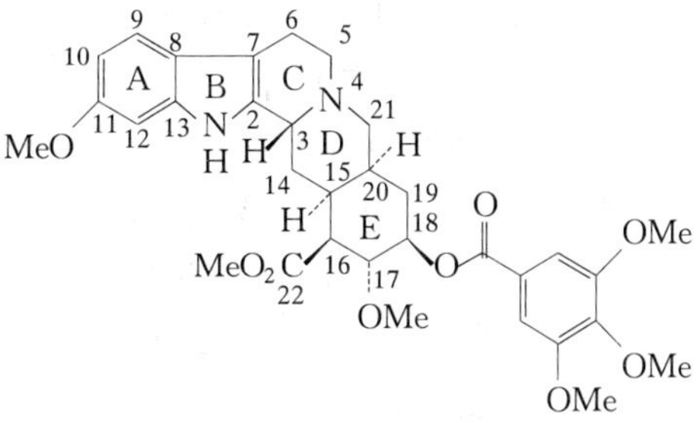

尽管在 Woodward 时代尚无逆合成分析的提法，但为理解其合成策略起见，仍用图 13.12 所示的逆合成途径来说明这一合成中的关键步骤。在 5 个环中，A、B 和 C 环是个取代吲哚的结构，可以通过内酰胺 **96** 与吲哚环 α-位的关环后形成。环化前体 **96** 可由 6-甲氧基色胺与醛 **97** 缩合得到。结构最复杂的取代环己烷中间体 **97** 可由双环烯酮 **98** 经氧化开环得到，而 **98** 则可经苯醌与 2,4-戊二烯酸甲酯的 Diels–Alder 加成物 **99** 经一系列的官能团转化得到(图 13.12)。

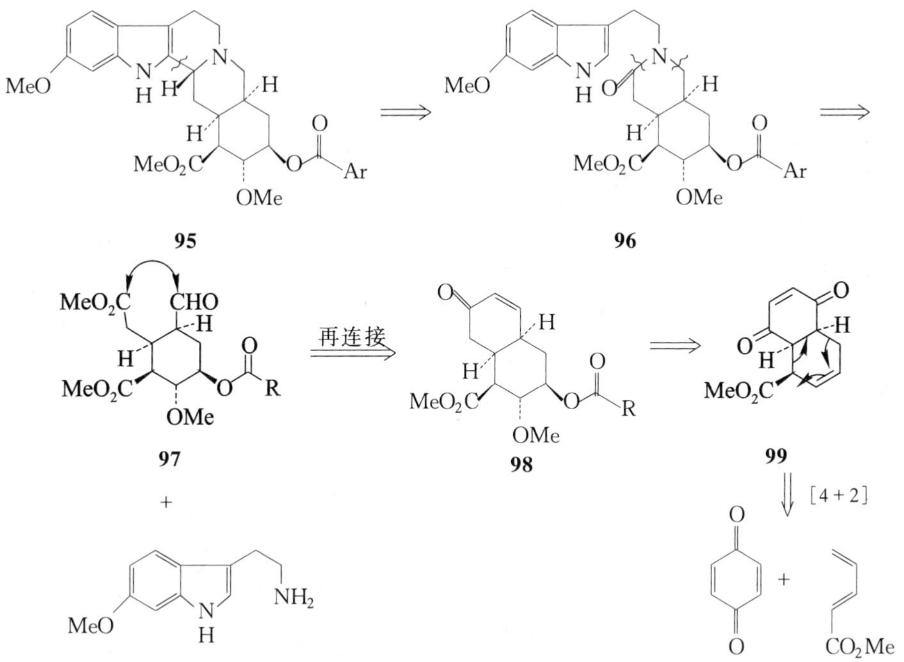

图 13.12 利血平的逆合成分析

实际合成过程远比上述步骤复杂得多，尤其是中间体 **99** 至 **97** 的转化是整个合成过程的关键和难点，因为在其中不仅需位置选择性地控制双键的官能团化，还需准确地控制反应的立体化学。

苯醌与二烯酸甲酯的 Diels–Alder 反应在加热条件下顺利进行，形成预期的内型(*endo*)加成产物 **99**，这样就确立了 C_{15}、C_{16} 和 C_{20} 三个手性中心的相对构型。Diels–Alder 加成物中的 1,4-二酮经异丙醇/异丙醇铝(Meerwein–Pondorf 还原)还原形成中间产物顺式 1,4-二醇 **100**,其中 C_{14} 位上的羟基与 C_{16} 位上的酯官能团在反应条件下发生分子内环化,形成 γ-内酯 **101**。这一还原反应的立体化学源于 Diels – Alder 加成产物的结构。由于 **99** 具有类似于顺十氢萘的构象,其分子的立体结构呈向内弯折的形状,因此发生还原反应时氢负离子从位阻较小的 α-面(背面)进攻羰基,形成 1,4-顺式二醇的立体化学。

  细致的考察发现,在 D 和 E 环的两个双键中,E 环的双键对亲电试剂具有较高的反应活性。因此,当 **101** 用溴水处理时,E 环上的双键与溴于位阻较小的 α-面形成溴鎓离子中间体 **102**,D 环上 C_{21} 位的羟基随即发生分子内参与,形成溴环醚 **103**,它在甲醇钠作用下,经内酯烯醇盐消除溴化氢后,形成 α,β-不饱和内酯中间体 **104**,它在反应条件下与甲氧基进一步于位阻较小的 α-面发生共轭加成反应,得到构型保持的甲基醚 **105**。至此,目标分子中 E 环的 5 个不对称中心均已确立,但各步产物均为外消旋化合物。余下的步骤主要是将 **105** 进

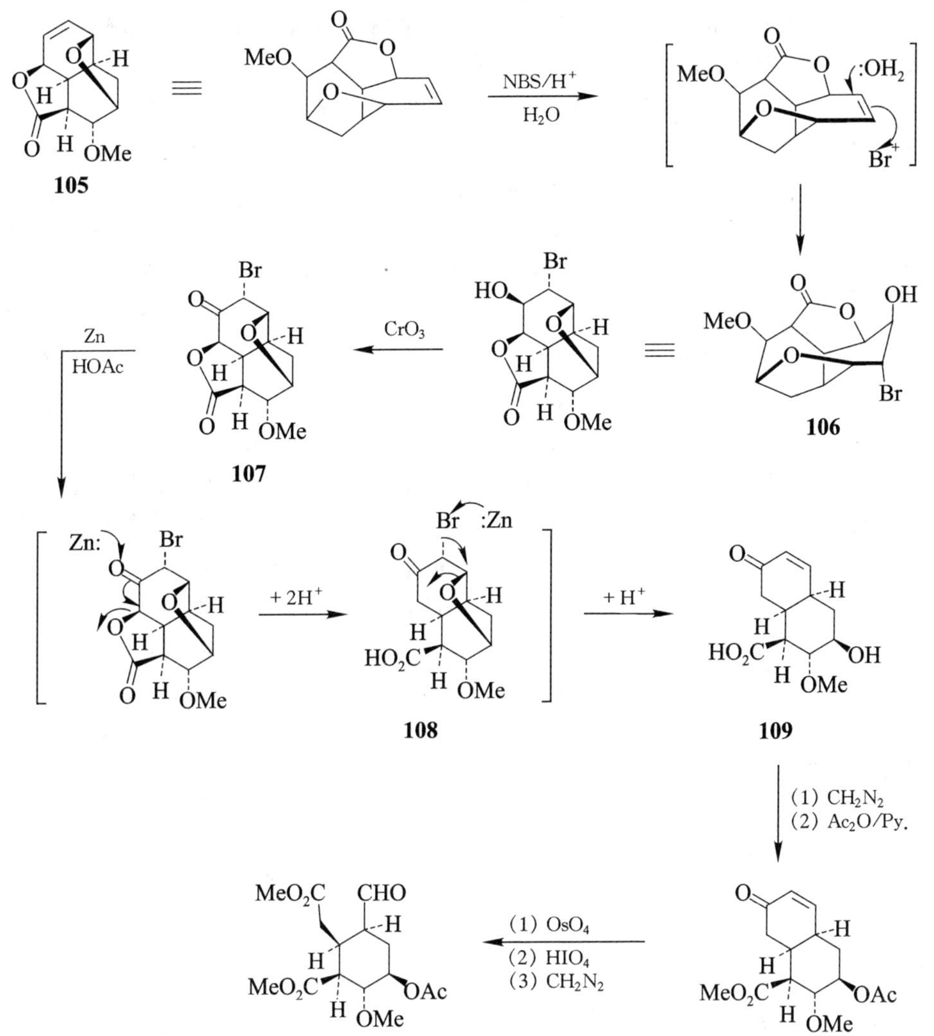

图 13.13 利血平中间体 **97** 的合成

一步转化为 **97** 并将其与 6 - 甲氧基色胺缩合。

105 在酸性条件下与 N - 溴代丁二酰亚胺(NBS)于双键中发生次溴酸的加成反应得到反式溴醇 **106**。尽管该步反应的立体化学并不重要(它将在后续步骤中被破坏),但分析其成因对于了解反应的机理仍很有意义。首先应该注意到在反应中溴是从更易接近的背面进攻双键的,而至于反应的位置选择性,即为何水进攻的是 C_3 位而不是靠近环醚的位置,则需要通过反应产物的构象进行说明。**105** 在 NBS 的酸性溶液中反应,水若从 C_3 位对双键进行反式加成,得到的为椅式构象产物 106；相反，若水进攻靠近环醚的位置，则将形成能量较高的船式构象产物，因此其过渡态在能量上是不利的。

106 中的羟基经三氧化铬氧化成酮后，在金属锌存在下于酸性条件下发生一系列的还原消除和开环反应，得到 γ-羟基酸 109。仔细分析这一反应步骤中所发生的反应细节有助于了解反应的结果。

首先，107 中的羰基内酯在锌存在下发生还原开环反应，形成双阴离子中间体并进一步经质子化后得到中间产物羧基酸 108，其中的 α-溴代环醚在锌存在下也发生还原消除，导致环醚的开环，并进一步发生质子化得到 109，它经重氮甲烷甲酯化和羟基的乙酰化后得到酰化产物 110。110 经四氧化锇存在下的邻二羟基化反应并进一步用高碘酸氧化断裂，失去 1 个碳原子后，得到相应的 γ-醛酸中间体，它经进一步用重氮甲烷进行酯化得到的羧酸甲酯 97（图13.13）。

如所预料的，羧酸甲酯 97 中的醛基与 6-甲氧基色胺顺利缩合形成亚胺 111，它经硼氢化钠还原后形成相应的仲胺 112，然后与 C_3 位的酯官能团进一步发生分子内的胺解反应环化形成内酰胺 96，它在三氯氧磷存在下与吲哚环发生缩合，形成亚胺镓盐 113，再经硼氢化钠还原得四氢咔啉 114。然而，由于还原反应发生于位阻较小的 α-面并且得到的是较稳定、C_3 位构型与所要求构型相反的还原产物，因此必须反转 C_3 位的立体化学。

尽管四氢咔啉 C_3 位在酸性条件下发生异构化在机理上是可行的并且已有先例。但由于 **114** 中 E 环所采取的是能量上有利的全平伏键取代的构象 **115**，而若将 C_3 反转后则所有取代基将只能在椅式结构上采取全直立取代的不稳定构象 **116**。因此，异构化过程在能量上是不利的，直接进行构型反转显然行不通。

解决这一难题的巧妙办法是将 **113** 中的两个酯基水解并形成 E 环上的 γ-内酯 **117**。由于 **116** 中 E 环上的取代基此时只能处于竖立键的位置，因为平伏键构象不能形成内酯，这样，D、E 环的顺十氢萘构象也随之被固定下来。这时，若 D 环要采取椅式构象则 C 环在 C_3 位只能采取不利的竖立键取向 **119**，而异构化后却可以是有利的平伏键取向 **120**，这就使得二者的稳定性与没有形成内酯时的情况恰好颠倒过来。

119 **120**

因此,在酸性条件下,**117** 顺利地异构成为 **118**。这一难题的巧妙解决,充分体现了对构象和稳定性理论的灵活应用。**118** 于甲醇钠-甲醇溶液中打开内酯环,进一步用 3,4,5-三甲氧基苯甲酰氯酰化后得到外消旋利血平,用右旋樟脑磺酸(CSA)拆分后得到了目标分子右旋的天然利血平(+)-**95**。

13.3.6 番荔枝内酯(+)-parviflorin 的全合成

番荔枝内酯(+)-parviflorin **121** 是1993年从 *Asimina parriflora* 中分离出来的一种天然产物。在生理活性上,该化合物对某些人体固体瘤细胞菌株表现出强烈的细胞毒性。因而具有潜在的抗肿瘤用途。

在结构上 parviflorin 是个含有 35 个碳原子、8 个手性中心的化合物。分子中含有两个相邻的手性四氢呋喃环和一个手性 β-烯酸 γ-丁内酯结构。Hoye 等在 1996 年报道了一条 parviflorin 的简捷合成路线[10]。该路线巧妙地运用了目标物中羟基四氢呋喃结构的 C_2 对称性,采用了"双向合成"的策略,快速、有效地构筑这一核心结构。

121
(+)-parviflorin

在逆合成分析上,尽管 Hoye 等在所报道的合成中未给出详细的逆合成分析步骤,但从其思路上可看出包括了如下的一些关键步骤。首先,四氢呋喃 α-位的羟基可由相应的环氧化物经有机金属化合物如炔化物开环后形成,故沿 C_{11}—C_{12} 和 C_{23}—C_{24} 的连键切断,得到 C_2 对称的邻二四氢呋喃双环氧化物中间体 **122**、烷基侧链 R 和手性侧链 R'。核心片段 **122** 中的环氧官能团可通过相应的末端邻二醇 **123** 形成。**123** 可由该课题组先前开发的 6,6'-二羟基环氧化物 **124** 的双向开环反应得到。**124** 则可经烯丙醇的 Sharpless 不对称环氧化和 Wittig 反应等一系列转化从 1,5,9-环十二烯得到(图 13.14)。

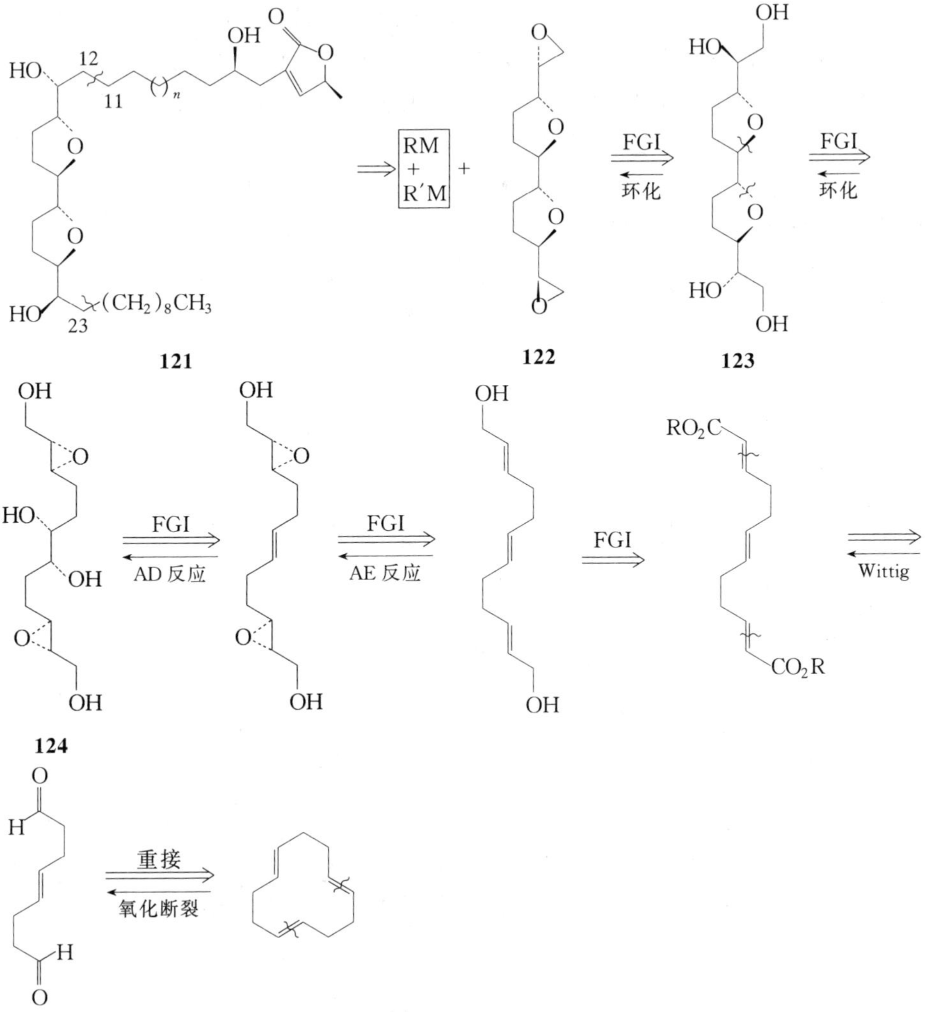

图 13.14　番荔枝内酯(＋)-parviflorin 的逆合成分析

在合成过程中,核心片段环氧四氢呋喃 **122** 是按图 13.15 的途径合成的。首先,全反式-1,5,9-环十二烯 **125** 在催化量四氧化锇存在下用 NMO 于其中两个双键上发生控制邻二羟基化,所形成的四羟基化物进一步在高碘酸钾存在下发生邻二醇的氧化断裂,失去丁二醛并得到辛-4-烯二醛 **126**,它与 2 摩尔倍数的 Wittig 试剂于醛基上进行双向碳链延伸并进一步用 DIBAL-H 还原后,形成 2,6,10-十二碳-三烯-1,12-二醇 **127**。进一步对 **127** 中两端的烯丙醇结构进行(＋)-DET 催化下的 Sharpless 不对称环氧化,得到双环氧化物 **128**。对 **128** 中的羟基进行 TBDPS 保护后,将分子中的双键进一步进行 Sharpless 不对称邻二羟基化,所形成的邻二醇 **129** 在三氟乙酸存在下发生环氧官能团的开环,形成所要求的两个手性四氢呋喃结构。进一步将 **130** 中的羟基衍生为对甲苯磺酸酯,在 TBAF 存在下脱除 TBDPS 保护基的同时形成两个末端的环氧结构,即所需的环氧四氢呋喃片段 **122**。上述合成步骤巧妙地利用了结构片段 **122** 的 C_2 对称性,在碳链的两端同时进行操作,有效地提高了合成的效率。为了能对开环后分子的两端进行区分延伸,在连接非手性的 C_9 片段之前,**122** 首先与 1/2 摩尔量的三甲基硅基乙炔锂反应,得到单端环氧开环的主产物 **131**(64%)和少量的两端开环产物(14%)。**131** 进一步与过量的壬-1-炔锂反应,引入所需的 C_9 侧链,并进一步脱基三甲硅基保护基后留下末端炔官能团,以备与手性的侧链相联接(图 13.15)。分子中的炔键可在完成侧链组装后一并饱和。

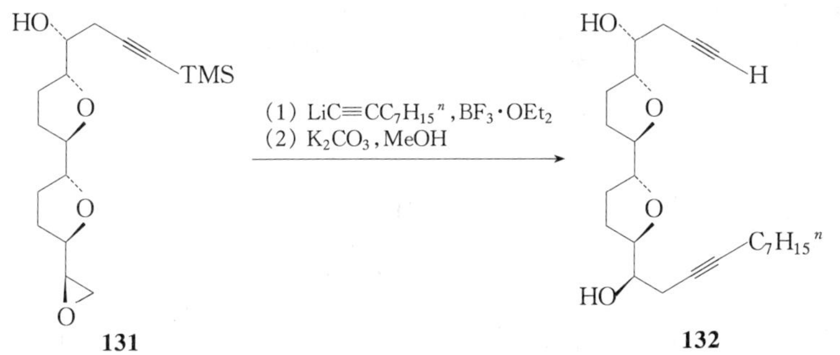

图 13.15　Parviflorin 环氧四氢呋喃核心片段的合成

在手性侧链片段的合成中，作者再次利用了分子对称性的特点。在一个系列的合成操作中，得到了双倍的产物(图 13.16)。从对二苯酚-二-(1-辛烯基)醚 **133** 出发，经双键的 Sharpless 不对称邻二羟基化反应并经重结晶后得到高光学纯度[$>99\%$ (ee)]的末端二醇 **134**。它经连续三步的一瓶反应，高收率(92%)地形成双环氧化物 **135**。这是 Sharpless 不对称邻二羟基化产物转化为相应环氧化物的一个重要方法。在反应机理上包括了如下步骤：首先，在酸性条件下原甲酸甲酯与邻二醇形成环状原甲酸甲酯，然后，它在乙酰溴存在下消除甲氧基，并形成环状的鎓离子中间体，它受 Br$^-$ 进攻发生亲核开环，得到两种位置异构的开环产物；此两开环产物在碱性条件下发生甲酸酯的水解并进一步环化形成同一环氧化物。由于反应过程发生两次 S_N2 反应，因此，所得到的环氧化物与原有羟基的构型相同。

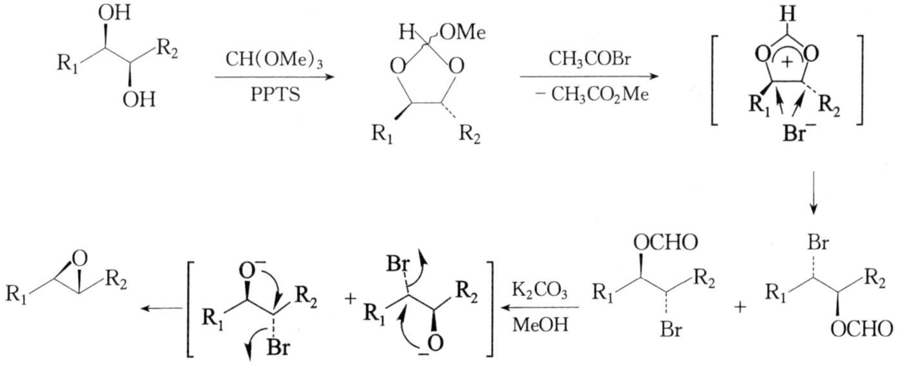

双环氧化物 **135** 用保护的(S)-2-羟基-3-丁炔基锂开环并进一步于两羟基上进行保护和去保护操作后，得到炔醇 **136**，它与 Red-Al 进行选择性氢铝化反应并与碘进行交换后得到烯基碘化物 **137**，然后与一氧化碳进行构型保持的 Stille 羰基化反应，并同时发生内酯化形成 γ-丁烯内酯 **138**。用硝酸铈铵氧

化除去连接侧链的苯环,进一步对所形成的醇进行氧化得到醛 **139**,它经 Takai - Nozaki 碘甲撑基化反应得到 E - 构型为主($E/Z = 5:1$)的碘代烯烃 **140**。

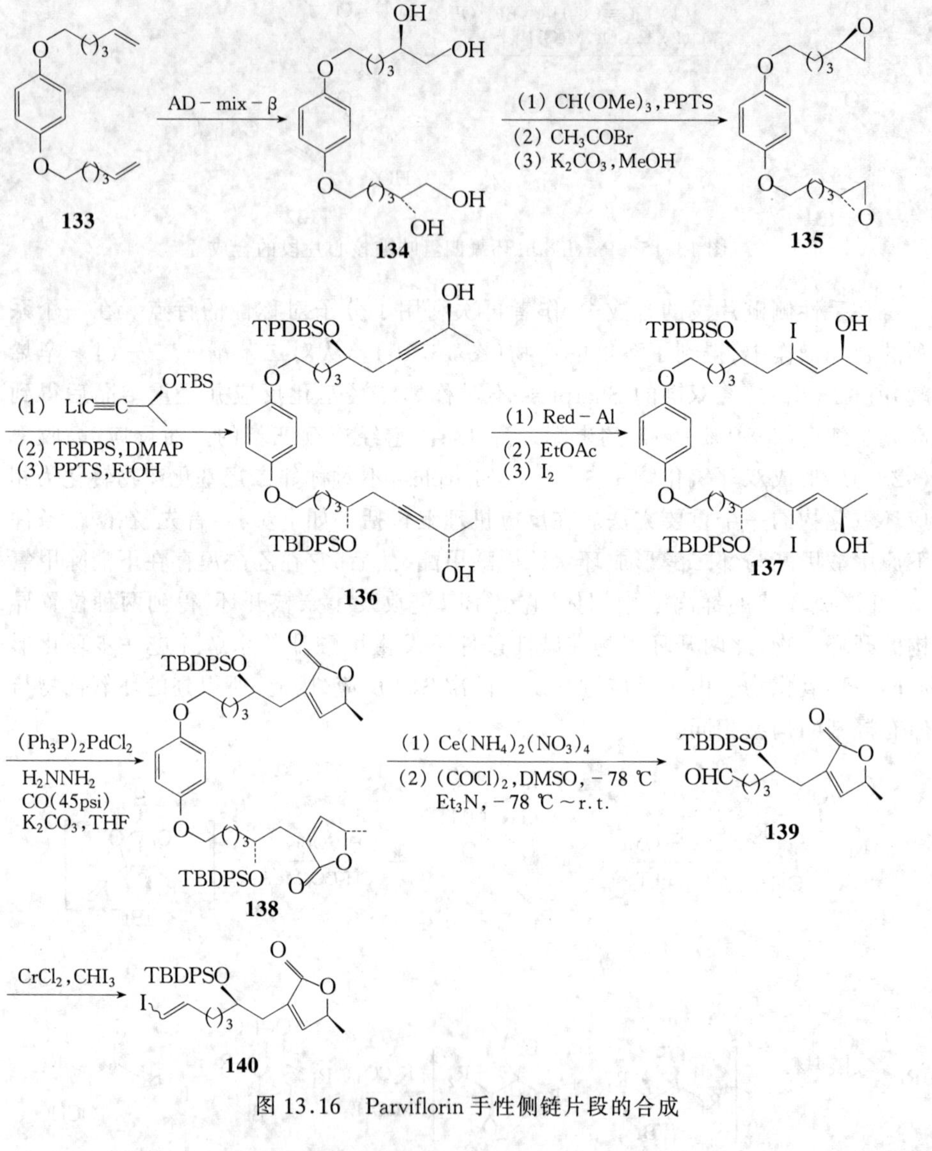

图 13.16 Parviflorin 手性侧链片段的合成

片段 **132** 和 **140** 的偶联反应在 Pd(0)催化下顺利进行,得到 82% 的偶联产物 **141**。它在 Wilkinson 催化剂存在下发生选择性氢化反应,只留下反应活性较差的内酯环上的双键未被氢化。最后,由即时产生的氯化氢脱除羟基上的 TBDPS 保护基,得到目标物(+) - parviflorin **121**。整个合成路线很好地利用了分子的对称性,灵活地运用了 Sharpless 不对称环氧化和不对称邻二羟基化,具有很好的立体选择性,并体现了复杂分子合成汇聚策略的有效运用。

$$\begin{matrix}\mathbf{132}\\\mathbf{140}\end{matrix}\Bigg|\xrightarrow{(Ph_3P)_2PdCl_2}{CuI,Et_3N}\quad \mathbf{141} \xrightarrow{(1)\ (Ph_3P)_3RhCl,H_2}{(2)\ CH_3COCl,MeOH} \mathbf{121}\ (+)-\text{parviflorin}$$

13.3.7 马钱子碱的外消旋全合成

马钱子碱**142**又称番木鳖碱、士的宁。是从植物番木鳖或云南马钱子种子中提取得到的一种生物碱。在生理作用上,马钱子碱具有选择兴奋脊髓、提高骨骼肌的紧张度等作用,可用于轻瘫、半瘫、神经麻痹等症的治疗。但由于该化合物毒性极强且安全剂量范围较小,故使用时需很谨慎。

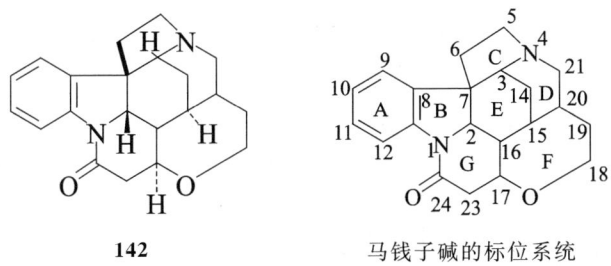

142 　　马钱子碱的标位系统

马钱子碱于1818年首次被分离出来,但其结构的完全确定是近130年后才得以完成。从结构上看,马钱子碱堪称最为复杂的天然有机化合物之一。它共有 7 个互相稠合的环,并含有 6 个不对称中心,其中有 5 个不对称中心处于核心的环己烷环上。由于马钱子碱的高度结构复杂性和其独特的生理作用,该化合物被许多合成有机化学家视为最具挑战性的合成目标物之一。自 1954 年合成大师 Woodward 完成其历史性的首次全合成后,至今已先后发表了十多种不同的全合成路线。这些合成路线各有特点,也从某一侧面反映了有机合成作为一门科学和艺术相融合的学科,在不同时代的学科水平。这里选择介绍的是 Rawal 发表于 1994 年的一条简捷的(±)-马钱子碱全合成路线[11]。

因为异马钱子碱(isostrychnine)**143** 在酸性条件下即可环化形成马钱子碱,因此 Rawal 选择异马钱子碱作为目标分子的最终合成前体。在合成策略上,Rawal 采取了如图 13.17 所示的逆合成分析途径。首先在异马钱子碱的 C_{15}—C_{20} 之间用逆 Heck 反应的方式切断,得到环化前体碘代烯烃 **144**。中 N_4 上的取

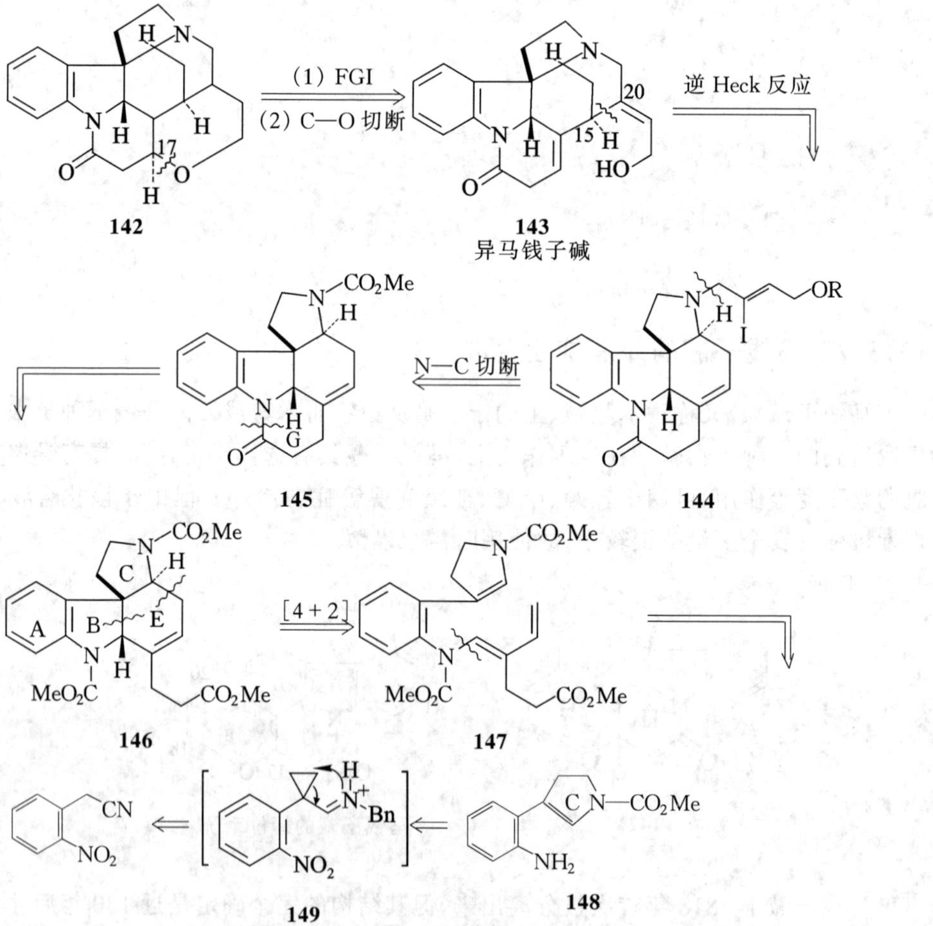

图 13.17 Rawal 的马钱子碱逆合成分析路线

代基可通过相应的烯丙基卤代物与取代吡咯烷的取代反应进行连接。Heck 环化前体在 N_4 上添加适当的保护基并于 G 环的内酰胺键($N_1—C_{24}$)处切断后得到取代环己烯中间体 **146**,其中互相稠合的 B、C 和 E 环可通过切断 $C_2—C_7$ 和 $C_3—C_{14}$ 后的 Diels-Alder 前体 **147** 再经环化后形成。进一步除去 **147** 中的氮上取代基后得到吡咯啉 **148**,它可由环丙烷亚胺鎓盐 **149** 经开环重排后得到,而取代环丙烷则可从起始原料邻硝基苯乙腈)合成(图 13.17)。

在实施合成过程中,最终在目标物分子中构成 A 和 C 环的取代吡咯啉 **148** 的合成是按如下路线合成的。首先邻硝基苯乙腈在碱性相转移反应条件下与 1,2-二溴乙烷发生环丙烷化反应,所形成的环化产物用 DIBAL-H 于低温条件下选择还原,高收率地得到硝基环丙醛 **149**。它进一步与苄胺缩合,所得到的亚胺在三甲基氯硅烷和碘化钠存在下发生扩环重排反应,形成 N-苄基吡咯啉 **152**。其中关键的扩环重排反应是通过三甲基氯硅烷与亚胺氮形成亚胺鎓盐中间体 **150**,它在亲核试剂碘负离子存在下发生开环,形成碘代烯胺中间体 **151**,它随即发生分子内环合形成取代吡咯啉 **152**,它经与氯代甲酸酯反应交换 N 上保护基团后进一步在催化氢转移条件下将硝基还原后得到氨基吡咯啉中间体 **148**。

由氨基吡咯啉 **148** 出发,作者在后续合成步骤采用了 Diels-Alder 和 Heck 两个关键的反应步骤,在 5 步反应中高效地构筑了目标物分子中的 B、D、E 和 G 4 个环。首先 **148** 与 α,β-不饱和醛 **153** 缩合形成相应的亚胺,然后在氯代甲酸酯存在下进一步发生异构化反应形成二烯 **154**,建立分子内 Diels-Alder 所需的双烯结构。由于 **154** 中的双烯和亲双烯组分均是富电子的,关键的分子内 Diels-Alder 反应需在较强烈的条件下进行。将 **154** 在苯溶剂中于 185℃ 封管反应,得到近乎定量的 Diels-Alder 加成产物 **146**。加成反应的立体化学按预料进行,在其中的两种可能过渡态,即 *exo* 和 *endo* 加成方式中,由于 *endo* 过渡态 **155a** 具有较强的不利过渡态稳定化的非键相互作用,使得 *exo* 反应过程 **155b** 成为优势的反应途径。

Diels-Alder 加成物 **146** 与三甲基碘化硅反应脱去 N 上的两个甲氧羰基保护基,进一步于甲醇中环化后形成内酰胺 **156**,该中间体包括了目标分子中的 A,B,C,E 和 G 环。

156 与烯丙基溴 **157** 于 N_4 上发生亲核取代反应形成 Heck 环化前体 **144**,它在醋酸钯催化下于碱性条件下发生分子内的 Heck 环化反应,形成 C_{15}—C_{20} 键,从而完成了异马钱子碱中所有六个环的构筑。在这一关键的环化反应中,反应的立体化学由于吡咯烷 N 处于环己烯(E 环)的竖立键而得到完全的控制,即 C_{15}—C_{20} 键亦是处于竖立键的。此外,环化反应还同时确立了 C_{20} 位上双键的几何构型,其 E-构型使得最后一步形成马钱子碱的环化反应能满足相应的立体化学要求。

在合成的最后阶段,酸性条件下脱除 Heck 环化产物 **158** 氧上的 TBS 保护基得到异马钱子碱 **143**,它在碱性醇溶液中进一步环化,形成最终目标分子(±)马钱子碱 **142**。整个合成路线仅用了 15 步反应,总收率达到 10%!这对于一个具有高度复杂性的目标物分子的合成来说是很高效率的。

参 考 文 献

1. Corey E J, Cheng X M. The Logic of Chemical Synthesis. New York: John Wiley & Sons, 1989. 17~96
2. 林国强,蒋彦颖,周维善. 化学学报,1985,43:988
3. Brevet J L, Mori K. Synthesis,1992,10:1007
4. Honda T, Ohata M, Mizutani H. J Chem Soc, Perkin Trans 1,1999,1:23
5. Wu W L, Wu Y L. Tetrahedron Lett,1992,33:3887
6. Corey E J, Cheng X M. The Logic of Chemical Synthesis. New York: John Wiley & Sons, 1989. 250~292
7. Suzuki M, Yanagisawa A, Noyori R. J Am Chem Soc,1988,110:4718
8. (a) Xu X X, Zhu J, Huang D Z, Zhou W S. Tetrahedron,1986,42:819
   (b) Zhou W S, Xu X X. Acc Chem Res,1994,27:211
9. Woodward R B. J Am Chem Soc,1956,78:2023,2657
10. Hoye T R, Ye Z. J Am Chem Soc,1996,118:1801
11. Rawal V H, Iwasa S. J Org Chem,1994,59:2685

习 题

1. 请用逆合成分析法为如下目标分子设计合理的合成路线,并完成其合成。

(1) (S)-Sulcatol,一种森林害虫的聚集信息素
(Johnston, B. D. *et al*, Can., J. Chem, 1979, 57, 233)

(2) (±)-
(Stork, G. *et al*, Tetrahedron Lett, 1979, 3361)

(3) (±)-
(House, *et al*, J. Org. Chem, 1963, 28, 360)

(4) 石槲碱合成中间体
(±)-
(Rosh, W. R., J. Am. Chem Soc., 1980, 102, 1390)

(5) (美国蟑螂性信息素)
(±)-
(Still, W. C., J. Am. Chem. Soc., 1979, 101, 2493)

(6) (马铃薯生长诱导物质)
(Yoshihara, T., *et al*, Tetrahedron, 2001, 57, 5377)

习　题　485

2. Leucascandrolide A 是从一种海洋珊瑚中分离得到的、具有抗肿瘤抗菌活性的天然产物。如下片段是 E. M. Carreira 在该化合物的逆合成分析中产生的 C_1—C_{10} 部分,请用逆合成分析法为这一片段设计一条合理的合成路线,并完成其合成。(Carreira,E. M. *et al*, Angew. Chem. Int. Ed.,2002,41,4098)。

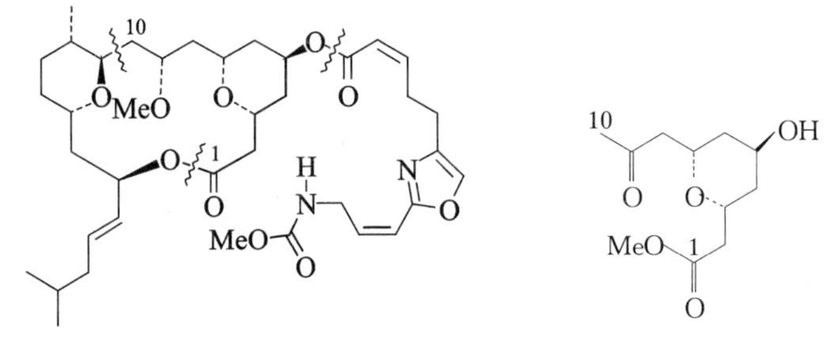

Leucascandrolide A

3. Milbemicin β_3(A)是一种具有抗生素活性的化合物。其全合成路线之一是从天然手性源(S)-香茅醇(B)、D-甘露醇出发的合成。请由(S)-香茅醇出发合成其中的 C_{21}—C_{25} 片段(C)。(Williams D. R. *et al*, J. Am. Chem. Soc.,1982,104,4708)

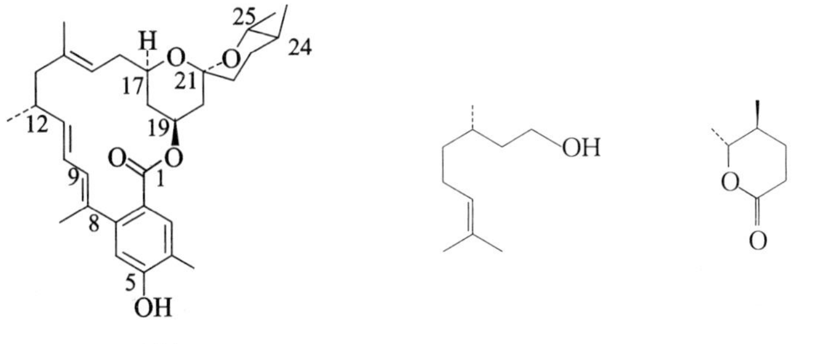

(A)　　　　　　　　　　(B)　　　　　　(C)

4. 吴毓林等开辟了一条从 L-乳酸甲酯合成番荔枝内酯(+)-ancepsenolide 的路线。请利用分子的对称性提出一条从 L-乳酸甲酯和非手性原料合成该天然产物的方法。(Wu, Y. L. *et al*, Tetrahedron Lett,1994,35,157)

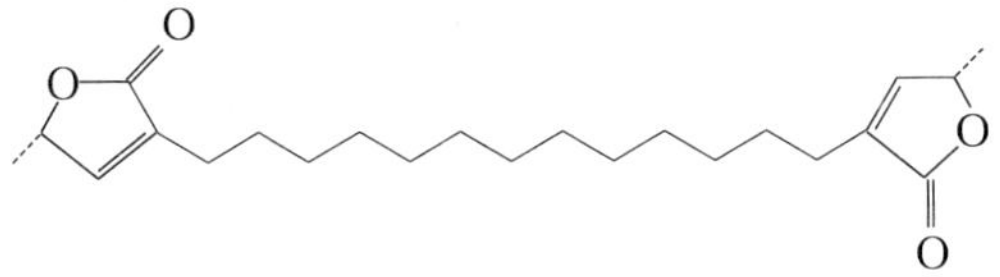

(+)-ancepsenolide

5. 以下是 L. A. Paquette 在合成免疫抑制活性化合物 sanglifehrin 中的一个片段所采用的步骤。请填入合成过程中缺失的试剂或中间产物。(Paquette, L. A. *et al*, Tetrahedron Lett,1999,40,7441)

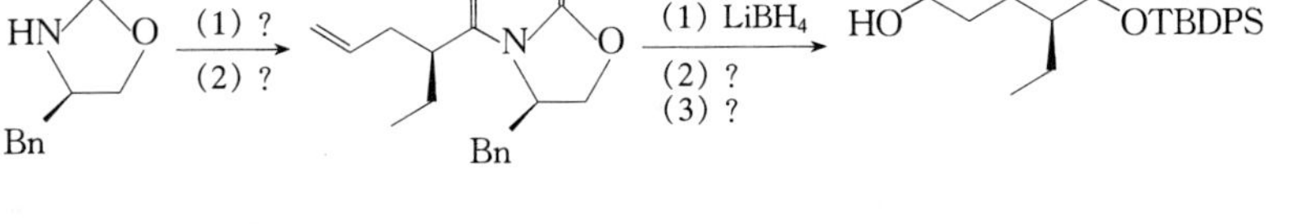

486　第 13 章　合成策略与复杂目标分子的全合成

第14章 有机合成化学的近期趋势

14.1 引　言

随着人类社会进入21世纪,社会的可持续发展及其所涉及的生态、环境、伦理、进化、资源、经济等方面的问题日益成为人们关注的焦点。就化学而言,提出了绿色化学、环境友好化学、环境温和化学、可持续发展化学、洁净技术等概念,目的在于使化学在服务人类的同时,尽可能减少乃至消除化学过程与化学产品本身对环境及人类产生的副作用。这是对化学提出新的目标、方向和极大的挑战[1]。因此,对于有机合成,重要的不但在于合成什么(功能)分子而且在于怎么合成[2]。对于后者,有效性、经济性、环境影响和合成的速度是其中的关键[3],当然还有艺术性、创新性与想像力。

为了衡量合成的效率,B.M.Trost于1991年提出原子经济性(atom economy)概念[4],并将它与选择性一起归结为合成效率的两个方面。认为高效的有机合成应最大限度地利用原料分子的每一个原子,使之结合到目标分子中(如完全的加成反应:A+B⟶C),达到零排放。原子经济性可以用原子利用率衡量:

$$原子利用率 = \frac{预期产物的相对分子质量}{生成物质的相对原子质量总和} \times 100\%$$

R.A.Sheldon用 E - 因子[5],即生产每千克产品所产生的废弃物的量来衡量化工流程的排废量。在上述两个指标中,废弃物意指预期产物以外的任何副产物。这样,在反应后处理(酸碱中和)过程中产生的无机盐(氯化钠、硫酸钠、硫酸镁)往往成为废弃物的重要来源。显然,改变许多经典有机合成中以中和反应来进行后处理这种常规方法是重要的。谢尔顿根据 E - 因子的大小对化工行业进行划分,从石油精炼品($10^6 \sim 10^8$ 吨)到大宗化学品($10^4 \sim 10^6$ 吨)到精细化学品($10^2 \sim 10^4$ 吨)到药品($10 \sim 10^3$ 吨),产品越精细复杂,E 值越大;对于石油精炼行业,E 值(废弃物/产品比)为0.1;而对于医药行业,E 值高达25~100。这反映了在医药行业中大量运用多步骤合成和化学计量而不是催化量试剂。

Anastas 和 Warner 在其专著《绿色化学：理论与实践》一书中提出实现绿色化学的十二项原则[6]。

(1) **确立源头杜绝理念**。从源头避免废弃物的产生，而不是在废弃物形成后再行治理。

(2) **发展原子经济性合成**。尽可能设计使用具有原子经济性的合成方法，最大限度地使反应过程所涉及原料和试剂的所有原子融入产物中；

(3) **降低合成的风险**。尽可能设计这样的合成方法，使得所使用和产生的化学物质对人类健康和环境低毒或无毒。

(4) **设计安全的化学品**。尽可能设计具有所需功能且低毒安全的化学品。

(5) **使用安全的反应介质**。尽可能减少溶剂、分离剂等辅助剂的使用，即使使用也应是安全低毒无害的。

(6) **设计低能耗过程**。合成方法和化学过程的设计需要考虑其能耗及其对环境和经济的影响，尽可能在常温常压下进行，以降低能耗。

(7) **使用可再生原料**。尽可能使用可再生的原料或资源。

(8) **减少辅助步骤**。避免或尽可能减少保护/去保护等辅助步骤。因为这些辅助步骤不但增加试剂的使用也产生废弃物。

(9) **使用催化过程**。尽可能发展使用高选择性的催化过程，因为使用催化量试剂显然优于化学计量试剂。

(10) **设计可降解化学品**。尽可能设计在完成其功能后可降解成无害物，不会在环境中残留的化学品。

(11) **实施源头监控污染物**。尽可能发展用于对有害物质生成的实时在线监控的分析方法，以杜绝其产生。

(12) **发展安全的化学品**。尽可能减少用于化学过程的物质及其形态的潜在危险性，包括溢流、爆炸性和燃烧性，发展内在安全的化学品。

P.A.Wender 对理想的合成作出完整的定义[7]：一种理想的（最终是实效的）合成指的是用简单的、安全的、环境友好的、资源有效的操作，快速、定量地把价廉、易得的起始原料转化为天然或设计的目标分子。

这些观念、原则和标准的提出，实际上已在大的方向上指出实现绿色化学和绿色合成的主要途径，因而，也指出了有机合成化学的若干发展趋势。

实际上，自 20 世纪 90 年代以来，高选择性有机合成特别是不对称合成已成为有机合成化学研究的主流；发展高效合成方法和绿色合成已逐步成为战略选择。此外，随着分子功能主导的有机合成的发展，兴起了组合化学的研究。新的合成反应，合成方法学和天然产物全合成的研究都是围绕上述几个方面展开的。

14.2 高效合成方法学

一瓶反应

天然产物、药物、医用化学品、农用化学品、香料、食品添加剂、日用化学品等精细化学品的合成往往需要多步骤,因此,发展高效率的多步骤合成无疑是绿色合成的重要组成部分。在一瓶内完成原来需要分两步或多步进行的反应,即"一瓶反应"(one-pot reaction)[8],可以减少后处理和分离、纯化步骤,是提高合成效率的一种有效途径。一瓶反应可分为四个类型:1. 串联反应;2. 多米诺反应;3. 一瓶多组分反应;4. 多反应中心的双向或多点并行反应。

14.2.1 串联反应

串联反应(tandem reaction)[8]指的是两个反应可串联进行,在一瓶内完成,所涉及的两个反应属于不同的类型,例如,去保护-保护、去保护-氧化、氧化-Wittig 反应、还原-酰化、还原-碳碳键形成、活化-取代等。这类一瓶反应成功的关键是设计这样一些条件,使得两步反应所用的试剂及中间产物能够共存,互不影响。或者一种条件可进行两种反应。如果两个反应使用不同的试剂,底物与两种试剂的加入次序依不同的反应需作具体研究。反应的成败主要取决于试剂与反应中间体的相对稳定性及相容性。相对于格氏试剂,Barbier 反应称得上是最早的一瓶反应。

把伯醇现场氧化为醛,而后在同一反应瓶里进行反应(例如 Wittig Horner 反应),可以实现"一瓶"氧化-碳碳(双)键形成。常用的氧化剂或氧化条件有:二氧化锰、高锰酸钡、Dess-Martin 试剂、Swern 氧化条件。下式是用高锰酸钡-稳定化的磷叶立德体系把 α,β-不饱和醇一瓶转化为碳链增长的双烯的实例。同样,烯烃也可经现场臭氧化-Wittig 反应形成新的烯烃。

$$Ph\diagup\!\!\!\diagup\!\!\!\diagdown OH \xrightarrow{Ph_3P=CHR, BaMnO_4} Ph\diagup\!\!\!\diagup\!\!\!\diagup\!\!\!\diagdown R$$
$$R = CO_2Et; COCH_3; CN$$

把烯烃直接转化为高烯丙醇是可以实现的,这一转化涉及一瓶臭氧化、现场烯丙基锌试剂的形成及烯丙基化(式 14.1)三个反应。烯丙基硼化合物 **1** 的复分解反应可以与类羟醛加成反应串联进行。

$$PhCH=CH_2 \xrightarrow[\substack{CH_2=CHCH_2Br \\ Zn, NH_4Cl, THF, 0\ ℃}]{O_3, CH_2Cl_2, -78\ ℃;} [PhCHO] \longrightarrow \underset{87\%}{Ph\text{-}CH(OH)\text{-}CH_2\text{-}CH=CH_2} \quad (14.1)$$

[反应式 1: 烯丙基硼酸频哪醇酯 + R'CH=CH₂ → 中间体 → R'CHO → 产物（含 OH, R, R'）]

1

在 Lewis 酸存在下，醛、酮可与硅醚进行一瓶还原醚化，这类反应不但可合成链状醚，也可用于环醚的合成。

[反应式: 环己酮 + Me₃SiOCH₂Ph → (TMSOTf, −78~−30 ℃) → 中间体 → (Et₃SiH, 100%) → 环己基-OCH₂Ph]

把羧酸转化为醛通常需要至少两步反应。在以下两种方法中，这一转化可在一瓶内完成，第一种方法涉及现场硅酯化及 DIBAL-H 控制还原。第二种方法则为一瓶铝烷彻底还原—PCC 或 PDC 控制氧化，该法总产率高。

[反应式: R—COOH → (TMSCl, Et₃N, CH₂Cl₂, 0 ℃) → [R-C(=O)-OTMS] → (DIBAL-H, −78 ℃) → R—CHO]

[反应式: RCO₂H → (AlH₃, −H₂) → [RCH₂O—Al] → (PCC 或 PDC) → RCHO, 100%]

保护基的使用常常是有机合成中进行选择性控制必不可少的手段，但这又是最不符合原子经济性原则的策略。因为在合成路线中需要增加保护和去保护两个步骤，因此，在保护基的使用上如何做到趋利避害是提高合成效率值得研究的课题。一般而言，有三种途径可以解决或部分解决合成效率与选择性的矛盾，一是发展选择性反应条件，避免使用保护基，此为上策；二是进行现场保护—去保护；三是使去保护及随后的反应（即保护—反应）或反应-保护以"一瓶"方式进行。

发展和使用温和的有机金属试剂是避免使用保护基的有用策略。在上面的各章已经看到，有机铜、有机锌等有机金属试剂均为温和的试剂，而二碘化钐等无机试剂则可形成温和的活性中间体。上述试剂或条件可以兼容许多官能团而无须使用保护基。

官能团保护基的现场去保护-直接合成转化是一种有用的"一瓶"反应。羟基的一些保护基如硅基、四氢吡喃基等可进行一瓶选择性去保护-控制氧化成醛。在下例中，伯醇的硅醚（TMS 或 TES）可选择性地在 Swern 氧化条件下被转化为醛，进而用于花生四酸类天然产物的合成。反应涉及在 Swern 氧化条件下现场硅基去保护—氧化。三烷基硅基炔的现场去保护-二聚是合成二炔或四炔的有效方法(式 14.2),该法也可用于索炔烃类化合物的制备。

$$\underset{\text{OTES}}{\overset{\text{OTES}}{\diagdown}} \xrightarrow[69\%]{\text{DMSO/(COCl)}_2 \atop \text{CHCl}_2 \cdot \text{Et}_3\text{N}, -70\,^\circ\text{C}} \underset{\text{OTES}}{\overset{\text{O}}{\diagdown}} \text{H}$$

$$\xrightarrow{\text{LTB}_4} 12(R)-\text{HETE} \qquad R-(\equiv)_n-\text{SiPr}_3^i \xrightarrow[\text{由泵注入 TBAF}]{\text{Cu(OAc)}_2 \atop 3:1\,\text{吡啶/乙醚}} R-(\equiv)_n-R \tag{14.2}$$

$$n = 1, 2 \qquad\qquad n = 2, 4 \quad R = \text{Ph}, n = 1, 68\%$$

式 14.3 所示 H_5IO_6 引起的一瓶反应涉及在反应条件下丙酮叉的水解、邻二醇的氧化断裂及环状半缩醛的形成,是从高碳糖合成少一个碳的低碳糖的有用方法。

$$\text{(结构式)} \xrightarrow[92\%]{H_5IO_6} \text{(结构式)} \tag{14.3}$$

保护基的变换经常是合成中需要进行的转化,通常需要去保护和重新保护两步。在一定条件下,这样的转化可一步完成。例如在下式中,去硅化和四氢吡喃化可在一瓶内快速完成。

$$\text{Ph}\diagdown\diagdown\diagdown\text{OTBS} + \text{(THP-OAc)} \xrightarrow[\text{EtCN}, -78\,^\circ\text{C}, 15\,\text{min}]{5\%(\text{摩尔分数})\text{Me}_3\text{SiOTf}} \xrightarrow[-78\,^\circ\text{C}, 5\,\text{min}]{10\%\,\text{NEt}_3} \text{Ph}\diagdown\diagdown\diagdown\text{OTHP}$$

$$93\%$$

同保护策略一样,活化策略有时在有机合成中也是必不可少的,因此,发展一瓶反应同样重要。例如,羟基不是好的离去基,亲核试剂与醇反应需首先把醇转化为其活化形式磺酸酯。如第 4 章式 4.4 所示,醇转变为磺酸酯和亲核取代反应同样可以一瓶反应的方式进行。对烯丙醇的现场活化也可用于钯催化的烯丙型取代(式 14.4),适用的活化试剂有草酰氯和甲基三氯硅烷等。首先用正丁基锂去质子化,然后与活化试剂反应形成酯,最后在零价钯催化剂存在下与亲核试剂反应得到烯丙基化产物。

$$\diagdown\diagdown\text{OH} \xrightarrow[\text{(COCl)}_2]{n-\text{BuLi}} \diagdown\diagdown\text{O}\underset{\text{O}}{\overset{\text{O}}{\diagdown}}\text{O}\diagdown\diagdown \xrightarrow[\text{Pd(0)}]{(\text{MeO}_2\text{C})_2\text{CHNa}} \underset{\text{CO}_2\text{Me}}{\overset{\text{CO}_2\text{Me}}{\diagdown\diagdown\diagdown}} \tag{14.4}$$

$$84\%$$

用于形成和稳定碳负离子的活化基砜基也可以在烷基化后一瓶除去(式 14.5),反应涉及对烯丙型砜用正丁基锂去质子化,与卤代烃反应(烷基化)—钯催化下用超级氢化物(LiBHEt$_3$)还原脱砜,式 dppp 为 1,3-双(二苯膦基)丙烷。该法可用于各种取代烯丙型化合物的合成。

$$\text{化合物} \xrightarrow[n-C_{10}H_{21}Br, 0\ ℃]{n-BuLi, -78\ ℃} [\text{中间体}] \xrightarrow[LiBHEt_3]{Pd(OAc)_2/dppp} \text{产物} \quad 85\% \quad (14.5)$$

14.2.2 多米诺反应与仿生合成

生物体内的化学反应和合成以高度有序、高选择性、高效地进行,许多转化涉及多步连锁式,多米诺骨牌式反应[8]。在一个反应瓶内连续进行多步串联反应合成复杂分子是一类环境友好反应。由于串联反应一般经历活性中间体,如碳正离子、碳负离子、自由基或卡宾等,这样,一个反应的发生可启动另一个反应,因此,多步反应可连续进行,而无需分离出中间体,不产生相应的废弃物,可免去各步后处理和分离带来的消耗和污染。除了上述活性中间体外,金属催化往往可产生活性中间体,因而也可引发多步连续反应。这类串联反应(tandem reaction)常称多米诺反应(Domino reaction)、串级反应(cascade reaction)或系列(连续)反应(sequential reaction)。

多米诺反应可细分为两类,第一类是整个反应程序只涉及一种反应活性中间体(阳离子、阴离子或自由基)的反应;第二类是反应程序涉及不同类型的反应。多米诺反应与上一小节串联反应的区别主要有两点。一是这类反应只需一种形成活性中间体的试剂或试剂体系;二是这类一瓶反应可以多步连续进行。

14.2.2.1 阳离子多米诺反应

用于阳离子多米诺反应底物的结构特点是在分子的适当位置含有多个反应中心(通常是烯键),反应通过在分子的一端形成一个活性中间体(如阳离子)启动整个多米诺反应。生物体中胆固醇的合成经由羊毛甾醇 **2** 进行,后者从角鲨烯环氧化物 **3** 出发,在酶作用下,环氧开环形成阳离子活性中间体引发整个阳离子多米诺式反应(式 14.6)。反应能否连续地进行取决于两个因素,一是每次反应后都新形成一个碳正离子,从而可与另一个烯键反应;二是碳正离子与烯键处在合适的位置,可以满足轨道交盖的要求。最近的研究结果表明,此类反应按协同机理进行。除了甾体化合物外,许多环状萜类化合物、生物碱等天然产物的合成也通过类似的阳离子多米诺反应的方式进行,将导向多环产物。借鉴生源合成途径进行天然产物的化学合成叫仿生合成。仿生合成往往可以高效、快捷地得到复杂的分子。其关键是前体的设计与合成,前体需要带有合适的启动官能团(通常是丙烯基叔醇,在酸性条件下)以形成第一个反应中心(碳正离子),并有适当的终止官能团(通常是炔键、烯基氟或烯丙基硅)以稳定最后生成的碳正离子,只有这样系列反应才能朝着终点的方向进行。

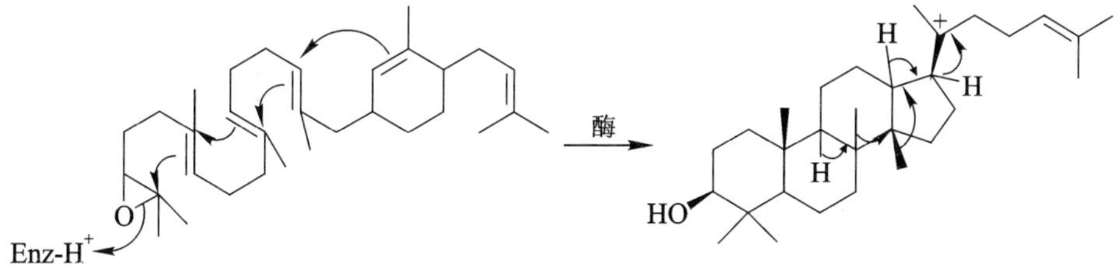

角鲨烯环氧化物
3

原甾醇阳离子
4

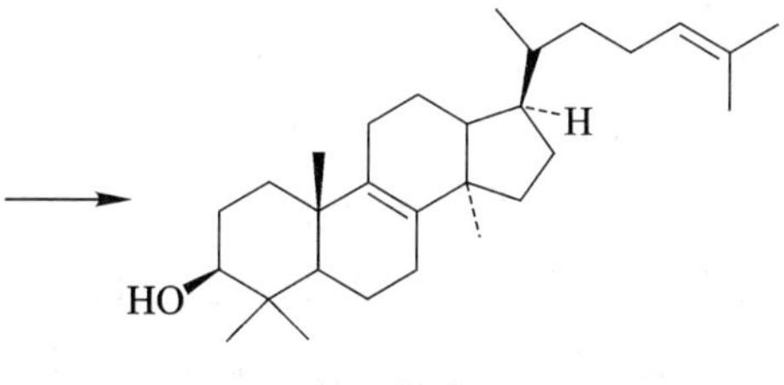

羊毛甾醇
2

(14.6)

式 14.7 示出最简单的阳离子二烯环化。这种仿生阳离子多烯环化已被用于许多异戊二烯类化合物的全合成。三氟化硼-硝基甲烷是一种高效的阳离子多米诺环化的引发剂。例如,它可引发三烯 **5** 的阳离子环化,形成双环酮酯 **6**,反应只得到一个立体异构体,收率 70%。

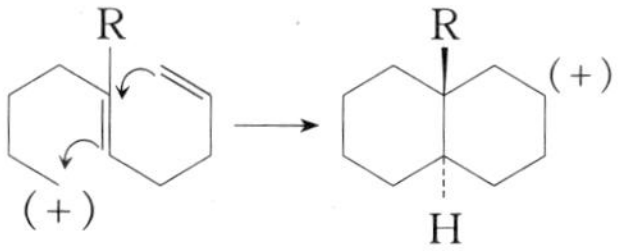

(14.7)

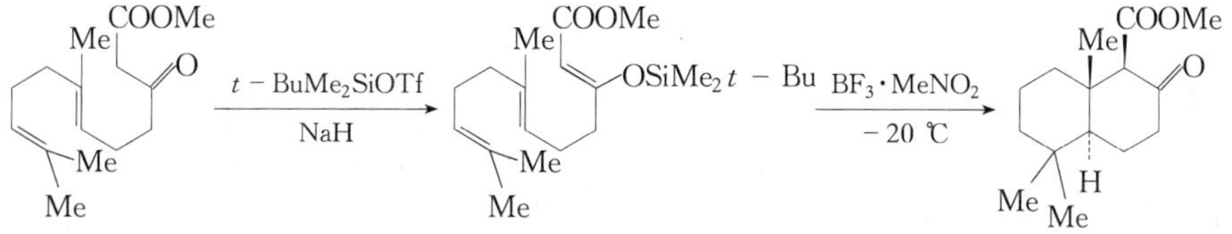

在三氟乙酸的作用下,多烯 **7** 的四环化得到五元化合物 **8**,一次性形成 4 个

新的碳-碳键,建立 7 个手性中心,产率高达 65%~70%。体系中氟原子被用作稳定阳离子的辅助剂,它不但可以促进多米诺环化反应的进行,也控制着反应的区域选择性,即通过稳定 C_{13} 碳正离子中间体,促进六元 C 环的形成。化合物 **8** 随后被转化为 β-脂檀素(amyrin)[9]。

生物碱的生源合成基本上是通过阳离子环化方式进行的,这是因为含氮化合物的氨基既可与羰基化合物形成亲电性的亚胺鎓(其共振形式是氮 α-碳正离子,一种稳定化的碳正离子),又可形成亲核性的烯胺,因而可以形成复杂的分子。前文述及的 Robinson 在 1912 年通过仿生途径合成托品酮是最著名的例子。后来该法又被成功地用于许多生物碱的合成。例如化合物 **9** 在酸性条件下与 3-氧代戊二酸二甲酯反应可一步建立生物碱胭脂红(coccinelline)**11** 的三环体系 **10**。希西柯克研究了日本药用植物有效成分虎皮楠碱类生物碱的仿生合成,建立了通过仿生途径把 **12** 转化为高失虎皮楠酸等生物碱的一瓶方法。首先使二醛 **12** 与甲胺反应,粗产物在乙酸中 80 ℃下加热 11 h,可以 65% 的收率得到二氢原虎皮楠碱 **13**[10]。整个一瓶过程形成了 5 个环、4 个碳-碳键、2 个碳-氮键、1 个碳-氢键和 8 个手性中心。

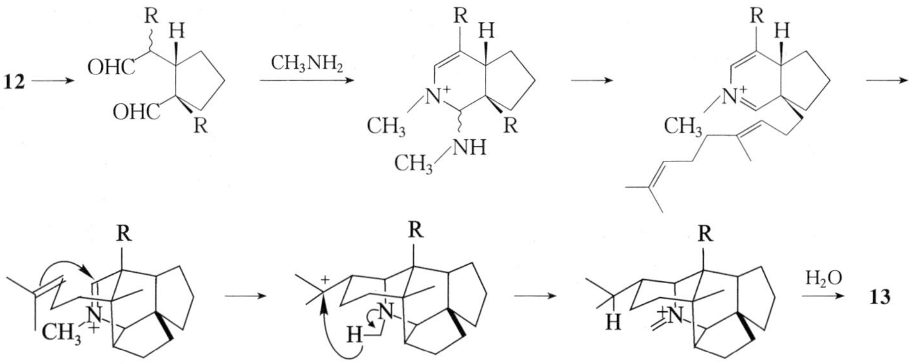

与亚胺鎓类似,酮鎓和硫酮鎓也是优良的亲电试剂,可用于阳离子串级反应,下图的合成涉及三至四步的串联反应。首先通过加成-消除或消除反应形成活泼的亚胺鎓中间体(X=NR),然后进行连续的氮杂Cope重排反应和分子内Mannich反应得到多取代的吡咯烷,当X=O或S时,可分别用于四氢呋喃和四氢噻吩的合成。吡咯烷、四氢呋喃和四氢噻吩是许多天然产物、药物或农用化学品的重要结构单元。

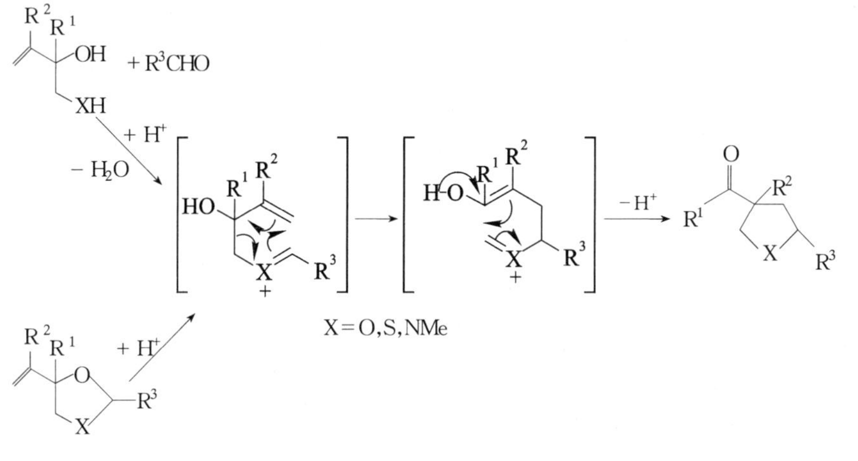

14.2.2.2 自由基多米诺环化(自由基串级反应)

自由基是另一类重要的合成中间体。由于自由基可与活化或非活化的烯/炔键加成,因而也可方便地用于自由基仿生多烯环化。前文述及三醋酸锰可用于在 β-酮酯的 α-位通过氧化形成自由基,如果底物中含有多烯片断,则可进行自由基多烯环化,根据底物结构的不同,可分别得到萜类或甾体骨架[8,11]。例如,从 **14** 出发经串联双环化可得反式萘满骨架 **15**;而在室温下,每摩尔底物经 2 mol 的三醋酸锰和 1 mol 的醋酸酮引发，**16** 发生氧化自由基多米诺环化，以 35% 的收率形成四环化合 **17**，后者经六步以 51% 的总产率被转化为天然产物 (±)-isosteviol**18**。

全反式的硒代七烯羧酸酯 **19** 经偶氮二异丁腈－三丁基锡氢体系引发，可以发生七重串级自由基 (6-*endo*-trig) 环化，形成全反式，反侧的七环化合物 **20** (收率 17%) 和四环化合物 **21** (收率 25%)。许多例子显示自由基多米诺环化反应随着成环数的增加，收率逐步下降。

以直线式和角式稠合的三环戊烷环系存在许多天然产物中，这些骨架可方便地通过串连自由基反应构建。以下是天然产物 hirsutene 的逆串连自由基反应切断。

14.2.2.3 有机金属化合物媒介的多米诺环化(金属催化的串级反应)

许多有机金属化合物可以引发多烯-炔体系的多米诺环化[7,11]。这是因为有机金属化合物与第一个卤代烯/炔反应后又形成一个新的有机金属活性中间体,可以与另一烯键进行反应,因此,反应活性中心可以沿烯键传递下去,从而建立多环化合物。零价钯配合物可以催化1,6-烯炔的环异构化,从适当的多烯炔出发,可以构成三个和三个以上环系。例如,直链的三烯二炔化合物 **22** 在零价钯的催化下可以连续发生三个6-外型和一个5-外型环化反应,以76%的产率形成四环化合物 **23**。反应的第一步是钯催化剂对炔键的氧化插入,然后是活性中心的传递,最后是反应终止。这类反应被形象地称为拉链反应。从化合物 **24**($n = 1, 2, 3$)出发,可以构建以直线形螺环连接五元环的多环体系,直至七螺环体系 **26**($n = 3$)仍可以高产率一次性完成。

14.2.2.4 阴离子串连反应

多级串连的分子内阴离子反应比较少见,这主要是因为碳负离子对非活化烯、炔键的加成不容易进行,而带有多个活化烯键的 α,β-不饱和化合物又难以合成。但是涉及同一烯烃的分子间阴离子串级反应却可以进行,因而阴离子聚合是高分子合成的一种重要方法。另一方面,简单的阴离子串连反应具有重要的合成价值,这类反应通常由分子间 Michael 加成开始,亲核试剂与活化的烯烃加成可产生一个新的碳负离子,后者可以与分子内其他亲电中心形成新的碳-碳键和成环。例如与活化的烯烃、醛、酮、酯等 sp^2 亲电中心和卤代烃等 sp^3 亲电中心进行加成、缩合反应或进行分子内烷基化反应形成单环或双环体系。这些反应分别叫串连 Michael-Michael 反应(式 14.8~14.10)、串连 Michael-羟醛反应(式 14.11,Robinson 环合)、串连 Michael-Dieckmann 反应(式 14.12)、串连 Michael-烷基化反应(式 14.13)等,这些串连反应被广泛用于多官能团分子和天然产物的合成。由于通过双反应性和双官能团合成子及其等效体构建单环的串连反应在环化反应一章已述及,这里不再重复。

14.2.2.5 其他多米诺反应

多种不同反应的组合及其系列反应,也是串级反应的有效方式。Boger小组用噁二唑 **40** 作为双烯进行串连的[4+2]环加成—失氮—[3+2]环加成,在一瓶反应中,以70%的产率合成了文多灵的前体 **41**,建立了5个环和6个手性中心。

通过多米诺式的[3+2]环加成—Wagner-Meerwein 重排—Friedel-Crafts 烷基化—消除系列反应,可实现从简单原料出发进行多环体系的一瓶合成,在报道的二例中,收率分别达到 47%($R = i\text{-}Pr$)和 25%($R = Ph$)[12]。

Corey 小组报道了阳离子引发的串级反应,用于生物碱 aspidophytine **43** 的对映选择性合成,这个一瓶反应的收率达到 66%[13]。

14.2.3 一瓶多组分反应

一瓶多组分反应[14]也是一类高效的方法，这类反应涉及至少三种不同的原料，每个反应都是下一步反应所必需的，而且原料分子的主体部分都融进最终产物中。Mannich反应（三组分）和Ugi反应（四组分）都是有名的例子。

一瓶多组分合成既可用于简单分子的合成,也可用于复杂分子的合成。例如,α,β-烯酮/有机铜试剂/亲电试剂这一三组分体系可导向前列腺素及类似分子的合成,而 α,β-烯酮/有机铜试剂/Wittig-Horner 试剂体系则可导向 δ-取代-α,β-不饱和酯的合成。

Ugi 四组分合成法是醛、伯胺、羧酸和异氰的一瓶反应(式 14.14)。首先醛与伯胺缩合形成亚胺鎓,然后异氰作为碳亲核试剂加成,异氰独特的反应性使得羧酸负离子可以进行进一步的 α-加成产生亚胺酸酯,后者经重排后得最终产物 α-酰胺基取代的酰胺。由于反应涉及四个不同的组分,改变各组分使得这一反应具有很大的产物多样性,在有机合成,特别是组合化学中获得广泛应用。

$$R^1-CHO + R^4-NH_2 + R^3-\overset{+}{N}\equiv\overset{-}{C} + R^2-COOH \longrightarrow \quad (14.14)$$

例如 crixivan 是一个艾滋病病毒蛋白酶抑制剂,默克研究小组原来设计一条常规的多步骤合成路线,但未能有效地合成该药物,后来通过 Ugi 四组分反应,建立了该药物的有效合成方法。最近 Ugi 报道了一个七组分反应(式 14.15)[15],产物的收率达到 43%。

crixivan

$$\text{NaSH} + \text{BrCMe}_2\text{CHO} + \text{NH}_3 + \text{Me}_2\text{CHCHO} + \text{CO}_2 + \text{MeOH} + t-\text{BuNC}$$
  1   2   3   4   5   6   7

$$\xrightarrow[\text{MeOH}]{43\%} \underset{8}{\underset{(2:1)}{^t\text{BuNHOC}\diagdown\text{N}\diagup\text{COOMe}}} + 2\text{H}_2\text{O} + \text{NaBr} \qquad (14.15)$$

一瓶多组分反应也可用于复杂分子的合成。Vögtle 通过下式提供了迄今为止合成分子结的最简便的一瓶方法[16]。

14.2.4 多反应中心多点反应

具有多反应中心的底物也可在一瓶完成多步反应。双向或多点反应也可以是高效的。对于含两个反应中心、具有一定对称性分子,如果产物也具有同样的对称性,则可采取双向合成的策略,即同时在两个反应中心进行官能化,这一策略在角鲨烯、β-胡萝卜素和上一章讨论过的番荔枝内酯 parviflorin 等天然产物的合成中已获得应用。例如,2,7-二甲基辛-2,4,6-三烯-1,8-二醛 **45** 是胡萝卜类化合物的中间部分,采用下图的双向合成方可方便地合成在特定位置上用 ^{13}C 标记的化合物。其关键步骤是丁-2-烯-1,4-二醇可在 Wittig 试剂存在下用二氧化锰氧化直接得到二酯 **44**,反应涉及二醇的双向氧化/一瓶双向 Wittig 反应。

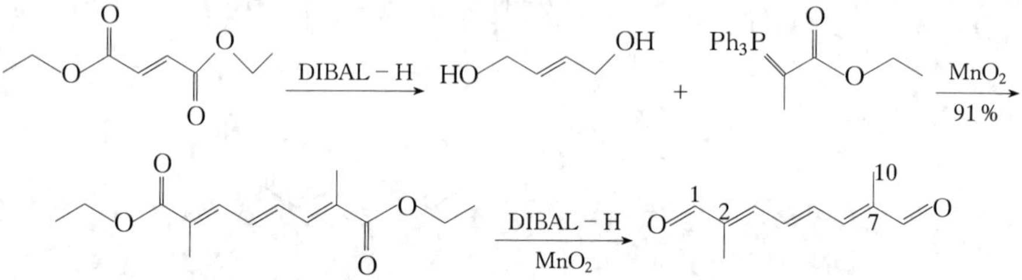

通过多重的 Williamson 醚合成法,可以一瓶构建含四个四氢呋喃环的分子(式 14.16)。通过 Sharpless 不对称烯烃双羟基化方法,可以同时氧化角鲨烯的六个烯键,以高产率高立体选择性地得到多羟基化产物[17]。

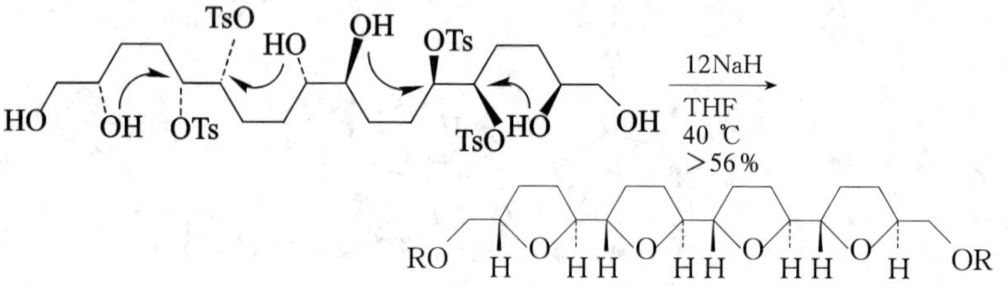

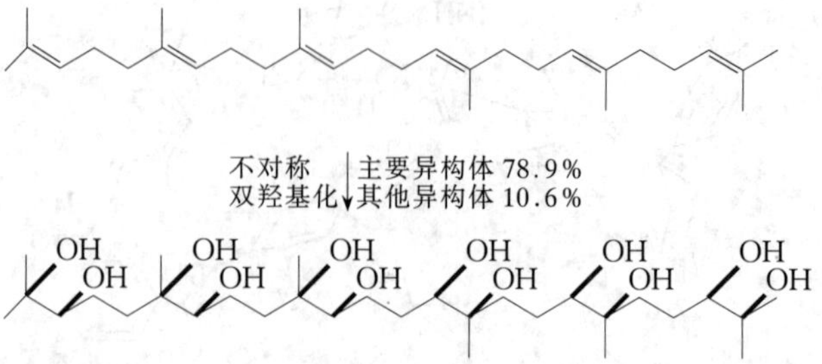

多点反应策略也可用于非对称分子的合成,例如三烯醇 **46** 用铼试剂氧化可一次性构建三个四氢呋喃环。

$$C_{12}H_{25}\text{—CH=CH—···—CH=CH—CH(OH)—CH}_2\text{—OTBDPS} \xrightarrow[\text{TFAA}]{\text{Re}_2\text{O}_7} $$
$$48\%$$

46

HO—CH(C$_{12}$H$_{25}$)—[四氢呋喃]—[四氢呋喃]—[四氢呋喃]—CH$_2$CH$_2$—OTBDPS

14.3 绿色合成的其他方法

14.3.1 原子经济反应

14.3.1.1 化学催化过程

催化过程,包括各种形式的化学催化和生物催化往往是"无盐"技术,是实现高原子经济反应的重要途径。2001 年诺贝尔奖获得者 Sharpless、Noyori 和 Knowles 有关催化不对称环氧化、不对称双羟基化、不对称氢化等反应无疑在许多方面满足了绿色合成的要求。应用催化方法还可以实现常法不能进行的反应,从而大大缩短合成步骤。例如,用传统的氯醇法合成环氧乙烷,其原子利用率只有 25%,而采用乙烯催化环氧化方法仅需一步反应,原子利用率达到 100%,产率 99%。

$$\text{CH}_2=\text{CH}_2 \xrightarrow[\text{②Ca(OH)}_2]{\text{①Cl}_2} \text{H}_2\text{C}\overset{\text{O}}{-\!\!\!-\!\!\!-}\text{CH}_2 + \text{CaCl}_2 + \text{H}_2\text{O}$$

相对分子质量: 44 111 18

原子利用率 = (44/173) × 100% = 25%

$$2\text{CH}_2=\text{CH}_2 + \text{O}_2 \xrightarrow{\text{催化剂}} 2\text{ H}_2\text{C}\overset{\text{O}}{-\!\!\!-\!\!\!-}\text{CH}_2$$

Suzuki 反应是合成联芳环化合物的有效方法,其原料之一是有机硼化合物。传统上有机硼化合物需通过芳香化合物的氯代-格氏试剂的形成及硼化三步反应制备。2002 年报道了铱催化剂可对芳环进行选择性活化和官能团化,从而可以一步合成有机硼化合物。

胺是一类重要的有机化合物，工业上一般采用从烯烃制醇，然后制胺的途径。2002 年报道了在铑催化剂催化下从烯烃直接制备增加一个碳直链胺的方法。该法的显著特点是从烯烃双键位置异构体混合物出发，只得到烯烃末端甲基胺基化产物。反应涉及内烯烃的异构化（双键迁移），末端烯烃的氢甲酰化和胺的还原烷基化一瓶三步反应。

在复杂分子的合成中，均相催化可达到很高的原子经济性。例如，在钯催化剂促进下，维生素 D 的 C,D 环衍生物与 1,6-烯炔反应可一步建立 1α-羟基维生素 D_3 的骨架（式 14.17）[18]。更多的例子在有机金属化合物媒介的多米诺环化节已有讨论。

(14.17)

罗素（Hoffmann-La Roche）公司发展抗帕金森药物 lazabemide 提供了一个

显示催化羰基化反应威力的极好例子。第一条合成路线采用传统的多步骤合成,从 2-甲基-5-乙基吡啶出发,历经 8 步合成,总产率只有 8%;而用钯催化羰基化反应,从 2,5-二氯吡啶出发,仅用一步合成了 lazabemide,其原子利用度达 100%,且可达到 3000 吨的生产规模[19]。

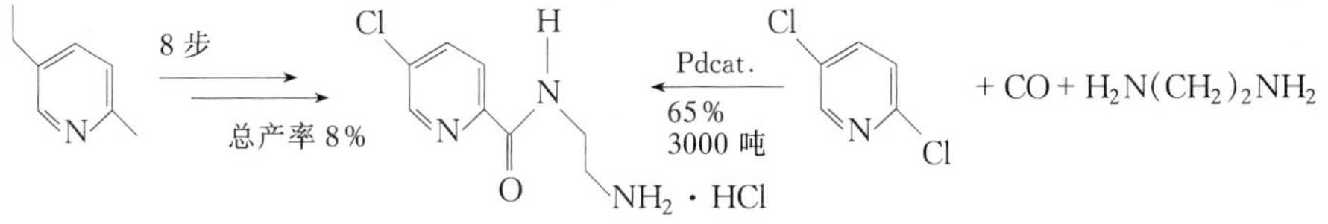

lazabemide

布洛芬是一种应用广泛的抗炎药,其传统制法是采用英国诺丁汉 Boots 公司在 20 世纪 60 年代发展的专利合成路线(下图)。应用这一工艺路线,迄今已经生产出数百万千克的药物布洛芬,但同时也产生了千万千克的废弃物和副产物。即使不计算用于反应和纯化的溶剂用量,在这一工艺路线中,每生产 1mol (206 克,$C_{13}H_{18}O_2$)布洛芬所需各步投入原料分子质量总和为 514.5 克($C_{20}H_{42}NO_{10}ClNa$),形成废弃物的量为 308.5 克。换句话说,这一工艺路线的原子经济性只有 40%。布洛芬的年产量为 1.36 万吨,所形成废弃物的量为 1.59 万吨。

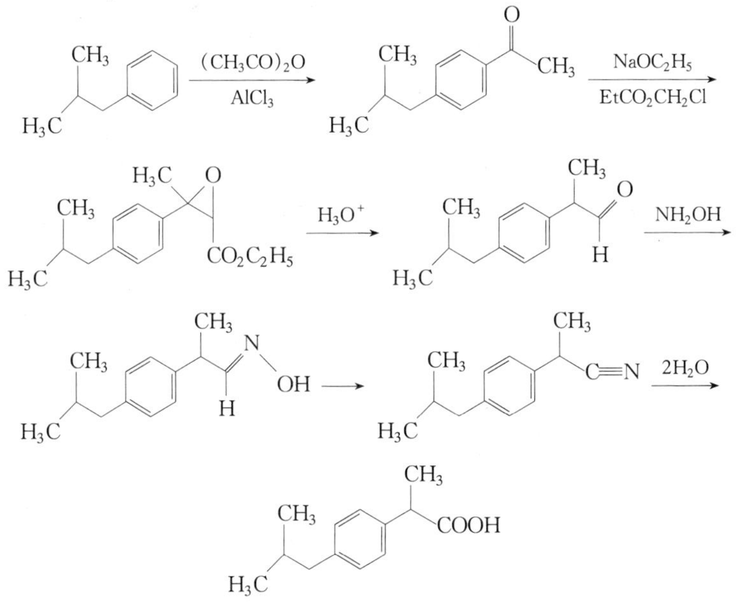

布洛芬

在 20 世纪 80 年代中期,当布洛芬的专利保护期即将结束时,美国 Celanese

公司与 Boots 公司合资成立 BHC 公司,发展了一条布洛芬的绿色合成路线(下图)。这一仅三步的催化合成路线的原子经济性提高到 77% [$C_{13}H_{18}O_2$(206)/$C_{15}H_{22}O_4$(266)],三步所用的催化剂氟化氢和钯催化剂均可回收再使用。如果考虑到第一步形成的乙酸可以回收,则该路线的原子经济性高达 99%。按该绿色合成路线建立的布洛芬生产线于 1992 年投产,占世界布洛芬市场份额 20%~25%。BHC 公司的布洛芬绿色合成先后获得 Kirpatrick 化学工程成就奖(1993 年)和美国总统绿色化学挑战奖(1997 年)。

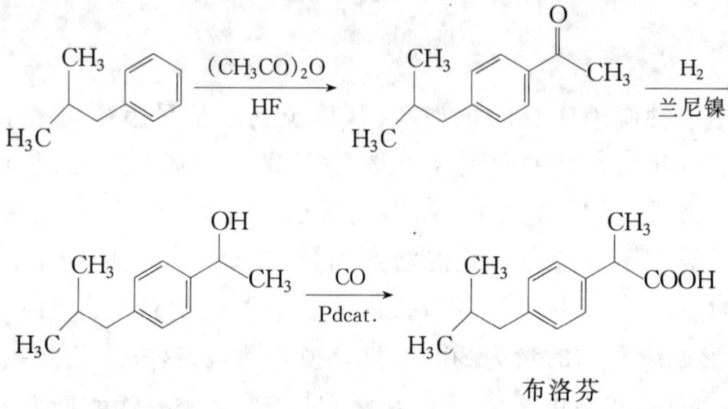

2002 年有机化学的重要进展之一是认识到简单如 L-脯氨酸的有机小分子可以作为最简单的"酶"。尽管早在 1971 年就发现 L-脯氨酸可以催化不对称罗宾逊环合,此后虽然有一些零星的研究,但是到了 2002 年,才真正认识到这一工作的重大意义。在这一反应中,未加修饰/保护的醛、酮在催化量的 L-脯氨酸存在下可以与醛、亚胺(式 14.18)、偶氮化合物(式 14.19),α,β-烯酮等亲电试剂反应,高度化学选择、非对映选择和对映选择性地得到相应的加成产物,曼尼希碱(β-氨基醛/酮)或 α-氨基酸衍生物等。

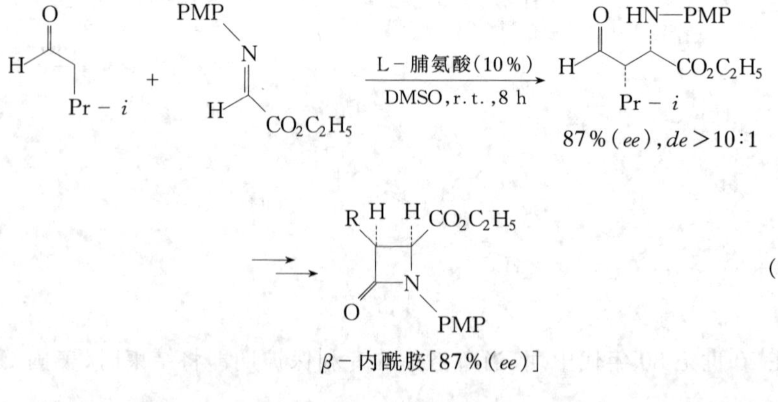

(14.18)

14.3 绿色合成的其他方法

$$\text{(反应式 14.19)}$$

14.3.1.2 生物催化剂

生物催化剂，包括酶、微生物、抗体酶等，是另一类型的高效催化剂。生物催化过程的重要性不但在于其高效率(可以进行一瓶多步反应)、高选择性，而且在于其往往可在非活化的位置上进行反应。例如，在酶催化下，可以实现从甘油向非天然碳水化合物 5-脱氧-5-乙基-D-木酮糖的一瓶转化，反应过程涉及四个酶催化反应：甘油的单磷酰化—氧化—羟醛加成和去磷酰化。

在羟醛加成酶 I 抗体催化下,非对称酮与芳醛的羟醛加成(式 14.20)表现出高度的区域选择性,反应优先在甲基酮的甲基一侧进行。此外,该抗体催化的羟醛反应还表现出高度的对映选择性。

$$\text{(14.20)}$$

式 14.21 所示的反应是从简单原料出发,采用生物工程改良过的聚乙酰合成酶催化,可以"一步"完成具有大环内酯结构的抗生素红霉素类似物的生物合成。仅用"一步"完成具有如此高官能团密度的复杂分子的合成,确实可以展示酶催化合成的威力及其良好发展前景。

$$\text{(14.21)}$$

14.3.1.3 环境友好催化剂

许多传统的有机反应用到酸、碱催化剂。在 Friedel-Crafts 酰化反应中,需用等化学计量腐蚀性、易水解的无水三氯化铝催化剂,依此法生产 1 吨酰化产物将带来 3 吨对环境有害的酸性富铝的废弃物及蒸汽。为克服传统酸催化剂带来的环境危害,学术界和化工界致力于发展环境友好催化剂[20,21],比较成功的有无毒的 evirocats 4 系列[20]。其中异相催化 envirocat EPZG 被用于催化傅氏酰化反应合成药物中间体对-氯二苯甲酮。用该催化剂取代传统的 $AlCl_3$,催化剂用量减少为原来的十分之一,废弃物 HCl 的排放量减少了四分之三,而产率达到 70%,且只产生极少量的邻位产物。此外,用 envirocat EPAO 氧化乙苯,可以 70% 的转化率得到苯乙酮。

把 AlCl$_3$ 负载于蒙脱土上构成的负载试剂 K10-AlCl$_3$ 用于芳香化合物的烷基化,不但具有与 AlCl$_3$ 同样高的催化活性,其单烷基化选择性高于 AlCl$_3$ 及其他常用催化剂[21]。吸附 ZnCl$_2$ 的蒙脱土(clayzic)已成为一种常用的 Friedel-Crafts 反应催化剂,并构成了一种新的工业催化剂的基础[22]。这些催化剂的另一共同特点是只需通过简单的过滤即可达到与产物的分离,可重复使用的次数有时达到 50 次。

14.3.2 有机电合成

电化学过程是洁净技术的重要组成部分。由于电解一般无需使用危险或有毒试剂,通常在常温、常压下进行,在洁净合成中具有独特的魅力。

有机合成中一类非常重要的碳-碳键形成反应是自由基反应,实现自由基环化的常规方法之一是使用过量的三丁基锡氢,这样的过程不但原子使用效率低,而且使用和产生有毒的难以除去的锡试剂。这两方面的问题用维生素 B$_{12}$ 催化的电还原方法完全避免了。利用天然、无毒、手性的维生素 B$_{12}$ 为催化剂的电催化反应,可产生自由基类中间体,从而实现在温和、中性条件下的自由基环化。例如,**47** 通过电化学方法环化,可得到合成生理活性天然产物 forskolin 所需的中间体 **47a**,而如果用传统的三丁基锡氢在回流条件下反应,则主要形成"错误"的立体异构体 **47b**[23]。

以下的实例显示电化学反应可进行制备规模的合成,并达到较高产率,成为快速建造复杂结构及进行天然产物全合成的关键反应[24]。

[反应式: 酚化合物经 9.4 mA (+1000~1550 mV, 2 F/mol), $(CH_3CO)_2O$, $n\text{-}Bu_4NBF_4$, 70% 转化为三环二酮产物 (3:1)]

[结构式: 异雪松烯]

异雪松烯

14.3.3 溶剂

在传统的有机反应中,有机溶剂是最常用的反应介质,这主要是因为它们能很好地溶解有机化合物。但有机溶剂的毒性、挥发性(叫做挥发性有机物,VOCs)和难以回收又使之成为对环境有害的因素。因此,在无溶剂存在下进行的有机反应、使用水作为反应介质以及使用超临界流体作为反应介质或萃取溶剂将成为发展洁净合成的重要途径。无溶剂的净相有机反应(干反应)可在固态或液态下进行。

14.3.3.1 固态反应

固态化学反应[25]的研究吸引了无机、有机、材料及理论化学等多学科的关注,某些固态反应已获得工业应用。固态化学反应实际上是在无溶剂化作用的新颖化学环境下进行的反应,有时可比溶液反应更为有效和达到更好的选择性。式 14.22 的无溶剂反应既可在超声波促进下完成,也可在微波促进下完成。无溶剂反应同样可以通过研磨在机械能作用下完成,例如,最近报道了磷叶立德和 Wittig 反应在固态、机械能诱导下完成(式 14.23)。

[反应式 14.22: $OSO_2C_6H_5CH_3$ 底物在 Te^{2-}, Al_2O_3, 超声波浴 (120 min, 86%) 或 微波炉, 525 W, 9.5 min, 83% 条件下生成 linalool + Te^0]

(14.22)

$$[Ph_3\overset{+}{P}\text{—}CH_2R^1]X^- \xrightarrow{K_2CO_3} \left\{ \begin{array}{c} Ph \\ Ph\text{—}P\text{=}CH \\ Ph \end{array} \quad R^1 \right\} \xrightarrow[-Ph_3PO]{R^2COR^3} \begin{array}{c} R^3 \quad H \\ \diagup\!\!\!= \\ R^2 \quad R^1 \end{array}$$

(14.23)

无溶剂的液态反应可以在熔融状态或常态下进行。净相甲基丙烯酸酯聚合[26]是无溶剂的工业化过程的一个重要例子。最近报道了(S)-脯氨酸诱导的1,3-环己二酮 **48** 的非对称化,即 Hajos-Parrish 环化反应,也可以在无溶剂存在下进行[27],反应得到重要的手性砌块 Wieland-Miescher 酮。

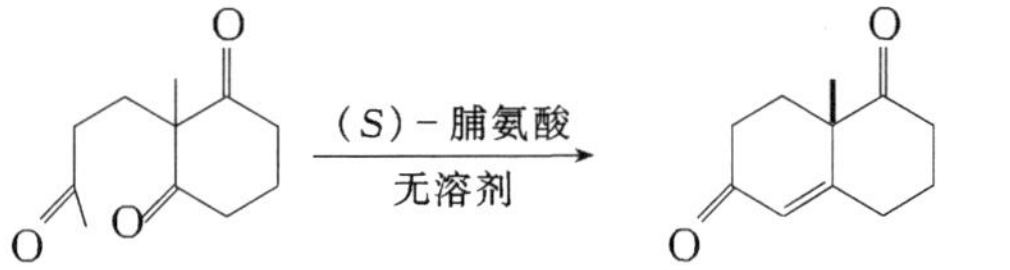

$$48 \xrightarrow[\text{无溶剂}]{(S)\text{-脯氨酸}} \text{Wieland-Miescher酮}$$

14.3.3.2 以水为溶剂的反应

由于大多数有机化合物在水中的溶解性差,而且许多试剂在水中会分解,因此一般避免用水作为反应介质。然而水作为反应溶剂又有着无可比拟的优越性,因为水是地球上自然丰度最高的"溶剂",非常价廉,又无毒。此外,水溶剂的特有性质应对一些重要有机转化十分有益[28],有时可提高反应速率和选择性,更何况生命体内的化学反应大多是在水中进行的。

1980 年 Breslow 重新发现水可作为有益的溶剂:环戊二烯与甲基乙烯酮的环加成反应,在水中较之以异辛烷为溶剂反应快 700 倍[29]。随后 Grieco 在水相环加成反应也做了许多开创性工作。从下图可看出,水相反应可同时提高反应速率和选择性[30]。值得一提的是,这个反应只得到四种可能立体异构体中的两种,主要异构体是合成目标分子所需的,若用常规的有机溶剂甲苯,则产生无用的立体异构体。

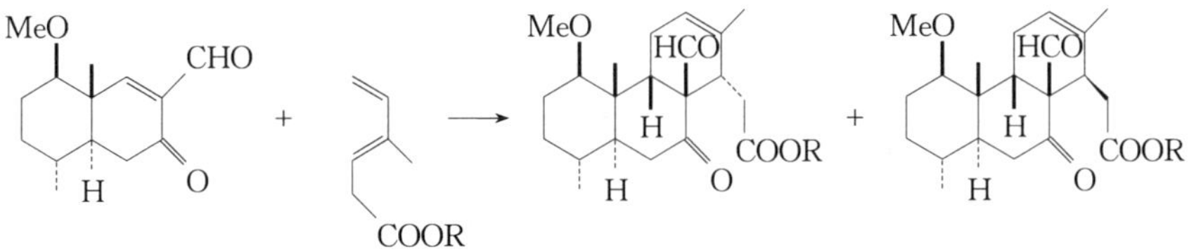

R(反应条件)	产率(异构体比例)
Et(甲苯,r.t.,288 h)	52%(0.85:1)
H(H_2O,r.t.,17 h)	85%(1.5:1)
Na(H_2O,r.t.,5 h)	100%(3:1)

水相有机合成的一个重要进展是发展到有机金属类反应[31],其中有机铟试剂是成功的实例之一[32]。陈德恒等人通过 D-甘露糖与 α-溴甲基丙烯酸甲酯的偶联非常简捷地合成了(+)-KDN。此类反应的另一优点是碳水化合物的多个羟基官能团在碳-碳键形成步骤无需保护。而在合成中保护基的使用是

一种为了达到选择性所作的无奈的选择,因为需要使用化学计量的保护试剂进行保护,最后还得除去保护基,不但增加反应步骤,多消耗能量和原料,还增加了废物排放。

水相有机合成的另一重要进展是水相 Lewis 酸催化的反应。许多常规的 Lewis 酸催化反应必须在无水的有机溶剂中进行,但环戊二烯与亲双烯体 **49** 在 0.01 M 硝酸铜催化下在水相中环加成较之在乙腈中进行的非催化反应速率提高 79 300 倍[33]。

$$X = NO_2, Cl, H, CH_3, OCH_3$$

三氟甲磺酰的钪盐 $Sc(OTf)_3$ 是一种在水中稳定的路易斯酸催化剂,其在水中的溶解度高于在有机溶剂中,可以有效地催化烯醇硅醚与醛在水介质(水-四氢呋喃)的羟醛反应。值得一提的是,若使用该催化剂,对水敏感的烯醇硅醚可以安全地在水溶液中反应。

14.3.3.3 超临界流体作为有机溶剂

超临界流体(supercritical fluids,简称 sc)是指处于临界温度(T_c)及临界压力(p_c)以上的流体,它是一种介于气态与液态之间的流体状态,其密度接近于液体(比气体约大 3 个数量级),而黏度接近于气态(扩散系数比液体大 100 倍左右)。由于这些特殊性质,超临界流体在萃取、色谱分离、重结晶以及有机反应等方面表现出特有的优越性,而在化学化工中获得实际应用。其中超临界的二氧化碳以其临界压力($p_c = 7.4 \times 10^6$ Pa;水:$p_c = 2.21 \times 10^7$ Pa)和临界温度($T_c = 31.1$ ℃;水:$T_c = 374$ ℃)适中、来源广泛、价廉无毒、非可燃性、可通过减压与产物分离等诸多优点而在催化氢化、Friedel-Crafts 烷基化和酰化、氢甲酰化、醚化等反应中得到广泛应用[34]。烃基芳烃在超临界 CO_2 中的自由基溴化已有报道。最近 Burk 小组报道了以超临界二氧化碳流体为溶剂可以提高催化不对称氢化反应的对映选择性(ee 95%)[35],这无疑是一个漂亮的绿色合成。

14.3.3.4 离子液体作为反应溶剂

离子液体(ionic liquid,简称 IL)是有机盐,熔点低于 100 ℃,许多离子液体的熔点低于室温,因此称为室温离子液体。其外观像水或甘油。常见的室温离子液体是 N,N'-二烷基咪唑鎓、N-烷基吡啶鎓的无机盐,有时也用到季铵盐和鏻盐。

离子液体是一类独特的反应介质,其显著特点是:(1) 呈液态的温度区间大(可达 300 ℃,而水是 100 ℃),热稳定性高;(2) 溶解范围广,可溶解许多无机、有机和有机金属化合物,而且调节阴、阳离子的结构可改变其溶解性;(3) 几乎没有蒸汽压;(4) 非可燃性。这些特点使得离子液体可以(1) 与有机溶剂或水一起构成两相体系用于萃取和分离;(2) 利用其不挥发的优点,可进行产物的蒸馏分离;(3) 用于过渡金属催化的反应,包括催化氢化、氧化、Heck 反应;用于Diels-Alder 反应,Friedel-Crafts 反应等;(4) 用于催化剂固载体而无需特别的官能化,均相催化剂容易回收;(5)在电化学中作为电解质。此外,它们利用其物理化学性质可调节的特点,可在许多场合用于减少溶液和催化剂用量,在化学反应过程和萃取中取代挥发性有机物,因而被认为是一类绿色溶剂[36]。

杜邦公司开发了在离子液体$[BMIM]^+BF_4^-$和异丙醇两相体系中进行不对称催化氢化合成耐普生的方法(式14.24),产物的对映体过量可达到80%,催化剂在倾泻后可循环使用,其活性和对映选择性均不降低。最近报道了烯烃复分解反应可以在离子液体中进行,催化剂既可以是中性的卡宾钌催化剂,也可以是阳离子联烯叉钌配合物(式14.25)。

$$\text{CH}_3\text{O-naphthyl-C(=CH}_2\text{)CO}_2\text{H} \xrightarrow[\text{[bmim]}^+[\text{BF}_4]^-/^i\text{PrOH}]{[\text{RuCl}_2-(S)-\text{BINAP}]/\text{H}_2} \text{CH}_3\text{O-naphthyl-CH(CH}_3\text{)COOH} \quad (14.24)$$

$$\text{H}_3\text{C-C}_6\text{H}_4\text{-SO}_2\text{-N(CH}_2\text{CH=CH}_2)_2 \xrightarrow[\text{[bmim]}^+\text{PF}_6^-]{\text{Catalyst}} \text{H}_3\text{C-C}_6\text{H}_4\text{-SO}_2\text{-N(}\text{二氢吡咯}\text{)} \quad (14.25)$$

$\text{Catalyst}=[\text{Ph}_2\text{C}=\text{C}=\text{C}=\text{RuCl}(\text{PCy}_3)(p-\text{cymene})]^+\text{X}^-$
Cy = 环己烷, cymene = 甲基异丙基苯

14.3.3.5 氟碳相作为反应溶剂

产物提纯的难易程度是决定有机合成方法实用性的要素之一,除了传统采用的萃取,重结晶,蒸馏方法外,通过柱层析分离是现代有机合成最常用的分离方法。基于高聚物树脂负载的固相合成提供了产品分离的新途径,因而奠定了自动合成仪的基础。氟相有机合成[37](FPOS)是一种新的分离纯化技术,正吸引着有机合成的极大兴趣。氟碳相是由氟相(由全氟烷烃、全氟醚或全氟三烷基胺)及溶解于该相的试剂或催化剂与有机溶剂构成的两相反应混合物,也叫氟两相体系。其独特的性质在于氟碳流体(即氟相溶剂)与水及有机溶剂在室温下不相溶,而在加热时又可与上述溶剂形成均相,加上其惰性,因而可以建立氟碳两相合成、分离提纯的新模式,即在反应终了直接通过萃取进行产品的分离提纯。

如同固相合成需要把底物固载化一样,氟碳两相合成需要首先把配体氟载化(fluorous tagging),使之变成氟相可溶,这样催化剂可溶解并随之固定在"氟相"。加热后两相体系变成均相使催化反应得以进行。把体系冷却后又重新形成相互分离的两相。这样只要经过萃取就可从有机相分离出产物,并从氟相回收金属催化剂。

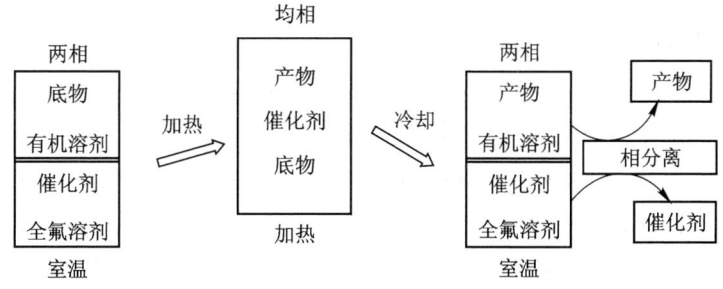

KRu(C_7F_{15}COCHCOC_7H_{15})$_2$是一种氟碳相可溶的配合物,在异丁醛存在下,它是二取代烯烃选择性环氧化的优良的催化剂前体,在以下反应中,氟碳相催化剂溶液几乎不损失,可多次循环使用。

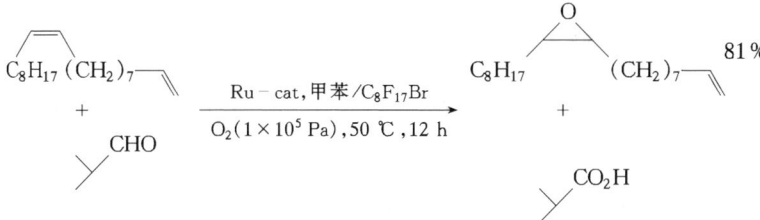

氟碳相合成的概念已被扩展到多步骤合成,在图14.1所示的合成中,所有分离都只通过三相萃取完成。

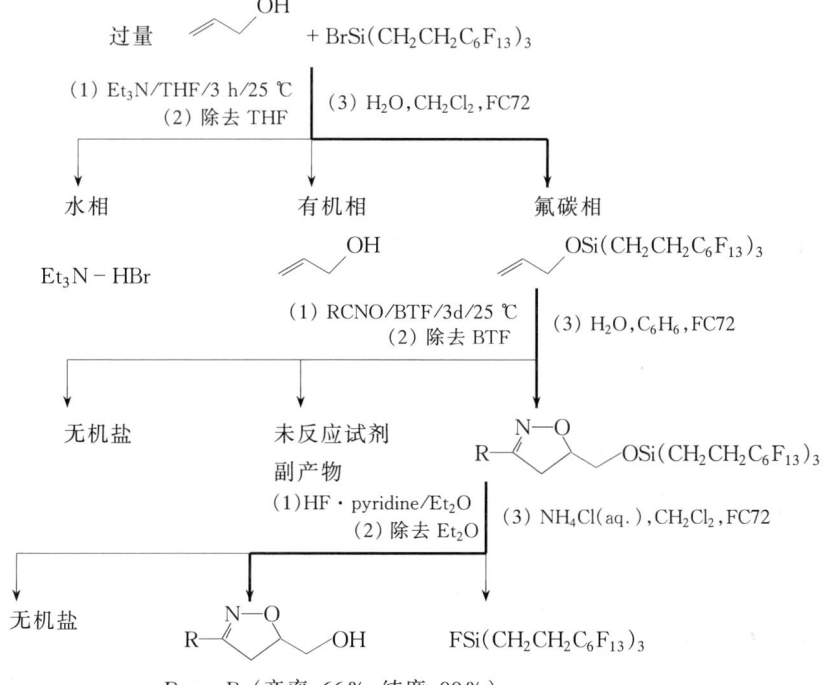

图14.1 氟碳相硝酮1,3-偶极环加成反应的分离流程

14.3.4　原料

人类社会在过去二三百年内把地球上宝贵的经过千万年慢慢累积的石油、煤、天然气等矿物燃料过度地开发，对于子孙后代是很不负责任的，因此，开发可再生资源作为原料成为可持续发展和绿色化学的一个重要方面，Frost 和 Draths[38]建立了通过生物催化把 D－葡萄糖转化为己二酸、邻苯二酚等有机物的完全的绿色合成(下图)。己二酸是一重要的基本有机化工原料，全世界每年的用量高达 190 万吨，主要用于制备尼龙－6,6(式 14.26)等塑料和润滑剂。

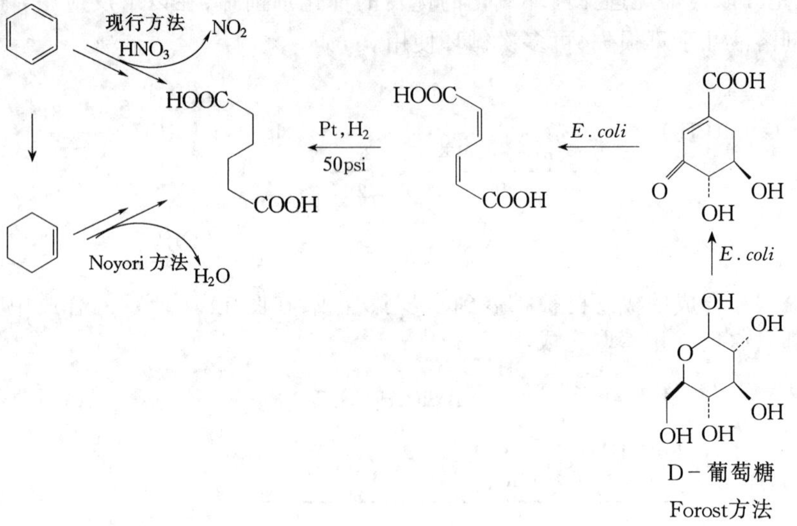
现行方法
HNO3
NO2
HOOC
COOH
Pt,H2
50psi
HOOC
COOH
E. coli
COOH
O
OH
OH
E. coli
OH
OH
O
OH
OH OH
D－葡萄糖
Forost方法
Noyori 方法
H2O

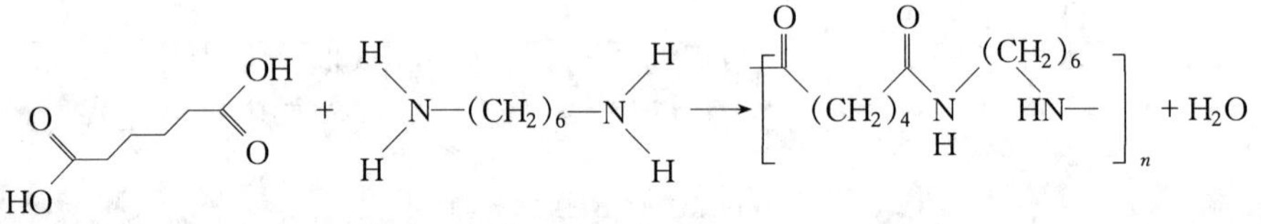
OH
O
O
HO
H
H
N—(CH2)6—N
H
H
O
O
(CH2)4
N
H
(CH2)6
HN—
n
+ H2O
尼龙－6,6

(14.26)

14.3.5　安全的化学品

发展和应用对人和环境无毒和无危险性的试剂和溶剂以及其他实用化学品是绿色化学的重要一环，需要多学科的共同努力。

甲基丙烯酸甲酯是一个重要的高分子单体，其传统的商业制法是通过丙酮腈醇途径实现的，反应中用到剧毒的氰氢酸和过量的浓硫酸，反应产生大量的硫酸氢铵废弃物，无疑是一个对环境有害的流程，其原子利用效率只有 47%。壳牌(Shell)公司发展的丙炔－钯催化甲氧羰基化一步合成法[39]，其区域选择性，反应收率均大于99%,原子利用率高达到100%,催化剂的转化活性高达每小时每克催化剂催化10万摩尔底物,无疑是一种对环境无害的流程。

$$\text{acetone} \xrightarrow{(1)\text{HCN}} \text{HO—C(CN)} \xrightarrow{(2)\text{H}_2\text{SO}_4} \text{methacrylamide} \xrightarrow[\text{H}_2\text{SO}_4]{(3)\text{MeOH}} \text{MMA} + \text{NH}_4\text{HSO}_4 \tag{14.27}$$

$$\text{H}_3\text{CC}\equiv\text{CH} + \text{CO} + \text{CH}_3\text{OH} \xrightarrow[6\times10^6\,\text{Pa}/60\,^\circ\text{C}]{\text{Pd}-\text{cat.}} \text{MMA} \tag{14.28}$$

有机锡化合物是最常用的自由基反应的自由基传递试剂,在反应中需要使用化学计量的三丁基锡氢。三丁基锡氢不但毒性大,而且难以从产物中完全分离,因此,有机锡试剂的使用不但对环境有害,也污染产物。为此发展了许多替代试剂、试剂体系或方法,包括使用催化量的锡试剂,把有机锡试剂固载化,使用其他试剂或通过光照形成自由基。最近发现 $InCl_3/NaBH_4$ 体系可以替代三丁基锡氢体系,有效地用于自由基反应(式14.29)。

$$\text{PhCH(Br)CH}_3 \xrightarrow[\text{乙腈,r.t.,2 h}]{\text{InCl}_3(\text{cat.}),\text{NaBH}_4} \text{PhCH(H)CH}_3 \tag{14.29}$$

传统的自由基反应的另一个环境问题是使用毒性大的苯为溶剂,为此发展了许多以水为溶剂的自由基反应体系(式14.30),获得满意的效果。

$$\xrightarrow[\substack{\text{H}_2\text{O},1\,\text{h}\\89\%}]{\text{Et}_3\text{B}/\text{O}_2(\text{cat.})} \tag{14.30}$$

产品的安全性是绿色化学的另一问题。船舶在海中停留会引起海藻、贝壳等海洋生物和微生物的附着,为此需要在船舶吃水部分涂上防垢剂。在过去所用的防垢剂中三丁基锡氧化物[$(Bu_3Sn)_2O$]占了70%。三丁基锡氧化物在海水中的半衰期为5个月,在泥浆中的半衰期为6~9月。较长的半衰期,慢性毒性及其在海洋生物链中的富集对海洋微生物和生物产生极大的危害。为此发展了4,5-二氯-2-正辛基-4-异噻唑-3-酮(DCOI)作为替代物。DCOI在海水中降解(式14.31)速度较快,在海洋环境中保持低浓度,因而不会产生慢性毒性。Rohm&Haas公司因成功开发这一环境友好防垢剂而获得美国总统绿色化学挑战奖。

$$\text{(50)} \longrightarrow \text{C}_8\text{H}_{17}\text{NH-CO-CH(OH)-COOH} \longrightarrow \text{C}_8\text{H}_{17}\text{NH-CO-CH}_3 \longrightarrow$$

$$\text{C}_8\text{H}_{17}\text{NH-CO-COOH} \longrightarrow \text{C}_8\text{H}_{17}\text{NH-COOH} \tag{14.31}$$

发展生物可降解的高聚物是绿色化学的重要内容之一，这方面的发展很快，全世界的消费量已从 1996 年的 1 400 万千克增加到 2001 年的 6 800 万千克，聚羟基丁酯、聚乳酸和聚天冬氨酸是其中的三例。

聚羟基丁酯　　　　聚乳酸　　　　聚天冬氨酸

14.4　反应的选择性：定向合成

有机反应的选择性包括了区域选择性、化学选择性和立体选择性。反应的选择性不但与合成的效率直接相关，更因为产物精确的空间结构直接影响其生理活性，且这类反应又涉及反应的控制。因此近二十年来，选择性合成，尤其是不对称合成[40]一直是有机合成化学的中心问题。催化不对称合成是达到高选择性和高效率的最佳途经。由于有关选择性合成的内容已贯穿于本书的许多章节，这里不再叙述。

14.5　合成子与合成砌块

合成子是 Corey 于 1967 年提出的。合成子、逆合成分析以及分子装配概念的提出极大地推动了有机合成化学的发展。现在，合成子概念实际上被扩展到广义的功能性分子砌块，并在生理活性物质[41]和超分子材料[42]的合成中得到广泛应用。

在生命体系，形形色色复杂的生物大、小分子的合成实际上也是通过对少数

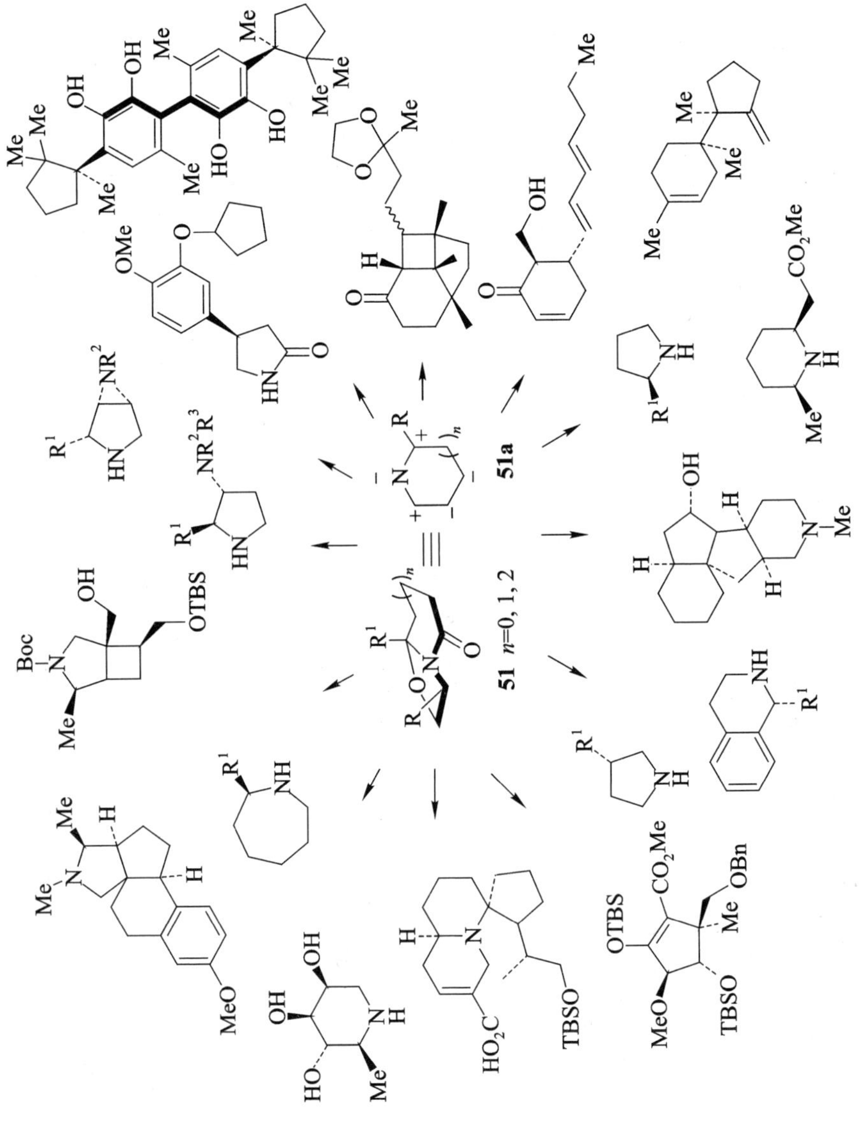

14.5 合成子与合成砌块

图 14.2 基于手性合成砌块 **51** 的多用途不对称合成方法

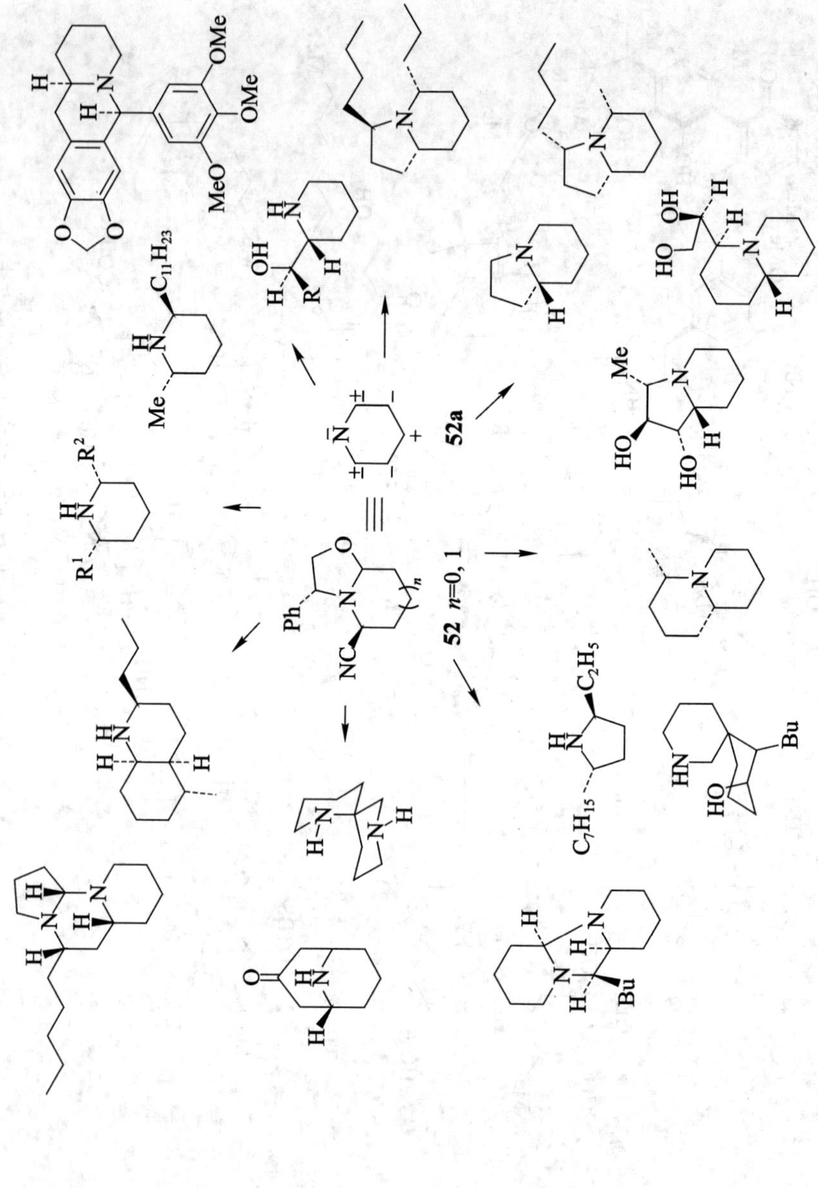

图 14.3　基于合成砌块 52 的多用途不对称合成方法

分子砌块,如 20 种氨基酸、乙酸、单糖、碱基、磷酸等广义合成子的组装高效率地完成的。因此,发展新型多功能合成子(或合成砌块),尤其是手性合成子无疑是提高合成效率的一种途径。正是通过这种分子砌块策略,Officer 等人建立了取代各异的卟啉星形多聚体的快捷合成方法[43]。Meyers[44]和 Husson[45]小组分别发展了手性合成砌块 51 和 52,成功地用于许多天然产物和药物的不对称合成(图 14.2,图 14.3)。

14.6 组合化学:多样性导向的有机合成

合成新分子,提供其他学科寻找药物和农用化学品或其他功能分子(如材料、催化剂)先导化合物的合成方法学是合成化学的一项重要任务。近年来兴起的组合化学提供了一种迅速达到分子多样性[46,47]的捷径。组合化学是产生巨大的化学库及快速生物活性评价的一整套方法。组合化学的发展非常迅猛,现已从肽库发展到有机小分子库,从固相组合化学发展到液相组合化学,并已筛选出许多药物的先导化合物,成为一个活跃的学科前沿。

组合化学的创立与发展始于新药研究的需要。传统上,发展新药的基本方法是基于理性药物设计(rational drug design),即从天然产物活性成分、制药公司化学库或根据药物作用机制、构效关系研究以及计算机辅助药物设计合成的化合物出发进行筛选,获得药物的先导化合物,然后通过优化和一系列的化学、生化、药理、毒理、临床研究而发展成药物。相应于这种单一筛选的合成化学基础是传统的单一化合物合成,即每次进行一步反应,每次合成一个化合物。这种新药发展方法周期长,成本高,难以满足社会发展的需要。自 20 世纪 80 年代末,随着分子生物学研究的突破,高通量筛选技术的发展使新药开发所需要的新分子实体的数目越来越多,为此人们把目光转向合成大数目的化合物群,即建立化合物库,因而萌芽了平行合成的思想,即希望变传统的单一化合物为可同时合成多个化合物。这样可以快速建立化学库,然后通过快速生物评价,获得先导化合物。

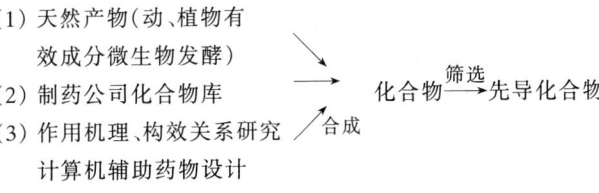

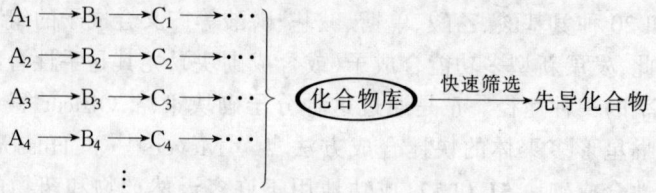

由于合成是采用平行合成方式,通过不同的排列、组合可迅速形成数量巨大的化合物库。如果起始单体数目为 M,步骤重复次数为 X,则随机产生的分子数为 $N = M^X$。如下图所示,从三个氨基酸出发,经过三步成肽反应,即可建立一个含 27 个化合物的三肽库。表 14.1 表示的是从三个合成砌块 A,B,C 出发建立的三聚物组合库同样包含 27 个化合物。表 14.2 所示的是用 20 个氨基酸建立肽组合库的多样性,肽的数目随肽链的增长而呈指数增长。多组分反应提供了建立化合物库的更快捷方法,以 Ugi 四组分反应为例,如果有 40 个不同的组分参与反应,则将可能 $40^4 = 2\,560\,000$ 个产物。由于化合物的形成和活性分子的产生都是随机的,因此,这种新药发现的方式称为非理性药物"设计"。

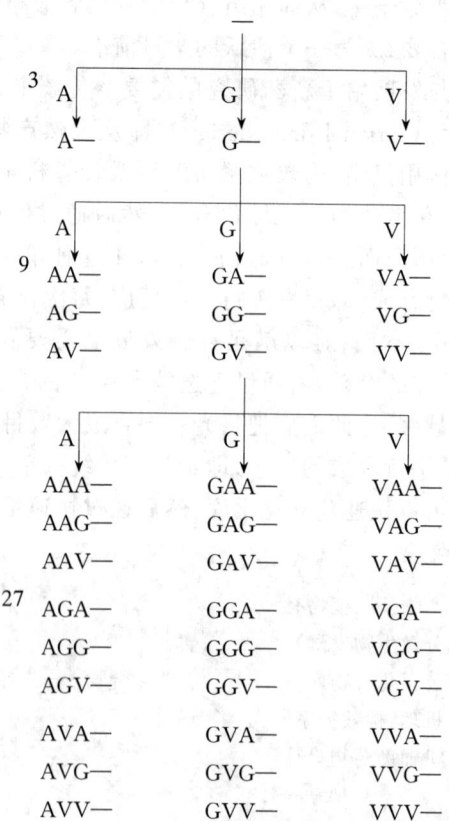

上图采用裂分合成方法,在载体上进行肽的随机合成,由丙氨酸(A)、甘氨酸(G)和缬氨酸(V)建立的三肽组合库。

表 14.1 用合成砌块 A,B,C 建立的三聚物组合库:27 个成员(3^3)

AAA	BAA	CAA
AAB	BAB	CAB
AAC	BAC	CAC
ABA	BBA	CBA
ABB	BBB	CBB
ABC	BBC	CBC
ACA	BCA	CCA
ACB	BCB	CCB
ACC	BCC	CCC

表 14.2 用 20 个氨基酸建立肽组合库的多样性

氨基酸数	肽 链	肽的组合数
1	$H-X_1X_2-OH$	400
2	$H-X_1X_2X_3-OH$	8000
3	$H-X_1X_2X_3X_4-OH$	160 000
4	$H-X_1X_2X_3X_4X_5-OH$	3 200 000
5	$H-X_1X_2X_3X_4X_5X_6-OH$	64 000 000
6	$H-X_1X_2X_3X_4X_5X_6X_7-OH$	1 280 000 000
7	$H-X_1X_2X_3X_4X_5X_6X_7X_8-OH$	25 600 000 000

需要指出的是,使组合化学从理想变为现实的科学基础有两个,一是 Merrifield 在 1963 年创立的固相合成法(下图,Merrifield 因这一开创性工作而获得 1984 年诺贝尔化学奖),该法为平行合成和组合合成理念的实现提供了合成化学基础;另一个是生物活性的快速评价。

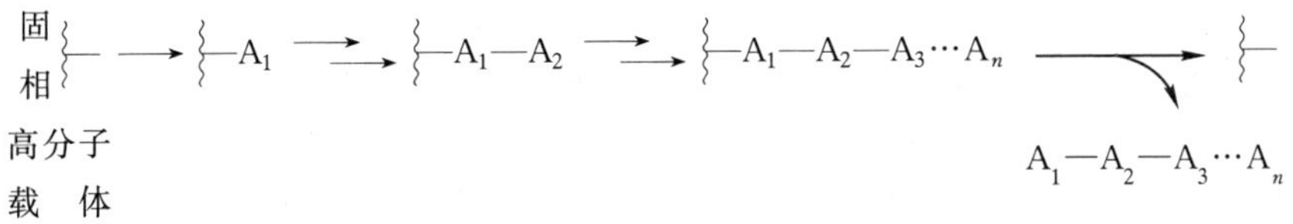

$$\text{固相高分子载体} \longrightarrow \{-A_1 \longrightarrow \{-A_1-A_2 \longrightarrow \{-A_1-A_2-A_3\cdots A_n \longrightarrow A_1-A_2-A_3\cdots A_n$$

值得一提的是,虽然组合化学的研究已经从一度追求量的随机合成,回归到以分子的结构确定的小分子为主的平行单分子合成,但是,组合化学技术已在新材料、新催化剂的研究中获得应用,组合化学的思想已对包括生命科学、材料科学等学科的研究产生重要影响。就有机合成而言,Schreiber 提出了适应后基团组时代要求的多样性导向有机合成[48]。

限于篇幅,本节仅对组合合成这一创新性思想的形成及基本原理作简单的介绍,至于组合合成的具体方法和实例,同学们的好奇心和求知欲可以从延伸的课堂——有关的综述性文章[46~48]、专著[49]得到满足。

总之,随着绿色化学作为学科前沿方向的逐步形成,在短短的时间内,通向绿色化学和分子多样性的各种途径的雏形已隐约可见,但是化学工作者的种种努力只是初步的,在一条合成路线中,绿色可能只是局部的。绿色化学,多样性导向的有机合成和功能导向的有机合成的真正发展,需要对传统的、常规的合成化学的方方面面进行全面的、从观念上、理论上和合成技术上的发展和创新,这种需求既是对合成化学挑战,更是对合成化学革命性的进步提供了前所未有的机会。

参 考 文 献

1　徐光宪. 化学通报,2003,66:3
2　杜灿屏,刘鲁生,张恒主编. 21世纪有机化学发展战略. 北京:化学工业出版社,2002
3　(a) 闵恩泽,傅军. 化学通报,1999,62:10
　　(b) 朱清时. 化学进展,2000,12:410
　　(c) 梁文平,唐晋. 化学进展,2000,12:228
　　(d) 黄培强,高景星. 化学进展,1998,10:265
4　(a) Trost B M. Science,1991,254:1471
　　(b) 陆熙炎. 化学进展,1998,10:123
5　Sheldon R A. Pure Appl Chem,2000,72:1207
6　Anastas P T,Warner T C. Green Chemistry:Theory and Practice. London:Oxford Science Publications,1998
7　Wender P A. Chem Rev,1996,96:i~ii
8　Ho T L. Tandem Reactions in Organic Synthesis. New York:Wiley - Interscience,1992
9　Johnson W S,Plummer M S,Reddy S P,Bartlett W R. J Am Chem Soc,1993,115:515
10　Heathcock C H. Angew Chem Int Ed Engl,1992,31:665
11　Negishi E,Coperet C,Ma S,Liou S Y,Liu F. Chem Rev,1996,96:365
12　Knolker H J,Baum E,Graf R,Jones P G,Spieß O. Angew Chem Int Ed,1999,38:2583
13　He F,Bo X,Altom J D,Corey E J. J Am Chem Soc,1999,121:6771
14　Bienayme H,Hulme C,Oddon Schmitt G P. Chem Eur J,2000,6:3321
15　Domling A,Ugi L. Angew Chem Int Ed,1993,32:563
16　Safarowsky O,Nieger M,Fröhlich R,Vögtle F. Angew Chem Int Ed,2000,39:1616
17　Crispino G A,Ho P T,Sharpless K B. Science,1993,259:64
18　Trost B M,Duman J,Villa M. J Am Chem Soc,1992,114:9836
19　Schmid R. Chimia,1996,50:110

20　Clark J H, Macquarrie D J. Chem Soc Rev,1996,25:303
21　Clark J H, Rhodes C N. Clean Synthesis Using Porous Inorganic Solid Catalysts and Supported Reagents (Series: RSC Clean Technology Monographs) Cambridge: Royal Society of Chemistry,2000
22　Clark J H, Martin K, Teasdale A J, Barlow S J. J Chem Soc, Chem Commun,1995,2037
23　Hutchinson J H, Pattenden, Plyers G, P L. Tetrahedron Lett,1987,28:1313
24　Takakura H, Yamamura S. Tetrahedron Lett,1999,40:299
25　Toda F. Synlett,1993,5:303
26　Ullmanns Encyclopedia of Industrial Chemistry, Vol A22, 5th edition, Weinheim: VCH,1993.4
27　Rajagopal D, Rajagopan K, Swaminathan S. Tetrahedron: Asymmetry,1996,7:2189
28　(a) Grieco P A. Organic Synthesis in Water. London: Blackie Academic & Professional,1998
　　(b) Li C J, Chan T H. Organic Reactions in Aqueous Media. New York: John Wiley & Sons,1997
29　(a) Rideout D C, Breslow R. J Am Chem Soc,1980,102:7816
　　(b) Otto S, Engberts J B F N. Pure Appl Chem,2000,72:1365
30　Grieco P A, Garner P, He Z. Tetrahedron Lett,1983,24:1897
31　(a) Chan T H, Isoac M B. Pure Appl Chem,1996,68:919
　　(b) 张岩,王梅详,王东,黄志镗. 化学进展,1999,11:394
32　Chan T H, Li C J. Chem Soc, Chem Commun,1992,1:74
33　Otto S, Bertoncin F, Engberts J B F N. J Am Chem Soc,1996,118:7702
34　(a) Boock L, Wu B, LaMarca C, Klein M, Paspek S. Chemtech,1992,12:719
　　(b) 野国中,李正名. 化学通报,2002,65:221
35　Burk M J, Feng S G, Gross M F, Tumas W. J Am Chem Soc,1995,117:8277
36　(a) Earle M J, Seddon K R. Pure Appl Chem,2000,72:1391
　　(b) Wasserscheid P, Keim W. Angew Chem Int Ed,2000,39:3773
　　(c) 赵东滨,寇元. 大学化学,2002,17:42
　　(d) 石家华,孙逊,杨春和,高青雨,李永舫. 化学通报,2002,65:243
37　(a) Horvath I T. Acc Chem Res,1998,31:641
　　(b) Klement I, Lutjens H, Knochel P. Angew Chem Int Ed Engl,1997,36:1454
　　(c) Luo Z Y, Zhang Q S, Oderaotoshi Y J, Curran D P. Science,2001,291:1766
38　Draths K M, Frost J W. J Am Chem Soc,1994,116:399
39　Keijskper J, Amoldy P, Doyle M J, Drent E. Recl Trav Chim Pays-Bas,1996,115:248
40　林国强,陈耀全,陈新滋,李月明编. 手性合成——不对称反应及其应用. 北京:科学出版社,2000
41　Hanessian S. The Total Synthesis of Natural Products: The Chiron Approach. Oxford: Pergamon Press,1983
42　Desiraju G R. Angew Chem Int Ed Engl,1995,34:2311

43 Officer D L, Burrell A K, Reid D C W. Chem Commun, 1996, 14:1617
44 Meyers A I, Brenger G P. Chem Commun, 1997, 1:1
45 Husson H P, Royer J. Chem Soc Rev, 1999, 28:383
46 Thompson L A, Ellman J A. Chem Rev, 1996, 96:555
47 (a) 柏旭. 化学通报, 2001, 64:762
    (b) 许家喜, 麻远. 化学通报, 2002, 65:145
48 Schreiber S L. Science, 2000, 287:1964
49 Wilson S R, Czarnik A W. Combinatorial Chemistry: Synthesis and Applications. News York: John Wiley & Sons, 1997

习 题

1. 写出以下反应的中间体或产物:

(1) 苯胺 + 苯甲醛 + 环戊烯 $\xrightarrow{H^+}$ [ ] ⟶

(2) $R^1R^2C(OH)C(=O)$ $\xrightarrow[\text{Et}_2O, -90\sim-80℃]{15\%\sim20\% \text{MeLi}}$ [ ] $\xrightarrow[\text{LiBr}]{t\text{-BuOOC}-\!\!\!\equiv\!\!\!-\text{COO}t\text{-Bu}}$ [ ]

⟶ 四氢呋喃衍生物 (R^1,OH,COOt-Bu; R^2,H,COOt-Bu)

(3) 二(二甲氧基甲基)环己胺 + MeOOC-CH$_2$-C(=O)-CH$_2$-COOMe ⟶ [ ] ⟶ 喹嗪衍生物(双COOMe,=O)

(4) 糖衍生物(含缩丙酮,OBz) $\xrightarrow{H_5IO_6}$

(5) OHC—COOH + R—NH$_2$ + R$_2$R$_3$CHNO$_2$ $\xrightarrow{\text{KOH(aq.)}}$

(6) R$_1$—CH$_2$—NO$_2$ + CH$_2$=CH—C(=O)—R$_2$ $\xrightarrow[\text{r.t. 或 60℃, 24h}]{K_2CO_3(\text{aq})}$ [ ] ⟶ 环己烷衍生物

(7) 环己基-CH(OH)-CHO + CH$_2$=CH-CH$_2$Br $\xrightarrow{\text{In, H}_2\text{O}}$

(8) [cyclohexenyl-OTMS] + RCHO $\xrightarrow[\text{表面活性剂}]{\text{H}_2\text{O, r.t.} \atop \text{cat., Sc(OTf)}_3}$

(9) $R^1CHO + R^2NH_2 +$ H₃CO-C(=CH₂)-OTMS $\xrightarrow[\text{H}_2\text{O}]{\text{InCl}_3}$

(10) [structure with Br, Br, vinyl groups, MeO₂C, CO₂Me, CO₂Me, CO₂Me] $\xrightarrow{\text{cat. Pd(PPh}_3)_4}$

2. 推写出形成以下产物的原料(1)或前体(2)

(1) [cyclohexenyl-NH-C(=O)-N(piperidine with C(=O)OR)] $\xRightarrow{\text{Ugi 反应}}$

(2) [bicyclic structure with H₃C, CH₃, and C=O] $\xRightarrow{\text{Bu}_3\text{SnH}}$

3. 试计算以下反应的原子经济性

(1) $CH_3Br + P(C_6H_5)_3 \longrightarrow CH_3\overset{+}{P}(C_6H_5)_3 \xrightarrow{C_6H_5Li} \overset{-}{C}H_2\overset{+}{P}(C_6H_5)_3 \xrightarrow{\text{cyclohexanone}}$ [methylenecyclohexane]

(2) R-CH(OH)-C≡C-CH(OH)-R' $\xrightarrow[\text{MeCN, 回流}]{\text{Pd}_2(\text{dba})_3 \cdot \text{CHCl}_3(\text{cat.})}$ R-C(=O)-CH₂-CH₂-C(=O)-R'

习题参考答案或提示

第 1 章

1. 亲电试剂及**亲电中心**：

(1) **I**—I (2) **O**=O (3) **C**=O (4) **S**O$_2$

(5) H**O**OH (6) **Br**—N(succinimide) (7) **S**O$_3$ (8) Ph**S**O$_2$Cl

(9) **Pb**(OAc)$_4$ (10) Ph**S**Cl (11) Ph **Se**SePh (12) Ph**Se**Cl

(13) R$_2$N**CH**$_2$OR′ (14) i-Bu$_2$**Al**—H (15) **Cl**Cl$_2$C—CCl$_3$ (16) **Cr**O$_3$

(17) **Se**O$_2$ (18) **C**O$_2$ (19) R**C**≡N (21) aziridine with H-**C**—N

(22) R-C(=O)-O-**OH** (23) CH$_2$=**C**+(OEt)... BF$_4^-$ (25) Cy-N=**C**=N-Cy

亲核试剂及**亲核中心**：

(3) :**C**=O (5) H**OO**$^-$ (14) i-Bu$_2$Al—**H** (19) RC≡**N**:

(20) Et$_3$N$^+$—**O**$^-$ (21) aziridine **N** (22) R-C(=O)-**O**-OH (24) (CH$_3$)$_2$**S**$^+$—**O**$^-$

(25) Cy-**N**=C=**N**-Cy（碱性） (26) anisole ring C**HC**=CH with OMe

2. 参见教材。

3. RH$_2$C—CR′(=O)$_d$ RH$_2$C—CHR′(OH)$_d$ RH$_2$C—CHR′(NHR″)$_d$ CH$_3$CH$_2$OH$_d$

→ RHC(Br)—CR′(=O)   RHC—CR′ (epoxide O)   RHC—CHR′ (aziridine NR″)   CH$_3$CH$_2$—Cl

习题参考答案或提示   531

4. 同原子上双反应性合成子等效体或试剂，见2.4节。

5. (1)

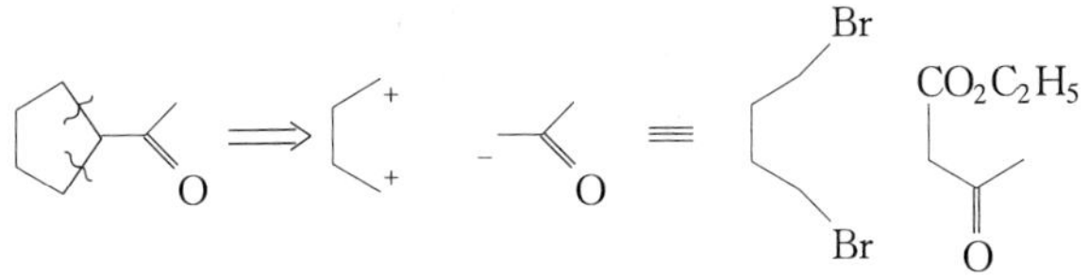

(2)

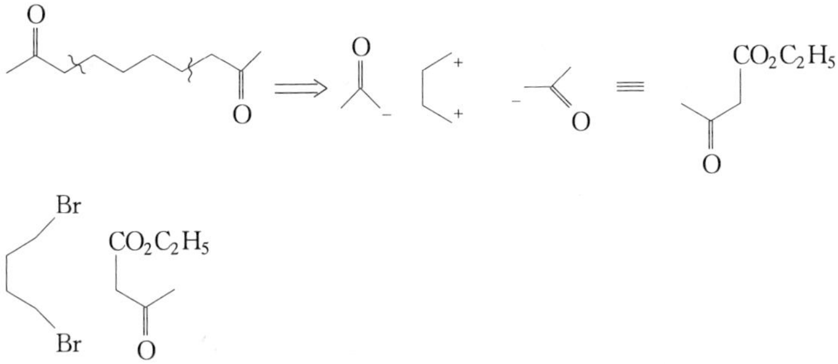

(3)

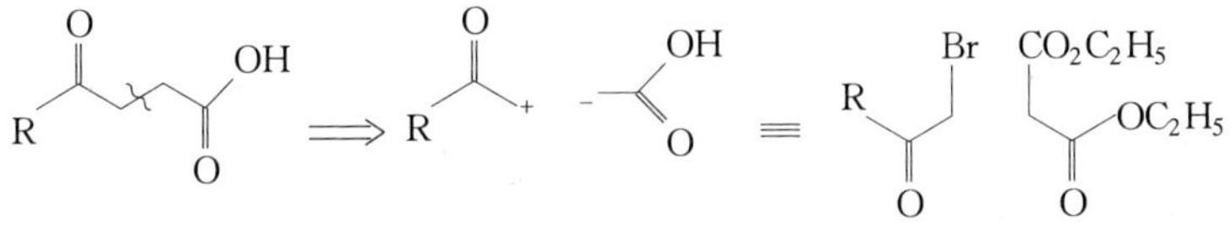

(4)

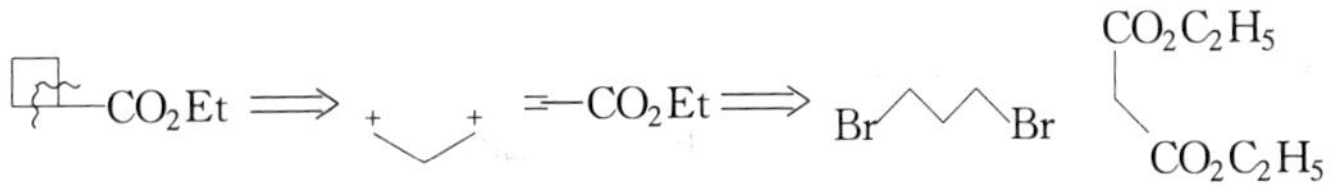

(5)

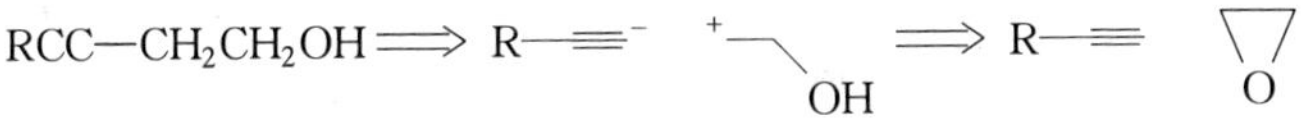

(6)

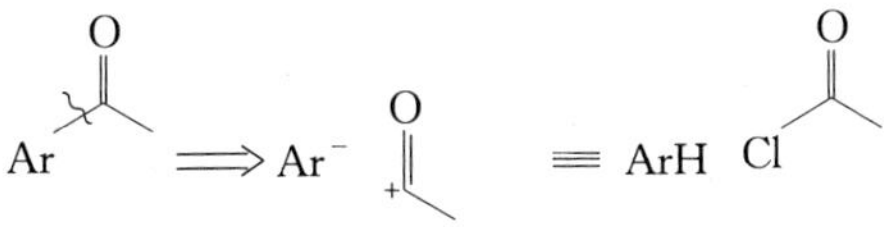

(7)

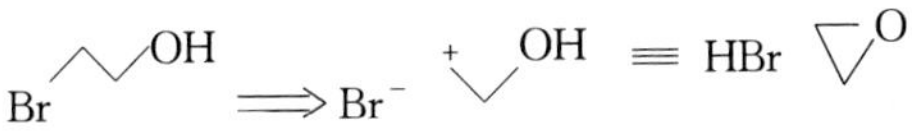

(8)

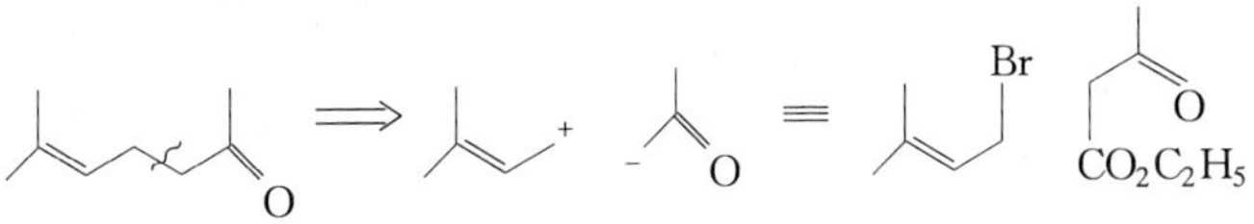

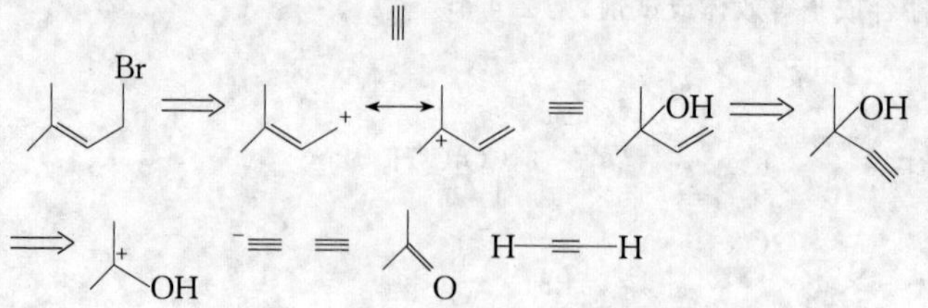

(9)

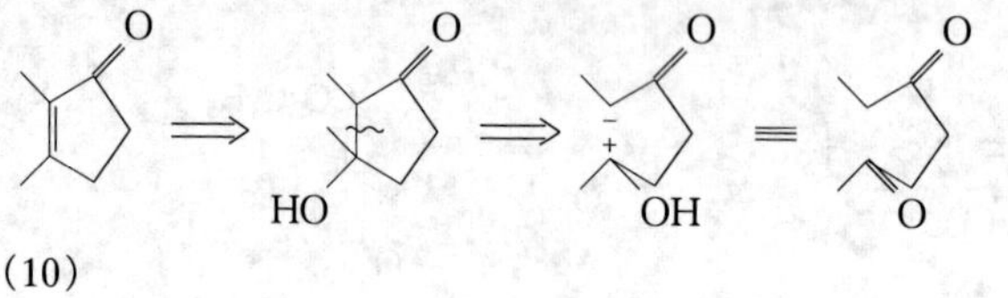

(10)

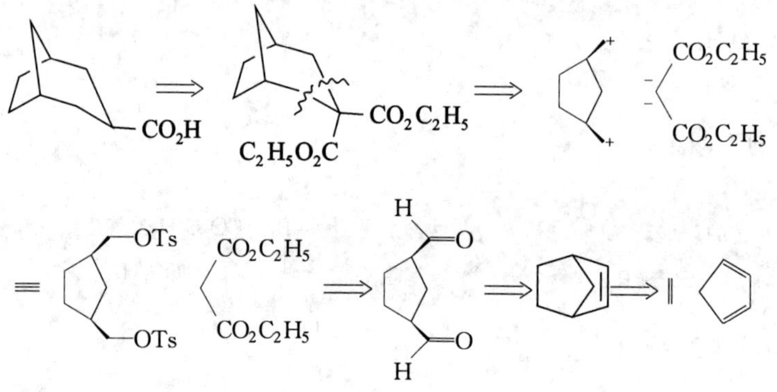

(11) $R-X \Longrightarrow R^+\ X^- \equiv ROTs\ \ LiX$

(12) $H_{21}C_{10}-CO_2H \Longrightarrow {}^-C_{10}H_{21}\ \ {}^+CO_2H \equiv H_{21}C_{10}MgBr\ \ CO_2$

(13)

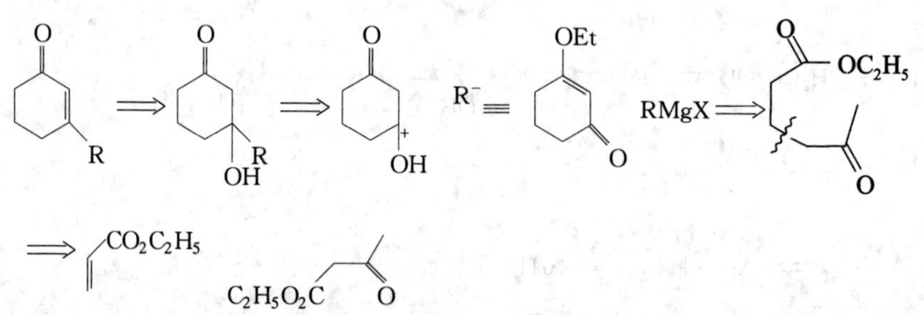

(14)

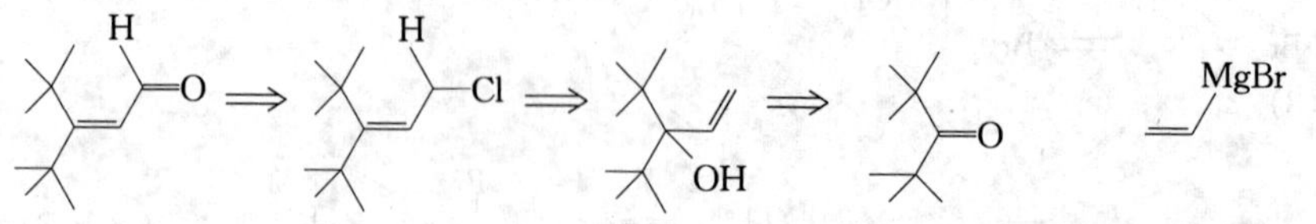

习题参考答案或提示

(15) [structures showing retrosynthetic analysis with MeO-substituted steroid intermediates and acetyl cyclopentene]

(16) [retrosynthetic analysis of polycyclic ketone through TsO-substituted bicyclic intermediates]

(17) OHC-(CH$_2$)$_3$-CHO + H$_2$NCH$_3$ + CH$_3$O$_2$C-CH$_2$-CO-CH$_2$-CO$_2$CH$_3$

第 2 章

1. (1) I-C≡C-CH$_2$CH$_2$-OTHP

(2) [cyclopentane with allyl, isobutenyl, OH, and t-Bu/OH substituents]

(3) MeO-CH$_2$-C(Ph)=CH-CH(OH)-Ph

(4) R-CO-R'

(5) CH$_3$CH$_2$-CH(OH)-CH$_2$-C≡C-CO$_2$H

(6) [dihydrofuran-CH$_2$-O-CH(CH$_3$)-OEt]

(7) [4-t-Bu-cyclohexane with O-CH$_2$CH$_2$-OMe and Bu^n substituents]

(8) R-CO-R'

(9) [bicyclic terpene aldehyde with CHO and isopropyl]

(10) [2-nitrophenyl-CH=CH-CH(OH)-C≡CH]

(11) R-CH(OH)-CH$_2$-CH$_2$-CO-OEt

(12) Ph-CH$_2$-CH=CH$_2$

534　习题参考答案或提示

(13) [结构式：4-甲氧基苯基酮连接含缩酮的支链]

2. (1) 提示：原料为 CH=CH-CO$_2$H（巴豆酸型） (2) 提示：原料为环己-2-烯酮

第 3 章

1. (1) PhCOC(CH$_3$)$_2$CH$_2$CH=C(CH$_3$)$_2$
(2) 烯丙基、乙基、正丙基取代的丙二酸单甲酯类结构 CH$_2$=CHCH$_2$-C(Et)(n-Pr)-CO$_2$CH$_3$
(3) n-Bu-CO-N(CH$_3$)$_2$ 型（异丁酰二甲胺）
(4) CH$_3$CH=CH-CO-CH$_2$CH$_3$

(5) 正戊基CHO（己醛）
(6) 3-取代环己酮，支链为CH$_2$CHO
(7) 十氢萘酮，带正丁基与H立体标示
(8) t-Bu 取代的 2-甲基环戊酮

(9) 2-烯丙基-3-(间甲氧基苄基)-5-甲基环己酮
(10) A: CH$_2$=C(OCH$_3$)OSi(CH$_3$)$_3$ B: CH$_3$CH$_2$CH(CH$_3$)CO$_2$CH$_3$

(11) A: 2,2-二甲基环戊酮；B: 2-甲基-3-苄基环戊酮

a. TMSCl, NEt$_3$, DMF, 回流；或 NaH, DME; Me$_3$SiCl, NEt$_3$
b. LDA/DME, -78 ℃; Me$_3$SiCl

(12) CH$_3$COCH$_2$C(CH$_3$)$_2$CH$_2$CO$_2$C$_2$H$_5$
(13) PhCH(COCH$_2$-)CN 型：Ph-CH(-CO-)-CH$_2$CN
(14) 3-吲哚基酮连接 CH(CH$_3$) 连接 2-甲基吲哚基

2. 见参考文献 14。

3. (1) J. C. S. Perk. Trans. 1, 1990, 1111; (2) 环己-2-烯酮

第 4 章

(20) A: [cyclopentenone with R and CH2COPh substituents, Ph on ring] B: [cyclohexenone with R and COPh substituents, Ph on ring]

(21) MeO-CO-CH=CH-CH(Me)-CH(OTBS)-CH(Me)-Et

(22) [2-(1-hydroxy-2-methylpropyl)cyclopentanone] anti(主)

(23) Ph-CH=CH-CH2-CH2-CH3

(24) AcO-(CH2)3-CH=CH-CH(CH3)-CHO

(25) n = 1: 3-methylcyclopent-2-enone; n = 2: 3-methylcyclohex-2-enone; n = 3: 1-acetyl-2-methylcyclopentene; n = 4: 1-acetyl-2-methylcyclohexene

(26) [2-hydroxy-5-tert-butylphenyl-CH(NHTs)-CO2Bu]

2. (1) (CH3)2C=N-NHTs, 丁酮, CO2

(2) H3C-CH2-NO2 + CH3-CO-C2H5

(3) HO2C-CH2-CO2H + CH3(CH2)5CO2H

(4) OHC-(CH2)3-CHO, CH3NH2, HO2C-CH2-CO-CH2-CO2H

(5) Ph3P=CH2 + [epoxide]

(6) [6-methylhept-6-en-2-one]

(7) [isoprene] + CH2=CH-CN

(8) o-HO2C-C6H4-CHO + CH3(CH2)3-CH2-NO2

(9) [cyclohex-2-enone]

(10) CH2=CH-CO-CH3 + [3-methyldihydrofuran-2,4-dione]

第 5 章

1. (1)

(a) N₂⁺=N⁻-CH(BR3)-COCH3   (b) R2B-CHR-COCH3 + N2   (c) RCH2COCH3

习题参考答案或提示

(2) siamylborane 为 |—|—BH$_2$。 (3) (4) (5) (6) (7) (8) (9) (10) (11) (12) (a) (b) (13) (14) (15) (16) A: B: (17)

第 6 章

1. (1) (2) (3) (4) (5) (6) (7) (8)

(9) 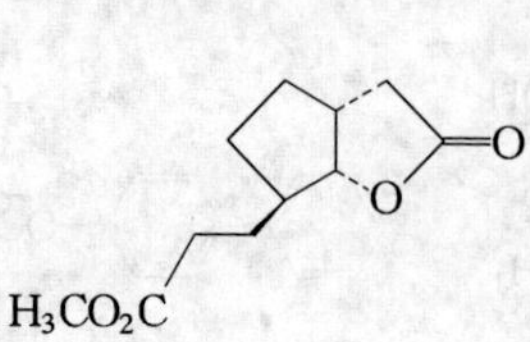 (10) 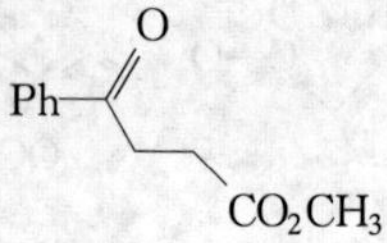 (11) 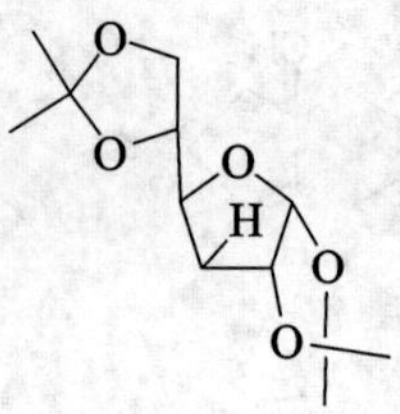 (12)

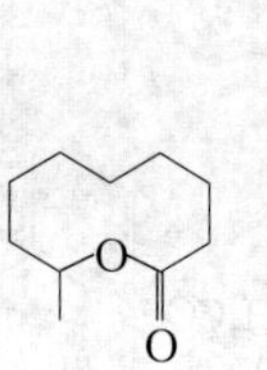

(13)

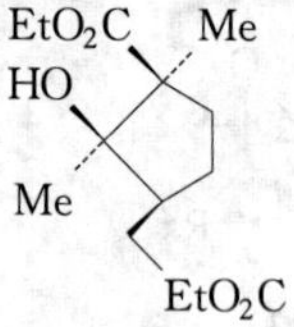

第 7 章

1.

(1) 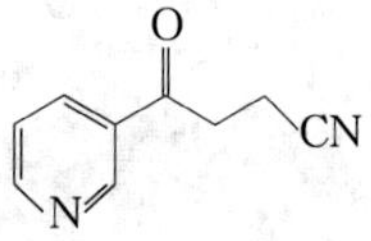 (2) 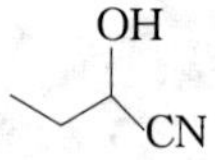 (3) A: 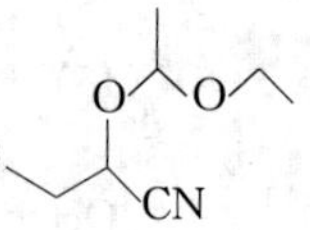 B:

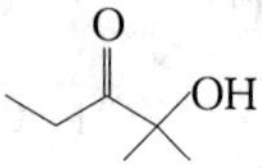

(4) 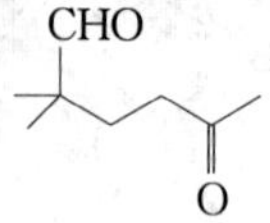 (5) A:  B: 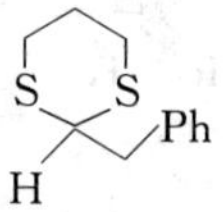 C:

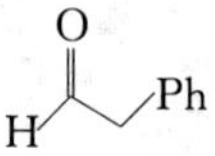

(6) 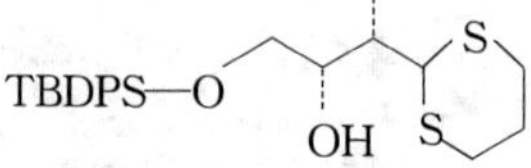 (7)

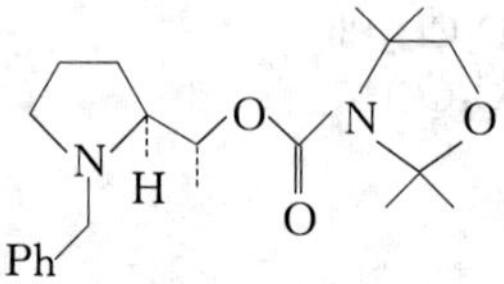

(8) 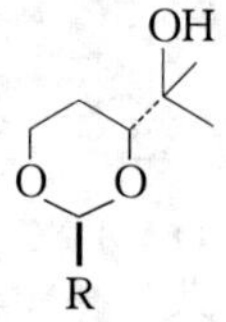 (9) A: ArS—Cl; B: ArS—OR

(10) 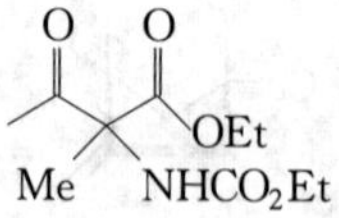 (11) 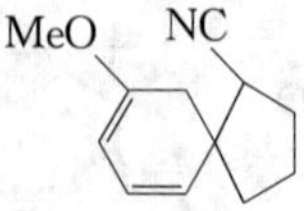 (12)

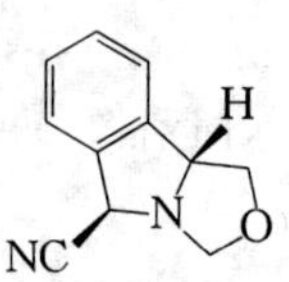

2.

(1) 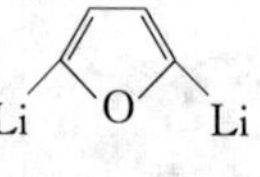 (2) M≡ ; Hg²⁺ (3) 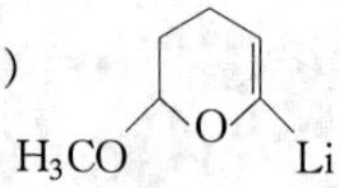 (4)

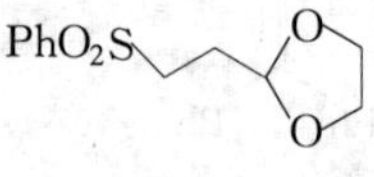

习题参考答案或提示   539

3.

A: CH₃C(O)CH₂⁻   B: ⁻CH₂CH₂OH   C: CH₃CH⁻OH   D: CH₃CH(O)CH⁻ (α-carbanion of propanal)

4.（1）

CH₂=C(Y)CH₂MgX ≡   A: CH₃COCH₂⁻   B: ⁻CH₂CH(Y)CH₂OH   C: ⁻CH₂CO₂H

（2）

CH₂=C(Y)CH₂X ≡   A: CH₃COCH₂⁺   B: ⁺CH₂CH(Y)CH₂OH   C: ⁺CH₂CO₂H

5.（1）中间体：(CH₃)₂CHCH₂C(O)CH₂CH₂C(O)CH₃   （2）CH₃CH=CHOMe（carbanion）   （3）2-methylcyclopentanone + BrCH₂C(X)=CH₂

（4）邻-(CHO)C₆H₄CO₂H + n-C₅H₁₁NO₂   （5）参考文献：Tetrahedron, 1988, 44: 2457

第 8 章

1.

（1）A: 1-acetyl-cis-bicyclo[3.3.0]octane (H down, acetyl up)   B: 1-acyl-bicyclo[3.4.0] system   （2）bicyclo[3.3.1]nonan-2-one   （3）cis-bicyclic diketone

（4）benzo-fused methylenedioxy cyclobutene   （5）spiro[4.5] ketone   （6）furan-fused decalin with HO, H₃C, CH₂OH₂CPh substituents   （7）3-methoxy-1-methylenecyclohexane

（8）2-ethyl-6-(iodomethyl)tetrahydropyran   （9）tricyclic ketone with methyl groups   （10）spiro bicyclic diketone with CO₂Me

（11）N-Boc-1,2,3,6-tetrahydropyridine-2-carboxylic acid methyl ester   （12）methyl 4-oxocyclohexanecarboxylate   （13）(14） 1-methoxy-3-(trimethylsilyloxy)-1,3-butadiene

(15) [structure: methylenemethylcyclohexene] (16) [indolizidine·HCl] (17) [N-methyl isoxazolidine fused cyclohexane]

(18) [cyclohexane with two RO_2C groups] (19) A: [bicyclic N–O structure] B: [tropane with OH]

(20) PhO_2S [cyclopentane with R, CO_2Me, methylene] (21) [methylenecyclopentane with $CO_2CH_2CH_2Ph$ and Me] (22) [bicyclic diketone]

(23) [bicyclic ketone with COOMe, Me, H] (24) $t\text{-}BuO_2C$ $CO_2Bu\text{-}t$ / OBn (25) CO_2R' / X

(26) H_3CO_2C / TBDMSO [cyclohexylidene] (27) LDA / Br–C=C–CO_2CH_3 (28) [bicyclic with OH, O, Et]

2.

(1) Tetrahedron:Asymmetry, **1991**, 2:875

(2) HO–R–C(O)–O + H_2N–CH(Ph)–CH_2OH (3) [3-methylcyclohex-2-enone] + Br–CH$_2$–C(Me)=CH–CH$_2$Br   (4) [cyclohex-2-ene-1,4-dione] + [butadiene]

(5) Me_3SiO–CH=CH–CH=CH–OMe + CH_2=C(Me)–CHO   (6) Tetrahedron Lett., **2001**, 42:5589

(7) 原料: [trimethylcyclohexenyl CHO] EtO_2C–C≡C–CO_2Et (8) [butenyl] + [pyrrolinium N-oxide]

(9) OHC–CH$_2$–CHO + H_2NMe + MeO_2C–CO–CH$_2$–CO_2^-

习题参考答案或提示   541

第 9 章

1. (1)–(12) [structural formulas]

第 10 章

1. (1)–(6) [structural formulas]

542

(7) — (14) [chemical structures]

第 11 章

1. (1) — (4) [chemical structures]

習題參考答案或提示

(5) [structure: indane with NHCO(CH₂)₂Ph and OH substituents]

(6) [structures showing Bn₂N-CH(Ph)-CO-OBn; Bn₂N-CH(Ph)-CH₂-CH(OH)-CH(CH₂Ph)-NHBoc; H₂N-CH(Ph)-CH₂-CH(OH)-CH(CH₂Ph)-NHBoc]

(7) [structures: H₃CO-CO-CH(iPr)-NH₂·HCl; H₃CO-CO-CH(iPr)-NH-CO-N(Me)-CH₂-thiazole-iPr; HO-CO-CH(iPr)-NH-CO-N(Me)-CH₂-thiazole-iPr]

第 12 章

1. (1) 對映選擇性反應；
(2) BINAL-H 為 S 構型，主要異構體為 R 構型；
(3) Si 面；
(4) R-異構體的對映過剩是 94%(ee)。

2. (1) [epoxide-CH₂OH structure]
(2) [BnO, OH, C₃H₇ⁱ, CH₂CH₃, CH₃ structure]
(3) [*RO-CO-CH₂-C(H)(Me)-C₂H₅; HO-CH₂-CH₂-C(H)(Me)-C₂H₅]
(4) [norbornene with CH(OH)Ph group]
(5) [Et-CH(OH)-CH₂-CH(OH)-Et]
(6) [cyclohexyl-CH(OTBS)-C(OBBuⁿ)=CH-CH₃; cyclohexyl-CH(OTBS)-CO-CH(Me)-CH(OH)-CH₂Ph]
(7) [cyclohexanol with CO₂Et and vinyl substituents]
(8) [bicyclic structure with OH]
(9) [MeO-CO-CH₂-CH(OH)-CH₂-CH(OH)-CH₂-OBn]
(10) [cyclohexyl-C(Ph)(OH)-bicyclic pyrrolidine-oxygen structure]

3. 参见文献。

第 13 章

参见习题所附文献。

第 14 章

1. (1) 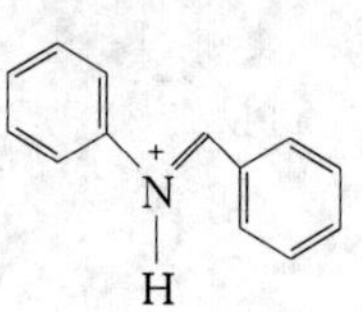 ~~[structures]~~

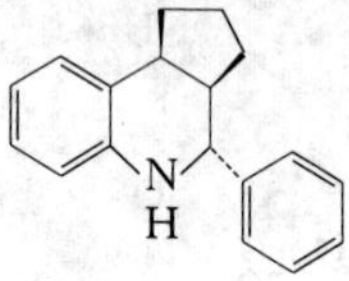

(2) 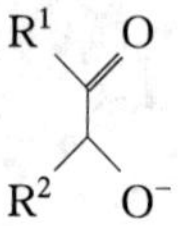 ~~[structures]~~

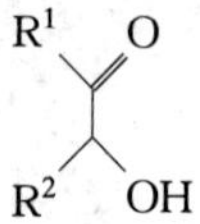

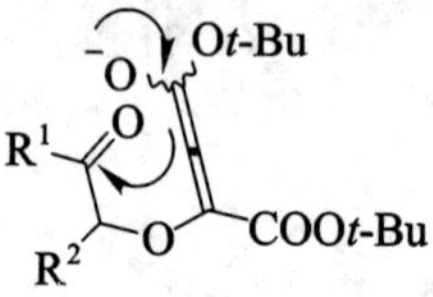

(3) 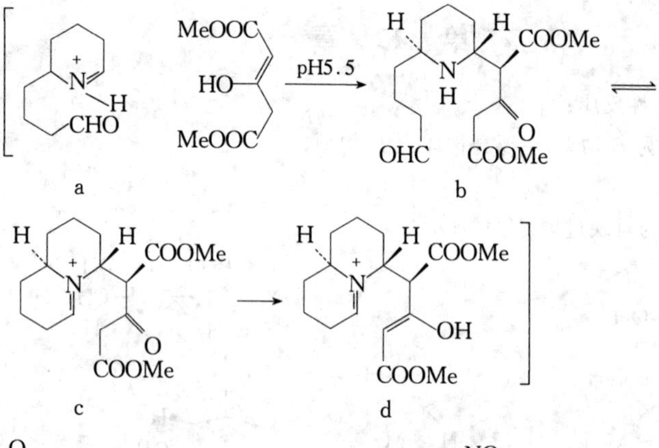 ~~[structures a, b, c, d]~~

(4) 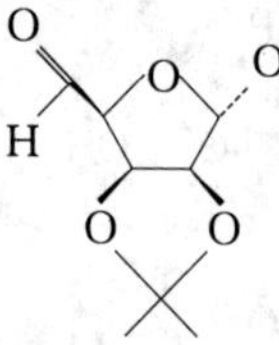 ~~[structure]~~ (5) 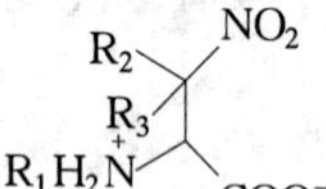 ~~[structure]~~

(6) 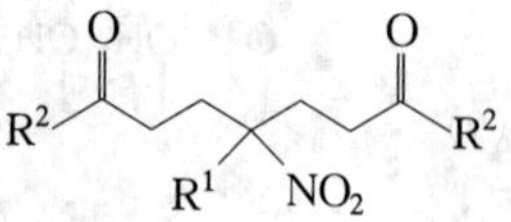 ~~[structures]~~

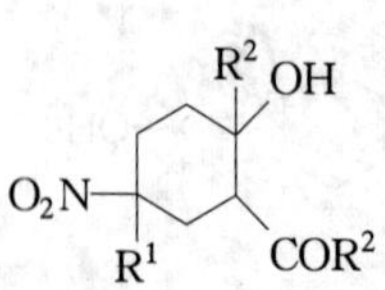

(7) 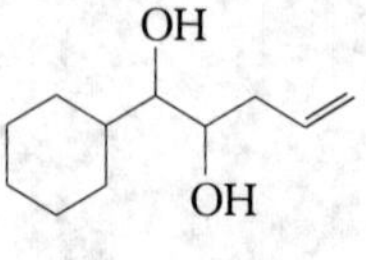 ~~[structure]~~ (8) 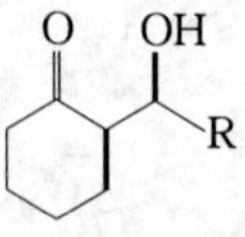 ~~[structure]~~ (Ph, $syn:anti = 72:28$) (9) ~~[structure]~~

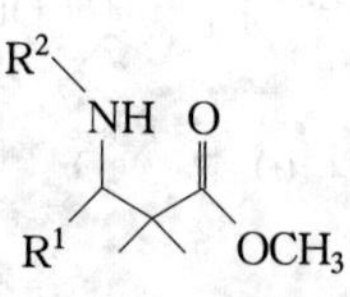

(10) 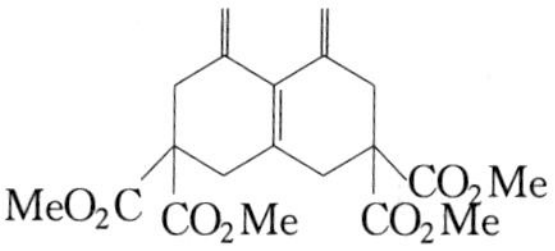
MeO2C
CO2Me
CO2Me
CO2Me

2. (1) 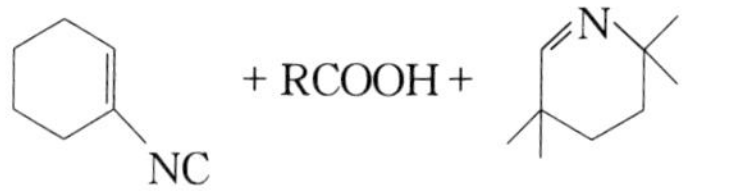
NC
+ RCOOH +
N

(2) 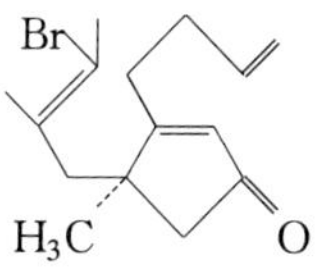
Br
H3C
O

附　　录

附录1　有机合成中常用的缩写

缩　　写	名　　称	缩　　写	名　　称
Ac	acetyl	DCB	o – dichlorobenzene
acac	acetylacetonato	DCC	dicyclohexylcarbodiimide
AD	asymmetric dihydroxylation	DDQ	2,3 – dichloro – 5,6 – dicyano – 1,4 – benzoquinone
AE	asymmetric epoxidation		
AIBN	2,2′ – azobisisobutyronitrile	DABCO	1,4 – diazabicyclo[2.2.2]octane
All	allyl	de	diastereomeric excess
Am	amyl	DEAD	diethyl azodicarboxylate
aq	aqueous	DEG	diethylene glycol
9 – BBN	9 – borabicyclo[3.3.1]nonane	(+) – DET	diethyl – L – tartrate
		DHF	dihydrofuran
t – BOC	t – butoxycarbonyl	DHP	dihydropyran
Bu	butyl		
B – V	Bayer – Villiger reaction	DIBAL – H	diisobutylaluminumhydride
Bz	benzoyl	dil	dilute
Bzl, Bn	benzyl	(+) – DIPT	diisopropyl – L – tartrate
CAN	ammonium cerium (IV) nitrate	DMAP	4 – dimethylaminopyridine
		DME	dimethoxyethane, diglyme
cat.	catalyst	DMF	N,N – dimethylformamide
18 – CR – 6	18 – crown – 6	DMPU	1,3 – dimethyl – 3,4,5,6 – tetrahydro – 2(1H) – pyrimidinone
Cp	cyclopentadieny		
CSA	10 – camphorsulfonic acid	DMSO	dimethylsulfoxide
D – A	Diels – Alder reaction	dr	diastereomeric ratio
DBN	1,5 – diazabicycol[4.3.0]non – 5 – ene	E, El	electrophile
		ee	enantiomeric excess
DBU	1,5 – diazabicyclo[5.4.0]undec – 5 – ene	EE	ethoxy ethyl

缩　　写	名　　称	缩　　写	名　　称
EtOAc	ethyl acetate	Ns	p – nitrosulfonyl
eq.	molar equivalent	Nu	nucleophile
F–C	Friedel–Crafts	ODCB	o – dichlorobenzene
FGA	functional group addition	PCC	pyridinium chlorochromate
FGI	functional group exchange	PDC	pyridinium dichromate
h	hour	Phth	phthaloyl
HMDS	hexamethyldisilazane	PNB	p – nitrobenzyl
HMPA	hexamethylphosphoramide	PPA	polyphosphoric acid
HMPT	hexamethylphosphoric triamide	PPL	pig pancreatic lipase
		psi	pound per square inch
H_3O^+	aqueous acid	Pr, pyr	propyl
Imid	imidazole	Py	pyridine
LDA	lithium diisopropylamide		
LHMDS	lithium hexamethyldisilylamide	Red–Al	sodium bis(2 – methoxyethoxy)aluminum hydride
		rt	room temperature
LiDBB	litium – 4,4′ – di – $tert$ – butylbiphenyl	SEM	trimethylsilylethoxy – methyl
$LiAlH_4$ LAH	lithium aluminum hydride	TBAP	tetra – n – butylammonium perruthenate
LTA	lead tetraacetate	TBDMS, TBS	t – butyldimethylsilyl
Lut	2,6 – lutidine	TBDPS	t – butyldiphenylsilyl
mCPBA	m – chloroperbenzoic acid	TBSOTf	t – butyldimethylsilyloxyl triflate
MEM	β – methoxyethoxymethyl chloride	TEA	triethylamine
min	minute	TEBA	triethylbenzylammonium
MOM	methoxymethyl	TES	triethylsilane
Ms	mesyl, methanesulfonyl	TFA	trifluoromethanesulfonic acid
MsOH	methanesulfonic acid	Tf	triflate, trifluoromethane sulfonate
MTBE	methyl $tert$ – butyl ether		
MTM	methylthiomethyl	TFA	trifluoroacetic acid
MVK	methyl vinyl ketone	TFAA	trifluoroacetic anhydride
NBS	N – bromosuccinimide	THF	tetrahydrofuran, letrahydrofuranyl
NCS	N – chlorosuccinimide		
NMMNO NMO	N – methylmorpholine – N – oxide	THP	tetrahydropyranyl
		TIPS	triisopropylsilyl

缩写	名称	缩写	名称
TMB	1,3,5 - trimethoxybenzoyl	TsOH	p - toluenesulfonic acid
TMEDA	N,N,N',N' - tetra-methylethylenediamine	UHP	Urea - hydrogen peroxide
TMS	trimethylsilyl	vinyl	$CH=CH_2$
tol	toluene	xy	xylene
TPAP	tetra - n - propylammoniumperruthenate	Z 或 Cbz	benzyloxycarbonyl
		△	heating
Tr	trityl/triphenylmethyl	)))	超声波
Ts	p - toluenesulfonyl		

附录 2 有机合成一般参考书目

1 [英]斯图尔特·沃伦著. 有机合成:切断法探讨. 丁新腾译. 上海:上海科学技术文献出版社,1986
2 [英]斯图尔特·沃伦著. 有机合成设计:合成子法的习题解答式教程. 丁新腾,林子森译. 上海:上海科学技术文献出版社,1981
3 [英]特纳 S 著. 有机合成设计. 罗宣德译. 北京:化学工业出版社,1984
4 黄宪编. 有机合成上册. 北京:高等教育出版社,1992
5 吴世晖,徐汉生编. 有机合成下册. 北京:高等教育出版社,1993
6 黄宪,王彦广,陈振初编. 新编有机合成化学. 北京:化学工业出版社,2003
7 Carruthers W. Modern Methods of Organic Synthesis. 3rd edition. Oxford: Cambridge Univ Press,1987
8 Jurgen F, Gustav P. Organic Synthesis: Concepts, Methods, Starting Materials. 3rd edition. New York: John Wiley & Sons,2003
9 Mackie R K, Smith D M, Aitken R A. Guidebook to Organic Synthesis. 3rd edition. 北京:世界图书出版公司北京公司,2001
10 Smith M B. Organic Synthesis. 2nd edition. New York: McGraw - Hill,2002
11 Norman R O C, Coxon J M. Principles of Organic Synthesis. 3rd edition. Cheltenham: Nelson Thornes,1993
12 Fleming I. Selected Organic Syntheses. New York: John Wiley & Sons,1983
13 Corey E J, Cheng X M. The Logic of Chemical Synthesis. New York: John Wiley & Sons,1989
14 Hanessian S. Total Synthesis of Natural Products: The Chiron Approach. Oxford: Pergamon Press,1983
15 Anand N, Bindra J S, Randanathan S. Art in Organic Synthesis. 2nd edition. New York: John

Wiley & Sons, 1988

16 Nicolaou K C, Sorenson E J. Classics in Total Synthesis: Targets, Strategies, Methods. New York: John Wiley & Sons, 1996

17 Smith M B, March J. March's Advanced Organic Chemistry: Reactions, Mechanisms & Structures. 5th edition. New York: John Wiley & Sons, 2001

18 Carey F A, Sundberg R J. Advanced Organic Chemistry. 4th edition. New York: Plenum Press, 2000

附录3 与有机合成有关的诺贝尔化学奖获奖名录

序号	年份	获得者	国籍	主要贡献
1	1902	E. 费歇尔(Emil Fischer)	德国	研究糖和嘌呤衍生物的合成
2	1905	拜尔(Adolf von Baeyer)	德国	研究有机染料和芳香族化合物
3	1910	瓦拉赫(Otto Wallach)	德国	研究脂环族化合物
4	1912	格林尼亚(Victor Grignard) 萨巴蒂埃(Paul Sabatier)	法国	有机镁试剂的制备及应用/金属催化氢化
5	1915	威尔斯泰特(Richard Willstätter)	德国	研究植物色素,特别是叶绿素
6	1928	文道斯(Adolf Windaus)	德国	研究胆固醇的组成及其与维生素的关系
7	1930	费歇尔(Hans Fischer)	德国	研究血红素和叶绿素,合成血红素
8	1937	哈沃斯(Walter Haworth) 卡雷(Paul Karrer)	英国 瑞士	研究碳水化合物和维生素C
9	1939	布特南德(Adolf Butenandt) 卢齐卡(Leopold Ruzicka)	德国 瑞士	研究萜类化合物
10	1947	鲁宾逊(Robert Robinson)	英国	研究生物碱和其他天然产物
11	1950	第尔斯(Otto Diels) 阿尔德(Kurt Alder)	德国	发现双烯合成
12	1955	杜·维尼奥(Vincent du Vigneaud)	美国	研究多肽和激素合成
13	1963	齐格勒(Kaul Ziegler) 纳塔(Giulio Natta)	德国 意大利	研究乙烯和丙烯的催化聚合反应
14	1965	伍德沃德(Robert Burns Woodward)	美国	发展有机合成艺术的杰出成就

续表

序号	年份	获得者	国籍	主要贡献
15	1969	巴顿(Derek H.R.Barton) 哈塞尔(Odd Hassel)	英国 挪威	研究有机化合物的三维构象/构象分析
16	1975	普雷洛格(Vladimir Prelog) 康福思(J.W.Cornforth)	瑞士 英国	研究有机分子与反应的立体化学反应/酶催化反应的立体化学
17	1979	布朗(Herbert C.Brown) 维蒂希(Georg Wittig)	美国 德国	研究有机硼化学 研究有机磷化学
18	1981	霍夫曼(Ronald Hoffmann) 福井谦一(Kenichi Fukui)	美国 日本	提出分子轨道对称守恒原理
19	1984	梅里菲尔德(R.Bruce Merrifield)	美国	创立多肽固相合成法
20	1987	克拉姆(Donald J.Cram) 莱恩(Jean-Marie Lehn) 佩德森 Charles J.Pedersen	美国 法国 美国	研究冠醚 研究主客体化学 研究超分子化学
21	1990	科瑞(Elias J.Corey)	美国	发展有机合成的理论和方法学
22	1994	欧拉(George A.Olah)	美国	研究碳正离子化学
23	1996	柯尔(R.F.Curl,Jr.) 克罗托(H.W.Kroto) 斯莫利(R.E.Smalley)	 英国 美国	研究富勒烯化学(C_{60})
24	2001	诺尔斯(William S.Knowles) 野依良治(Ryoji Noyori) 夏普莱斯(K.Barry Sharpless)	美国 日本 美国	研究不对称催化氢化和不对称催化氧化

郑 重 声 明

高等教育出版社依法对本书享有专有出版权。任何未经许可的复制、销售行为均违反《中华人民共和国著作权法》,其行为人将承担相应的民事责任和行政责任,构成犯罪的,将被依法追究刑事责任。为了维护市场秩序,保护读者的合法权益,避免读者误用盗版书造成不良后果,我社将配合行政执法部门和司法机关对违法犯罪的单位和个人给予严厉打击。社会各界人士如发现上述侵权行为,希望及时举报,本社将奖励举报有功人员。

反盗版举报电话:(010) 58581897/58581896/58581879
传　　真:(010) 82086060
E – mail:dd@hep.com.cn
通信地址:北京市西城区德外大街4号
　　　　　　高等教育出版社打击盗版办公室
邮　编:100120

购书请拨打电话:(010)58581118